《国家环境保护标准实用工作手册》丛书

中国环境保护标准全书

（2010—2011年）

（下册）

环境保护部科技标准司　编

中国环境科学出版社·北京

图书在版编目（CIP）数据

中国环境保护标准全书．2010—2011 年．下册 / 环境保护部科技标准司编．—北京：中国环境科学出版社，2011.11
（国家环境保护标准实用工作手册丛书）
ISBN 978-7-5111-0763-3

Ⅰ．①中…　Ⅱ．①环…　Ⅲ．①环境保护—环境标准—汇编—中国—2010～2011　Ⅳ．①X-65

中国版本图书馆 CIP 数据核字（2011）第 224914 号

责任编辑　张维平
封面设计　玄石至上

出版发行　中国环境科学出版社
（100062　北京东城区广渠门内大街 16 号）
网　　址：http://www.cesp.com.cn
联系电话：010-67112765（总编室）
发行热线：010-67125803，010-67113405（传真）

印　　刷　北京市联华印刷厂
经　　销　各地新华书店
版　　次　2011 年 11 月第 1 版
印　　次　2011 年 11 月第 1 次印刷
开　　本　880×1230　1/16
印　　张　39.75
字　　数　1190 千字
定　　价　154.00 元

《中国环境保护标准全书》编委会

序言

环境保护标准是国家法律法规体系的重要组成部分，是依法制定和实施的规范性文件，在国家经济社会发展和环境保护工作中具有重要的作用。我国环境保护标准自 1973 年创立以来，经过近四十年的发展和完善，已形成了包括国家级和地方级标准的环境保护标准体系。按照有关法律规定，我国的国家环境保护标准体系以环境质量标准、污染物排放标准和环境监测规范为核心，并包括环境基础类标准和管理规范类标准。“十一五”期间，适应各方面环保工作的需要，环境保护标准实现了跨越式发展，环境保护部共发布了 502 项标准。目前，各类现行国家环境保护标准已达 1 340 项。

我国经济社会发展正处于重要的战略机遇期，“十二五”是全面建设小康社会的关键时期，也是深化改革开放、加快转变经济发展方式的攻坚时期，环境保护工作肩负着重要的历史使命。不断深化对环保标准的认识，进一步加强环保标准工作，加快完善环保标准体系，是探索中国环保新道路的重要实践内容。“十二五”经济社会发展目标和环境保护工作要求，为做好环境保护标准工作指明了方向，标准工作将以解决影响可持续发展和损害群众健康、危害公共利益的突出环境问题为重点，在总结前期工作经验的基础上，继续深入探索标准工作的客观规律和发展道路，进一步强化标准作为“依据、规范、方法”的三大作用。

中国环境科学出版社是环境保护部指定的国家环境保护标准出版单位。为使各级环保部门和有关组织、机构全面了解国家环境保护标准体系和标准的内容，在相关工作中正确、有效地实施环境保护标准，环境保护部和原国家环境保护总局科技标准司与中国环境科学出版社联合开展了标准汇编出版工作。2001 年汇编出版了《最新中国环境保护标准汇编》（1979—2000 年），收录了 1979 年至 2000

年底我国现行有效的全部国家环境保护标准（实物标准除外）；2003 年汇编出版了《中国环境保护标准汇编》（2001—2002 年），收录了 2001—2002 年两个年度发布的全部国家环境保护标准；2004 年汇编出版了《中国环境保护标准汇编》（2003—2004 年），收录了 2003 年 1 月至 2004 年 6 月发布的全部国家环境保护标准；2006 年汇编出版了《中国环境保护标准汇编（上、下册）》（2004—2006 年），收录了 2004 年 7 月至 2006 年 6 月发布的全部国家环境保护标准。从 2007 年开始，书名改为《国家环境保护标准实用工作手册：中国环境保护标准全书》，收入上年度 7 月至本年度 6 月发布的全部国家环境保护标准，相继出版了《中国环境保护标准全书》（上、下册）（2006—2007 年）；《中国环境保护标准全书》（上、下册）（2007—2008 年）；《中国环境保护标准全书》（2008—2009 年）；《中国环境保护标准全书》（2009—2010 年）。以上标准汇编是目前国内时效性最强、内容最全面、最具权威性的国家环境保护标准汇编。

本书收录了 2010 年 7 月至 2011 年 6 月底发布的（包括新修订的）所有的国家环境保护标准，以及环境保护部的标准行政解释文件和相关规范性文件。书后附录了历年发布的国家环境保护标准目录。本书是环境保护执法和监督管理工作的重要工具书，也是从事环境保护标准制修订、科学研究、技术和产品开发工作人员的参考文献。本书在编辑过程中，对个别标准内容的纰漏作了更正。

环境保护部科技标准司

2011 年 9 月

目录

上册

下　册

中华人民共和国环境保护部
公　告

2010 年　第 68 号

为贯彻《中华人民共和国环境保护法》，保护环境，保障人体健康，现批准《环境空气　苯系物的测定　固体吸附/热脱附-气相色谱法》等五项标准为国家环境保护标准，并予发布。

标准名称、编号如下：

一、《环境空气　苯系物的测定　固体吸附/热脱附-气相色谱法》（HJ 583—2010）；

二、《环境空气　苯系物的测定　活性炭吸附/二硫化碳解吸-气相色谱法》（HJ 584—2010）；

三、《水质　游离氯和总氯的测定　*N*,*N*-二乙基-1,4-苯二胺滴定法》（HJ 585—2010）；

四、《水质　游离氯和总氯的测定　*N*,*N*-二乙基-1,4-苯二胺分光光度法》（HJ 586—2010）；

五、《水质　阿特拉津的测定　高效液相色谱法》（HJ 587—2010）。

以上标准自 2010 年 12 月 1 日起实施，由中国环境科学出版社出版，标准内容可在环境保护部网站（bz.mep.gov.cn）查询。

自以上标准实施之日起，由原国家环境保护局批准、发布的下述四项国家环境保护标准废止，标准名称、编号如下：

一、《空气质量　甲苯、二甲苯、苯乙烯的测定　气相色谱法》（GB/T 14677—93）；

二、《空气质量　苯乙烯的测定　气相色谱法》（GB/T 14670—93）；

三、《水质　游离氯和总氯的测定　*N*,*N*-二乙基-1,4-苯二胺滴定法》（GB 11897—89）；

四、《水质　游离氯和总氯的测定　*N*,*N*-二乙基-1,4-苯二胺分光光度法》（GB 11898—89）。

特此公告。

2010 年 9 月 20 日

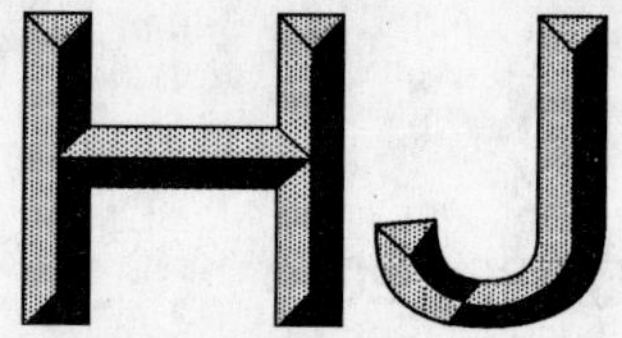

中华人民共和国国家环境保护标准

HJ 583—2010

代替 GB/T 14677—93

环境空气 苯系物的测定 固体吸附/热脱附-气相色谱法

Ambient air—Determination of benzene and its analogies using sorbent adsorption thermal desorption and gas chromatography

2010-09-20 发布　　　　2010-12-01 实施

环境保护部 发布

前　言

为贯彻《中华人民共和国环境保护法》和《中华人民共和国大气污染防治法》，保护环境，保障人体健康，规范空气中苯系物的测定方法，制定本标准。

本标准规定了测定环境空气及室内空气中苯、甲苯、乙苯、邻二甲苯、间二甲苯、对二甲苯、异丙苯和苯乙烯的固体吸附/热脱附-气相色谱法。

本标准是对《空气质量　甲苯、二甲苯和苯乙烯的测定　气相色谱法》（GB/T 14677—93）的修订。

本标准首次发布于1993年，原标准起草单位为沈阳环境科学研究所，本次为第一次修订。本次修订的主要内容如下：

——将标准名称修订为《环境空气　苯系物的测定　固体吸附/热脱附-气相色谱法》；

——目标组分由五种增加为八种；

——将标准溶液基质由二硫化碳修改为甲醇；

——增加了二级脱附毛细管柱分析方法；

——增加了质量保证和质量控制条款。

自本标准实施之日起，原国家环境保护局1993年9月18日批准、发布的国家环境保护标准《空气质量　甲苯、二甲苯、苯乙烯的测定　气相色谱法》（GB/T 14677—93）废止。

本标准的附录A～附录C为资料性附录。

本标准由环境保护部科技标准司组织制订。

本标准主要起草单位：大连市环境监测中心。

本标准验证单位：鞍山市环境监测中心站、锦州市环境监测中心站、沈阳市环境监测中心站、辽宁省环境监测实验中心、营口市环境监测中心站。

本标准环境保护部2010年9月20日批准。

本标准自2010年12月1日起实施。

本标准由环境保护部解释。

环境空气 苯系物的测定
固体吸附/热脱附-气相色谱法

1 适用范围

本标准规定了测定空气中苯系物的固体吸附/热脱附-气相色谱法。

本标准适用于环境空气及室内空气中苯、甲苯、乙苯、邻二甲苯、间二甲苯、对二甲苯、异丙苯和苯乙烯的测定。本标准也适用于常温下低浓度废气中苯系物的测定。

当采样体积为 1 L 时，苯、甲苯、乙苯、邻二甲苯、间二甲苯、对二甲苯、异丙苯和苯乙烯的方法检出限和测定下限，见表 1。

表 1 方法检出限和测定下限

单位：mg/m^3

组 分	毛细管柱气相色谱法		填充柱气相色谱法	
	方法检出限	测定下限	方法检出限	测定下限
苯	5.0×10^{-4}	2.0×10^{-3}	5.0×10^{-4}	2.0×10^{-3}
甲苯	5.0×10^{-4}	2.0×10^{-3}	1.0×10^{-3}	4.0×10^{-3}
乙苯	5.0×10^{-4}	2.0×10^{-3}	1.0×10^{-3}	4.0×10^{-3}
对二甲苯	5.0×10^{-4}	2.0×10^{-3}	1.0×10^{-3}	4.0×10^{-3}
间二甲苯	5.0×10^{-4}	2.0×10^{-3}	1.0×10^{-3}	4.0×10^{-3}
邻二甲苯	5.0×10^{-4}	2.0×10^{-3}	1.0×10^{-3}	4.0×10^{-3}
异丙苯	5.0×10^{-4}	2.0×10^{-3}	1.0×10^{-3}	4.0×10^{-3}
苯乙烯	5.0×10^{-4}	2.0×10^{-3}	1.0×10^{-3}	4.0×10^{-3}

2 方法原理

用填充聚 2,6-二苯基对苯醚（Tenax）采样管，在常温条件下，富集环境空气或室内空气中的苯系物，采样管连入热脱附仪，加热后将吸附成分导入带有氢火焰离子化检测器（FID）的气相色谱仪进行分析。

3 试剂和材料

除非另有说明，分析时均使用符合国家标准的分析纯化学试剂。

3.1 甲醇：色谱纯。

3.2 标准贮备液：取适量色谱纯的苯、甲苯、乙苯、邻二甲苯、间二甲苯、对二甲苯、异丙苯和苯乙烯配制于一定体积的甲醇（3.1）中。也可使用有证标准溶液。

3.3 载气：氮气，纯度 99.999%，用净化管净化。

3.4 燃烧气：氢气，纯度 99.99%。

3.5 助燃气：空气，用净化管净化。

4 仪器和设备

4.1 气相色谱仪：配有 FID 检测器。

4.2 色谱柱

4.2.1 填充柱：材质为硬质玻璃或不锈钢，长 2 m，内径 3～4 mm，内填充涂附 2.5%邻苯二甲酸二壬酯（DNP）和 2.5%有机皂土-34（bentane）的 Chromsorb G·DMCS（80～100 目）。填充柱制备方法参见附录 A。

4.2.2 毛细管柱：固定液为聚乙二醇（PEG-20M），30 m × 0.32 mm，膜厚 1.00 μm 或等效毛细管柱。

4.3 热脱附装置

具有一级脱附或二级脱附功能，购买专业厂家产品或自己制作均可。热脱附单元能连续调温，最高温度能达到 300℃，当温度达到设定值后，温度可保持恒定。采样管装到热脱附仪上后，采样管两端及整个系统不漏气。与气相色谱仪连接的传输线温度应能保持在 100℃以上。

具有冷冻聚焦功能的热脱附仪也适用于本标准。

4.4 老化装置

温度在 200～400℃可控，同时保持一定的氮气流速。

4.5 样品采集装置

无油采样泵，流量范围 0.01～0.1 L/min 和 0.1～0.5 L/mim，流量稳定。

4.6 采样管

采样管的材料为不锈钢或硬质玻璃，内填不少于 200 mg 的 Tenax（60～80 目）吸附剂（或其他等效吸附剂），两端用孔隙小于吸附剂粒径的不锈钢网或石英棉固定，防止吸附剂掉落。管内吸附剂的位置至少离管入口端 15 mm，填装吸附剂的长度不能超过加热区的尺寸。采样管可直接购买，也可自己填装。

4.7 温度计：精度 0.1℃。

4.8 气压表：精度 0.01 kPa。

4.9 微量进样器：1～5 μl。

4.10 一般实验室常用仪器和设备。

5 样品

5.1 采样管的准备

新填装的采样管应用老化装置或具有老化功能的热脱附仪老化，老化流量为 50 ml/min，温度为 350℃，时间为 120 min；使用过的采样管应在 350℃下老化 30 min 以上。老化后的采样管两端立即用聚四氟乙烯帽密封，放在密封袋或保护管中保存。密封袋或保护管存放于装有活性炭的盒子或干燥器中，4℃保存。老化后的采样管应在两周内使用。

5.2 样品采集

5.2.1 采样前应对采样器进行流量校准。在采样现场，将一只采样管与空气采样装置相连，调整采样装置流量，此采样管仅作为调节流量用，不用做采样分析。

5.2.2 常温下，将老化后的采样管去掉两侧的聚四氟乙烯帽，按照采样管上流量方向与采样器相连，检查采样系统的气密性。以 10～200 ml/min 的流量采集空气 10～20 min。若现场大气中含有较多颗粒物，可在采样管前连接过滤头。同时记录采样器流量、当前温度和气压。20℃下，苯系物各组分在填装有 200 mg 的 Tenax-TA 吸附管中的安全采样体积，见附录 B。

5.2.3　采样完毕前，再次记录采样流量，取下采样管，立即用聚四氟乙烯帽密封。

5.3　样品保存

采样管采样后，立即用聚四氟乙烯帽将采样管两端密封，4℃避光密闭保存，30 d 内分析。

5.4　现场空白样品的采集

将老化后的采样管运输到采样现场，取下聚四氟乙烯帽后重新密封，不参与样品采集，并同已采集样品的采样管一同存放。每次采集样品，都应采集至少一个现场空白样品。

6　分析步骤

6.1　仪器的选择

6.1.1　当选用的热脱附装置只具有一级脱附功能时，宜选用带有填充柱的气相色谱仪。

6.1.2　当选用的热脱附装置具有二级脱附功能时，应选用带有毛细管柱的气相色谱仪。

选择毛细管柱时，根据二级脱附聚焦管的推荐热脱附流量选择毛细管柱内径。一般情况下，聚焦管推荐热脱附流量低于 2.0 ml/min 时，可选用 0.25 mm 内径的毛细管柱；当聚焦管推荐热脱附流量大于 2.0 ml/min 时，可选用 0.32 mm 内径以上的毛细管柱。固定液为聚乙二醇，膜厚大于 1.0 μm 的毛细管柱（4.2.2）对本标准的目标组分有较好的分离。

6.2　推荐分析条件

6.2.1　一级热脱附、填充柱气相色谱参考条件

6.2.1.1　热脱附仪

载气流速：50 ml/min；阀温：100℃；传输线温度：150℃；脱附温度：250℃；脱附时间：3 min。

6.2.1.2　填充柱气相色谱

载气流速：50 ml/min；进样口温度：150℃；检测器温度：150℃；柱温：65℃；氢气流量：40 ml/min；空气流量：400 ml/min。

6.2.2　二级热脱附、毛细管柱气相色谱参考条件

6.2.2.1　热脱附仪

采样管初始温度：40℃；聚焦管初始温度：40℃；干吹温度：40℃；干吹时间：2 min；采样管脱附温度：250℃；采样管脱附时间：3 min；采样管脱附流量：30 ml/min；聚焦管脱附温度：250℃；聚焦管脱附时间：3 min；传输线温度：150℃。

6.2.2.2　毛细管柱气相色谱

柱箱温度：80℃恒温；柱流量：3.0 m/min；进样口温度：150℃；检测器温度：250℃；尾吹气流量：30 ml/min；氢气流量：40 ml/min；空气流量：400 ml/min。

6.3　校准

6.3.1　校准曲线绘制

分别取适量的标准贮备液（3.2），用甲醇（3.1）稀释并定容至 1.00 ml，配制质量浓度依次为 5、10、20、50 和 100 μg/ml 的校准系列。

将老化后的采样管连接于其他气相色谱仪的填充柱进样口，或类似于气相色谱填充柱进样口功能的自制装置，设定进样口（装置）温度为 50℃，用注射器注射 1.0 μl 标准系列溶液，用 100 ml/min 的

流量通载气（3.3）5 min，迅速取下采样管，用聚四氟乙烯帽将采样管两端密封，得到 5、10、20、50 和 100 ng 校准曲线系列采样管。将校准曲线系列采样管按吸附标准溶液时气流相反方向连接入热脱附仪分析，根据目标组分质量和响应值绘制校准曲线。

注：若热脱附仪带有液体标准物质进样口，可直接注射一定量的标准溶液，用以校准曲线的绘制。

6.3.2 标准色谱图

6.3.2.1 填充柱参考色谱图，见图 1。

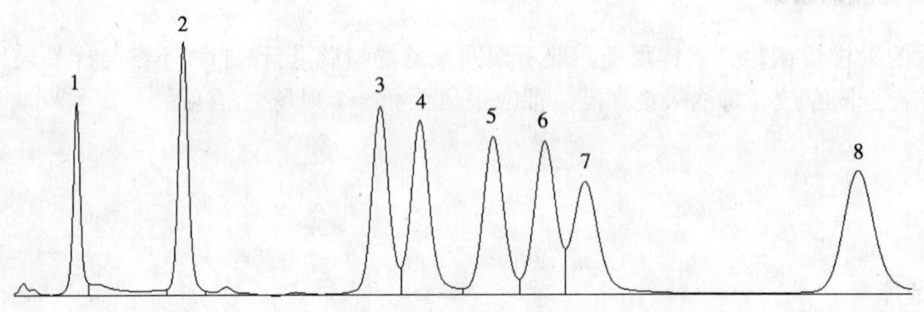

1—苯；2—甲苯；3—乙苯；4—对二甲苯；5—间二甲苯；6—邻二甲苯；7—异丙苯；8—苯乙烯。

图 1 填充柱色谱图

6.3.2.2 毛细管柱参考色谱图，见图 2。

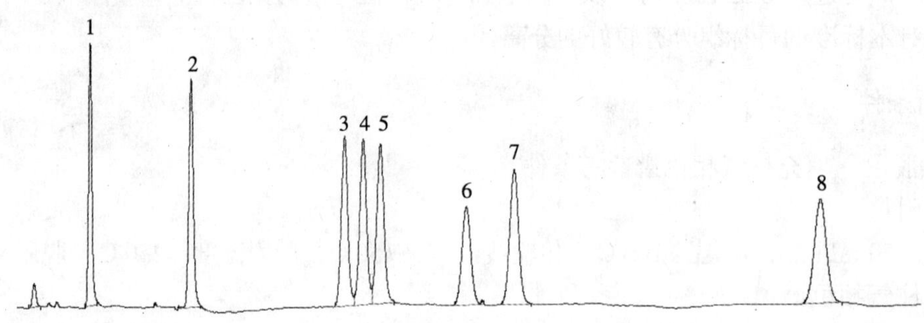

1—苯；2—甲苯；3—乙苯；4—对二甲苯；5—间二甲苯；6—异丙苯；7—邻二甲苯；8—苯乙烯。

图 2 毛细管柱色谱图

6.4 测定

将样品采样管安装在热脱附仪上，样品管内载气流的方向与采样时的方向相反，调整分析条件（6.2），目标组分脱附后，经气相色谱仪分离，由 FID 检测。记录色谱峰的保留时间和相应值。

6.4.1 定性分析

根据保留时间定性。

6.4.2 定量分析

根据校准曲线计算目标组分的含量。

6.5 空白试验

现场空白管与已采样的样品管同批测定，分析步骤同测定（6.4）。

7 结果计算与表示

7.1 气体中目标化合物浓度，按照式（1）进行计算。

$$\rho = \frac{W - W_0}{V_{nd} \times 1\,000} \tag{1}$$

式中：ρ——气体中被测组分质量浓度，mg/m^3；

W——热脱附进样，由校准曲线计算的被测组分的质量，ng；

W_0——由校准曲线计算的空白管中被测组分的质量，ng；

V_{nd}——标准状态下（101.325 kPa，273.15 K）的采样体积，L。

7.2 结果表示

当测定结果小于 0.1 mg/m^{3}时，保留到小数点后四位；大于等于 0.1 mg/m^{3}时，保留三位有效数字。

8 精密度和准确度

8.1 精密度

填充柱气相色谱法：五家实验室分别对含量为 1.0 ng 和 50.0 ng 的统一样品进行了测定，实验室内相对标准偏差范围为 0.6%～2.3%，0.4%～2.7%，实验室间相对标准偏差范围为 0.6%～1.5%，0.3%～0.7%，重复性限范围为 0.04～0.05 ng，1.91～2.81 ng，再现性限范围为 0.04～0.06 ng，2.03～2.81 ng。详细参数见附录 C。

毛细管柱气相色谱法：五家实验室分别对含量为 1.0 ng 和 50.0 ng 的统一样品进行了测定，实验室内相对标准偏差范围为 0.8%～2.3%，0.8%～2.7%，实验室间相对标准偏差范围为 0.8%～2.3%，0.6%～1.5%；重复性限范围为 0.03～0.06 ng，1.72～2.94 ng，再现性限范围为 0.04～0.07 ng，1.72～3.12 ng。详细参数见附录 C。

8.2 准确度

五家实验室对两种质量浓度的标准样品进行了测定，填充柱气相色谱法的相对误差最终值为–0.8%～2.6%，加标回收率最终值范围为 92.1%～106%；毛细管柱气相色谱法的相对误差最终值为–1.0%～3.5%，加标回收率最终值范围为 93.4%～106%。详细参数见附录 C。

9 质量保证和质量控制

9.1 主要污染来自 Tenax 采样管的样品残留。采样前应充分老化采样管，以去除样品残留，残留量应小于校准曲线最低点的 1/4。在运输和贮存过程中，采样管应密闭保存。

9.2 现场空白样品中目标化合物的残留量应小于样品的 1/4。当数据可疑时，应对本批数据进行核实和检查。

9.3 采样前后的流量相对偏差应在 10%以内。

9.4 每批样品至少采集一组平行样品，平行样品采集流量为样品采集流量的 20%～40%，采样体积相同。平行样品中目标化合物的检出量相对偏差应小于 25%，否则应减小样品采样流量。如减小流量后相对偏差仍大于 25%，应更换采样管或重新填充采样管。

9.5 每批样品至少采集一个第二采样管。第二采样管应串联在样品采样管后，其目标化合物检出量应小于样品采样管中目标化合物检出量的 20%，否则应更换采样管或减少采样体积。

9.6 每批样品分析时应带一个中间浓度校核点，中间浓度校核点测定值与校准曲线相应点浓度的相对误差应不超过 20%。若超出允许范围，应重新配制中间浓度点标准溶液，若还不能满足要求，应重新绘制校准曲线。

附 录 A
（资料性附录）
填充柱的填充方法

称取有机皂土 0.525 g 和 DNP 0.378 g，置入圆底烧瓶中，加入 60 ml 苯，于 90℃水浴中回流 3 h，再加入 Chromsorb G·DMCS 载体 15 g 继续回流 2 h 后，将固定相转移至培养皿中，在红外灯下边烘烤边摇动至松散状态，再静置烘烤 2 h 后即可装柱。

将色谱柱的尾端（接检测器一端）用石英棉塞住，接真空泵，柱的另一端通过软管接一漏斗，开动真空泵后，使固定相慢慢通过漏斗装入色谱柱内，边装边轻敲色谱柱使填充均匀，填充完毕后，用石英棉塞住色谱柱另一端。

填充好的色谱柱需在 150℃下，以低流速 20～30 ml/min 通载气，连续老化 24 h。

附 录 B
（资料性附录）
苯系物的安全采样体积

20℃下，苯系物各组分在填装有 200 mg 的 Tenax-TA 吸附管中的安全采样体积，见表 B.1。

表 B.1 苯系物的安全采样体积

组分	安全采样体积/L
苯	6.2
甲苯	38
乙苯	180
二甲苯	300
异丙苯	480
苯乙烯	300

附 录 C
（资料性附录）
精密度和准确度汇总表

附表 C.1 填充柱气相色谱法精密度和准确度

组分	指标							
	空白加标量/ng	重复性限 r/ng	再现性限 R/ng	实验室内相对标准偏差/%	实验室间相对标准偏差/%	标准物质/（mg/L）	相对误差最终值 $\overline{RE}\pm 2S_{\overline{RE}}$ %	样品加标回收率最终值 $\overline{P}\pm 2S_{\overline{P}}$ %
苯	1.0	0.05	0.05	0.6～2.1	1.1	161±12	0.54±0.68	97.6±3.4
	50.0	2.49	2.31	1.6～1.8	0.3	233±14	0.56±0.65	
甲苯	1.0	0.04	0.05	0.9～2.3	1.3	162±9	0.74±0.47	97.4±1.3
	50.0	2.35	2.35	0.4～2.7	0.3	239±11	0.70±0.24	
乙苯	1.0	0.04	0.05	0.6～2.3	1.1	163±10	1.19±0.92	100±3.8
	50.0	2.78	2.78	1.6～2.7	0.6	239±11	0.67±0.83	
对二甲苯	1.0	0.04	0.04	0.6～1.9	0.6	163±10	1.31±1.32	96.7±4.8
	50.0	2.63	2.63	1.6～2.2	0.5	237±10	0.59±1.41	
间二甲苯	1.0	0.05	0.06	1.3～2.1	1.5	162±11	0.58±0.37	98.2±3.0
	50.0	2.51	2.52	0.8～2.7	0.6	237±10	0.49±1.35	
邻二甲苯	1.0	0.05	0.06	0.9～2.3	1.8	161±10	0.23±0.45	98.2±3.4
	50.0	2.81	2.81	1.6～2.7	0.7	237±10	0.28±0.43	
异丙苯	1.0	0.04	0.05	0.9～2.1	1.4	162±11	0.47±0.61	101±5.3
	50.0	2.28	2.28	0.4～2.2	0.6	237±11	0.79±0.43	
苯乙烯	1.0	0.04	0.06	0.9～2.3	1.5	200	0.92±1.18	99.9±6.9
	50.0	1.91	2.03	0.4～1.8	0.7	400	0.66±0.45	

附表 C.2　毛细管柱气相色谱法精密度和准确度

组 分	指 标							
	空白加标量/ng	重复性限 r/ng	再现性限 R/ng	实验室内相对标准偏差/%	实验室间相对标准偏差/%	标准物质/（mg/L）	相对误差最终值 $\overline{RE} \pm 2S_{\overline{RE}}$ %	样品加标回收率最终值 $\overline{P} \pm 2S_{\overline{P}}$ %
苯	1.0	0.04	0.07	0.8～2.3	2.0	161±12	0.54±0.91	98.0±2.7
	50.0	2.07	2.23	08.～2.7	0.8	233±14	0.80±1.04	
甲苯	1.0	0.04	0.06	0.8～2.0	1.8	162±9	0.86±0.71	98.6±3.8
	50.0	2.76	2.79	1.4～2.5	0.8	239±11	0.82±0.25	
乙苯	1.0	0.05	0.06	0.9～2.3	1.4	163±10	1.23±0.84	99.9±2.9
	50.0	2.30	2.30	1.2～1.7	0.6	239±11	0.68±0.81	
对二甲苯	1.0	0.03	0.04	0.9～1.6	1.1	163±10	1.21±0.97	96.7±3.3
	50.0	2.94	2.94	1.4～2.5	0.8	237±10	0.58±0.99	
间二甲苯	1.0	0.06	0.08	0.9～2.3	1.8	162±11	0.51±0.14	98.2±3.9
	50.0	1.74	2.28	0.9～1.4	1.2	237±10	0.52±1.56	
邻二甲苯	1.0	0.06	0.06	0.8～2.1	0.8	161±10	0.31±0.88	97.8±4.0
	50.0	1.72	1.72	1.0～1.6	0.4	237±10	0.13±0.35	
异丙苯	1.0	0.04	0.06	0.9～2.1	2.3	162±11	0.41±0.41	99.1±7.0
	50.0	2.33	2.33	1.0～1.9	0.3	237±11	0.53±0.53	
苯乙烯	1.0	0.05	0.07	1.3～2.3	1.9	200	1.67±1.81	99.5±7.1
	50.0	2.54	3.12	0.8～2.5	1.5	400	0.64±0.54	

中华人民共和国国家环境保护标准

HJ 584—2010

代替 GB/T 14670—93

环境空气 苯系物的测定
活性炭吸附/二硫化碳解吸-气相色谱法

Ambient air—Determination of benzene and its analogies by activated charcoal adsorption carbon disulfide desorption and gas chromatography

2010-09-20 发布　　　　　　　　　　　　2010-12-01 实施

环 境 保 护 部 发布

前 言

为贯彻《中华人民共和国环境保护法》和《中华人民共和国大气污染防治法》，保护环境，保障人体健康，规范空气中苯系物的测定方法，制定本标准。

本标准规定了测定环境空气和室内空气中苯、甲苯、乙苯、邻二甲苯、间二甲苯、对二甲苯、异丙苯和苯乙烯的活性炭吸附/二硫化碳解吸-气相色谱法。

本标准是对《空气质量　苯乙烯的测定　气相色谱法》（GB/T 14670—93）的修订。

本标准首次发布于 1993 年，原标准起草单位：上海环境保护监测中心。本次为第一次修订。修订的主要内容如下：

——将标准名称修订为《环境空气　苯系物的测定　活性炭吸附/二硫化碳解吸-气相色谱法》；

——目标组分由一种增加为八种；

——修订了方法检出限；

——增加了毛细管柱分离方法；

——修订了目标组分的定量方式；

——增加了质量保证和质量控制条款。

自本标准实施之日起，原国家环境保护局 1993 年 9 月 18 日批准、发布的国家环境保护标准《空气质量　苯乙烯的测定　气相色谱法》（GB/T 14670—93）废止。

本标准的附录 A～附录 C 为资料性附录。

本标准由环境保护部科技标准司组织制订。

本标准主要起草单位：大连市环境监测中心。

本标准验证单位：鞍山市环境监测中心站、锦州市环境监测中心站、沈阳市环境监测中心站、辽宁省环境监测实验中心、营口市环境监测中心站。

本标准环境保护部 2010 年 9 月 20 日批准。

本标准自 2010 年 12 月 1 日起实施。

本标准由环境保护部解释。

环境空气　苯系物的测定
活性炭吸附/二硫化碳解吸-气相色谱法

1　适用范围

本标准规定了测定空气中苯系物的活性炭吸附/二硫化碳解吸-气相色谱法。

本标准适用于环境空气和室内空气中苯、甲苯、乙苯、邻二甲苯、间二甲苯、对二甲苯、异丙苯和苯乙烯的测定。本标准也适用于常温下低湿度废气中苯系物的测定。

当采样体积为 10 L 时，苯、甲苯、乙苯、邻二甲苯、间二甲苯、对二甲苯、异丙苯和苯乙烯的方法检出限均为 1.5×10^{-3} mg/m^3，测定下限均为 6.0×10^{-3} mg/m^3。

2　方法原理

用活性炭采样管富集环境空气和室内空气中苯系物，二硫化碳（CS_2）解吸，使用带有氢火焰离子化检测器（FID）的气相色谱仪测定分析。

3　干扰和消除

主要干扰来自二硫化碳的杂质。二硫化碳在使用前应经过气相色谱仪鉴定是否存在干扰峰。如有干扰峰，应对二硫化碳提纯，提纯方法见附录 A。

4　试剂和材料

除非另有说明，分析时均使用符合国家标准的分析纯试剂。

4.1　二硫化碳：分析纯，经色谱鉴定无干扰峰。

4.2　标准贮备液：取适量色谱纯的苯、甲苯、乙苯、邻二甲苯、间二甲苯、对二甲苯、异丙苯和苯乙烯配制于一定体积的二硫化碳（4.1）中。也可使用有证标准溶液。

4.3　载气：氮气，纯度 99.999%，用净化管净化。

4.4　燃烧气：氢气，纯度 99.99%。

4.5　助燃气：空气，用净化管净化。

5　仪器和设备

5.1　气相色谱仪：配有 FID 检测器。

5.2　色谱柱

填充柱：材质为硬质玻璃或不锈钢，长 2 m，内径 3～4 mm，内填充涂附 2.5%邻苯二甲酸二壬酯（DNP）和 2.5%有机皂土-34（bentane）的 Chromsorb G · DMCS（80～100 目）。填充柱制备方法参见附录 B。

毛细管柱：固定液为聚乙二醇（PEG-20M），30 m × 0.32 mm，膜厚 1.00 μm 或等效毛细管柱。

5.3 采样装置

无油采样泵，能在 0～1.5 L/min 内精确保持流量。

5.4 活性炭采样管

采样管内装有两段特制的活性炭，A 段 100 mg，B 段 50 mg。A 段为采样段，B 段为指示段，详见图 1。

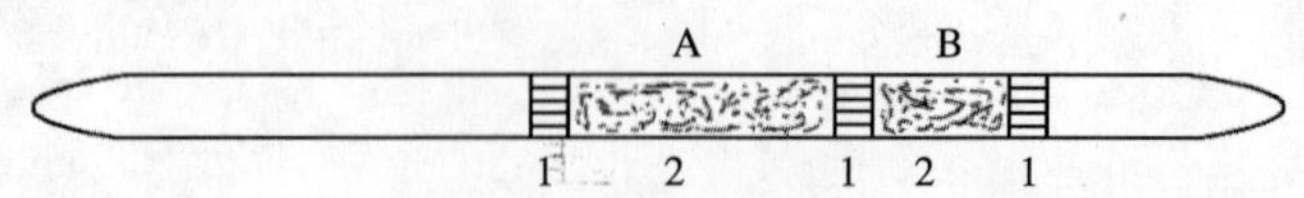

1—玻璃棉；2—活性炭；A—100 mg 活性炭；B—50 mg 活性炭。

图 1 活性炭采样管

5.5 温度计：精度 0.1℃。

5.6 气压计：精度 0.01 kPa。

5.7 微量进样器：1～5 μl，精度 0.1 μl。

5.8 移液管：1.00 ml。

5.9 磨口具塞试管：5 ml。

5.10 一般实验室常用仪器和设备。

6 样品

6.1 样品采集

6.1.1 采样前应对采样器进行流量校准。在采样现场，将一只采样管与空气采样装置相连，调整采样装置流量，此采样管仅作为调节流量用，不用作采样分析。

6.1.2 敲开活性炭采样管的两端，与采样器相连（A 段为气体入口），检查采样系统的气密性。以 0.2～0.6 L/min 的流量采气 1～2 h（废气采样时间 5～10 min）。若现场大气中含有较多颗粒物，可在采样管前连接过滤头。同时记录采样器流量、当前温度、气压及采样时间和地点。

6.1.3 采样完毕前，再次记录采样流量，取下采样管，立即用聚四氟乙烯帽密封。

6.2 现场空白样品的采集

将活性炭管运输到采样现场，敲开两端后立即用聚四氟乙烯帽密封，并同已采集样品的活性炭管一同存放并带回实验室分析。每次采集样品，都应至少带一个现场空白样品。

6.3 样品的保存

采集好的样品，立即用聚四氟乙烯帽将活性炭采样管的两端密封，避光密闭保存，室温下 8 h 内测定。否则放入密闭容器中，保存于–20℃冰箱中，保存期限为 1 d。

6.4 样品的解吸

将活性炭采样管中 A 段和 B 段取出，分别放入磨口具塞试管中，每个试管中各加入 1.00 ml 二硫化碳（4.1）密闭，轻轻振动，在室温下解吸 1 h 后，待测。

7 分析步骤

7.1 推荐分析条件

7.1.1 填充柱气相色谱法参考条件

载气流速：50 ml/min；进样口温度：150℃；检测器温度：150℃；柱温：65℃；氢气流量：40 ml/min；空气流量：400 ml/min。

7.1.2 毛细管柱气相色谱法参考条件

柱箱温度：65℃保持 10 min，以 5℃/min 速率升温到 90℃保持 2 min；柱流量：2.6 ml/min；进样口温度：150℃；检测器温度：250℃；尾吹气流量：30 ml/min；氢气流量：40 ml/min；空气流量：400 ml/min。

7.2 校准

7.2.1 校准曲线的绘制

分别取适量的标准贮备液（4.2），稀释到 1.00 ml 的二硫化碳（4.1）中，配制质量浓度依次为 0.5、1.0、10、20 和 50 μg/ml 的校准系列。分别取标准系列溶液 1.0 μl 注射到气相色谱仪进样口。根据各目标组分质量和响应值绘制校准曲线。

7.2.2 标准色谱图

7.2.2.1 毛细管柱参考色谱图，见图 2。

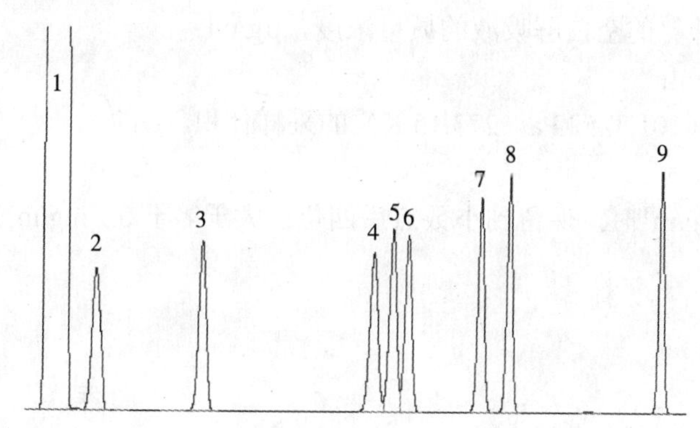

1—二硫化碳；2—苯；3—甲苯；4—乙苯；5—对二甲苯；6—间二甲苯；7—异丙苯；8—邻二甲苯；9—苯乙烯。

图 2 毛细管柱色谱图

7.2.2.2 填充柱参考色谱图，见图 3。

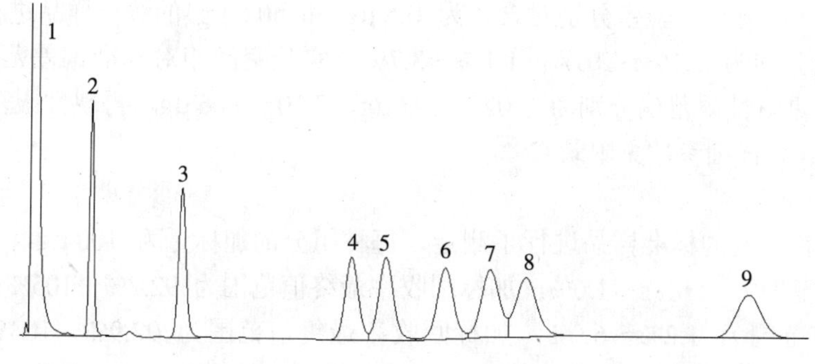

1—二硫化碳；2—苯；3—甲苯；4—乙苯；5—对二甲苯；6—间二甲苯；7—邻二甲苯；8—异丙苯；9—苯乙烯。

图 3 填充柱色谱图

7.3 测定

取制备好的试样（6.4）1.0 μl，注射到气相色谱仪中，调整分析条件（7.1），目标组分经色谱柱分离后，由 FID 进行检测。记录色谱峰的保留时间和相应值。

7.3.1 定性分析

根据保留时间定性。

7.3.2 定量分析

根据校准曲线计算目标组分含量。

7.4 空白试验

现场空白活性炭管与已采样的样品管同批测定，分析步骤同测定（7.3）。

8 结果计算与表示

8.1 气体中目标化合物浓度，按照式（1）进行计算。

$$\rho = \frac{(W - W_0) \times V}{V_{nd}} \tag{1}$$

式中：ρ——气体中被测组分质量浓度，mg/m^3；

W——由校准曲线计算的样品解吸液的质量浓度，μg/ml；

W_0——由校准曲线计算的空白解吸液的质量浓度，μg/ml；

V——解吸液体积，ml；

V_{nd}——标准状态下（101.325 kPa，273.15 K）的采样体积，L。

8.2 结果的表示

当测定结果小于 0.1 mg/m^3 时，保留到小数点后四位；大于等于 0.1 mg/m^3 时，保留三位有效数字。

9 精密度和准确度

9.1 精密度

毛细管柱气相色谱法：五个实验室分别对含量为 0.5 μg 和 50.0 μg 的统一样品进行了测定，实验室内相对标准偏差范围分别为 1.1%～2.6%，1.1%～2.5%，实验室间相对标准偏差范围分别为 0.2%～1.0%，0.1%～1.0%；重复性限范围分别为 0.01～0.03 μg，1.95～3.27 μg，再现性限范围分别为 0.02～0.04 μg，1.95～3.32 μg。详细参数见附录 C。

填充柱气相色谱法：五个实验室分别对含量为 0.5 μg 和 50.0 μg 的统一样品进行了测定，实验室内相对标准偏差范围分别为 1.1%～2.6%，1.1%～3.7%，实验室间相对标准偏差范围分别为 0.1%～0.7%，0.3%～1.0%；重复性限范围分别为 0.02～0.03 μg，2.10～3.06 μg，再现性限范围分别为 0.02～0.03 μg，2.12～3.06 μg。详细参数见附录 C。

9.2 准确度

五个实验室对两种浓度的标准样品进行了测定，每种组分的加标量为 100 μg，毛细管柱气相色谱法的相对误差最终值范围为–2.6%～11.6%，加标回收率最终值范围为 92.2%～105%；填充柱气相色谱法的相对误差最终值范围为–1.2%～6.0%，加标回收率最终值范围为 92.9%～104%。详细参数见附录 C。

10 质量保证和质量控制

10.1 当空气中水蒸气或水雾太大，以致在活性炭管中凝结时，影响活性炭管的穿透体积及采样效率，空气湿度应小于 90%。

10.2 采样前后的流量相对偏差应在 10%以内。

10.3 活性炭采样管的吸附效率应在 80%以上，即 B 段活性炭所收集的组分应小于 A 段的 25%，否则应调整流量或采样时间，重新采样。按式（2）计算活性炭管的吸附效率（%）。

$$K = \frac{M_1}{M_1 + M_2} \times 100 \quad (2)$$

式中：K——采样吸附效率，%；

M_1——A 段采样量，ng；

M_2——B 段采样量，ng。

10.4 每批样品分析时应带一个校准曲线中间浓度校核点，中间浓度校核点测定值与校准曲线相应点浓度的相对误差应不超过 20%。若超出允许范围，应重新配制中间浓度点标准溶液，若还不能满足要求，应重新绘制校准曲线。

附 录 A

（资料性附录）

二硫化碳的提纯

在 1 000 ml 抽滤瓶中加入 200 ml 欲提纯的二硫化碳，加入 50 ml 浓硫酸。将一装有 50 ml 浓硝酸的分液漏斗置于抽滤瓶上方，紧密连接。上述抽滤瓶置于加热电磁搅拌器上，打开电磁搅拌器，抽真空升温，使硝化温度控制在 45℃±2℃，剧烈搅拌 5 min，搅拌时滴加硝酸到抽滤瓶中。静置 5 min，反复进行，共反应 0.5 h。然后将溶液全部转移至 500 ml 分液漏斗中，静置 0.5 h 左右，弃去酸层，水洗，加 10%碳酸钾溶液中和 pH 至 6～8，再水洗至中性，弃去水相，二硫化碳用无水硫酸钠干燥除水备用。

附 录 B
（资料性附录）
填充柱的填充方法

称取有机皂土 0.525 g 和 DNP 0.378 g，置入圆底烧瓶中，加入 60 ml 苯，于 90℃水浴中回流 3 h，再加入 Chromsorb G・DMCS 载体 15 g 继续回流 2 h 后，将固定相转移至培养皿中，在红外灯下边烘烤边摇动至松散状态，再静置烘烤 2 h 后即可装柱。

将色谱柱的尾端（接检测器一端）用石英棉塞住，接真空泵，柱的另一端通过软管接一漏斗，开动真空泵后，使固定相慢慢通过漏斗装入色谱柱内，边装边轻敲色谱柱使填充均匀，填充完毕后，用石英棉塞住色谱柱另一端。

填充好的色谱柱需在 150℃下，以 20～30 ml/min 的流速通载气，连续老化 24 h。

附 录 C
（资料性附录）
精密度和准确度汇总表

附表 C.1 毛细管柱气相色谱法精密度和准确度

组分	指标							
	空白加标量/μg	重复性限 r/μg	再现性限 R/μg	实验室内相对标准偏差/%	实验室间相对标准偏差/%	标准物质/（mg/L）	相对误差最终值/$\overline{RE} \pm 2S_{\overline{RE}}$ %	样品加标回收率最终值/$\overline{P} \pm 2S_{\overline{P}}$ %
苯	0.5	0.03	0.03	1.5～2.6	1.0	119±7	3.42±1.20	100±2.8
	50.0	3.27	3.32	1.9～2.5	0.7	254±21	3.77±0.55	
甲苯	0.5	0.03	0.03	1.7～2.2	0.5	119±10	0.59±0.36	99.2±3.7
	50.0	2.76	2.76	1.7～2.3	1.0	256±23	1.48±0.66	
乙苯	0.5	0.01	0.02	1.2～2.4	0.2	120±12	3.28±2.02	99.4±4.8
	50.0	1.95	1.95	1.1～1.8	0.1	257±30	4.63±7.07	
对二甲苯	0.5	0.03	0.04	1.1～2.1	0.4	120±12	3.19±0.81	98.4±5.6
	50.0	2.39	2.49	1.7～2.1	0.8	240±23	3.22±0.87	
间二甲苯	0.5	0.06	0.03	1.7～2.1	0.2	119±9	4.12±4.17	97.5±3.4
	50.0	2.57	2.59	1.5～2.4	0.9	238±18	5.80±0.88	
邻二甲苯	0.5	0.02	0.02	1.1～2.4	0.2	118±12	2.57±1.64	98.0±5.3
	50.0	2.40	2.40	1.1～2.1	0.6	238±23	4.52±1.39	
异丙苯	0.5	0.02	0.03	1.2～2.0	1.0	150	1.24±1.35	98.4±5.5
	50.0	2.57	2.61	1.3～2.3	0.4	300	0.70±0.88	
苯乙烯	0.5	0.03	0.03	1.5～2.6	0.2	119±9	1.51±0.73	98.7±6.2
	50.0	2.43	2.45	1.8～2.5	0.8	243±16	3.32±0.55	

附表 C.2　填充柱气相色谱法精密度和准确度

组分	指标							
	空白加标量/μg	重复性限 *r*/μg	再现性限 *R*/μg	实验室内相对标准偏差/%	实验室间相对标准偏差/%	标准物质/（mg/L）	相对误差最终值 $\overline{RE} \pm 2S_{\overline{RE}}$ %	样品加标回收率最终值 $\overline{P} \pm 2S_{\overline{P}}$ %
苯	0.5	0.02	0.03	1.7～2.6	0.7	119±7	3.47±2.10	99.5±4.0
	50.0	2.93	3.05	1.1～3.7	0.3	254±21	4.12±0.87	
甲苯	0.5	0.02	0.03	1.3～2.1	0.1	119±10	3.61±2.39	100±1.9
	50.0	2.75	2.82	1.2～3.5	0.8	256±23	2.43±3.04	
乙苯	0.5	0.02	0.02	1.5～2.2	0.3	120±12	2.67±1.94	99.2±4.5
	50.0	2.71	2.71	1.3～2.3	1.0	257±30	1.78±0.49	
对二甲苯	0.5	0.03	0.03	1.5～2.1	0.2	120±12	3.06±1.21	99.1±4.8
	50.0	3.06	3.06	1.7～2.5	0.7	240±23	1.61±1.68	
间二甲苯	0.5	0.02	0.02	1.2～2.1	0.5	119±9	0.73±0.94	98.2±1.8
	50.0	3.02	3.02	1.3～2.5	0.5	238±18	4.79±0.46	
邻二甲苯	0.5	0.02	0.02	1.1～1.8	0.2	118±12	1.10±1.39	98.2±5.3
	50.0	2.10	2.12	1.2～2.5	0.5	238±23	5.41±0.36	
异丙苯	0.5	0.02	0.02	1.5～2.1	0.4	150	1.18±2.36	99.7±2.1
	50.0	2.67	2.67	1.3～1.8	0.5	300	0.88±0.57	
苯乙烯	0.5	0.02	0.02	1.5～2.3	0.5	119±9	1.06±0.98	99.9±2.9
	50.0	2.50	2.55	1.7～2.5	0.4	243±16	2.78±3.24	

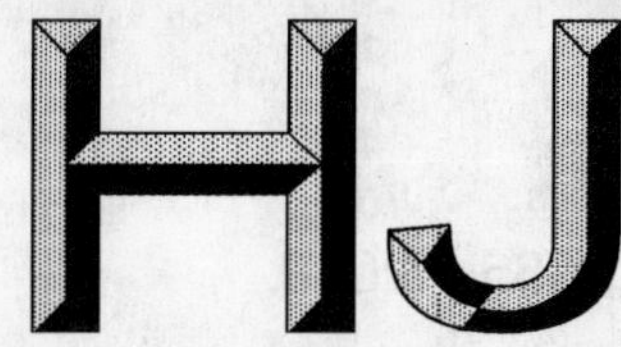

中华人民共和国国家环境保护标准

HJ 585—2010

代替 GB 11897—89

水质　游离氯和总氯的测定

N,*N*-二乙基-1,4-苯二胺滴定法

Water quality—Determination of free chlorine and total chlorine—Titrimetric method using *N*,*N*-diethyl-1,4-phenylenediamine

2010-09-20 发布　　　　2010-12-01 实施

环　境　保　护　部　发布

前 言

为贯彻《中华人民共和国环境保护法》和《中华人民共和国水污染防治法》，保护环境，保障人体健康，规范水中游离氯和总氯的测定方法，制定本标准。

本标准规定了测定工业废水、医疗废水、生活污水、中水和污水再生的景观用水中游离氯和总氯的 *N,N*-二乙基-1,4-苯二胺滴定法。

本标准是对《水质　游离氯和总氯的测定　*N,N*-二乙基-1,4-苯二胺滴定法》（GB 11897—89）的修订。

本标准首次发布于 1989 年，原标准起草单位：安徽省环境监测中心、中国预防医学科学院环境卫生监测所和安徽省芜湖环保监测中心站。本次为第一次修订。修订的主要内容如下：

——修改了标准的适用范围；

——增加了样品的保存方法；

——增加了干扰和消除条款；

——修改了缓冲溶液添加量；

——增加了注意事项条款。

自本标准实施之日起，原国家环境保护局 1989 年 12 月 25 日批准、发布的国家环境保护标准《水质　游离氯和总氯的测定　*N,N*-二乙基-1,4-苯二胺滴定法》（GB 11897—89）废止。

本标准的附录 A 为规范性附录。

本标准由环境保护部科技标准司组织制订。

本标准主要起草单位：大连市环境监测中心。

本标准验证单位：辽宁省环境监测实验中心、鞍山市环境监测中心、营口市环境监测中心、沈阳市环境监测中心、锦州市环境监测中心。

本标准环境保护部 2010 年 9 月 20 日批准。

本标准自 2010 年 12 月 1 日起实施。

本标准由环境保护部解释。

水质 游离氯和总氯的测定 *N*,*N*-二乙基-1,4-苯二胺滴定法

警告：汞盐属剧毒化学品，操作时应按规定要求佩戴防护器具，避免接触皮肤和衣物。检测后的废液应做妥善的安全处理。

1 适用范围

本标准规定了测定水中游离氯和总氯的滴定法。

本标准适用于工业废水、医疗废水、生活污水、中水和污水再生的景观用水中游离氯和总氯的测定。

本标准的检出限（以 Cl_2 计）为 0.02 mg/L，测定范围（以 Cl_2 计）为 0.08～5.00 mg/L。对于游离氯和总氯浓度超过方法测定上限的样品，可适当稀释后进行测定。

2 规范性引用文件

本标准内容引用了下列文件中的条款。凡是不注日期的引用文件，其有效版本适用于本标准。

GB/T 5750.10 生活饮用水标准检验方法 消毒副产物指标

GB/T 5750.11 生活饮用水标准检验方法 消毒剂指标

3 术语和定义

下列术语和定义适用于本标准。

3.1

游离氯 free chlorine

指以次氯酸、次氯酸盐离子和溶解的单质氯形式存在的氯。

3.2

化合氯 combined chlorine

指以氯胺和有机氯胺形式存在的氯。

3.3

总氯 total chlorine

指以“游离氯”或“化合氯”，或两者共存形式存在的氯。

3.4

氯胺 chloramines

指按本方法测定的氨的一、二或三个氢原子被氯原子取代的衍生物（如一氯胺，二氯胺，三氯化氮）和有机氮化合物的氯化衍生物。

游离氯和总氯的组成见表 1。

表 1 名词及其组成

名词		组成
游离氯（游离余氯）	活性游离氯	单质氯、次氯酸
	潜在游离氯	次氯酸盐
总氯（总余氯）		单质氯、次氯酸、次氯酸盐、氯胺

4 方法原理

4.1 游离氯测定

在 pH 为 6.2～6.5 条件下，游离氯与 *N,N*-二乙基-1,4-苯二胺（DPD）生成红色化合物，用硫酸亚铁铵标准溶液滴定至红色消失。

4.2 总氯测定

在 pH 为 6.2～6.5 条件下，存在过量碘化钾时，单质氯、次氯酸、次氯酸盐和氯胺与 DPD 反应生成红色化合物，用硫酸亚铁铵标准溶液滴定至红色消失。

5 干扰和消除

5.1 其他氯化合物的干扰

二氧化氯对游离氯和总氯的测定产生干扰，亚氯酸盐对总氯的测定产生干扰。二氧化氯和亚氯酸盐可通过测定其浓度加以校正，其测定方法参见 GB/T 5750.11 和 GB/T 5750.10。

高浓度的一氯胺对游离氯的测定产生干扰。可以通过加亚砷酸钠溶液（6.13）或硫代乙酰胺溶液（6.13）消除一氯胺的干扰，一氯胺的测定按照附录 A 执行。

5.2 氧化锰和六价铬干扰的校正

氧化锰和六价铬会对测定产生干扰。通过测定氧化锰和六价铬的浓度可消除干扰，其测定方法见 9.2。

5.3 其他氧化物的干扰

本方法在以下氧化剂存在的情况下有干扰：溴、碘、溴胺、碘胺、臭氧、过氧化氢、铬酸盐、氧化锰、六价铬、亚硝酸根、铜离子（Cu^{2+}）和铁离子（Fe^{3+}）。其中 Cu^{2+}（＜8 mg/L）和 Fe^{3+}（＜20 mg/L）的干扰可通过缓冲溶液和 DPD 溶液中的 Na_2-EDTA 掩蔽，氧化锰和六价铬的干扰可通过滴定测定进行校正，其他氧化物干扰加亚砷酸钠溶液（6.13）或硫代乙酰胺溶液（6.13）消除。铬酸盐的干扰可通过加入氯化钡消除。

6 试剂和材料

除非另有说明，分析时均使用符合国家标准的分析纯试剂。

6.1 实验用水：为不含氯和还原性物质的去离子水或二次蒸馏水，实验用水需通过检验方能使用。

检验方法：向第一个 250 ml 锥形瓶中加入 100 ml 待测水和 1.0 g 碘化钾（6.4），混匀。1 min 后，加入 5.0 ml 缓冲溶液（6.11）和 5.0 ml DPD 试液（6.12）；再向第二个 250 ml 锥形瓶中加入 100 ml 待测水和 2 滴次氯酸钠溶液（6.6）。2 min 后，加入 5.0 ml 缓冲溶液（6.11）和 5.0 ml DPD 试液（6.12）。

第一个瓶中不应显色，第二个瓶中应显粉红色。否则需将实验用水经活性炭处理使之脱氯，并按上述步骤检验其质量，直至合格后方能使用。

6.2 浓硫酸：ρ=1.84 g/ml。

6.3 正磷酸：ρ=1.71 g/ml。

6.4 碘化钾：晶体。

6.5 氢氧化钠溶液：c(NaOH)=2.0 mol/L

称取 80.0 g 氢氧化钠，溶解于 500 ml 水（6.1）中，待溶液冷却后移入 1 000 ml 容量瓶，加水（6.1）至标线，混匀。

6.6 次氯酸钠溶液：$\rho(Cl_2)\approx$0.1 g/L

由次氯酸钠浓溶液（商品名，安替福民）稀释而成。

6.7 重铬酸钾标准溶液：$c(1/6K_2Cr_2O_7)$=100.0 mmol/L

准确称取 4.904 g 研细的重铬酸钾（105℃烘干 2 h 以上），溶解于 1 000 ml 容量瓶中，加水（6.1）至标线，混匀。

6.8 硫酸亚铁铵贮备液：$c[(NH_4)_2Fe(SO_4)_2\cdot 6H_2O]\approx$56 mmol/L

称取 22.0 g 六水合硫酸亚铁铵，溶解于含 5.0 ml 浓硫酸（6.2）的水（6.1）中，移入 1 000 ml 棕色容量瓶中，加水（6.1）至标线，混匀。测定前进行标定。

标定方法：向 250 ml 锥形瓶中，依次加入 50.0 ml 硫酸亚铁铵贮备液（6.8）、5.0 ml 正磷酸（6.3）和 4 滴二苯胺磺酸钡指示液（6.10）。用重铬酸钾标准溶液（6.7）滴定到出现墨绿色，溶液颜色保持不变时为终点。此溶液的浓度以每升含氯（Cl_2）毫摩尔数表示，按式（1）进行计算。

$$c_1=\frac{c_2V_2}{2V_1} \tag{1}$$

式中：c_1——硫酸亚铁铵贮备液的浓度，mmol/L；

c_2——重铬酸钾标准溶液的浓度，mmol/L；

V_2——滴定消耗重铬酸钾标准溶液的体积，ml；

V_1——硫酸亚铁铵贮备液的体积，ml；

2——每摩尔硫酸亚铁铵相当于氯（Cl_2）的摩尔数。

注：若 V_2 小于 22 ml，应重新配制硫酸亚铁铵贮备液。

6.9 硫酸亚铁铵标准滴定液：$c[(NH_4)_2Fe(SO_4)_2\cdot 6H_2O]\approx$2.8 mmol/L

取 50.0 ml 硫酸亚铁铵贮备液（6.8）于 1 000 ml 容量瓶中，加水（6.1）至标线，混匀，存放于棕色试剂瓶中。临用现配。

以每升含氯（Cl_2）毫摩尔数表示此溶液的浓度 c_3（mmol/L），按式（2）进行计算。

$$c_3=\frac{c_1}{20} \tag{2}$$

6.10 二苯胺磺酸钡指示液：$\rho[(C_6H_5—NH—C_6H_4—SO_3)_2Ba]$=3.0 g/L

称取 0.30 g 二苯胺磺酸钡溶解于 100 ml 容量瓶中，加水（6.1）至标线，混匀。

6.11 磷酸盐缓冲溶液：pH=6.5

称取 24.0 g 无水磷酸氢二钠（Na_2HPO_4）或 60.5 g 十二水合磷酸氢二钠（$Na_2HPO_4\cdot 12H_2O$），以及 46.0 g 磷酸二氢钾（KH_2PO_4），依次溶于水中，加入 100 ml 浓度为 8.0 g/L 的二水合 EDTA 二钠（$C_{10}H_{14}N_2O_8Na_2\cdot 2H_2O$）溶液或 0.8 g EDTA 二钠固体，转移至 1 000 ml 容量瓶中，加水（6.1）至标线，混匀。必要时，可加入 0.020 g 氯化汞，以防止霉菌繁殖及试剂内痕量碘化物对游离氯检验的干扰。

6.12 *N,N*-二乙基-1,4-苯二胺硫酸盐（DPD）溶液：$\rho[NH_2—C_6H_4—N(C_2H_5)_2 \cdot H_2SO_4]$=1.1 g/L

将 2.0 ml 浓硫酸（6.2）和 25 ml 浓度为 8.0 g/L 的二水合 EDTA 二钠溶液或 0.2 g EDTA 二钠固体，加入 250 ml 水（6.1）中配制成混合溶液。将 1.1 g 无水 DPD 硫酸盐或 1.5 g 五水合物，加入上述混合溶液中，转移至 1 000 ml 棕色容量瓶中，加水（6.1）至标线，混匀。溶液装在棕色试剂瓶内，4℃保存。若溶液长时间放置后变色，应重新配制。

注：也可用 1.1 g DPD 草酸盐或 1.0 g DPD 盐酸盐代替 DPD 硫酸盐。

6.13 亚砷酸钠溶液，$\rho(NaAsO_2)$=2.0 g/L；或硫代乙酰胺溶液，$\rho(CH_3CSNH_2)$=2.5 g/L。

7 仪器和设备

7.1 微量滴定管：5 ml，0.02 ml 分度。

7.2 一般实验室常用仪器和设备。

注：实验中的玻璃器皿需在次氯酸钠溶液（6.6）中浸泡 1 h，然后用水（6.1）充分漂洗。

8 样品

8.1 样品采集

游离氯和总氯不稳定，样品应尽量现场测定。如样品不能现场测定，则需对样品加入固定剂保存。预先加入采样体积 1%的 NaOH 溶液（6.5）到棕色玻璃瓶中，采集水样使其充满采样瓶，立即加盖塞紧并密封，避免水样接触空气。若样品呈酸性，应加大 NaOH 溶液的加入量，确保水样 pH＞12。

8.2 样品保存

水样用冷藏箱运送，在实验室内 4℃、避光条件下保存，5 d 内测定。

9 分析步骤

9.1 试样的制备

取 100 ml 样品作为试样 V_0。如总氯（Cl_2）超过 5 mg/L，需取较小体积样品，用水（6.1）稀释至 100 ml。

9.2 游离氯测定

在 250 ml 锥形瓶中，依次加入 15.0 ml 磷酸盐缓冲溶液（6.11）、5.0 ml DPD 溶液（6.12）和试样（9.1），混匀。立即用硫酸亚铁铵标准滴定液（6.9）滴定至无色为终点，记录滴定消耗溶液体积 V_3 的毫升数。

对于含有氧化锰和六价铬的试样可通过测定两者含量消除其干扰。取 100 ml 试料于 250 ml 锥形瓶中，加入 1.0 ml 亚砷酸钠溶液（6.13）或硫代乙酰胺溶液（6.13），混匀。再加入 15.0 ml 磷酸盐缓冲液（6.11）和 5.0 ml DPD 溶液（6.12），立即用硫酸亚铁铵标准滴定液（6.9）滴定，溶液由粉红色滴定至无色为终点，测定氧化锰的干扰。若有六价铬存在，30 min 后，溶液颜色变成粉红色，继续滴定六价铬的干扰，使溶液由粉红色滴定至无色为终点。记录滴定消耗溶液体积 V_5，相当于氧化锰和六价铬的干扰。若水样需稀释，应测定稀释后样品的氧化锰和六价铬干扰。

9.3 总氯测定

在 250 ml 锥形瓶中，依次加入 15.0 ml 磷酸盐缓冲溶液（6.11）、5.0 ml DPD 溶液（6.12）和试料（9.1），加入 1 g 碘化钾（6.4），混匀。2 min 后，用硫酸亚铁铵标准滴定液（6.9）滴定至无色为终点。如在 2 min 内观察到粉红色再现，继续滴定至无色作为终点，记录滴定消耗溶液体积 V_4 的毫升数。

对于含有氧化锰和六价铬的试料可通过测定其含量消除干扰，其测定方法见 9.2。

10 结果计算与表示

10.1 游离氯的计算

水样中游离氯的质量浓度ρ（以 Cl_2 计），按照式（3）进行计算。

$$\rho(Cl_2)=\frac{c_3(V_3-V_5)}{V_0}\times 70.91 \qquad (3)$$

式中：c_3——硫酸亚铁铵标准滴定液的浓度（以 Cl_2 计），mmol/L；

V_3——测定（9.2）中消耗硫酸亚铁铵标准滴定液的体积，ml；

V_5——校正氧化锰和六价铬干扰时消耗硫酸亚铁铵标准滴定液的体积，ml，若不存在氧化锰和六价铬，V_5=0 ml；

V_0——试样体积，ml；

70.91——Cl_2 的相对分子质量。

10.2 总氯的计算

水样中总氯的质量浓度ρ（以 Cl_2 计），按照式（4）进行计算。

$$\rho(Cl_2)=\frac{c_3(V_4-V_5)}{V_0}\times 70.91 \qquad (4)$$

式中：V_4——测定（9.3）中消耗硫酸亚铁铵标准滴定液的体积，ml。

10.3 结果表示

当测定结果小于 10 mg/L 时，保留到小数点后两位；大于等于 10 mg/L 时，保留三位有效数字。

11 精密度和准确度

11.1 精密度

5 个实验室对含碘酸钾质量浓度为 1.006、5.03、9.05 mg/L 的统一样品进行了测定：

实验室内相对标准偏差分别为：7.6%～9.6%，1.0%～3.8%，0.7%～1.4%；

实验室间相对标准偏差分别为：1.2%，1.1%，0.4%；

重复性限分别为：0.25 mg/L，0.33 mg/L，0.26 mg/L；

再现性限分别为：0.25 mg/L，0.36 mg/L，0.27 mg/L。

11.2 准确度

5 个实验室对分别来源于自来水、医疗废水和生活污水的 3 个实际样品用次氯酸钠加标测定：

加标回收率分别为：100%～103%，100%～103%，98.1%～106%；

加标回收率最终值分别为：102%±2.2%，99.0%±6.2%，102%±6.4%。

12 注意事项

12.1 当样品在现场测定时，若样品过酸、过碱或盐浓度较高，应增加磷酸盐缓冲溶液的加入量，以确保试样的 pH 值在 6.2 至 6.5 之间。测定时，样品应避免强光、振摇和温热。

12.2 若样品需运回实验室分析，对于酸性很强的样品，应增加固定剂 NaOH 溶液的加入量，使样品 pH＞12；若样品 NaOH 溶液加入体积大于样品体积的 1%，样品体积 V_0 应进行校正；对于碱性很强的样品（pH＞12），则不需加入固定剂，测定时应增加磷酸盐缓冲溶液的加入量，使试样的 pH 值在 6.2 至 6.5 之间；对于加入固定剂的高盐样品，测定时也需调整磷酸盐缓冲溶液的加入量，使试样的 pH 值在 6.2 至 6.5 之间。

12.3 测定游离氯和总氯的玻璃器皿应分开使用，以防止交叉污染。

附 录 A
（规范性附录）
一氯胺、二氯胺和三氯化氮三种形式化合氯的分别测定

A.1 适用范围

本附录规定区分一氯胺、二氯胺和三氯化氮三种形式化合氯的方法。本方法适用范围与游离氯和总氯相同（参见本标准 1）。

A.2 方法原理

在测定游离氯和总氯后，滴定另外两个试样：

a） 将其中一个试样，加入到盛有磷酸盐缓冲溶液（6.11）和 DPD 溶液（6.12）的锥形瓶中，再加入少量碘化钾，反应局限于游离氯和化合氯中的一氯胺；

b） 在另一个试样中，先加入少量碘化钾，再加入磷酸盐缓冲溶液（6.11）和 DPD 溶液（6.12）。此时，游离氯、化合氯中的一氯胺及 50%三氯化氮发生反应。

化合氯中的二氯胺在上述两种情况下都不反应。分别计算化合氯中一氯胺、二氯胺和三氯化氮的浓度。

A.3 试剂和材料

参见本标准 6（试剂和材料）和以下试剂：

碘化钾溶液，ρ(KI)=5 g/L。临用现配，装在棕色瓶中。

A.4 仪器和设备

参见本标准 7（仪器和设备）。

A.5 分析步骤

A.5.1 游离氯和化合氯中一氯胺的测定

向 250 ml 锥形瓶中，依次加入 15.0 ml 磷酸盐缓冲溶液（6.11）、5.0 ml DPD 溶液（6.12）和 100 ml 试样，并加入 2 滴（约 0.1 ml）碘化钾溶液（A.3）或很小一粒碘化钾晶体（约 0.5 mg），混匀，立即用硫酸亚铁铵标准滴定液（6.9）滴定至无色为终点。记录消耗溶液体积 V_6 的毫升数。高浓度样品应稀释后测定。

A.5.2 游离氯、化合氯中一氯胺和 50%三氯化氮的测定

向 250 ml 烧杯中，依次加入 100 ml 试样，2 滴（约 0.1 ml）碘化钾溶液（A.3）或很小一粒碘化钾晶体（约 0.5 mg），混匀。在 1 min 内，将烧杯中溶液倒入含 15.0 ml 磷酸盐缓冲溶液（6.11）和

5.0 ml DPD 溶液（6.12）的 250 ml 锥形瓶中。立即用硫酸亚铁铵标准滴定液（6.9）滴定至无色为终点。记录消耗溶液体积 V_7 的毫升数。高浓度样品应稀释后测定。

A.6 结果计算

A.6.1 一氯胺的计算

化合氯中一氯胺的质量浓度ρ（以 Cl_2 计），按照式（A.1）进行计算。

$$\rho(Cl_2)=\frac{c_3(V_6-V_3)}{V_0}\times 70.91 \tag{A.1}$$

式中：V_6——在测定（A.5.1）中消耗硫酸亚铁铵标准滴定液（6.9）的体积，ml。

A.6.2 二氯胺的计算

化合氯中二氯胺的质量浓度ρ（以 Cl_2 计），按照式（A.2）进行计算。

$$\rho(Cl_2)=\frac{c_3[V_4+V_6-2V_7]}{V_0}\times 70.91 \tag{A.2}$$

式中：V_7——在测定（A.5.2）中消耗硫酸亚铁铵标准滴定液（6.9）的体积，ml。

A.6.3 三氯化氮的计算

化合氯中三氯化氮的质量浓度ρ（以 Cl_2 计），按照式（A.3）进行计算。

$$\rho(Cl_2)=\frac{2c_3(V_7-V_6)}{V_0}\times 70.91 \tag{A.3}$$

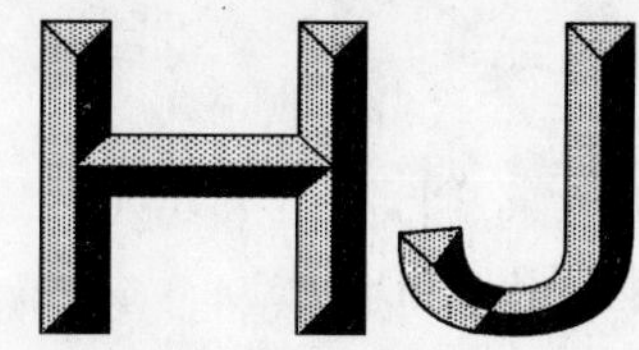

中华人民共和国国家环境保护标准

HJ 586—2010

代替 GB 11898—89

水质　游离氯和总氯的测定 *N*,*N*-二乙基-1,4-苯二胺分光光度法

Water quality—Determination of free chlorine and total chlorine—Spectrophotometric method using *N*,*N*-diethyl-1,4-phenylenediamine

2010-09-20 发布　　　　2010-12-01 实施

环　境　保　护　部　发布

前　言

为贯彻《中华人民共和国环境保护法》和《中华人民共和国水污染防治法》，保护环境，保障人体健康，规范水中游离氯和总氯的测定方法，制定本标准。

本标准规定了测定地表水、工业废水、医疗废水、生活污水、中水和污水再生的景观用水中的游离氯和总氯的 *N,N*-二乙基-1,4-苯二胺分光光度法和现场测定法。

本标准是对《水质　游离氯和总氯的测定　*N,N*-二乙基-1,4-苯二胺分光光度法》（GB 11898—89）的修订。

本标准首次发布于 1989 年，原标准起草单位：安徽省环境监测中心、中国预防医学科学院环境卫生监测所和安徽省芜湖环保监测中心站。本次为第一次修订。修订的主要内容如下：

——修订了方法的适用范围；

——增加了样品的保存方法，修改了缓冲溶液添加量；

——调整了测定波长；

——增加了低浓度校准曲线，降低了测定地表水游离氯和总氯的方法检出限；

——增加了注意事项条款；

——增加了游离氯和总氯的现场测定方法。

自本标准实施之日起，原国家环境保护局 1989 年 12 月 25 日批准、发布的国家环境保护标准《水质　游离氯和总氯的测定　*N,N*-二乙基-1,4-苯二胺分光光度法》（GB 11898—89）废止。

本标准的附录 A 和附录 B 为规范性附录。

本标准由环境保护部科技标准司组织制订。

本标准主要起草单位：大连市环境监测中心。

本标准验证单位：辽宁省环境监测实验中心、鞍山市环境监测中心、营口市环境监测中心、沈阳市环境监测中心和锦州市环境监测中心。

本标准环境保护部 2010 年 9 月 20 日批准。

本标准自 2010 年 12 月 1 日起实施。

本标准由环境保护部解释。

水质　游离氯和总氯的测定
N,*N*-二乙基-1,4-苯二胺分光光度法

警告：汞盐属剧毒化学品，操作时应按规定要求佩戴防护器具，避免接触皮肤和衣物。检测后的废液应做妥善的安全处理。

1　适用范围

本标准规定了测定水中游离氯和总氯的分光光度法。

本标准适用于地表水、工业废水、医疗废水、生活污水、中水和污水再生的景观用水中的游离氯和总氯的测定。本标准不适用于测定较混浊或色度较高的水样。

对于高浓度样品，采用 10 mm 比色皿，本方法的检出限（以 Cl_2 计）为 0.03 mg/L，测定范围（以 Cl_2 计）为 0.12～1.50 mg/L。对于低浓度样品，采用 50 mm 比色皿，本方法的检出限（以 Cl_2 计）为 0.004 mg/L，测定范围（以 Cl_2 计）为 0.016～0.20 mg/L。

对于游离氯或总氯浓度高于方法测定上限的样品，可适当稀释后进行测定。

现场测定水中游离氯和总氯按照附录 A 执行。

2　规范性引用文件

本标准内容引用了下列文件中的条款。凡是不注日期的引用文件，其有效版本适用于本标准。

GB/T 5750.10　生活饮用水标准检验方法　消毒副产物指标

GB/T 5750.11　生活饮用水标准检验方法　消毒剂指标

3　术语和定义

下列术语和定义适用于本标准。

3.1

游离氯　free chlorine

指以次氯酸、次氯酸盐离子和溶解的单质氯形式存在的氯。

3.2

化合氯　combined chlorine

指以氯胺和有机氯胺形式存在的氯。

3.3

总氯　total chlorine

指以“游离氯”或“化合氯”，或两者共存形式存在的氯。

3.4

氯胺　chloramines

指按本方法测定的氨的一、二或三个氢原子被氯原子取代的衍生物（如一氯胺，二氯胺，三氯化氮）和有机氮化合物的氯化衍生物。

游离氯和总氯的组成见表 1。

表 1 名词及其组成

名词		组成
游离氯（游离余氯）	活性游离氯	单质氯、次氯酸
	潜在游离氯	次氯酸盐
总氯（总余氯）		单质氯、次氯酸、次氯酸盐、氯胺

4 方法原理

4.1 游离氯测定

在 pH 为 6.2～6.5 条件下，游离氯直接与 *N,N*-二乙基-1,4-苯二胺（DPD）发生反应，生成红色化合物，于 515 nm 波长处测定其吸光度。

由于游离氯标准溶液不稳定且不易获得，本标准以碘分子或$[I_3]^-$代替游离氯做校准曲线。以碘酸钾为基准，在酸性条件下与碘化钾发生如下反应：$IO_3^-+5I^-+6H^+=3I_2+3H_2O$，$I_2+I^-=[I_3]^-$，生成的碘分子或$[I_3]^-$与 DPD 发生显色反应，碘分子与氯分子的物质的量的比例关系为 1∶1。

4.2 总氯测定

在 pH 为 6.2～6.5 条件下，存在过量碘化钾时，单质氯、次氯酸、次氯酸盐和氯胺与 DPD 反应生成红色化合物，于 515 nm 波长处测定其吸光度，测定总氯。

5 干扰和消除

5.1 其他氯化合物的干扰

二氧化氯对游离氯和总氯的测定产生干扰，亚氯酸盐对总氯的测定产生干扰。二氧化氯和亚氯酸盐可通过测定其浓度加以校正，其测定方法参见 GB/T 5750.11 和 GB/T 5750.10。

高浓度的一氯胺对游离氯的测定产生干扰。可以通过加亚砷酸钠溶液（6.13）或硫代乙酰胺溶液（6.13）消除一氯胺的干扰，一氯胺的测定按照附录 B 执行。

5.2 氧化锰和六价铬的干扰

氧化锰和六价铬会对测定产生干扰。通过测定氧化锰和六价铬的浓度可消除干扰，其测定方法见 9.2。

5.3 其他氧化物的干扰

本方法在以下氧化剂存在的情况下有干扰：溴、碘、溴胺、碘胺、臭氧、过氧化氢、铬酸盐、氧化锰、六价铬、亚硝酸根、铜离子（Cu^{2+}）和铁离子（Fe^{3+}）。其中 Cu^{2+}（<8 mg/L）和 Fe^{3+}（<20 mg/L）的干扰可通过缓冲溶液和 DPD 溶液中的 Na_2-EDTA 掩蔽，其他氧化物干扰加亚砷酸钠溶液（6.13）或硫代乙酰胺溶液（6.13）消除。铬酸盐的干扰可通过加入氯化钡消除。

6 试剂和材料

除非另有说明，分析时均使用符合国家标准的分析纯试剂。

6.1 实验用水：为不含氯和还原性物质的去离子水或二次蒸馏水，实验用水需通过检验方能使用。

检验方法：向第一个 250 ml 锥形瓶中加入 100 ml 待测水和 1.0 g 碘化钾（6.3），混匀。1 min 后，加入 5.0 ml 磷酸盐缓冲溶液（6.11）和 5.0 ml DPD 溶液（6.12）；再向第二个 250 ml 锥形瓶中加入 100 ml 待测水和 2 滴次氯酸钠溶液（6.4）。2 min 后，加入 5.0 ml 磷酸盐缓冲溶液（6.11）和 5.0 ml DPD 溶液（6.12）。

第一个瓶中不显色，第二个瓶中应显粉红色。否则需将实验用水经活性炭柱处理使之脱氯，并按上述步骤检验其质量，直至合格后方能使用。

6.2 浓硫酸：ρ=1.84 g/ml。

6.3 碘化钾（KI）：晶体。

6.4 次氯酸钠溶液：$\rho(Cl_2)\approx0.1$ g/L

由次氯酸钠浓溶液（商品名，安替福民）稀释而成。

6.5 硫酸溶液：$c(H_2SO_4)$=1.0 mol/L

于 800 ml 水（6.1）中，在不断搅拌下小心加入 54.0 ml 浓硫酸（6.2），冷却后将溶液移入 1 000 ml 容量瓶中，加水（6.1）至标线，混匀。

6.6 氢氧化钠溶液：$c(NaOH)$=2.0 mol/L

称取 80.0 g 氢氧化钠，溶解于 800 ml 水（6.1）中，待溶液冷却后移入 1 000 ml 容量瓶，加水（6.1）至标线，混匀。

6.7 氢氧化钠溶液：$c(NaOH)$=1.0 mol/L

称取 40.0 g 氢氧化钠，溶解于 500 ml 水（6.1）中，待溶液冷却后移入 1 000 ml 容量瓶，加水（6.1）至标线，混匀。

6.8 碘酸钾标准贮备液：$\rho(KIO_3)$=1.006 g/L

称取优级纯碘酸钾（预先在 120～140℃下烘干 2 h）1.006 g，溶解于水（6.1）中，移入 1 000 ml 容量瓶，加水（6.1）至标线，混匀。

6.9 碘酸钾标准使用液Ⅰ：$\rho(KIO_3)$=10.06 mg/L

吸取 10.00 ml 碘酸钾标准贮备液（6.8）于 1 000 ml 棕色容量瓶中，加入约 1 g 碘化钾（6.3），加水（6.1）至标线，混匀。临用现配。1.00 ml 标准使用液中含 10.06 μg KIO_3，相当于 0.141 μmol（10.0 μg）Cl_2。

6.10 碘酸钾标准使用液Ⅱ：$\rho(KIO_3)$=1.006 mg/L

吸取 10.00 ml 碘酸钾标准使用液Ⅰ（6.9）于 100 ml 棕色容量瓶中，加水（6.1）至标线，混匀。临用现配。1.00 ml 标准使用液中含 1.006 μg KIO_3，相当于 0.014 μmol（1.0 μg）Cl_2。

6.11 磷酸盐缓冲溶液：pH=6.5

称取 24.0 g 无水磷酸氢二钠（Na_2HPO_4）或 60.5 g 十二水合磷酸氢二钠（$Na_2HPO_4 \cdot 12H_2O$），以及 46.0 g 磷酸二氢钾（KH_2PO_4），依次溶于水中，加入 100 ml 浓度为 8.0 g/L 的二水合 EDTA 二钠（$C_{10}H_{14}N_2O_8Na_2 \cdot 2H_2O$）溶液或 0.8 g EDTA 二钠固体，转移至 1 000 ml 容量瓶中，加水（6.1）至标线，混匀。必要时，可加入 0.020 g 氯化汞以防止霉菌繁殖及试剂内痕量碘化物对游离氯检验的干扰。

6.12 *N*,*N*-二乙基-1,4-苯二胺硫酸盐（DPD）溶液：$\rho[NH_2—C_6H_4—N(C_2H_5)_2 \cdot H_2SO_4]$=1.1 g/L

将 2.0 ml 硫酸（6.2）和 25 ml 浓度为 8.0 g/L 的二水合 EDTA 二钠溶液或 0.2 g EDTA 二钠固体，加入 250 ml 水（6.1）中配制成混合溶液。将 1.1 g 无水 DPD 硫酸盐或 1.5 g 五水合物，加入上述混合溶液中，转移至 1 000 ml 棕色容量瓶中，加水（6.1）至标线，混匀。溶液装在棕色试剂瓶内，4℃保存。若溶液长时间放置后变色，应重新配制。

注：也可用 1.1 g DPD 草酸盐或 1.0 g DPD 盐酸盐代替 DPD 硫酸盐。

6.13 亚砷酸钠溶液或硫代乙酰胺溶液：$\rho(NaAsO_2)$=2.0 g/L，$\rho(CH_3CSNH_2)$=2.5 g/L。

7 仪器和设备

7.1 可见分光光度计：并配有 10 mm 和 50 mm 比色皿。

7.2 天平：精度分别为 0.1 g 和 0.1 mg。

7.3 一般实验室常用仪器和设备。

注：实验中的玻璃器皿需在次氯酸钠溶液（6.4）中浸泡 1 h，然后用水（6.1）充分漂洗。

8 样品

8.1 样品采集

游离氯和总氯不稳定，样品应尽量现场测定，现场测定方法见附录 A。如样品不能现场测定，则需对样品加入固定剂保存。可预先加入采样体积 1%的 NaOH 溶液（6.6）到棕色玻璃瓶中，采集水样使其充满采样瓶，立即加盖塞紧并密封，避免水样接触空气。若样品呈酸性，应加大 NaOH 溶液的加入量，确保水样 pH 大于 12。

8.2 样品保存

水样用冷藏箱运送，在实验室内 4℃、避光条件下保存，5 d 内测定。

9 分析步骤

9.1 校准曲线的绘制

9.1.1 高浓度样品的校准曲线绘制

分别吸取 0.00、1.00、2.00、3.00、5.00、10.0 和 15.0 ml 碘酸钾标准使用液Ⅰ（6.9）于 100 ml 容量瓶中，加适量（约 50 ml）水（6.1）。向各容量瓶中加入 1.0 ml 硫酸溶液（6.5）。1 min 后，向各容量瓶中加入 1 ml NaOH 溶液（6.7），用水（6.1）稀释至标线。各容量瓶中氯质量浓度$\rho(Cl_2)$分别为 0.00、0.10、0.20、0.30、0.50、1.00 和 1.50 mg/L。

在 250 ml 锥形瓶中各加入 15.0 ml 磷酸盐缓冲溶液（6.11）和 5.0 ml DPD 溶液（6.12），于 1 min 内将上述标准系列溶液加入锥形瓶中，混匀后，于波长 515 nm 处，用 10 mm 比色皿测定各溶液的吸光度，于 60 min 内完成比色分析。

以零浓度校正吸光度值为纵坐标，以其对应的氯质量浓度ρ（Cl_2）为横坐标，绘制校准曲线。

9.1.2 低浓度样品的校准曲线绘制

分别吸取 0.00、2.00、4.00、8.00、12.0、16.0 和 20.0 ml 碘酸钾标准使用液Ⅱ（6.10）于 100 ml 容量瓶中，加适量（约 50 ml）水（6.1）。向各容量瓶中加入 1.0 ml 硫酸溶液（6.5）。1 min 后，向各容量瓶中加入 1 ml NaOH 溶液（6.7），用水（6.1）稀释至标线。各容量瓶中氯质量浓度$\rho(Cl_2)$分别为 0.00、0.02、0.04、0.08、0.12、0.16 和 0.20 mg/L。

在 250 ml 锥形瓶中各加入 15.0 ml 磷酸盐缓冲溶液（6.11）和 1.0 ml DPD 溶液（6.12），于 1 min 内将上述标准系列溶液加入锥形瓶中，混匀后，于波长 515 nm 处，用 50 mm 比色皿测定各溶液的吸光度，于 60 min 内完成比色分析。

以零浓度校正吸光度值为纵坐标，以其对应的氯质量浓度ρ（Cl_2）为横坐标，绘制校准曲线。

9.2 游离氯测定

于 250 ml 锥形瓶中，依次加入 15.0 ml 磷酸盐缓冲溶液（6.11）、5.0 ml DPD 溶液（6.12）和 100 ml 水样（或稀释后的水样），在与绘制校准曲线相同条件下测定吸光度。用空白校正后的吸光度值计算质量浓度ρ_1。

对于含有氧化锰和六价铬的试样可通过测定两者含量消除其干扰。取 100 ml 试样于 250 ml 锥形瓶中，加 1.0 ml 亚砷酸钠溶液（6.13）或硫代乙酰胺溶液（6.13），混匀。再加入 15.0 ml 磷酸盐缓冲溶液（6.11）和 5.0 ml DPD 溶液（6.12），测定吸光度，记录质量浓度ρ_3，相当于氧化锰和六价铬的干扰。若水样需稀释，应测定稀释后样品的氧化锰和六价铬干扰。

注：进行低浓度样品游离氯测定时，应加入 1.0 ml DPD 溶液（6.12）。

9.3 总氯测定

在 250 ml 锥形瓶中，依次加入 15.0 ml 磷酸盐缓冲溶液（6.11）、5.0 ml DPD 溶液（6.12）、100 ml 水样（或稀释后的水样）和 1.0 g 碘化钾（6.3），混匀。在与绘制校准曲线相同条件下测定吸光度。用空白校正后的吸光度值计算质量浓度ρ_2。

对于含有氧化锰和六价铬的试样可通过测定其含量消除干扰，其测定方法见 9.2。

注：进行低浓度样品总氯测定时，应加入 1.0 ml DPD 溶液（6.12）。

9.4 空白试验

用水（6.1）代替试样，按照 9.2 和 9.3 进行测定。空白试样应与样品同批测定。

10 结果计算与表示

10.1 游离氯的计算

游离氯的质量浓度$\rho(Cl_2)$按式（1）进行计算。

$$\rho(Cl_2)=(\rho_1-\rho_3)\times f \tag{1}$$

式中：$\rho(Cl_2)$——水样中游离氯的质量浓度（以 Cl_2 计），mg/L；

ρ_1——试样中游离氯的质量浓度（以 Cl_2 计），mg/L；

ρ_3——测定氧化锰和六价铬干扰时相当于氯的质量浓度，mg/L，若不存在氧化锰和六价铬，ρ_3=0 mg/L；

f——水样稀释比。

10.2 总氯的计算

总氯浓度$\rho(Cl_2)$按式（2）进行计算。

$$\rho(Cl_2)=(\rho_2-\rho_3)\times f \tag{2}$$

式中：$\rho(Cl_2)$——水样中总氯的质量浓度（以 Cl_2 计），mg/L；

ρ_2——试样中总氯的质量浓度（以 Cl_2 计），mg/L；

ρ_3——测定氧化锰和六价铬干扰时相当于氯的质量浓度，mg/L，若不存在氧化锰和六价铬，ρ_3=0 mg/L；

f——水样稀释比。

10.3 结果表示

当测定结果小于 0.01 mg/L 时，保留到小数点后三位；大于等于 0.01 mg/L 且小于 10 mg/L 时，保留到小数点后二位；大于等于 10 mg/L 时，保留三位有效数字。

11 精密度和准确度

11.1 精密度

5 家实验室对含碘酸钾质量浓度为 0.15、0.76、1.36 mg/L 的统一样品进行了测定：

实验室内相对标准偏差分别为：8.9%～11.6%，2.5%～3.9%，1.3%～2.2%；

实验室间相对标准偏差分别为：2.7%，8.7%，0.4%；

重复性限分别为：0.05 mg/L，0.07 mg/L，0.07 mg/L；

再现性限分别为：0.05 mg/L，0.07 mg/L，0.06 mg/L。

11.2 准确度

5 家实验室对分别来源于自来水、医疗废水和生活污水的 3 个实际样品用次氯酸钠加标测定：

加标回收率分别为：96.7%～102%，99.4%～104%，98.3%～103%；

加标回收率最终值分别为：99.2%±4.9%，103%±3.8%，102%±4.0%。

同一实验室对含碘酸钾质量浓度为 0.02、0.04、0.08 和 0.12 mg/L 的标准溶液平行六次测定，相对标准偏差分别为 11.1%，6.6%，3.8%，2.0%；相对误差分别为 10.0%，10.0%，5.0%，2.5%。

12 质量保证和质量控制

12.1 校准曲线回归方程的相关系数应大于等于 0.999。

12.2 每批样品应带一个中间校核点，中间校核点测定值与校准曲线相应点浓度的相对误差应不超过 15%。

13 注意事项

13.1 当样品在现场测定时，若样品过酸、过碱或盐浓度较高，应增加磷酸盐缓冲溶液的加入量，以确保试样的 pH 值在 6.2 至 6.5 之间。测定时，样品应避免强光、振摇和温热。

13.2 若样品需运回实验室分析，对于酸性很强的水样，应增加固定剂 NaOH 溶液的加入量，使样品 pH＞12；若样品 NaOH 溶液加入体积大于样品体积的 1%，样品体积应进行校正；对于碱性很强的水样（pH＞12），则不需加入固定剂，测定时应增加磷酸盐缓冲溶液的加入量，使试样的 pH 值在 6.2 至 6.5 之间；对于加入固定剂的高盐样品，测定时也需调整磷酸盐缓冲溶液的加入量，使试样的 pH 值在 6.2 至 6.5 之间。

13.3 测定游离氯和总氯的玻璃器皿应分开使用，以防止交叉污染。

附 录 A
（规范性附录）
水质 游离氯和总氯的测定 *N,N*-二乙基-1,4-苯二胺现场测定法

A.1 适用范围

本附录规定了水中的游离氯和总氯的现场测定法。

本方法适用于工业废水、医疗废水、生活污水和中水中游离氯和总氯的测定。

本方法的检出限为 0.04 mg/L，测定下限为 0.16 mg/L。对于游离氯或总氯浓度高于仪器测定范围的样品，可适当稀释后进行测定。

A.2 术语和定义

参见本标准 3（术语和定义）。

A.3 方法原理

参见本标准 4（方法原理）。

A.4 干扰和消除

参见本标准 5（干扰和消除）。

A.5 试剂和材料

除非另有说明，分析时均使用符合国家标准的分析纯试剂。

A.5.1 实验用水（不含氯和还原性物质的水）：参见 6.1。

A.5.2 游离氯调零试剂：含有仪器推荐测定样品 1/20 体积的磷酸盐缓冲溶液（6.11）和 1/20 体积的 *N,N*-二乙基-1,4-苯二胺硫酸盐溶液（6.12）的水（6.1）。如调零试剂长时间使用，其中可加入小于测定样品体积 1/20 的丙酮；如临用现配可不加丙酮。也可使用商品化的调零试剂。

A.5.3 磷酸盐缓冲溶液：参见 6.11，也可使用商品化的产品。

A.5.4 *N,N*-二乙基-1,4-苯二胺硫酸盐（DPD）溶液：参见 6.12，也可使用商品化的产品。

A.5.5 碘化钾溶液：$\rho(KI)=150\ g/L$

称取碘化钾 15 g，溶于水（6.1）中，移入 100 ml 容量瓶，加水（6.1）至标线，混匀。

A.6 仪器和设备

A.6.1 便携式分光光度计：具 515 nm±5 nm 波长，并配有样品杯（管）。

A.6.2 一般实验室常用仪器和设备。

A.7 分析步骤

A.7.1 仪器调零

仪器测定时，将加入调零试剂（A.5.2）的空白管插入仪器，进行调零。

A.7.2 校准曲线的绘制

可使用仪器内置的校准曲线进行样品测定，也可自行配制校准曲线，校准曲线的制备参见本标准 9.1.1。

A.7.3 游离氯测定

在样品杯或管中加入推荐样品体积 1/20 的磷酸盐缓冲溶液（6.11）和 1/20 的 DPD 溶液（6.12），然后加入仪器推荐样品体积的试样，混匀后比色测定。也可使用商品化的试剂管。

对于含有氧化锰和六价铬的试样可通过测定其含量消除干扰，其测定方法见本标准 9.2。

A.7.4 总氯测定

在样品杯或管中加入推荐样品体积 1/20 的磷酸盐缓冲溶液（6.11）和 1/20 的 DPD 溶液（6.12），然后加入仪器推荐样品体积的试样，加入推荐样品体积 1/10 的碘化钾溶液（A.5.5），混匀后比色测定。也可使用商品化的试剂管。

对于含有氧化锰和六价铬的试样可通过测定其含量消除干扰，其测定方法见本标准 9.2。

A.7.5 空白试验

用调零试剂（A.5.2）代替试样，进行比色测定。空白试样应与样品同批测定。

A.8 结果计算与表示

可根据仪器的示值或通过校准曲线得出样品浓度。当样品浓度超过测定范围需要进行稀释，或需进行消除氧化锰和六价铬的干扰操作时，结果计算参见本标准 10。

A.9 精密度和准确度

A.9.1 精密度

5 家实验室对含碘酸钾质量浓度为 0.50、2.52、4.53 mg/L 的统一样品进行了测定：

实验室内相对标准偏差分别为：6.0%～8.6%，2.5%～3.5%，1.4%～2.5%；

实验室间相对标准偏差分别为：2.3%，0.9%，1.0%；

重复性限分别为：0.10 mg/L，0.21 mg/L，0.30 mg/L；

再现性限分别为：0.10 mg/L，0.21 mg/L，0.31 mg/L。

A.9.2 准确度

5 家实验室对分别来源于自来水、医疗废水和生活污水的 3 个实际样品用次氯酸钠加标测定：

加标回收率分别为：90.2%～107%，92.5%～100%，93.1%～99.5%；

加标回收率最终值分别为：100%±13.1%，96.5%±5.5%，96.4%±5.0%。

A.10 质量保证和质量控制

A.10.1 校准曲线回归方程的相关系数应大于等于 0.999。

A.10.2 若自行配制调零试剂和绘制校准曲线，每次试验前应先检验水（6.1）的质量。

A.10.3 每批样品应带一个中间校核点，中间校核点测定值与校准曲线相应点浓度的相对误差应不超过 15%。

附 录 B
（规范性附录）
一氯胺、二氯胺和三氯化氮三种形式化合氯的分别测定

B.1 适用范围

本附录规定区分一氯胺、二氯胺和三氯化氮三种形式化合氯的方法。本方法适用范围与游离氯和总氯相同（参见本标准 1）。

B.2 方法原理

在测定游离氯和总氯后，测定另外两个试样：

a）将其中一个试样，加入到盛有磷酸盐缓冲溶液和 DPD 溶液的锥形瓶，再加入少量碘化钾，反应局限于游离氯和化合氯中的一氯胺；

b）在另一个试样中，先加入少量碘化钾，再加入磷酸盐缓冲溶液和 DPD 溶液。此时，游离氯、化合氯中的一氯胺及 50%三氯化氮发生反应。

化合氯中的二氯胺在上述两种情况下都不反应。分别计算化合氯中一氯胺、二氯胺和三氯化氮的浓度。

B.3 试剂和材料

参见本标准 6 中（试剂和材料）和以下试剂：

碘化钾溶液，$\rho(KI)$=5 g/L。临用现配，装在棕色瓶中。

B.4 仪器和设备

参见本标准 7。

B.5 分析步骤

B.5.1 游离氯和化合氯中一氯胺的测定

向 250 ml 锥形瓶中，依次加入 15.0 ml 磷酸盐缓冲溶液（6.11）、5.0 ml DPD 溶液（6.12）和 100 ml 试样，并加入 2 滴（约 0.1 ml）碘化钾溶液（B.3）或很小一粒碘化钾晶体（约 0.5 mg），混匀，立即用与测定校准曲线相同的条件（9.1）测定溶液的吸光度，记录质量浓度ρ_4。高浓度样品应稀释后测定。

B.5.2 游离氯、化合氯中一氯胺和 50%三氯化氮的测定

向 250 ml 烧杯中，依次加入 100 ml 试样，2 滴（约 0.1 ml）碘化钾溶液（B.3）或很小一粒碘化钾晶体（约 0.5 mg），混匀。在加入 15.0 ml 磷酸盐缓冲溶液（6.11）和 5.0 ml DPD（6.12）的 250 ml 锥形瓶中，于 1 min 内加入上述混匀后的溶液，倒入比色皿，测定其吸光度，记录质量浓度ρ_5。高浓

度样品应稀释后测定。

B.6 结果计算与表示

B.6.1 一氯胺的计算

化合氯中一氯胺质量浓度$\rho(Cl_2)$按照式（B.1）进行计算。

$$\rho(\mathrm{Cl_2}) = (\rho_4 - \rho_1) \times f \tag{B.1}$$

式中：ρ_4——在测定（B.5.1）中所得氯的质量浓度（以 Cl_2 计），mg/L；

ρ_1——试样中游离氯的质量浓度（以 Cl_2 计），mg/L；

f——水样稀释比。

B.6.2 二氯胺的计算

化合氯中二氯胺质量浓度$\rho(Cl_2)$按式（B.2）进行计算。

$$\rho(\mathrm{Cl_2}) = (\rho_2 + \rho_4 - 2\rho_5) \times f \tag{B.2}$$

式中：ρ_2——试样中总氯的质量浓度（以 Cl_2 计），mg/L；

ρ_4——在测定（B.5.1）中所得氯的质量浓度（以 Cl_2 计），mg/L；

ρ_5——在测定（B.5.2）中所得氯的质量浓度（以 Cl_2 计），mg/L；

f——水样稀释比。

B.6.3 三氯化氮的计算

化合氯中三氯化氮浓度$\rho(Cl_2)$，按式（B.3）进行计算。

$$\rho(\mathrm{Cl_2}) = 2(\rho_5 - \rho_4) \times f \tag{B.3}$$

式中：ρ_4——在测定（B.5.1）中所得氯的质量浓度（以 Cl_2 计），mg/L；

ρ_5——在测定（B.5.2）中所得氯的质量浓度（以 Cl_2 计），mg/L；

f——水样稀释比。

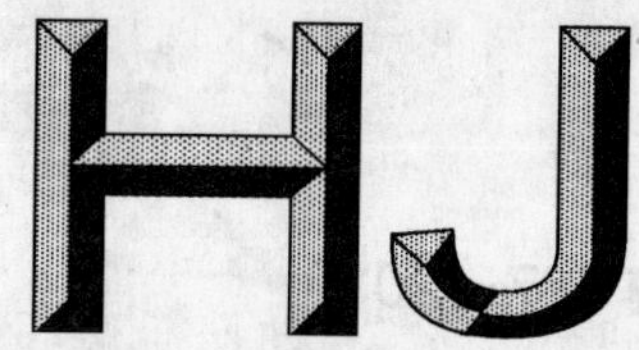

中华人民共和国国家环境保护标准

HJ 587—2010

水质　阿特拉津的测定　高效液相色谱法

Water quality—Determination of Atrazine—High performance liquid chromatography

2010-09-20 发布　　　　2010-12-01 实施

环　境　保　护　部　发布

前 言

为贯彻《中华人民共和国环境保护法》和《中华人民共和国水污染防治法》，保护环境，保障人体健康，规范水中阿特拉津的监测方法，制定本标准。

本标准规定了测定水中阿特拉津的高效液相色谱法。

本标准为首次制订。

本标准由环境保护部科技标准司组织制订。

本标准主要起草单位：上海市环境监测中心。

本标准验证单位：江苏省环境监测中心、浙江省环境监测中心、上海市环境监测中心、南京市环境监测中心站、上海市疾病预防控制中心。

本标准由环境保护部 2010 年 9 月 20 日批准。

本标准自 2010 年 12 月 1 日起实施。

本标准由环境保护部解释。

水质　阿特拉津的测定　高效液相色谱法

1　适用范围

本标准规定了测定水中阿特拉津的高效液相色谱法。

本标准适用于地表水、地下水中阿特拉津的测定。

当样品取样体积为 100 ml 时，本方法的检出限为 0.08 μg/L，测定下限为 0.32 μg/L。

2　方法原理

本方法用二氯甲烷萃取水中阿特拉津，萃取液经无水硫酸钠干燥后，用浓缩器浓缩至近干，以甲醇定容，通过具有紫外检测器的高效液相色谱仪进行测定。以保留时间定性，外标法定量。

3　干扰及消除

水样中可能共存在紫外检测器上有响应的有机物干扰测定，通过改变色谱条件，使阿特拉津与干扰物分离，或选择二极管阵列检测器定性确认。

4　试剂和材料

除非另有说明，分析时均使用符合国家标准的分析纯试剂和不含有机物的蒸馏水。

4.1　甲醇，HPLC 级。

4.2　二氯甲烷，农残级。

4.3　阿特拉津标准贮备溶液，ρ=100 μg/ml。

准确称取 0.010 0 g 阿特拉津标准样品，用少量二氯甲烷溶解后，再用甲醇准确定容至 100 ml，作为阿特拉津标准贮备溶液。在 4℃冰箱中保存，保存期半年。

4.4　阿特拉津标准使用溶液，ρ=10.0 μg/ml。

取阿特拉津标准贮备溶液（4.3）1.00 ml 于 10.0 ml 容量瓶中，甲醇定容，混匀，配制成标准使用溶液。在 4℃冰箱中保存，保存期半年。

4.5　无水硫酸钠：在 400℃灼烧 4 h，冷却后密闭保存在玻璃瓶中。

4.6　氯化钠：在 400℃灼烧 4 h，冷却后密闭保存在玻璃瓶中。

5　仪器和设备

除非另有说明，分析时均使用符合国家标准 A 级玻璃量器。

5.1　高效液相色谱仪：具有可调波长紫外检测器或二极管阵列检测器。

5.2　色谱柱：填料为 5.0 μm ODS，柱长 200 mm，内径 4.6 mm 反相色谱柱或其他性能相近的色谱柱。

5.3　振荡器：可调速。

5.4　浓缩装置：旋转蒸发装置或 K-D 浓缩器、浓缩仪等性能相当的设备。

5.5 分液漏斗：250 ml。

5.6 一般实验室常用仪器。

6 样品

6.1 采集与保存

样品应采集在棕色玻璃容器中。水样应充满样品瓶并加盖密封，置于 4℃冰箱内避光保存。采样后应在 7 d 内对样品进行萃取。

6.2 试样的制备

用量筒量取 100 ml 样品于 250 ml 分液漏斗中，加入 5 g 氯化钠（4.6）摇匀。用 20 ml 二氯甲烷（4.2）分两次萃取，每次 10 ml，于振荡器（5.3）上充分振摇 5 min。注意手动振摇放气。静置分层后，将有机相通过装有无水硫酸钠（4.5）的漏斗，接至浓缩瓶中，注意无水硫酸钠充分淋洗。合并两次二氯甲烷萃取液。用浓缩仪（5.4）浓缩至近干，用甲醇（4.1）定容至 1.00 ml，供分析。试样保存在 4℃冰箱中，在 40 d 内分析完毕。

注：样品在浓缩过程中，萃取液浓缩至近干时，应立即定容，否则阿特拉津会有较大损失。

7 分析步骤

7.1 参考色谱条件

7.1.1 色谱柱：反相 ODS 柱；4.6 mm×200 mm，5 μm

7.1.2 流动相：甲醇∶水=70∶30（体积分数）

7.1.3 流速：0.8 ml/min

7.1.4 紫外检测波长：225 nm

7.1.5 柱温：40℃

7.1.6 进样量：10.0 μl

7.2 校准

7.2.1 标准系列的制备

取不同量的阿特拉津标准使用溶液（4.4），用甲醇（4.1）稀释，配制成浓度为 0.030、0.050、0.100、0.500、1.00 μg/ml 的标准系列，贮存在棕色小瓶中，于 4℃冰箱中存放。

7.2.2 初始标准曲线

通过自动进样器或样品定量环分别移取 5 种浓度的标准使用液 10μl，注入液相色谱，得到不同浓度的阿特拉津的色谱图。以色谱响应值为纵坐标，阿特拉津的浓度为横坐标，绘制标准曲线。标准曲线的相关系数 $R \geqslant 0.999$。

7.3 样品分析

将按照 6.2 试样的制备和按 7.1 色谱条件测定。

7.4 空白试验

在分析样品的同时，应做空白试验，即用蒸馏水代替水样。空白样品应经历样品制备和测定的所有步骤。检查分析过程中是否有污染。

8 结果计算与表示

8.1 标准色谱图

在本标准规定的色谱条件（7.1）下，阿特拉津的标准色谱图见图 1。

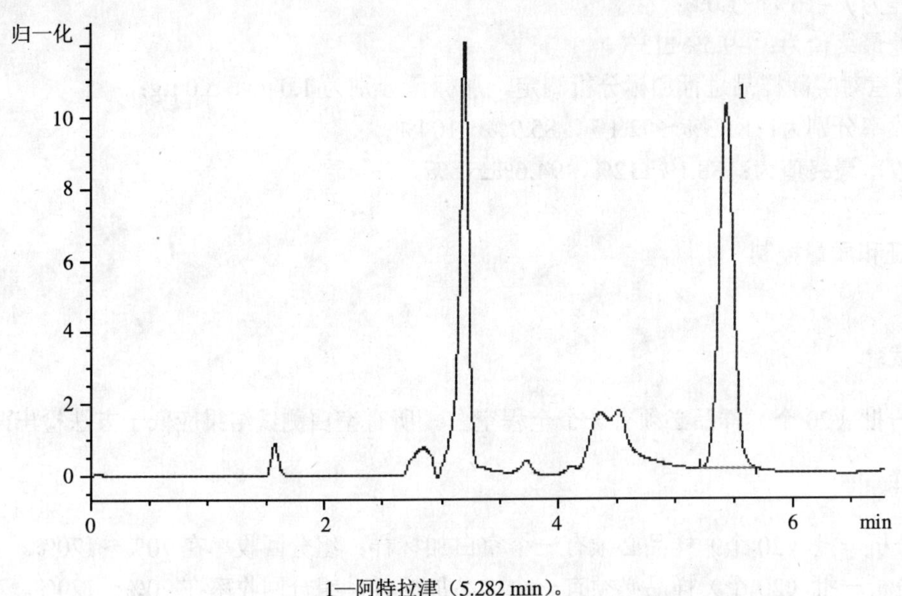

1—阿特拉津（5.282 min）。

图 1 阿特拉津标准色谱图

8.2 定性分析

以样品的保留时间和标准溶液的保留时间相比来定性。用作定性的保留时间窗口宽度以当天测定标样的实际保留时间变化为基准。

8.3 定量分析

用外标标准曲线法按式（1）计算样品中的浓度：

$$\rho = \frac{m \cdot V_t}{V_s} \cdot 1\,000 \qquad (1)$$

式中：ρ——水样中阿特拉津的质量浓度，μg/L；

m——从校准曲线上查得阿特拉津的质量浓度，μg/ml；

V_t——萃取液浓缩定量后的体积，ml；

V_s——被萃取水样的体积，ml。

9 精密度和准确度

9.1 精密度

5 个实验室对含阿特拉津浓度为 1.0 μg/L、5.0 μg/L 的空白加标样品进行了测定：

实验室内相对标准偏差分别为：3.0%～15%，1.7%～5.9%；
实验室间相对标准偏差分别为：8.2%，3.9%；
重复性限为：0.20 μg/L，0.49 μg/L；
再现性限为：0.20 μg/L，0.94 μg/L。

9.2 准确度

5 个实验室对含阿特拉津浓度为 2.0 μg/L 的统一样品进行测定：
相对误差为：−16%～1.0%；
相对误差最终值为：−9.5%±13%。
3 个实验室对实际样品进行加标分析测定，加标量分别为 1.0 μg、5.0 μg：
加标回收率分别为：81.3%～92.1%，85.9%～104%；
加标回收率最终值为：88.1%±12%，94.6%±18%。

10 质量保证和质量控制

10.1 空白试验

每分析一批（20 个）样品必须有一个全程空白。所有空白测试结果应低于方法检出限。

10.2 加标样

10.2.1 每分析一批（20 个）样品必须有一个空白加标样；组分回收率在 70%～120%。
10.2.2 每分析一批（20 个）样品必须有一个样品加标样，组分回收率在 70%～120%。

10.3 平行样

每分析一批（20 个）样品必须有一个平行样，平行样品相对误差在 10%以内。

10.4 校准标准点

10.4.1 每次分析前用中间浓度的标准溶液作常规校准试验。校准点测定值的相对误差应在 10%以内，初始校准曲线方可使用。否则要查找原因，采取措施；如果采取措施后不能找到问题根源，应重新绘制校准曲线。

10.4.2 每间隔 20 个样品或 1 个批次（此批次小于 20 个样品）必须用标准溶液校准，以便重新校正保留时间及窗口。

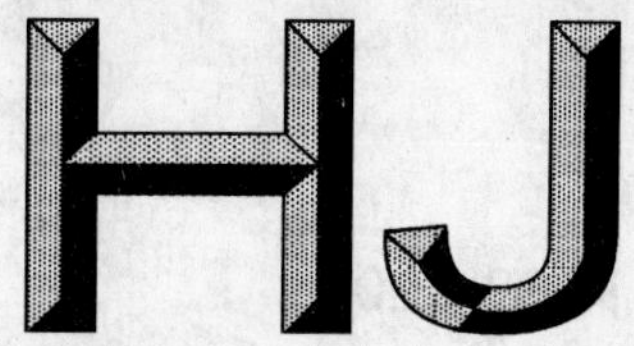

中华人民共和国国家环境保护标准

HJ 588—2010

农业固体废物污染控制技术导则

Technical guidelines for agricultural solid wastes pollution control

2010-10-18 发布　　　　2011-01-01 实施

环　境　保　护　部　发布

中华人民共和国环境保护部
公　告

2010 年　第 75 号

为贯彻《中华人民共和国环境保护法》，保护环境，加强农业面源污染防治，保障人体健康，现批准《农业固体废物污染控制技术导则》为国家环境保护标准，并予发布。

标准名称、编号如下：

农业固体废物污染控制技术导则（HJ 588—2010）。

该标准自 2011 年 1 月 1 日起实施，由中国环境科学出版社出版，标准内容可在环境保护部网站（bz.mep.gov.cn）查询。

特此公告。

2010 年 10 月 18 日

前 言

为贯彻《中华人民共和国环境保护法》和《中华人民共和国固体废物污染环境防治法》，防治农业固体废物污染，改善农村环境质量，促进新农村建设，制定本标准。

本标准规定了农业固体废物的控制原则、控制技术和管理措施等相关内容。

本标准为首次发布。

本标准由环境保护部科技标准司组织制订。

本标准主要起草单位：中国环境科学研究院。

本标准由环境保护部2010年10月18日批准。

本标准自2011年1月1日起实施。

本标准由环境保护部解释。

农业固体废物污染控制技术导则

1 适用范围

本标准规定了农业植物性废物、畜禽养殖废物和农用薄膜等三种农业固体废物污染控制的原则、技术措施和管理措施等相关内容。

本标准适用于指导农业种植、畜禽养殖等产生的固体废物污染控制管理，实现农业固体废物资源化、减量化、无害化。

2 规范性引用文件

本标准内容引用了下列文件中的条款。凡是不注日期的引用文件，其有效版本适用于本标准。

GB 7959 粪便无害化卫生标准

GB 18596 畜禽养殖业污染物排放标准

HJ 574—2010 农村生活污染控制技术规范

HJ/T 81 畜禽养殖业污染防治技术规范

3 术语和定义

下列术语和定义适用于本标准。

3.1

农业固体废物

指农业生产建设过程中产生的固体废物，主要来自植物种植业、动物养殖业及农用塑料残膜等。

3.2

农业植物性废物

指农作物在种植、收割、交易、加工利用和食用等过程中产生的源自作物本身的固体废物，主要包括作物秸秆及蔬菜、瓜果等加工后的残渣。

3.3

畜禽养殖废物

指畜禽养殖过程中产生的畜禽粪便、畜禽舍垫料、脱落毛羽等固体废物。

3.4

农用薄膜

指用于农作物栽培的，具有透光性和保温性特点的塑料薄膜。可提高温度和湿度，防止霜冻或暴雨的机械损伤，促使作物提前萌发，并提高农产品产量和质量。包括棚膜和地膜两大类。

3.5

秸秆还田

指将秸秆等植物纤维性废物直接或堆积腐熟后退还土壤，以改善土壤结构，提高土壤肥力。

3.6

堆肥化

指利用自然界广泛分布的微生物或人工添加高效复合微生物菌剂，通过人为调节和控制，促进可生物降解的有机物向稳定的腐殖质转化的生物化学过程。

3.7

氨化

指利用氨水、液氨或尿素、碳铵的水溶液对切碎的秸秆进行氨化处理，以改善其作为饲料的适口性和营养价值。

3.8

青贮

指利用乳酸菌等微生物在厌氧条件下对秸秆等物料进行发酵处理，以改善和提高其作为饲料的适口性和营养价值。

3.9

热喷法

指将秸秆装入饲料热喷装置中，向内通入过饱和水蒸气，经一定时间后使秸秆受到高温高压处理，然后对其突然降压，使处理后的秸秆喷出，从而改变其结构和某些化学成分，提高饲料营养价值和适口性。

3.10

生物质气化

指通过气化装置，将低品位固体生物质燃料转换成高品位气体燃料的热化学技术。

3.11

生物质固化成型燃料

指在一定温度和压力作用下，将农业固体废物经收集、干燥、粉碎等预处理后，利用特殊的生物质固化成型设备将其挤压成规则的、密度较大的成型燃料。

3.12

农田生态拦截系统

指在不需要额外占用耕地的前提下，利用生态工程对农田普遍存在的排水沟渠和田埂进行改造，通过植物吸收、基质吸附降解以及节制闸与植物降低流速、沉降泥沙等要素联合作用，使农田 N、P 营养元素最大限度地在农田系统内部循环利用，进一步截留农田排水中的养分，减少农田养分排入受纳水体的量。

3.13

侧膜栽培

指将农用地膜覆盖在作物行间，作物栽培在农膜两侧，以保持土壤水分，提高土壤温度，促进农作物生长。

3.14

适时揭膜

指改作物收获后揭膜为收获前揭膜，筛选作物的最佳揭膜时期。

3.15

“四位一体”生态农业模式

指将日光温室、畜禽养殖、沼气生产、蔬菜花卉种植相结合的生态农业模式。

3.16

“猪沼果”（菜、菌、药、花）生态农业模式

指将畜禽养殖、沼气生产和种植相结合的生态农业模式。

3.17

"五配套"生态农业模式

指将果园、集雨设施、沼气系统、太阳能猪圈、厕所相结合的生态农业模式。

4 农业固体废物污染控制原则

农业固体废物污染控制需紧密结合农业生产，以实现废物减量化、资源化、无害化为基本原则，依据不同地区的气候特点、种植方式和经济发展水平，因地制宜地选择经济有效、管理简便的控制措施，实现农业经济的可持续发展。

5 农业植物性废物污染控制措施

5.1 减量化技术措施

5.1.1 采用先进的种植技术，提高种植业废物综合利用率，减少污染。

5.1.2 推广集约化种植模式，提高秸秆收集率，对秸秆进行集中处理与循环再生利用。

5.2 资源化技术措施

5.2.1 采取秸秆还田、堆肥、饲料化、能源利用、工业原料利用等多种途径，实现农业植物性废物的资源化利用。

5.2.2 通过堆腐还田、高留茬还田等多种秸秆还田方式，将秸秆等有机植物性废物作为肥料施入农田，增加土壤有机质含量，提高土壤肥力。

5.2.2.1 堆腐还田技术。技术要点：（1）备料。按每 500 kg 秸秆用速腐剂（如腐秆灵菌剂）0.5～1.0 kg，尿素 2.5～3.5 kg 或碳酸氢铵 5～7.5 kg（可用 10%的人畜粪代替氮肥）。（2）挖坑。将脱粒后的秸秆，靠近水源、就场头地头，挖宽 1.5～2 m、长 3 m、深 0.4～0.6 m 的长方体坑，并将挖出的泥土作四周围埂，以防肥水流失，可留一部分作压膜用。（3）堆放。将秸秆分 3 层堆平，第一层堆高 50～60 cm，浇透水（含水量在 60%～65%），分层分量均匀撒施速腐剂和氮肥。堆高一般在 1.5～1.8 m 为宜。在浇足水的情况下，用草叉轻轻地拍实。（4）盖膜。堆四周，调理整齐，即可覆盖农膜，膜要盖严，四周用泥土压实，以防跑气，影响腐熟效果。（5）检查。在堆腐 10～15 d，掀开膜看堆腐地上部分是否缺水，如缺水，还应适当补浇 1 次水再封严。在不缺水的情况下，堆腐 25～30 d 就可完全腐熟，作为基肥使用。

5.2.2.2 高留茬还田技术。具体办法：水稻、小麦收割时留茬高 25～35 cm，收获后再将稻（麦）茬割倒（用机械翻耕不需要割倒），在翻耕前均匀撒在田里，用碳铵 150～225 kg/hm^2 来调节碳氮比。

5.2.3 利用秸秆、杂草、树叶、绿肥等植物性废物与人畜粪尿共同堆置成有机肥料，以改良土壤，提高农作物产量与品质。可采用半坑式、坑式（也称地下式）或地面堆积法堆制。

5.2.3.1 半坑式堆积法。适用于北方早春和冬季。选择向阳背风的高处建坑。坑深 0.7～1 m，坑底宽 1.7～2 m，长 2.7～4 m，坑底坑壁有井字形通气沟，沟深 17～20 cm，通气沟交叉处立有通气塔。堆肥高出地面 1 m，加入风干秸秆 500 kg，堆顶用泥土封严。堆后一周温度上升，高温期后，堆内温度下降 5～7 d，可以翻捣，使堆内上下里外均匀，再堆置直到腐熟为止。

5.2.3.2 坑式堆积法需设堆积坑，全部在地下堆制，堆积坑深约为 2 m。堆制方法与半坑式相似。

5.2.3.3 地面堆积法。地面堆积法则不用设堆积坑。适用于气温高、雨量多、湿度大、地下水位高的地区或夏季积肥。选择地势较平坦、靠近水源、运输方便的地点堆积。堆宽 2 m，堆高 1.5～2 m，堆长视材料数量而定。堆置前先夯实地面，再铺上一层细草或草炭以吸收渗下的汁液。每层厚 15～24 cm，每层间适量加水、石灰、污泥、人粪尿等，堆顶盖一层细土或河泥，以减少水分的蒸发和氨的挥发损失。堆置 1 个月左右，翻捣一次，再根据堆肥的干湿程度适量加水，再堆置 1 个月左右、再翻捣，直到腐熟为止。

5.2.4 利用秸秆、棉籽皮等多种农业植物性废物做培养基，栽培食用菌。技术要点：(1) 稻麦秸秆处理：将稻麦秸秆粉碎，喷水淋湿后，堆成直径 1～1.8 m 的圆堆压紧，盖上薄膜发酵 3～5 d。发酵后的稻麦草粉要保持其含水量为 70%左右，pH 值为 8 左右。(2) 选地栽培：室内外均可，在室外需搭棚遮阴，以免阳光直射。接种前制作一个 70 cm×20 cm×35 cm 的木制模框，先在框内铺一层发酵好的稻麦草粉，踩实后，四周撒一圈食用菌菌种和麸皮；然后，再铺一层草粉，再撒菌种和麸皮。如此一共铺 4 层稻麦草粉，撒 3 层菌种和麸皮，最后一层草粉铺得薄一些，要保证透气。一般每块培养基用 5～7.5 kg 稻麦草粉、0.25～0.38 kg 食用菌菌种和麸皮，最后盖上一层塑料薄膜。(3) 发菌培养：菌丝生长期间要满足温度、湿度和透气的要求。温度要控制在 35℃左右，夏季气温上升快，加上稻麦草粉发热，易导致培养基升温超过 40℃，此时要揭膜降温。培养基含水量宜控制在 70%，一般不需要喷水，以免引起杂菌污染。(4) 采后处理：幼菇的子实体充分长大后即可采收。一般可采 3～4 茬食用菌，此后的培养基可作为优质的有机肥施回农田。

5.2.5 采用切碎、粉碎、氨化、青贮、热喷等方式，对秸秆进行加工，提高秸秆饲料的营养价值。

5.2.5.1 氨化技术：将小麦秸秆进行堆垛，或者投入窖池或氨化炉，加入尿素，使其氨化，生成饲料，改善秸秆的适口性和提高利用率。

5.2.5.2 青贮技术：将新鲜的秸秆填入密闭的青贮窖或青贮塔内，经过微生物发酵作用，达到长期保存其青绿多汁营养特性的目的。

5.2.5.3 热喷技术。秸秆等农业废弃物经蒸汽处理后，进行增压、突然减压、热喷处理，原料受到热效应和喷放机械效应两个方面的作用后，改变了结构，提高了消化率。

5.2.6 利用沼气发酵、生物质气化、固化成型燃料、供热、发电等技术，实现农业植物性废物的能源利用。

5.2.6.1 沼气发酵制沼技术。工艺技术参数可参照 HJ 574—2010。

5.2.6.2 气化技术。将秸秆收集，在缺氧状态下加热秸秆，生成一氧化碳、氢气、甲烷等可燃性气体，成为可直接提供生活和工业用的优质能源。

5.2.6.3 压块成型及炭化技术。将秸秆粉碎，用机械方法在一定的压力下挤压成型，利用炭化炉将秸秆压块进一步加工处理，生产出可供烧烤等使用的木炭。

5.2.6.4 供热技术。秸秆收集后进行前处理，采用螺旋下伺式进料方式进入秸秆锅炉，保证清洁燃烧。秸秆锅炉要求采用双燃烧室及挡火拱的结构，采用烟、火管的形式，将辐射换热面与对流换热面适当地进行分配，保证炉体紧凑、结构简单。

5.2.6.5 生物质发电技术可分为直接燃烧、气化燃烧和混合燃烧发电等几种技术类型。生物质燃烧发电技术类似燃煤技术，燃烧产生的蒸气通过汽轮机或蒸汽机系统驱动发电机发电，该技术已经进入商业化应用阶段。混合燃烧是利用现有电厂的设备，生物质部分替代传统化石燃料进行利用的一种形式，分为直接混合燃烧、间接混合燃烧和并联燃烧三种方式，均已在示范或商业化项目中得到应用。

5.2.7 可根据各类农业植物性废物的不同性质特点，生产工业原料、包装材料和建筑装饰材料，以及保温材料、农艺编织制品等。

5.2.8 利用不同种类农业植物性废物的成分特点，开发制糖技术和生产蛋白技术。

5.3 污染控制管理措施

5.3.1 对农业植物性废物的处理处置应符合相关法规、标准等规范性文件的要求。

5.3.2 不应露天随意堆放农业植物性废物，防止污染土壤和自然水体。

5.3.3 在农业耕作区域建立农田生态拦截系统，控制地表径流，减少径流养分向水体的排放，以降低或避免水体污染。

5.3.4 秸秆处理处置应符合国家和地方有关规定和要求，不宜露天焚烧秸秆。

5.3.5 鼓励和扶持秸秆的综合处理与综合利用技术和设备的研发和推广。

6 畜禽粪便污染控制措施

6.1 减量化技术措施

6.1.1 推动小规模、散养畜禽养殖向适度规模化、集约化生态养殖模式发展。

6.1.2 小规模养殖场和散养应结合沼气池建设，有机肥生产，采取“四位一体”、“猪沼果（菜、菌、药、花）”、“五配套”等生态农业模式。相关技术要求参照 HJ 574—2010。

6.1.3 在保障食品安全、生物安全的条件下，可采用生物发酵床等技术在畜禽舍中以木屑等为垫料，接种特定微生物，使畜禽粪便在垫料中原位降解。

6.2 资源化技术措施

6.2.1 采取高温好氧堆肥、沼气生产等生物处理和利用方式，实现畜禽粪便的资源化利用。

6.2.2 高温好氧堆肥化利用技术。将畜禽粪便和含 N、P、K 等元素的添加剂按一定比例混合，在有氧条件下，借助嗜氧微生物的作用，使堆料自行升温、除臭、降水，在短期内实现有机堆肥。

6.2.3 沼气生产。以畜禽粪便为原料，在隔绝氧气的条件下，通过微生物的作用，将其中的碳元素分解为可燃气体。

6.3 污染控制管理措施

6.3.1 畜禽粪便及产生的污水、固体废物、恶臭气体应集中收集处理，避免人畜混居。畜禽养殖产生的污染物控制按照 HJ/T 81 和 GB 18596 的规定执行。

6.3.2 堆肥处理技术应符合 GB 7959 的相关规定；规模化畜禽养殖产生的污染物按照 HJ/T 81 的规定进行处置。

6.3.3 鼓励发展节水型养殖技术，推广养殖粪便废水处理及重复利用技术。

6.3.4 加强畜禽粪便污染控制和监督管理工作，制定与本地区畜禽业发展相适应的相关规定，指导养殖场的布局和污染处理设施建设工作。

7 农用薄膜污染控制措施

7.1 农用薄膜的选用

7.1.1 选用的农用薄膜应具有安全性、适用性、经济性的特点。

7.1.2 提倡选用厚度不小于 0.008 mm、耐老化、低毒性或无毒性、可降解的树脂农膜。

7.1.3 鼓励与推广使用天然纤维制品替代塑料农膜。

7.2 污染控制技术措施

7.2.1 优化覆膜技术，推广侧膜栽培技术、适时揭膜技术，降低连续覆盖年限。

7.2.1.1 侧膜栽培技术。将农用地膜覆盖在作物行间，作物栽培在农膜两侧，既保持土壤水分，提高了土壤温度，促进了作物生长，又不易被作物扎破地膜。待作物生长到一定阶段，即可把地膜收回，防止地膜对土壤的污染。

7.2.1.2 适时揭膜技术。技术要点：海拔高度不同，揭膜时间有所差异。1 000 m 以上的高山地区，适时揭膜可缩短到在覆盖地膜后 80 d 揭膜，1 000 m 以下地区，可在覆盖地膜后 45 d 揭膜。不同作物，适时揭膜期不同。如花生在封行期揭膜、棉花在现蕾期揭膜、玉米在大喇叭期揭膜。适时揭膜技术可缩短覆盖地膜的时间，提高地膜的回收率，减少地膜对土壤的污染，有利于农业生产的高产高效和可持续发展。

7.2.2 选用适宜的栽培种植方式，如整地时间、整地方式和起垄方式等。

7.2.3 注重废旧膜的回收和再加工利用，在手工操作的基础上，合理采用清膜机械，加强废旧膜回收利用。结合回收地膜再生加工技术，开发深加工产品，促进废旧膜回收。

7.3 污染控制管理措施

7.3.1 大力推广可降解农膜的生产和使用。

7.3.2 改进农艺管理措施，有效地降低农膜在土壤中的残留，减少污染。

7.3.3 开发优质农膜，提高塑料地膜的使用寿命，以利于农膜回收或重复使用。

7.3.4 加强农膜回收工作力度，不断提高回收技术水平，建立农膜回收相关办法，提高农膜的回收率。

7.3.5 加大宣传力度，提高公众对农膜残留危害的认识。

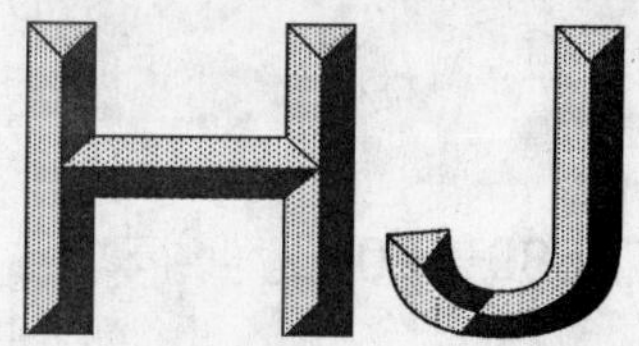

中华人民共和国国家环境保护标准

HJ 589—2010

突发环境事件应急监测技术规范

Technical specifications for emergency monitoring in abrupt environmental accidents

2010-10-19 发布 2011-01-01 实施

环 境 保 护 部 发布

中华人民共和国环境保护部
公　告

2010 年　第 76 号

为贯彻《中华人民共和国环境保护法》，保护环境，保障人体健康，现批准《突发环境事件应急监测技术规范》为国家环境保护标准，并予发布。

标准名称、编号如下：

突发环境事件应急监测技术规范（HJ 589—2010）

该标准自 2011 年 1 月 1 日起实施，由中国环境科学出版社出版，标准内容可在环境保护部网站（bz.mep.gov.cn）查询。

特此公告。

2010 年 10 月 19 日

前 言

为贯彻《中华人民共和国环境保护法》、《中华人民共和国水污染防治法》、《中华人民共和国大气污染防治法》和《中华人民共和国固体废物污染环境防治法》，防止环境污染，改善环境质量，规范突发环境事件应急监测，制定本标准。

本标准规定了突发环境事件应急监测的布点与采样、监测项目与相应的现场监测和实验室监测分析方法、监测数据的处理与上报、监测的质量保证等的技术要求。

本标准为首次发布。

本标准的附录 A 为资料性附录。

本标准由环境保护部科技标准司组织制订。

本标准主要起草单位：中国环境监测总站、杭州市环境监测中心站。

本标准环境保护部 2010 年 10 月 19 日批准。

本标准自 2011 年 1 月 1 日起实施。

本标准由环境保护部解释。

突发环境事件应急监测技术规范

1 适用范围

本标准规定了突发环境事件应急监测的布点与采样、监测项目与相应的现场监测和实验室监测分析方法、监测数据的处理与上报、监测的质量保证等的技术要求。

本标准适用于因生产、经营、储存、运输、使用和处置危险化学品或危险废物以及意外因素或不可抗拒的自然灾害等原因而引发的突发环境事件的应急监测，包括地表水、地下水、大气和土壤环境等的应急监测。

本标准不适用于核污染事件、海洋污染事件、涉及军事设施污染事件、生物、微生物污染事件等的应急监测。

2 规范性引用文件

本规范内容引用了下列文件或其中的条款。凡是不注明日期的引用文件，其有效版本适用于本标准。

GB 3095 环境空气质量标准

GB 3838 地表水环境质量标准

GB 15618 土壤环境质量标准

GB/T 8170 数值修约规则与极限数值的表示和判定

GB/T 14848 地下水质量标准

HJ/T 55 大气污染物无组织排放监测技术导则

HJ/T 91 地表水和污水监测技术规范

HJ/T 164 地下水环境监测技术规范

HJ/T 166 土壤环境监测技术规范

HJ/T 193 环境空气质量自动监测技术规范

HJ/T 194 环境空气质量手工监测技术规范

3 术语和定义

下列术语和定义适用于本标准。

3.1

突发环境事件 abrupt environmental accidents

指由于违反环境保护法规的经济、社会活动与行为，以及意外因素或不可抗拒的自然灾害等原因在瞬时或短时间内排放有毒、有害污染物质，致使地表水、地下水、大气和土壤环境受到严重的污染和破坏，对社会经济与人民生命财产造成损失的恶性事件。

3.2

应急监测 emergency monitoring

指突发环境事件发生后，对污染物、污染物浓度和污染范围进行的监测。

3.3

瞬时样品　snap sample

指从地表水、地下水、大气和土壤中不连续地随机采集的单一样品，一般在一定的时间和地点随机采取。

3.4

采样断面（点）　sampling section（point）

指突发环境事件发生后，对地表水、地下水、大气和土壤样品进行采集的整个剖面（点）。

3.4.1

对照断面（点）　comparison section（point）

指具体评价某一突发环境事件区域环境污染程度时，位于该污染事故区域外，能够提供这一区域环境本底值的断面（点）。

3.4.2

控制断面（点）　controlling section（point）

指突发环境事件发生后，为了解地表水、地下水、大气和土壤环境受污染程度及其变化情况而设置的断面（点）。

3.4.3

消减断面　decreasing section（point）

指突发环境事件发生后，污染物在水体内流经一定距离而达到最大程度混合，因稀释、扩散和降解作用，其主要污染物浓度有明显降低的断面。

3.5

跟踪监测　track monitoring

指为掌握污染程度、范围及变化趋势，在突发环境事件发生后所进行的连续监测，直至地表水、地下水、大气和土壤环境恢复正常。

3.6

流动污染源　mobile pollution source

指在运输过程中由于突发环境事件，在瞬时或短时间内排放有毒、有害污染物，造成对环境污染的源。

3.7

固定污染源　stationary pollution source

指固定场所如工业企业或其他单位由于突发环境事件，在瞬时或短时间内排放有毒、有害污染物，造成对环境污染的源。

4　采样布点与现场监测

4.1　布点

4.1.1　布点原则

采样断面（点）的设置一般以突发环境事件发生地及其附近区域为主，同时必须注重人群和生活环境，重点关注对饮用水水源地、人群活动区域的空气、农田土壤等区域的影响，并合理设置监测断面（点），以掌握污染发生地状况、反映事故发生区域环境的污染程度和范围。

对被突发环境事件所污染的地表水、地下水、大气和土壤应设置对照断面（点）、控制断面（点），对地表水和地下水还应设置消减断面，尽可能以最少的断面（点）获取足够的有代表性的所需信息，同时须考虑采样的可行性和方便性。

4.1.2 布点方法

根据污染现场的具体情况和污染区域的特性进行布点。

4.1.2.1 对固定污染源和流动污染源的监测布点，应根据现场的具体情况，产生污染物的不同工况（部位）或不同容器分别布设采样点。

4.1.2.2 对江河的监测应在事故发生地及其下游布点，同时在事故发生地上游一定距离布设对照断面（点）；如江河水流的流速很小或基本静止，可根据污染物的特性在不同水层采样；在事故影响区域内饮用水取水口和农灌区取水口处必须设置采样断面（点）。

4.1.2.3 对湖（库）的采样点布设应以事故发生地为中心，按水流方向在一定间隔的扇形或圆形布点，并根据污染物的特性在不同水层采样，同时根据水流流向，在其上游适当距离布设对照断面（点）；必要时，在湖（库）出水口和饮用水取水口处设置采样断面（点）。

4.1.2.4 对地下水的监测应以事故地点为中心，根据本地区地下水流向采用网格法或辐射法布设监测井采样，同时视地下水主要补给来源，在垂直于地下水流的上方向，设置对照监测井采样；在以地下水为饮用水源的取水处必须设置采样点。

4.1.2.5 对大气的监测应以事故地点为中心，在下风向按一定间隔的扇形或圆形布点，并根据污染物的特性在不同高度采样，同时在事故点的上风向适当位置布设对照点；在可能受污染影响的居民住宅区或人群活动区等敏感点必须设置采样点，采样过程中应注意风向变化，及时调整采样点位置。

4.1.2.6 对土壤的监测应以事故地点为中心，按一定间隔的圆形布点采样，并根据污染物的特性在不同深度采样，同时采集对照样品，必要时在事故地附近采集作物样品。

4.1.2.7 根据污染物在水中溶解度、密度等特性，对易沉积于水底的污染物，必要时布设底质采样断面（点）。

4.2 采样

4.2.1 采样前的准备

4.2.1.1 采样计划制订。应根据突发环境事件应急监测预案初步制订有关采样计划，包括布点原则、监测频次、采样方法、监测项目、采样人员及分工、采样器材、安全防护设备、必要的简易快速检测器材等，必要时，根据事故现场具体情况制订更详细的采样计划。

4.2.1.2 采样器材准备。采样器材主要是指采样器和样品容器，常见的器材材质及洗涤要求可参照相应的水、大气和土壤监测技术规范，有条件的应专门配备一套用于应急监测的采样设备。此外还可以利用当地的水质或大气自动在线监测设备进行采样。

4.2.2 采样方法及采样量的确定

4.2.2.1 应急监测通常采集瞬时样品，采样量根据分析项目及分析方法确定，采样量还应满足留样要求。

4.2.2.2 污染发生后，应首先采集污染源样品，注意采样的代表性。

4.2.2.3 具体采样方法及采样量可参照HJ/T 91、HJ/T 164、HJ/T 194、HJ/T 193、HJ/T 55和HJ/T 166等。

4.2.3 采样范围或采样断面（点）的确定

采样人员到达现场后，应根据事故发生地的具体情况，迅速划定采样、控制区域，按布点方法进行布点，确定采样断面（点）。

4.2.4 采样频次的确定

采样频次主要根据现场污染状况确定。事故刚发生时，采样频次可适当增加，待摸清污染物变化规律后，可减少采样频次。依据不同的环境区域功能和事故发生地的污染实际情况，力求以最低的采样频次，取得最有代表性的样品，既满足反映环境污染程度、范围的要求，又切实可行。

4.2.5 采样注意事项

a）根据污染物特性（密度、挥发性、溶解度等），决定是否进行分层采样。

b）根据污染物特性（有机物、无机物等），选用不同材质的容器存放样品。

c）采水样时不可搅动水底沉积物，如有需要，同时采集事故发生地的底质样品。

d）采气样时不可超过所用吸附管或吸收液的吸收限度。

e）采集样品后，应将样品容器盖紧、密封，贴好样品标签，样品标签的内容见 5.2.2 说明。

f）采样结束后，应核对采样计划、采样记录与样品，如有错误或漏采，应立即重采或补采。

4.2.6 现场采样记录

现场采样记录是突发环境事件应急监测的第一手资料，必须如实记录并在现场完成，内容全面，可充分利用常规例行监测表格进行规范记录，至少应包括如下信息：

a）事故发生的时间和地点，污染事故单位名称、联系方式。

b）现场示意图，如有必要对采样断面（点）及周围情况进行现场录像和拍照，特别注明采样断面（点）所在位置的标志性特征物如建筑物、桥梁等名称。

c）监测实施方案，包括监测项目（如可能）、采样断面（点位）、监测频次、采样时间等。

d）事故发生现场描述及事故发生的原因。

e）必要的水文气象参数（如水温、水流流向、流量、气温、气压、风向、风速等）。

f）可能存在的污染物名称、流失量及影响范围（程度）；如有可能，简要说明污染物的有害特性。

g）尽可能收集与突发环境事件相关的其他信息，如盛放有毒有害污染物的容器、标签等信息，尤其是外文标签等信息，以便核对。

h）采样人员及校核人员的签名。

4.2.7 跟踪监测采样

4.2.7.1 污染物质进入周围环境后，随着稀释、扩散和降解等作用，其浓度会逐渐降低。为了掌握事故发生后的污染程度、范围及变化趋势，常需要进行连续的跟踪监测，直至环境恢复正常或达标。

4.2.7.2 在污染事故责任不清的情况下，可采用逆向跟踪监测和确定特征污染物的方法，追查确定污染来源或事故责任者。

4.2.8 采样的质量保证

4.2.8.1 采样人员必须经过培训持证上岗，能切实掌握环境污染事故采样布点技术，熟知采样器具的使用和样品采集（富集）、固定、保存、运输条件。

4.2.8.2 采样仪器应在校准周期内使用，进行日常的维护、保养，确保仪器设备始终保持良好的技术状态，仪器离开实验室前应进行必要的检查。

4.2.8.3 采样的其他质量保证措施可参照相应的监测技术规范执行。

4.3 现场监测

4.3.1 现场监测仪器设备的确定原则

应能快速鉴定、鉴别污染物，并能给出定性、半定量或定量的检测结果，直接读数，使用方便，易于携带，对样品的前处理要求低。

4.3.2 现场监测仪器设备的准备

可根据本地实际和全国环境监测站建设标准要求，配置常用的现场监测仪器设备，如检测试纸、快速检测管和便携式监测仪器等快速检测仪器设备。需要时，配置便携式气相色谱仪、便携式红外光谱仪、便携式气相色谱/质谱分析仪等应急监测仪器。

4.3.3 现场监测项目和分析方法

凡具备现场测定条件的监测项目，应尽量进行现场测定。必要时，另采集一份样品送实验室分析测定，以确认现场的定性或定量分析结果。

4.3.3.1 检测试纸、快速检测管和便携式监测仪器的使用方法可参照相应的使用说明，使用过程中应注意避免其他物质的干扰。

4.3.3.2 用检测试纸、快速检测管和便携式监测仪器进行测定时，应至少连续平行测定两次，以确认现场测定结果；必要时，送实验室用不同的分析方法对现场监测结果加以确认、鉴别。

4.3.3.3 用过的检测试纸和快速检测管应妥善处置。

4.3.4 现场监测记录

现场监测记录是报告应急监测结果的依据之一，应按格式规范记录，保证信息完整，可充分利用常规例行监测表格进行规范记录，主要包括环境条件、分析项目、分析方法、分析日期、样品类型、仪器名称、仪器型号、仪器编号、测定结果、监测断面（点位）示意图、分析人员、校核人员、审核人员签名等，根据需要并在可能的情况下，同时记录风向、风速、水流流向、流速等气象水文信息。

4.3.5 现场监测的质量保证

4.3.5.1 用于应急监测的便携式监测仪器，应定期进行检定/校准或核查，并进行日常维护、保养，确保仪器设备始终保持良好的技术状态，仪器使用前需进行检查。

4.3.5.2 检测试纸、快速检测管等应按规定的保存要求进行保管，并保证在有效期内使用。应定期用标准物质对检测试纸、快速检测管等进行使用性能检查，如有效期为一年，至少半年应进行一次。

4.4 采样和现场监测的安全防护

进入突发环境事件现场的应急监测人员，必须注意自身的安全防护，对事故现场不熟悉、不能确认现场安全或不按规定佩戴必需的防护设备（如防护服、防毒呼吸器等），未经现场指挥/警戒人员许可，不应进入事故现场进行采样监测。

4.4.1 采样和现场监测人员安全防护设备的准备

各地应根据当地的具体情况，配备必要的现场监测人员安全防护设备。常用的有：

a）测爆仪、一氧化碳、硫化氢、氯化氢、氯气、氨等现场测定仪等。

b）防护服、防护手套、胶靴等防酸碱、防有机物渗透的各类防护用品。

c）各类防毒面具、防毒呼吸器（带氧气呼吸器）及常用的解毒药品。

d）防爆应急灯、醒目安全帽、带明显标志的小背心（色彩鲜艳且有荧光反射物）、救生衣、防护安全带（绳）、呼救器等。

4.4.2 采样和现场监测安全事项

4.4.2.1 应急监测，至少两人同行。

4.4.2.2 进入事故现场进行采样监测，应经现场指挥/警戒人员许可，在确认安全的情况下，按规定佩戴必需的防护设备（如防护服、防毒呼吸器等）。

4.4.2.3 进入易燃易爆事故现场的应急监测车辆应有防火、防爆安全装置，应使用防爆的现场应急监测仪器设备（包括附件如电源等）进行现场监测，或在确认安全的情况下使用现场应急监测仪器设备进行现场监测。

4.4.2.4 进入水体或登高采样，应穿戴救生衣或佩戴防护安全带（绳）。

5 样品管理

5.1 样品管理目的

样品管理的目的是为了保证样品的采集、保存、运输、接收、分析、处置工作有序进行，确保样品在传递过程中始终处于受控状态。

5.2 样品标志

5.2.1 样品应以一定的方法进行分类，如可按环境要素或其他方法进行分类，并在样品标签和现场采样记录单上记录相应的唯一性标志。

5.2.2 样品标志至少应包含样品编号、采样地点、监测项目（如可能）、采样时间、采样人等信息。

5.2.3 对有毒有害、易燃易爆样品特别是污染源样品应用特别标志（如图案、文字）加以注明。

5.3 样品保存

除现场测定项目外，对需送实验室进行分析的样品，应选择合适的存放容器和样品保存方法进行存放和保存。

5.3.1 根据不同样品的性状和监测项目，选择合适的容器存放样品。

5.3.2 选择合适的样品保存剂和保存条件等样品保存方法，尽量避免样品在保存和运输过程中发生变化。对易燃易爆及有毒有害的应急样品，必须分类存放，保证安全。

5.4 样品的运送和交接

5.4.1 对需送实验室进行分析的样品，立即送实验室进行分析，尽可能缩短运输时间，避免样品在保存和运输过程中发生变化。

5.4.2 对易挥发性的化合物或高温不稳定的化合物，注意降温保存运输，在条件允许情况下可用车载冰箱或机制冰块降温保存，还可采用食用冰或大量深井水（湖水）、冰凉泉水等临时降温措施。

5.4.3 样品运输前应将样品容器内、外盖（塞）盖（塞）紧。装箱时应用泡沫塑料等分隔，以防样品破损和倒翻。每个样品箱内应有相应的样品采样记录单或送样清单，应有专门人员运送样品，如非采样人员运送样品，则采样人员和运送样品人员之间应有样品交接记录。

5.4.4 样品交实验室时，双方应有交接手续，双方核对样品编号、样品名称、样品性状、样品数量、保存剂加入情况、采样日期、送样日期等信息确认无误后在送样单或接样单上签字。

5.4.5 对有毒有害、易燃易爆或性状不明的应急监测样品，特别是污染源样品，送样人员在送实验室时应告知接样人员或实验室人员样品的危险性，接样人员同时向实验室人员说明样品的危险性，实验室分析人员在分析时应注意安全。

5.5 样品的处置

5.5.1 对应急监测样品，应留样，直至事故处理完毕。

5.5.2 对含有剧毒或大量有毒、有害化合物的样品，特别是污染源样品，不应随意处置，应做无害化处理或送有资质的处理单位进行无害化处理。

5.6 样品管理的质量保证

5.6.1 应保证样品从采集、保存、运输、分析、处置的全过程都有记录，确保样品管理处在受控状态。

5.6.2 样品在采集和运输过程中应防止样品被污染及样品对环境的污染。运输工具应合适，运输中应采取必要的防震、防雨、防尘、防爆等措施，以保证人员和样品的安全。

5.6.3 实验室接样人员接收样品后应立即送检测人员进行分析。

6 监测项目和分析方法

6.1 监测项目

6.1.1 监测项目的确定原则

突发环境事件由于其发生的突然性、形式的多样性、成分的复杂性决定了应急监测项目往往一时难以确定，此时应通过多种途径尽快确定主要污染物和监测项目。

6.1.2 已知污染物的突发环境事件监测项目的确定

6.1.2.1 根据已知污染物确定主要监测项目。同时应考虑该污染物在环境中可能产生的反应，衍生成其他有毒有害物质。

6.1.2.2 对固定源引发的突发环境事件，通过对引发突发环境事件固定源单位的有关人员（如管理、技术人员和使用人员等）的调查询问，以及对引发突发环境事件的位置、所用设备、原辅材料、生产的产品等的调查，同时采集有代表性的污染源样品，确认主要污染物和监测项目。

6.1.2.3 对流动源引发的突发环境事件，通过对有关人员（如货主、驾驶员、押运员等）的询问以及运送危险化学品或危险废物的外包装、准运证、押运证、上岗证、驾驶证、车号（或船号）等信息，调查运输危险化学品的名称、数量、来源、生产或使用单位，同时采集有代表性的污染源样品，鉴定和确认主要污染物和监测项目。

6.1.3 未知污染物的突发环境事件监测项目的确定

6.1.3.1 通过污染事故现场的一些特征，如气味、挥发性、遇水的反应特性、颜色及对周围环境、作物的影响等，初步确定主要污染物和监测项目。

6.1.3.2 如发生人员或动物中毒事故，可根据中毒反应的特殊症状，初步确定主要污染物和监测项目。

6.1.3.3 通过事故现场周围可能产生污染的排放源的生产、环保、安全记录，初步确定主要污染物和监测项目。

6.1.3.4 利用空气自动监测站、水质自动监测站和污染源在线监测系统等现有的仪器设备的监测，确定主要污染物和监测项目。

6.1.3.5 通过现场采样分析，包括采集有代表性的污染源样品，利用试纸、快速检测管和便携式监测仪器等现场快速分析手段，确定主要污染物和监测项目。

6.1.3.6 通过采集样品，包括采集有代表性的污染源样品，送实验室分析后，确定主要污染物和监测项目。

6.2 分析方法

6.2.1 为迅速查明突发环境事件污染物的种类（或名称）、污染程度和范围以及污染发展趋势，在已有调查资料的基础上，充分利用现场快速监测方法和实验室现有的分析方法进行鉴别、确认。

6.2.2 为快速监测突发环境事件的污染物，首先可采用如下的快速监测方法：

a）检测试纸、快速检测管和便携式监测仪器等的监测方法。

b）现有的空气自动监测站、水质自动监测站和污染源在线监测系统等在用的监测方法。

c）现行实验室分析方法。

6.2.3 从速送实验室进行确认、鉴别，实验室应优先采用国家环境保护标准或行业标准。

6.2.4 当上述分析方法不能满足要求时，可根据各地具体情况和仪器设备条件，选用其他适宜的方法，如 ISO、美国 EPA、日本 JIS 等国外的分析方法。

6.3 实验室原始记录及结果表示

6.3.1 实验室原始记录内容

6.3.1.1 突发环境事件实验室分析的原始记录，是报告应急监测结果的依据，可按常规例行监测格式规范记录，保证信息完整。

6.3.1.2 实验室原始记录要真实及时，不应追记，记录要清晰完整，字迹要工整。

6.3.1.3 如实验室原始记录上数据有误，应采用“杠改法”修改，并在其上方写上正确的数字，并在其下方签名或盖章。

6.3.1.4 实验室原始记录要有统一编号，应随监测报告及时、按期归档。

6.3.2 结果表示

6.3.2.1 突发环境事件应急的监测结果可用定性、半定量或定量的监测结果表示。

6.3.2.2 定性监测结果可用“检出”或“未检出”来表示，并尽可能注明监测项目的检出限。

6.3.2.3 半定量监测结果可给出所测污染物的测定结果或测定结果范围。

6.3.2.4 定量监测结果应给出所测污染物的测定结果。

6.4 实验室质量保证和质量控制

6.4.1 分析人员应熟悉和掌握相关仪器设备和分析方法，持证上岗。

6.4.2 用于监测的各种计量器具要按有关规定定期检定，并在检定周期内进行期间核查，定期检查和维护保养，保证仪器设备的正常运转。

6.4.3 实验用水要符合分析方法要求，试剂和实验辅助材料要检验合格后投入使用。

6.4.4 实验室采购服务应选择合格的供应商。

6.4.5 实验室环境条件应满足分析方法要求，需控制温湿度等条件的实验室要配备相应设备，监控并记录环境条件。

6.4.6 实验室质量保证和质量控制的具体措施参照相应的技术规范执行。

7 数据处理与监测报告

7.1 数据处理

7.1.1 突发环境事件应急监测的数据处理参照相应的监测技术规范执行。

7.1.2 数据修约规则。按照 GB/T 8170 的相关规定执行。

7.2 监测报告

7.2.1 基本原则

突发环境事件应急监测报告以及时、快速报送为原则。

7.2.2 报告形式及内容

7.2.2.1 为及时上报突发环境事件应急监测的监测结果，可采用电话、传真、电子邮件、监测快报、简报等形式报送监测结果等简要信息。

7.2.2.2 突发环境事件应急监测报告应包括以下内容。

a）标题名称。

b）监测单位名称和地址，进行测试的地点（当测试地点不在本站时，应注明测试地点）。

c）监测报告的唯一性编号和每一页与总页数的标志。

d）事故发生的时间、地点，监测断面（点位）示意图，发生原因，污染来源，主要污染物质，污染范围，必要的水文气象参数等。

e）所用方法的标志（名称和编号）。

f）样品的描述、状态和明确的标志。

g）样品采样日期、接收日期、检测日期。

h）检测结果和结果评价（必要时）。

i）审核人、授权签字人签字（已通过计量认证/实验室认可的监测项目）等。

j）计量认证/实验室认可标志（已通过计量认证/实验室认可的监测项目）。

7.2.3 在以多种形式上报的应急监测结果报告中，应以最终上报的正式应急监测报告为准。

7.2.4 对已通过计量认证/实验室认可的监测项目，监测报告应符合计量认证/实验室认可的相关要求；

对未通过计量认证/实验室认可的监测项目，可按当地环境保护行政主管部门或任务下达单位的要求进行报送。

7.2.5　环境污染程度评价

如可能，应对突发环境事件区域的环境污染程度进行评价，可用如下方法进行：

（1）评价突发环境事件对区域的环境污染程度，执行 GB 3838、GB/T 14848、GB 3095、GB 15618 等相应的环境质量标准。

（2）对发生突发环境事件单位所造成的污染程度进行评价，执行相应的污染物排放标准。事故对环境的影响评价，参照（1）执行相应的环境质量标准。

（3）对某种污染物目前尚无评价标准的，可根据当地环境保护行政主管部门、任务下达单位或事故涉及方认可或推荐的方法或标准进行评价。

7.2.6　时间要求

突发环境事件应急监测结果应以电话、传真、监测快报等形式立即上报，跟踪监测结果以监测简报形式在监测次日报送，事故处理完毕后，应出具应急监测报告。

7.2.7　报送范围

按当地突发性环境污染事件（故）应急预案要求进行报送。一般突发环境事件监测报告上报当地环境保护行政主管部门及任务下达单位；重大和特大突发环境事件除上报当地环境保护行政主管部门及任务下达单位外，还应报上一级环境监测部门。

7.3　应急监测报告的质量保证

7.3.1　监测报告信息要完整。

7.3.2　监测报告实行三级审核。

附 录 A
（资料性附录）
突发环境事件应急监测预案编制提纲

A.1 总则

为了强化各级环境监测站对突发环境事件的应急监测能力，及时掌握突发环境事件的现状，各地应建立健全相应的组织机构，落实应急监测人员和配备应急监测设备，各地可根据应急预案编制提纲编制适合当地实际情况的突发环境事件应急监测预案。

A.2 适用范围

各级环境监测站应根据编制突发性环境事件应急监测预案的目的和依据确定其适用范围。

A.3 组织机构与职责分工

应按各级环境监测站在本管辖区域应急监测网络内的职责分工，制定网络内各级组织的机构组成及职责分工，同时应绘制相应的组织机构框图以及相关人员的联系方法。

对在区域之间（如省与省、市与市之间）发生的突发环境事件，应由上级环境监测站负责协调、组织实施应急监测。

A.4 应急监测仪器配置

根据环境监测站的实际情况，明确应急监测仪器和相关物品的名称、型号、数量、适用范围、保管人等信息。

A.5 应急监测工作基本程序

预案中应急监测工作基本程序的编制至少应包括应急监测工作网络运作程序、具体工作程序和质量保证工作程序三方面内容，可以用流程图的形式表示。

A.5.1 应急监测工作网络图

指环境监测站所在区域的、自上而下的网络关系图。

A.5.2 应急监测工作流程图（包括数据上报）

指环境监测站内部应急监测工作从接到指令开始，到监测数据上报全过程的工作路线流程。

A.5.3 应急监测质量控制要求及流程图

根据应急监测质量控制的基本要求，绘制质量控制流程图，方便环境监测人员对照执行。

A.6 应急监测方案制订的基本原则

明确应急监测方案的制订责任人员、应急监测方案中应包括的基本内容等。

A.7 应急监测技术支持系统

为提高应急监测预案的科学性及可操作性，各级环境监测站应尽可能按下列内容编制应急监测技术支持系统，并给予不断地完善。

A.7.1 国家相应法律、规范支持系统

A.7.2 环境监测技术规范支持系统

A.7.3 当地危险源调查数据库支持系统

A.7.4 各类化学品基本特性数据库支持系统

A.7.5 常见突发环境事件处置技术支持系统

A.7.6 专家支持系统

A.8 应急监测防护装备、通信设备及后勤保障体系

预案中应规定应急监测防护和通信装备的种类和数量，统一分类编目，并对放置地点和保管人进行明确规定。应明确后勤保障体系的构成及人员责任分工。

中华人民共和国环境保护部
公　告

2010 年　第 77 号

为贯彻《中华人民共和国环境保护法》，保护环境，保障人体健康，现批准《环境空气　臭氧的测定　紫外光度法》等六项标准为国家环境保护标准，并予发布。

标准名称、编号如下：

一、环境空气　臭氧的测定　紫外光度法（HJ 590—2010）；

二、水质　五氯酚的测定　气相色谱法（HJ 591—2010）；

三、水质　硝基苯类化合物的测定　气相色谱法（HJ 592—2010）；

四、水质　单质磷的测定　磷钼蓝分光光度法（暂行）（HJ 593—2010）；

五、水质　显影剂及其氧化物总量的测定　碘-淀粉分光光度法（暂行）（HJ 594—2010）；

六、水质　彩色显影剂总量的测定　169 成色剂分光光度法（暂行）（HJ 595—2010）。

以上标准自 2011 年 1 月 1 日起实施，由中国环境科学出版社出版，标准内容可在环境保护部网站（bz.mep.gov.cn）查询。

自以上标准实施之日起，由原国家环境保护局批准、发布的下述三项国家环境保护标准废止，标准名称、编号如下：

一、环境空气　臭氧的测定　紫外分光光度法（GB/T 15438—1995）；

二、水质　五氯酚的测定　气相色谱法（GB 8972—88）；

三、工业废水　总硝基化合物的测定　气相色谱法（GB 4919—85）。

特此公告。

2010 年 10 月 21 日

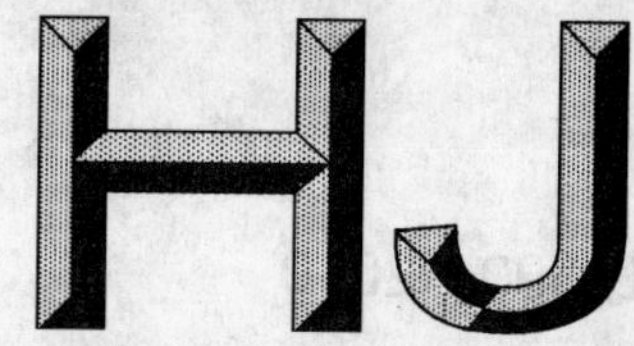

中华人民共和国国家环境保护标准

HJ 590—2010

代替 GB/T 15438—1995

环境空气　臭氧的测定　紫外光度法

Ambient air—Determination of ozone

—Ultraviolet photometric method

2010-10-21 发布　　　　2011-01-01 实施

环　境　保　护　部　发布

前　言

为贯彻《中华人民共和国环境保护法》和《中华人民共和国大气污染防治法》，保护环境，保障人体健康，规范环境空气中臭氧的监测方法，制定本标准。

本标准规定了测定环境空气中臭氧的紫外光度法。

本标准是对《环境空气　臭氧的测定　紫外分光光度法》（GB/T 15438—1995）的修订。

本标准首次发布于1995年，原标准起草单位为鞍山市环境监测中心站，本次为第一次修订。修订的主要内容有：

——修订了空气中臭氧测定的适用范围及其参考条件。

——修订了“干扰及其消除”条款。

——明确规定了公式 $\ln(I/I_0)=-a\rho d$ 中各项代表的物理意义。增加了臭氧浓度的计算公式。

——增加了术语和定义条款。

——增加了质量保证和质量控制条款。

——补充完善了检测的技术条件和注意事项。

——增加了对零空气质量的要求和确认步骤。

——增加了附录B、附录C和附录D。

本标准的附录A和附录B为规范性附录，附录C和附录D为资料性附录。

自本标准实施之日起，原国家环境保护局1995年3月25日批准、发布的国家环境保护标准《环境空气　臭氧的测定　紫外分光光度法》（GB/T 15438—1995）废止。

本标准由环境保护部科技标准司组织修订。

本标准主要起草单位：沈阳市环境监测中心站。

本标准环境保护部2010年10月21日批准。

本标准自2011年1月1日起实施。

本标准由环境保护部解释。

环境空气　臭氧的测定　紫外光度法

警告：本方法需要使用有毒的气体臭氧，实验室内臭氧的极限质量浓度为 200 μg/m³。过剩的臭氧应该排入活性炭洗涤器或室外并远离采样入口。

1　适用范围

本标准规定了测定环境空气中臭氧的紫外光度法。

本标准适用于环境空气中臭氧的瞬时测定，也适用于环境空气中臭氧的连续自动监测。

本标准适用于测定环境空气中臭氧的浓度范围是 0.003～2 mg/m³。

2　术语和定义

下列术语和定义适用于本标准。

2.1

零空气　zero air

指不含臭氧、氮氧化物、碳氢化合物及任何能使臭氧分析仪产生紫外吸收的其他物质的空气。零空气质量的确认方法和验收标准见附录 A。

2.2

传递标准　transfer standard

指经过臭氧标准参考光度计（SRP）或紫外校准光度计（6.2.1）校准后，可用来向现场的环境臭氧分析仪传递准确度的工作标准。作为臭氧的传递标准每 6 个月应至少用标准参考光度计或紫外校准光度计校准一次。

3　方法原理

当样品空气以恒定的流速通过除湿器和颗粒物过滤器进入仪器的气路系统时分成两路，一路为样品空气，一路通过选择性臭氧洗涤器成为零空气，样品空气和零空气在电磁阀的控制下交替进入样品吸收池（或分别进入样品吸收池和参比池），臭氧对 253.7 nm 波长的紫外光有特征吸收。设零空气通过吸收池时检测的光强度为 I_0，样品空气通过吸收池时检测的光强度为 I，则 I/I_0 为透光率。仪器的微处理系统根据朗伯-比尔定律公式（1），由透光率计算臭氧浓度。

$$\ln(I/I_0) = -a\rho d \qquad (1)$$

式中：I/I_0——样品的透光率，即样品空气和零空气的光强度之比；

ρ——采样温度压力条件下臭氧的质量浓度，μg/m³；

d——吸收池的光程，m；

a——臭氧在 253.7 nm 处的吸收系数，a=1.44×10⁻⁵ m²/μg。

4 干扰及消除

一般环境空气中常见的质量浓度低于 0.2 mg/m^3 的污染物不会干扰臭氧的测定。但当空气中二氧化氮和二氧化硫的质量浓度分别为 0.94 mg/m^3 和 1.3 mg/m^3 时，对臭氧的测定分别产生约为 2 μg/m^3 和 8 μg/m^3 的正干扰。

空气中的颗粒物如果未被去除，可能会在采样管路中累积破坏臭氧，使得测定结果偏低，加颗粒物过滤器可去除。

样品空气在采样管线中停留期间，其中的一氧化氮与臭氧会发生某种程度的反应，关于这种影响的校正见本标准附录 B。

其他一些化合物对紫外臭氧测定仪的干扰见本标准附录 C。

5 试剂和材料

5.1 采样管线

采样管线须采用玻璃、聚四氟乙烯等不与臭氧起化学反应的惰性材料。

注：为了缩短样品空气在管线中的停留时间，应尽量采用短的采样管线。实验证明，如果样品空气在管线中停留时间少于 5 s，臭氧损失小于 1%。

5.2 颗粒物过滤器

过滤器由滤膜及其支架组成，其材质应选用聚四氟乙烯等不与臭氧起化学反应的惰性材料。

注：①滤膜的材质为聚四氟乙烯，孔径为 5 μm。②一般新滤膜需要经过环境空气平衡一段时间才能获得稳定的读数。③应根据环境中颗粒物浓度和采样体积定期更换滤膜，一片滤膜最长使用时间不得超过 14 d。当发现在 5～15 min 内臭氧含量递减 5%～10%时，应立即更换滤膜。

5.3 零空气

符合分析校准程序要求的零空气，可以由零气发生装置产生，也可以由零气钢瓶提供。如果使用合成空气，其中氧的含量应为合成空气的 20.9%±2%。

注：来源不同的零空气可能含有不同的残余物质从而产生不同的紫外吸收。因此，向紫外光度计提供的零空气必须与校准臭氧浓度时臭氧发生器所用的零空气为同一来源。

6 仪器和设备

6.1 环境臭氧分析仪

环境臭氧分析仪主要由以下几部分组成。典型的紫外光度臭氧测量系统组成见图 1。

（1）紫外吸收池

紫外吸收池应由不与臭氧起化学反应的惰性材料制成，并具有良好的机械稳定性，以致光学校准不受环境温度变化的影响。吸收池温度控制精度为±0.5℃，吸收池中样品空气压力控制精度为±0.2 kPa。

（2）紫外光源灯

例如低压汞灯，其发射的紫外单色光集中在 253.7 nm，而 185 nm 的光（照射氧产生臭氧）通过石英窗屏蔽去除。光源灯发出的紫外辐射应足够稳定，能够满足分析要求（参数见本标准附录 D）。

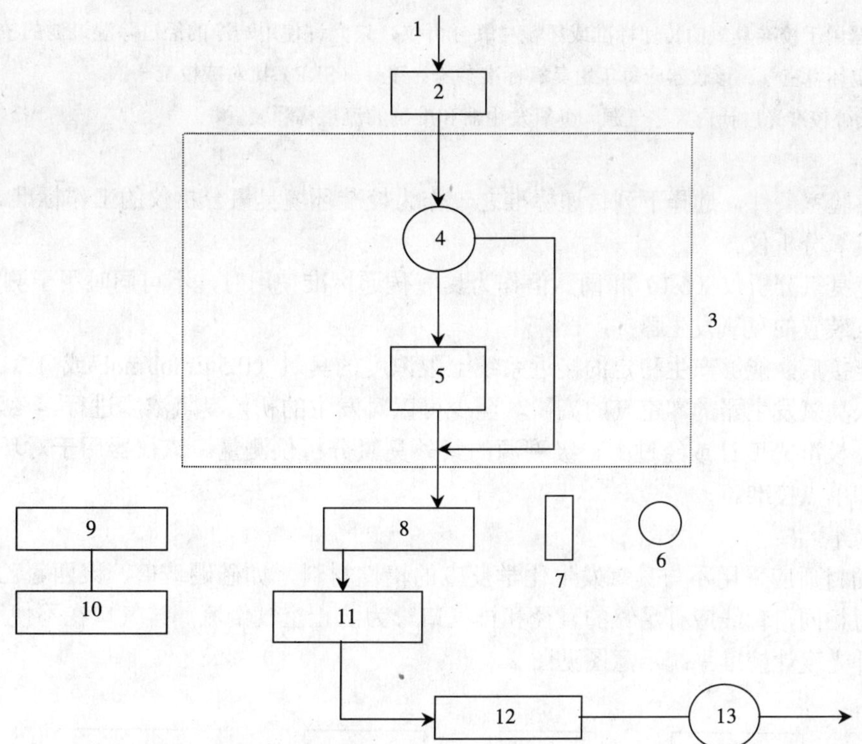

1．空气输入；2．颗粒物过滤器和除湿器；3．环境臭氧分析仪；4．旁路阀；5．涤气器；
6．紫外光源灯；7．光学镜片；8．UV 吸收池；9．UV 检测器；10．信号处理器；
11．空气流量计；12．流量控制器；13．泵。

图 1　典型的紫外光度臭氧测量系统示意图

（3）紫外检测器

能定量接收波长 253.7 nm 处辐射的 99.5%。其电子组件和传感器的响应稳定，能满足分析要求。

（4）带旁路阀的涤气器

其活性组分能在环境空气样品流中选择性地去除臭氧。

（5）采样泵

采样泵安装在气路的末端（见图 1），抽吸空气流过臭氧分析仪，能保持流量在 1～2 L/min。

（6）流量控制器

紧接在采样泵的前面，可适当调节流过臭氧分析仪的空气流量。

（7）空气流量计

安装在紫外吸收池的后面（见图 1），流量范围为 1～2 L/min。

（8）温度指示器

能测量紫外吸收池中样品空气的温度，准确度为±0.5℃。

（9）压力指示器

能测量紫外吸收池内的样品空气的压力，准确度为±0.2 kPa。

6.2　校准用主要设备

6.2.1　紫外校准光度计（UV Calibration Photometer）

紫外校准光度计的构造和原理与环境臭氧分析仪相似，其准确度优于±0.5%，重复性相对偏差小于±1%。但没有内置去除臭氧的涤气器。因此提供给校准仪的零空气必须与臭氧发生器的零空气为同一来源。

注 1：该仪器用于校准臭氧的传递标准或环境臭氧分析仪，只允许使用洁净的经过除湿过滤的校准气体，不得用于测定环境空气。该仪器应每年用臭氧标准参考光度计（SRP）比对或校准一次。

注 2：有的紫外校准光度计内置零气源、臭氧发生器和准确的流量稀释装置。

6.2.2　传递标准

可根据本实验室条件，选择下列传递标准之一作为校准环境臭氧分析仪的工作标准。

6.2.2.1　紫外臭氧分析仪

构造与环境臭氧分析仪（6.1）相同。但作为臭氧传递标准使用时，不可同时用于测定环境空气。

6.2.2.2　带配气装置的臭氧发生器

与零气源连接后，能够产生稳定的接近系统上限浓度的臭氧（0.5 μmol/mol 或 1.0 μmol/mol），能够准确控制进入臭氧发生器的零空气的流量，至少可以对发生的初始臭氧浓度进行 4 级稀释，发生的臭氧浓度用紫外校准光度计或经过上一级溯源的紫外臭氧分析仪测量。该仪器用于对环境臭氧分析仪进行多点校准和单点校准。

6.2.3　输出多支管

输出管线的材质应采用不与臭氧发生化学反应的惰性材料，如硅硼玻璃、聚四氟乙烯等。为保证管线内外的压力相同，管线应有足够的直径和排气口。为防止空气倒流，排气口在不使用时应封闭。

典型的紫外光度计校准系统示意图见图 2。

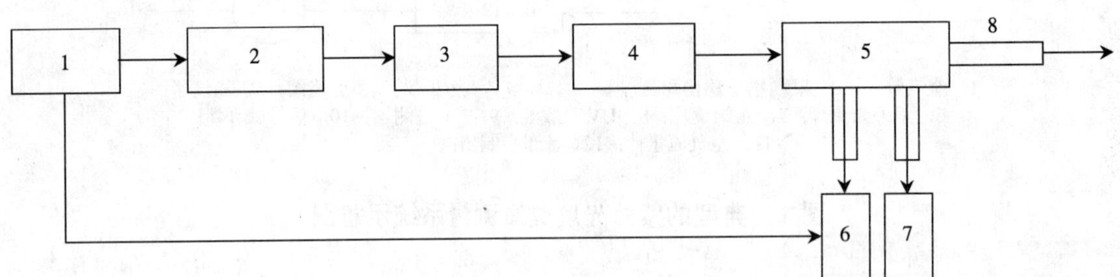

1．零空气；2．流量控制器；3．流量计；4．臭氧发生器；5．输出多支管；6．紫外校准光度计仪接口；7．环境臭氧分析仪或其他传递标准接口；8．排气口。

图 2　典型的臭氧校准系统气路示意图

7　分析步骤

7.1　臭氧分析仪的校准

7.1.1　用紫外校准光度计校准传递标准

7.1.1.1　用紫外校准光度计校准臭氧发生器类型的传递标准

按图 2 连接零空气、臭氧发生器和紫外校准光度计，调节进入臭氧发生器的零空气流量使产生不同浓度的臭氧，用紫外校准光度计测量其质量浓度值。输入到输出多支管的空气流量应超过仪器需要总量的 20%，并适当超过排气口的大气压力。

严格按仪器说明书操作各仪器，待仪器充分预热后，运行下列校准步骤：

（1）零点调整

引导零空气进入输出多支管，直至获得稳定的响应值（零空气需稳定输出 15 min）。必要时，调节臭氧发生器的零点电位器使读数等于零或进行零补偿。记录紫外校准光度计的输出值（I_0）。

（2）跨度调节

调节臭氧发生器，使产生所需要的最高摩尔分数的臭氧（0.5 μmol/mol 或 1.0 μmol/mol），稳定后，记录紫外校准光度计的输出值（I）。按式（2）计算相应的臭氧浓度。必要时，调节臭氧发生器的跨度电位器，使其指示的输出读数接近或等于计算的浓度值。如果跨度调节和零点调节相互关联，则应重复步骤（1）～（2），再检查零点和跨度，直至不做任何调节，仪器的响应值均符合要求为止。

使用紫外校准光度计的测量参数，按式（2）计算标准状态下（273.15 K，101.325 kPa）输出多支管中臭氧的质量浓度：

$$\rho_0 = \frac{101.25}{p} \times \frac{T + 273.15}{273.15} \times \frac{-\ln(I / I_0)}{1.44 \times 10^{-5}} \times \frac{1}{d} \qquad (2)$$

式中：ρ_0——标准状态下臭氧的质量浓度，μg/m^3；

d——紫外臭氧校准光度计吸收池的光程，m；

I/I_0——含臭氧空气的透光率，即样气和零空气的光强度之比；

1.44×10^{-5}——臭氧在 253.7 nm 处的吸收系数，m^2/μg；

p——光度计吸收池压力，kPa；

T——光度计吸收池温度，℃；

注：有的紫外臭氧校准仪直接输出臭氧的浓度值，可省略上述计算步骤。

（3）多点校准

调节进入臭氧发生器的零空气流量，在仪器的满量程范围内，至少发生 4 个浓度点的臭氧（不包括零浓度点和满量程点），对每个浓度点分别测定、记录并计算其稳定的输出值（ρ_i）。

以紫外校准光度计的输出值对应臭氧浓度的稀释率绘图。按式（3）计算多点校准的线性误差：

$$E_i = \frac{\rho_0 - \rho_i / R}{A_0} \times 100\% \qquad (3)$$

式中：E_i——各浓度点的线性误差，%；

ρ_0——初始臭氧质量浓度或摩尔分数，mg/m^3 或μmol/mol；

ρ_i——稀释后测定的臭氧质量浓度或摩尔分数，mg/m^3 或μmol/mol；

R——稀释率，等于初始浓度流量除以总流量。

注 1：为评估校准的精密度重复该校准步骤。

注 2：各浓度点的线性误差必须小于±3%，否则，检查流量稀释的准确度。

7.1.1.2 用紫外校准光度计校准臭氧分析仪类型的传递标准

按图 2 连接零空气、臭氧发生器、紫外校准光度计和紫外臭氧分析仪，按与 7.1.1.1 相同的步骤，进行零点调节、跨度调节和多点校准，并分别记录、计算紫外校准光度计的输出值和臭氧分析仪的响应值。以紫外校准光度计的测量值对应臭氧分析仪的响应值绘制校准曲线。校准曲线的斜率应在 0.97～1.03 之间，截距应小于满量程的±1%，相关系数应大于 0.999。

7.1.2 用传递标准校准环境臭氧分析仪

按图 2 连接零空气、臭氧发生器、环境臭氧分析仪和经过上一级溯源的紫外臭氧分析仪或其他传递标准，按与 7.1.1.1 相同的步骤，进行零点调节、跨度调节和多点校准，并分别记录环境臭氧分析仪的输出值。以传递标准的参考值对应臭氧分析仪的响应值绘制校准曲线。校准曲线的斜率应在 0.95～1.05 之间，截距应小于满量程的±1%，相关系数应大于 0.999。

7.2 环境空气中臭氧的测定

在有温度控制的实验室安装臭氧分析仪，以减少任何温度变化对仪器的影响；按生产厂家的操作说明正确设置各种参数，包括 UV 光源灯的灵敏度、采样流速；激活电子温度和压力补偿功能等；向仪器中导入零空气和样气，检查零点和跨度，用合适的记录装置记录臭氧浓度。

8 结果计算

大多数臭氧分析仪能够测量吸收池内样品空气的温度和压力，并根据测得的数据，自动将采样状态下臭氧的质量浓度换算为标准状态下的质量浓度。否则，须按式（4）计算：

$$\rho_0 = \rho \times \frac{101.325}{p} \times \frac{t + 273.15}{273.15} \qquad (4)$$

式中：ρ_0——标准状态下臭氧的质量浓度，mg/m³；

ρ——仪器读数，采样温度、压力条件下臭氧的质量浓度，mg/m³；

p——光度计吸收池压力，kPa；

t——光度计吸收池温度，℃；

9 精密度和准确度

9.1 精密度

置信水平为 95%时，方法的重复性精密度在±5%之内。

注：测定环境空气中臭氧的重复性精密度在±3.5%之内（包括校准分析和环境分析的重复性）。

9.2 准确度

方法的准确度优于测量质量浓度的±4%。

10 质量保证与质量控制

10.1 对校准的要求

10.1.1 零点和跨度检查

环境臭氧分析仪每次运行之前应检查一次零点、跨度和操作参数。在仪器连续运行期间，每两周检查一次零点和跨度（或 80%满量程点）。零点漂移不应超过 2%，跨度漂移应不超过满量程的±15%，否则，调节分析仪，执行多点校准。

10.1.2 传递标准的校准

用于校准环境臭氧分析仪的传递标准，至少每 6 个月用紫外校准光度计校准一次，各质量浓度点的线性误差必须小于±3%。否则，检查流量稀释的准确度或重新进行校准。

10.1.3 多点校准

环境臭氧分析仪应每隔 6 个月运行一次多点校准。各质量浓度点的线性误差应小于±5%，相关系数应大于 0.999，截距应小于满量程的±1%。否则，检查流量稀释的准确度或对仪器进行校准。

10.1.4 紫外校准光度计的校准

至少每年用臭氧标准参考光度计（SRP）校准一次。各质量浓度点的线性误差应小于±1%，截距应小于 3 nmol/mol。否则，检查流量稀释的准确度或对仪器进行修理。

10.2 更换涤气器

每隔 6 个月更换一次零气发生装置的涤气器。更换涤气器后，应运行多点校准。

10.3 流量校准

10.3.1 环境臭氧分析仪的流量控制装置，至少每半年用工作标准（指经国家有关部门传递过的质量流量计、电子皂膜流量计）标定一次，其流量准确度应为标称流量的±10%。

10.3.2 用作臭氧传递标准（带配气装置的臭氧发生器）的流量控制装置，至少每年送有资质的部门进行质量检验和标准传递 1 次，其流量准确度应为标称流量的±1%。

附 录 A
（规范性附录）
零空气质量的确认和验收标准

A.1 零空气质量的确认

A.1.1 设备

1 瓶超高纯零气（钢瓶）；一台空气压缩机；一台或多台零气发生装置；一台多种气体校准仪；一氧化碳、一氧化氮、二氧化氮、臭氧、二氧化硫分析仪，各一台；记录仪。

A.1.2 确认步骤

A.1.2.1 检查零气发生装置的涤气器。如有必要，将其更换，并进行泄漏检查。预留足够的时间预热分析仪、校准仪和零气发生装置，使其稳定。

A.1.2.2 将超高纯零气连接到多种气体校准仪的输入口。

A.1.2.3 按仪器说明书操作各种仪器设备，确保其处于正常运行状态。确保分析仪对一氧化氮（NO）、二氧化氮（NO_2）、臭氧（O_3）和二氧化硫的零点响应的绝对值小于±5 nmol/mol；对一氧化碳（CO）的零点响应值小于 0.25 μmol/mol。记录稳定的仪器响应值。

A.1.2.4 将零气发生装置连接到多种气体校准仪的输入口。按 A.1.2.3 步骤操作，记录稳定的仪器响应值。

A.1.2.5 重复上述步骤 A.1.2.2～A.1.2.4，直至所有确认工作完成。

A.2 验收标准

零气发生装置的平均分析响应值与超高纯零气的平均分析响应值之差，应该符合如下标准：

一氧化碳（CO）≤0.14 μmol/mol；一氧化氮（NO）、二氧化氮（NO_2）以及氮氧化物（NO_x）≤2.2 nmol/mol；臭氧（O_3）≤2.2 nmol/mol；二氧化硫≤1.4 nmol/mol。

如果其中的任何一项指标不满足上述验收标准要求，那么需要更换零气发生装置的涤气器，并确保在更换之后不发生泄漏。

附 录 B
（规范性附录）
环境空气中一氧化氮的校正

为校正采样管线中环境空气中臭氧与一氧化氮反应的影响，采样管线入口环境臭氧的浓度按式（B.1）计算：

$$x = \frac{bx(O_3)}{x(O_3) - x(NO)\exp(bkt)} \qquad (B.1)$$

式中：x——采样管线中臭氧的摩尔分数，μmol/mol；

t——氧气在采样管线中停留的时间，s；

k——$0.443\times10^6\ S^{-1}$，25℃时 O_3 与 NO 反应的平衡常数；

$x(O_3)$，$x(NO)$——样气在采样管线中停留 t 秒后，测得的臭氧和一氧化氮的摩尔分数，μmol/mol；

b——$x(O_3)-x(NO)$，$b\neq0$。

附 录 C
（资料性附录）
某些化合物对紫外臭氧测定仪的干扰

表 C.1 对紫外臭氧测定仪产生干扰的某些化合物及其响应值

干扰化合物 1 μmol/mol	响应值（以摩尔分数计）/%
苯乙烯 styrene	20
反式-甲基苯乙烯 Trans-β-methylstyrene	＞100
苯甲醛 benzaldehyde	5
邻-甲酚 *o*-cresol	12
硝基甲酚 Nitrocresol	100
甲苯 toluene	10

注：下列化合物在空气中的摩尔分数达到 1 μmol/mol 时不会干扰臭氧的测定：过氧乙酰硝酸酯、丁二酮、过氧苯酰硝酸酯、硝酸甲酯、硝酸正丙酯、硝酸正丁酯、甲硫醇、硫酸甲酯和硫酸乙酯。甲苯在空气中的摩尔分数为 1 μmol/mol 时，在仪器上相当于臭氧的响应约为其摩尔分数的 10%。

附 录 D
（资料性附录）
典型的紫外臭氧分析仪性能参数

——动态范围：0.002～2 mg/m^3

——检测限：0.002 mg/m^3

——延迟时间：15 s

——响应时间：15 s

——零点漂移：每周 0.5%

——跨度漂移：每周 0.5%

——重复性精密度：±0.002 mg/m^3

——无人照管操作周期：7 d

——采样流速：1～2 L/min

——操作的极限条件：0～45℃

——预热时间：2 h

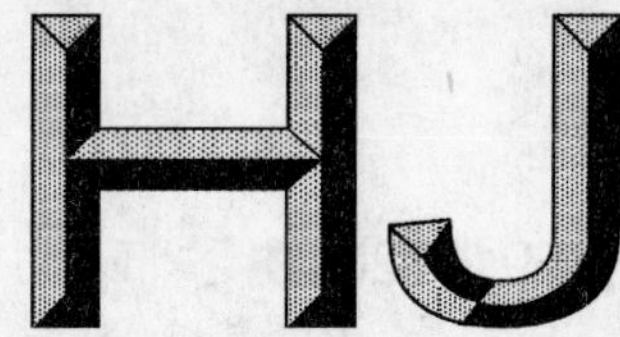

中华人民共和国国家环境保护标准

HJ 591—2010

代替 GB 8972—88

水质 五氯酚的测定 气相色谱法

Water quality—Determination of pentachlorophenol by gas chromatography

2010-10-21 发布　　2011-01-01 实施

环 境 保 护 部 发布

前　言

为贯彻《中华人民共和国环境保护法》和《中华人民共和国水污染防治法》，保护环境，保障人体健康，规范水中五氯酚的测定方法，制定本标准。

本标准规定了水中五氯酚和五氯酚盐的气相色谱测定方法。

本标准是对《水质　五氯酚的测定　气相色谱法》(GB 8972—88)的修订。

本标准首次发布于1988年，原标准起草单位为铁道部劳动卫生研究所。本次为第一次修订。修订的主要内容如下：

——扩大了适用范围；

——增加了毛细管柱分析方法；

——修改了定量方法；

——增加了质量控制和质量保证的条款。

自本标准实施之日起，原国家环境保护局1988年3月26日批准、发布的国家环境保护标准《水质　五氯酚的测定　气相色谱法》(GB 8972—88)废止。

本标准的附录A为资料性附录。

本标准由环境保护部科技标准司组织制订。

本标准主要起草单位：青岛市环境监测中心站。

本标准验证单位：济南市环境保护监测站、淄博市环境监测站、潍坊市环境监测中心站、青岛理工大学环境与市政工程学院、农业部农产品监督检验中心(青岛)。

本标准环境保护部2010年10月21日批准。

本标准自2011年1月1日起实施。

本标准由环境保护部解释。

水质　五氯酚的测定　气相色谱法

1　适用范围

本标准规定了水中五氯酚和五氯酚盐的气相色谱测定方法。

本标准适用于地表水、地下水、海水、生活污水和工业废水中五氯酚和五氯酚盐的测定。

当样品体积为 100 ml 时，毛细管柱气相色谱法检出限为 0.01 μg/L，测定下限为 0.04 μg/L，测定上限为 5.00 μg/L；填充柱气相色谱法检出限为 0.02 μg/L，测定下限为 0.08 μg/L。

2　方法原理

在酸性条件下，将样品中的五氯酚盐转化为五氯酚，用正己烷萃取，再用碳酸钾溶液反萃取，使有机相中五氯酚转化为五氯酚盐进入碱性水溶液中。在碱性水溶液中加入乙酸酐与五氯酚盐进行衍生化反应，生成五氯苯乙酸酯。经正己烷萃取后用具有电子捕获检测器的气相色谱仪进行测定。

3　试剂和材料

除非另有说明，分析时均使用符合国家标准的分析纯化学试剂，实验用水为新制备的蒸馏水。

3.1　正己烷（C_6H_{14}）：农残级。

3.2　乙酸酐[$(CH_3CO)_2O$]。

3.3　甲醇（CH_3OH）：农残级。

3.4　硫酸铜（$CuSO_4$）。

3.5　硫代硫酸钠（$Na_2S_2O_3 \cdot 5H_2O$）。

3.6　硫酸（H_2SO_4）：ρ=1.84 g/ml。

3.7　硫酸溶液：1+9。

3.8　碳酸钾溶液（K_2CO_3）：c=0.1 mol/L。

称取 13.8 g 无水碳酸钾溶解于 1 000 ml 水中。

3.9　无水硫酸钠（Na_2SO_4）。

在马弗炉中 400℃灼烧 2 h，冷却后，贮于磨口玻璃瓶中密封保存。

3.10　五氯酚标准贮备液：ρ=1.00 mg/ml。

4℃冷藏保存。可以使用市售有证标准物质。

3.11　五氯酚标准中间液：ρ=100.0 μg/ml。

准确移取 100.0 μl 五氯酚标准贮备液（3.10）用甲醇稀释至 1 ml。

3.12　五氯酚标准使用液：ρ=1.00 μg/ml。

准确移取 10.00 μl 五氯酚标准中间液（3.11）用甲醇稀释至 1 ml。

3.13　载气：高纯氮气[纯度≥99.99%（体积分数）]。

4 仪器和设备

4.1 气相色谱仪：具电子捕获检测器。

4.2 色谱柱

填充柱：材质为硬质玻璃或不锈钢，长 1.5～2.5 m，内径 3～4 mm，内填充涂附 1.5%的含苯基聚甲基硅氧烷（OV-17）和 2%的聚氟代烷基硅氧烷（QF-1）的 Chromsorb W（80～100 目）。填充柱制备方法参见附录 A。

毛细管柱：固定相为 5%苯基-95%甲基聚硅氧烷，30 m×0.32 mm（内径）×0.25μm（膜厚）。或其他等效毛细管柱。

4.3 微量注射器：10 μl，50 μl 和 500 μl。

4.4 分液漏斗：125 ml 和 250 ml，带聚四氟乙烯塞。

4.5 一般实验室常用仪器和设备。

5 样品

5.1 样品采集与保存

采样时应使用棕色玻璃瓶，每 100 ml 水样中加入 1 ml 硫酸溶液（3.7）和 0.5 g 硫酸铜（3.4），在 4℃暗处保存。采样时若有余氯存在，应向每 100 ml 水样中加入约 80 mg 硫代硫酸钠（3.5），摇匀。样品应避免阳光直射。

所有样品必须在 7 d 内萃取，萃取液 4℃避光保存，30 d 内进行分析。

5.2 试样的制备

5.2.1 萃取

取 100 ml 水样置于 250 ml 分液漏斗中，加入 1 ml 浓硫酸（3.6），分别用 10 ml 正己烷（3.1）萃取水样两次，合并正己烷相弃去水相。再分别用 0.1 mol/L 碳酸钾溶液（3.8）10 ml 提取正己烷相两次，合并水相弃去正己烷相。

5.2.2 衍生化

向水相中加入 1 ml 乙酸酐（3.2），振摇 5 min 后加入 5 ml 正己烷（3.1），振摇 5 min，静置分层后弃去水相，收集正己烷相。正己烷相经无水硫酸钠（3.9）脱水后氮吹定容至 1 ml，待测。

注：对于高浓度污水和废水样品，应根据样品的浓度，取适量水样加入到分液漏斗中，加水至 100 ml。

6 分析步骤

6.1 色谱分析条件

6.1.1 填充柱气相色谱法参考条件

进样口温度：220℃；检测器温度：220℃；色谱柱温度：180℃；载气流量：40～60 ml/min。

6.1.2 毛细管柱气相色谱法参考条件

进样口温度：250℃；检测器温度：300℃；色谱柱温度：60℃保持 2 min，以 20℃/min 升至 220℃，以 10℃/min 升至 250℃保持 3 min；载气流量：1.5 ml/min；尾吹气流量：60 ml/min；进样量：1.0 μl；进样方式：不分流进样，进样后 0.75 min 分流，分流比 40∶1。

6.2 工作曲线的绘制

向装有 20 ml K_2CO_3 溶液（3.8）的 7 个 125 ml 分液漏斗中分别加入 0、5、10、50、100、250、500 µl 五氯酚标准使用液（3.12），混匀，按照衍生化（5.2.2）相同操作步骤得到五氯酚浓度为 0、5、10、50、100、250、500 ng/ml 的标准系列溶液。用微量注射器取 1.0 µl 标准系列溶液分别注入气相色谱仪中，记录不同质量浓度溶液对应的色谱峰的峰面积（峰高）。以五氯酚标准系列溶液浓度为横坐标，相应的峰面积（峰高）为纵坐标，绘制工作曲线。

6.3 标准溶液的色谱图

分别使用毛细管柱和填充柱时，五氯苯乙酸酯参考色谱图，见图 1、图 2。

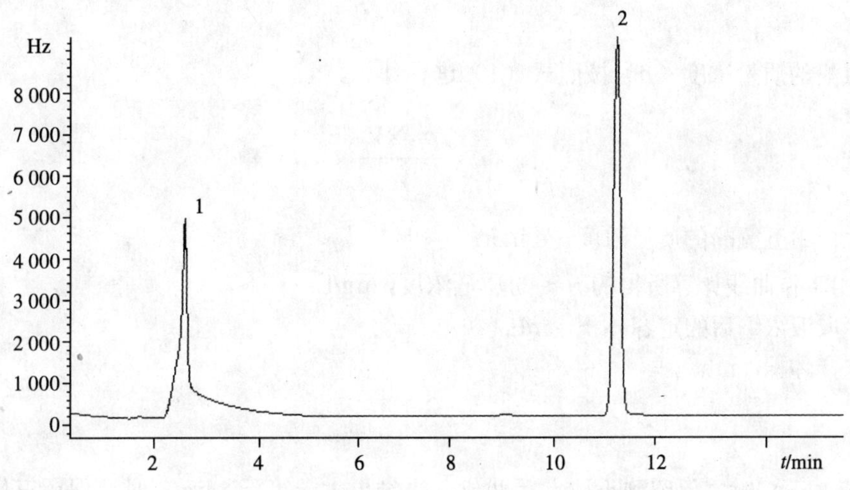

1—正己烷；2—五氯苯乙酸酯。

图 1 毛细管柱中五氯苯乙酸酯色谱图

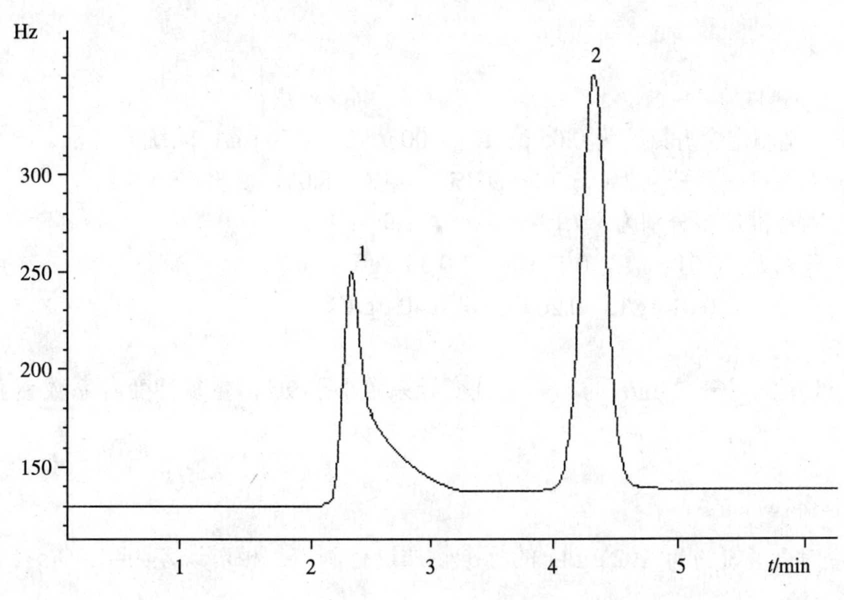

1—正己烷；2—五氯苯乙酸酯。

图 2 填充柱中五氯苯乙酸酯色谱图

6.4 测定

取 1.0 μl 试料（5.2.2）注入气相色谱仪中，在与工作曲线相同的色谱条件下进行测定。记录色谱峰的保留时间和峰面积（峰高）。

6.5 空白试验

在分析样品的同时，应做空白试验。即用实验用水代替水样，按与测定（6.4）相同步骤进行分析。

7 结果计算与表示

7.1 结果计算

样品中五氯酚的质量浓度（ρ）按照式（1）进行计算。

$$\rho = \frac{\rho_{标} \times V_1}{V} \tag{1}$$

式中：ρ——水样中五氯酚的质量浓度，μg/L；

$\rho_{标}$——由工作曲线计算所得的五氯酚质量浓度，μg/L；

V_1——萃取液浓缩后的定容体积，ml；

V——水样体积，ml。

7.2 结果表示

当结果小于 1 μg/L 时，保留到小数点后两位；当结果大于等于 1 μg/L 时，保留三位有效数字。

8 精密度和准确度

8.1 精密度

8.1.1 毛细管柱精密度

5 家实验室分别测定含五氯酚为 0.05 μg/L、1.00 μg/L、2.50 μg/L 的统一样品。

实验室内相对标准偏差分别为：6.0%～9.7%，4.4%～8.0%，3.4%～8.0%；

实验室间相对标准偏差分别为：7.1%，6.0%，1.9%；

重复性限 r 分别为：0.01 μg/L，0.17 μg/L，0.38 μg/L；

再现性限 R 分别为：0.01 μg/L，0.20 μg/L，0.40 μg/L。

8.1.2 填充柱精密度

样品中五氯酚浓度小于 2 μg/L 时，再现性变异系数小于 9%，重复性变异系数小于 6%。

8.2 准确度

8.2.1 毛细管柱准确度

5 家实验室对含五氯酚为 102 μg/L 的标准物质进行测定。相对误差为–1.9%～2.2%，相对误差最终值：0.22%±3.94%。

5 家实验室对含五氯酚分别为小于 0.01 μg/L、0.27 μg/L 的地表水、污水统一样品进行加标测定。加标回收率为 81.8%～96.6%和 89.9%～104%；加标回收率最终值分别为 90.1%±10.8%和 97.0%±12.0%。

8.2.2 填充柱准确度

样品中五氯酚浓度小于 2 μg/L 时，回收率大于 90%，准确度变异系数小于 12%。

9 质量保证和质量控制

9.1 定性分析

样品分析前，应建立保留时间窗口 $t\pm3S$。t 为初次校准时各浓度级别标准物质的保留时间的平均值，S 为初次校准时各标准分析的标准偏差。当样品分析时，待测物保留时间应在保留时间窗口内。

9.2 空白试验

每批样品至少做一个空白样品和空白加标样品。空白样品与实际样品使用相同方法分析测定，空白试样中五氯酚浓度应低于检出限。空白样品加标回收率应控制在 80%～120%。

9.3 工作曲线相关系数应大于等于 0.995，否则应重新绘制工作曲线。

9.4 中间质量浓度检验

样品分析时应进行中间质量浓度检验，中间质量浓度的测定值与曲线的值相对偏差应小于等于 15%，否则应建立新的工作曲线。

9.5 基体加标

每批样品应至少做一个基体加标样品，基体加标样品与实际样品使用相同方法分析测定，基体加标回收率应控制在 70%～130%。

附 录 A
（资料性附录）
填充柱的填充方法

在千分之一天平上称取占涂渍好担体重量 1.5%的 OV-17（含苯基的聚甲基硅氧烷）和占涂渍好担体重量 2%的 QF-1 置于小烧杯中，用二氯甲烷溶解，其用量需足够浸没担体。将溶液转移至 250 ml 的圆底烧瓶中，加入称量好的欲涂渍的担体，接上冷凝管，用电热套加热回流 2 h。然后，将烧瓶置于温水浴上，用水泵减压，使溶剂慢慢挥发。最后，将担体放在培养皿中，用红外灯烤干备用。

将色谱柱的尾端（接检测器一端）用石英棉塞住，接真空泵，柱的另一端通过软管接一漏斗，开动真空泵后，使固定相慢慢通过漏斗装入色谱柱内，边装边轻敲色谱柱使填充均匀。填充完毕后，用石英棉塞住色谱柱另一端。

填充好的色谱柱接在仪器进样口上，检测器一端不接，以 20～30 ml/min 流速通载气，柱温箱维持 240℃下，连续老化 48 h。使用前检查，以基线走直为止。

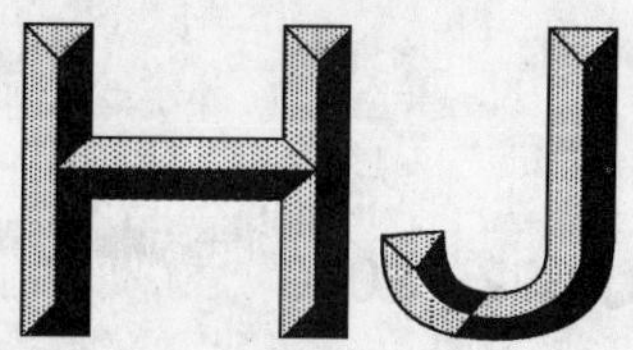

中华人民共和国国家环境保护标准

HJ 592—2010

代替 GB 4919—85

水质 硝基苯类化合物的测定 气相色谱法

Water quality—Determination of nitrobenzene-compounds by gas chromatography

2010-10-21 发布 2011-01-01 实施

环 境 保 护 部 发布

前 言

为贯彻《中华人民共和国环境保护法》和《中华人民共和国水污染防治法》，保护环境，保障人体健康，规范工业废水和生活污水中硝基苯类化合物的测定方法，制定本标准。

本标准规定了测定工业废水和生活污水中硝基苯类化合物的气相色谱法。

本标准是对《工业废水　总硝基化合物的测定　气相色谱法》(GB 4919—85) 的修订。

本标准首次发布于 1985 年，原标准起草单位为兵器工业部第五设计院和国营庆阳化工厂。本次为第一次修订。修订的主要内容如下：

——将标准名称修改为《水质　硝基苯类化合物的测定　气相色谱法》;

——用毛细管柱替代了填充柱；

——改变了萃取溶剂和用量；

——修改了硝基苯类化合物的定量方法；

——修改了 2,4,6-三硝基苯甲酸的测定方法；

——增加了质量保证和质量控制条款。

自本标准实施之日起，原国家环境保护局 1985 年 8 月 1 日批准、发布的国家环境保护标准《工业废水　总硝基化合物的测定　气相色谱法》(GB 4919—85) 废止。

本标准的附录 A 为规范性附录，附录 B 为资料性附录。

本标准由环境保护部科技标准司组织制订。

本标准主要起草单位：青岛市环境监测中心站。

本标准验证单位：济南市环境保护监测站，淄博市环境监测站，潍坊市环境监测中心站，青岛理工大学环境与市政工程学院，农业部农产品监督检验中心（青岛）。

本标准环境保护部 2010 年 10 月 21 日批准。

本标准自 2011 年 1 月 1 日起实施。

本标准由环境保护部解释。

水质　硝基苯类化合物的测定　气相色谱法

1　适用范围

本标准规定了水中硝基苯类化合物的气相色谱法。

本标准适用于工业废水和生活污水中硝基苯类化合物的测定。

当样品体积为 500 ml 时，本方法的检出限、测定下限和测定上限，见表 1。

表 1　方法检出限及测定上限、下限　　单位：mg/L

化合物名称	检出限	测定下限	测定上限
硝基苯	0.002	0.008	2.8
邻-硝基甲苯	0.002	0.008	2.4
间-硝基甲苯	0.002	0.008	2.4
对-硝基甲苯	0.002	0.008	2.0
2,4-二硝基甲苯	0.002	0.008	2.8
2,6-二硝基甲苯	0.002	0.008	2.0
2,4,6-三硝基甲苯	0.003	0.012	2.0
1,3,5-三硝基苯	0.003	0.012	2.4
2,4,6-三硝基苯甲酸	0.003	0.012	2.0

2　方法原理

用二氯甲烷萃取水中的硝基苯类化合物，萃取液经脱水和浓缩后，用气相色谱氢火焰离子化检测器进行测定。

2,4,6-三硝基苯甲酸水溶性强，在加热时脱羧基转化为 1,3,5-三硝基苯。因此，将二氯甲烷萃取后的水相进行加热，再用二氯甲烷萃取单独测定 2,4,6-三硝基苯甲酸。

3　试剂和材料

除非另有说明，分析时均使用符合国家标准的分析纯化学试剂，实验用水为新制备的蒸馏水。

3.1　浓硫酸（H_2SO_4）：ρ=1.84 g/ml。

3.2　二氯甲烷（CH_2Cl_2）：液相色谱纯。

3.3　乙酸乙酯（$C_4H_8O_2$）：液相色谱纯。

3.4　无水硫酸钠（Na_2SO_4）：

使用前在 350℃马弗炉中灼烧 4 h，冷却至室温，装入玻璃瓶中备用。

3.5　硝基苯类化合物标准溶液：ρ=1.00 mg/ml。

于 4℃密闭避光保存。可以使用市售有证标准物质。

3.6　2,4,6-三硝基苯甲酸：粉末状固体颗粒，纯度＞98.5%。

3.7　2,4,6-三硝基苯甲酸标准溶液：ρ=1.00 mg/ml。

使用时用乙酸乙酯（3.3）溶解，配制成ρ=1.00 mg/ml 的标准溶液，于 4℃密闭避光保存，一周内有效。

3.8　载气：氮气，纯度≥99.99%（体积分数）。

3.9　燃烧气：氢气，纯度≥99.99%（体积分数）。

3.10　助燃气：空气。

4　仪器和设备

4.1　气相色谱仪：具氢火焰离子化检测器。

4.2　色谱柱：石英毛细管色谱柱，30 m×0.32 mm（内径）×0.25 μm（膜厚），固定相为 5%苯基-95%甲基聚硅氧烷。或其他等效毛细管柱。

4.3　旋转蒸发仪。

4.4　氮吹仪。

4.5　可调温电炉或电热板。

4.6　分液漏斗：500 ml。

4.7　锥形瓶：1 000 ml。

4.8　微量注射器：10 μl。

4.9　采样瓶：1 000 ml 具磨口塞的棕色玻璃细口瓶。

4.10　一般实验室常用仪器和设备。

5　样品

5.1　样品采集与保存

采集 1 000 ml 样品于采样瓶中，若水样不能在 24 h 内测定，需加入浓硫酸（3.1）调节 pH≤3。样品必须在 7 d 内萃取，萃取液 4℃下避光保存，应在 30 d 内进行分析。

5.2　试样的制备

5.2.1　硝基苯类化合物（除 2,4,6-三硝基苯甲酸外）的萃取

量取 500 ml 样品（含量高时，酌情少取）于分液漏斗中，加入 25 ml 二氯甲烷（3.2），振荡 3 min（排气 2～3 次），放置 3 min 后，收集下层萃取液于三角瓶中；重复萃取一次，合并萃取液。萃取液经无水硫酸钠（3.4）脱水后，用旋转蒸发仪、氮吹仪定容至 1 ml，待分析。将经二氯甲烷萃取两次后的水相，转移至 1 000 ml 锥形瓶中。

5.2.2　2,4,6-三硝基苯甲酸的萃取

将上述 1 000 ml 锥形瓶放置在电炉或电热板上加热微沸腾 20 min，取下冷却至室温。重复 5.2.1 的操作步骤，待测定 2,4,6-三硝基苯甲酸。

注 1：实验过程应在通风橱中操作。

注 2：步骤 5.2.2 沸腾过程中，加热温度不应过高，避免剧烈沸腾；当水样量少于 500 ml 时，应保持加热过程中水量不少于 100 ml。

注 3：对于高质量浓度污水和废水样品，应少取水样或不经浓缩直接进样。对色谱分析测定有影响的样品，水样萃取后应进行净化，操作步骤见附录 A。

6 分析步骤

6.1 色谱分析参考条件

色谱柱温度：60℃保持 4 min，以 20℃/min 升温至 220℃，保持 3 min；检测器温度：250℃；汽化室温度：230℃；载气流量：1 ml/min；氢气流量：30 ml/min；空气流量：400 ml/min；尾吹气流量：20 ml/min；进样方式：不分流进样，进样后 0.5 min 分流，分流比为 30∶1；进样量：1.0 μl。

6.2 校准

6.2.1 标准曲线的绘制

用二氯甲烷（3.2）将各硝基苯类化合物标准溶液（3.5）稀释成质量浓度为 5、10、20、40、60 和 120 μg/ml 的混合标准系列，分别取标准系列溶液 1.0 μl 注射到气相色谱仪进样口，根据各组分质量浓度和峰面积（或峰高）绘制标准曲线。

6.2.2 标准色谱图

各硝基苯类化合物的参考色谱图，见图 1。

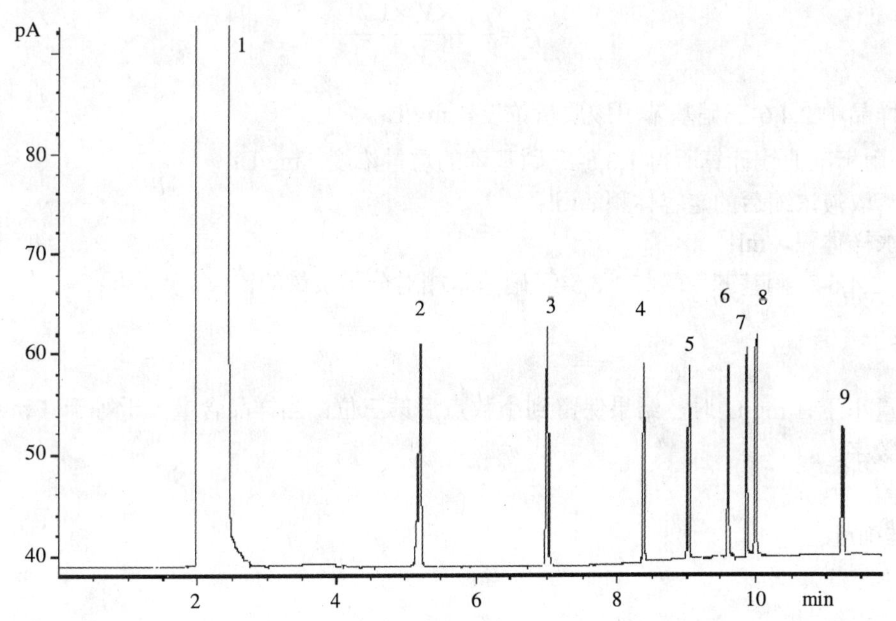

1—二氯甲烷；2—硝基苯；3—邻-硝基甲苯；4—间-硝基甲苯；5—对-硝基甲苯；6—2,6-二硝基甲苯；7—2,4-二硝基甲苯；8—1,3,5-三硝基苯；9—2,4,6-三硝基甲苯。

图 1 硝基苯类化合物的标准色谱图

6.3 测定

用微量注射器取 1.0 μl 试样（5.2）注入气相色谱仪中，在与标准曲线相同的色谱条件下进行测定。记录色谱峰的保留时间和峰面积（或峰高）。

6.4 空白试验

在分析样品的同时，应做空白试验。即用实验用水代替水样，按与样品测定相同的步骤进行分析。

7 结果计算与表示

7.1 结果计算

7.1.1 硝基苯类化合物（除 2,4,6-三硝基苯甲酸外）的结果计算

样品中硝基苯类化合物的各组分（除 2,4,6-三硝基苯甲酸外）按照式（1）进行计算。

$$\rho_i = \frac{\rho_{标} \times V_1}{V} \tag{1}$$

式中：ρ_i——样品中某硝基苯类化合物质量浓度，mg/L；

$\rho_{标}$——由标准曲线计算所得的质量浓度，mg/L；

V_1——萃取液浓缩后的定容体积，ml；

V——水样体积，ml。

7.1.2 2,4,6-三硝基苯甲酸的结果计算

样品中 2,4,6-三硝基苯甲酸按照式（2）进行计算。

$$\rho = \frac{\rho_{标} \times V_1 \times 1.21}{V} \tag{2}$$

式中：ρ——样品中 2,4,6-三硝基苯甲酸质量浓度，mg/L；

$\rho_{标}$——由标准曲线计算所得 1,3,5-三硝基苯的质量浓度，mg/L；

V_1——萃取液浓缩后的定容体积，ml；

V——水样体积，ml；

1.21——2,4,6-三硝基苯甲酸与 1,3,5-三硝基苯相对分子质量的比值。

7.2 结果表示

当样品含量小于 1 mg/L 时，结果保留到小数点后第三位；当样品含量大于等于 1 mg/L 时，结果保留三位有效数字。

8 精密度和准确度

8.1 精密度

5 家实验室对含硝基苯类化合物浓度为 0.020 mg/L 和 0.100 mg/L 的统一样品进行了测定：

实验室内相对标准偏差分别为：2.1%～9.4%，0.55%～6.2%；

实验室间相对标准偏差分别为：2.5%～9.8%，4.0%～8.8%；

重复性限 r 分别为：0.002～0.003 mg/L，0.007～0.011 mg/L；

再现性限 R 分别为：0.002～0.006 mg/L，0.015～0.026 mg/L。

具体的目标组分的精密度汇总数据，见附录 B。

8.2 准确度

5 家实验室对含硝基苯类化合物质量浓度为 0.035 mg/L 的统一生活污水样品进行了加标分析测定（加标量为 50.0 μg）：

加标回收率：81.2%～94.0%；

加标回收率最终值：81.2%±16.8%～94.0%±17.6%。

具体的目标组分的准确度汇总数据，见附录B。

9 质量保证和质量控制

9.1 定性分析

样品分析前，应建立保留时间窗口 $t±3S$。t 为初次校准时各浓度级别标准物质的保留时间的平均值，S 为初次校准时各标准物质保留时间的标准偏差。当样品分析时，目标化合物保留时间应在保留时间窗口内。

9.2 空白试验

每批样品至少做一个空白样品和空白加标样品。空白样品与实际样品使用相同方法分析测定，目标化合物浓度应低于检出限。空白样品加标回收率应控制在 80%～120%。

9.3 标准曲线相关系数应大于等于 0.995，否则应重新绘制标准曲线。

9.4 中间浓度检验

样品分析时应进行中间浓度检验，中间浓度的测定值与曲线的值相对偏差应小于等于 15%，否则应建立新的标准曲线。

9.5 基体加标

每批样品应至少做一个基体加标样品，基体加标样品与实际样品使用相同方法分析测定，基体加标回收率应控制在 70%～130%。

附 录 A
（规范性附录）
样品的净化

A.1 仪器和设备

A.1.1 层析柱：300 mm（柱长）×10 mm（内径）玻璃柱，底部带粗孔玻璃砂芯和聚四氟乙烯活塞。

A.1.2 马弗炉。

A.1.3 烘箱。

A.1.4 干燥器。

A.2 试剂和材料

A.2.1 正己烷（C_6H_{14}）：液相色谱纯。

A.2.2 丙酮（C_3H_6O）：液相色谱纯。

A.2.3 无水硫酸钠（Na_2SO_4）：使用前在350℃马弗炉中灼烧4 h，冷却至室温，装入玻璃瓶中备用。

A.2.4 硅镁型吸附剂：层析用（60～100 目），购买 677℃活化的产品，贮存于带有磨口玻璃塞或带内衬聚四氟乙烯垫的螺旋盖玻璃容器中。

硅镁型吸附剂的活化：将硅镁型吸附剂放入大的瓷坩埚中并摊开，瓷坩埚上部覆盖铝箔，将坩埚放入烘箱中，130℃恒温干燥 16 h，然后将硅镁型吸附剂放置在干燥器中冷却至室温后，装入密封的玻璃瓶中待用。

A.3 净化步骤

A.3.1 装柱

将 10 g 活化后的硅镁型吸附剂（A.2.4）放入 50 ml 的烧杯中，加入适量的二氯甲烷-正已烷（1+9），将硅镁型吸附剂制备成悬浮液。然后将悬浮液倒入层析柱（A.1.1）中，轻敲层析柱以填实吸附剂，然后在上部加入 1 cm 高的无水硫酸钠（A.2.3），调整洗脱速度至大约 2 ml/min。

A.3.2 溶剂置换

将二氯甲烷萃取液（5.2）在浓缩瓶中浓缩至 1 ml，向浓缩瓶中加入 4 ml 正已烷，再浓缩至 1 ml，将溶剂置换为正已烷。

A.3.3 净化

将层析柱中溶剂放出至刚露出硫酸钠层时，将置换溶剂后的萃取液（A.3.2）转移至层析柱上，然后用 30 ml 二氯甲烷-正已烷（1+9）冲洗浓缩瓶，并将溶液转移至层析柱上，收集洗脱液至刚露出硫酸钠层。该部分洗脱液为洗脱液Ⅰ，含有的化合物为间-硝基甲苯、对-硝基甲苯。

然后，用 30 ml 丙酮-二氯甲烷（1+9）洗脱层析柱，收集洗脱液。该部分洗脱液为洗脱液Ⅱ，含有的化合物为硝基苯、邻-硝基甲苯、2,6-二硝基甲苯、2,4-二硝基甲苯、1,3,5-三硝基苯、2,4,6-三硝基甲苯。

A.3.4 如果需同时测定洗脱液Ⅰ和洗脱液Ⅱ的成分，则合并洗脱液Ⅰ和洗脱液Ⅱ，浓缩至 1 ml，待分析。否则，应分别浓缩洗脱液Ⅰ和洗脱液Ⅱ至 1 ml，待分析。

附 录 B
（资料性附录）
方法的精密度和准确度

附表 B.1 五家实验室测定的精密度

组分名称	平均值/（mg/L）	实验室内相对标准偏差/%	实验室间相对标准偏差/%	重复性限 r/（mg/L）	再现性限 R/（mg/L）
硝基苯	0.018	2.6～9.4	9.0	0.003	0.005
	0.101	1.9～5.0	6.7	0.011	0.021
邻-硝基甲苯	0.019	2.9～9.2	9.5	0.003	0.006
	0.102	1.2～5.4	8.4	0.010	0.026
间-硝基甲苯	0.019	2.1～9.2	8.3	0.003	0.005
	0.100	0.75～3.9	6.2	0.008	0.019
对-硝基甲苯	0.019	2.2～7.7	4.8	0.003	0.004
	0.101	1.9～4.4	7.9	0.009	0.024
2,4-二硝基甲苯	0.019	2.8～5.6	7.2	0.002	0.004
	0.100	0.55～4.4	8.8	0.007	0.026
2,6-二硝基甲苯	0.019	2.5～8.3	9.0	0.003	0.006
	0.101	0.97～5.1	7.8	0.010	0.024
2,4,6-三硝基甲苯	0.019	2.8～7.7	5.3	0.003	0.004
	0.098	0.55～3.8	8.5	0.007	0.024
1,3,5-三硝基苯	0.019	3.0～7.5	9.8	0.003	0.006
	0.101	1.9～4.2	6.0	0.010	0.019
三硝基苯甲酸	0.018	2.9～6.2	2.5	0.002	0.002
	0.098	1.5～6.2	4.0	0.011	0.015

附表 B.2　五家实验室测定的准确度

组分名称	加标量/μg	平均回收量/μg	平均加标回收率/%	加标回收率最终值/%
硝基苯	50.0	44.4	88.8	88.8±6.1
邻-硝基甲苯	50.0	47.0	94.0	94.0±17.6
间-硝基甲苯	50.0	45.0	90.0	90.0±3.9
对-硝基甲苯	50.0	46.4	92.8	92.8±6.0
2,4-二硝基甲苯	50.0	46.7	93.4	93.4±5.7
2,6-二硝基甲苯	50.0	44.2	88.4	88.4±11.0
2,4,6-三硝基甲苯	50.0	45.2	90.4	90.4±14.7
1,3,5-三硝基苯	50.0	42.2	84.4	84.4±16.4
三硝基苯甲酸	50.0	40.6	81.2	81.2±16.8

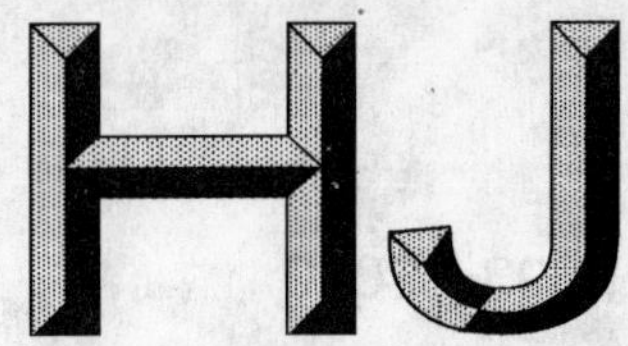

中华人民共和国国家环境保护标准

HJ 593—2010

水质　单质磷的测定
磷钼蓝分光光度法（暂行）

Water quality—Determination of phosphorus—Phosphomolybdenum blue spectrophotometric method

2010-10-21 发布　　　　2011-01-01 实施

环　境　保　护　部 发布

前　言

为了贯彻《中华人民共和国环境保护法》和《中华人民共和国水污染防治法》，保护环境，保障人体健康，规范水中单质磷的测定方法，制定本标准。

本标准规定了测定水中单质磷的磷钼蓝分光光度法。

本标准由环境保护部科技标准司组织制订。

本标准主要起草单位：北京市环境保护监测中心。

本标准环境保护部 2010 年 10 月 21 日批准。

本标准自 2011 年 1 月 1 日起实施。

本标准由环境保护部解释。

水质　单质磷的测定　磷钼蓝分光光度法

警告：甲苯有毒，高氯酸、溴酸钾-溴化钾溶液具有腐蚀性，高氯酸与有机物的混合物经加热可能发生爆炸，操作务必在通风橱内进行，操作者须小心谨慎！

1　适用范围

本标准规定了测定水中单质磷的磷钼蓝分光光度法。

本标准适用于地表水、地下水、工业废水和生活污水中单质磷的测定。

当取样体积为 100 ml 时，直接比色法的方法检出限为 0.003 mg/L，测定下限为 0.010 mg/L，测定上限为 0.170 mg/L。

2　规范性引用文件

本标准内容引用了下列文件或其中的条款。凡是不注明日期的引用文件，其有效版本适用于本标准。

GB/T 6682　分析实验室用水规格和试验方法

3　方法原理

用甲苯做萃取剂，萃取水样中的单质磷。萃取液经溴酸钾-溴化钾溶液将单质磷氧化成正磷酸盐，在酸性条件下，正磷酸盐与钼酸铵反应生成的磷钼杂多酸被还原剂氯化亚锡还原成蓝色络合物，其吸光度与单质磷的含量成正比，用分光光度计测定其吸光度，计算单质磷的含量。

水中单质磷的含量小于 0.05 mg/L 时，用乙酸丁酯富集后再进行显色测定，可以减少干扰，提高灵敏度和检测的可靠性。

4　干扰和消除

水样中含砷化物、硅化物和硫化物的量分别为单质磷含量的 100 倍、200 倍和 300 倍时，对本方法无明显干扰。

5　试剂和材料

除非另有说明，分析时均使用符合国家标准的分析纯试剂。试验用水符合 GB/T 6682，三级。

5.1　甲苯（C_7H_8）：ρ= 0.867 g/ml，优级纯。

5.2　盐酸（HCl）：ρ=1.19 g/ml，优级纯。

5.3　高氯酸（$HClO_4$）：ρ=1.67 g/ml，优级纯。

5.4　抗坏血酸（$C_6H_8O_6$）：优级纯。

5.5　甘油（$C_3H_8O_3$）：ρ=1.26 g/ml，优级纯。

5.6　无水乙醇（CH_3CH_2OH）：ρ=0.789 g/ml，优级纯。

5.7　乙酸丁酯（$C_8H_{16}O_2$）：ρ=0.876 g/ml，优级纯。

5.8　磷酸二氢钾（KH_2PO_4）：优级纯。

5.9　硝酸溶液：1+5。

5.10　硫酸溶液：1+1。

5.11　氢氧化钠溶液：w(NaOH)=20%。

称取 20.0 g 氢氧化钠，溶解于 100 ml 水中。

5.12　溴酸钾-溴化钾溶液。

分别称取 10 g 溴酸钾（$KBrO_3$）和 8 g 溴化钾（KBr），溶解于 400 ml 水中。

5.13　钼酸铵溶液Ⅰ：$w[(NH_4)_6Mo_7O_{24}\cdot 4H_2O]$=2.5%。

称取 2.5 g 钼酸铵，加入 1∶1 硫酸溶液（5.10）70 ml，待钼酸铵溶解后用水稀释至 100 ml。

5.14　钼酸铵溶液Ⅱ：$w[(NH_4)_6Mo_7O_{24}\cdot 4H_2O]$=5%。

称取 12.5 g 钼酸铵，溶解于 150 ml 水中，不断搅拌，将其缓慢加入到 100 ml（1+5）硝酸溶液（5.9）中。

5.15　氯化亚锡溶液：$w(SnCl_2)$=1%。

称取 1 g 氯化亚锡，溶解于 15 ml 盐酸（5.2）中，加入 50 ml 水，再称取 1.5 g 抗坏血酸（5.4），溶解于上述溶液中，加水稀释至 100 ml，贮于棕色瓶中，在冰箱内可保存 4～5 d。

5.16　氯化亚锡甘油溶液：$w(SnCl_2)$=2.5%。

称取 2.5 g 氯化亚锡，溶解于 100 ml 甘油（5.5）中。此溶液可在水浴中加热，以促进溶解。

5.17　磷酸二氢钾标准贮备液：ρ(P)=50.0 μg/ml。

准确称取 0.219 7 g 磷酸二氢钾（5.8）（预先在 105～110℃电烘箱中干燥 2 h 至恒重），溶解于水，移入 1 000 ml 容量瓶中，用水稀释至刻线，混匀。

5.18　磷酸二氢钾标准使用液：ρ(P)=2.00 μg/ml。

临用时，吸取 10.00 ml 磷酸二氢钾标准贮备液（5.17）于 250 ml 容量瓶中，用水稀释至刻线。

5.19　酚酞指示液：ρ=10 g/L。

称取 1 g 酚酞溶解于 100 ml 无水乙醇（5.6）中。

6　仪器和设备

6.1　可见分光光度计：配有光程为 30 mm 的比色皿。

6.2　电热板。

6.3　具塞比色管：50 ml。

6.4　分液漏斗：100 ml、250 ml。

6.5　磨口锥形瓶：250 ml。

6.6　防爆沸玻璃珠。

7　样品

7.1　样品采集和保存

样品采集至塑料瓶或硬质玻璃瓶中，采样后调节样品 pH 为 6～7，48 h 内测定。

7.2 试样制备

7.2.1 萃取

移取 10.0～100 ml（视样品中磷含量而定）样品于 250 ml 分液漏斗中，加入 25 ml 甲苯（5.1），充分振荡 5 min，并经常开启活塞排气。静置分层后，将下层水相移入另一支 250 ml 分液漏斗，加入 15 ml 甲苯（5.1）重复萃取 2 min 后静置，弃去水相，将有机相并入第一支分液漏斗。向第一支分液漏斗中加入 15 ml 水，振荡 1 min 后静置，弃去水相，有机相重复操作水洗 6 次。

7.2.2 氧化

向盛有有机相的第一支分液漏斗中加入 10～15 ml 溴酸钾-溴化钾溶液（5.12），2 ml（1+1）硫酸溶液（5.10），振荡 5 min，并经常开启活塞排气。静置 2 min 后加入 2 ml 高氯酸（5.3），再振荡 5 min 后，移入 250 ml 磨口锥形瓶内，加入数粒玻璃珠，在电热板上缓缓加热以驱赶过量的高氯酸和除溴（注意勿使样品溅出或蒸干），至白烟减少时，取下冷却。加入 10 ml 水及 1 滴酚酞指示剂（5.19），用 20%氢氧化钠溶液（5.11）中和至呈粉红色，滴加（1+1）硫酸溶液（5.10）至粉红色刚好消失，移入 50 ml 容量瓶中，用去离子水稀释至刻度。

8 分析步骤

8.1 校准曲线的绘制

8.1.1 直接比色法：单质磷含量大于 0.05 mg/L 的样品，校准曲线按照下列步骤操作。

取 8 支 50 ml 具塞比色管，按表 1 配制校准系列。

表 1 单质磷直接比色法校准系列

瓶 号	0	1	2	3	4	5	6
磷酸二氢钾标准使用液（5.18）/ml	0.00	0.50	1.00	3.00	5.00	7.00	8.50
单质磷含量/μg	0.00	1.00	2.00	6.00	10.0	14.0	17.0

分别向每支比色管中加水至 50 ml，加入 2 ml 钼酸铵溶液Ⅰ(5.13)及 1 ml 氯化亚锡甘油溶液(5.16)，混匀。

室温在 20℃以上，显色 20 min；室温低于 20℃时，显色 30 min。在波长 690 nm 处，用 30 mm 比色皿，以水为参比，测定吸光度。以扣除试剂空白的吸光度对应单质磷含量绘制校准曲线。

8.1.2 萃取比色法：单质磷含量小于 0.05 mg/L 的样品，校准曲线按照下列步骤操作。

取 6 支 100 ml 分液漏斗，按表 2 配制校准系列。

表 2 单质磷萃取比色法校准系列

瓶 号	0	1	2	3	4	5
磷酸二氢钾标准使用液（5.18）/ml	0.00	0.50	1.00	1.50	2.00	2.50
单质磷含量/μg	0.00	1.00	2.00	3.00	4.00	5.00

分别向每支分液漏斗中加水至 50 ml，加入 3 ml（1+5）硝酸溶液（5.9）、7 ml 钼酸铵溶液Ⅱ（5.14）和 10 ml 乙酸丁酯（5.7），振荡 1 min，弃去水相。向有机相中加入 2 ml 氯化亚锡溶液（5.15），摇匀，再加入 1 ml 无水乙醇（5.6），轻轻转动分液漏斗，使水珠下降，放尽水相，将有机相倾入 30 mm 比色皿，在波长 720 nm 处，以乙酸丁酯为参比测定吸光度。以扣除试剂空白的吸光度对应单质磷含量绘制

校准曲线。

8.2 样品分析

8.2.1 单质磷含量大于 0.05 mg/L 的样品，采取直接比色法。

移取适量体积经萃取、氧化制备好的试样（7.2）（视样品中单质磷的含量而定）于 50 ml 具塞比色管中，以下步骤同 8.1.1。

8.2.2 单质磷含量小于 0.05 mg/L 的样品，采用有机相萃取比色。

移取适量体积经萃取、氧化制备好的试样（7.2）（视样品中单质磷的含量而定）于 100 ml 分液漏斗中，以下步骤同 8.1.2。

9 结果计算

样品中单质磷的质量浓度按照式（1）计算。

$$\rho = \frac{mV_2}{V_1V_3} \tag{1}$$

式中：ρ——样品中单质磷的质量浓度，mg/L；

m——根据校准曲线计算出试料中单质磷的含量，μg；

V_1——样品体积，ml；

V_2——试样的定容体积，V_2=50 ml；

V_3——显色反应时移取的试样体积，ml。

10 注意事项

10.1 操作所用的玻璃器皿，可用（1+5）盐酸浸泡 2 h，或用不含磷的洗涤剂清洗。

10.2 比色皿用后应以稀硝酸或铬酸洗液浸泡片刻，以除去吸附的钼蓝有色物。

中华人民共和国国家环境保护标准

HJ 594—2010

水质　显影剂及其氧化物总量的测定　碘-淀粉分光光度法（暂行）

Water quality—Dctcrmination of the total amount of the developing agent and their oxides—Iodine-starch spectrophotometry

2010-10-21 发布　　　　2011-01-01 实施

环　境　保　护　部　发布

前　言

为贯彻《中华人民共和国环境保护法》和《中华人民共和国水污染防治法》，保护环境，保障人体健康，规范废水中显影剂及其氧化物总量的监测方法，制定本标准。

本标准规定了测定废水中显影剂及其氧化物总量的碘-淀粉分光光度法。

本标准的附录 A 为资料性附录。

本标准由环境保护部科技标准司组织制订。

本标准起草单位：北京市环境保护监测中心。

本标准环境保护部 2010 年 10 月 21 日批准。

本标准自 2011 年 1 月 1 日起实施。

本标准由环境保护部解释。

水质　显影剂及其氧化物总量的测定　碘-淀粉分光光度法

1　适用范围

本标准规定了测定废水中显影剂及其氧化物总量的碘-淀粉分光光度法。

本标准适用于彩色和黑白片洗片排放废水中显影剂及其氧化物总量的测定。

当使用 20 mm 比色皿，取样体积为 20.0 ml 时，最低检出限为 1×10^{-6} mol/L，相当于对苯二酚 0.11 mg/L；测定下限为 4×10^{-6} mol/L，相当于对苯二酚 0.44 mg/L；测定上限为 2.50×10^{-5} mol/L，相当于对苯二酚 2.75 mg/L。

2　规范性引用文件

本标准内容引用了下列文件或其中的条款。凡是不注日期的引用文件，其有效版本适用于本标准。

GB/T 6682　分析实验室用水规格和试验方法

3　术语和定义

下列术语和定义适用于本标准。

显影剂：使感光材料经曝光后产生的潜影显现成可见影像的药剂。常用的黑白显影剂有对甲氨基苯酚硫酸盐（米吐尔）、对苯二酚（氢醌）等；常用的彩色显影剂有对氨基二乙苯胺盐酸盐（TSS），2-氨基-5-二乙基氨基甲苯盐酸盐（CD-2）、4-氨基-*N*-乙基-*N*-（β-甲磺酰胺乙基）间甲苯胺硫酸盐（CD-3）和 4-氨基-*N*-乙基-*N*（β-羟乙基）间甲苯胺硫酸盐（CD-4）等，结构式见附录 A。

4　方法原理

通常使用的显影剂，大都具有对苯二酚、对氨基酚或对苯二胺类的化学结构，经氧化水解后都能生成对苯二醌。利用溴作为氧化剂，将显影剂类物质氧化成醌类化合物，在酸性介质中，醌类是较强的氧化剂，与碘化钾作用析出单质碘，碘同淀粉作用后呈蓝色，在 570 nm 波长处有最大吸收，其吸光度与显影剂类物质浓度符合朗伯-比耳定律，结果以对苯二酚（mg/L）表示（也可以其他主要存在的显影剂表示）。

以米吐尔为例，被氧化成醌的化学反应式为：

$$HO-C_6H_4-NHCH_3 + H_2O + Br_2 \rightleftharpoons O=C_6H_4=O + CH_3NH_2 + 2H^+ + 2Br^-$$

5 干扰和消除

20 μg 以下的 Fe^{3+}和 Cu^{2+}对本方法无干扰。Cr^{6+}对本方法有较大干扰，当水样中含有 Cr^{6+}而影响测定时，可用 $NaNO_2$ 将 Cr^{6+}还原成 Cr^{3+}，用过量的尿素去除多余的 $NaNO_2$ 对本实验的干扰，即可达到消除铬离子干扰的目的。

6 试剂和材料

除非另有说明，分析时均使用符合国家标准的分析纯试剂。实验用水符合 GB/T 6682，三级。

6.1 磷酸溶液：1+1。

6.2 盐酸（HCl）：ρ=1.19 g/ml，优级纯。

6.3 盐酸溶液：c(HCl)=6 mol/L。

6.4 溴酸钾-溴化钾溶液：$c(1/6KBrO_3\text{-}KBr)$=0.1 mol/L。

称取 2.8 g 溴酸钾和 4.0 g 溴化钾溶于水，溶解后移入 1 000 ml 容量瓶中，用水稀释至标线，贮存于棕色试剂瓶中。

6.5 饱和氯化钠溶液：w(NaCl)=40%。

称取 40 g 氯化钠，溶于 100 ml 蒸馏水中。

6.6 溴化钾溶液：w(KBr)=20%。

称取 20 g 溴化钾，溶解于水，稀释至 100 ml。

6.7 苯酚溶液：$w(C_6H_6O)$=5%。

称取 5 g 无色苯酚，溶解于水，稀释至 100 ml，置冰箱内保存。

6.8 碘化钾溶液：w(KI)=5%。

称取 5 g 碘化钾，溶解于水，稀释至 100 ml，贮存于棕色试剂瓶中，临用现配，放暗处保存。

6.9 淀粉溶液：$w[(C_6H_{10}O_5)_n]$=0.2%。

称取 1 g 可溶性淀粉，加少量水搅匀，注入沸腾的 500 ml 水中，继续煮沸 5 min，冷却后，置冰箱内保存。夏季可加水杨酸 0.2 g。

6.10 亚硝酸钠溶液：$w(NaNO_2)$=10%。

称取 10 g 亚硝酸钠，溶解于水，稀释至 100 ml。

6.11 尿素溶液：$w[(NH_2)_2CO]$=20%。

称取 20 g 尿素，溶解于水，稀释至 100 ml。

6.12 标准贮备溶液：c=0.010 0 mol/L。

准确称取对苯二酚（分子量为 110.11）0.276 0 g，如果是照相级米吐尔（分子量为 344.40）可称取 0.861 0 g，照相级 TSS（分子量为 262.33）可称取 0.656 0 g（或根据使用药品的分子量及纯度另行计算），溶于 25 ml 的 6 mol/L 盐酸溶液（6.3）中，移入 250 ml 容量瓶中，用水稀释至标线，贮于棕色试剂瓶中，此对苯二酚溶液浓度为 0.010 0 mol/L。

6.13 标准中间液：c=0.25 mmol/L。

取标准贮备溶液（6.12）25.00 ml 于 1 000 ml 容量瓶中，加水稀释至标线，贮于棕色试剂瓶中，此对苯二酚溶液浓度为 0.25 mmol/L。

6.14 标准使用液：c=0.025 mmol/L。

取标准中间液（6.13）25.00 ml 于 250 ml 容量瓶中，用水稀释至标线，贮于棕色试剂瓶中，此对苯二酚溶液浓度为 0.025 mmol/L。

7 仪器和设备

7.1 可见分光光度计：配有光程为 20 mm 的比色皿。
7.2 恒温水浴锅。
7.3 具塞比色管：50 ml。

8 样品

8.1 样品的采集

显影剂不稳定，易被氧化成醌类化合物。采样充满棕色磨口玻璃瓶或聚乙烯塑料瓶中，并避免光、热和剧烈振动。

8.2 样品的保存

取样后应立即分析，否则应按 1 000 ml 样品中加入 0.1 g 硫代硫酸钠的比例加入硫代硫酸钠保护剂，阻滞显影剂自动氧化和延缓空气氧化作用，于 0～4℃保存，不得超过 48 h。

9 分析步骤

9.1 校准曲线的绘制

9.1.1 取 6 支 50 ml 具塞比色管，按表 1 配制校准系列。

表 1 显影剂校准系列

管号	0	1	2	3	4	5
显影剂对苯二酚标准使用液/ml	0.00	4.00	8.00	12.0	16.00	20.00
彩色显影剂对苯二酚/μmol	0.00	0.10	0.20	0.30	0.40	0.50

加入适量水，使各比色管中大约为 20 ml 溶液。

9.1.2 向各管中加入磷酸溶液（6.1）2.0 ml，饱和氯化钠溶液（6.5）5.0 ml。

9.1.3 在通风橱中加入溴酸钾-溴化钾溶液（6.4）2.0 ml，尽可能不要沾在管壁上，用极少量的水冲洗管壁，盖塞，并摇匀。溶液应是浅黄色。在 35℃±1℃恒温水浴锅内放置 15 min。

9.1.4 向各管中加入溴化钾溶液（6.6）2.0 ml，沿管壁周围加入比色管中，盖塞，摇匀后放在（35±1）℃水浴锅中 5～10 min。

9.1.5 快速加入苯酚溶液（6.7）1.0 ml，立即摇匀，使溴的颜色褪去。放自来水中降温 3 min。

注：如慢慢加入则易生成白色沉淀，无法比色。

9.1.6 向各管中加入新配制的碘化钾溶液（6.8）2.0 ml，冲洗瓶壁，放入暗柜 5 min。

9.1.7 吸取淀粉溶液（6.9）10.0 ml，加入比色管中，用水稀释至刻度，加盖摇匀后，放暗柜中 20 min。

注：水浴温度和每步骤反应时间要准确控制。

9.1.8 将发色试液分别放入 20 mm 比色皿中，于波长 570 nm 处，以水为参比，测量吸光度，以吸光度对对苯二酚含量（μmol），绘制校准曲线。

9.2 样品测定

9.2.1 无 Cr^{6+}水样的测定

9.2.1.1 样品测定

取水样适量（小于 20.0 ml）放入 50 ml 比色管中，并加水至 20.0 ml，向管中加入磷酸溶液（6.1）2.0 ml，饱和氯化钠溶液（6.5）5.0 ml，以下按绘制校准曲线步骤进行，测出样品的吸光度，扣除空白试验（9.2.1.2）吸光度后，在校准曲线上查出 50 ml 比色管中所含显影剂及其氧化物总量的微摩尔数。

9.2.1.2 空白试验

于一个 50 ml 比色管中加 20.0 ml 水代替水样，按 9.2.1.1 相同步骤进行测定。

9.2.2 含铬离子水样的测定

9.2.2.1 样品测定

准确取适量含 Cr^{6+}的水样（1.00～20.0 ml），放入 50 ml 比色管中，加水至 20.0 ml，向管中加入磷酸溶液（6.1）2.0 ml，再加入 3 滴亚硝酸钠溶液（6.10），充分振荡，放入（35±1）℃恒温水浴中 15 min，再加入尿素溶液（6.11）2.0 ml，充分振荡，放入（35±1）℃水浴锅中 10 min。以下操作按绘制校准曲线步骤进行，测出吸光度，扣除空白试验（9.2.2.2）的吸光度后，在校准曲线上查出 50 ml 比色管中所含显影剂及其氧化物总量的微摩尔数。

9.2.2.2 空白试验

于一个 50 ml 比色管中加 20.0 ml 水代替水样，按 9.2.2.1 相同步骤进行测定。

10 结果计算

水样中显影剂及其氧化物总量ρ（以对苯二酚计）按照式（1）计算。

$$\rho=\frac{m\times 110}{V} \tag{1}$$

式中：ρ——试样中显影剂及其氧化物总量，mg/L；

m——根据校准曲线计算出 50 ml 比色管中显影剂及其氧化物总量，μmol；

V——试样体积，ml；

110——对苯二酚的摩尔质量，g/mol。

11 注意事项

11.1 电影和洗印部门加工彩色和黑白片，排放的废水中主要成分是显影剂及其氧化物，主要有对苯二酚（氢醌）、米吐尔（对甲氨基苯酚硫酸盐）、CD-2（2-氨基-5-二乙基氨基甲苯盐酸盐）、CD-3[4-氨基-*N*-乙基-*N*-（β-甲磺酰胺乙基）间甲苯胺硫酸盐]、CD-4[4-氨基-*N*-乙基-*N*（β-羟乙基）间甲苯胺硫酸盐]、TSS（对氨基二乙苯胺盐酸盐）等，属苯胺和苯二胺类衍生物，具有中等毒性。

11.2 应用碘量法测出的显影剂类物质包括带有生色团和助色团的一类有机物，即包括苯酚、苯胺类及其氧化物苯醌类的物质。

11.3 由于六价铬干扰测定，故应避免用硫酸-铬酸洗液洗涤采样容器和玻璃器皿。

11.4 用过的比色皿及比色管应及时用酸洗涤，否则蓝色难以洗净。具塞比色管用（1+1）盐酸溶液洗涤，比色皿用（1+4）盐酸溶液加 1/3 体积乙醇的混合液洗涤。

11.5 加入溴酸钾-溴化钾后，应用蒸馏水冲洗容量瓶壁，否则残留溴酸钾与碘化钾作用生成碘，使吸光度增加。

11.6 由于被测物质遇光不稳定，因此所有操作步骤应避光操作。

附 录 A

（资料性附录）

常用的黑白和彩色显影剂的种类和化学结构式

常用的黑白和彩色显影剂的种类和化学结构式见表 A.1。

表 A.1 常用的黑白和彩色显影剂的种类和化学结构式一览表

显影剂	名称	别名	分子式	相对分子质量	化学结构式
黑白显影剂	对甲氨基苯酚硫酸盐	米吐尔	$C_7H_{11}NO_5S$	221.23	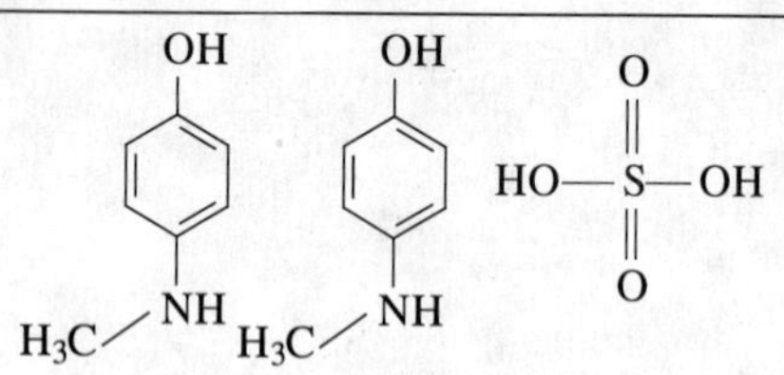
	氢醌	对苯二酚	$C_6H_6O_2$	110.11	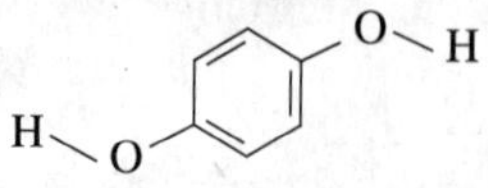
彩色显影剂	对氨基二乙苯胺盐酸盐	TSS	$C_{10}H_{16}N_2 \cdot HCl$	262.33	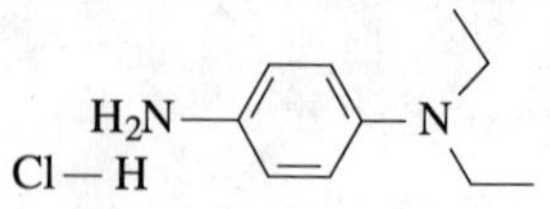
	2-氨基-5-二乙基氨基甲苯盐酸盐	CD-2	$C_{11}H_{18}N_2 \cdot HCl$	214.74	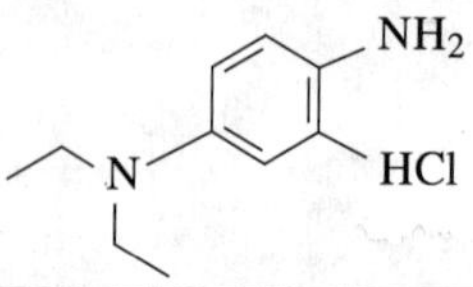
	4-氨基-*N*-乙基-*N*-（*β*-甲磺酰胺乙基）间甲苯胺硫酸盐	CD-3	$2(C_{12}H_{21}N_3O_2S) \cdot 3(H_2SO_4) \cdot 2(H_2O)$	873.01	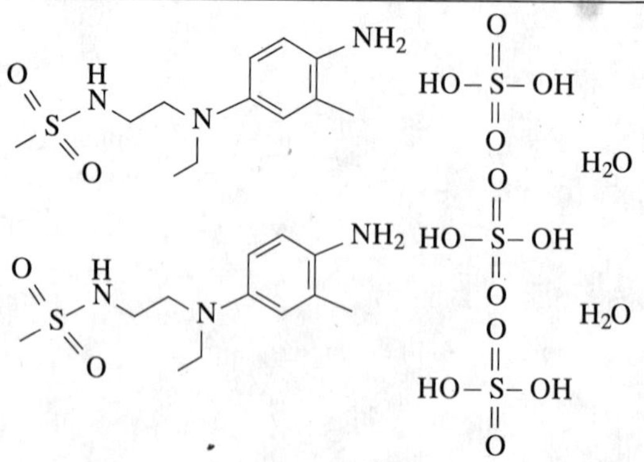
	4-氨基-*N*-乙基-*N*（*β*-羟乙基）间甲苯胺硫酸盐	CD-4	$C_{11}H_{18}N_2O \cdot H_2SO_4$	292.35	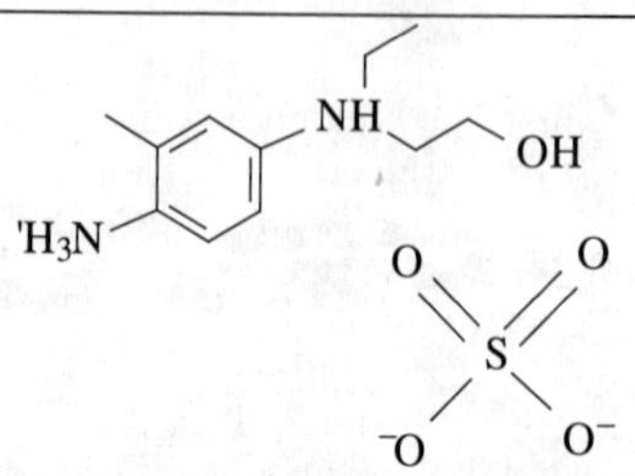

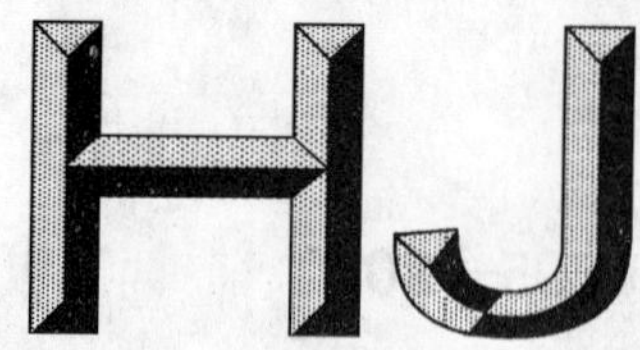

中华人民共和国国家环境保护标准

HJ 595—2010

水质　彩色显影剂总量的测定 169 成色剂分光光度法 （暂行）

Water quality—Determination of the total amount of the color developing agent—169 Coupler spectrophotometry

2010-10-21 发布　　2011-01-01 实施

环　境　保　护　部　发布

前　言

为贯彻《中华人民共和国环境保护法》和《中华人民共和国水污染防治法》，保护环境，保障人体健康，规范废水中彩色显影剂总量的监测方法，制定本标准。

本标准规定了测定废水中彩色显影剂总量的 169 成色剂分光光度法。

本标准的附录 A 为资料性附录。

本标准由环境保护部科技标准司组织制订。

本标准起草单位：北京市环境保护监测中心。

本标准环境保护部 2010 年 10 月 21 日批准。

本标准自 2011 年 1 月 1 日起实施。

本标准由环境保护部解释。

水质　彩色显影剂总量的测定　169 成色剂分光光度法

1　适用范围

本标准规定了测定水中彩色显影剂总量的 169 成色剂分光光度法。

本标准适用于洗印废水中彩色显影剂总量的测定。

当使用 20 mm 比色皿，取样体积为 20.0 ml 时，方法检出限为 1.03×10^{-6} mol/L，相当于对氨基二乙苯胺盐酸盐（TSS）0.27 mg/L；测定下限为 4.12×10^{-6} mol/L，相当于对氨基二乙苯胺盐酸盐（TSS）1.08 mg/L；测定上限为 8.55×10^{-5} mol/L，相当于对氨基二乙苯胺盐酸盐（TSS）25.0 mg/L。

2　规范性引用文件

本标准内容引用了下列文件或其中的条款。凡是不注日期的引用文件，其有效版本适用于本标准。

GB/T 6682　分析实验室用水规格和试验方法

3　术语和定义

下列术语和定义适用于本标准。

彩色显影剂：使感光材料经曝光后产生的潜影显现成可见影像，并与乳剂层的成色剂作用生成有机染料的药剂。常用的彩色显影剂包括对氨基二乙苯胺盐酸盐（TSS），2-氨基-5-二乙基氨基甲苯盐酸盐（CD-2）、4-氨基-*N*-乙基-*N*-（β-甲磺酰胺乙基）间甲苯胺硫酸盐（CD-3）、4-氨基-*N*-乙基-*N*（β-羟乙基）间甲苯胺硫酸盐（CD-4）等，结构式见附录 A。

4　方法原理

洗印废水中的彩色显影剂可被氧化剂氧化，其氧化物在碱性溶液中遇到水溶性成色剂时，立即偶合形成染料。不同结构的显影剂（TSS，CD-2，CD-3，CD-4）与 169 成色剂偶合成染料时，其最大吸收的光谱波长均在 550 nm 处，其吸光度与彩色显影剂含量符合朗伯-比耳定律。

本方法不包括黑白显影剂。

以 TSS 为例，化学反应式如下：

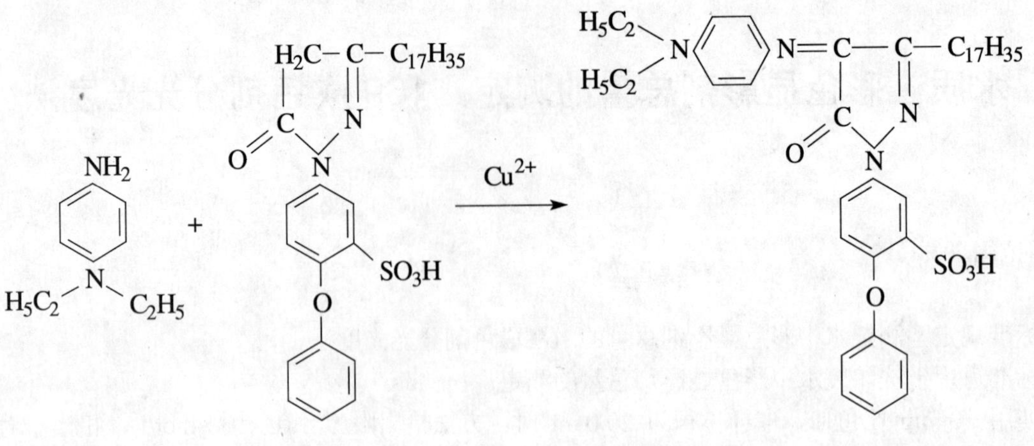

（TSS）　（169 成色剂）　（品红染料）

5 试剂和材料

除非另有说明，分析时均使用符合国家标准的分析纯试剂。实验用水符合 GB/T 6682，三级。

5.1 氢氧化钠（NaOH）：优级纯。

5.2 硫酸铜（$CuSO_4 \cdot 5H_2O$）：分析纯。

5.3 无水碳酸钠（Na_2CO_3）：分析纯。

5.4 亚硝酸钠（$NaNO_2$）：分析纯。

5.5 氯化铵（NH_4Cl）：分析纯。

5.6 亚硫酸钠（Na_2SO_3）：分析纯。

5.7 169 成色剂。

5.8 169 成色剂溶液：w= 0.5%。

称取 0.5 g 169 成色剂（5.7）置于有 100 ml 蒸馏水的烧杯中，在搅拌下，加入 1～2 粒氢氧化钠（5.1），使其完全溶解，摇匀，转移至棕色试剂瓶中。

5.9 混合氧化剂溶液。

将 0.5 g 硫酸铜（5.2），5.0 g 无水碳酸钠（5.3），5.0 g 亚硝酸钠（5.4）以及 5.0 g 氯化铵（5.5）依次溶解于水，稀释至 100 ml，摇匀，贮存于棕色试剂瓶中。

5.10 彩色显影剂 TSS 标准溶液：ρ=0.10 mg/ml。

精确称取 0.100 g 照相级的彩色显影剂 TSS，溶解于少量蒸馏水中，预先溶入 0.1 g Na_2SO_3（5.6）作保护剂，移入 1 000 ml 容量瓶中，用水稀释至标线，摇匀，贮于聚乙烯瓶中。此标准溶液每毫升含 0.10 mg 彩色显影剂 TSS，临用现配。

注：显影剂标准溶液建议选用 TSS，TSS 在生产中使用最多，相对分子质量（262.33）居中，且较稳定。

6 仪器和设备

6.1 可见分光光度计：配有光程为 10 mm 的比色皿。

6.2 具塞比色管：50 ml。

7 样品

7.1 样品的采集

彩色显影剂不稳定，易被氧化成醌类化合物。采样充满棕色玻璃瓶，样品应避免光、热和剧烈振动。

7.2 样品的保存

样品采集后应尽快分析，若不能当天测定，应按 1 000 ml 样品中加入 0.1 g 亚硫酸钠的比例加入亚硫酸钠作保护剂，于 0～4℃冷藏保存，保存期不超过 48 h。

8 分析步骤

8.1 校准曲线的绘制

取 6 支 50 ml 具塞比色管，按表 1 配制校准系列。

表 1 彩色显影剂校准系列

管号	0	1	2	3	4	5
彩色显影剂 TSS 标准溶液/ml	0.00	1.00	2.00	3.00	4.00	5.00
彩色显影剂 TSS 含量/μg	0.00	100	200	300	400	500

分别向每支比色管中加入 1.0 ml 169 成色剂溶液（5.8），用水稀释至标线，摇匀，再分别加入 1.0 ml 混合氧化剂溶液（5.9），摇匀。在 5 min 内，于波长 550 nm 处，用光程为 10 mm 的比色皿，以水为参比，测量吸光度。以吸光度对彩色显影剂含量（μg）绘制校准曲线。校准曲线截距为 a，斜率为 b，校准方程为 $y=a+bx$。

注：生成的品红染料在 8 min 之内吸光度是稳定的，故宜在染料生成后 5 min 之内测定。

8.2 样品测定

8.2.1 样品测定

取适量水样（小于 20 ml）置于 50 ml 的比色管中，加 1.0 ml 169 成色剂溶液（5.8），加水稀释至标线，以下步骤同校准曲线的制作，以水为参比，测定吸光度 A。

8.2.2 样品空白的测定

取水样体积同 8.2.1，置于 50 ml 的比色管中，直接加水稀释至标线，摇匀，再加入 1.0 ml 混合氧化剂溶液（5.9），摇匀。在 5 min 内，于波长 550 nm 处，用光程为 10 mm 的比色皿，以水为参比，测量吸光度 A_0。

9 结果计算

水样中彩色显影剂总量ρ按照式（1）计算。

$$\rho=\frac{(A-A_0)-a}{b\times V} \tag{1}$$

式中：ρ——水样中彩色显影剂总量，mg/L；

A——水样的吸光度值；

A_0——样品空白的吸光度值；

V——水样体积，ml；

a——标准曲线截距；

b——标准曲线斜率。

10 注意事项

10.1 由于六价铬干扰测定，故应避免用硫酸-铬酸洗液洗涤采样容器和玻璃器皿。

10.2 用过的比色皿及比色管应及时用酸洗涤，否则蓝色难以洗净。具塞比色管用（1+1）盐酸溶液洗涤，比色皿用（1+4）盐酸溶液加 1/3 体积乙醇的混合液洗涤。

附 录 A
（资料性附录）
常用的彩色显影剂的种类和化学结构式

常用的彩色显影剂的种类和化学结构式见表 A.1。

表 A.1 常用的彩色显影剂的种类和化学结构式一览表

名称	别名	分子式	相对分子质量	化学结构式
对氨基二乙苯胺盐酸盐	TSS	$C_{10}H_{16}N_2\cdot HCl$	262.33	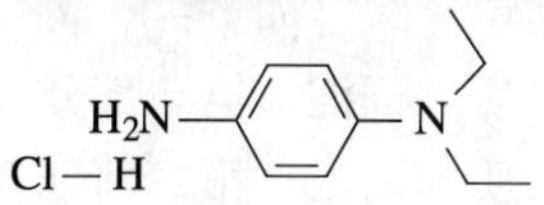 H_2N—; N; Cl—H
2-氨基-5-二乙基氨基甲苯盐酸盐	CD-2	$C_{11}H_{18}N_2\cdot HCl$	214.74	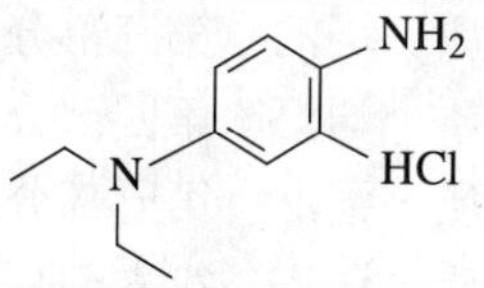 NH_2; N; HCl
4-氨基-*N*-乙基-*N*-（β-甲磺酰胺乙基）间甲苯胺硫酸盐	CD-3	$2(C_{12}H_{21}N_3O_2S)\cdot 3(H_2SO_4)\cdot 2(H_2O)$	873.01	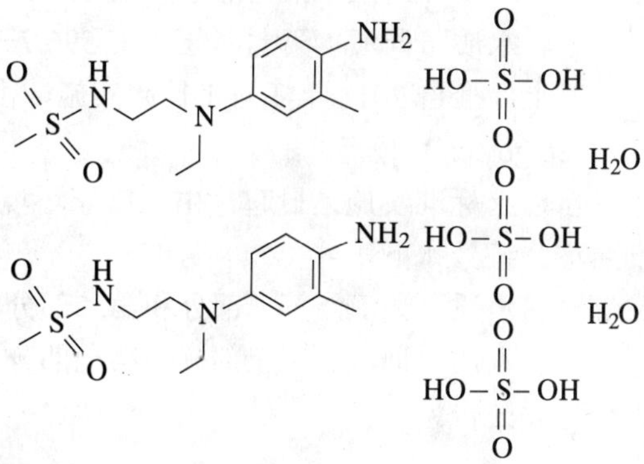 O; H; N; S; O; N; NH_2; O; HO—S—OH; O; H_2O; O; HO—S—OH; O; H_2O; O; HO—S—OH; O
4-氨基-*N*-乙基-*N*（β-羟乙基）间甲苯胺硫酸盐	CD-4	$C_{11}H_{18}N_2O\cdot H_2SO_4$	292.35	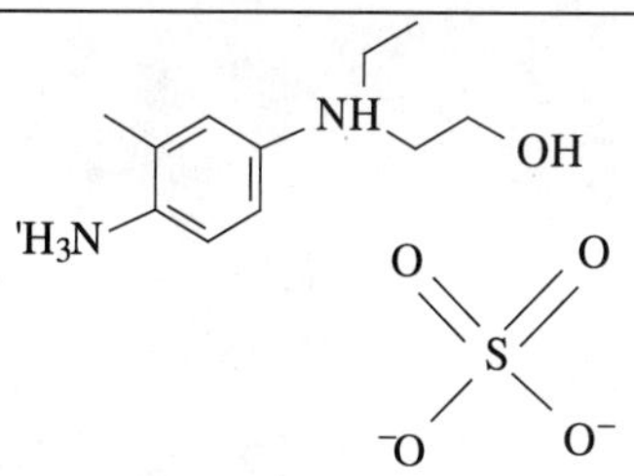 NH; OH; $^{+}H_3N$; O; O; S; ^{-}O; O^{-}

中华人民共和国环境保护部
公　告

2010年　第81号

为贯彻《中华人民共和国环境保护法》，保护环境，保障人体健康，现批准《水质　词汇　第一部分》等七项标准为国家环境保护标准，并予发布。

标准名称、编号如下：

一、水质　词汇　第一部分（HJ 596.1—2010）；

二、水质　词汇　第二部分（HJ 596.2—2010）；

三、水质　词汇　第三部分（HJ 596.3—2010）；

四、水质　词汇　第四部分（HJ 596.4—2010）；

五、水质　词汇　第五部分（HJ 596.5—2010）；

六、水质　词汇　第六部分（HJ 596.6—2010）；

七、水质　词汇　第七部分（HJ 596.7—2010）。

以上标准自2011年3月1日起实施，由中国环境科学出版社出版，标准内容可在环境保护部网站（bz.mep.gov.cn）查询。

自以上标准实施之日起，由原国家环境保护局批准、发布的下述两项国家环境保护标准废止，标准名称、编号如下：

一、水质　词汇　第一部分和第二部分（GB 6816—86）；

二、水质　词汇　第三部分～第七部分（GB 11915—89）。

特此公告。

2010年11月5日

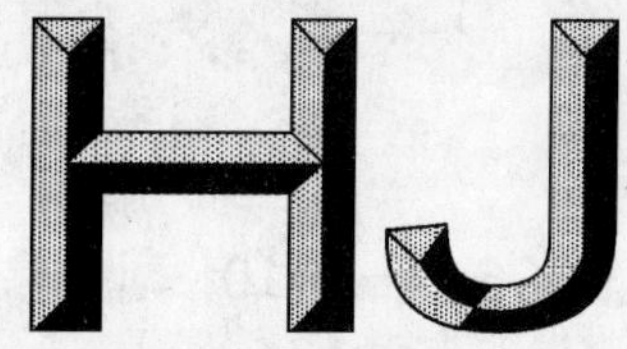

中华人民共和国国家环境保护标准

HJ 596.1—2010

HJ 596.1～7—2010 代替 GB 6816—86 和 GB 11915—89

水质　词汇　第一部分

Water quality—Vocabulary Part 1

（等效采用 ISO 6107.1—2004）

2010-11-05 发布　　2011-03-01 实施

环　境　保　护　部　发布

前　言

为贯彻《中华人民共和国环境保护法》、《中华人民共和国水污染防治法》，保护环境，保障人体健康，规范水质词汇，制定本标准。

本标准是对《水质　词汇　第一部分和第二部分》（GB 6816—86）和《水质　词汇　第三部分～第七部分》（GB 11915—89）的修订。

本标准分别首次发布于 1986 年和 1989 年，原起草单位为中国环境监测总站，本次为第一次修订。修订后的标准分为七部分：

1．水质　词汇　第一部分；

2．水质　词汇　第二部分；

3．水质　词汇　第三部分；

4．水质　词汇　第四部分；

5．水质　词汇　第五部分；

6．水质　词汇　第六部分；

7．水质　词汇　第七部分。

本部分词汇的定义是专为水质特征提供的术语，内容主要包括《水质　词汇　第一部分》的术语及定义（包括对应的英文术语），它与目前国内外出版的名词术语可能相同，但应用于不同领域时，它们的定义也可能不同。

本部分词汇等效采用国际标准《水质　词汇　第 1 部分》（ISO 6107.1—2004），英文词条与 ISO 6107.1—2004 保持一致。有的词条可能出现两次，但释义不同，适用于不同情况的解释。

自本标准实施之日起，原国家环境保护局 1986 年 10 月 10 日批准、发布的国家环境保护标准《水质　词汇　第一部分和第二部分》（GB 6816—86）和原国家环境保护局 1989 年 12 月 25 日批准、发布的国家环境保护标准《水质　词汇　第三部分～第七部分》（GB 11915—89）废止。

本标准由环境保护部科技标准司组织制订。

本标准主要起草单位：中国环境监测总站、辽宁省环境监测实验中心。

本标准环境保护部 2010 年 11 月 5 日批准。

本标准自 2011 年 3 月 1 日起实施。

本标准由环境保护部解释。

水质　词汇　第一部分

1　适用范围

本标准规定了专为水质特征提供的术语。

2　名词术语

2.1　暴雨水 storm water；暴雨径流水 storm water run-off

由于暴雨而排入水道的地面径流。

2.2　暴雨污水 storm sewage

由于暴雨或降雪（冰）融化形成的地面径流同污水混合的水。

2.3　超营养水 hypertrophic water

指一类营养化水体，具有非常高的富营养水平，表现为极端的藻华。

2.4　沉淀 sedimentation

在重力作用下，悬浮物从水或废水中沉淀分离的过程。

2.5　成层作用 stratification

在水体中存在或形成的明显的层次。藉温度、盐分的性质及不同的氧或营养成分来鉴别。

2.6　臭氧处理 ozonation

把臭氧通入水或废水中，以达到消毒、氧化有机物，或除去不良臭味等目的。

2.7　出水 effluent

从处理厂、工业过程及蓄水池等场所中排放出的水或废水。

2.8　除气 de-aeration

部分或全部去除水中溶解的空气。

2.9　除氧 deoxygenation

在自然条件下或用物理或化学的方法将溶于水的氧部分或全部去除的过程。

2.10　处理过的污水 treated sewage；treated wastewater

经过部分或完全处理的污水，该处理旨在将其中的有机物及其他物质除去或矿化。

2.11　地表水 surface water

流过或静置在陆地表面的水。

2.12　地下水 groundwater

存于地下，而且通常能从地下取出的水。

2.13　电渗析 electrodialysis

在电场作用下，水中离子透过离子交换膜进行迁移的去离子过程。

2.14　污水腐生水 polysaprobic water

严重缺氧、无脊椎动物数量非常有限而细菌数量较多的极度污染的水。

2.15　反渗透 reverse osmosis

向高浓度溶液加压，当超过渗透压差，水通过薄膜由高浓度溶液向低浓度溶液渗透的过程。

2.16 反硝化 denitrification

通常藉细菌作用，将水或废水中含氮化合物（特别是硝酸盐和亚硝酸盐）以氮或氧化亚氮的形式释出。

2.17 氟化 fluoridation

向饮用水中加入含氟化合物，调整氟离子浓度，使之保持在允许的范围之内。

2.18 浮选 flotation；floatation

使水中悬浮物漂浮至水面的方法。例如用鼓气的方法。

2.19 腐殖质 detritus

已死的生物体在土壤中经微生物分解而形成的有机物质。

2.20 腐殖质 detritus

能被流动水输送的伴存有机物质的粗无机物残渣。

2.21 富营养化水体 eutrophic water

富含营养物质且水生生物物种很少，但存在的营养物质和水生生物的数量都相当多的水体。

2.22 给水 supply water

通常是经过处理进入配水管网或供水池的水。

2.23 工业废水 industrial wastewater

工业生产过程中排放的水。

2.24 工业用水 industrial water

工业生产过程中使用的水。

2.25 贫营养的 oligotrophic

用于描述水体，指水体营养物质缺乏且含有种类较多而数量较少的水生生物。这种水体的特征是透明度高，上层水体中氧的浓度高，底部沉积物通常呈浅褐色并仅含有少量的有机物。

2.26 锅炉水 boiler water

锅炉运行时存于锅炉中的水，有一定的质量要求。

2.27 过滤 filtration

水通过多孔性物质层或合适孔径的滤网以除去悬浮微粒的过程。

2.28 好氧条件 aerobic condition

描述一种有溶解氧存在的条件。

2.29 湖底静水层 hypolimnion

在分层水体温跃层下面的水。

2.30 湖面温水层 epilimnion

在分层水体温跃层上面的水。

2.31 化粪池 septic tank

一种可以排气的封闭沉淀池。污水流经该池时所截留的固体物被厌氧菌分解。

注：必须经常清除残余物。

2.32 化学处理 chemical treatment

投加化学试剂达到特定效果的过程。利用化学作用、物化作用及生化作用去除水体中的污染物。

2.33 化学凝结物 chemical coagulation

加凝结剂使不稳定的、分散的胶状物质聚合成絮状物，即化学凝结物。

2.34 活性污泥 activated sludge

在污水处理过程中，微生物经人工强化措施大量繁殖形成的絮状物，是由细菌、原后生动物形成的共同体，能有效地吸附和降解水中的污染物。活性污泥分为好氧活性污泥和厌氧活性污泥。一般情况下指好氧处理过程形成的活性污泥。

2.35 活性污泥处理 activated sludge treatment

在供氧条件下，利用活性污泥对废水进行生物处理的方法。

2.36 活性污泥的吸附效率 adsorption on activated sludge

在一批特定的水介质测试条件下，被活性污泥去除的某种待测物质的量化百分率。

2.37 活性污泥悬浮性固体浓度 concentration of suspended solids of an activated sludge

经 30 μm 小孔过滤已知体积的活性污泥并在 105°C 左右恒重后得到的重量。

2.38 聚合电解质 polyelectrolytes

含离子基团的聚合物，其中某些类型的聚合物用作絮凝胶态粒子或凝聚悬浮性固体。

2.39 冷却水 cooling water

用于吸收或转移热量的水。

2.40 理想的自然群落 expected natural community

在河道中仅有自然胁迫，而人为干扰较小的生物群落。

2.41 离心分离 centrifugation

在离心力的作用下，从污水污泥中脱水的过程。

2.42 离子交换 ion exchange

水中某些阴离子或阳离子通过离子交换材料的滤床被另一些离子取代的过程。

2.43 离子交换材料 ion-exchange material

能与同它接触的液体进行可逆离子交换的材料（本身无实质性结构改变）。

2.44 离子交换材料的再生 regeneration of the ion-exchange material

将使用过的离子交换材料恢复到其有效交换状态的离子交换过程。

2.45 离子交换混合床 mixed bed

（离子交换）由阴离子交换材料和阳离子交换材料机械地混合构成的滤床。

2.46 灭菌 sterilization

使水中一切活的生物体（包括无性繁殖的和芽孢繁殖的形态）及病毒失活或消除的过程。

2.47 凝聚 flocculation

通常用机械、物理、化学或生物的方法使小颗粒聚集成可分离的大颗粒的过程。

2.48 浓缩（增稠） thickening

用脱水的方法使污泥中的固体物变稠的过程。

2.49 曝气 aeration

将空气导入液体的过程。

2.50 去矿化（脱矿质） demineralization

用物理、化学或生物的方法降低水中溶解的盐类或无机物的含量。

2.51 去离子作用 deionization

部分或完全去除离子，特别是用离子交换树脂。

2.52 软化 softening

除去水中大部分钙、镁离子的过程。

2.53 生活污水 sewage；domestic waste water

来自居住区的液体废物。

2.54 生物滤池 biological filter；滴滤池 trickling filter；渗滤池 percolating filter

废水通过由表面粗糙的惰性物质组成的滤料层进行渗滤，利用惰性物质上面的活性生物膜达到净化目的的装置。

2.55 水底沉积物 benthic deposit

由于自然侵蚀、生物过程或废水排放产生，在河、湖或海底聚集的，其中可能含有有机物的沉积物。

2.56 水质量标准 water quality standard

允许水作为特定类型用水的水质量基准的数值。

2.57 水质量基准 water quality criteria

用来评定特殊用途适宜性的一组水质质量的特征参数。

2.58 脱氯 dechlorination

用化学或物理的方法将水中的余氯全部或部分去除。

2.59 脱气 degasification

将水中所溶解的气体全部或部分去除，通常用物理方法。

2.60 脱水 dehydration

用物理的方法降低湿污泥中含水量的过程。

2.61 脱盐 desalination

除去水中盐类的过程。

2.62 温跃层 thermocline

水体以温度分层时，温度梯度最大的一层。

2.63 污泥 sludge

从各种类型的水中经自然或人工过程分离出的沉降固体。

2.64 污水厂出水 sewage effluent；waste effluent

从污水处理厂排出的处理过的污水。

2.65 物理化学处理 physico-chemical treatment

为了达到特定效果而采用的物理-化学综合处理方法。

2.66 细菌床 bacteria bed

一种活性生物膜。

注：参见生物滤池（2.54）。

2.67 消毒 disinfection

特指使所有的病原微生物消灭或者失活的水处理过程。

2.68 消化 digestion

通过微生物的分解作用使有机物达到稳定。一般指在厌氧条件下使污泥达到稳定的过程。

2.69 硝化 nitrification

藉细菌氧化含氮物质。氧化的中间产物为亚硝酸盐，最终产物为硝酸盐。

2.70 絮凝体 floc

由于絮凝作用在液体内形成肉眼可见的物质，通常可用重力或浮选加以分离。

2.71 厌氧条件 anaerobic condition

描述一种没有溶解氧、硝酸盐和亚硝酸盐存在的条件。

2.72 氧化塘 oxidation pond

在最后排放前用来存留废水，亦可用于处理废水的池。以自然的或人工的方法把空气中的氧通入池中，使有机物发生生物氧化。

2.73 饮用水 drinking water；饮水 potable water

质量符合饮用卫生标准的水。

2.74 雨水 rain water

尚未溶解地面上可溶性物质的大气降水。

2.75 预氯化 prechlorination

用氯对原水进行初步处理，旨在抑制细菌、动植物生长，氧化有机物和无机物以及辅助混凝以减少臭味等。

2.76 原水 raw water

未经任何处理或进入水厂待处理的水。

2.77 原污水 raw sewage

未经处理的污水。

2.78 蒸馏 distillation

用蒸发和冷凝使水纯化的过程。

2.79 自然净化 self-purification

污染物在环境水体中自然净化的过程。

中华人民共和国国家环境保护标准

HJ 596.2—2010

HJ 596.1～7—2010 代替 GB 6816—86 和 GB 11915—89

水质　词汇　第二部分

Water quality—Vocabulary Part 2

（等效采用 ISO 6107.2—2006）

2010-11-05 发布　　　　2011-03-01 实施

环　境　保　护　部　发布

前　言

为贯彻《中华人民共和国环境保护法》、《中华人民共和国水污染防治法》，保护环境，保障人体健康，规范水质词汇，制定本标准。

本标准是对《水质　词汇　第一部分和第二部分》（GB 6816—86）和《水质　词汇　第三部分～第七部分》（GB 11915—89）的修订。

本标准分别首次发布于 1986 年和 1989 年，原起草单位为中国环境监测总站，本次为第一次修订。修订后的标准分为七部分：

1．水质　词汇　第一部分；

2．水质　词汇　第二部分；

3．水质　词汇　第三部分；

4．水质　词汇　第四部分；

5．水质　词汇　第五部分；

6．水质　词汇　第六部分；

7．水质　词汇　第七部分。

本部分词汇的定义是专为水质特征提供的术语，内容主要包括《水质　词汇　第二部分》的术语及定义（包括对应的英文术语），它与目前国内外出版的名词术语可能相同，但应用于不同领域时，它们的定义也可能不同。

本部分词汇等效采用国际标准《水质　词汇　第 2 部分》（ISO 6107.2—2006），英文词条与 ISO 6107.2—2006 保持一致。有的词条可能出现两次，但释义不同，适用于不同情况的解释。

自本标准实施之日起，原国家环境保护局 1986 年 10 月 10 日批准、发布的国家环境保护标准《水质　词汇　第一部分和第二部分》（GB 6816—86）和原国家环境保护局 1989 年 12 月 25 日批准、发布的国家环境保护标准《水质　词汇　第三部分～第七部分》（GB 11915—89）废止。

本标准由环境保护部科技标准司组织制订。

本标准主要起草单位：中国环境监测总站、辽宁省环境监测实验中心。

本标准环境保护部 2010 年 11 月 5 日批准。

本标准自 2011 年 3 月 1 日起实施。

本标准由环境保护部解释。

水质　词汇　第二部分

1　适用范围

本标准规定了专为水质特征提供的术语。

2　名词术语

2.1　比例采样 proportional sampling

从流动水中采样的技术，在不连续采样时，其采样频率或连续采样的流速与所采水的流速成正比。

2.2　巴氏消毒法 pasteurization

升温并保持适当时间的消毒方法，其目的使微生物灭活，特别对病原体，使其数目降低到规定水平或感染剂量以下。

2.3　饱和区 saturated zone

（地下水）蓄水层中形成的孔隙完全被水充满的部分。

2.4　被测定物 determinand

被测定的物质。

2.5　比电导 specific conductance；电导率 electrical conductivity

在特定条件下，规定体积（以 m^3 计）的水溶液相对面之间测得的电阻的倒数。对于水质检验，常用电导率表示，亦可作为水样中可电离溶质的浓度量度。

2.6　标准不确定度 standard uncertainty

在测量过程中，以标准偏差的形式估算的不确定度。

注：相对标准不确定度是标准不确定度除以测量值，以百分数表示。

2.7　表面活性剂 surface active agent；表面活化剂 surfactant

一种具有表面活性的化合物，溶解或分散在液体（如水中）时，在界面上优先被吸附，从而产生了一些有实际价值的物理化学或化学性质。这种化合物的分子至少含有一个对明显的极性表面有亲和力的基团（在大多数情况下，保证了在水中的溶解）和一个对水亲和力很小的基团。

2.8　泊松分布 poisson distribution

采集均匀混合的悬浮液样品时，其颗粒数完全随机分布。

2.9　不连续采样 discrete sampling

从水体中采集单个样品的过程。

2.10　不确定度 A 类评定 type A evaluation of uncertainty

用对观测列进行统计分析的方法，以实验标准差表征。

注：由组织者向几个实验室提供相同的样品，通过不同实验室评估重复性和再现性。

2.11　不确定度 B 类评定 type B evaluation of uncertainty

用不同于 A 类的其他方法，以估计的标准差表征。

2.12　计数的不确定度 uncertainty of counting

（微生物测定）在规定的试验条件下（同一试验员，同一实验室的不同试验员，不同实验室间），对同一平皿中菌落重复计数的相对标准偏差。

2.13 采样 sampling

为检验各种规定的水质特性，从水体中采集具有代表性水样的过程。

2.14 采样点 sampling point

进行采样的准确位置。

2.15 采样管线 sampling line

从探头到水样导出点或分析设备的导管。

2.16 采样器 sampler

连续或不连续地采集水样以测试其各种规定的水质特性的装置。

2.17 采样探头 sampling probe

水样最初通过的、插入水体中的采样设备的一个部件。

2.18 采样网络 sampling network

用来监测一个或多个特定地点的水质而预先确定设计的采样位置的点网系统。

2.19 参数 parameter

用于表现水特征的数值。

2.20 测量不确定度 uncertainty of measurement

是一个与测量结果有关的参数，表征因测量的随机误差导致的测试结果值的分散度。

2.21 测试用试样 test portion

样品中用于测试的部分。

2.22 澄清 clarification

颗粒物在大的静水沉淀池内沉降下来，分离出较清出水的过程。

2.23 澄清池 clarifier；沉降池 settling tank；沉淀池 sedimentation basin

悬浮物进行沉降的大池。

注：需要配备机械刮刀以便收集固体留物并从池底清除掉。

2.24 稠密非水相液体 dense non-aqueous phase liquids；DNAPL

溶解性低于水并且密度大于水的有机化合物，例如氯代烃中的三氯乙烷。

2.25 次级确认 secondary validation

利用已有的规范，通过建立方法函数的实验所进行的论证过程。

2.26 导水性（导水率） hydraulic conductivity

含水层的性质，与在其内部的、相互连接的输水途径的能力有关。

2.27 等动力采样 isokinetic sampling

在流动水中采样的技术。采样时，进入采样器探头孔内的水流速度与探头附近的水流速度相等。

2.28 底沉积物 bottom sediment

由悬浮物沉积到动态和静态水体底部的固体物质。

2.29 定量下限 limit of quantification；测定下限 limit of determination

规定的检出限的倍数，被测物可在这一浓度下，在可接受的准确度和精密度范围内被测出。

注：定量下限可以用一种适当的标样或样品计算出来，也有由校准曲线的最低点（除空白点）得到。

2.30 定量重复性 quantitative repeatability

在相同测量条件下，由同一操作人员、在同一实验室、使用同一仪器并在短期内进行两次单独测量，低于测量结果绝对差值的数值处于规定的置信区间内。

注：无特殊说明时，置信区间为 95%。

2.31 定量再现性 quantitative reproducibility

由不同实验室的分析人员、使用标准分析方法、对同一样品进行两次单独测量，低于测量结果绝对差值的数值处于规定的置信区间内。

注：无特殊说明时，置信区间为 95%。

2.32 定性方法 qualitative method

确定在某一样品中是否存在某些分析物。

2.33 定性重复性 qualitative repeatability

在相同的条件下（由同一操作人员、在同一实验室、使用同一仪器并在短期内），用相同的方法，对相同的试验材料进行测量，所得结果之间的一致程度。

2.34 定性再现性 qualitative reproducibility

在不同条件下（由不同操作人员、在不同的实验室、使用不同的仪器并在不同的时间内），用相同的方法，对相同的试验材料进行测量，所得结果之间的一致程度。

2.35 多层采样器 multi-level sampler

采集地下水样品时使用的在液面下采集不同深度水样的独立采样装置。

注：这个装置能够直接向地下钻孔，可以安装在一个已有的钻孔上，或者安装在一个为其他目的钻探的孔上。当把它安装在钻孔中时，用一个集成模块来隔开每个样本口。

2.36 繁殖 propagule；生殖 germ

生存的实体，如能在一个营养培养基生长的营养细胞，细胞群、孢子、孢子群或一块真菌菌丝。

2.37 非饱和带 unsaturated zone

（地下水）含水层中形成的孔隙空间中并非完全充满水的部分。

2.38 非离子型表面活性剂 non-ionic surface active agent

在水溶液中不产生离子的表面活性剂。它在水中的溶解是由于它具有对水亲和力很强的官能团。

2.39 分类特性 categorical characteristic

基于存在/不存在（P/A）或阳性/阴性（+/–）的分类方法，以一种相对频率来数字化表达性能特性的方法。

2.40 酚酞终点碱度 phenolphthalein end-point alkalinity

用酚酞为指示剂滴定终点（pH 8.3）测定碱度，该碱度是由水中全部的氢氧根离子和一半碳酸盐含量引起的，通常与甲基红终点碱度结合使用。

2.41 封隔器 packer

用于暂时隔离指定的垂直断面内钻孔的装置或材料，以便在不连续的地区或位置的钻孔或含水层进行地下水采样。

2.42 腐蚀性 corrosivity

水通过化学、物理化学或生物化学的作用对各种材料的侵蚀能力。

2.43 复合钻孔 multiple boreholes

用于某种研究目的的独立安装的钻孔或压力计，组合形成一个监测网络。

2.44 富营养化 eutrophication

营养物质，特别是含氮和磷的化合物，在淡水和盐水中的富集。富营养化会加速藻类和较高等植物的生长。

2.45 灌溉水 irrigation water

用于土壤和植物生长基质的水。旨在供给植物正常生长所必需的水分或防止在土壤中积蓄过量的盐类。

2.46 硅藻 diatoms

含有硅质细胞壁的硅藻类（*Bacillariaceae*）单细胞藻。

2.47 过度分散 over-dispersion

由泊松离散度指数进行定性测量、由负二项分布的μ参数的估算进行定量测量，以上测量所得结果超出泊松随机性的差异所产生的现象。

2.48 过度分散参数μ over-dispersion factor

超出泊松分布的检测中的额外随机不确定度，以相对标准偏差计算。

2.49 海 sea

含盐分的水体，通常描述它为洋的一部分。

2.50 海 sea

大的盐湖。

2.51 河口 estuary

在河流下游河段中的部分封闭水体，它与海自由连通，并从上游排水区获得淡水补给。

2.52 河流 river

沿着限定流向，连续地或间歇地流入洋、海、湖、内陆洼地、沼泽或其他水道的天然水体。

2.53 湖 lake

具有一定面积的内陆水体。

注：大的盐湖通常称为海。

2.54 化合氯 combined chlorine；化合有效氯 combined available chlorine；化合余氯 combined chlorine residual

主要以氯胺、有机氯胺和三氯化氮形式存在的总余氯。

2.55 化学需氧量 chemical oxygen demand，COD

在规定条件下，用氧化剂处理水样时，在水样中溶解性或悬浮性物质消耗的该氧化剂的量，计算折合为氧的质量浓度。

2.56 回收率 recovery

（微生物测定）检测器可以回收 100% 或更少的（尽管是未知）实际微粒数，用来估算待测试样或样品中的微粒数。

2.57 混合介质过滤 mixed media filtration

水向上或向下通过两层或多层介质的处理过程。

注：上层由低密度的大颗粒组成。每一相邻的下层颗粒粒径稍小而其密度稍大。

2.58 混合样 composite sample

两个或更多的样品或子样品按照确定的比例连续地或不连续地加以混合。由此得到的混合样是所需特征的平均样。

注：通常这种比例是根据时间或流量的测定来确定的。

2.59 基质势能 matrix potential

不包括重力在内作用于土壤水的不同力的组合（土壤水指在土壤或岩石基质内部孔隙中存在的水），是由固体表面对水分子的吸引和水分子之间的相互吸引而产生的。

注：一般情况下，粒径较小的颗粒具有较高的基质势能。

2.60 加压过滤 pressure filtration

水在封闭的过滤系统中加压通过的水处理方法，类似快速滤池的水处理过程。

2.61 甲基红指示剂终点碱度 methyl red endpoint alkalinity

以甲基红为指示剂得到滴定终点（pH 4.5），计算得到水中的总碱度。用甲基红做指示剂得到的碱度通常与用酚酞做指示剂得到的碱度同时使用，来评价水中等当量的碳酸氢盐、碳酸盐和氢氧化物浓度。

2.62 监测 monitoring

为了评价环境质量等特定目的，对水的各种性质按编定的程序进行采样、测量、分析及数据处理等过程。

2.63 剪式抓斗 scissor grab

一种底泥采样装置，包括两个上端开放并相互铰合的铲斗，采样时斗口关闭，其方式类似于剪刀刀片闭合。

2.64 检测器 detector；粒子检测器 particle detector

使用含有固体培养基的平板或液体培养基的试管用来计数或检测活性微生物。

2.65 检测盒 detection set

（微生物测定）平板或试管相结合用以定量估算微生物数目的检测组合。

2.66 检出限 limit of detection

在一个指定的置信度（如 95%置信度）水平下，输出信号或数值的临界值。只有高于该值时样品产生的信号或数值才不同于不含待测物的空白样。

2.67 碱度 alkalinity

水介质与氢离子反应的定量能力。

2.68 交迭错误 overlap error；拥挤错误 crowding error

由于群体的汇合拥挤而造成系统误差以低估菌落计数。

注：数量上，交迭错误主要是由于小部分可增长空间被菌群生长占用造成。

2.69 胶态悬浮体 colloidal suspension

一种悬浊液，其所含颗粒物通常带有电荷，不易沉降，但可通过絮凝作用除去。

2.70 阶段进水 stepped feed

污水活性污泥法处理中让废水沿着曝气池的不同位置进入池内，使整个系统需氧更均匀的方法。

2.71 阶段曝气 stepped aeration；渐变曝气 tapered aeration

活性污泥处理方法的改进。把大量的空气送入曝气池中存在着最高生物活性的上游端，把少量的空气送入池的下游端。

2.72 接触稳定化 contact stabilization

预先曝气处理的活性污泥与原污水通过短时间（如 15～30 min）接触来达到改进活性污泥处理的过程。

注：接触后的污泥沉降后在分离池中需进行较长时间的曝气（如 6～8 h）。

2.73 绝对盐度 absolute salinity

海水里可溶解盐的质量百分数。

注：实际上这个量不能被直接测定，海洋学观测报告中所使用的是实际盐度。

2.74 均衡性 proportionality

在待测物浓度范围内，衡量一种分析方法、分析仪器或分析传感器的偏差变化。

注 1：均衡性被定义为在分析范围内测量选定参考样品，其偏差与参考值之比。

注 2：所有参考样品是从一个母样稀释而来，所以对于相似的参数“线性”来讲，每个参考样品是独立的。

2.75 菌群 colony

浮游菌在固体培养基上面或里面大量繁殖并形成的可见微生物体。

注：通常，在变成可见的菌群之前，它是由邻近的浮游菌群融合成大菌群。用可见菌群数来估算浮游菌数，所得结果普遍过低。

2.76 可沉固体 settleable solids

水样在规定条件下，经过一定的沉降时间后，可沉淀除去的悬浮性固体。

2.77 快速砂滤 rapid sand filtration

使澄清后的水通过砂床除去残余微粒的水处理过程。

2.78 朗格利尔指数 Langelier index

水样实测的 pH 值减去饱和 pH（pH_s）的差值。

注：pH_s 是水与固体碳酸钙平衡时计算的 pH。

2.79　连续采样 continuous sampling

从水体中连续采样的过程。

2.80　灵敏度 *K* sensitivity

K 表示为观测变量的增量（Δx）与相应测定值的增量（ΔG）的比值，即：$K=\Delta x/\Delta G$。

注：此定义来源于国际法定度量衡组织。

2.81　氯胺类 chloramines

氯原子取代了氨中的 1 个、2 个或 3 个氢原子而形成的衍生物（一氯胺 NH_2Cl，二氯胺 $NHCl_2$，三氯化氮 NCl_3），以及所有的有机氮化合物的氯代衍生物。

2.82　氯化 chlorination

向水中投加氯气或可生成次氯酸或次氯酸离子的化合物的过程，旨在消毒、抑制细菌和动植物生长、氧化有机物、辅助混凝或减少臭味等。

2.83　慢砂过滤 slow sand filtration

滤床上充满水，以一定的过滤速率缓慢渗滤，藉物理、化学和生物作用使水得到净化的过程。慢砂过滤常用于制取饮用水，也用于污水处理设备出水的最后处理。

2.84　钠吸收率 sodium absorption ratio，SAR

表示（灌溉水中）与土壤进行交换反应的钠离子的相对活度的比值。

$$\mathrm{SAR}=\frac{[\mathrm{Na}^{+}]}{\sqrt{([\mathrm{Ca}^{2+}]+[\mathrm{Mg}^{2+}])/4}}$$

式中：$[Na^+]$、$[Ca^{2+}]$ 和 $[Mg^{2+}]$分别为钠离子、钙离子和镁离子的浓度，以 mmol/L 表示。

2.85　平行数 parallel counts

（微生物分析） 从同一样品抽取的平行分析试样的微粒或菌落数。

注：平行测定是指重复抽样样品的微粒或菌落数。

2.86　嵌套压力计 nested piezometers

在一个大孔径钻孔中安装的一组压力计，通常，在含水层中每隔一段固定距离都应该设计安装一个压力计来采样。通过在它们之间安装一个永久性防渗密封使各个压力计的顶端彼此分开。

2.87　侵蚀性 aggressivity

水溶解碳酸钙的能力。

2.88　侵蚀性水 aggressive water

朗格利尔指数（Langelier index）为负值的水。

2.89　轻质非水相液体 light non-aqueous phase liquids，LNAPL

具有较低水溶解度，密度小于水的有机化合物，例如石油产品。

2.90　菌落形成单位 colony-forming unit，CFU；菌落形成颗粒 colony-forming particle，CFP

单个的或聚集的微生物细胞、孢子群，或在合适的固体培养基培植下产生单菌落。

注 1：ISO 13845 认为这个词不恰当，因为它错误地将可观察菌群数等同于培养基上种植的活体数。

注 2：生长单位，浮游菌，繁殖体和生殖是有相同意义的术语。但是群体形成单位能够更好地表达其本意而且适用于菌群的计数方法，并可应用于最可能数和存在/缺乏的判断。

2.91　溶解性固体 dissolved solids

水样在规定条件下，经过滤并蒸发干燥后留下的物质。

2.92　溶解氧曲线 dissolved oxygen curve

使用图形或数学导出曲线来表示随着流动过程溶氧量的分布。

2.93　上层滞水面　perched water table

位于非饱和带的、横向和纵向范围受限制的却非常延伸的独立的地下水体。

2.94　渗析　dialysis

小分子或离子通过薄膜扩散的过程，与溶液中的大分子和悬浮物分离。

2.95　生物测试　bioassay

以特定的生物活性的变化来定性或定量地评价水中某些物质生物效应的技术。

2.96　生化需氧量　biochemical oxygen demand，BOD

在特定条件下，水中的有机物和无机物进行生物氧化时所消耗溶解氧的质量浓度。

2.97　实际盐度 S_p　practical salinity

量纲为一的值，用于检验水质，可以看做是以每千克海水中溶解盐克数计的质量分数估算值，在算法上定义为 15℃和 101.325 kPa（1 atm）条件下样品溶液与指定的氯化钾溶液（324 366 g/kg）电导率的比值（K_{15}）。

2.98　首要确认　primary validation；充分验证　full validation

针对某种新方法，或证明方法能够达到理论推断的质量基准的实验验证而建立的评价参数。

2.99　受体　receptor

易受有害物质或药剂不利影响的地下水样。

注：实体例子有人类、动物、水、植被，或者房屋设备。

2.100　水库　reservoir

蓄存和调节水的人工构筑物。

2.101　水样　sample

为检验各种水质指标，连续地或不连续地从特定的水体中取出的尽可能具有代表性的一部分水。

2.102　水样的固定　sample stabilization

用投加化学试剂或改变物理条件的办法，或该两种方法并用，使从采样至检验这段时期内被测项日的特性变化减小到最低限度。

2.103　瞬时水样　snap sample；定点水样　spot sample；定时水样　grad sample

就时间和地点而言从水体中不连续地随机采集的样品。

2.104　酸度　acidity

水介质与氢氧根离子反应的定量能力。

2.105　特异性　specificity

微生物的测量中，推定假设检验中被准确指定为阴性的菌落数占细菌总数的比例。

2.106　土壤容量　field capacity

在重力水干枯后，土壤可保持的最大水量。

2.107　外观选择性　apparent selectivity

（微生物学测量）相同样品体积下，数学计算出目标群体数占总群体数的比率，表示为选择性。

注：选择性按下式计算

$$F=\log(a/n)$$

式中：a——假定目标类型的表观浓度；

n——一批样品的总浓度。

2.108　稳定化　stabilization

易于降解的有机物（溶解或悬浮微粒）被氧化成为无机物或缓慢降解的物质的生物或化学过程。

2.109　稳健性　robustness（ruggedness）

分析方法对过程出现的微小变动的不敏感性。

2.110 污泥体积指数 sludge volume index，SVI

1 g 活性污泥在规定条件下经一定时间沉淀（通常为 30 min）后的体积，是活性污泥沉降速度的经验计量指标。

2.111 污染 pollution

对确定目的而言，水的适用性被破坏。

2.112 溪流 stream

沿着限定流向，连续地或间歇地流动的水，相对河流来说只是规模小一些。

2.113 线性 linearity

使用校准溶液来确定各种传感器/分析仪要求的被测物的测量浓度的范围。

注：每一浓度的均值和标准偏差是用部分浓度的两倍标准偏差来计算分析。若所有测量值的线性回归直线经过每一个计算点，则传感器/分析仪是线性的。

2.114 相对回收率 relative recovery

方法 A 得到的菌落计数与方法 B 得到的菌落计数的比值，当用相同的悬浮液的相同测试部分时 B 是 A 的参考方法。

2.115 相对差 relative difference；相对标准差 relative standard difference

两个值的差与平均值之比。

注 1：相对差通常用百分数表示。

注 2：由于“RSD”通常代表“相对标准偏差”，所以应避免相对标准差缩写为“RSD”。

2.116 相对准确性 relative accuracy

对应于相同样本间，由参照方法和另一种选用方法所得到的结果的相关程度。

2.117 需氯量 chlorine demand

加入水或废水样品中氯的量，与经过规定的接触时间后的余氯量之差。

2.118 悬浮固体 suspended solids

在规定条件下，经过滤或离心可除去的固体。

2.119 压力计 piezometer

由低端（压力计末端）有多孔元件或穿孔部分（四周有滤料）的软管或导管组成，安装并密封于地下一定的深度。

2.120 验证范围 validation range

每一分析部分的颗粒平均数的微生物学测量范围必须遵循已经被接受验证的确认规格（尤其是线性），通常表示为一系列的“可靠”的菌落计数。

2.121 堰 weir

用来控制上游水位或测量排水量，或者两者兼用的溢水构筑物。

2.122 阳离子表面活性剂 cationic surface active agent

在水溶液中电离，产生带正电荷的具有表面活性的有机离子的表面活性剂。

2.123 顶空 head-space

在封闭体系中，与样品（液体、固体或混合物）达到平衡的气相。

2.124 异构泊松分布 heterogeneous poisson distribution；复合泊松分布 compound poisson distribution

泊松分布的平均值随机变化而引起的分布。

2.125 阴离子表面活性剂 anionic surface agent

在水溶液中可离解产生带负电荷的具有表面活性的有机离子的表面活性剂。

2.126 引水渠 flume

按照规定的形状和大小人工修筑的沟渠。可用于测量流量。

2.127 应用范围 application range

一个标准方法的测量浓度范围。

2.128 游离二氧化碳 free carbon dioxide

溶于水的二氧化碳。

2.129 游离氯 free chlorine；游离有效氯 free available chlorine；游离余氯 free chlorine residual；游离有效余氯 free available chlorine residual

以次氯酸、次氯酸根离子或溶解的元素氯形式存在的氯。

2.130 有效孔隙度 effective porosity

含水层中饱和孔或孔隙的比例，直接影响地下水的流动。

注：用总岩石和岩石孔隙的体积比来表示有效孔隙。

2.131 有效氯 available chlorine；总有效氯 total available chlorine

通常用于描述含高浓度次氯酸钠和氯的水体以及氯化后的水溶液的术语。

2.132 余氯 residual chlorine；总余氯 total residual chlorine

加氯后以游离氯或化合氯的形式或两者都有的形式，残留在溶液中的氯。

2.133 预曝气 pre-aeration

在污水沉淀之前的曝气过程。

2.134 预曝气 pre-aeration

在生物处理之前立即将沉降的污水进行短时间的曝气。

2.135 运河 canal

人工修建的连接河、湖或海的水路。通常规模适于航行。大多数的运河河水的流速较低，其混合性能较差。

2.136 再曝气 re-aeration

由于某些化学的或生物处理的过程将水中的氧耗尽，通过再次曝气，用以增加溶解氧浓度的过程。

2.137 再现性 reproducibility

再现条件下的精确度。

2.138 在线分析 on-line analysis；现场分析 analysis in-situ

一种在水体中放置传感器的自动分析系统。

2.139 在线分析 on-line analysis

通过探头从水体中取得水样，经导管进入分析设备的自动分析系统。

2.140 加氯折点 break-point chlorination

向水中加氯，直到游离态有效余氯含量正比于加入氯剂量的临界点。

注：在这一点上，所有氨均被氧化。

2.141 证实的菌落数 confirmed colony count；验证的菌落数 verified colony count

假定的菌落计数更正为假阳性。

注：证实菌落计数的计算公式为

$$x = r_{+}c = (k/n)c$$

式中：c——推定计数；

r_{+}——真正的阳性率；

n——推定阳性孤立的上数；

k——证实数。

2.142 止回阀 check valve

只允许介质向一个方向流动的机械阀，在一个方向流动的流体压力作用下，阀瓣打开，流体反方向流动时，阀瓣关闭。

2.143 指导图 guidance chart

用来表征方法性能数据（数量和精确度）的两维散点图，由 B 型不确定度评定的指定指导值或指导值。

注：在指导图表里，横轴通常是每个探测器的群体计数。

2.144 滞流水 stagnant water

很少流动甚至不流动的地面水体。时间一久，水质可能恶化。

2.145 重复性 repeatability

重复条件下的精确度。

2.146 桩基工作 pile-working

底沉积物样品的比重凭借采样装置给样品一个向下的压力而在核心管内增压的过程。

注：这种挤压力来自于管壁的摩擦力和采样时来自于样品对主体的阻力。

2.147 浊度 turbidity

由于水体中存在微细分散的悬浮性粒子，使水透明度降低的程度。

2.148 自动采样 automatic sampling

采样过程中不需人为干预，通过仪器设备能按预先编定的程序进行连续或不连续的采样。

2.149 总二氧化碳 total carbon dioxide

水中游离二氧化碳和以碳酸盐及碳酸氢盐形式存在的二氧化碳的总含量。

2.150 总固体 total solids

溶解性和悬浮性固体的总量。

2.151 总氯 total chlorine

游离氯和（或）化合氯中的氯。

2.152 总有机碳 total organic carbon，TOC

水中溶解性和悬浮性有机物中存在的碳量。

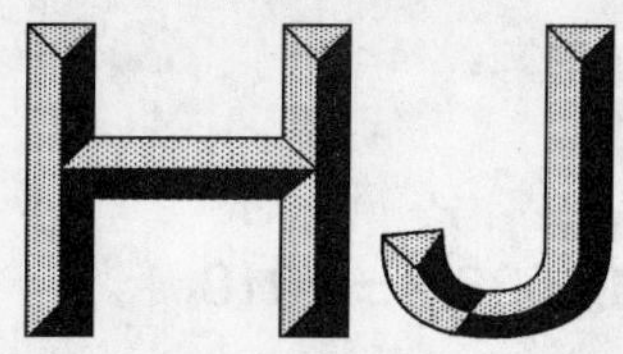

中华人民共和国国家环境保护标准

HJ 596.3—2010

HJ 596.1～7—2010 代替 GB 6816—86 和 GB 11915—89

水质　词汇　第三部分

Water quality—Vocabulary Part 3

（等效采用 ISO 6107.3—1993）

2010-11-05 发布　　　　2011-03-01 实施

环　境　保　护　部　发布

前　言

为贯彻《中华人民共和国环境保护法》、《中华人民共和国水污染防治法》，保护环境，保障人体健康，规范水质词汇，制定本标准。

本标准是对《水质　词汇　第一部分和第二部分》（GB 6816—86）和《水质　词汇　第三部分～第七部分》（GB 11915—89）的修订。

本标准分别首次发布于1986年和1989年，原起草单位为中国环境监测总站，本次为第一次修订。修订后的标准分为七部分：

1．水质　词汇　第一部分；

2．水质　词汇　第二部分；

3．水质　词汇　第三部分；

4．水质　词汇　第四部分；

5．水质　词汇　第五部分；

6．水质　词汇　第六部分；

7．水质　词汇　第七部分。

本部分词汇的定义是专为水质特征提供的术语，内容主要包括《水质　词汇　第三部分》的术语及定义（包括对应的英文术语），它与目前国内外出版的名词术语可能相同，但应用于不同领域时，它们的定义也可能不同。

本部分词汇等效采用国际标准《水质　词汇　第 3 部分》（ISO 6107.3—1993），英文词条与 ISO 6107.3—1993 保持一致。

自本标准实施之日起，原国家环境保护局1986年10月10日批准、发布的国家环境保护标准《水质　词汇　第一部分和第二部分》（GB 6816—86）和原国家环境保护局 1989 年 12 月 25 日批准、发布的国家环境保护标准《水质　词汇　第三部分～第七部分》（GB 11915—89）废止。

本标准由环境保护部科技标准司组织制订。

本标准主要起草单位：中国环境监测总站、辽宁省环境监测实验中心。

本标准环境保护部2010年11月5日批准。

本标准自2011年3月1日起实施。

本标准由环境保护部解释。

水质 词汇 第三部分

1 适用范围

本标准规定了专为水质特征提供的术语。

2 名词术语

2.1 α系数 alpha factor

在活性污泥污水处理设备中，混合液与清洁水中氧传递系数之比。

2.2 氨的汽提 ammonia stripping

通过碱化和曝气去除水中氨化合物的一种方法。

2.3 半致死浓度 lethal concentration，LC_{50}

在一定时间的连续暴露下，使受试生物半数致死的毒物浓度。

2.4 β系数 beta factor

在活性污泥污水处理设备中，混合液中溶解氧饱和值与同一温度和气压下清洁水中溶解氧饱和值之比。

2.5 测试组 test batch

在遗传毒性测试中培养基、接种体和稀释系列的混合物。

2.6 超载 surcharge

在靠重力流动的污水管中，当满管后流量再增加时所造成的状况。这可能引起过量污水从检查井溢出。

2.7 初级生物降解 primary biodegradation

在微生物的作用下，化合物的结构发生变化，导致一些特性丧失。

2.8 初级厌氧生物降解 primary anaerobic biodegradation

由于厌氧微生物的作用，受试化合物仅发生结构改变，而未达到最终矿化的生物降解阶段。

2.9 粗滤池 roughing filter

在有机物含量或水力负荷比正常情况高得多的条件下工作的生物滤池，用以降低高强度污染工业废水中易降解有机物的过高浓度。

2.10 大型植物 macrophytes

大型水生植物，包括挺水、沉水和浮水植物。

2.11 淡水 fresh water

含盐量低的天然水，或一般认为便于抽取和处理产生饮用水的水。

2.12 氮平衡 nitrogen balance

参见 2.114，质量平衡。

2.13 氮循环 nitrogen cycle

自然界中氮及其化合物被利用和转化的循环过程。

2.14 DNA 损伤 DNA damage

不影响细胞复制的各种 DNA 变化。

2.15 点突变 point mutation；基因突变 gene mutation

基因中单碱基对（核苷酸对）改变引起的突变，包括缺失、插入、移码突变、核苷酸序列的改变。

2.16 毒性试验 toxicity test

使某种物质在一定浓度下与特定的生物接触，以确定该物质对生物的毒性影响。

2.16.1 流水毒性试验 flow-through toxicity test；动态毒性试验 dynamic toxicity test

试验水体在连续流动情况下所进行的毒性试验。

2.16.2 半静态毒性试验 semi-static toxicity test；定期更换受试液的毒性试验 toxicity test with intermittent renewal

以较长时间间隔（如 12 h 或 24 h）来分批更换大部分试液（大于 95%）的毒性试验；或定期（一般每隔 24 h）将受试生物转移到毒物浓度与起始相同的新配试液中的毒性试验。

2.16.3 静态毒性试验 static toxicity test；不更换试液的毒性试验 toxicity test without renewal

在试验周期内，不更换试液的毒性试验。

2.17 对照组 control batch

是试验过程的一部分，表明无待测物质存在时基质条件对检测系统的影响。

注：在遗传毒性紫外致突变（umuC）试验中，对照组包括不含待测菌的培养基、只含蒸馏水和接种物的培养基、含接种体和溶剂的培养基等。

2.18 多氯联苯 polychlorinated biphenyls，PCBs

多氯取代的联苯类化合物的总称，也包括一氯联苯。

2.19 反冲洗 backwashing

用水以逆流方向清洗滤池的操作过程，常需辅以空气冲刷。

2.20 腐败 putrefaction

有机物受厌氧微生物作用无控制地分解，并产生臭味。

2.21 腐败的 septic

由于缺乏溶解氧而产生腐败的现象。

2.22 腐生的 saprobic

与有机物腐败有关的。

2.23 腐殖污泥 humus sludge

生物滤池脱落的微生物膜。通常在最后沉淀池中分离出。

2.24 附聚（作用） agglomeration

絮凝体或悬浮颗粒物聚结形成更大的絮凝物或更易沉降、浮起的颗粒物。

2.25 隔夜培养 overnight culture

下午开始，培养过夜（通常约 16 h），以备第二天早晨进行的预培养接种使用。

2.26 光合作用 photosynthesis

在有光的条件下生物借助光化学反应将二氧化碳和水合成有机物。

2.27 哈森色标 Hazen number

表示水色度的值。一个标准单位为每升水中 1 mg 铂［以六氯铂（Ⅳ）酸的形式存在］，或 2 mg 六水氯化钴（Ⅱ）存在下所产生的颜色。

2.28 含水层 aquifer

由具有渗透性的岩石、砂或砾石构成的能够提供大量水的含水床或含水层。

2.29 河段 reach

有一定上游和下游界限的河道。

2.30 核苷酸 nucleotide

基因组的组成成分（腺嘌呤、鸟嘌呤、胞嘧啶、胸腺嘧啶），通过糖和磷酸基团连接而形成核酸链，其顺序决定着基因组的遗传密码。

2.31 核酸 nucleic acid

重要的遗传物质，由核苷酸按一定的顺序连接而成的双螺旋结构，决定遗传编码。

2.32 核糖核酸 ribonucleic acid，RNA

构成遗传物质的重要组分之一。在 RNA 病毒中是基因组的唯一组成成分。

注：RNA 与 DNA 不同，在核苷酸序列中，尿嘧啶（U）取代了胸腺嘧啶（T）（参见 DNA，2.83）。

2.33 后氯化 post-chlorination

水（或废水）处理后再进行氯化。

2.34 弧菌 *Vibrio* sp.

好氧、无孢子生殖的革兰氏阴性细菌，广泛分布于地表水中。某些种是致病菌，如霍乱菌、副溶血性弧菌。

2.35 化学示踪剂 chemical tracer

人为添加或天然存在于水中，用于示踪水流的化学物质。

2.36 回流 recirculation

经过初级或完全处理的部分废水，由处理系统的某一单元返回到前面单元的过程。

2.37 汇水区 catchment area；汇水盆地 catchment basin

水能自然地排到水道或某一点所形成的区域。

2.38 混合液 mixed liquor

在活性污泥曝气池或氧化沟内进行循环或曝气的活性污泥与污水的混合物。

2.39 混合液悬浮固体 mixed liquor suspended solids，MLSS

混合液中固体物质的总浓度，通常规定以干重计。

2.40 活菌 viable bacteria

具有代谢和（或）繁殖能力的细菌。

2.41 活性炭处理 activated carbon treatment

用活性炭吸附去除水和废水中溶解的或胶态的有机物的过程。例如用以改善水的味、臭和色。

2.42 积水 ponding

由于生物滤池滤料间隙堵塞，在池面上出现的水。

2.43 基因组 genome

细胞中编码遗传信息的所有遗传物质（核酸、DNA、RNA）。

2.44 交叉连接 cross connection

指管道之间的连接有可能使受污染水进入饮水供水系统，从而给公众健康带来危害。也用于描述不同配水系统之间的一种规范连接。

2.45 接种 seeding

人为引入合适的微生物而对生物系统进行接种。

2.46 接种体 inoculum；接种材料 inoculation material

向新鲜培养基中加入的微生物（或经预培养，处于指数生长期的菌悬液）。

2.47 菌胶团膜 zoogloeal film

含有大量细菌、原生动物和真菌的黏液基质，覆盖在成熟的生物滤池、慢速砂滤池滤料的润湿表面或污水管内壁。

2.48 矿化作用 mineralization

有机物完全分解成二氧化碳、水，以及其他元素的氢化物、氧化物和矿物盐。

2.49 理想的自然群落 expected natural community

在河道中仅有自然胁迫，而人为干扰较小的生物群落。

2.50 磷平衡 phosphorus balance

参见 2.114，质量平衡。

2.51 浓度-效应关系 concentration-effect relationship

某种物质或几种物质混合物，在一定浓度梯度下，导致某种诊断标志物产生响应的剂量的相关性。

注：在遗传毒性紫外致突变（umuC）试验中，umuC 基因的诱导取决于受试样品中遗传毒物的浓度。

2.52 排水区 drainage area

水排至一点或多点的区域，区域边界由主管部门限定。

2.53 培养基 culture medium

支持微生物生长的液态或固态营养物质。

2.54 贫营养水 dystrophic water

含营养物甚少而含腐殖质浓度高的水。

2.55 潜水面 water table

静止的或自然流动的地下水的水面。在该水面下，除了不透水的地方外，蓄水层被水饱和。

2.56 倾析 decantation

悬浮固体沉淀或与高密度液体分离后倾出上清液。

2.57 清洗生物 scouring organisms

一些生物，例如蠕虫、昆虫幼虫和其他无脊椎动物，它们能通过摄食或移动以去除生物滤池滤料表面的细菌团膜（细菌块膜）。

2.58 泉水 spring

自然涌出地表的地下水。

2.59 三级处理 tertiary treatment

为进一步减轻污染影响，对经过初级和二级处理的污水进一步处理的过程。包括：深度物理处理、化学处理和生物处理。

2.60 排水的深度处理 effluent polishing

采用深度物理或生物方法对二级处理排水进行的三级处理。

2.61 设定点 designated site

（生物学分类的河流）在水体某一段中所选定的某个具体点，该点的水质能够代表该段水体的水质。

2.62 生态系统 ecosystem

通过不同组成的生物和其周围环境间的相互作用，形成物质循环和能量交换的系统。

2.63 生态学 ecology

研究生物及其相关环境之间相互关系的一门学科。

2.64 生物降解 biodegradation

在水介质中由于活生物的复杂作用引起的有机物的分子降解。

2.65 生物降解阶段 biodegradation phase

试验中从延滞期结束至达到最大生物降解率的 90%所经历的时间。

2.66 生物矿化 biomineralization

由生物活性引起的矿化作用。

2.67 生物量 biomass

给定水体中生命物质的总质量。

2.68 （砂滤）生物膜 biofilm（of a sand filter）

由活的、死的和垂死的生物在慢速砂滤池或其他生物滤池介质表面形成的膜。

2.69 生物群 biota

水生生物系统中的所有活的组分。

2.70 生物指数 biotic index

描述水体生物群的数值，用以表示水体的生物质量。

2.71 受试样品 test sample

经过所有前处理步骤（如离心、过滤、匀浆、pH 调节和离子强度测定）的待测样品。

2.72 熟化塘 maturation pond

大型浅水池，用于进一步处理已经生物处理过的污水，并去除该过程中形成的固体。

2.73 水文测量 hydrometry

水流的测量与分析。

2.74 水文地理学 hydrography

研究与测量海洋、湖泊、河流和其他水域的一门应用科学。

注：在一些国家中此术语等同于海洋物理化学。

2.75 水文学 hydrology

研究降水、径流或渗滤及储存、蒸发和再降这一水循环的应用科学。

2.76 淘析 elutriation

一种污泥调节工艺。用清洁水或污水厂的出水淘洗污泥，以减小污泥的碱度，特别是除去氨的化合物，从而减少混凝剂的需用量。

2.77 停留期 retention period；滞留时间 detention time

按规定的流速计算，水或废水在特定单元或系统内停留的理论时间。

2.78 透光层 euphotic zone

透光程度足以维持光合作用的上层水体。

2.79 突变 mutation；染色体突变 chromosomal mutation

生物体或病毒的遗传物质（DNA 或 RNA）永久性地改变，通常是一个基因中，表现为遗传物质（一个或多个核苷酸）的缺失、易位、转导，导致遗传编码的改变，从而改变基因功能。

2.80 推流系统 plug-flow system

至少理论上（如果实际无法达到）在渠道横断面可达到充分混合，而沿水流方向又无混合或扩散的一种系统。

2.81 脱落 sloughing

菌胶团膜物质以腐质污泥的形式从生物滤池的滤料上连续脱离。

2.82 春蜕膜 vernal sloughing；spring sloughing

春季由于生物活动增强，从而使生物滤池中新的菌胶团膜滋生而旧生物膜大量脱落。

2.83 脱氧核糖核酸 deoxyribonucleic acid，DNA

构成除 RNA 病毒外所有生物基因组的遗传物质。与 RNA 不同的是，DNA 核苷酸序列中含有胸腺嘧啶，而不是尿嘧啶。

2.84 稳定期 plateau phase

生物降解阶段结束到试验结束这段时间。

2.85 稳定性 stability

处理前后，废水或污泥抗腐败的能力。

2.86 稳定性试验 stability test；亚甲蓝试验 methylene blue test

对经过生物处理污水的一种检验。试验时，向生物处理过的出水中加入亚甲蓝染料，在隔绝空气的条件下，通过染料褪色所需的时间评估水稳定性。

2.87 污泥龄 sludge age

在排泥率恒定的情况下，活性污泥处理厂排放全部活性污泥所需的天数。计算方法是用活性污泥厂污泥的总排放量除以每天排放的污泥量。

2.88 污泥膨胀 sludge bulking

活性污泥法处理系统中，通常由于丝状菌的存在，引起活性污泥体积膨胀和不易沉降的现象。

2.89 污泥压滤 sludge pressing

采用机械加压去除污泥中液体的方法，使之形成易于处置的固体物。

2.90 无观察效应浓度 no observed effect concentration，NOEC

统计学上略低于最低观察效应浓度的实验浓度。

2.91 稀释系列 dilution series

预设受试样品与稀释基质（例如水或缓冲液）配比的一系列测试用混合物。

2.92 延迟期 lag phase

从试验开始到用于降解的微生物驯化适应和选择完成所经历的时间，此时化合物或有机物的降解程度达到最大生物降解率的10%。

2.93 沿岸带 littoral zone

即水体边缘浅水带，阳光可直接透射到水底，根生植物占优势。

2.94 盐跃层 halocline

在分层的水体中，含盐浓度梯度最大的一层。

2.95 氧饱和值 oxygen saturation value

与大气（天然系统）或纯氧（纯氧废水处理系统）处于平衡的溶解氧浓度。它随温度、氧分压和盐度而变化。

2.96 养分去除 nutrient removal

在水和废水处理中，专为除去含氮和含磷化合物而使用的生物、物理和化学方法。

2.97 氧化沟（渠） oxidation ditch（channel）

通常为若干平行沟渠在终点相连，形成闭合循环，装有曝气装置用于处理原污水或澄清污水的系统。

2.98 氧亏 oxygen deficit

在水系统中，实际溶解氧浓度与其饱和浓度值之差。

2.99 氧平衡 oxygen balance

参考2.114，质量平衡。

2.100 遗传毒性 genotoxicity

通常指由导致突变的物理或化学因素引起的基因组特异性改变的毒性效应。

2.101 遗传毒性试验 genotoxicity test

确定DNA损伤或DNA修复等遗传毒性作用的试验系统。

2.102 引水 abstraction

将水从任何水源永久地或暂时地转移到其他地方，使其不再是该地区水资源的一部分，或者转移到该地区内的另一水源。

2.103 英霍夫锥形管 Imhoff cone

容积通常为1L，刻度接近尖端，可用来测定水中可沉降物体积的圆锥形透明容器。

2.104 营养物的去除 nutrient removal

在水和废水处理中，专为去除含氮和含磷化合物而使用的生物、物理和化学方法。

2.105 umuC 操纵子 umuC-operon

调控umuC基因诱导的基因序列。

2.106 umuC 紫外致突变及化学修复 umuC UV mutagenesis and chemical repair

在遗传毒性实验中，使用 umuC 基因研究受试菌株的 DNA 损伤。umuC 基因的表达受到 DNA 损伤的诱导。

2.107 油状膜 slick

漂浮在海面或者其他水体上的一层物质，例如石油膜。

2.108 预暴露 pre-exposure

在添加化合物或有机物的实验条件下，对接种体进行预培养。目的是通过微生物的适应和选择，增强接种体对受试物的降解能力。

2.109 预活化 pre-conditioning

在适宜培养条件下对受试生物进行预培养。该过程中不添加化学药品或有机物质。微生物在此过程中适应实验中培养条件，可改善实验效果。

2.110 预培养 pre-culture

在适宜培养条件下培养（已活化的）微生物，以促进其适应实验中培养条件。是特定试验（如遗传毒性试验）的一部分。

2.111 原生水 connate water

与周围岩石或地层具有同一地质年代的间隙水。水质往往不良，不适于正常使用（例如饮用、工农业使用）。

2.112 原种培养 stock culture

一定条件下（如在适合的培养基中冻存）生物菌株的培养，目的是保持原有的特性，如核酸序列。

2.113 真空过滤 vacuum filtration

污泥经滤布，藉真空抽滤的一种脱水方法。

2.114 质量平衡 mass balance

在一确定系统内（例如湖泊、河流或污水处理厂），特定物质输入量和输出量（包括该物质在系统中的形成或分解）之间的相互关系。

2.115 中温消化 mesophilic digestion

污泥在 20～40℃下的厌氧消化，在该温度范围内有利于微生物最佳生长。

2.116 中营养水 mesotrophic water

天然的或由于营养累积形成的中等营养状态的水，介于贫营养和富营养之间。

2.117 自养细菌 autotrophic bacteria；化能自养细菌 chemolithotrophic bacteria

能利用无机物作为唯一的碳源和氮源而繁殖的细菌。

2.118 总固体浓度 total solids concentration

在一定条件下，已知体积的活性污泥烘干后的重量。

2.119 最大生物降解率 biodegradation maximum level

试验中，一种化合物或有机物不再继续发生生物降解时的最大生物降解程度（以百分率表示）。

2.120 最低可观察效应浓度 lowest observed effect concentration，LOEC

与对照相比，观察到显著效应（$p \leqslant 0.05$）时受试物的最低浓度。

2.121 最低无效应稀释度 lowest ineffective dilution，LID

（一定稀释度下废水的毒性测试）试验中无抑制效应或不产生特定值以上效应的最大浓度稀释值。

2.122 最终好氧生物降解 ultimate aerobic biodegradation

在有氧条件下，化合物或有机物被微生物降解成 CO_2、H_2O 和元素形态的矿物盐，并同化成微生物的一部分。

2.123　最终需氧量 ultimate oxygen demand，UOD

有机物完全矿化和氨氮、亚硝态氮氧化所需要的氧的理论计算值。

2.124　最终厌氧生物降解 ultimate anaerobic biodegradation

在无氧条件下，化合物或有机物被微生物降解成 CO_2、CH_4、H_2O 和元素形态的矿物盐，并同化成微生物的一部分。

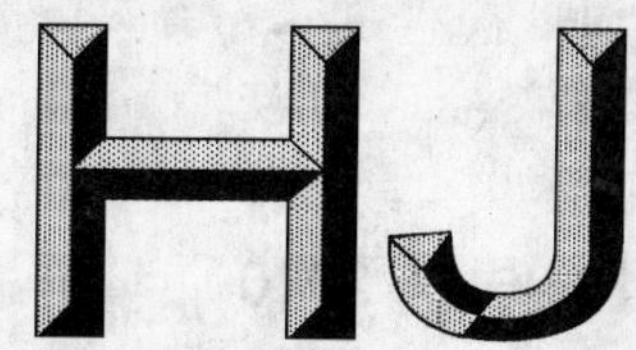

中华人民共和国国家环境保护标准

HJ 596.4—2010

HJ 596.1～7—2010 代替 GB 6816—86 和 GB 11915—89

水质　词汇　第四部分

Water quality—Vocabulary Part 4

（等效采用 ISO 6107.4—1993）

2010-11-05 发布　　　　2011-03-01 实施

环　境　保　护　部 发布

前　　言

为贯彻《中华人民共和国环境保护法》、《中华人民共和国水污染防治法》，保护环境，保障人体健康，规范水质词汇，制定本标准。

本标准是对《水质　词汇　第一部分和第二部分》（GB 6816—86）和《水质　词汇　第三部分～第七部分》（GB 11915—89）的修订。

本标准分别首次发布于 1986 年和 1989 年，原起草单位为中国环境监测总站，本次为第一次修订。修订后的标准分为七部分：

1．水质　词汇　第一部分；

2．水质　词汇　第二部分；

3．水质　词汇　第三部分；

4．水质　词汇　第四部分；

5．水质　词汇　第五部分；

6．水质　词汇　第六部分；

7．水质　词汇　第七部分。

本部分词汇的定义是专为水质特征提供的术语，内容主要包括《水质　词汇　第四部分》的术语及定义（包括对应的英文术语），它与目前国内外出版的名词术语可能相同，但应用于不同领域时，它们的定义也可能不同。

本部分词汇等效采用国际标准《水质　词汇　第 4 部分》（ISO 6107.4—1993），英文词条与 ISO 6107.4—1993 保持一致。

自本标准实施之日起，原国家环境保护局 1986 年 10 月 10 日批准、发布的国家环境保护标准《水质　词汇　第一部分和第二部分》（GB 6816—86）和原国家环境保护局 1989 年 12 月 25 日批准、发布的国家环境保护标准《水质　词汇　第三部分～第七部分》（GB 11915—89）废止。

本标准由环境保护部科技标准司组织制订。

本标准主要起草单位：中国环境监测总站、辽宁省环境监测实验中心。

本标准环境保护部 2010 年 11 月 5 日批准。

本标准自 2011 年 3 月 1 日起实施。

本标准由环境保护部解释。

水质 词汇 第四部分

1 适用范围

本标准规定了专为水质特征提供的术语。

2 名词术语

2.1 潮间带 intertidal zone

处于平均高潮与平均低潮水位范围内的海岸带。

2.2 潮下带 subtidal zone

低于平均低潮水位的海岸带。

2.3 粉碎 comminution

将废水中的粗大固体，用机械破碎或研磨成小颗粒物，便于下一步处理。

2.4 混凝 coagulation

投加混凝剂，使胶体分散体系脱稳和凝聚（化学混凝和絮凝）的过程。

2.5 间隙水 interstitial water

固体颗粒间的空隙（孔）内存留的水。

2.6 可生物降解性 biodegradability

有机物被生物降解的性能。

2.7 离子平衡 ionic balance

在水溶液中，所有阳离子和阴离子的总离子电荷数和摩尔浓度的代数和应等于零。如果从实际分析结果计算出的代数和不等于零，则表明测定项目不完全（有些离子未测定），或者分析中有误差。

2.8 密度跃层 pycnocline

成层水体中密度梯度最大的水层。

2.9 排污 blowdown

借助压力将处理器或储存容器及管道中的液体、固体或固液混合物去除。

2.10 粪便 night soil

收集在容器内、定期被清除的人的排泄物。

注：通常在夜间清除。

2.11 软水 soft water

低硬度的水。

2.12 软洗涤剂 soft detergent

指一种含有易生物降解的表面活性剂的洗涤剂，在污水生物处理过程中表面活性明显降低。

2.13 深底带 profundal zone

深水体下部区域，其特征是没有充足的阳光进行初级生产（光合作用）。

2.14 生化氧化 biochemical oxidation

微生物氧化水中物质（主要是有机物）的过程。

2.15 水循环 hydrological cycle

水从地球表面，主要是从海洋蒸发到大气中，又通过凝结返回地面的自然循环过程。这一过程包括在以降水形式返回到地面以前植物对水的吸收，而后通过植物蒸发、蒸腾作用和以水蒸气释放使水分进入大气。

2.16 小溪 brook

经常得到天然泉水补给的小河。

2.17 延时曝气 extended aeration

一种活性污泥污水处理工艺，污泥负荷为传统工艺的1/3，以减少剩余活性污泥量。由于污泥消耗低，污泥龄长（约50 d），剩余污泥通常是稳定的，系统中微生物生长缓慢但较稳定，可以氧化去除其他途径难以降解的物质。

2.18 移动式水处理装置 package plant

通常用于处理少量水和污水的预制的紧凑型装置。

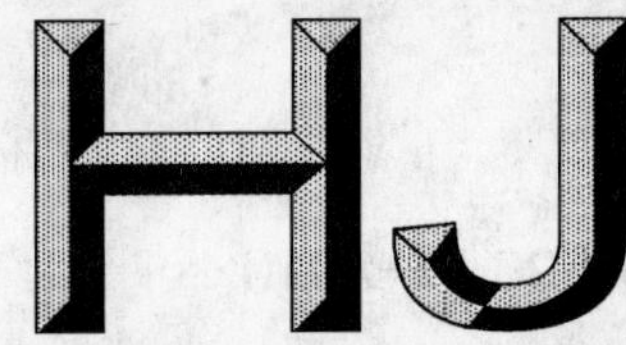

中华人民共和国国家环境保护标准

HJ 596.5—2010

HJ 596.1～7—2010 代替 GB 6816—86 和 GB 11915—89

水质　词汇　第五部分

Water quality—Vocabulary Part 5

（等效采用 ISO 6107.5—2004）

2010-11-05 发布　　　　2011-03-01 实施

环　境　保　护　部　发布

前　言

为贯彻《中华人民共和国环境保护法》、《中华人民共和国水污染防治法》，保护环境，保障人体健康，规范水质词汇，制定本标准。

本标准是对《水质　词汇　第一部分和第二部分》（GB 6816—86）和《水质　词汇　第三部分～第七部分》（GB 11915—89）的修订。

本标准分别首次发布于1986年和1989年，原起草单位为中国环境监测总站，本次为第一次修订。修订后的标准分为七部分：

1．水质　词汇　第一部分；

2．水质　词汇　第二部分；

3．水质　词汇　第三部分；

4．水质　词汇　第四部分；

5．水质　词汇　第五部分；

6．水质　词汇　第六部分；

7．水质　词汇　第七部分。

本部分词汇的定义是专为水质特征提供的术语，内容主要包括《水质　词汇　第五部分》的术语及定义（包括对应的英文术语），它与目前国内外出版的名词术语可能相同，但应用于不同领域时，它们的定义也可能不同。

本部分词汇等效采用国际标准《水质　词汇　第5部分》（ISO 6107.5—2004），英文词条与ISO 6107.5—2004保持一致。有的词条可能出现两次，但释义不同，适用于不同情况的解释。

自本标准实施之日起，原国家环境保护局1986年10月10日批准、发布的国家环境保护标准《水质　词汇　第一部分和第二部分》（GB 6816—86）和原国家环境保护局1989年12月25日批准、发布的国家环境保护标准《水质　词汇　第三部分～第七部分》（GB 11915—89）废止。

本标准由环境保护部科技标准司组织制订。

本标准主要起草单位：中国环境监测总站、辽宁省环境监测实验中心。

本标准环境保护部2010年11月5日批准。

本标准自2011年3月1日起实施。

本标准由环境保护部解释。

水质 词汇 第五部分

1 适用范围

本标准规定了专为水质特征提供的术语。

2 名词术语

2.1 岸滤 bank filtration

引导河水透过岸边沙砾层以改善水质的过滤。

注：利用这类渗滤作用的方法是把水井中的水抽到沙砾层，形成水压梯度。

2.2 保守性物质 conservative substance；持久性物质 persistent substance；难分解物质 recalcitrant substance；难降解物质 refractory substance

自然过程无法改变其化学组分，或者变化极缓慢的物质。例如在污水处理过程中，不能被生物降解的物质。

2.3 病原体 pathogen

能够在易感染的植物、动物（包括人）体内引起疾病的生物。

2.4 肠道病毒 enteric virus

能够在人体和动物的胃肠道内繁殖的病毒。

2.5 点源污染 point source pollutlon

由确定的点源产生的污染。例如污染的工厂的出水（排出污染的工业废水）。

2.6 多环芳烃 polynuclear aromatic hydrocarbons，PAH

由两个或多个苯环组成的有机化合物，其相邻的环共用两个碳原子，也可能存在非芳烃环。

注：有些多环芳烃，包括苯并[*a*]芘，茚并[1,2,3-*cd*]芘和苯并[*b*]荧蒽等，已被证明对实验动物具致癌性，可能对人体致癌。

2.7 浮游动物 zooplankton

浮游生物中的动物群类。

2.8 浮游生物 plankton

漂流或悬浮在水中的生物。主要由细小的植物或动物组成，也包括运动能力差的较大型种类。

2.9 浮游植物 phytoplankton

浮游生物中的植物群类。

2.10 腐殖酸 humic acids

在碱溶液中溶解，而在酸溶液中析出的腐殖质组分。

2.11 腐殖质 humic substances

一种无定形复杂的高分子聚合有机物。是动植物在土壤和沉积物中的腐殖化产物，能使地表水呈现黄棕色特征。

2.12 富里酸 fulvic acids

在酸、碱溶液中都可以溶解的腐殖质组分。

2.13 感官的 organoleptic

通过感官感受来描述水的特性，如色、味、嗅和外观。

2.14 过滤性 filterability；可滤性 filtrability

在污泥处理过程中，表示用过滤方法分离固液相的难易程度。

2.15 合流制排水系统 combined sewerage system

废水和地表径流水共用同一套排水管和污水管的系统。

2.16 河岸储水 bankside storage

在岸上蓄水池中贮存原河水。

2.17 环境适应性 acclimatization

生物种群对于自然环境变化或者人为施加的长期变化（如工业废水和生活污水的持续排放）的适应过程。

注：在一些国家，acclimation 和 acclimatization 作为同义词使用。

2.18 鲤科鱼 cyprinid

属于鲤科的鱼类，有时用作水质的指示生物。例如斜齿鳊、赤睛鱼、鲤鱼。

2.19 流化床 fluidized bed

在向上的液流、气流或二者结合作用下，形成自由细小悬浮颗粒的滤床。

2.20 膜过滤 membrane filtration

通过一定孔径膜过滤，从流体中去除或富集颗粒物及微生物（游离病毒除外）的技术。

注：这项技术应用于多种物理－化学和微生物领域，例如：液体和气体的“消毒”以及从游离病毒中分离微生物以供病毒分离检验与定量评价。

2.21 逆转 turnover

自然力（通常由风）造成淡水水体（如湖泊或水库）内成层作用的迅速破坏。

2.22 平皿计数 plate count；菌落计数 colony count

对一定体积水中活的微生物（包括细菌、酵母和霉菌）数目的估计。在规定条件下，该数通过在一定培养基内或表面产生的菌落数求得。

2.23 去层理作用 destratification

借助自然力或人工方法，使湖泊或水库的表层水与下层水混合。

2.24 缺氧的 anoxic

溶解氧的浓度过低导致微生物群优先利用氮、硫或碳的氧化态作为电子受体的一种状态。

2.25 （污泥）热处理 heat treatment（of sludge）；热调节 thermal conditioning

通过加热来调节污泥（经常需加压），以便使污泥在静态或动态脱水时更容易脱水。

2.26 溶解性有机碳 dissolved organic carbon，DOC

用特定的过滤方法不能从水中去除的那一部分有机碳。

注：特定的过滤方法，例如通过孔径为 0.45 μm 膜的过滤。

2.27 溶铅水 plumbo-solvent

能从管材和管件中溶出铅的水。

2.28 溶铜水 cupro-solvent

能从管材和管件中溶出铜的水。

2.29 （污水道）渗透 infiltration

地下水通过管道裂缝或者有故障的连接点进入排水管或污水管的过程。

注：在负压条件下，主管路也会发生渗透作用。

2.30 （土壤）渗透 infiltration

自然或人工地向土壤输（补）水。

2.31 双向交替过滤 alternating double filtration，ADF

污水两级生物过滤处理工艺，两级过滤中间使用沉降法分离腐殖质。

注：双向交替过滤工艺操作在每次间隔时改变滤池的使用顺序，腐殖质沉降槽除外。该工艺操作允许的 BOD 容积负荷比单级过滤或一般的两级过滤要高，并且还可避免滤器和滤池表面膜污垢积累。

2.32 铁细菌 iron bacteria

通过氧化二价铁（Ⅱ）而得到能量的一群细菌。

注：二价铁（Ⅱ）氧化后生成三价铁（Ⅲ）的氢氧化物，能在菌鞘内部或外部沉积。

2.33 土地处理法 land treatment

采用灌溉土地形式处理废水的工艺。

2.34 脱锌 dezincification

具有某种化学性质的水接触黄铜或含锌合金时，能选择性地将锌溶出。

注：例如含锌合金的管材能受脱锌侵蚀。

2.35 微量污染物 micropollutant

环境浓度为微量级别的污染物。

2.36 微滤机 microstrainer

该装置由很细的不锈钢丝筛网覆盖的转鼓构成。转鼓绕水平轴转动，其大部分浸没在待筛分的水中，用反冲洗去除固体物。

2.37 无光带 aphotic zone

光线不足以进行有效光合作用的那一部分水体。

2.38 污染负荷 polluting load

在一定时期内进入污水处理厂或排放到纳污水体中的特定污染物的数量。

2.39 污水池 cesspool；污水坑 cesspit

用于收集不能排入公共污水管道的污水的不渗水池，多为地下式，与化粪池不同，无出口。

2.40 消化污泥 digested sludge

在有氧或无氧情况下，由于微生物作用已达到稳定的污泥。

2.41 驯化 acclimation

为满足实验需求，使生物种群适应特定环境条件的过程。

2.42 压滤机 filter press

一种过滤装置。（凹板式）压滤机由边缘突出的凹形滤板组成，滤布一般套在滤板上，每两块滤板和板框组成一个滤室，滤板的中央孔形成了一个连接各室的通道，污泥（滤浆）即由该孔压进入滤室。

注：污泥中的水经过压滤分离进入排水系统，剩余的压实污泥则在每个过滤周期后清除。

2.43 异养细菌 heterotrophic bacteria

需要有机物作为能源的细菌。

注：与之相反的称为自养细菌（autotrophic bacteria）。

2.44 抑制剂 inhibitor

降低化学或生物过程速度的物质。

2.45 原生动物 protozoa

单细胞真核动物的一个门，表现出从简单的单细胞生物至细胞群落或高级组织结构的多样性，并且在形态和营养方面都有显著的差异。

2.46 真核的 eukaryotic

对细胞中具有可见和明确细胞核生物的描述。

2.47 致癌物 carcinogen；致癌物质 carcinogenic substance

能在人、动物或植物体内诱发恶性细胞增殖（癌）的物质。

2.48　致突变剂 mutagen

能引起生物遗传性改变的物质。

2.49　最可能数 most probable number，MPN

对一定体积水中微生物数目的统计学估算。利用标准方法检测一系列体积的样品，结合阳性和阴性测试结果得出的估计值。

注：多管法是测定 MPN 的标准方法中的一种。

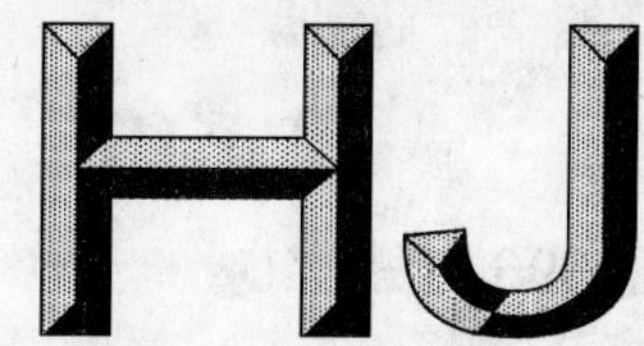

中华人民共和国国家环境保护标准

HJ 596.6—2010
HJ 596.1～7—2010 代替 GB 6816—86 和 GB 11915—89

水质 词汇 第六部分

Water quality—Vocabulary Part 6

（等效采用 ISO 6107.6—2004）

2010-11-05 发布　　　　2011-03-01 实施

环 境 保 护 部 发布

前　言

为贯彻《中华人民共和国环境保护法》、《中华人民共和国水污染防治法》，保护环境，保障人体健康，规范水质词汇，制定本标准。

本标准是对《水质　词汇　第一部分和第二部分》（GB 6816—86）和《水质　词汇　第三部分～第七部分》（GB 11915—89）的修订。

本标准分别首次发布于 1986 年和 1989 年，原起草单位为中国环境监测总站，本次为第一次修订。修订后的标准分为七部分：

1．水质　词汇　第一部分；
2．水质　词汇　第二部分；
3．水质　词汇　第三部分；
4．水质　词汇　第四部分；
5．水质　词汇　第五部分；
6．水质　词汇　第六部分；
7．水质　词汇　第七部分。

本部分词汇的定义是专为水质特征提供的术语，内容主要包括《水质　词汇　第六部分》的术语及定义（包括对应的英文术语），它与目前国内外出版的名词术语可能相同，但应用于不同领域时，它们的定义也可能不同。

本部分词汇等效采用国际标准《水质　词汇　第 6 部分》（ISO 6107.6—2004），英文词条与 ISO 6107.6—2004 保持一致。

自本标准实施之日起，原国家环境保护局 1986 年 10 月 10 日批准、发布的国家环境保护标准《水质　词汇　第一部分和第二部分》（GB 6816—86）和原国家环境保护局 1989 年 12 月 25 日批准、发布的国家环境保护标准《水质　词汇　第三部分～第七部分》（GB 11915—89）废止。

本标准由环境保护部科技标准司组织制订。

本标准主要起草单位：中国环境监测总站、辽宁省环境监测实验中心。

本标准环境保护部 2010 年 11 月 5 日批准。

本标准自 2011 年 3 月 1 日起实施。

本标准由环境保护部解释。

水质 词汇 第六部分

1 适用范围

本标准规定了专为水质特征提供的术语。

2 名词术语

2.1 氨化作用 ammonification

细菌将含氮化合物转化为铵离子。

2.2 半衰期 half life period

某种物质的浓度或质量分解或衰减到初值一半时所需的时间。

注：本术语仅适用于零级或一级反应。

2.3 包容性 inclusiveness

目标生物占阳性生物的比例，计算方法为真阳性数除以真假阳性总数。

2.4 本底生长 background growth

（沙门氏菌微粒体试验）在有痕量组氨酸存在的少量琼脂的平板上，非突变细菌形成的菌落。

2.5 变温层 metalimnion

水体因温度分层时，温度梯度最大的一层。也称为温跃层。

2.6 变异系数 coefficient of variation，CV

以百分率表示的相对标准偏差。

2.7 测渗计 lysimeter

一种内装土壤的容器（滤床或柱），适用于测定在一定控制条件下土壤内水分的蒸腾、渗漏和淋溶损失。

2.8 长期培养 permanent culture

冷冻保存培养，以保留其遗传特性。

2.9 超滤 ultra-filtration

压差驱动的微孔膜过滤，从水中分离大分子物质或微细悬浮物。

2.10 沉淀后的污水 settled sewage

经过沉降去除了粗粒固体物和大部分可沉降固体物的污水。

2.11 池塘 pond

面积小而浅的内陆淡水水体。

2.12 初级降解 primary degradation

改变物质的分子结构并有效去除其某些化学特性的降解。

2.13 初级生产力 primary production

在水生生态系统中，藻类或植物光合作用的速率。

2.14 滴度测定 titre determination

（沙门氏菌微粒体试验）确定隔夜培养的细菌数及受试物可能具有的细菌毒性的方法。

2.15 *D* 值 *D* value

（沙门氏菌微粒体试验）在标准试验条件下，每平皿中可见突变菌落数没有正增长时，稀释度 *D* 的最小值。

注：当 *D* 值不止 1 个（最多可能 4 个）时，选择最高 *D* 值。

2.16 二级处理 secondary treatment

生物法处理污水，例如生物滤池、沉淀池或活性污泥法。

2.17 繁殖体 propagule；germ

在培养基上能繁殖的个体，例如营养细胞、细胞群、孢子、孢子丝或真菌的菌丝体。

2.18 放射性示踪剂 radioactive tracer；放射化学示踪剂 radiochemical tracer

由一种或多种放射性核素作标记的物质，用于追踪生物、化学或物理反应的过程。

2.19 非点源污染 non-point source pollution；面源污染 diffuse source pollution

地面水或地下水的一种污染源，并非来自单一的点，而是广泛分布，例如来自农田土壤淋溶、降雨径流等。

2.20 非生物降解 abiotic degradation（non biological degradation）

物质通过化学或物理过程的降解，例如水解、光解和氧化还原反应。

2.21 分类特性 categorical characteristic

基于存在/不存在（P/A）或阳性/阴性（+/–）的分类方法，以一种相对频率来数字化表达性能特性的方法。

2.22 分室作用 compartmentalization

环境中的物质从一个环境相向各种其他环境相（如水、空气、生物群、土壤和沉积物）迁移的过程。

2.23 分析物 analyte；被测对象 measurand

被定量分析的对象物质。

注：在微生物学中，分析物定义为分类学意义上一系列物种的明细表，很多情况下，分析物并不按分类学上的种来表述，而是用比较笼统的类来表述。

2.24 分析用试样 analytical portion；测试用试样 test portion

指在微生物学方法中，接种到（放置到）检测器皿上的悬浮液用量。检测器皿可以是琼脂平皿、滤膜、试管、显微计数框等。

2.25 辅因子溶液 co-factor solution

（沙门氏菌微粒体试验）含有维持 S 9 组分酶活性所必需化学物质的水溶液。

注：所需化学物质可以是 NADP、葡萄糖-6-磷酸、无机盐等。

2.26 高温消化 thermophilic digestion；高温调理 thermophilic conditioning

温度在 45～60℃间污泥的厌氧消化，从而促进最适宜在此温度范围内生长的微生物的繁殖，如嗜热微生物。

2.27 格栅 screen

从水流或污水中拦截、清除各种固体颗粒物的装置。例如人工或机械倾斜式格栅、移动式格栅、旋转格栅、回转格栅、多孔金属板格栅，以及金属栅网、金属栅条等。

2.28 鼓泡 sparging

用多孔管或开口管向水喷射大量空气或其他气流的处理过程。

2.29 鲑科 salmonid；鲑科鱼 salmonid fish

鲑科鱼类，常用作水质的指示生物，如大西洋鲑、褐鳟和鲑鱼。

2.30 过氯化 superchlorination

在水处理的最后阶段，达到稍高氯浓度的持续过程。通常要随后脱氯。此法有时也应用于配水池和自来水管道系统的消毒。

2.31 回复突变数 number of revertants；突变数 number of mutants

试验结束时，每个培养平皿（直径约为 90 cm）可见的突变菌落数。

2.32 回流活性污泥 returned activated sludge

活性污泥从混合液中沉淀分离后，回流到曝气池供进一步处理污水用。

2.33 计数 count

（微生物学）直接计数或最可能数（MPN）所确定的肉眼可见的菌落或细胞数。MPN 是通过将受试样品按一定稀释度统计出的阳性个体。

2.34 计数的不确定度 uncertainty of counting

（微生物测定）在规定的试验条件下（同一试验员，同一实验室的不同试验员，不同实验室间），对同一平皿中菌落重复计数的相对标准偏差。

2.35 剂量-效应关系 dose response relationship

（沙门氏菌微粒体试验）每平皿中可见突变菌落数随稀释水平增加而递减的关系。

2.36 假定计数 presumptive count

基于具有典型目标微生物外观特征的菌落数或发酵管数估计的菌落数或最可能数（MPN）。

2.37 假阳性率 false positive rate

培养基中（菌落或发酵管），显示目标外观的目标生物与非目标生物的比例。

2.38 假阴性率 false negative rate

培养基中（菌落或发酵管），不显示目标外观的目标生物与非目标生物的比例。

2.39 检测器 detector；颗粒检测器 particle detector

用于存活微生物计数或检测的固体营养基平皿或液体营养基试管。

2.40 检测试剂盒 detection set；detector set

用于定量估算微生物数的营养基平皿或试管组合。

2.41 均值相对差 relative difference between means；加权平均相对差 welghted mean RD

根据两组计数结果的平均值计算出的相对差。

注：在微生物方法的等价性确定时，通常比较两组相同体积的试验样品的测定结果。这样，平均值的相对差在数值上就等于总数的相对差。

2.42 可培养微生物 culturable microorganism

在一定培养条件下，利用特定生长基质，能够在固体培养基上形成菌落或在液体培养基中繁殖的细胞、酵母菌、霉菌等。

2.43 硫细菌 sulfur bacteria

能把硫化氢氧化为硫，将硫暂时储存于细胞内，并氧化为硫酸盐的细菌。

2.44 卤仿 haloforms；三卤甲烷 trihalomethanes，THMs

甲烷分子中的三个氢原子被卤素原子（如氯、溴或碘原子）取代后形成的化合物。

注：用卤素（氯、溴或碘原子）或者能释放卤素的氧化剂对水进行处理和消毒时，水中有机物质可能生成卤仿或三卤甲烷。

2.45 落水洞 swallow hole；sink-hole

局部地质特征。系地表河道与地下水含水层之间的直接连通。

2.46 配水池 service reservoir

供水系统中，地下或地表存储净化水或调节水的构筑物。

2.47 喷雾曝气 spray aeration

在空气中喷洒水，使水中溶解氧浓度升高的过程。该工艺还用于清除水中有害气体。

2.48 平衡 pH equilibrium pH

水相内部，以及水相与其他可接触各相之间都达到平衡时，溶液或水体的热力学稳定 pH 值。

2.49 平衡水池 balancing tank

用于平衡系统流速和组成的水池，目的是使流量及成分的变化均匀化，例如，给水管网系统或排水处理系统等。

2.50 平均相对差 mean relative difference；未加权平均相对差 unweighted mean RD

N 组计数的相对差的平均值。

2.51 平皿 plate

在培养皿中稀释水、琼脂与其他营养成分形成的固态混合物，用于微生物的测试。

2.52 平行计数 parallel counts

同一样品（或者相同分析组分）中重复计算的微粒或菌落数。

注：是经重复试验计算得到的菌落数。

2.53 迁移 migration

水体中溶解物、悬浮物或生物的自发或诱导移动。

2.54 确定计数 confirmed count

假定菌落数乘以确定系数。

2.55 确定计数法 confirmed count method

最终计数依赖假定计数来确定的方法。

2.56 确定菌落数 x confirmed colony count x；菌落计数 x colony count x

假阳性修正的假定菌落数。以下列公式表示：

$$x = pc = (k/n)\ c$$

式中：c——假定菌落数，个；

p——真阳性率，%；

n——用于确定的假定阳性数，个；

k——确定菌落数，个。

2.57 确定系数 confirmation coefficient；特异度 specificity value；真阳性率 true positive rate

微生物培养实验中成功检出的占实际培养试验数的比例。

2.58 热泉水 thermal water

热泉或温泉的水。

2.59 软琼脂 soft agar

含有氯化钠、组氨酸、生物素和稀释水的低凝胶强度的琼脂培养基。

注 1：最小限度的软性琼脂只含有痕量的组氨酸，用于确定突变菌落。

注 2：最大限度的软性琼脂含有过量的组氨酸，用于滴度测定。

2.60 S9 混合液 S9 mix

（沙门氏菌微粒体试验）S9 匀浆与辅助溶液的混合液试剂。

2.61 渗透性 permeability

表征膜或其他材料能使一些物质有选择性通过的性能。

2.62 S9 匀浆 S9 fraction

取 200～300 mg 雄性大鼠肝脏，经某种物质诱导（前处理）后，将组织匀浆放入 0.15 mol/L KCl 溶液中于离心力 9 000g 时离心，其上清液即为 S9。

2.63 生污泥 raw sludge

从初级沉淀池排出的污泥，亦可包括回流的二级沉淀池污泥与初级沉淀池污泥的混合物。

2.64 生物积累 bioaccumulation

某种物质在生物体内或其某个部位累积的过程。

2.65 试验混合液 test mixture

（沙门氏菌微粒体试验）纯测试样品或经稀释水稀释的测试样品的混合物，分别包括阴性或阳性对照、菌悬液、软琼脂、S9 混合液或缓冲液。

2.66 微（痕）量元素 trace element；必需微（痕）量元素 essential trace element；微（痕）量营养素 micronutrient

人、动物或植物正常代谢所必需的浓度极低的化学元素。

2.67 微量元素 trace element；分析微量元素 analytical trace element

在溶液中浓度很低的元素。

2.68 污泥调质 sludge conditioning

促进污泥脱水的物理和（或）化学处理方法。

2.69 污泥浓缩 sludge thickening

通过长时间沉降、气浮法及离心机分离法，使污泥脱水的过程（有时加入化学物质）。是降低污泥的含水率，减少污泥体积并降低后续处理费的有效方法。

2.70 污泥厌氧消化 anaerobic sludge digestion

在缺氧条件下，细菌分解污泥的控制过程。

注：此过程可在常温、中温（嗜温菌，25～40℃）或高温（嗜热菌，45～60℃）下进行。

2.71 污水真菌 sewage fungi

由丝状菌（如浮游球衣菌）和真菌类（如水生镰刀霉菌）以及原生动物等一起组成的黏着生物，常存在于污水处理厂中，或排放未彻底处理的污水、出水和工业废水的河流中。

2.72 稀释度 *D* dilution level *D*

（沙门氏菌微粒体试验）水（或废水）与稀释水混合的稀释系数（分子采用 1）的分母整数。

注．对于未稀释水或废水，稀释系数为 1：1，因此最小可能 *D* 值为 1。

2.73 稀释水 dilution water

用于受试样品逐级稀释或阴性对照的去离子水或合适溶液。

2.74 阳性对照 positive control

（沙门氏菌微粒体试验）加入已知诱变剂，校验试验方法的敏感性或 S9 混合液的活性。

注：阳性对照组分溶于二甲基亚砜。

2.75 易生物降解物质 readily biodegradable substances

按照最终生物降解性的专门试验，能生物降解到规定程度的一些物质。

2.76 阴性对照 negative control

不含待测样品的稀释水。

2.77 应用范围 application range

某种方法可测量的浓度范围。

2.78 诱导率 induction rate

在同样活化条件下，一定剂量受试物处理（或正对照）的突变菌落数平均值与负对照平均值的差异。

2.79 原种培养 stock culture

保持一定条件（如在适合的培养基中冻存）生物菌株的培养，目的是保持原有的特性，如核苷酸序列。原种培养在遗传毒性试验中用于隔夜培养或预培养。

2.80 助凝剂 flocculation aid

和混凝剂同时投加的一种物质（通常为聚合电解质），用以提高絮凝体的形成并促进沉淀效果。

2.81 自然对数差 natural logarithm difference

两次计数的自然对数的差。

2.82 总计数法 total count method

最终计数与最初计数相等的方法。

2.83 最终生物降解 ultimate biodegradation

导致完全矿化的生物降解作用。

中华人民共和国国家环境保护标准

HJ 596.7—2010

HJ 596.1～7—2010 代替 GB 6816—86 和 GB 11915—89

水质 词汇 第七部分

Water quality—Vocabulary Part 7

（等效采用 ISO 6107.7—2006）

2010-11-05 发布　　　　2011-03-01 实施

环 境 保 护 部 发布

前　言

为贯彻《中华人民共和国环境保护法》、《中华人民共和国水污染防治法》，保护环境，保障人体健康，规范水质词汇，制定本标准。

本标准是对《水质　词汇　第一部分和第二部分》（GB 6816—86）和《水质　词汇　第三部分～第七部分》（GB 11915—89）的修订。

本标准分别首次发布于 1986 年和 1989 年，原起草单位为中国环境监测总站，本次为第一次修订。修订后的标准分为七部分：

1．水质　词汇　第一部分；

2．水质　词汇　第二部分；

3．水质　词汇　第三部分；

4．水质　词汇　第四部分；

5．水质　词汇　第五部分；

6．水质　词汇　第六部分；

7．水质　词汇　第七部分。

本部分词汇的定义是专为水质特征提供的术语，内容主要包括《水质　词汇　第七部分》的术语及定义（包括对应的英文术语），它与目前国内外出版的名词术语可能相同，但应用于不同领域时，它们的定义也可能不同。

本部分词汇等效采用国际标准《水质　词汇　第 7 部分》（ISO 6107.7—2006），英文词条与 ISO 6107.7—2006 保持一致。

自本标准实施之日起，原国家环境保护局 1986 年 10 月 10 日批准、发布的国家环境保护标准《水质　词汇　第一部分和第二部分》（GB 6816—86）和原国家环境保护局 1989 年 12 月 25 日批准、发布的国家环境保护标准《水质　词汇　第三部分～第七部分》（GB 11915—89）废止。

本标准由环境保护部科技标准司组织制订。

本标准主要起草单位：中国环境监测总站、辽宁省环境监测实验中心。

本标准环境保护部 2010 年 11 月 5 日批准。

本标准自 2011 年 3 月 1 日起实施。

本标准由环境保护部解释。

水质　词汇　第七部分

1　适用范围

本标准规定了专为水质特征提供的术语。

2　名词术语

2.1　表面负荷率　surface loading rate

处理设备的每日每单位水平横断面的废水处理体积，用以考察处理设备的处理能力。

注：通常以 $m^3 \cdot m^{-2} \cdot d^{-1}$[或 $m^3/(m^2 \cdot d)$]表示。

2.2　病毒　viruses

超显微生物（直径 20～300 nm），由蛋白质外壳包裹的核酸构成。只在活细胞内繁殖。

注：病毒可通过截留细菌的滤器。

2.3　肠球菌　enterococci；粪肠球菌　faecal enterococci

一类好氧和兼性厌氧的呈革兰氏阴性的细菌，通常寄生在人和温血动物的大肠内，具有兰斯菲尔德（Lancefield）D 族抗原，接触酶阴性，可在 45℃生长。40%胆盐存在下可水解七叶苷；乙酸铊和萘啶酸存在下可水解 4-甲基伞形酮-β-D-葡萄糖苷（MUD）。

注：水环境中，该菌群主要包括粪肠球菌、屎肠球菌、坚韧肠球菌和希拉肠球菌。它们不能在自然环境中繁殖，但可能比大肠埃希氏菌活得更长。因此，即使无希拉肠球菌检出，肠球菌在水体中检出仍然可以指示粪便污染。

2.4　潮水　tidal water

春分时，潮汐涨落范围内任何部分的海水或河水。

2.5　潮汐界限　tidal limit

在春分时，沿着一条江河，刚好见到水涨落的地点。

注：如该处有一堤坝或水闸，就是潮汐界限。

2.6　初级处理　primary treatment

用以去除大部分可沉固体的污水处理阶段。

注：污水处理中，该阶段紧随预处理之后。

2.7　大肠埃希氏菌　*Escherichia coli*；*E. coli*

一种好氧和兼性厌氧的粪大肠菌，在 44℃可发酵乳糖或甘露醇同时产酸产气，并可使色氨酸生成吲哚，可水解 4-甲基伞形酮-β-D-葡糖苷酸（MUG）。

2.8　大肠菌群　coliform organisms；总大肠菌群　total coliform organisms

好氧和兼性厌氧的、无孢子生殖的、能发酵乳糖的呈革兰氏阴性的细菌，通常寄生在人或动物的大肠中。

注：除大肠埃希氏菌外，多数能在自然环境中存活和繁殖。

2.9　淡水界限 freshwater limit

河口的某一地点，在特定的潮汐和水文条件下，海水的渗入通常不超越该地点。

2.10 氮循环菌 nitrogen cycle bacteria

参与氮循环的细菌。

2.11 发光菌 luminescent bacteria

可将代谢作用释放的部分能量转化为光的细菌。

2.12 粪链球菌 faecal streptococci

多种好氧的和兼性厌氧的链球菌属，具有兰斯菲尔德（Lancefield）D 族抗原，通常正常栖居于人与温血动物的大肠中。若它们存在于水中，即使未发现大肠埃希氏菌，也表明有粪便污染。

2.13 F-特异性 RNA 噬菌体 F-specific RNA bacteriophages

能够感染特定宿主菌的噬菌体。其宿主菌具有 F 菌毛或性菌毛。

注：此类病毒通常会杀死宿主菌，在适合的培养条件下，在连生的宿主菌落上产生噬菌斑（空白区）。如果在平板培养基上存在一定浓度的核糖核酸酶，会抑制侵染以及噬菌斑的产生。

2.14 高铁血红蛋白血症 methaemoglobinaemia

在婴儿肠道中，由于细菌的还原作用使摄入的硝酸盐还原为亚硝酸盐，亚硝酸盐与血红蛋白结合致使高铁血红蛋白过量，影响氧的吸收和运输，从而引起发绀（青紫症）。

2.15 贫污水体 oligosaprobic

在流动水体中矿化完全的区域。

注：此类水体中溶解氧很高，可供多种动植物的生长，特别是光合自养植物和自养（可产生氧气的）动物。

2.16 光能自养菌 photoautorophic bacteria

能利用光获得能，并以无机碳（如 CO_2）为唯一碳源的细菌。

2.17 过滤周期 filter run

滤池在两次反冲洗之间相隔的时间。

2.18 好氧污泥消化 aerobic sludge digestion

指初沉污泥、活性污泥或共沉污泥经长时间曝气后，被部分氧化的生物过程。该生物过程主要通过内源呼吸和摄食活动完成。

2.19 河水暴涨 freshet

由于暴雨或融雪，在很短的期间造成一条河流的流量急骤增涨。

2.20 黑水 black water

除浴池、淋浴、手盆、洗涤槽排水以外的从厕所排出的废水及排泄物。

2.21 呼吸作用 respiration

由于基质氧化释放能，造成生物与环境的气体交换。

注：这种交换可在好氧或厌氧过程完成。

2.22 灰水 grey water；生活污水 sullage

除厕所排放的废水和粪尿外的来自家用浴缸、淋浴、洗手池和厨房洗涤槽等的家庭生活污水。

2.23 汇 sink

在环境学中，起汇集污染物（如污染储存器）作用的区域（例如水体）。

2.24 集水区 catchment area；gathering ground

可自然流入到水道或指定点的汇流区域。

2.25 拮抗作用 antagonium

指一种物质（或生物）的作用被另一种物质（或生物）所阻抑的现象。

注：（该作用中）联合作用强度低于单独作用。

2.26 脉冲剂量 pulse dose

向流水中瞬时投加已知量的示踪化学品或试剂（例如采取颠倒容器的方法）。

2.27 耐热大肠杆菌 thermotolerant coliform organisms；粪大肠杆菌 faecal coliform organisms

一种可在44℃生长，并和在37℃生长时具有相同的发酵和生化特性的大肠杆菌。

2.28 沙门氏菌属 *salmonella* sp.

该属为肠道细菌，好氧和兼性厌氧，革兰氏阴性，无芽胞，氧化酶阴性，不发酵乳糖。

注：它们可以根据不同的目的（例如流行病学研究）进行分类，例如血清分类，噬菌体定型或分子技术。能引起人和动物的肠道感染，是人体食物中毒常见的病原菌。伤寒沙门氏菌会引起人体伤寒症。临床研究表明可从人和动物患者及健康带菌者的粪便中排出，因此，可出现在污水和农场废水中。

2.29 渗滤液 leachate

通过垃圾堆、固体废物填埋场或其他特定渗透性物质所渗出的水。

2.30 噬菌体 bacteriophages

一类具有特定宿主菌的病毒。

2.31 水道 watercourse

地表或地下的流水渠道。

2.32 水底区 benthic region

紧靠水体底部的水层，包括有存活生物的沉积物和河床岩层。

2.33 水垢 scale deposit

由于水中一种或多种溶质过饱和或因水煮沸后二氧化碳逸失而不稳定，从而在容器的表面生成的附着性无机沉淀物。

2.34 细菌 bacteria

一类单细胞生物，在光学显微镜下可见，具有代谢活性，具有拟核结构（核区分散、不独立）。多为游离生活，通常以二分裂方式繁殖。

2.35 细菌样品 bacteriological sample

样品用于细菌检验。需在无菌条件下采集并适当储存。

2.36 协同作用 synergism

由于一种物质（或生物）的存在，增强了另一种物质（或生物）的作用（化学的或生物的）。协同作用比单独物质（或生物）相加的作用大。

2.37 嗅味阈值 odor threshold

由一组鉴定者，通过嗅觉感官察觉到的最低气味水平。

注：由于个体嗅觉灵敏度的内在差异性，并无绝对的嗅阈值。嗅阈值是使用无嗅水连续稀释样品，直到刚好察觉不到气味的估算值。

2.38 亚硝酸盐还原性梭状芽胞杆菌 sulfite-reducing closstridia

呈革兰氏阳性的厌氧菌，能形成芽胞。

注：天然栖居于土壤或人和动物的大肠中。在土壤中大多数该菌种是腐生的。其芽胞在粪便、土壤、尘埃和水中可长时间存活。它们在水中的存在可用以检测较长久的或间歇的粪便污染。该菌还能将亚硫酸盐还原为硫化物。

2.39 氧垂曲线 oxygen sag curve

在需氧的污染源下游，根据河流水中溶解氧浓度与流动距离或时间的关系所绘制的曲线。

2.40 氧化还原电位 oxidation reduction potential；redox potential，ORP

惰性金属（例如铂或碳）电极与标准氢电极之间的电位差。

注：正电位越高，表示环境的氧化性越强；负电位越高，则环境的还原性越强。

2.41 硬洗涤剂 hard detergent

含有表面活性物质的洗涤剂。这些物质阻碍初级生物降解，且在污水生物处理不能降低其表面活性。

2.42 预处理 preliminary treatment

用以去除或破碎污水中的固体物质以及砂粒。

注：该过程可包括沉淀前的去除油脂、预曝气与中和。

2.43 藻类 algae

一类单细胞或多细胞生物（包括通常所说的蓝细菌），通常含有叶绿素或其他色素。

注：藻类通常水生，并能进行光合作用。

2.44 真菌 fungi

异养生物中的一大群体，通常形成芽胞，有明显的细胞核，但缺少光合作用物质，例如叶绿素。

注：酵母是单细胞真菌，出芽繁殖。其他真菌是多细胞和丝状的，例如镰刀菌属（*Fusarium* spp.）可造成生物滤池积水，而地丝菌属（*Geotrichum* spp.）可导致活性污泥膨胀。

2.45 置信区间 confidence interval

在一定置信水平时（例如95%），以测量结果为中心，真值出现的可信范围。

2.46 中温微生物 mesophilic microorganism

生长的适宜温度为20～45℃的微生物。

2.47 总碳 total carbon

水中的有机碳和无机碳的总和。

2.48 总无机碳 total inorganic carbon

水中溶解性和悬浮性含碳无机物的总量。

2.49 总氧化氮 total oxidized nitrogen

水中硝酸盐和亚硝酸盐中存在的总氮量，以浓度表示。

中华人民共和国环境保护部
公　告

2011年　第9号

为贯彻《中华人民共和国环境保护法》，保护环境，保障人体健康，规范环境监测工作，现批准《水质　总汞的测定　冷原子吸收分光光度法》等九项标准为国家环境保护标准，并予发布。

标准名称、编号如下：

一、水质　总汞的测定　冷原子吸收分光光度法（HJ 597—2011）；

二、水质　梯恩梯的测定　亚硫酸钠分光光度法（HJ 598—2011）；

三、水质　梯恩梯的测定　*N*-氯代十六烷基吡啶-亚硫酸钠分光光度法（HJ 599—2011）；

四、水质　梯恩梯、黑索今、地恩梯的测定　气相色谱法（HJ 600—2011）；

五、水质　甲醛的测定　乙酰丙酮分光光度法（HJ 601—2011）；

六、水质　钡的测定　石墨炉原子吸收分光光度法（HJ 602—2011）；

七、水质　钡的测定　火焰原子吸收分光光度法（HJ 603—2011）；

八、环境空气　总烃的测定　气相色谱法（HJ 604—2011）；

九、土壤和沉积物　挥发性有机物的测定　吹扫捕集/气相色谱-质谱法（HJ 605—2011）。

以上标准自2011年6月1日起实施，由中国环境科学出版社出版，标准内容可在环境保护部网站（bz.mep.gov.cn）查询。

自以上标准实施之日起，由原国家环境保护局批准、发布的下述七项国家环境保护标准废止，标准名称、编号如下：

一、水质　总汞的测定　冷原子吸收分光光度法（GB 7468—87）；

二、水质　梯恩梯的测定　亚硫酸钠分光光度法（GB/T 13905—92）；

三、水质　梯恩梯的测定　分光光度法（GB/T 13903—92）；

四、水质　梯恩梯、黑索今、地恩梯的测定　气相色谱法（GB/T 13904—92）；

五、水质　甲醛的测定　乙酰丙酮分光光度法（GB 13197—91）；

六、水质　钡的测定　原子吸收分光光度法（GB/T 15506—1995）；

七、环境空气　总烃的测定　气相色谱法（GB/T 15263—94）。

特此公告。

2011年2月10日

中华人民共和国国家环境保护标准

HJ 597—2011

代替 GB 7468—87

水质 总汞的测定 冷原子吸收分光光度法

Water quality—Determination of total mercury —Cold atomic absorption spectrophotometry

2011-02-10 发布　　2011-06-01 实施

环 境 保 护 部 发布

前　言

为贯彻《中华人民共和国环境保护法》和《中华人民共和国水污染防治法》，保护环境，保障人体健康，规范水中总汞的测定方法，制定本标准。

本标准规定了测定地表水、地下水、工业废水和生活污水中总汞的冷原子吸收分光光度法。

本标准是对《水质　总汞的测定　冷原子吸收分光光度法》（GB 7468—87）的修订。

本标准首次发布于 1987 年，原标准起草单位为湖南省环境保护监测站。本次为第一次修订。修订的主要内容如下：

——增加了方法检出限；

——增加了干扰和消除条款；

——增加了微波消解的前处理方法；

——增加了质量保证和质量控制条款；

——增加了废物处理和注意事项条款。

自本标准实施之日起，原国家环境保护局 1987 年 3 月 14 日批准、发布的国家环境保护标准《水质　总汞的测定　冷原子吸收分光光度法》（GB 7468—87）废止。

本标准的附录 A 为资料性附录。

本标准由环境保护部科技标准司组织制订。

本标准主要起草单位：大连市环境监测中心。

本标准验证单位：沈阳市环境监测中心站、鞍山市环境监测中心站、抚顺市环境监测中心站、丹东市环境监测中心站、长春市环境监测中心站和哈尔滨市环境监测中心站。

本标准环境保护部 2011 年 2 月 10 日批准。

本标准自 2011 年 6 月 1 日起实施。

本标准由环境保护部解释。

水质　总汞的测定　冷原子吸收分光光度法

警告：重铬酸钾、汞及其化合物毒性很强，操作时应加强通风，操作人员应佩戴防护器具，避免接触皮肤和衣物。

1　适用范围

本标准规定了测定水中总汞的冷原子吸收分光光度法。

本标准适用于地表水、地下水、工业废水和生活污水中总汞的测定。若有机物含量较高，本标准规定的消解试剂最大用量不足以氧化样品中有机物时，则本标准不适用。

采用高锰酸钾-过硫酸钾消解法和溴酸钾-溴化钾消解法，当取样量为 100 ml 时，检出限为 0.02 μg/L，测定下限为 0.08 μg/L；当取样量为 200 ml 时，检出限为 0.01 μg/L，测定下限为 0.04 μg/L。采用微波消解法，当取样量为 25 ml 时，检出限为 0.06 μg/L，测定下限为 0.24 μg/L。

2　术语和定义

下列术语和定义适用于本标准。

总汞　total mercury

指未经过滤的样品经消解后测得的汞，包括无机汞和有机汞。

3　方法原理

在加热条件下，用高锰酸钾和过硫酸钾在硫酸-硝酸介质中消解样品；或用溴酸钾-溴化钾混合剂在硫酸介质中消解样品；或在硝酸-盐酸介质中用微波消解仪消解样品。

消解后的样品中所含汞全部转化为二价汞，用盐酸羟胺将过剩的氧化剂还原，再用氯化亚锡将二价汞还原成金属汞。在室温下通入空气或氮气，将金属汞气化，载入冷原子吸收汞分析仪，于 253.7 nm 波长处测定响应值，汞的含量与响应值成正比。

4　干扰和消除

4.1　采用高锰酸钾-过硫酸钾消解法消解样品，在 0.5 mol/L 的盐酸介质中，样品中离子超过下列质量浓度时，即 Cu^{2+} 500 mg/L、Ni^{2+} 500 mg/L、Ag^{+} 1 mg/L、Bi^{3+} 0.5 mg/L、Sb^{3+} 0.5 mg/L、Se^{4+} 0.05 mg/L、As^{5+} 0.5 mg/L、I^{-} 0.1 mg/L，对测定产生干扰。可通过用水（5.1）适当稀释样品来消除这些离子的干扰。

4.2　采用溴酸钾-溴化钾法消解样品，当洗净剂质量浓度大于等于 0.1 mg/L 时，汞的回收率小于 67.7%。

5　试剂和材料

除非另有说明，分析时均使用符合国家标准的分析纯试剂，实验用水为无汞水。

5.1　无汞水：一般使用二次重蒸水或去离子水，也可使用加盐酸（5.4）酸化至 pH=3，然后通过巯基棉纤维管（5.11.1）除汞后的普通蒸馏水。

5.2 重铬酸钾（$K_2Cr_2O_7$）：优级纯。

5.3 浓硫酸：$\rho(H_2SO_4)$= 1.84 g/ml，优级纯。

5.4 浓盐酸：$\rho(HCl)$= 1.19 g/ml，优级纯。

5.5 浓硝酸：$\rho(HNO_3)$= 1.42 g/ml，优级纯。

5.6 硝酸溶液：1+1。

量取 100 ml 浓硝酸（5.5），缓慢倒入 100 ml 水（5.1）中。

5.7 高锰酸钾溶液：$\rho(KMnO_4)$= 50 g/L。

称取 50 g 高锰酸钾（优级纯，必要时重结晶精制）溶于少量水（5.1）中。然后用水（5.1）定容至 1 000 ml。

5.8 过硫酸钾溶液：$\rho(K_2S_2O_8)$= 50 g/L。

称取 50 g 过硫酸钾溶于少量水（5.1）中。然后用水（5.1）定容至 1 000 ml。

5.9 溴酸钾-溴化钾溶液（简称溴化剂）：$c(KBrO_3)$= 0.1 mol/L，$\rho(KBr)$= 10 g/L。

称取 2.784 g 溴酸钾（优级纯）溶于少量水（5.1）中，加入 10 g 溴化钾。溶解后用水（5.1）定容至 1 000 ml，置于棕色试剂瓶中保存。若见溴释出，应重新配制。

5.10 巯基棉纤维：

于棕色磨口广口瓶中，依次加入 100 ml 硫代乙醇酸（$CH_2SHCOOH$）、60 ml 乙酸酐[$(CH_3CO)_2O$]、40 ml 36%乙酸（CH_3COOH）、0.3 ml 浓硫酸（5.3），充分混匀，冷却至室温后，加入 30 g 长纤维脱脂棉，铺平，使之浸泡完全，用水冷却，待反应产生的热散去后，加盖，放入（40±2）℃烘箱中 2～4 d 后取出。用耐酸过滤器抽滤，用水（5.1）充分洗涤至中性后，摊开，于 30～35℃下烘干。成品置于棕色磨口广口瓶中，避光低温保存。

5.11 盐酸羟胺溶液：$\rho(NH_2OH \cdot HCl)$= 200 g/L。

称取 200 g 盐酸羟胺溶于适量水（5.1）中，然后用水（5.1）定容至 1 000 ml。该溶液常含有汞，应提纯。当汞含量较低时，采用巯基棉纤维管除汞法；当汞含量较高时，先按萃取除汞法除掉大量汞，再按巯基棉纤维管除汞法除尽汞。

5.11.1 巯基棉纤维管除汞法：在内径 6～8 mm、长约 100 mm、一端拉细的玻璃管，或 500 ml 分液漏斗放液管中，填充 0.1～0.2 g 巯基棉纤维（5.10），将待净化试剂以 10 ml/min 速度流过一至二次即可除尽汞。

5.11.2 萃取除汞法：量取 250 ml 盐酸羟胺溶液（5.11）倒入 500 ml 分液漏斗中，每次加入 0.1 g/L 双硫腙（$C_{13}H_{12}N_4S$）的四氯化碳（CCl_4）溶液 15 ml，反复进行萃取，直至含双硫腙的四氯化碳溶液保持绿色不变为止。然后用四氯化碳萃取，以除去多余的双硫腙。

5.12 氯化亚锡溶液：$\rho(SnCl_2)$= 200 g/L。

称取 20 g 氯化亚锡（$SnCl_2 \cdot 2H_2O$）于干燥的烧杯中，加入 20 ml 浓盐酸（5.4），微微加热。待完全溶解后，冷却，再用水（5.1）稀释至 100 ml。若含有汞，可通入氮气或空气去除。

5.13 重铬酸钾溶液：$\rho(K_2Cr_2O_7)$= 0.5 g/L。

称取 0.5 g 重铬酸钾（5.2）溶于 950 ml 水（5.1）中，再加入 50 ml 浓硝酸（5.5）。

5.14 汞标准贮备液：$\rho(Hg)$= 100 mg/L。

称取置于硅胶干燥器中充分干燥的 0.135 4 g 氯化汞（$HgCl_2$），溶于重铬酸钾溶液（5.13）后，转移至 1 000 ml 容量瓶中，再用重铬酸钾溶液（5.13）稀释至标线，混匀。也可购买有证标准溶液。

5.15 汞标准中间液：$\rho(Hg)$= 10.0 mg/L。

量取 10.00 ml 汞标准贮备液（5.14）至 100 ml 容量瓶中。用重铬酸钾溶液（5.13）稀释至标线，混匀。

5.16 汞标准使用液Ⅰ：$\rho(Hg)$= 0.1 mg/L。

量取 10.00 ml 汞标准中间液（5.15）至 1 000 ml 容量瓶中。用重铬酸钾溶液（5.13）稀释至标线，混匀。室温阴凉处放置，可稳定 100 d 左右。

5.17 汞标准使用液Ⅱ：ρ(Hg)=10 μg/L。

量取 10.00 ml 汞标准使用液Ⅰ（5.16）至 100 ml 容量瓶中。用重铬酸钾溶液（5.13）稀释至标线，混匀。临用现配。

5.18 稀释液：

称取 0.2 g 重铬酸钾（5.2）溶于 900 ml 水（5.1）中，再加入 27.8 ml 浓硫酸（5.3），用水（5.1）稀释至 1 000 ml。

5.19 仪器洗液：

称取 10 g 重铬酸钾（5.2）溶于 9 L 水中，加入 1 000 ml 浓硝酸（5.5）。

6 仪器和设备

6.1 冷原子吸收汞分析仪，具空心阴极灯或无极放电灯。

6.2 反应装置：总容积为 250 ml、500 ml，具有磨口，带莲蓬形多孔吹气头的玻璃翻泡瓶，或与仪器相匹配的反应装置。

注：采用密闭式反应装置可测定更低含量的汞，反应装置详见附录 A。

6.3 微波消解仪：具有升温程序功能。

6.4 可调温电热板或高温电炉。

6.5 恒温水浴锅：温控范围为室温至 100℃。

6.6 微波消解罐。

6.7 样品瓶：500 ml、1 000 ml，硼硅玻璃或高密度聚乙烯材质。

6.8 一般实验室常用仪器和设备。

7 样品

7.1 样品的采集和保存

7.1.1 采集水样时，样品应尽量充满样品瓶，以减少器壁吸附。工业废水和生活污水样品采集量应不少于 500 ml，地表水和地下水样品采集量应不少于 1 000 ml。

7.1.2 采样后应立即以每升水样中加入 10 ml 浓盐酸（5.4）的比例对水样进行固定，固定后水样的 pH 值应小于 1，否则应适当增加浓盐酸（5.4）的加入量，然后加入 0.5 g 重铬酸钾（5.2），若橙色消失，应适当补加重铬酸钾（5.2），使水样呈持久的淡橙色，密塞，摇匀。在室温阴凉处放置，可保存 1 个月。

7.2 试样的制备

根据样品特性可以选择以下三种方法制备试样。

7.2.1 高锰酸钾-过硫酸钾消解法

7.2.1.1 近沸保温法

该消解方法适用于地表水、地下水、工业废水和生活污水。

7.2.1.1.1 样品摇匀后，量取 100.0 ml 样品移入 250 ml 锥形瓶中。若样品中汞含量较高，可减少取样量并稀释至 100 ml。

7.2.1.1.2 依次加入 2.5 ml 浓硫酸（5.3）、2.5 ml 硝酸溶液（5.6）和 4 ml 高锰酸钾溶液（5.7），摇匀。若 15 min 内不能保持紫色，则需补加适量高锰酸钾溶液（5.7），以使颜色保持紫色，但高锰酸钾溶液总量不超过 30 ml。然后，加入 4 ml 过硫酸钾溶液（5.8）。

7.2.1.1.3 插入漏斗，置于沸水浴中在近沸状态保温 1 h，取下冷却。

7.2.1.1.4 测定前，边摇边滴加盐酸羟胺溶液（5.11），直至刚好使过剩的高锰酸钾及器壁上的二氧化锰全部褪色为止，待测。

注：当测定地表水或地下水时，量取 200.0 ml 水样置于 500 ml 锥形瓶中，依次加入 5 ml 浓硫酸（5.3）、5 ml 硝酸溶液（5.6）和 4 ml 高锰酸钾溶液（5.7），摇匀。其他操作按照上述步骤进行。

7.2.1.2 煮沸法

该消解方法适用于含有机物和悬浮物较多、组成复杂的工业废水和生活污水。

7.2.1.2.1 按照 7.2.1.1.1 量取样品，按照 7.2.1.1.2 加入试剂。

7.2.1.2.2 向锥形瓶中加入数粒玻璃珠或沸石，插入漏斗，擦干瓶底，然后用高温电炉或可调温电热板加热煮沸 10 min，取下冷却。

7.2.1.2.3 按照 7.2.1.1.4 进行操作。

7.2.2 溴酸钾-溴化钾消解法

该消解方法适用于地表水、地下水，也适用于含有机物（特别是洗净剂）较少的工业废水和生活污水。

7.2.2.1 样品摇匀后，量取 100.0 ml 样品移入 250 ml 具塞聚乙烯瓶中。若样品中汞含量较高，可减少取样量并稀释至 100 ml。

7.2.2.2 依次加入 5 ml 浓硫酸（5.3）、5 ml 溴化剂（5.9），加塞，摇匀，20℃以上室温放置 5 min 以上。试液中应有橙黄色溴释出，否则可适当补加溴化剂（5.9）。但每 100 ml 样品中最大用量不应超过 16 ml。若仍无溴释出，则该消解方法不适用，可改用 7.2.1.2 或 7.2.3 进行消解。

7.2.2.3 测定前，边摇边滴加盐酸羟胺溶液（5.11）还原过剩的溴，直至刚好使过剩的溴全部褪色为止，待测。

注：当测定地表水或地下水时，量取 200.0 ml 样品置于 500 ml 锥形瓶中，依次加入 10 ml 浓硫酸（5.3）和 10 ml 溴化剂（5.9）。其他操作按照上述步骤进行。

7.2.3 微波消解法

该方法适用于含有机物较多的工业废水和生活污水。

7.2.3.1 样品摇匀后，量取 25.0 ml 样品移入微波消解罐中。若样品中汞含量较高，可减少取样量并稀释至 25 ml。

7.2.3.2 依次加入 2.5 ml 浓硝酸（5.5）和 2.5 ml 浓盐酸（5.4），摇匀，加塞，室温静置 30～60 min。若反应剧烈则适当延长静置时间。

7.2.3.3 将微波消解罐放入微波消解仪中，按照表 1 推荐的升温程序进行消解。消解完毕后，冷却至室温转移消解液至 100 ml 容量瓶中，用稀释液（5.18）定容至标线，待测。

表 1 微波消解升温程序

步骤	最大功率/W	功率/%	升温时间/min	温度/℃	保持时间/min
1	1 200	100	5	120	2:00
2	1 200	100	5	150	2:00
3	1 200	100	5	180	5:00

7.3 空白试样的制备

用水（5.1）代替样品，按照 7.2 步骤制备空白试样，并把采样时加的试剂量考虑在内。

8 分析步骤

8.1 仪器调试

按照仪器说明书进行调试。

8.2 校准曲线的绘制

8.2.1 高质量浓度校准曲线的绘制

8.2.1.1 分别量取 0.00、0.50、1.00、1.50、2.00、2.50、3.00 和 5.00 ml 汞标准使用液Ⅰ（5.16），于 100 ml 容量瓶中，用稀释液（5.18）定容至标线，总汞质量浓度分别为 0.00、0.50、1.00、1.50、2.00、2.50、3.00 和 5.00 μg/L。

8.2.1.2 将上述标准系列依次移至 250 ml 反应装置中，加入 2.5 ml 氯化亚锡溶液（5.12），迅速插入吹气头，由低质量浓度到高质量浓度测定响应值。以零质量浓度校正响应值为纵坐标，对应的总汞质量浓度（μg/L）为横坐标，绘制校准曲线。

注：高质量浓度校准曲线适用于工业废水和生活污水的测定。

8.2.2 低质量浓度校准曲线的绘制

8.2.2.1 分别量取 0.00、0.50、1.00、2.00、3.00、4.00 和 5.00 ml 汞标准使用液Ⅱ（5.17）于 200 ml 容量瓶中，用稀释液（5.18）定容至标线，总汞质量浓度分别为 0.000、0.025、0.050、0.100、0.150、0.200 和 0.250 μg/L。

8.2.2.2 将上述标准系列依次移至 500 ml 反应装置中，加入 5 ml 氯化亚锡溶液（5.12），迅速插入吹气头，由低质量浓度到高质量浓度测定响应值。以零质量浓度校正响应值为纵坐标，对应的总汞质量浓度（μg/L）为横坐标，绘制校准曲线。

注：低质量浓度校准曲线适用于地表水和地下水的测定。

8.3 测定

测定工业废水和生活污水样品时，将待测试样转移至 250 ml 反应装置中，按照 8.2.1.2 测定；测定地表水和地下水样品时，将待测试样转移至 500 ml 反应装置中，按照 8.2.2.2 测定。

8.4 空白试验

按照与试样测定相同步骤进行空白试样的测定。

9 结果计算与表示

9.1 结果计算

样品中总汞的质量浓度ρ（μg/L），按照式（1）进行计算。

$$\rho = \frac{(\rho_1 - \rho_0) \times V_0}{V} \times \frac{V_1 + V_2}{V_1} \quad (1)$$

式中：ρ——样品中总汞的质量浓度，μg/L；

ρ_1——根据校准曲线计算出试样中总汞的质量浓度，μg/L；

ρ_0——根据校准曲线计算出空白试样中总汞的质量浓度，μg/L；

V_0——标准系列的定容体积，ml；

V_1——采样体积，ml；

V_2——采样时向水样中加入浓盐酸体积，ml；

V——制备试样时分取样品体积，ml。

9.2 结果表示

当测定结果小于 10 μg/L 时，保留到小数点后两位；大于等于 10 μg/L 时，保留三位有效数字。

10 精密度和准确度

10.1 高锰酸钾-过硫酸钾消解法

47 家实验室分别对总汞质量浓度为 0.58 μg/L 的统一标准样品进行了测定，实验室内相对标准偏差和实验室间相对标准偏差分别为 8.6%和 28.6%；47 家实验室分别对总汞质量浓度为 0.67 μg/L 的统一标准样品（含有 1.5 mg/L 碘离子）进行了测定，实验室内相对标准偏差和实验室间相对标准偏差分别为 10.2%和 58.0%，详见表 2。

10.2 溴酸钾-溴化钾消解法

47 家实验室分别对总汞质量浓度为 2.27 μg/L 的统一标准样品进行了测定，实验室内相对标准偏差和实验室间相对标准偏差分别为 5.0%和 10.7%；48 家实验室分别对总汞质量浓度为 2.03 μg/L 的统一标准样品进行了测定，实验室内相对标准偏差和实验室间相对标准偏差分别为 4.8%和 11.5%；48 家实验室分别对总汞质量浓度为 2.17 μg/L 的统一标准样品（含有 150 mg/L 碘离子）进行了测定，实验室内相对标准偏差和实验室间相对标准偏差分别为 3.5%和 10.7%，详见表 2。

表 2 高锰酸钾-过硫酸钾消解法及溴酸钾-溴化钾消解法精密度和准确度

样品	参加的实验室数目	删除的实验室数目	标准值/μg/L	测得平均值/μg/L	标准偏差			
					重复性		再现性	
					绝对	相对/%	绝对	相对/%
A	47	3	0.58	0.58	0.050	8.6	0.166	28.6
B	47	5	0.67	0.56	0.057	10.2	0.326	58.0
C	47	5	2.27	2.42	0.121	5.0	0.259	10.7
D	48	6	2.03	2.02	0.097	4.8	0.231	11.5
E	48	7	2.17	2.20	0.077	3.5	0.235	10.7

10.3 微波消解法

10.3.1 精密度

6 家实验室分别对总汞质量浓度为 0.40、2.00 和 4.00 μg/L 的统一样品进行了测定：实验室内相对标准偏差分别为 2.8%～5.4%、1.5%～3.0%、1.1%～3.1%；实验室间相对标准偏差分别为 3.5%、5.5%、1.5%；重复性限分别为 0.05、0.13、0.24 μg/L；再现性限分别为 0.06、0.34、0.28 μg/L。

10.3.2 准确度

6 家实验室分别对工业废水和生活污水实际样品进行了加标分析测定，加标质量浓度为 2.00 μg/L，加标回收率分别为 98.0%～109%、97.0%～105%；加标回收率最终值分别为 102%±7.8%、101%±6.0%。

11 质量保证和质量控制

11.1 每批样品均应绘制校准曲线，相关系数应大于等于 0.999。

11.2 每批样品应至少做一个空白试验，测定结果应小于 2.2 倍检出限，否则应检查试剂纯度，必要时更换试剂或重新提纯。

11.3 每批样品应至少测定 10%的平行样品，样品数不足 10 个时，应至少测定一个平行样品。当样品总汞含量≤1 μg/L 时，测定结果的最大允许相对偏差为 30%；当样品总汞含量在 1～5 μg/L 之间时，测定结果的最大允许相对偏差为 20%；当样品总汞含量＞5 μg/L 时，测定结果的最大允许相对偏差为 15%。

11.4 每批样品应至少测定 10%的加标回收样品，样品数不足 10 个时，应至少测定一个加标回收样品。当样品总汞含量≤1 μg/L 时，加标回收率应在 85%～115%之间；当样品总汞含量＞1 μg/L 时，加标回收率应在 90%～110%之间。

12 废物处理

试验过程中产生的残渣、废液不能随意倾倒，须妥善处理。

13 注意事项

13.1 试验所用试剂（尤其是高锰酸钾）中的汞含量对空白试验测定值影响较大。因此，试验中应选择汞含量尽可能低的试剂。

13.2 在样品还原前，所有试剂和试样的温度应保持一致（＜25℃）。环境温度低于 10℃时，灵敏度会明显降低。

13.3 汞的测定易受到环境中的汞污染，在汞的测定过程中应加强对环境中汞的控制，保持清洁、加强通风。

13.4 汞的吸附或解吸反应易在反应容器和玻璃器皿内壁上发生，故每次测定前应采用仪器洗液（5.19）将反应容器和玻璃器皿浸泡过夜后，用水（5.1）冲洗干净。

13.5 每测定一个样品后，取出吹气头，弃去废液，用水（5.1）清洗反应装置两次，再用稀释液（5.18）清洗一次，以氧化可能残留的二价锡。

13.6 水蒸气对汞的测定有影响，会导致测定时响应值降低，应注意保持连接管路和汞吸收池干燥。可通过红外灯加热的方式去除汞吸收池中的水蒸气。

13.7 吹气头与底部距离越近越好。采用抽气（或吹气）鼓泡法时，气相与液相体积比应为 1∶1～5∶1，以 2∶1～3∶1 最佳；当采用闭气振摇操作时，气相与液相体积比应为 3∶1～8∶1。

13.8 当采用闭气振摇操作时，试样加入氯化亚锡后，先在闭气条件下用手或振荡器充分振荡 30～60 s，待完全达到气液平衡后才将汞蒸气抽入（或吹入）吸收池。

13.9 反应装置的连接管宜采用硼硅玻璃、高密度聚乙烯、聚四氟乙烯、聚砜等材质，不宜采用硅胶管。

附 录 A
（资料性附录）
密闭式反应装置

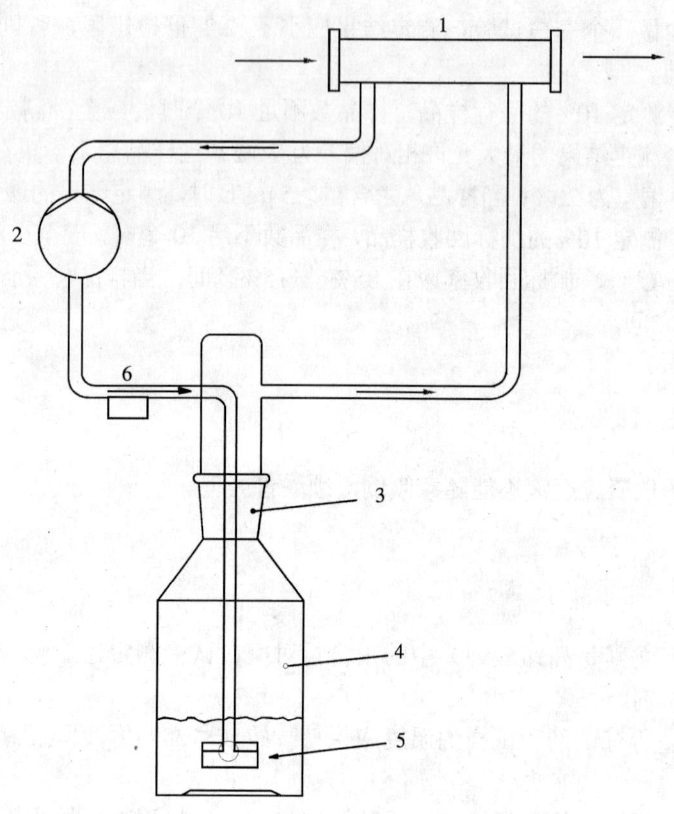

1—吸收池，内径 2 cm，长 15 cm，材质为硼硅玻璃或石英，吸收池的两端具有石英窗；

2—循环泵（隔膜泵或蠕动泵），流量为 1～2 L/min；

3—玻璃磨口（29/32）；

4—反应瓶，100、250 和 1 000 ml；

5—多孔玻板；

6—流量计。

注：该反应装置的泵、连接管和流量计宜采用聚四氟乙烯、聚砜等材质。

图 A.1　密闭式反应装置

中华人民共和国国家环境保护标准

HJ 598—2011
代替 GB/T 13905—92

水质 梯恩梯的测定 亚硫酸钠分光光度法

Water quality—Determination of TNT —Sodium sulfite spectrophotometric method

2011-02-10 发布 2011-06-01 实施

环 境 保 护 部 发布

前　言

为贯彻《中华人民共和国环境保护法》和《中华人民共和国水污染防治法》，保护环境，保障人体健康，规范水中梯恩梯的测定方法，制定本标准。

本标准规定了测定水中梯恩梯的亚硫酸钠分光光度法。

本标准是对《水质　梯恩梯的测定　亚硫酸钠分光光度法》（GB/T 13905—92）的修订。

本标准首次发布于1992年，原标准起草单位为中国兵器工业第五设计研究院。本次为第一次修订。主要修订内容如下：

——增加了干扰和消除条款；

——增加了试样的制备内容；

——增加了质量保证和质量控制规定；

——增加了废物处理条款。

自本标准实施之日起，原国家环境保护局1992年12月2日批准、发布的国家环境保护标准《水质　梯恩梯的测定　亚硫酸钠分光光度法》（GB/T 13905—92）废止。

本标准由环境保护部科技标准司组织制订。

本标准主要起草单位：北京中兵北方环境科技发展有限责任公司、中国兵器工业集团公司和辽阳庆阳特种化工有限公司。

本标准环境保护部2011年2月10日批准。

本标准自2011年6月1日起实施。

本标准由环境保护部解释。

水质 梯恩梯的测定 亚硫酸钠分光光度法

1 适用范围

本标准规定了测定水中梯恩梯的亚硫酸钠分光光度法。

本标准适用于生产和使用粉状铵梯炸药过程中排放的工业废水中梯恩梯的测定。

当试样体积为 10.0 ml，使用 30 mm 比色皿时，方法检出限为 0.1 mg/L，测定范围为 0.4～10 mg/L。

对于梯恩梯浓度高于方法测定上限的样品，可适当稀释后进行测定。

2 方法原理

在室温下，样品中的梯恩梯与无水亚硫酸钠反应生成黄色三硝基甲苯磺酸钠，在波长 420 nm 处测量吸光度。在一定浓度范围内，梯恩梯浓度与吸光度值符合朗伯-比尔定律。

3 干扰和消除

3.1 当废水有一定色度时，会对测定产生干扰。可取与试样同体积的水样稀释至 25 ml，作为样品空白，不加亚硫酸钠溶液直接测量吸光度。由样品的吸光度减去样品空白的吸光度，然后进行计算，以消除色度对测定的影响。

3.2 当样品的硬度大于 600 mg/L 时，会对测定结果产生干扰。向 10.0 ml 试样加入 1.0 ml 乙二胺四乙酸二钠盐溶液（4.3）和 1～3 滴氢氧化钠溶液（4.4），使水样的 pH 值在 10～11 范围内。加入的试剂量应纳入结果计算中。

4 试剂和材料

除非另有说明，分析时均使用符合国家标准的分析纯化学试剂，实验用水为新制备的去离子水或蒸馏水。

4.1 浓硫酸：$\rho(H_2SO_4)$=1.84 g/ml。

4.2 无水乙醇（C_2H_5OH）。

4.3 乙二胺四乙酸二钠盐（EDTA-2Na）溶液：$\rho(C_{10}H_{14}N_2Na_2O_8 \cdot 2H_2O)$=0.1 g/ml。

称取 10 g 乙二胺四乙酸二钠溶于 100 ml 水中，摇匀。

4.4 氢氧化钠溶液：$\rho(NaOH)$=0.2 g/ml。

称取 20 g 氢氧化钠溶于 100 ml 水中，摇匀。

4.5 硫酸铝溶液：$\rho[Al_2(SO_4)_3]$= 0.18 g/ml。

称取 18 g 硫酸铝溶于 100 ml 水中，混匀。

4.6 碳酸钠溶液：$\rho(Na_2CO_3)$= 0.16 g/ml。

称取 16 g 碳酸钠溶于 100 ml 水中，混匀。

4.7 梯恩梯（TNT）：2,4,6-三硝基甲苯[$CH_3C_6H_2(NO_2)_3$]。

称取 1.0 g 梯恩梯（工业品）置于小烧杯中，用 10 ml 无水乙醇（4.2）溶解，用中速定量滤纸过滤，将滤液放入通风橱中避光自然干燥。二次重结晶，备用。

4.8 梯恩梯标准溶液：ρ(TNT)=50.0 mg/L。

准确称取 0.050 0 g TNT（4.7）溶于 3 ml 浓硫酸（4.1）中，缓慢加水溶解后，移入 1 000 ml 容量瓶中，加水至标线，混匀。

4.9 无水亚硫酸钠溶液：$\rho(Na_2SO_3)$=0.2 g/ml。

称取 20.0 g 无水亚硫酸钠溶于适量水中，溶解后转移至 100 ml 容量瓶中，加水至标线，混匀。此溶液有效期为 3 d。

5 仪器和设备

5.1 可见分光光度计：具 30 mm 比色皿。

5.2 具塞刻度比色管：25 ml。

5.3 一般实验室常用仪器和设备。

6 样品

6.1 样品的采集与保存

样品应采集于棕色玻璃瓶中，0～4℃下避光保存，在 5 d 内进行测定。

6.2 试样的制备

量取 100 ml 水样于锥形瓶中，加入 0.5 ml 硫酸铝溶液（4.5），再加入 0.5 ml 碳酸钠溶液（4.6），静置后取上清液，待测。

6.3 空白试样的制备

用实验用水代替样品，按照与试样的制备（6.2）相同步骤制备空白试样。

7 分析步骤

7.1 校准

7.1.1 量取 0.00，0.50，1.00，1.50，2.00，2.50，3.00 ml 梯恩梯标准溶液（4.8）分别置于 7 支具塞刻度比色管中，加水至 10 ml 刻线，TNT 含量分别为 0.00，25.0，50.0，75.0，100，125，150 μg。

7.1.2 向上述具塞刻度比色管中分别加入 5 ml 无水亚硫酸钠溶液（4.9），用水稀释至 25 ml 刻线，摇匀，显色 5 min。于波长 420 nm 处，以水为参比，用 30 mm 比色皿测量吸光度。以吸光度为纵坐标，以对应的梯恩梯含量（μg）为横坐标，绘制校准曲线。

7.2 测定

量取 10.0 ml 试样（6.2）于具塞刻度比色管中，按照与 7.1.2 相同操作步骤，测量吸光度。

7.3 空白试验

量取 10.0 ml 空白试样（6.3）于具塞刻度比色管中，按照与测定（7.2）相同步骤进行分析，测量吸光度。

8 结果计算与表示

8.1 结果计算

样品中的梯恩梯质量浓度ρ（mg/L），按照式（1）进行计算：

$$\rho = \frac{m - m_0}{V} \times f \tag{1}$$

式中：ρ——样品中的梯恩梯质量浓度，mg/L；

m——校准曲线上查得试样的梯恩梯含量，μg；

m_0——校准曲线上查得空白试样的梯恩梯含量，μg；

V——10 ml，试样体积；

f——稀释比。

8.2 结果表示

当测定结果小于 1 mg/L 时，保留小数点后两位，测定结果大于等于 1 mg/L 时，保留三位有效数字。

9 精密度和准确度

分别对梯恩梯质量浓度为 2.46 mg/L、4.65 mg/L、6.18 mg/L 和 9.99 mg/L 的实际样品进行了六次平行测定，其相对标准偏差分别为 1.83%、1.70%、1.15%和 0.64%；当加标量为 20 μg 时，加标回收率为 94.4%～102.4%。

10 质量保证和质量控制

10.1 每批样品至少做一个全程序空白试验，测定值应不超过方法检出限。

10.2 校准曲线的相关系数应大于等于 0.999。

10.3 每批样品分析应带一个中间校核点，其测定值与校准曲线对应点浓度的相对偏差应不超过 10%。

10.4 每批样品应至少做 10%的平行样测定，少于 10 个样品时至少做一个平行样测定，测定结果相对偏差应小于 20%。

10.5 每批样品应至少做一个加标回收分析测定，实际样品加标回收率应控制在 90%～110%。

11 废物处理

试验过程中产生的废液、废水应集中收集，妥善处理和处置。

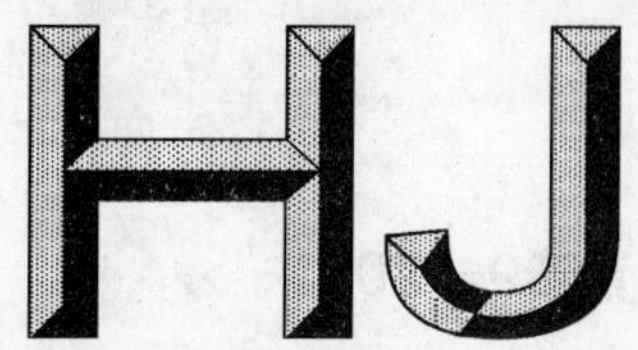

中华人民共和国国家环境保护标准

HJ 599—2011
代替 GB/T 13903—92

水质 梯恩梯的测定 *N*-氯代十六烷基吡啶-亚硫酸钠分光光度法

Water quality—Determination of TNT
***N*-cetyl pridinium chloridc -sodium sulfite spectrophotometric method**

2011-02-10 发布 2011-06-01 实施

环 境 保 护 部 发布

前　言

为贯彻《中华人民共和国环境保护法》和《中华人民共和国水污染防治法》，保护环境，保障人体健康，规范水中梯恩梯的测定方法，制定本标准。

本标准规定了测定水中梯恩梯的 *N*-氯代十六烷基吡啶-亚硫酸钠分光光度法。

本标准是对《水质　梯恩梯的测定　分光光度法》（GB/T 13903—92）的修订。

本标准首次发布于 1992 年，原标准起草单位：太原市江阳化工厂。本标准为第一次修订。主要修订内容如下：

——标准名称修改为《水质　梯恩梯的测定　*N*-氯代十六烷基吡啶-亚硫酸钠分光光度法》；

——增加了干扰和消除条款；

——增加了空白试验内容；

——增加了质量保证和质量控制规定；

——增加了废物处理和注意事项条款。

自本标准实施之日起，原国家环境保护局 1992 年 12 月 2 日批准、发布的国家环境保护标准《水质　梯恩梯的测定　分光光度法》（GB/T 13903—92）废止。

本标准由环境保护部科技标准司组织制订。

本标准主要起草单位：北京中兵北方环境科技发展有限责任公司、中国兵器工业集团公司和辽阳庆阳特种化工有限公司。

本标准环境保护部 2011 年 2 月 10 日批准。

本标准自 2011 年 6 月 1 日起实施。

本标准由环境保护部解释。

水质　梯恩梯的测定
N-氯代十六烷基吡啶-亚硫酸钠分光光度法

1　适用范围

本标准规定了测定水中梯恩梯的 N-氯代十六烷基吡啶-亚硫酸钠分光光度法。

本标准适用于弹药装药工业废水中梯恩梯的测定。

使用 30 mm 比色皿时，方法检出限为 0.05 mg/L，测定范围为 0.2～4 mg/L。

对于梯恩梯浓度高于方法测定上限的样品，可适当稀释后进行测定。

2　方法原理

样品中的梯恩梯与亚硫酸钠发生加成反应，经 N-氯代十六烷基吡啶增敏作用，生成红色络合物，在波长 466 nm 处测量吸光度。在一定浓度范围内，梯恩梯浓度与吸光度值符合朗伯-比尔定律。

3　干扰和消除

当废水有一定色度时，会对测定产生干扰。通过采集 10.0 ml 样品稀释至 25.0 ml，作为样品空白，不加任何试剂直接测量吸光度。由样品的吸光度减去样品空白的吸光度，然后进行计算，以消除色度对测定的影响。

4　试剂和材料

除非另有说明，分析时均使用符合国家标准的分析纯化学试剂，实验用水为新制备的去离子水或蒸馏水。

4.1　浓盐酸：$\rho(HCl)$= 1.19 g/ml。

4.2　盐酸溶液：1+1。

4.3　浓氨水：$\rho(NH_4OH)$= 0.91 g/ml。

4.4　氨水溶液：1+1。

4.5　乙醚：$\rho(C_2H_5OC_2H_5)$= 0.71 g/ml。

4.6　无水乙醇：$\rho(C_2H_5OH)$= 0.79 g/ml。

4.7　亚硫酸钠溶液：$\rho(Na_2SO_3)$=0.1 g/ml。

称取 10.0 g 无水亚硫酸钠溶于适量水中，溶解后转移至 100 ml 容量瓶中，加水至标线，混匀。此溶液有效期为 3 d。

4.8　N-氯代十六烷基吡啶溶液：$\rho[C_6H_5N(CH_2)_{15}CH_3Cl \cdot H_2O]$=2.5 g/L。

称取 0.500 g 氯代十六烷基吡啶溶于适量水中，溶解后转移至 200 ml 容量瓶中，加水至标线，混匀。此溶液贮存在棕色玻璃磨口瓶中，常温下可稳定保存 30 d。

4.9　梯恩梯（TNT）：2,4,6-三硝基甲苯$[CH_3C_6H_2(NO_2)_3]$。

称取 1.0 g 梯恩梯（工业品）置于小烧杯中，用 10 ml 无水乙醇（4.6）溶解，用中速定量滤纸过滤，将滤液放入通风橱中避光自然干燥。二次重结晶，备用。

4.10 梯恩梯标准贮备液：ρ(TNT)= 50.0 mg/L。

称取 0.050 0 g 梯恩梯（4.9）于 1 000 ml 烧杯中，加入预热至 70℃的水约 800 ml，置于 75～79℃的恒温水浴中，边加热边搅拌，直至完全溶解。取出，冷却至室温后转移至 1 000 ml 棕色容量瓶中，加水至标线，混匀。此溶液在 2～5℃下避光保存，有效期为 30 d，或购买市售有证标准物质。

4.11 梯恩梯标准使用液：ρ(TNT)= 10.0 mg/L。

量取 50.0 ml 梯恩梯标准贮备液（4.10）于 250 ml 棕色容量瓶中，加水至标线，混匀。临用时现配。

5 仪器和设备

5.1 可见分光光度计：具 30 mm 比色皿。

5.2 恒温水浴。

5.3 分液漏斗：50 ml。

5.4 具塞刻度比色管：50 ml。

5.5 一般实验室常用仪器和设备。

6 样品

6.1 样品的采集与保存

样品应采集于棕色玻璃瓶中，0～4℃下避光保存，在 5 d 内进行测定。

6.2 试样的制备

6.2.1 水样 pH 值不在 4～9 时，应用盐酸溶液（4.2）或氨水溶液（4.4）调节 pH 值。

6.2.2 若水样中悬浮物较多，可用定量滤纸过滤后测定或用乙醚萃取后测定。

使用乙醚萃取，步骤如下：量取 25.0 ml 样品于 50 ml 分液漏斗中，加入 15 ml 乙醚（4.5），剧烈振动 2 min。静置分层后，将水相弃去。将乙醚相移入具塞刻度比色管中，以 2 ml 乙醚（4.5）洗涤分液漏斗，洗涤后的乙醚并入具塞刻度比色管中。将比色管置于恒温水浴中（温度不超过 40℃），蒸发至无醚气味，待测。

6.3 空白试样的制备

用水代替样品，按照与试样的制备（6.2.2）相同步骤制备空白试样。

7 分析步骤

7.1 校准曲线的绘制

7.1.1 量取 0.00，0.50，1.00，3.00，5.00，7.00，10.00 ml 梯恩梯标准使用液（4.11）分别置于 7 个分液漏斗中，TNT 含量分别为 0.00，5.00，10.0，30.0，50.0，70.0，100 μg。分别加水至 25 ml，按 6.2.2 相同步骤进行萃取操作。

7.1.2 向置有梯恩梯标准系列的具塞刻度比色管中，沿管壁加入 2 ml 无水乙醇（4.6），加水约 10 ml，摇匀。

7.1.3　加入 3 ml 亚硫酸钠溶液（4.7），混匀，再加入 5 ml *N*-氯代十六烷基吡啶溶液（4.8），加水至 25 ml 刻线，摇匀，放置 15 min。于 466 nm 波长处，以水作参比，用 30 mm 比色皿测量吸光度。以吸光度为纵坐标，对应的梯恩梯含量（μg）为横坐标，绘制校准曲线。

注：当梯恩梯标准系列不萃取直接测定时，只需量取 0.00，0.50，1.00，3.00，5.00，7.00，10.00 ml 梯恩梯标准使用液（4.11）分别置于 7 支具塞刻度比色管中，混匀，按照 7.1.3 相同步骤操作，绘制校准曲线。

7.2　测定

量取 10.0 ml 经定量滤纸过滤后的试样于具塞刻度比色管中，按照 7.1.3 相同操作步骤，测量吸光度；或量取 10.0 ml 经乙醚萃取后的试样于具塞刻度比色管中，按照 7.1.2 和 7.1.3 相同操作步骤，测量吸光度。

注：当水样无色无浊时，量取 10.0 ml 样品于具塞刻度比色管中，按照 7.1.3 相同操作步骤，测量吸光度。

7.3　空白试验

将待测空白试样（6.3）按照与 7.2 相同操作步骤，测量吸光度。

8　结果计算与表示

8.1　结果的计算

样品中的梯恩梯质量浓度ρ，按照式（1）进行计算：

$$\rho = \frac{m - m_0}{V} \tag{1}$$

式中：ρ——样品中的梯恩梯质量浓度，mg/L；

m——校准曲线上查得试样的梯恩梯含量，μg；

m_0——校准曲线上查得空白试样的梯恩梯含量，μg；

V——样品体积，ml。

8.2　结果的表示

当测定结果小于 1 mg/L 时，保留小数点后两位，测定结果大于等于 1 mg/L 时，保留三位有效数字。

9　精密度和准确度

实验室内分别对梯恩梯质量浓度为 4.80 mg/L、10.00 mg/L 的实际样品进行了六次平行测定：相对标准偏差分别为 1.10%和 0.65%，加标回收率为 95.9%～102%。

五家实验室对梯恩梯质量浓度为 2.00 mg/L 的统一样品进行了测定和加标分析测定：实验室间相对标准偏差为 2.6%，加标回收率为 95%～110%。

10　质量保证和质量控制

10.1　每批样品至少做一个全程序空白试验，测定值应不超过方法检出限。

10.2　校准曲线的相关系数应大于等于 0.999。

10.3　每批样品分析应带一个中间校核点，其测定值与校准曲线对应点浓度的相对偏差应不超过 10%。

10.4　每批样品应至少做 10%的平行样测定，少于 10 个样品时至少做一个平行样测定，测定结果相对偏差应小于 20%。

10.5 每批样品应至少做一个加标回收分析测定，实际样品加标回收率应控制在 90%～110%。

11 废物处理

试验分析过程中产生的废液和剩余的实际样品应集中收集，妥善处理和处置。

12 注意事项

12.1 乙醚应低温、避光保存。当加入适量亚硫酸钠溶液（4.7）出现乳状白色沉淀时，应更换新乙醚。

12.2 如果水样中有较多的石油制品，可用双层定量滤纸过滤后测定。

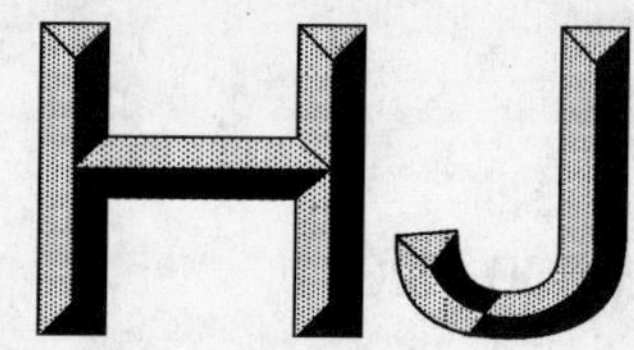

中华人民共和国国家环境保护标准

HJ 600—2011

代替 GB/T 13904—92

水质　梯恩梯、黑索今、地恩梯的测定　气相色谱法

Water quality—Determination of TNT、RDX、DNT —Gas chromatography

2011-02-10 发布　　2011-06-01 实施

环　境　保　护　部　发布

前 言

为贯彻《中华人民共和国环境保护法》和《中华人民共和国水污染防治法》，保护环境，保障人体健康，规范水中梯恩梯、黑索今和地恩梯的测定方法，制定本标准。

本标准规定了测定水中梯恩梯、黑索今和地恩梯的气相色谱法。

本标准是对《水质　梯恩梯、黑索今、地恩梯的测定　气相色谱法》（GB/T 13904—92）的修订。

本标准首次发布于1992年，原标准起草单位为中国兵器工业第六设计研究院。本次为第一次修订。主要修订内容如下：

——增加了方法原理；

——增加了毛细管柱内容；

——增加了空白试验内容；

——增加了质量保证和质量控制规定；

——增加了废物处理和注意事项规定。

自本标准实施之日起，原国家环境保护局1992年12月2日批准、发布的国家环境保护标准《水质　梯恩梯、黑索今、地恩梯的测定　气相色谱法》（GB/T 13904—92）废止。

本标准的附录A为资料性附录。

本标准由环境保护部科技标准司组织制订。

本标准主要起草单位：北京中兵北方环境科技发展有限责任公司、南京理工大学化工学院和中国兵器工业集团公司。

本标准验证单位：南京理工大学泰州科技学院、常州市环境监测中心站、江苏科技大学、泰州市环境监测中心站、国家民用爆破器材质量监督检测中心和公安部南京警犬研究所。

本标准环境保护部2011年2月10日批准。

本标准自2011年6月1日起实施。

本标准由环境保护部解释。

水质 梯恩梯、黑索今、地恩梯的测定 气相色谱法

1 适用范围

本标准规定了测定水中梯恩梯、黑索今和地恩梯的气相色谱法。

本标准适用于弹药装药工业废水中梯恩梯、黑索今和地恩梯的测定。

当取样体积为 10.0 ml 时，使用填充柱，方法检出限为：梯恩梯 0.02 mg/L，黑索今 0.1 mg/L，地恩梯 0.01 mg/L；测定下限为：梯恩梯 0.08 mg/L，黑索今 0.4 mg/L，地恩梯 0.04 mg/L。

当取样体积为 10.0 ml 时，使用毛细管柱，方法检出限为：梯恩梯 0.02 mg/L，黑索今 0.05 mg/L，地恩梯 0.01 mg/L；测定下限为：梯恩梯 0.08 mg/L，黑索今 0.2 mg/L，地恩梯 0.04 mg/L。

2 方法原理

用苯萃取样品中的梯恩梯、黑索今和地恩梯，然后取一定体积的苯萃取液，在选定的色谱条件下，经色谱柱分离，用电子捕获检测器检测，采用保留时间定性，峰面积（或峰高）内标法定量。

3 试剂和材料

除非另有说明，分析时均使用符合国家标准的色谱纯化学试剂，实验用水为新制备的去离子水或蒸馏水。

3.1 丙酮（CH_3COCH_3）。

3.2 无水乙醇（C_2H_5OH）。

3.3 苯（C_6H_6）：经色谱检测在目标物位置无干扰峰，否则应经全玻璃蒸馏器进行重蒸馏。

3.4 内标：1,5-二硝基萘（1,5-DNN），$\rho[C_{10}H_6(NO_2)_2]=10.0$ mg/L

准确称取 0.025 0 g 1,5-二硝基萘溶于丙酮（3.1）中，待溶解后移至 25 ml 容量瓶中，用丙酮（3.1）稀释至标线，摇匀。用移液管准确吸取 10.0 ml，置于盛有 500 ml 水的烧杯中，在 50℃水浴上除去丙酮，冷却至室温后移入 1 000 ml 棕色容量瓶中，加水至刻线，摇匀。避光保存于 0～4℃的冰箱中，其有效期为 30 d。

3.5 内标：1,5-二硝基萘（1,5-DNN），$\rho[C_{10}H_6(NO_2)_2]=1.0$ mg/L

量取 10.0 ml 内标（3.4）置于 100 ml 棕色容量瓶中，加水至刻线，摇匀。避光保存于 0～4℃的冰箱中，其有效期为 30 d。

3.6 梯恩梯（TNT）：2,4,6-三硝基甲苯[$CH_3C_6H_2(NO_2)_3$]

称取 1.0 g 梯恩梯（工业品）置于小烧杯中，用 10 ml 无水乙醇（3.2）溶解，用中速定量滤纸过滤，将滤液放入通风橱中避光自然干燥。二次重结晶，备用。

3.7 黑索今（RDX）：1,3,5-三硝基六氢-对称三氮杂苯或 1,3,5-三硝基-1,3,5-三硝杂环己烷（$C_3H_6O_6N_6$）

称取 1.0 g 黑索今（工业品）置于小烧杯中，用 10 ml 丙酮（3.1）溶解，用中速定量滤纸过滤，将滤液放入通风橱中避光自然干燥。二次重结晶，备用。

3.8 地恩梯（DNT）：2,4-二硝基甲苯[$C_6H_3CH_3(NO_2)_2$]，或购买市售有证标准物质。

3.9 梯恩梯标准贮备液：ρ(TNT)=100.0 mg/L

称取 0.100 0 g TNT（3.6）置于小烧杯中，用 20～50 ml 丙酮（3.1）溶解，移至盛有 500 ml 水的烧杯中，在 50℃水浴上除去丙酮，冷却至室温后，移入 1 000 ml 棕色容量瓶中，加水至刻线，摇匀。该溶液避光保存于 0～4℃的冰箱中，有效期 30 d。

3.10 黑索今标准贮备液：$\rho(RDX)=20.0$ mg/L

称取 0.020 0 g RDX（3.7）置于小烧杯中，用 20～50 ml 丙酮（3.1）溶解，移至盛有 500 ml 水的烧杯中，在 50℃水浴上除去丙酮，冷却至室温后，移入 1 000 ml 棕色容量瓶中，加水至刻线，摇匀。该溶液避光保存于 0～4℃的冰箱中，有效期 30 d。

3.11 地恩梯标准贮备液：$\rho(DNT)=100.0$ mg/L

称取 0.100 0 g DNT（3.8）置于小烧杯中，用 20～50 ml 丙酮（3.1）溶解，移至盛有 500 ml 水的烧杯中，在 50℃水浴上除去丙酮，冷却至室温后，移入 1 000 ml 棕色容量瓶中，加水至刻线，摇匀。该溶液避光保存于 0～4℃的冰箱中，有效期 30 d。

3.12 无水硫酸钠（Na_2SO_4）：优级纯

使用前在 350℃下烘烤 4 h，置于干燥器中冷却至室温，贮存在密封玻璃瓶中。

3.13 有机相滤膜：0.45 μm。

3.14 载气：高纯氮气，纯度（体积分数）≥99.999%。

4 仪器和设备

4.1 气相色谱仪：具电子捕获检测器。

4.2 色谱柱

4.2.1 填充柱：材质为石英玻璃，长 1.5 m，内径 2～3 mm；载体：Chromosorb G AW-DMCS 60～80 目；固定液：三氟丙基甲基聚硅氧烷（QF-1）；液相载荷量：3%QF-1。

涂渍固定液方法：称取 0.3 g 固定液 QF-1 置于小烧杯中，用丙酮（3.1）溶解，其丙酮量需刚好浸没 10 g 担体，常温下挥发至干，180℃下烘干 2 h，备用。

填充柱的老化：将填好的色谱柱安装在色谱仪进样口上，出口不接检测器，用较小载气流通气。柱箱维持 230℃，老化 48 h，接检测器继续老化至基线走直为止。

4.2.2 毛细管柱：30 m×0.25 mm（内径）×0.25 μm（膜厚），固定相：三氟丙基甲基聚硅氧烷（QF-1），载荷量：50%QF-1，或其他等效毛细管色谱柱。

4.3 微量注射器：1 μl、5 μl。

4.4 恒温水浴。

4.5 分液漏斗：60 ml。

4.6 往复振荡器。

4.7 一般实验室常用仪器和设备。

5 样品

5.1 采样与保存

采集 500 ml 样品于棕色玻璃瓶中，避光低温（0～4℃）保存，水样应在 7 d 内萃取。萃取液应在 4℃下避光保存，在 30 d 内进行分析。

5.2 试样的制备

量取 10.0 ml 样品置于分液漏斗中，加入适量内标，摇匀，再加入 5 ml 苯（3.3），在振荡器上振荡 2 min，静置 15 min。将水相放入另一分液漏斗中，有机相放入 10 ml 容量瓶中。重复萃取一次，合并萃取液，用 1 g 无水硫酸钠（3.12）脱水后，用苯（3.3）定容至 10 ml，待测。

注 1：当使用毛细管柱时，加入 0.1 ml 内标（3.4）；当使用填充柱时，加入 0.1 ml 内标（3.5）。

注 2：若样品中存在颗粒物，上述待测试样应经有机相滤膜（3.13）过滤。

5.3 空白试样的制备

量取 10.0 ml 水代替样品，按照与试样的制备（5.2）相同步骤制备空白试样。

6 分析步骤

6.1 参考色谱条件

6.1.1 填充柱

汽化室温度：210～220℃；柱箱温度：180～190℃；检测器温度：250～270℃（检测器出口导出室外）；载气流速：100～120 ml/min；补充载气流速：30～50 ml/min；记录器衰减：根据基线和试样中被测物含量调节；进样量：1～2 μl。

6.1.2 毛细管柱

汽化室温度：220℃；柱箱温度：200℃；检测器温度：300℃（检测器出口导出室外）；载气流量 2 ml/min；分流比：20∶1～50∶1（可根据出峰情况和进样量调节）；进样量：0.5～1 μl。

6.2 校准

6.2.1 绘制校准曲线

分别量取一定体积的梯恩梯标准贮备液（3.9）、黑索今标准贮备液（3.10）和地恩梯标准贮备液（3.11）至 6 个 100 ml 容量瓶中，加水至刻线，配制不同浓度水平的标准系列（具体质量浓度水平见表 1）。再分别移取 10.0 ml 标准系列于 6 个分液漏斗中，按照 5.2 相同步骤进行操作。从低质量浓度到高质量浓度依次注入色谱仪分析测定，以目标物峰面积与内标峰面积之比（或目标物峰高与内标峰高之比）为纵坐标，以质量浓度（mg/L）为横坐标，绘制校准曲线。

表 1 校准系列质量浓度

单位：mg/L

目标物	质量浓度 1	质量浓度 2	质量浓度 3	质量浓度 4	质量浓度 5	质量浓度 6
梯恩梯	0.1	0.5	1.0	5.0	10.0	20.0
黑索今	0.2	0.4	1.0	2.0	4.0	5.0
地恩梯	0.1	0.5	1.0	5.0	10.0	20.0

6.2.2 标准色谱图

在本标准参考色谱条件下，梯恩梯、黑索今和地恩梯的标准色谱图，见图 1 和图 2。

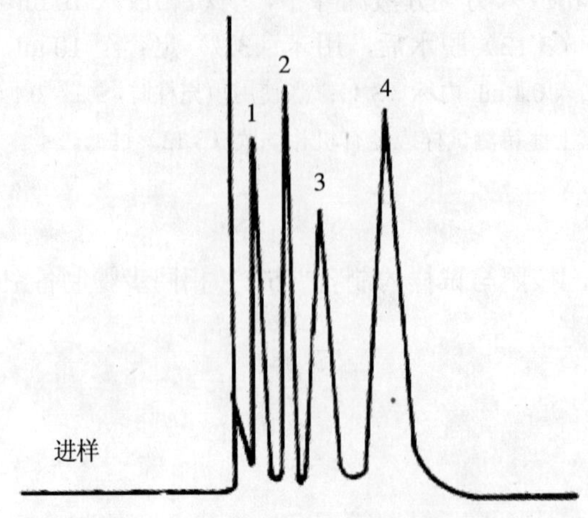

1—DNT；2—TNT；3—内标；4—RDX。

图 1 填充柱的标准色谱图

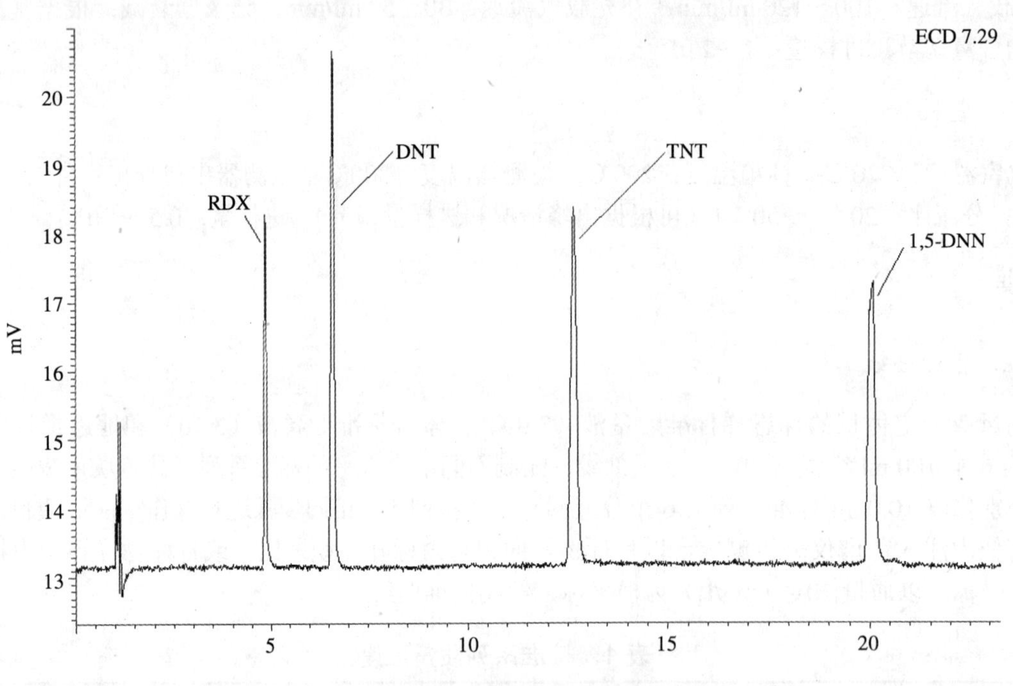

图 2 毛细管柱的标准色谱图

6.3 测定

用微量注射器量取适量待测试样（5.2），按照参考色谱条件（6.1）进行分析，记录峰面积（或峰高）。

6.4 空白试验

用微量注射器量取适量待测空白试样（5.3），按照与测定（6.3）相同步骤进行分析，记录峰面积（或峰高）。

7 结果计算与表示

7.1 结果计算

样品中待测组分（TNT、RDX 或 DNT）的质量浓度 ρ_i（mg/L），按照式（1）进行计算：

$$\rho_i = \frac{\rho_{标} \times V_1}{V} \tag{1}$$

式中：ρ_i——样品中待测组分 i 的质量浓度，mg/L；

$\rho_{标}$——由校准曲线计算所得组分 i 的质量浓度，mg/L；

V_1——萃取液定容体积，ml；

V——水样体积，ml。

7.2 结果表示

当测定结果小于 1 mg/L 时，结果保留小数点后两位。当测定结果大于或等于 1 mg/L 时，结果保留三位有效数字。

8 精密度和准确度

8.1 精密度

8.1.1 填充柱

重复性相对标准偏差分别不大于：梯恩梯 2.1%、黑索今 4.4%、地恩梯 2.8%；再现性相对标准偏差分别不大于：梯恩梯 3.1%、黑索今 7.4%、地恩梯 5.0%。

8.1.2 毛细管柱

6 家实验室分别对含梯恩梯、黑索今和地恩梯的统一标准样品进行了测定，实验室内相对标准偏差范围为 1.06%～8.70%，实验室间相对标准偏差范围为 0.51%～7.80%，重复性限范围为 0.001～0.39 mg/L，再现性限范围为 0.01～0.57 mg/L。

8.2 准确度

8.2.1 填充柱

分别对梯恩梯浓度为 2.71 mg/L、黑索今浓度为 1.26 mg/L、地恩梯浓度为 0.72 mg/L 的水样进行了加标分析测定，其加标回收率范围为：梯恩梯 97.1%～104.0%、黑索今 90.0%～95.7%、地恩梯 99.0%～107.0%。

8.2.2 毛细管柱

6 家实验室分别对含梯恩梯、黑索今和地恩梯的统一标准样品进行了测定，相对误差范围为 –13.3%～10.9%。

毛细管柱测定的精密度和准确度数据汇总，详见附录 A。

9 质量保证和质量控制

9.1 每个检测器之间存在结构与性能的差异，线性范围也各不相同，进行定量时应在其线性范围之内。样品分析前，应建立保留时间窗口 t±3s。当样品分析时，目标化合物保留时间应在保留时间窗口内。

9.2 每批试剂做一次试剂空白试验，试剂空白试验结果应低于方法检出限。每批样品至少做一个全程序空白试验，目标化合物浓度应低于检出限。

9.3 校准曲线的相关系数应大于等于 0.995。

9.4 每个工作日应进行一次连续校准分析。连续校准应在空白和样品分析之前。连续校准的浓度为校准曲线的一个浓度点，连续校准目标化合物的浓度与最近一次校准曲线该点浓度的相对偏差不得大于 20%。如果连续几个连续校准都超出允许范围，应重新绘制校准曲线。

9.5 每批样品应至少做 10%的平行样品测定，平行样品分析结果相对偏差应小于 20%。

9.6 每批样品应至少做一个加标回收分析测定，实际样品加标回收率应控制在 80%～120%。

10 废物处理

试验过程中产生的废液、废水应集中收集，妥善处理和处置。

11 注意事项

11.1 实验所用玻璃器皿均应清洗干净，干燥。必要时，应用重铬酸钾洗液浸泡后用自来水、蒸馏水反复冲洗，干燥。

11.2 电子捕获检测器灵敏度高，线性范围窄，易污染，应注意保持检测器的清洁。

附 录 A
（资料性附录）
测定目标物的精密度和准确度数据

表 A.1 梯恩梯、黑索今和地恩梯的精密度数据汇总

目标物	梯恩梯（TNT）			黑索今（RDX）			地恩梯（DNT）		
样品质量浓度/（mg/L）	0.08	0.5	10	0.8	3.0	10.0	0.1	0.5	10.0
实验室内相对标准偏差/%	1.06～4.72	2.69～5.10	2.33～3.57	1.27～2.15	3.99～5.46	2.87～4.73	2.06～4.85	3.65～8.70	2.42～5.11
实验室间相对标准偏差/%	7.80	0.94	0.51	0.76	1.52	0.77	2.24	2.13	2.07
重复性限/（mg/L）	0.001	0.02	0.28	0.02	0.15	0.39	0.002	0.02	0.28
再现性限/（mg/L）	0.02	0.02	0.29	0.03	0.19	0.42	0.01	0.04	0.57

表 A.2 梯恩梯、黑索今和地恩梯的准确度数据汇总

目标物	梯恩梯（TNT）			黑索今（RDX）			地恩梯（DNT）		
样品质量浓度/（mg/L）	0.08	0.5	10.0	0.8	3.5	10.0	0.1	0.5	10.0
相对误差/%	−12～10.9	0.6～3.6	−0.5～1.0	−0.75～1.25	−1.67～2.17	−1.9～0	3.75～10.0	−2.8～3.8	−13.3～8.3
相对误差最终值/%	3.96 ±17.9	2.23 ±4.87	0.05±1.02	0.73±2.48	−0.81±3.94	−1.02±2.34	7.52±17.2	0.17±4.17	−11.5±23.7

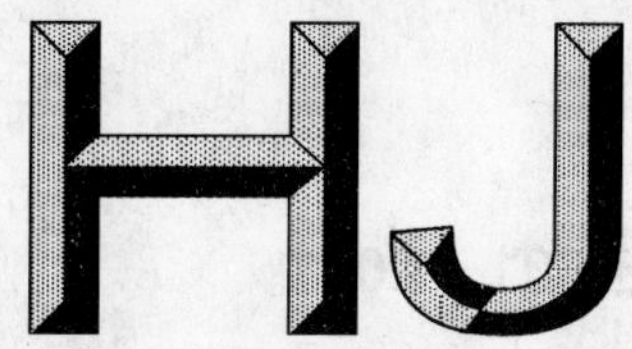

中华人民共和国国家环境保护标准

HJ 601—2011

代替 GB 13197—91

水质　甲醛的测定　乙酰丙酮分光光度法

Water quality—Determination of formaldehyde

—Acetylacetone spectrophotometric method

2011-02-10 发布　　　　2011-06-01 实施

环　境　保　护　部 发布

前 言

为贯彻《中华人民共和国环境保护法》和《中华人民共和国水污染防治法》，保护环境，保障人体健康，规范水中甲醛的监测方法，制定本标准。

本标准中规定了地表水、地下水和工业废水中甲醛的测定方法。

本标准是对《水质 甲醛的测定 乙酰丙酮分光光度法》（GB 13197—91）的修订。

本标准首次发布于 1991 年，原标准起草单位为北京市环境保护监测中心。本次为第一次修订。主要修订的内容如下：

——适用范围增加地下水；

——修订显色条件；

——修订计算公式；

——增加质量保证和质量控制。

自本标准实施之日起，原国家环境保护局 1991 年 8 月 31 日批准、发布的国家环境保护标准《水质 甲醛的测定 乙酰丙酮分光光度法》（GB 13197—91）废止。

本标准由环境保护部科技标准司组织制订。

本标准主要起草单位：中国船舶重工集团公司第七一八研究所。

本标准环境保护部 2011 年 2 月 10 日批准。

本标准自 2011 年 6 月 1 日起实施。

本标准由环境保护部解释。

水质　甲醛的测定　乙酰丙酮分光光度法

1　适用范围

本标准规定了测定水中甲醛的乙酰丙酮分光光度法。

本标准适用于地表水、地下水和工业废水中甲醛的测定，本标准不适用于印染废水。

当试样体积为 25 ml，比色皿光程为 10 mm，方法检出限为 0.05 mg/L，测定范围为 0.20～3.20 mg/L。

2　方法原理

甲醛在过量铵盐存在下，与乙酰丙酮生成黄色的化合物，该有色物质在 414 nm 波长处有最大吸收。有色物质在 3 h 内吸光度基本不变。

化学反应式为：

$$H-\overset{\displaystyle O}{\overset{\|}{C}}-H + NH_3+2(CH_3-\overset{\displaystyle O}{\overset{\|}{C}}-CH_2-\overset{\displaystyle O}{\overset{\|}{C}}-CH_3)\longrightarrow$$

$$CH_3-\overset{\displaystyle O}{\overset{\|}{C}}-CH_2-\underset{\underset{\displaystyle H-C\diagdown N(H)\diagup C-H}{\|\qquad\qquad\|}}{\overset{\displaystyle H\;\;H}{C\diagup\overset{}{C}\diagdown C}}-CH_2-\overset{\displaystyle O}{\overset{\|}{C}}-CH_3+3H_2O$$

3　干扰及消除

水样中乙醛质量浓度小于 3 mg/L，丙醛、丁醛、丙烯醛等分别小于 5 mg/L 时不干扰测定。此外当甲醇为 20 mg/L，苯酚为 50 mg/L，游离氰为 1 mg/L 时未见干扰。

4　试剂和材料

本标准除另有说明外，所用试剂均应为符合国家标准或专业标准的分析纯试剂，实验用水为蒸馏水或同等纯度的水。

4.1　硫酸：$\rho(H_2SO_4)$=1.84 g/ml。

4.2　氢氧化钠：c(NaOH)=1 mol/L。

称取 110 g 氢氧化钠，溶于 100 ml 水中，摇匀，移入聚乙烯容器中，密闭放置至溶液清亮。量取上层清液 54 ml，用水稀释至 1 000 ml，混匀。

4.3　硫酸溶液：$c(1/2\ H_2SO_4)$=1 mol/L。

量取硫酸（4.1）30 ml，缓缓注入 1 000 ml 水中，冷却，混匀。

4.4　硫酸溶液：$c(1/2\ H_2SO_4)$=6 mol/L。

量取硫酸（4.1）180 ml，缓缓注入 850 ml 水中，冷却，混匀。

4.5　碘溶液：$c(1/2I_2)$≈0.05 mol/L。

称取 6.35 g 纯碘和 20 g 碘化钾，先溶于少量水，然后用水稀释至 1 000 ml。碘溶液应保存在带塞的棕色瓶中，并放置在暗处。

4.6　乙酰丙酮溶液：

将 50 g 乙酸铵（CH_3COONH_4）、6 ml 冰乙酸（CH_3COOH）及 0.5 ml 乙酰丙酮（$C_5H_8O_2$）试剂溶于 100 ml 水中。此溶液在 4℃冷藏可稳定保存一个月。

注：乙酰丙酮的纯度对空白试验吸光度有影响。乙酰丙酮应当无色透明，必要时需进行蒸馏精制。

4.7　重铬酸钾基准溶液：$c(1/6K_2Cr_2O_7)$=0.050 0 mol/L。

准确称取在 110～130℃烘 2 h 并冷却至室温的基准重铬酸钾 2.451 6 g，用水溶解后移入 1 000 ml 容量瓶中，用水稀释至标线，摇匀。

4.8　淀粉指示剂：ρ=10 g/L。

称取 1 g 淀粉，加 5 ml 水使其成糊状，在搅拌下将糊状物加到 90 ml 沸腾的水中，煮沸 1～2 min，冷却，稀释至 100 ml。临用现配。

4.9　硫代硫酸钠标准溶液：$c(Na_2S_2O_3 \cdot 5H_2O)$≈0.05 mol/L。

称取 12.5 g 硫代硫酸钠溶于煮沸并冷却后的水中，稀释至 1 000 ml。加入 0.4 g 氢氧化钠，贮于棕色瓶内，放置 2 周后过滤，使用前用重铬酸钾基准溶液（4.7）标定。其标定方法如下：

于 250 ml 碘量瓶内，加入约 1 g 碘化钾（KI）及 50 ml 的水，加入 20.00 ml 重铬酸钾基准溶液（4.7），加入 5 ml 硫酸溶液（4.4），混匀，于暗处放置 5 min。用硫代硫酸钠溶液滴定，待滴定至溶液呈淡黄色时，加入 1 ml 淀粉指示剂（4.8），继续滴定至蓝色刚好褪去，记下用量（V_1）。

硫代硫酸钠标准溶液浓度，由式（1）计算：

$$c_1 = \frac{c_2 \times V_2}{V_1} \tag{1}$$

式中：c_1——硫代硫酸钠标准溶液浓度，mol/L；

c_2——重铬酸钾基准溶液浓度，mol/L；

V_1——滴定时消耗硫代硫酸钠溶液体积，ml；

V_2——取用重铬酸钾基准溶液体积，ml。

4.10　甲醛标准贮备液：ρ(HCHO) ≈1 mg/ml。

配制：吸取 2.8 ml 甲醛试剂（甲醛含量为 36%～38%），用水稀释至 1 000 ml，摇匀。配制好的溶液置 4℃冷藏可保存半年。临用前标定。

标定：移取 20.00 ml 甲醛标准贮备液于 250 ml 碘量瓶中，加入 50.0 ml 碘溶液（4.5），加入 15 ml 氢氧化钠溶液（4.2）混匀，放置 15 min。加 20 ml 硫酸溶液（4.3），混匀，再放置 15 min。以硫代硫酸钠标准溶液（4.9）进行滴定，滴至溶液呈淡黄色时，加 1 ml 淀粉指示剂（4.8），继续滴定至蓝色刚好褪去，记下用量（V）。

同时，另准确移取 20.00 ml 水代替甲醛标准贮备液按同样方法进行空白试验，记下硫代硫酸钠标准溶液用量（V_0）。

甲醛标准贮备液的质量浓度，由式（2）计算：

$$\rho(\text{HCHO}) = \frac{(V_0 - V) \times c_1 \times 15.02 \times 1\,000}{20.00} \tag{2}$$

式中：ρ(HCHO)——甲醛标准贮备液的质量浓度，mg/ml；

V_0——空白试验消耗硫代硫酸钠标准溶液体积，ml；

V——标定甲醛贮备液消耗硫代硫酸钠标准溶液体积，ml；

c_1——硫代硫酸钠标准溶液浓度，mol/L；

15.02——甲醛（1/2HCHO）的摩尔质量，g/mol；

1 000——1 g 等于 1 000 mg；

20.00——移取甲醛标准贮备液的体积，ml。

注 1：淀粉溶液应在滴定近终点时加入。

注 2：滴定应在碘量瓶中进行，并应避免阳光照射。滴定时不应过度摇晃。

4.11 甲醛标准使用溶液

在容量瓶中将甲醛标准贮备液（4.10）逐级用水稀释成每毫升含 10 μg 甲醛的标准使用溶液。临用时配制。

5 仪器和设备

本标准所用量器除另有说明外均应为符合国家标准的 A 级玻璃量器。

5.1 全玻璃蒸馏器 500 ml。

5.2 具塞比色管 25 ml。

5.3 恒温水浴。

5.4 分光光度计。

5.5 一般实验室常用仪器。

6 样品

6.1 采集与保存

样品采集于硬质玻璃瓶或聚乙烯瓶中，采集时应使水样从瓶口溢出后盖上瓶塞塞紧。采样后在每升样品中加入 1 ml 浓硫酸（4.1），使样品的 pH≤2，并在 24 h 内分析。

6.2 试样的制备

6.2.1 无色、不浑浊的清洁地表水和地下水调至中性后，可直接测定。

6.2.2 受污染的地表水、地下水和工业废水按下述方法进行蒸馏。

移取 100.0 ml 试样于蒸馏瓶（5.1）内，加 15 ml 水，加 3～5 ml 浓硫酸（4.1）及数粒玻璃珠，用 100 ml 容量瓶接收馏出液。待蒸出约 95 ml 馏出液时，调节加热温度，降低蒸馏速度，直到馏出液接近 100 ml 时，停止蒸馏，取下接收瓶，用水稀释至标线，摇匀备用。

注 1：在试样预蒸馏时，向试样中加入 15 ml 水，防止有机物含量高的水样在蒸至最后时，有机物在硫酸介质中发生炭化现象而影响甲醛的测定。

注 2：对某些不适于在酸性条件蒸馏的特殊水样，例如含氰化物较高的废水或染料废水、制漆废水等，可用氢氧化钠溶液（4.2）先将水样调至弱碱性（pH=8 左右），进行蒸馏。

7 分析步骤

7.1 校准曲线的绘制

7.1.1 取数支 25 ml 具塞比色管，分别加入 0、0.50、1.00、3.00、5.00、8.00 ml 甲醛标准使用溶液（4.11），

加水至 25 ml。

7.1.2 在上述比色管中分别加入 2.50 ml 乙酰丙酮溶液（4.6），摇匀。于（60±2）℃水浴中加热 15 min，取出冷却。

7.1.3 用 10 mm 比色皿，在波长 414 nm 处，以水为参比测量吸光度。

7.1.4 将系列校准液测得的吸光度 A_s 值扣除空白试验的吸光度 A_b 值，得到校正吸光度 A_r，以校正吸光度 A_r 为纵坐标，以 25 ml 校准液中含有的甲醛量 W 为横坐标，绘制校准曲线，或用最小二乘法计算回归方程，得：

$$A_r = bW + a \tag{3}$$

式中：A_r——校正吸光度；

W——甲醛量，μg；

a——回归方程的截距；

b——回归方程的斜率。

7.2 测定

准确移取适量试样（含甲醛在 80 μg 以内，体积不超过 25 ml）于 25 ml 具塞比色管中，用水稀释至刻度。按 7.1.2、7.1.3 进行测定，减去空白试验所测得的吸光度，从校准曲线（7.1.4）上查出试样中的甲醛量或利用回归方程计算甲醛量。

7.3 空白试验

用 25.00 ml 水代替试样，按 7.2 相同步骤进行平行操作。

8 结果计算

样品中甲醛质量浓度 ρ 按式（4）计算：

$$\rho = \frac{W}{V} \tag{4}$$

式中：ρ——样品中甲醛质量浓度，mg/L；

W——从校准曲线（7.1.4）上查得或利用方程（3）计算的甲醛量，μg；

V——试样的体积，ml。

9 精密度和准确度

七个实验室测定了三个不同质量浓度水平的统一分发水样，甲醛含量分别为 0.35、1.15、11.4 mg/L。

9.1 重复性

实验室内相对标准偏差分别为 3.7%、1.3%、5.4%。

9.2 再现性

实验室间相对标准偏差分别为 11%、6.9%、7.9%。

9.3 准确度

各实验室对甲醛测定的平均回收率分别为 98.5%、92.3%、101%。

10 质量保证与质量控制

10.1 空白试验

每批样品分析需至少做一个全程序空白试验，要求空白值不得超过方法检出限。

条件允许时，采集现场空白样作为现场样的质量控制样，评价采样过程环境、运输对水样的影响。

10.2 校准

10.2.1 校准曲线回归方程的相关系数$\gamma \geq 0.999$。

10.2.2 每批样品应带一个中间校核点，中间校核点测定值与校准曲线相应点浓度的相对偏差应不超过 10%。

10.3 平行分析

每批样品应至少做一次平行样品分析，平行样品分析结果相对允许差小于 20%。

10.4 样品加标回收

加标浓度为原样品浓度的 0.5～2 倍，加标后的总浓度不超过方法的测定上限浓度值，加标回收率应在 80%～120%。

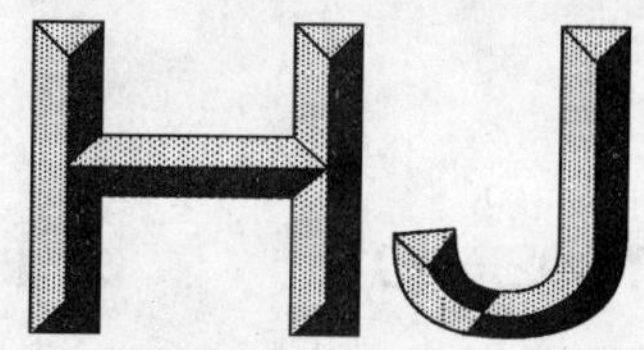

中华人民共和国国家环境保护标准

HJ 602—2011

水质 钡的测定 石墨炉原子吸收分光光度法

Water quality—Determination of barium —Graphite furnace atomic absorption spectrophotometry

2011-02-10 发布　　2011-06-01 实施

环 境 保 护 部 发布

前 言

为贯彻《中华人民共和国环境保护法》和《中华人民共和国水污染防治法》，保护环境，保障人体健康，规范水中钡的测定方法，制定本标准。

本标准规定了测定水中钡的石墨炉原子吸收分光光度法。

本标准为首次发布。

本标准的附录 A 为规范性附录，附录 B 和附录 C 为资料性附录。

本标准由环境保护部科技标准司组织制订。

本标准主要起草单位：长春市环境监测中心站。

本标准验证单位：沈阳市环境监测中心站、大连市环境监测中心、吉林省环境监测中心站、哈尔滨市环境监测中心站、吉林省出入境检验检疫局技术中心和吉林省产品质量监督检验院。

本标准环境保护部 2011 年 2 月 10 日批准。

本标准自 2011 年 6 月 1 日起实施。

本标准由环境保护部解释。

水质 钡的测定 石墨炉原子吸收分光光度法

1 适用范围

本标准规定了测定水中钡的石墨炉原子吸收分光光度法。

本标准适用于地表水、地下水、工业废水和生活污水中可溶性钡和总钡的测定。

当进样量为 20.0 μl 时，本方法的检出限为 2.5 μg/L，测定下限为 10.0 μg/L。

2 规范性引用文件

本标准内容引用了下列文件或其中的条款。凡是不注明日期的引用文件，其有效版本适用于本标准。

HJ/T 91 地表水和污水监测技术规范

HJ/T 164 地下水环境监测技术规范

3 术语和定义

下列术语和定义适用于本标准。

3.1

可溶性钡 soluble barium

指未经酸化的样品经 0.45 μm 滤膜过滤后测定的钡。

3.2

总钡 total quantity of barium

指未经过滤的样品经消解后测定的钡。

4 方法原理

样品经过滤或消解后注入石墨炉原子化器中，钡离子在石墨管内经高温原子化，其基态原子对钡空心阴极灯发射的特征谱线 553.6 nm 产生选择性吸收，其吸光度值与钡的质量浓度成正比。

5 干扰和消除

5.1 试样中钾、钠和镁的质量浓度为 500 mg/L、铬为 10 mg/L、锰为 25 mg/L、铁和锌为 2.5 mg/L、铝为 2 mg/L、硝酸为 5%（体积分数）以下时，对钡的测定无影响。当这些物质的质量浓度超过上述质量浓度时，可采用标准加入法消除其干扰，参见附录 A。标准加入法的适用性判断见附录 B。

5.2 试样中钙的质量浓度大于 5 mg/L 时，对钡的测定产生正干扰。当注入原子化器中钙的质量浓度在 100～300 mg/L 时，钙对钡的干扰不随钙质量浓度变化而变化，根据钙的干扰特征，加入化学改进剂硝酸钙溶液（6.9）既可以消除记忆效应又能提高测定的灵敏度。若试样中钙的质量浓度超过 300 mg/L，应将试样适当稀释后测定。

6 试剂和材料

除非另有说明，分析时均使用符合国家标准的分析纯试剂，实验用水为去离子水或同等纯度的水。

6.1 浓硝酸：$\rho(HNO_3)$=1.42 g/ml，优级纯。

6.2 硝酸溶液：0.5%（体积分数），用浓硝酸（6.1）配制。

6.3 浓硝酸：$\rho(HNO_3)$=1.42 g/ml。

6.4 硝酸溶液：1+9，用浓硝酸（6.3）配制。

6.5 硝酸钡[$Ba(NO_3)_2$]：光谱纯。

6.6 钡标准贮备液：ρ(Ba)=1 000 mg/L。

准确称取 0.190 3 g 硝酸钡（6.5），用硝酸溶液（6.2）溶解并稀释定容至 100 ml，混匀。或购买市售有证标准物质。

6.7 钡标准中间溶液：ρ(Ba)=50.0 mg/L。

准确量取 5.00 ml 钡标准贮备液（6.6）于 100 ml 容量瓶中，用硝酸溶液（6.2）稀释至标线，混匀。贮存于聚乙烯瓶中，4℃下可保存 30 d。

6.8 钡标准使用溶液：ρ(Ba)=1.0 mg/L。

准确量取 2.00 ml 钡标准中间溶液（6.7）于 100 ml 容量瓶中，用硝酸溶液（6.2）稀释至标线，混匀。

6.9 硝酸钙溶液：ρ(Ca)=500 mg/L。

准确称取 2.95 g 硝酸钙[$Ca(NO_3)_2 \cdot 4H_2O$]，用硝酸溶液（6.2）溶解并稀释定容至 1 000 ml，混匀。

6.10 氩气：纯度≥99.9%。

7 仪器和设备

7.1 石墨炉原子吸收分光光度计。

7.2 电热板。

7.3 抽滤装置，孔径为 0.45 μm 醋酸纤维或聚乙烯滤膜。

7.4 样品瓶，500 ml，材质为聚乙烯。

7.5 一般实验室常用仪器和设备。

8 样品

8.1 样品的采集

样品的采集参照 HJ/T 91 和 HJ/T 164 的相关规定进行，可溶性钡和总钡的样品应分别采集。

8.2 样品的保存

8.2.1 可溶性钡样品

样品采集后应尽快用抽滤装置过滤，弃去初始的滤液。收集 100 ml 滤液于样品瓶中，加入 0.5 ml 浓硝酸（6.1），于 4℃下冷藏保存，14 d 内测定。

8.2.2 总钡样品

样品采集后应加入浓硝酸（6.1）酸化至 pH≤2，于 4°C 下冷藏保存，14 d 内测定。

8.3 试样的制备

8.3.1 可溶性钡试样

准确量取 40.0 ml 样品（8.2.1）于 50 ml 容量瓶中，用硝酸钙溶液（6.9）定容至刻度，摇匀，待测。

8.3.2 总钡试样

准确量取 50.0 ml 摇匀后的样品（8.2.2）于聚四氟乙烯烧杯中，加入 3～5 ml 浓硝酸（6.1），在电热板上加热，保持溶液不沸腾（95℃左右），蒸至 5 ml 左右。若溶液浑浊，再补加 2 ml 浓硝酸（6.1），继续加热至溶液透明。将烧杯取下冷却 1 min，加入 20 ml 硝酸溶液（6.2）置于电热板上继续加热（60～70℃）直至残渣溶解。冷却至室温后溶液转移至 50 ml 容量瓶中，用水淋洗烧杯两次，淋洗液全部移至容量瓶中，加入 10 ml 硝酸钙溶液（6.9），用硝酸溶液（6.2）定容至刻度，摇匀，待测。

注 1：在消解过程中切不可将溶液蒸干。如果蒸干，应重新取样进行消解。

注 2：当样品中钙的质量浓度为 100～300 mg/L 时，可溶性钡或总钡样品在试样的制备过程中不需加入硝酸钙溶液（6.9）。

注 3：当样品中钙的质量浓度超过 300 mg/L 时，用硝酸溶液（6.2）稀释样品，使其钙质量浓度范围在 100～300 mg/L。此时，可溶性钡或总钡样品在试样的制备过程中不需加入硝酸钙溶液（6.9）。

8.4 空白试样的制备

用水代替样品，按照 8.3.1 的步骤制备可溶性钡空白试样，按照 8.3.2 的步骤制备总钡空白试样。

9 分析步骤

9.1 仪器调试与校准

9.1.1 参考测量条件

依据仪器操作说明书调节仪器至最佳工作状态，参考测量条件见表 1。

表 1 参考测量条件

测定元素	Ba
光源	钡空心阴极灯
灯电流/mA	25
波长/nm	553.6
狭缝宽度/nm	0.2
干燥温度/℃	110
灰化温度/℃	1 100
原子化温度/℃	2 550
净化温度/℃	2 600
氩气流量/（ml/min）	250
进样体积/μl	20.0

9.1.2 校准曲线的绘制

分别量取 0.00、0.50、1.00、1.50、2.00、2.50 ml 钡标准使用溶液（6.8）于 50 ml 容量瓶中，分别加入 10 ml 硝酸钙溶液（6.9），用硝酸溶液（6.2）定容至标线，摇匀，标准系列质量浓度分别为 0.0、10.0、20.0、30.0、40.0、50.0 μg/L。按照参考测量条件（9.1.1），由低质量浓度到高质量浓度依次测定标准系列的吸光度，以零浓度校正吸光度为纵坐标，以钡的含量（μg/L）为横坐标，绘制校准曲线。

9.2 测定

按照与绘制校准曲线相同条件测定试样的吸光度。

9.3 空白试验

按照与测定（9.2）相同步骤测定空白试样的吸光度。

10 结果计算与表示

10.1 结果计算

样品中钡的质量浓度ρ，按照式（1）进行计算。

$$\rho = \frac{(\rho_1 - \rho_0) \times f \times V_1}{V} \tag{1}$$

式中：ρ——样品中可溶性钡或总钡的质量浓度，μg/L；

ρ_1——由校准曲线上查得的试样中可溶性钡或总钡的质量浓度，μg/L；

ρ_0——由校准曲线上查得的空白试样中可溶性钡或总钡的质量浓度，μg/L；

f——试样稀释比；

V_1——定容体积，ml；

V——样品体积，ml。

10.2 结果表示

当测定结果小于 100 μg/L 时，保留小数点后一位；测定结果大于 100 μg/L 时，保留三位有效数字。

11 精密度和准确度

11.1 精密度

六家实验室对可溶性钡质量浓度分别为 10.0、20.0 和 25.0 μg/L 的统一标准溶液进行了测定，实验室内相对标准偏差分别为 2.9%～5.0%、1.7%～3.5%、2.3%～6.4%；实验室间相对标准偏差分别为 3.4%、1.2%、1.4%；重复性限分别为 1.0、2.1、2.6 μg/L；再现性限分别为 1.3、2.2、3.8 μg/L。

六家实验室对总钡质量浓度分别为 13.0、56.0、91.4 μg/L 的统一实际样品进行了测定，实验室内相对标准偏差分别为 8.2%～11.8%、3.9%～5.7%、2.1%～4.1%；实验室间相对标准偏差分别为 7.6%、6.0%和 5.5%；重复性限分别为 3.8、7.6、8.1 μg/L；再现性限分别为 4.3、9.9、15.9 μg/L。

11.2 准确度

六家实验室对可溶性钡质量浓度分别为 20.0、33.0、38.0 μg/L 的统一标准样品进行了测定，相对误差分别为 0.2%～1.0%、0.7%～3.1%、0.2%～1.6%；相对误差最终值分别为 2.2%±1.7%、1.5%±1.5%、0.8%±1.0%。

六家实验室对可溶性钡质量浓度分别为 10.6、14.9、25.4 μg/L 的统一实际样品进行了加标分析测定，加标质量浓度分别为 5.0、10.0、20.0 μg/L，加标回收率分别为 85%～97%、93%～105%、88%～

96%；加标回收率最终值分别为 91%±8.1%、97%±9.9%、93%±5.5%。

六家实验室对总钡质量浓度分别为 13.0、56.0 和 91.4 μg/L 的统一实际样品进行了加标分析测定，加标质量浓度分别为 5.0、60.0、50.0 μg/L，加标回收率分别为 82%～116%、87%～109%、88%～114%；加标回收率最终值分别为 91%±15%、93%±8.8%、93%±9.9%。

12 质量保证和质量控制

12.1 每分析 10 个样品应进行一次仪器零点校正。

12.2 每次分析样品应绘制校准曲线，相关系数应大于等于 0.995。

12.3 每 10 个样品应分析一个校准曲线的中间点浓度标准溶液，其测定结果与校准曲线该点浓度的相对偏差应小于等于 10%。否则，需重新绘制校准曲线。

12.4 每批样品应做空白试验，其测定结果应低于方法检出限。

12.5 每批样品应至少测定 10%的平行双样，样品数量少于 10 时，应至少测定一个平行双样，测定结果相对偏差应小于 20%。

12.6 每批样品应至少测定 10%的加标样品，样品数量少于 10 时，应至少测定一个加标样品，加标回收率应在 80%～120%。

13 注意事项

13.1 实验所用的玻璃器皿、聚乙烯容器等需先用洗涤剂洗净，再用硝酸溶液（6.4）浸泡 24 h 以上，使用前再依次用自来水和实验用水洗净。

13.2 钡是高温元素，在普通石墨管中易形成难解离的碳化钡，引起记忆效应，使测定灵敏度很低。建议使用优质的热解涂层石墨管或钨、镧等金属涂层石墨管，且分析每一个样品后应高温空烧石墨管。金属涂层石墨管的处理方法见附录 C。

附 录 A
（规范性附录）
标准加入法

A.1 校准曲线的绘制

分别量取四份等量的待测试样，配制总体积相同的四份溶液。第 1 份不加标准溶液，第 2、3、4 份分别按比例加入不同质量浓度的标准溶液，四份溶液的质量浓度分别为ρ_x、$\rho_x+\rho_0$、$\rho_x+2\rho_0$、$\rho_x+3\rho_0$；加入标准溶液ρ_0 的质量浓度应约等于 0.5 倍量的试样质量浓度即$\rho_0\approx0.5\rho_x$。用空白溶液调零，在相同测定条件下依次测定四份溶液的吸光度。以吸光度为纵坐标，加入标准溶液的质量浓度为横坐标，绘制校准曲线，曲线反向延伸与质量浓度轴的交点即为待测试样的质量浓度。该方法只适用于质量浓度和吸光度值呈线性的区域。待测试样质量浓度与对应吸光度的关系，见图 A.1。

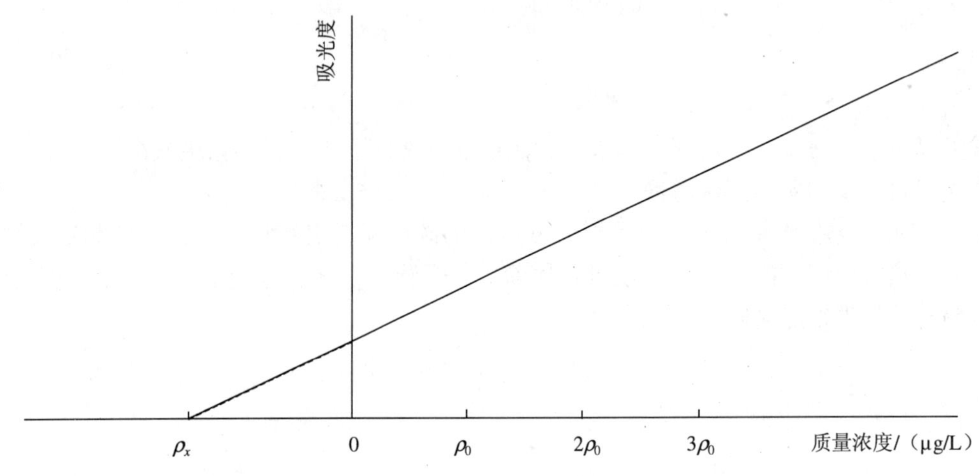

图 A.1 待测元素质量浓度与对应吸光度的关系

A.2 注意事项

A.2.1 加入标准溶液后所引起的体积误差不应超过 0.5%。

A.2.2 采用标准加入法只能消除基体效应带来的影响，不能消除背景吸收的影响。

附 录 B
（资料性附录）
标准加入法的适用性判断

测定待测试样的吸光度为 A，从校准曲线上查得质量浓度为 x。再向待测试样中加入标准溶液，加标质量浓度为 S，测定其吸光度为 B，从校准曲线上查得质量浓度为 y。按照式（B.1）计算待测试样的含量 c：

$$c=\left(\frac{S}{y-x}\right)\times x \tag{B.1}$$

当存在基体效应时，$\frac{S}{y-x}$ 在 0.5～1.5 之间，可用标准加入法，$\frac{S}{y-x}$ 超出此范围时，标准加入法不适用。

附 录 C
（资料性附录）
钨、镧金属涂层石墨管的处理方法

将普通石墨管放入 5%钨酸钾（或硝酸镧）溶液中浸泡 24 h 后取出，在 105℃烘箱中干燥 2 h，用滤纸擦去石墨管两端析出的盐类，置于原子化器中。按照 110℃（15 s）—1 100℃（20 s）—2 550℃（6 s）的程序处理 2～3 次。

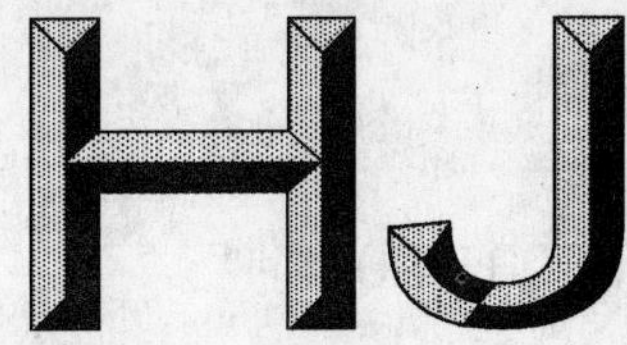

中华人民共和国国家环境保护标准

HJ 603—2011

代替 GB/T 15506—1995

水质　钡的测定
火焰原子吸收分光光度法

Water quality—Determination of barium
—Flame atomic absorption spectrophotometry

2011-02-10 发布　　　　2011-06-01 实施

环　境　保　护　部　发布

前 言

为贯彻《中华人民共和国环境保护法》和《中华人民共和国水污染防治法》，保护环境，保障人体健康，规范水中钡的测定方法，制定本标准。

本标准规定了测定水中钡的火焰原子吸收分光光度法。

本标准是对《水质 钡的测定 原子吸收分光光度法》（GB/T 15506—1995）的修订。

本标准首次发布于 1995 年，原标准起草单位为上海市环境保护科学研究院，本次为第一次修订。本次修订的主要内容如下：

——增加了总钡的测定；

——增加了规范性引用文件；

——增加了干扰和消除条款；

——增加了微波消解预处理方法；

——增加了质量保证和质量控制的规定。

自本标准实施之日起，原国家环境保护总局 1995 年 3 月 15 日批准、发布的国家环境保护标准《水质 钡的测定 原子吸收分光光度法》（GB/T 15506—1995）废止。

本标准的附录 A 为规范性附录，附录 B 为资料性附录。

本标准由环境保护部科技标准司组织制订。

本标准主要起草单位：长春市环境监测中心站。

本标准验证单位：沈阳市环境监测中心站、大连市环境监测中心、吉林省环境监测中心站、哈尔滨市环境监测中心站、吉林省出入境检验检疫局技术中心和吉林省产品质量监督检验院。

本标准环境保护部 2011 年 2 月 10 日批准。

本标准自 2011 年 6 月 1 日起实施。

本标准由环境保护部解释。

水质 钡的测定 火焰原子吸收分光光度法

1 适用范围

本标准规定了测定水中钡的火焰原子吸收分光光度法。

本标准适用于高浓度废水中可溶性钡和总钡的测定。

本方法的检出限为 1.7 mg/L，测定范围为 6.8～500 mg/L。

2 规范性引用文件

本标准内容引用了下列文件或其中的条款。凡是不注明日期的引用文件，其有效版本适用于本标准。

HJ/T 91 地表水和污水监测技术规范

3 术语和定义

下列术语和定义适用于本标准。

3.1

可溶性钡 soluble barium

指未经酸化的样品经 0.45 μm 滤膜过滤后测定的钡。

3.2

总钡 total quantity of barium

指未经过滤的样品经消解后测定的钡。

4 方法原理

样品经过滤或消解后喷入富燃性空气-乙炔火焰，在高温火焰中形成的钡基态原子对钡空心阴极灯发射的 553.6 nm 特征谱线产生选择性吸收，其吸光度值与钡的质量浓度成正比。

5 干扰和消除

5.1 试样中钾、钠、镁、锶、铁、锡和镍的质量浓度为 5 000 mg/L、铬为 500 mg/L、锂为 100 mg/L、硝酸为 10%（体积分数）、高氯酸为 4%（体积分数）、盐酸为 2%（体积分数）以下时，对钡的测定无影响。当这些物质的质量浓度超过上述质量浓度时，可采用标准加入法消除其干扰，参见附录 A。标准加入法的适用性判断见附录 B。

5.2 在空气-乙炔火焰中，样品中的钙生成氢氧化钙分子，在 530.0～560.0 nm 处有一吸收带，当其质量浓度大于 100 mg/L 时，干扰钡的测定。可配制与样品质量浓度相同的钙标准溶液（6.10），在与样品测定相同条件下测定其吸光度，通过扣除该背景吸光度值，消除钙的干扰。

6 试剂和材料

除非另有说明，分析时均使用符合国家标准的分析纯试剂，实验用水为去离子水或同等纯度的水。

6.1 浓硝酸：$\rho(HNO_3)$=1.42 g/ml，优级纯。

6.2 浓硝酸：$\rho(HNO_3)$=1.42 g/ml。

6.3 高氯酸：$\rho(HClO_4)$=1.67 g/ml，优级纯。

6.4 硝酸溶液：1+9，用浓硝酸（6.1）配制。

6.5 硝酸溶液：1+99，用浓硝酸（6.1）配制。

6.6 硝酸溶液：1+9，用浓硝酸（6.2）配制。

6.7 硝酸钡[$Ba(NO_3)_2$]：光谱纯。

6.8 钡标准贮备液：$\rho(Ba)$=1 000 mg/L。

准确称取 1.903 0 g 硝酸钡（6.7），用硝酸溶液（6.5）溶解并稀释定容至 1 000 ml。或购买市售有证标准物质。

6.9 硝酸钙[$Ca(NO_3)_2 \cdot 4H_2O$]。

6.10 钙标准溶液：用硝酸钙（6.9）配制，用于消除钙的干扰测定。

6.11 燃气：乙炔，纯度≥99.6%。

6.12 助燃气：空气，进入燃烧器之前应经过适当过滤以除去其中的水、油和其他杂质。

7 仪器和设备

实验所用的玻璃器皿、聚乙烯容器等需先用洗涤剂洗净，再用硝酸溶液（6.6）浸泡 24 h 以上，使用前再依次用自来水和实验用水洗净。

7.1 火焰原子吸收分光光度计。

7.2 微波消解仪。

7.3 抽滤装置，孔径为 0.45 μm 的醋酸纤维或聚乙烯滤膜。

7.4 电热板。

7.5 样品瓶：材质为聚乙烯。

7.6 一般常用实验室仪器和设备。

8 样品

8.1 样品的采集

样品的采集参照 HJ/T 91 的相关规定进行，可溶性钡和总钡的样品应分别采集。

8.2 样品的保存

8.2.1 可溶性钡样品

样品采集后应尽快用抽滤装置过滤，弃去初始的滤液。收集所需体积的滤液于样品瓶中。每 100 ml 滤液中加入 1 ml 浓硝酸（6.1），于 4℃下冷藏保存，14 d 内测定。

8.2.2 总钡样品

样品采集后应加入浓硝酸（6.1）酸化至 pH≤2，于 4℃下冷藏保存，14 d 内测定。

8.3 试样的制备

8.3.1 可溶性钡试样

参见 8.2.1。

8.3.2 总钡试样

（1）电热板消解法

准确量取 100.0 ml 摇匀后的样品（8.2.2）于 250 ml 烧杯或锥形瓶中，加入 5 ml 浓硝酸（6.1），在电热板上加热，保持溶液不沸腾（95℃左右），蒸至 5 ml 左右。取下后冷却 2 min 左右，再加入 2 ml 高氯酸（6.3），置于电热板上继续加热至白烟将尽。

如溶液呈黏稠状，应再补加 5 ml 浓硝酸（6.1），继续加热，重复上述操作。

注：在消解过程中不得将溶液蒸干。如果蒸干，应重新取样进行消解。

将烧杯或锥形瓶取下后冷却 1 min 左右，加入 20 ml 硝酸溶液（6.5），置于电热板上再加热（60～70℃）直至残渣溶解，冷却至室温后转移至 100 ml 容量瓶中，用水淋洗烧杯或锥形瓶两次，淋洗液全部移至容量瓶中，用硝酸溶液（6.5）定容至刻度，摇匀，待测。

（2）微波消解法

准确量取 45.0 ml 摇匀后的样品（8.2.2）至微波消解罐中，加入 5 ml 浓硝酸（6.1），加盖密封。将微波消解罐放入微波消解仪中，参照表 1 中的条件进行消解。消解完毕后，冷却至室温。将消解液移至 50 ml 容量瓶中，用水定容至刻度，摇匀，待测。

表 1 微波消解仪参考条件

程序	升温时间/min	消解温度	保持时间/min
第一步	10	室温～160℃	5
第二步	10	160～170℃	5

注：本消解方法不宜用于含悬浮物和有机物较高的样品。

8.4 空白试样的制备

用水代替样品，按照 8.3.1 的步骤制备可溶性钡空白试样，按照 8.3.2 的步骤制备总钡空白试样。

9 分析步骤

9.1 仪器调试与校准

9.1.1 参考测量条件

依据仪器操作说明书调节仪器至最佳工作状态，参考测量条件见表 2。

表 2 参考测量条件

测定元素	Ba
测定波长/nm	553.6
灯电流/mA	25
狭缝宽度/nm	0.2
燃烧器高度/mm	10

注 1：点燃乙炔-空气火焰后，应使燃烧器温度达到热平衡后方可进行测定。

注 2：火焰类型和燃烧器高度对于测定钡的灵敏度有很大影响，因此，应严格控制乙炔和空气的比例，准确调节燃烧器高度。

9.1.2 校准曲线的绘制

分别量取 0.00、1.00、5.00、10.00、20.00 和 40.00 ml 钡标准贮备液（6.8）于 100 ml 容量瓶中，用硝酸溶液（6.5）定容至标线，摇匀，标准系列质量浓度分别为 0.0、10.0、50、100、200 和 400 mg/L。按照参考测量条件（9.1.1），由低质量浓度到高质量浓度依次测定标准系列的吸光度。以零质量浓度校正吸光度为纵坐标，以钡的含量（mg/L）为横坐标，绘制校准曲线。

注：采用微波消解法时，标准系列用硝酸溶液（6.4）定容。

9.2 测定

按照与绘制校准曲线相同条件测定试样的吸光度。

9.3 空白试验

按照与测定（9.2）相同步骤测定空白试样的吸光度。

10 结果计算与表示

10.1 结果计算

样品中钡的质量浓度ρ，按照式（1）进行计算。

$$\rho = \frac{(\rho_1 - \rho_0) \times V_1}{V} \tag{1}$$

式中：ρ——样品中可溶性钡或总钡的质量浓度，mg/L；

ρ_1——由校准曲线上查得的试样中可溶性钡或总钡的质量浓度，mg/L；

ρ_0——由校准曲线上查得的空白试样中可溶性钡或总钡的质量浓度，mg/L；

V_1——水样消解后定容体积，ml；

V——样品体积，ml。

10.2 结果表示

测定结果小于 100 mg/L 时，保留小数点后一位；测定结果大于等于 100 mg/L 时，保留三位有效数字。

11 精密度和准确度

11.1 精密度

六家实验室对可溶性钡质量浓度分别为 8.0、10.0 和 20.0 mg/L 的统一标准溶液进行了测定，实验室内相对标准偏差分别为 0.8%～5.1%、1.2%～4.1%、1.0%～2.1%；实验室间相对标准偏差分别为 3.4%、3.1%、1.6%；重复性限分别为 0.8、0.9、1.0 mg/L；再现性限分别为 0.9、2.1、1.0 mg/L。

六家实验室对总钡质量浓度分别为 9.2、16.4 和 45.8 mg/L 的统一实际样品进行了测定，实验室内相对标准偏差分别为 0.3%～4.0%、0.7%～3.9%、0.7%～2.5%；实验室间相对标准偏差分别为 10%、18%、8.4%；重复性限分别为 0.6、1.1、3.8 mg/L；再现性限分别为 1.3、8.4、11.6 mg/L。

11.2 准确度

六家实验室对可溶性钡质量浓度分别为 10.0、20.0 和 50.0 mg/L 的统一标准样品进行了测定，相对误差分别为 0.7%～3.1%、0.2%～1.6%、0.2%～1.0%；相对误差最终值分别为 1.6%±1.6%、1.0%±1.3%、0.5%±0.5%。

六家实验室对总钡质量浓度分别为 9.2、16.4、45.8 mg/L 的统一实际样品样品进行了加标分析测定，加标质量浓度分别为 5.0、15.0、50.0 mg/L，加标回收率分别为 93%～101%、96%～102%、97%～102%；加标回收率最终值分别为 96%±6.2%、97%±6.6%、100%±4.3%。

12 质量保证和质量控制

12.1 每分析 10 个样品应进行一次仪器零点校正。

12.2 每次分析样品均应绘制校准曲线，相关系数应大于等于 0.999。

12.3 每 10 个样品应分析一个校准曲线的中间点浓度标准溶液，其测定结果与校准曲线该点质量浓度的相对偏差应小于等于 10%。否则，需重新绘制校准曲线。

12.4 每批样品应至少做一个空白试验，其测定结果应低于方法检出限。

12.5 每批样品应至少测定 10%的平行双样，样品数量少于 10 时，应至少测定一个平行双样，测定结果相对偏差应小于 20%。

12.6 每批样品应至少测定 10%的加标样品，样品数量少于 10 时，应至少测定一个加标样品，加标回收率应在 85%～115%之间。

附 录 A
（规范性附录）
标准加入法

A.1 校准曲线的绘制

分别量取四份等量的待测试样，配制总体积相同的四份溶液。第 1 份不加标准溶液，第 2、3、4 份分别按比例加入不同质量浓度的标准溶液，四份溶液的质量浓度分别为ρ_x、$\rho_x+\rho_0$、$\rho_x+2\rho_0$、$\rho_x+3\rho_0$；加入标准溶液ρ_0的质量浓度应约等于 0.5 倍量的试样质量浓度即$\rho_0\approx0.5\rho_x$。用空白溶液调零，在相同测定条件下依次测定四份溶液的吸光度。以吸光度为纵坐标，加入标准溶液的质量浓度为横坐标，绘制校准曲线，曲线反向延伸与浓度轴的交点即为待测试样的质量浓度。该方法只适用于质量浓度和吸光度值呈线性的区域。待测试样质量浓度与对应吸光度的关系，见图 A.1。

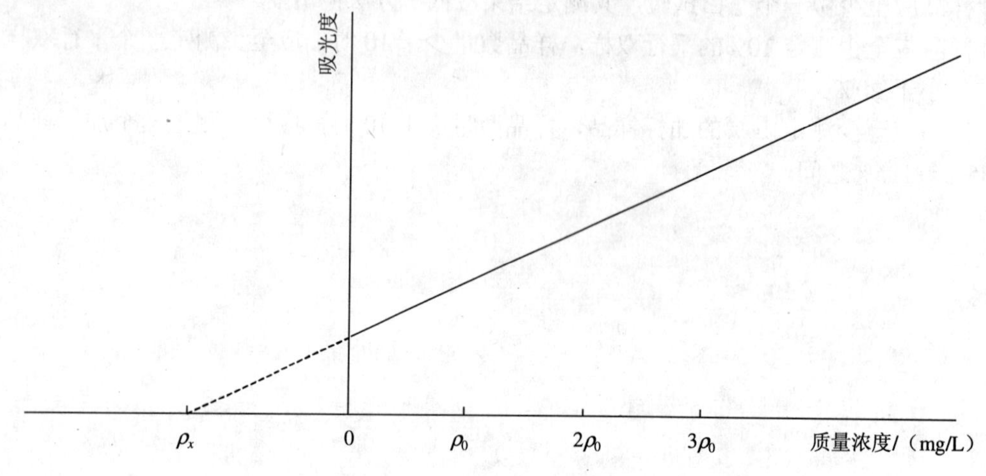

图 A.1 待测试样质量浓度与对应吸光度的关系图

A.2 注意事项

A.2.1 加入标准溶液后所引起的体积误差不应超过 0.5%。

A.2.2 采用标准加入法只能消除基体效应带来的影响，不能消除背景吸收的影响。

附 录 B
（资料性附录）
标准加入法的适用性判断

测定待测试样的吸光度为 A，从校准曲线上查得浓度为 x。再向待测试样中加入标准溶液，加标浓度为 S，测定其吸光度为 B，从校准曲线上查得浓度为 y。按照式（B.1）计算待测试样的含量 c：

$$c=\left(\frac{S}{y-x}\right)\times x \tag{B.1}$$

当存在基体效应时，$\frac{S}{y-x}$ 在 0.5～1.5 之间，可用标准加入法，$\frac{S}{y-x}$ 超出此范围时，标准加入法不适用。

中华人民共和国国家环境保护标准

HJ 604—2011

代替 GB/T 15263—94

环境空气 总烃的测定 气相色谱法

Ambient air—Determination of total hydrocarbons

—Gas chromatographic method

2011-02-10 发布　　　　2011-06-01 实施

环 境 保 护 部 发布

前　言

为贯彻《中华人民共和国环境保护法》和《中华人民共和国大气污染防治法》，保护环境，保障人体健康，规范环境空气中总烃的测定方法，制定本标准。

本标准规定了测定环境空气中总烃的气相色谱法。

本标准是对《环境空气　总烃的测定　气相色谱法》（GB/T 15263—94）的修订。

本标准首次发布于 1995 年，原标准起草单位为甘肃省环境监测中心站。本次为第一次修订。修订的主要内容如下：

——修改了总烃的定义；

——增加了方法原理；

——增加了毛细管空柱测定总烃的方法；

——增加了标准曲线定量计算方法；

——增加了质量保证和质量控制条款。

自本标准实施之日起，原国家环境保护局 1994 年 10 月 26 日批准、发布的国家环境保护标准《环境空气 总烃的测定 气相色谱法》（GB/T 15263—94）废止。

本标准的附录 A 为资料性附录。

本标准由环境保护部科技标准司组织制订。

本标准主要起草单位：常州市环境监测中心站。

本标准验证单位：江苏省环境监测中心、江苏省苏州市环境监测中心站、江苏省南通市环境监测中心站、江苏省镇江市环境监测中心站、江苏省苏州工业园区环境监测中心站和江苏省常州市武进区环境监测站。

本标准环境保护部 2011 年 2 月 10 日批准。

本标准自 2011 年 6 月 1 日起实施。

本标准由环境保护部解释。

环境空气　总烃的测定　气相色谱法

1　适用范围

本标准规定了测定环境空气中总烃的气相色谱法。

本标准适用于环境空气中总烃的测定。

当进样体积为 1.0 ml 时，本方法的检出限为 0.04 mg/m^3，测定下限为 0.16 mg/m^3。

2　术语和定义

下列定义适用于本标准。

总烃　total hydrocarbons

指在本标准规定条件下，用氢火焰检测器所测得气态碳氢化合物及其衍生物的总量，以甲烷计。

3　方法原理

将样品直接注入气相色谱仪，用氢火焰离子化检测器测定样品中总烃和氧二者的总量（以甲烷计），同时用除烃空气代替样品，可以测得氧的含量（以甲烷计），从二者的总量中扣除氧的含量后即为总烃的含量。

4　试剂和材料

除非另有说明，分析时均使用符合国家标准的分析纯化学试剂，实验用水为蒸馏水。

4.1　磷酸：ρ=1.75 g/ml。

4.2　磷酸溶液：$c(H_3PO_4)$=3.3 mol/L。

量取 38 ml 磷酸（4.1）于 100 ml 容量瓶中，用水稀释至标线，混匀。

4.3　除烃空气：总烃含量（含氧峰）≤0.4 mg/m^3（以甲烷计），直接购置或自行制备，参见附录 A。

4.4　甲烷标准气体：10.0 μmol/mol，以氮气为底气。

4.5　燃烧气：氢气，纯度（体积分数）≥99.99%。

4.6　载气：氮气，纯度（体积分数）≥99.99%。

4.7　助燃气：空气，用净化管净化。

4.8　稀释气：高纯氮气，纯度（体积分数）≥99.999%。

5　仪器和设备

5.1　气相色谱仪：具氢火焰离子化检测器。

5.2　进样器：1 ml 气密玻璃注射器或带 1 ml 定量管的六通阀。

5.3　色谱柱

5.3.1　填充柱：材质为不锈钢或硬质玻璃，长 1～2 m，内径 5 mm，内填充硅烷化玻璃微珠（60～80

目），或其他等效填充柱。填充柱制备方法：不锈钢柱的一端用玻璃棉塞住，接真空泵；柱的另一端通过软管接漏斗，将担体慢慢通过漏斗装入色谱柱内。在装担体的同时，开启真空泵抽气，并轻轻敲击色谱柱使担体在色谱柱内填充紧密均匀，填充完毕后用玻璃棉塞住。为防止玻璃棉及担体抽入真空泵，在真空泵和色谱柱之间联结一毛细管和缓冲瓶。

5.3.2　毛细管空柱：15 m×0.53 mm，或其他等效毛细管空柱。

5.3.3　色谱柱的老化：将色谱柱一端接到仪器进样口上，另一端不接检测器，用低流速（填充柱约10 ml/min、毛细管空柱约 4 ml/min）的载气通入，柱温升至 200℃老化约 24 h，然后将色谱柱接入色谱系统，待基线平直为止。

5.4　注射器：1、5、20、50、100 ml，全玻璃材质。

5.5　一般实验室常用仪器和设备。

6　样品

6.1　采样容器的洗涤

注射器使用前应用磷酸溶液（4.2）洗涤，然后用水洗净，干燥后备用。

6.2　样品采集与保存

在人的呼吸带高度，用 100 ml 注射器抽取环境空气样品。在采样前用样品反复抽洗 3 次，然后采集 100 ml 样品，用橡皮帽密封，避光保存，应当天分析完毕。

7　分析步骤

7.1　参考色谱条件

进样口温度：70～100℃

柱温：70℃

检测器温度：150℃

载气：通过填充柱的氮气（4.6）流量 40～50 ml/min，通过毛细管空柱的氮气（4.6）流量 8～10 ml/min。

燃烧气：氢气（4.5）流量约 30 ml/min。

助燃气：空气（4.7）流量约 300 ml/min。

尾吹气：氮气（4.6），通过毛细管空柱的氮气（4.6）流量为 25 ml/min。

进样量：1.0 ml。

7.2　校准

7.2.1　标准系列的制备

用 100 ml 注射器（预先放入一片硬质聚四氟乙烯小片），按 1∶1 体积比，用高纯氮气（4.8）将甲烷标准气体（4.4）逐级稀释，配制 5 个浓度梯度的标准气体，该标准系列的摩尔分数分别为 0.625、1.25、2.50、5.00、10.0 μmol/mol。

7.2.2　绘制标准曲线

由低浓度到高浓度依次抽取 1.0 ml 标准系列（7.2.1），注入气相色谱仪测定，以峰面积为纵坐标，以总烃含量（μmol/mol）为横坐标，绘制标准曲线。

7.2.3　标准色谱图

图 1 和图 2 分别为在本标准规定的色谱条件下，总烃和除烃空气（氧峰）的标准色谱图。

图 1 总烃色谱图（0.184 min） 图 2 除烃空气（氧峰）色谱图（0.185 min）

7.3 测定

取 1.0 ml 待测样品（样品浓度高于标准曲线最高点时，应用除烃空气（4.3）进行适当稀释），按照与绘制标准曲线相同的色谱条件，测定其峰面积。

注：当样品浓度与标气浓度相近时，可进行单点定量测定。

7.4 氧峰测定

取 1.0 ml 除烃空气（4.3），按照与测定（7.3）相同步骤，测定其峰面积。

8 结果计算与表示

8.1 结果计算

8.1.1 标准曲线法

样品中总烃的质量浓度ρ，按照式（1）进行计算。

$$\rho = K(\varphi_1 - \varphi_0)\times\frac{16}{22.4} \tag{1}$$

式中：ρ——样品中总烃的质量浓度（以甲烷计），mg/m^3；

φ_1——从标准曲线上查得的样品中总烃（以甲烷计）的摩尔分数，μmol/mol；

φ_0——从标准曲线上查得的样品中氧（以甲烷计）的摩尔分数，μmol/mol；

K——样品的稀释倍数；

16——甲烷的摩尔质量，g/mol；

22.4——标准状态（273.15 K，101.325 kPa）下，气体的摩尔体积，L/mol。

8.1.2 单点法

样品中总烃的质量浓度ρ，按照式（2）进行计算。

$$\rho = \varphi\times\frac{S}{S_1}\times\frac{16}{22.4} \tag{2}$$

式中：ρ——样品中总烃的质量浓度（以甲烷计），mg/m^3；

φ——甲烷标准气体中甲烷的摩尔分数，μmol/mol；

S——扣除氧峰后样品的峰面积；

S_1——甲烷标准气体的峰面积。

8.2 结果表示

当测定结果小于 1 mg/m^{3}时，保留至小数点后两位；当结果大于 1 mg/m^{3}时，保留三位有效数字。

9 精密度和准确度

9.1 精密度

填充柱：5 家实验室分别对 1.42 mg/m^3 和 3.55 mg/m^3 的甲烷标准样品进行了测定，重复性相对标准偏差分别为 3.3%和 2.2%，再现性相对标准偏差分别为 3.6%和 2.3%。

毛细管空柱：6 家实验室分别对含甲烷质量浓度为 1.47、7.14 和 36.4 mg/m^3 的统一样品进行了测定，实验室内相对标准偏差分别为 1.0%～8.3%、0.0%～2.9%、0.6%～3.7%；实验室间相对标准偏差分别为 4.8%、2.2%、1.6%；重复性限为 0.25、0.31、2.1 mg/m^3；再现性限为 0.30、0.53、2.48 mg/m^3。

9.2 准确度

填充柱：5 家实验室分别对 1.42 mg/m^3 和 3.55 mg/m^3 的甲烷标准样品进行了测定，相对误差分别为 3.5%和–3.8%，环境空气样品加标回收率为 81.7%～111%。

毛细管空柱：6 家实验室分别对含甲烷浓度为 1.47、7.14 和 36.4 mg/m^3 的统一样品进行了测定，相对误差分别为–5.4%～6.8%、–0.8%～5.0%、–1.1%～2.5%；相对误差最终值–0.1%±4.8%、1.0%±2.4%、0.0%±1.6%。6 家实验室对总烃质量浓度范围为 1.36～4.71 mg/m^3 的环境空气样品进行了加标回收测试，加标回收率范围为 84.6%～118%。

10 质量保证和质量控制

10.1 标准曲线的相关系数≥0.995，否则重新绘制标准曲线。

10.2 每分析 20 个样品需测定标准曲线中间浓度校核点，其测定值与校准曲线对应值的相对偏差应≤10%，否则应重新绘制标准曲线。

10.3 每批样品应至少采集 10%的平行样，其测定结果的相对偏差≤10%。

11 注意事项

11.1 采样针筒应在使用之前充分洗净。对注射器作严格的气密性检查。采样针筒应放在密闭采样箱中以避免污染。

11.2 样品采集后，应避光保存，采样针筒需垂直放置。

11.3 样品应恢复至室温后，再进行测定。

附　录　A
（资料性附录）
除烃空气的制备方法

A.1　通过除烃净化装置制备除烃空气

A.1.1　试剂和材料

A.1.1.1　钯催化剂：氯化钯（$PdCl_2$），AR。

A.1.1.2　硅胶：AR。

A.1.1.3　碱石棉：AR。

A.1.1.4　活性炭。

A.1.1.5　5A 分子筛：AR。

A.1.2　钯-6201 催化除烃装置，见图 A.1。

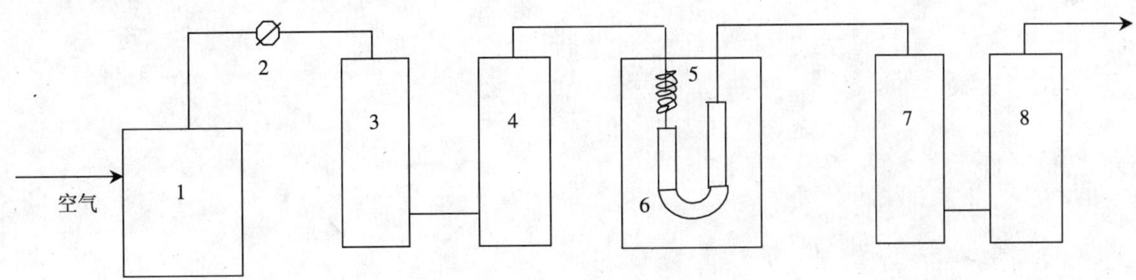

1．无油压缩机；2．稳流阀；3．硅胶及 5A 分子筛；4．活性炭；5．1 m 预热管；
6．高温管式炉（450～500℃）；7．硅胶及 5A 分子筛；8．烧碱石棉。

图 A.1　除烃净化空气装置图（钯催化剂）

A.1.3　操作步骤

A.1.3.1　除烃催化管的制备

U 型管为内径 4 mm 的不锈钢管，内装 10 g 催化剂钯-6201，床层高 7～8 cm，在 U 型管前接 1 m 长，内径 4 mm 的不锈钢预热管。

注：钯-6201 催化剂的制备：取一定量氯化钯（$PdCl_2$），在酸性条件下用去离子水将其溶解，溶液用量要能浸没 10 g 6201 担体（60～80 目）为宜。放置 2 h，在轻轻搅拌下将其蒸干，然后装入 U 型管内，置于加热炉中，在 100℃通入空气烘干 30 min，再升温至 500℃灼烧 4 h，然后将温度降至 400℃，用氮气置换 10 min 后，再通入氢气还原 9 h。再用氮气置换 10 min。即得到黑褐色钯-6201 催化剂。

A.1.3.2　除烃空气的检验

除烃净化空气装置通过室内空气或空气钢瓶，炉温升至 450～500℃，温度恒定 2 h 后，取除烃净化空气至色谱柱（5.3）测定，总烃含量（含氧峰）≤0.4 mg/m^3（以甲烷计），或取除烃净化空气至 GDX-502 柱色谱测定无峰，即认为除烃完全。

A.2 用高纯氮气和高纯氧气制备除烃空气

A.2.1 试剂和材料

A.2.1.1 高纯氮气：纯度≥99.999%。

A.2.1.2 高纯氧气：纯度≥99.999%。

A.2.1.3 玻璃针筒：100 ml，若干。

A.2.2 操作步骤

A.2.2.1 除烃空气的制备

按 4∶1 的体积比抽取高纯氮气（A.2.1.1）和高纯氧气（A.2.1.2）于 100 ml 玻璃针筒（预先放入一片硬质聚四氟乙烯小片）中，混匀。

A.2.2.2 除烃空气的检验

取除烃空气（A.2.2.1）至色谱柱（5.3）测定，总烃含量（含氧峰）≤0.4 mg/m^3（以甲烷计），或取除烃空气（A.2.2.1）至 GDX-502 柱色谱测定无峰，即认为除烃完全。

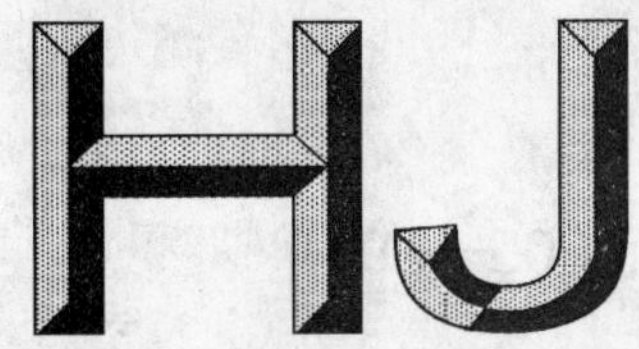

中华人民共和国国家环境保护标准

HJ 605—2011

土壤和沉积物　挥发性有机物的测定　吹扫捕集/气相色谱-质谱法

Soil and sediment—Determination of volatile organic compounds —Purge and trap gas chromatography/mass spectrometry method

2011-02-10 发布　　2011-06-01 实施

环　境　保　护　部　发布

前 言

为贯彻《中华人民共和国环境保护法》，保护环境，保障人体健康，规范土壤和沉积物中挥发性有机物的测定方法，制定本标准。

本标准规定了测定土壤和沉积物中挥发性有机物的吹扫捕集/气相色谱-质谱法。

本标准为首次发布。

本标准的附录 A 为规范性附录，附录 B 和附录 C 为资料性附录。

本标准由环境保护部科技标准司组织制订。

本标准主要起草单位：大连市环境监测中心。

本标准验证单位：辽宁省环境监测实验中心、鞍山市环境监测中心站、江苏省环境监测中心、上海市环境监测中心和河南省环境监测中心站。

本标准环境保护部 2011 年 2 月 10 日批准。

本标准自 2011 年 6 月 1 日起实施。

本标准由环境保护部解释。

土壤和沉积物　挥发性有机物的测定 吹扫捕集/气相色谱-质谱法

警告：实验中所使用的内标、替代物和标准样品均为易挥发的有毒化学品，其溶液配制应在通风橱中进行操作，操作时应按规定要求佩戴防护器具，避免接触皮肤和衣物。

1　适用范围

本标准规定了测定土壤和沉积物中挥发性有机物的吹扫捕集/气相色谱-质谱法。

本标准适用于土壤和沉积物中 65 种挥发性有机物的测定。若通过验证本标准也可适用于其他挥发性有机物的测定。

当样品量为 5 g，用标准四极杆质谱进行全扫描分析时，目标物的方法检出限为 0.2～3.2 μg/kg，测定下限为 0.8～12.8 μg/kg，详见附录 A。

2　规范性引用文件

本标准内容引用了下列文件中的条款。凡是不注明日期的引用文件，其有效版本适用于本标准。

GB 17378.3　海洋监测规范　第 3 部分：样品采集、贮存与运输

HJ/T 166　土壤环境监测技术规范

3　术语和定义

下列术语和定义适用于本标准。

3.1

内标　internal standards

指样品中不含有，但其物理化学性质与待测目标物相似的物质。一般在样品分析之前加入，用于目标物的定量分析。

3.2

替代物　surrogate standards

指样品中不含有，但其物理化学性质与待测目标物相似的物质。一般在样品提取或其他前处理之前加入，通过回收率可以评价样品基体、样品处理过程对分析结果的影响。

3.3

基体加标　matrix spike

指在样品中添加了已知量的待测目标物，用于评价目标物的回收率和样品的基体效应。

3.4

校准确认标准溶液　calibration verification standards

指浓度在校准曲线中间点附近的标准溶液，用于确认校准曲线的有效性。

3.5

运输空白　trip blank

采样前在实验室将一份空白试剂水放入样品瓶中密封，将其带到采样现场。采样时不开封，之后

随样品运回实验室，按与样品相同的操作步骤进行试验，用于检查样品运输过程中是否受到污染。

3.6

全程序空白 whole program blank

采样前在实验室将一份空白试剂水放入样品瓶中密封，将其带到采样现场。与采样的样品瓶同时开盖和密封，之后随样品运回实验室，按与样品相同的操作步骤进行试验，用于检查从样品采集到分析全过程是否受到污染。

4 方法原理

样品中的挥发性有机物经高纯氦气（或氮气）吹扫富集于捕集管中，将捕集管加热并以高纯氦气反吹，被热脱附出来的组分进入气相色谱并分离后，用质谱仪进行检测。通过与待测目标物标准质谱图相比较和保留时间进行定性，内标法定量。

5 试剂和材料

5.1 空白试剂水：二次蒸馏水或通过纯水设备制备的水。

使用前需经过空白检验，确认在目标物的保留时间区间内无干扰色谱峰出现或其中的目标物质量浓度低于方法检出限。

5.2 甲醇（CH_3OH）：农药残留分析纯级。

5.3 标准贮备液：ρ=1 000～5 000 mg/L。

可直接购买市售有证标准溶液，或用标准物质配制。

5.4 标准使用液：ρ=10.0～100.0 mg/L。

易挥发的目标物如二氯二氟甲烷、氯甲烷、三氯氟甲烷、氯乙烷、溴甲烷和氯乙烯等标准使用液需单独配制，保存期通常为一周，其他目标物的标准使用液保存期为一个月，或参照制造商说明配制。

5.5 内标标准溶液：ρ=25 μg/ml。

宜选用氟苯、氯苯-D5 和 1,4-二氯苯-D4 作为内标。可直接购买市售有证标准溶液，或用高质量浓度标准溶液配制。

5.6 替代物标准溶液：ρ=25 μg/ml。

宜选用二溴氟甲烷、甲苯-D8 和 4-溴氟苯作为替代物。可直接购买市售有证标准溶液，或用高质量浓度标准溶液配制。

5.7 4-溴氟苯（BFB）溶液：ρ=25 μg/ml。

可直接购买市售有证标准溶液，或用高质量浓度标准溶液配制。

5.8 氦气：纯度（体积分数）为 99.999%以上。

5.9 氮气：纯度（体积分数）为 99.999%以上。

注：以上所有标准溶液均以甲醇为溶剂，在 4℃以下避光保存或参照制造商的产品说明保存方法。使用前应恢复至室温、混匀。

6 仪器和设备

6.1 样品瓶：具聚四氟乙烯-硅胶衬垫螺旋盖的 60 ml 棕色广口玻璃瓶（或大于 60 ml 其他规格的玻璃瓶）、40 ml 棕色玻璃瓶和无色玻璃瓶。

6.2 采样器：一次性塑料注射器或不锈钢专用采样器。

6.3 气相色谱仪：具分流/不分流进样口，能对载气进行电子压力控制，可程序升温。

6.4 质谱仪：电子轰击（EI）电离源，1 s 内能从 35 u 扫描至 270 u；具 NIST 质谱图库、手动/自动调谐、数据采集、定量分析及谱库检索等功能。

6.5 吹扫捕集装置：吹扫装置能够加热样品至 40℃，捕集管使用 1/3 Tenax、1/3 硅胶、1/3 活性炭混合吸附剂或其他等效吸附剂。若使用无自动进样器的吹扫捕集装置，其配备的吹扫管应至少能够盛放 5 g 样品和 10 ml 的水。

6.6 毛细管柱：30 m×0.25 mm，1.4 μm 膜厚（6%腈丙苯基 94%二甲基聚硅氧烷固定液）；或使用其他等效性能的毛细管柱。

6.7 天平：精度为 0.01 g。

6.8 气密性注射器：5 ml。

6.9 微量注射器：10、25、100、250 和 500 μl。

6.10 棕色玻璃瓶：2 ml，具聚四氟乙烯-硅胶衬垫和实芯螺旋盖。

6.11 一次性巴斯德玻璃吸液管。

6.12 铁铲。

6.13 药勺：聚四氟乙烯或不锈钢材质。

6.14 一般实验室常用仪器和设备。

7 样品

7.1 样品的采集

土壤和沉积物样品的采集分别参照 HJ/T 166 和 GB 17378.3 的相关规定。可在采样现场使用用于挥发性有机物测定的便携式仪器对样品进行目标物含量高低的初筛。所有样品均应至少采集 3 份平行样品，并用 60 ml 样品瓶（或大于 60 ml 其他规格的样品瓶）另外采集一份样品，用于测定高含量样品中的挥发性有机物和样品含水率。

7.1.1 手工进样方式的采样方法

本采样方法适用于无自动进样器的吹扫捕集装置。

用铁铲或药勺将样品尽快采集至 60 ml 样品瓶（或大于 60 ml 其他规格的样品瓶）中，并尽量填满。快速清除掉样品瓶螺纹及外表面上黏附的样品，密封样品瓶。

7.1.2 自动进样方式的采样方法

本采样方法适用于带有自动进样器的吹扫捕集装置。

采样前，在每个 40 ml 棕色样品瓶中放一个清洁的磁力搅拌棒，密封，贴标签并称重（精确至 0.01 g），记录其重量并在标签上注明。采样时，用采样器采集适量样品到样品瓶中，快速清除掉样品瓶螺纹及外表面上黏附的样品，密封样品瓶。

注 1：若使用一次性塑料注射器采集样品，针筒部分的直径应能够伸入 40 ml 样品瓶的颈部。针筒末端的注射器部分在采样之前应切断。一个注射器只能用于采集一份样品。若使用不锈钢专用采样器，采样器需配有助推器，可将土壤推入样品瓶。

注 2：若初步判定样品中目标物含量小于 200 μg/kg 时，采集约 5 g 样品；若初步判定样品中目标物含量大于等于 200 μg/kg 时，应分别采集约 1 g 和 5 g 样品。

7.2 样品的保存

样品采集后应冷藏运输。运回实验室后应尽快分析。实验室内样品存放区域应无有机物干扰，在 4℃以下保存时间为 7 d。

7.3 样品含水率的测定

取 5 g（精确至 0.01 g）样品在（105±5）℃下干燥至少 6 h，以烘干前后样品质量的差值除以烘干前样品的质量再乘以 100，计算样品含水率 w（%），精确至 0.1%。

8 分析步骤

8.1 仪器参考条件

8.1.1 吹扫捕集装置参考条件

吹扫流量：40 ml/min；吹扫温度：40℃；预热时间：2 min；吹扫时间：11 min；干吹时间：2 min；预脱附温度：180℃；脱附温度：190℃；脱附时间：2 min；烘烤温度：200℃；烘烤时间：8 min；传输线温度：200℃。其余参数参照仪器使用说明书进行设定。

8.1.2 气相色谱参考条件

进样口温度：200℃；载气：氦气；分流比：30∶1；柱流量（恒流模式）：1.5 ml/min；升温程序：38℃（1.8 min）→10℃/min→120℃→15℃/min→240℃（2 min）。

8.1.3 质谱参考条件

扫描方式：全扫描；扫描范围：35～270 u；离子化能量：70 eV；电子倍增器电压：与调谐电压一致；接口温度：280℃；其余参数参照仪器使用说明书进行设定。

注 1：为提高灵敏度，也可选用选择离子扫描方式进行分析，其特征离子选择参照附录 B。

8.2 校准

8.2.1 仪器性能检查

用微量注射器移取 1～2 μl BFB 溶液（5.7），直接注入气相色谱仪进行分析或加入到 5 ml 空白试剂水（5.1）中通过吹扫捕集装置注入气相色谱仪进行分析。用四极杆质谱得到的 BFB 关键离子丰度应符合表 1 中规定的标准，否则需对质谱仪的参数进行调整或者考虑清洗离子源。若仪器软件不能自动判定 BFB 关键离子丰度是否符合表 1 标准时，可通过取峰顶扫描点及其前后两个扫描点离子丰度的平均值扣除背景值后获得关键离子丰度，并应符合表 1 标准。背景值的选取可以是 BFB 出峰前 20 次扫描点中的任意一点，该背景值应是柱流失或仪器背景离子产生的。

注 2：使用离子阱或其他类型质谱仪时，BFB 关键离子丰度标准可参照仪器制造商的说明执行。

表 1 BFB 关键离子丰度标准

质量	离子丰度标准	质量	离子丰度标准
50	质量 95 的 8%～40%	174	大于质量 95 的 50%
75	质量 95 的 30%～80%	175	质量 174 的 5%～9%
95	基峰，100%相对丰度	176	质量 174 的 93%～101%
96	质量 95 的 5%～9%	177	质量 176 的 5%～9%
173	小于质量 174 的 2%	—	—

8.2.2 校准曲线的绘制

用微量注射器分别移取一定量的标准使用液（5.4）和替代物标准溶液（5.6）至空白试剂水（5.1）中，配制目标物和替代物质量浓度分别为 5.00、20.0、50.0、100 和 200 μg/L 的标准系列。

用气密性注射器分别量取 5.00 ml 上述标准系列至 40 ml 样品瓶中（若无自动进样器，则直接加入至吹扫管中），分别加入 10.0 μl 内标标准溶液（5.5），使每点的内标质量浓度均为 50.0 μg/L。按照仪器参考条件（8.1），从低浓度到高浓度依次测定，记录标准系列目标物及相对应内标的保留时间、定量离子（第一或第二特征离子）的响应值。

图 1 为在本标准规定的仪器条件下，目标物的总离子流色谱图。

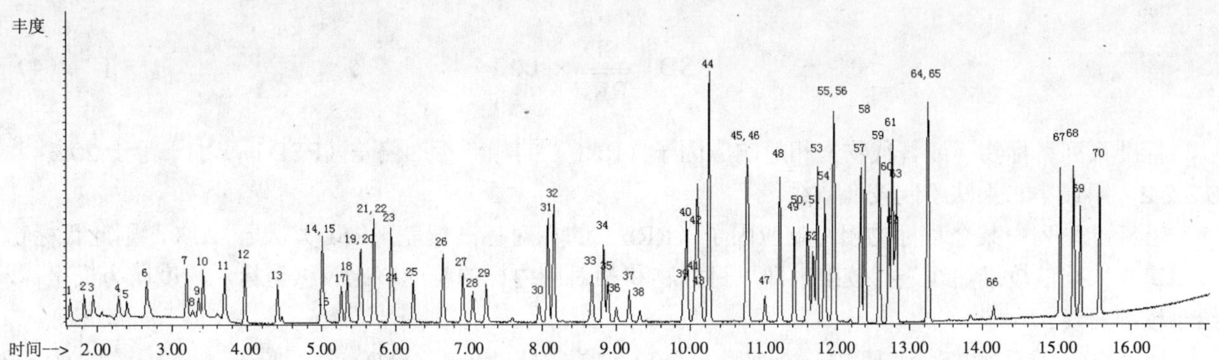

1—二氯二氟甲烷；2—氯甲烷；3—氯乙烯；4—溴甲烷；5—氯乙烷；6—三氯氟甲烷；7—1,1-二氯乙烯；8—丙酮；9—碘甲烷；10—二硫化碳；11—二氯甲烷；12—反式-1,2-二氯乙烯；13—1,1-二氯乙烷；14—2,2-二氯丙烷；15—顺式-1,2-二氯乙烯；16—2-丁酮；17—溴氯甲烷；18—氯仿；19—二溴氟甲烷；20—1,1,1-三氯乙烷；21—四氯化碳；22—1,1-二氯丙烯；23—苯；24—1,2-二氯乙烷；25—氟苯；26—三氯乙烯；27—1,2-二氯丙烷；28—二溴甲烷；29—一溴二氯甲烷；30—4-甲基-2-戊酮；31—甲苯-D8；32—甲苯；33—1,1,2-三氯乙烷；34—四氯乙烯；35—1,3-二氯丙烷；36—2-己酮；37—二溴氯甲烷；38—1,2-二溴乙烷；39—氯苯-D5；40—氯苯；41—1,1,1,2-四氯乙烷；42—乙苯；43—1,1,2-三氯丙烷；44—间,对-二甲苯；45—邻-二甲苯；46—苯乙烯；47—溴仿；48—异丙苯；49—4-溴氟苯；50—溴苯；51—1,1,2,2-四氯乙烷；52—1,2,3-三氯丙烷；53—正丙苯；54—2-氯甲苯；55—1,3,5-三甲基苯；56—4-氯甲苯；57—叔丁基苯；58—1,2,4-三甲基苯；59—仲丁基苯；60—1,3-二氯苯；61—4-异丙基甲苯；62—1,4-二氯苯-D4；63—1,4-二氯苯；64—正丁基苯；65—1,2-二氯苯；66—1,2-二溴-3-氯丙烷；67—1,2,4-三氯苯；68—六氯丁二烯；69—萘；70—1,2,3-三氯苯。

图 1　目标物的总离子流色谱图

8.2.2.1　用平均相对响应因子绘制校准曲线

标准系列第 i 点中目标物（或替代物）的相对响应因子（RRF_i），按照式（1）进行计算：

$$RRF_i = \frac{A_i}{A_{ISi}} \times \frac{\rho_{ISi}}{\rho_i} \tag{1}$$

式中：RRF_i——标准系列中第 i 点目标物（或替代物）的相对响应因子；

A_i——标准系列中第 i 点目标物（或替代物）定量离子的响应值；

A_{ISi}——标准系列中第 i 点与目标物（或替代物）相对应内标定量离子的响应值；

ρ_{ISi}——标准系列中内标的质量浓度，50 μg/L；

ρ_i——标准系列中第 i 点目标物（或替代物）的质量浓度，μg/L。

目标物（或替代物）的平均相对响应因子 $\overline{RRF}$，按照式（2）进行计算：

$$\overline{RRF} = \frac{\sum_{i=1}^{n} RRF_i}{n} \tag{2}$$

式中：$\overline{RRF}$——目标物（或替代物）的平均相对响应因子；

RRF_i——标准系列中第 i 点目标物（或替代物）的相对响应因子；

n——标准系列点数，5。

RRF 的标准偏差（SD），按照式（3）进行计算：

$$\mathrm{SD}=\sqrt{\frac{\sum_{i=1}^{n}(\mathrm{RRF}_i-\overline{\mathrm{RRF}})^2}{n-1}} \tag{3}$$

RRF 的相对标准偏差（RSD），按照式（4）进行计算：

$$\mathrm{RSD}=\frac{\mathrm{SD}}{\overline{\mathrm{RRF}}}\times 100\% \tag{4}$$

标准系列目标物（或替代物）相对响应因子（RRF）的相对标准偏差（RSD）应小于等于 20%。

8.2.2.2　用最小二乘法绘制校准曲线

若标准系列中某个目标物相对响应因子（RRF）的相对标准偏差（RSD）大于 20%，则此目标物需用最小二乘法校准曲线进行校准。即以目标物和相对应内标的响应值比为纵坐标，浓度比为横坐标，绘制校准曲线。

注 3：若标准系列中某个目标物相对响应因子（RRF）的相对标准偏差（RSD）大于 20%，则此目标物也可以采用非线性拟合曲线进行校准，其相关系数应大于等于 0.99。

8.3　测定

测定前，先将样品瓶从冷藏设备中取出，使其恢复至室温。

8.3.1　低含量样品的测定

若初步判定样品中挥发性有机物含量小于 200 μg/kg 时，用 5 g 样品直接测定；初步判定含量为 200～1 000 μg/kg 时，用 1 g 样品直接测定。

8.3.1.1　若吹扫捕集装置无自动进样器时，先将吹扫管称重，加入标准溶液适量样品后再次称重（精确至 0.01 g），将吹扫管装入吹扫捕集装置。用微量注射器分别加入 10.0 μl 内标（5.5）和 10.0 μl 替代物标准溶液（5.6）至用气密性注射器量取的 5.0 ml 空白试剂水（5.1）中作为试料，放入吹扫管中，按照仪器参考条件（8.1）进行测定。

8.3.1.2　若吹扫捕集装置带有自动进样器时，将 7.1.2 中的样品瓶轻轻摇动，确认样品瓶中的样品能够自由移动，称量并记录样品瓶重量（精确至 0.01 g）。用气密性注射器量取 5.0 ml 空白试剂水（5.1）、用微量注射器分别量取 10.0 μl 内标标准溶液（5.5）和 10.0 μl 替代物标准溶液（5.6）加入样品瓶中，按照仪器参考条件（8.1）进行测定。

注 4：当用 1 g 样品分析时，若目标物未检出，需重新分析 5 g 样品；若目标物质量浓度超过了标准系列最高点，应按照高含量样品测定方法（8.3.2）重新分析样品。

8.3.2　高含量样品的测定

对于初步判定目标物含量大于 1 000 μg/kg 的样品，从 60 ml 样品瓶（或大于 60 ml 其他规格的样品瓶）中取 5 g 左右样品于预先称重的 40 ml 无色样品瓶中，称重（精确至 0.01 g）。迅速加入 10.0 ml 甲醇（5.2），盖好瓶盖并振摇 2 min。静置沉降后，用一次性巴斯德玻璃吸液管移取约 1 ml 提取液至 2 ml 棕色玻璃瓶中，必要时，提取液可进行离心分离。用微量注射器分别量取 10.0～100 μl 提取液、10.0 μl 内标标准溶液（5.5）和 10.0 μl 替代物标准溶液（5.6）至用气密性注射器量取的 5.0 ml 空白试剂水（5.1）中作为试料，放入 40 ml 样品瓶中（若无自动进样器，则直接放入吹扫管中），按照仪器参考条件（8.1）进行测定。

注 5：若提取液不能立即分析，可于 4℃以下暗处保存，保存时间为 14 d，分析前应恢复至室温。

注 6：若提取液中目标物质量浓度超过标准系列最高点，提取液可用甲醇适当稀释后测定；若采用高含量样品测定方法，当取 100 μl 提取液进行分析，目标物质量浓度低于标准系列最低点时，应采用低含量样品测定方法重新分析样品。

8.3.3 空白试验

用微量注射器分别量取 10.0 µl 内标标准溶液（5.5）和 10.0 µl 替代物标准溶液（5.6）至用气密性注射器量取的 5.0 ml 空白试剂水（5.1）中，作为空白试料。再将空白试料加入至 40 ml 样品瓶中（若无自动进样器，则直接放入吹扫管中），按照仪器参考条件（8.1）进行测定。

9 结果计算与表示

9.1 目标物的定性分析

目标物以相对保留时间（或保留时间）和与标准物质质谱图比较进行定性。

9.2 目标物的定量分析

根据目标物和内标第一特征离子的响应值进行计算。当样品中目标物的第一特征离子有干扰时，可以使用第二特征离子定量，具体见附录 B。

9.2.1 试料中目标物（或替代物）质量浓度 ρ_{ex} 的计算

9.2.1.1 用平均相对响应因子计算

当目标物（或替代物）采用平均相对响应因子进行校准时，试料中目标物的质量浓度 ρ_{ex} 按照式（5）进行计算：

$$\rho_{ex} = \frac{A_x \times \rho_{IS}}{A_{IS} \times \overline{RRF}} \tag{5}$$

式中：ρ_{ex}——试料中目标物（或替代物）的质量浓度，µg/L；

A_x——目标物（或替代物）定量离子的响应值；

A_{IS}——与日标物（或替代物）相对应内标定量离了的响应值；

ρ_{IS}——内标物的质量浓度，50 µg/L；

$\overline{RRF}$——目标物（或替代物）的平均相对响应因子。

9.2.1.2 用线性或非线性校准曲线计算

当目标物采用线性或非线性校准曲线进行校准时，试料中目标物质量浓度 ρ_{ex} 通过相应的校准曲线计算。

9.2.2 对于低含量样品，样品中目标物的含量（µg/kg）按照式（6）进行计算：

$$\omega = \frac{\rho_{ex} \times 5 \times 100}{m \times (100 - w)} \tag{6}$$

式中：ω——样品中目标物的含量，µg/kg；

5——试料体积，ml；

ρ_{ex}——试料中目标物的质量浓度，µg/L；

w——样品的含水率，%；

m——样品量，g。

9.2.3 对于高含量样品，样品中目标物的含量（µg/kg）按照式（7）进行计算：

$$\omega = \frac{\rho_{ex} \times V_c \times 5 \times K \times 100}{m \times (100 - w) \times V_s} \tag{7}$$

式中：ω——样品中目标物的含量，µg/kg；

5——试料体积，ml；

ρ_{ex}——试料中目标物的质量浓度，μg/L；

V_c——提取液体积，ml；

m——样品量，g；

V_s——用于吹扫的提取液体积，ml；

w——样品的含水率，%；

K——提取液的稀释倍数。

注：若样品含水率大于 10%时，提取液体积 V_c 应为甲醇与样品中水的体积之和；若样品含水率小于等于 10%，提取液体积 V_c 为 10 ml。

9.3 结果表示

9.3.1 当测定结果小于 100 μg/kg 时，保留小数点后 1 位；当测定结果大于等于 100 μg/kg 时，保留 3 位有效数字。

9.3.2 当使用本标准中规定的毛细管柱时，间对二甲苯分不开测定结果为间二甲苯和对二甲苯两者之和。

10 精密度和准确度

10.1 精密度

五家实验室分别对 5.0 μg/kg 和 100 μg/kg 的统一样品进行了测定，实验室内相对标准偏差分别为：1.0%～38.6%、1.0%～15.6%；实验室间相对标准偏差分别为 0.2%～57.4%、0.3%～15.0%；重复性限分别为 0.1～2.9 μg/kg、7.8～31.5 μg/kg；再现性限分别为 1.0～5.6 μg/kg、11.5～44.3 μg/kg。

10.2 准确度

五家实验室分别对加标量为 250 ng 的土壤和沉积物样品进行了加标分析测定，加标回收率分别为 65.8%～110%、62.6%～106%。

精密度和准确度结果详见附录 C。

11 质量保证和质量控制

11.1 目标物定性

11.1.1 当使用相对保留时间定性时，样品中目标物相对保留时间（RRT）与校准曲线中该目标物相对保留时间（RRT）的差值应在 0.06 以内。目标物的相对保留时间（RRT）按照式（8）进行计算：

$$\mathrm{RRT}=\frac{\mathrm{RT}_x}{\mathrm{RT}_{\mathrm{IS}}} \tag{8}$$

式中：RRT——目标物的相对保留时间，min；

RT_x——目标物的保留时间，min；

$\mathrm{RT}_{\mathrm{IS}}$——与目标物相对应内标的保留时间，min。

11.1.2 扣除谱图背景后，将实际样品的质谱图与校准确认标准溶液的质谱图比较，实际样品中目标物质谱图中特征离子的相对丰度变化应在校准确认标准溶液的±30%之内。

注：特征离子指目标物质谱图中三个相对丰度最大的离子，若质谱图中没有三个相对丰度最大的离子时，则指相对丰度超过 30%的所有离子。

11.2 每批样品分析之前或 24 h 之内，需进行仪器性能检查，测定校准确认标准溶液和空白试验样品。

11.3 校准

11.3.1 校准曲线中部分目标物的最小相对响应因子应大于等于表 A.1 中规定的限值。所要定量的目标物相对响应因子（RRF）的 RSD 应小于等于 20%；或线性、非线性校准曲线相关系数大于等于 0.99，否则需更换捕集管、色谱柱或采取其他措施，然后重新绘制校准曲线。当采用最小二乘法绘制线性校准曲线时，将校准曲线最低点的响应值代入曲线计算，目标物的计算结果应为实际值的 70%～130%。

11.3.2 校准确认标准溶液应在仪器性能检查之后进行分析。校准确认标准溶液中内标与校准曲线中间点内标比较，保留时间的变化不超过 10 s，定量离子峰面积变化在 50%～200%。

校准确认标准溶液中监测方案要求测定的目标物，其测定值与加入浓度值的比值在 80%～120%，否则在分析样品前应采取校正措施。若校正措施无效，则应重新绘制校准曲线。

11.4 样品

11.4.1 空白试验分析结果应满足如下任一条件的最大者：

（1）目标物浓度小于方法检出限；

（2）目标物浓度小于相关环保标准限值的 5%；

（3）目标物浓度小于样品分析结果的 5%。

若空白试验未满足以上要求，则应采取措施排除污染并重新分析同批样品。当分析空白试验样品时发现苯和苯乙烯出现异常高值，表明 Tenax 可能变质失效，需进行确认，必要时需更换捕集管。

11.4.2 每批样品应至少采集一个运输空白和一个全程序空白样品。若怀疑样品受到污染，则需分析该空白样品，其测定结果应满足空白试验的控制指标（11.4.1），否则需查找原因，采取措施排除污染后重新采集样品分析。

11.4.3 每批样品分析之前或 24 h 之内，需进行仪器性能检查，测定校准确认标准溶液和空白试验样品。

11.4.4 每批样品（最多 20 个）应选择一个样品进行平行分析或基体加标分析。所有样品中替代物加标回收率均应在 70%～130%，否则应重复分析该样品。若重复测定替代物回收率仍不合格，说明样品存在基体效应。此时应分析一个空白加标样品，其中的目标物回收率应在 70%～130%。

若初步判定样品中含有目标物，则须分析一个平行样，平行样品中替代物相对偏差应在 25%以内；若初步判定样品中不含有目标物，则须分析该样品的加标样品，该样品及加标样品中替代物相对偏差应在 25%以内。

12 注意事项

12.1 主要污染来自溶剂、试剂、不纯的惰性吹扫气体、玻璃器皿和其他样品处理设备。应使用纯化后的溶剂、试剂和惰性吹扫气体，样品贮存和分析时应尽量避免实验室中其他溶剂的污染，玻璃器皿和其他样品处理设备应清洗干净，不应使用非聚四氟乙烯密封垫圈、塑料管或橡胶组分的流量控制器，气相色谱载气管线及吹扫气管线应是不锈钢管或铜管，实验室分析人员的衣物不应有溶剂污染，特别是二氯甲烷污染。

12.2 在分析完高含量样品后，应分析一个或多个空白试验样品检查交叉污染。

12.3 若样品中含有大量水溶性物质、悬浮物、高沸点有机化合物或高含量有机化合物，在分析完后需用肥皂水和空白试剂水（5.1）清洗吹扫装置和进样针，然后在烘箱中 105℃烘干。

12.4 若样品中有些高沸点有机化合物被吹脱出来，它们将在目标物之后流出色谱柱。在程序升温完成后，气相色谱应有烘烤时间确保高沸点有机化合物流出色谱柱。

12.5 酮类物质的吹扫温度升至 80℃，吹扫捕集效率和回收率可明显提高。

附 录 A
（规范性附录）
目标物的检出限、测定下限和最小相对响应因子

表 A.1 给出了目标物的检出限、测定下限和最小相对响应因子。

表 A.1 目标物的检出限、测定下限和最小相对响应因子

序号	目标物中文名称	目标物英文名称	检出限/（μg/kg）	测定下限/（μg/kg）	最小相对响应因子
1	二氯二氟甲烷	dichlorodifluoromethane	0.4	1.6	0.1
2	氯甲烷	chloromethane	1.0	4.0	0.1
3	氯乙烯	chloroethene	1.0	4.0	0.1
4	溴甲烷	bromomethane	1.1	4.4	0.1
5	氯乙烷	chloroethane	0.8	3.2	0.1
6	三氯氟甲烷	trichlorofluoromethane	1.1	4.4	0.1
7	1,1-二氯乙烯	1,1-dichloroethene	1.0	4.0	0.1
8	丙酮	acetone	1.3	5.2	0.1
9	碘甲烷	iodo-methane	1.1	4.4	—
10	二硫化碳	carbon disulfide	1.0	4.0	0.1
11	二氯甲烷	methylene chloride	1.5	6.0	0.1
12	反式-1,2-二氯乙烯	*trans*-1,2-dichloroethene	1.4	5.6	0.1
13	1,1-二氯乙烷	1,1-dichloroethane	1.2	4.8	0.2
14	2,2-二氯丙烷	2,2-dichloropropane	1.3	4.2	—
15	顺式-1,2-二氯乙烯	*cis*-1,2-dichloroethene	1.3	4.2	0.1
16	2-丁酮	2-butanone	3.2	13	0.1
17	溴氯甲烷	bromochloromethane	1.4	5.2	—
18	氯仿	chloroform	1.1	4.4	0.2
19	二溴氟甲烷	dibromofluoromethane	—	—	—
20	1,1,1-三氯乙烷	1,1,1-trichloroethane	1.3	5.2	—
21	四氯化碳	carbon tetrachloride	1.3	5.2	0.1
22	1,1-二氯丙烯	1,1-dichloropropene	1.2	4.8	—
23	苯	benzene	1.9	7.6	0.5
24	1,2-二氯乙烷	1,2-dichloroethane	1.3	5.2	0.1
25	氟苯	fluorobenzene	—	—	—
26	三氯乙烯	trichloroethylene	1.2	4.8	0.2
27	1,2-二氯丙烷	1,2-dichloropropane	1.1	4.4	0.1
28	二溴甲烷	dibromomethane	1.2	4.8	—
29	一溴二氯甲烷	bromodichloromethane	1.1	4.4	—
30	4-甲基-2-戊酮	4-methyl-2-pentanone	1.8	7.2	—
31	甲苯-D8	toluene-D8	—	—	—
32	甲苯	toluene	1.3	5.2	0.4
33	1,1,2-三氯乙烷	1,1,2-trichloroethane	1.2	4.8	—
34	四氯乙烯	tetrachloroethylene	1.4	5.6	0.2
35	1,3-二氯丙烷	1,3-dichloropropane	1.1	4.4	—
36	2-己酮	2-hexanone	3.0	12	—
37	二溴氯甲烷	dibromochloromethane	1.1	4.4	0.1

续表

序号	目标物中文名称	目标物英文名称	检出限/（μg/kg）	测定下限/（μg/kg）	最小相对响应因子
38	1,2-二溴乙烷	1,2-dibromoethane	1.1	4.4	—
39	氯苯-D5	chlorobenzene-D5	—	—	—
40	氯苯	chlorobenzene	1.2	4.8	0.5
41	1,1,1,2-四氯乙烷	1,1,1,2-tetrachloroethane	1.2	4.8	—
42	乙苯	ethylbenzene	1.2	4.8	0.1
43	1,1,2-三氯丙烷	1,1,2-trichloropropane	1.2	4.8	—
44/45	间,对-二甲苯	*m,p*-xylene	1.2	4.8	0.1
46	邻-二甲苯	*o*-xylene	1.2	4.8	0.3
47	苯乙烯	styrene	1.1	4.4	0.3
48	溴仿	bromoform	1.5	6.0	0.1
49	异丙苯	isopropylbenzene	1.2	4.8	0.1
50	4-溴氟苯	4-bromofluorobenzene	—	—	—
51	溴苯	bromobenzene	1.3	5.2	—
52	1,1,2,2-四氯乙烷	1,1,2,2-tetrachloroethane	1.2	4.8	0.3
53	1,2,3-三氯丙烷	1,2,3-trichloropropane	1.2	4.8	—
54	正丙苯	*n*-propylbenzene	1.2	4.8	—
55	2-氯甲苯	2-chlorotoluene	1.3	5.2	—
56	1,3,5-三甲基苯	1,3,5-trimethylbenzene	1.4	5.6	—
57	4-氯甲苯	4-chlorotoluene	1.3	5.2	—
58	叔丁基苯	tert-butylbenzene	1.2	4.8	—
59	1,2,4-三甲基苯	1,2,4-trimethylbenzene	1.3	5.2	—
60	仲丁基苯	sec-butylbenzene	1.1	4.4	—
61	1,3-二氯苯	1,3-dichlorobenzene	1.5	6.0	0.6
62	4-异丙基甲苯	*p*-isopropyltoluene	1.3	5.2	—
63	1,4-二氯苯-D4	1,4-dichlorobenzene-D4	—	—	—
64	1,4-二氯苯	1,4-dichlorobenzene	1.5	6.0	0.5
65	正丁基苯	*n*-butylbenzene	1.7	6.8	—
66	1,2-二氯苯	1,2-dichlorobenzene	1.5	6.0	0.4
67	1,2-二溴-3-氯丙烷	1,2-dibromo-3-chloropropane	1.9	7.6	0.05
68	1,2,4-三氯苯	1,2,4-trichlorobenzene	0.3	1.2	0.2
69	六氯丁二烯	hexachlorobutadiene	1.6	6.4	—
70	萘	naphthalene	0.4	1.6	—
71	1,2,3-三氯苯	1,2,3-trichlorobenzene	0.2	0.8	—

注：没有规定最小相对响应因子的化合物，其最小相对响应因子不作限值规定。

附 录 B
（资料性附录）
目标物的定量参数

表 B.1 给出了目标物的出峰顺序、定量内标、第一特征离子和第二特征离子等测定参数。

表 B.1 目标物的定量参数

序号	目标物中文名称	目标物英文名称	CAS No.	出峰顺序	类型	定量内标	第一特征离子（m/z）	第二特征离子（m/z）
1	二氯二氟甲烷	dichlorodifluoromethane	75-71-8	1	目标物	1	85	87
2	氯甲烷	chloromethane	74-87-3	2	目标物	1	50	52
3	氯乙烯	chloroethene	75-01-4	3	目标物	1	62	64
4	溴甲烷	bromomethane	74-83-9	4	目标物	1	94	96
5	氯乙烷	chloroethane	75-00-3	5	目标物	1	64	66
6	三氯氟甲烷	trichlorofluoromethane	75-69-4	6	目标物	1	101	103
7	1,1-二氯乙烯	1,1-dichloroethene	75-35-4	7	目标物	1	96	61，63
8	丙酮	acetone	67-64-1	8	目标物	1	58	43
9	碘甲烷	iodo-methane	74-88-4	9	目标物	1	142	127，141
10	二硫化碳	carbon disulfide	75-15-0	10	目标物	1	76	78
11	二氯甲烷	methylene chloride	75-09-2	11	目标物	1	84	86，49
12	反式-1,2-二氯乙烯	*trans*-1,2-dichloroethene	156-60-5	12	目标物	1	96	61，98
13	1,1-二氯乙烷	1,1-dichloroethane	75-34-3	13	目标物	1	63	65，83
14	2,2-二氯丙烷	2,2-dichloropropane	594-20-7	14	目标物	1	77	97
15	顺式-1,2-二氯乙烯	*cis*-1,2-dichloroethene	156-59-2	15	目标物	1	96	61，98
16	2-丁酮	2-butanone	78-93-3	16	目标物	1	72	43
17	溴氯甲烷	bromochloromethane	74-97-5	17	目标物	1	128	49，130
18	氯仿	chloroform	67-66-3	18	目标物	1	83	85
19	二溴氟甲烷	dibromofluoromethane	1868-53-7	19	替代物	1	113	—
20	1,1,1-三氯乙烷	1,1,1-trichloroethane	71-55-6	20	目标物	1	97	99，61
21	四氯化碳	carbon tetrachloride	56-23-5	21	目标物	1	117	119
22	1,1-二氯丙烯	1,1-dichloropropene	563-58-6	22	目标物	1	75	110，77
23	苯	benzene	71-43-2	23	目标物	1	78	—
24	1,2-二氯乙烷	1,2-dichloroethane	107-06-2	24	目标物	1	62	98
25	氟苯	fluorobenzene	462-06-6	25	内标 1	—	96	—
26	三氯乙烯	trichloroethylene	79-01-6	26	目标物	1	95	97，130
27	1,2-二氯丙烷	1,2-dichloropropane	78-87-5	27	目标物	1	63	112
28	二溴甲烷	dibromomethane	74-95-3	28	目标物	1	93	95，174
29	一溴二氯甲烷	bromodichloromethane	75-27-4	29	目标物	1	83	85，127
30	4-甲基-2-戊酮	4-methyl-2-pentanone	108-10-1	30	目标物	1	100	43
31	甲苯-D8	toluene-D8	2037-26-5	31	替代物	2	98	—
32	甲苯	toluene	108-88-3	32	目标物	2	92	91
33	1,1,2-三氯乙烷	1,1,2-trichloroethane	79-00-5	33	目标物	2	83	97，85
34	四氯乙烯	tetrachloroethylene	127-18-4	34	目标物	2	164	129，131
35	1,3-二氯丙烷	1,3-dichloropropane	142-28-9	35	目标物	2	76	78

续表

序号	目标物中文名称	目标物英文名称	CAS No.	出峰顺序	类型	定量内标	第一特征离子（m/z）	第二特征离子（m/z）
36	2-己酮	2-hexanone	591-78-6	36	目标物	2	43	58，57
37	二溴氯甲烷	dibromochloromethane	124-48-1	37	目标物	2	129	127
38	1,2-二溴乙烷	1,2-dibromoethane	106-93-4	38	目标物	2	107	109，188
39	氯苯-D5	chlorobenzene-D5	3114-55-4	39	内标 2	—	117	—
40	氯苯	chlorobenzene	108-90-7	40	目标物	2	112	77，114
41	1,1,1,2-四氯乙烷	1,1,1,2-tetrachloroethane	630-20-6	41	目标物	2	131	133，119
42	乙苯	ethylbenzene	100-41-4	42	目标物	2	106	91
43	1,1,2-三氯丙烷	1,1,2-trichloropropane	598-77-6	43	目标物	2	63	—
44/45	间，对-二甲苯	*m,p*-xylene	108-38-3/ 106-42-3	44	目标物	2	106	91
46	邻-二甲苯	*o*-xylene	95-47-6	45	目标物	2	106	91
47	苯乙烯	styrene	100-42-5	46	目标物	2	104	78
48	溴仿	bromoform	75-25-2	47	目标物	2	173	175，254
49	异丙苯	isopropylbenzene	98-82-8	48	目标物	3	105	120
50	4-溴氟苯	4-bromofluorobenzene	460-00-4	49	替代物	3	95	174，176
51	溴苯	bromobenzene	108-86-1	50	目标物	3	156	77，158
52	1,1,2,2-四氯乙烷	1,1,2,2-tetrachloroethane	79-34-5	51	目标物	3	83	131，85
53	1,2,3-三氯丙烷	1,2,3-trichloropropane	96-18-4	52	目标物	3	75	77
54	正丙苯	*n*-propylbenzene	103-65-1	53	目标物	3	91	120
55	2-氯甲苯	2-chlorotoluene	95-49-8	54	目标物	3	91	126
56	1,3,5-三甲基苯	1,3,5-trimethylbenzene	108-67-8	55	目标物	3	105	120
57	4-氯甲苯	4-chlorotoluene	106-43-4	56	目标物	3	91	126
58	叔丁基苯	tert-butylbenzene	98-06-6	57	目标物	3	119	91，134
59	1,2,4-三甲基苯	1,2,4-trimethylbenzene	95-63-6	58	目标物	3	105	120
60	仲丁基苯	sec-butylbenzene	135-98-8	59	目标物	3	105	134
61	1,3-二氯苯	1,3-dichlorobenzene	541-73-1	60	目标物	3	146	111，148
62	4-异丙基甲苯	*p*-isopropyltoluene	99-87-6	61	目标物	3	119	134，91
63	1,4-二氯苯-D4	1,4-dichlorobenzene-D4	3855-82-1	62	内标 3	—	152	115，150
64	1,4-二氯苯	1,4-dichlorobenzene	106-46-7	63	目标物	3	146	111，148
65	正丁基苯	*n*-butylbenzene	104-51-8	64	目标物	3	91	92，134
66	1,2-二氯苯	1,2-dichlorobenzene	95-50-1	65	目标物	3	146	111，148
67	1,2-二溴-3-氯丙烷	1,2-dibromo-3-chloropropane	96-12-8	66	目标物	3	75	155，157
68	1,2,4-三氯苯	1,2,4-trichlorobenzene	120-82-1	67	目标物	3	180	182，145
69	六氯丁二烯	hexachlorobutadiene	87-68-3	68	目标物	3	225	223，227
70	萘	naphthalene	91-20-3	69	目标物	3	128	—
71	1,2,3-三氯苯	1,2,3-trichlorobenzene	87-61-6	70	目标物	3	180	182，145

附 录 C
（资料性附录）
方法的精密度和准确度

表 C.1 中给出了方法的重复性、再现性和加标回收率等精密度和准确度指标。

表 C.1　方法的精密度和准确度

序号	名称	总平均值/（μg/kg）	实验室内相对标准偏差/%	实验室间相对标准偏差/%	重复性限 r/（μg/kg）	再现性限 R/（μg/kg）	土壤加标回收率最终值（加标量 250 ng）$\bar{p}\% \pm 2S_{\bar{p}}$	沉积物加标回收率最终值（加标量 250 ng）$\bar{p}\% \pm 2S_{\bar{p}}$
1	二氯二氟甲烷	3.37	3.0～14.7	53.4	1.04	5.12	82.0±46.0	82.0±37.6
		99.4	3.0～12.4	7.0	23.0	28.4		
2	氯甲烷	3.50	10.7～20.3	57.4	1.02	4.89	94.9±10.8	106±28.4
		99.3	6.3～9.0	3.8	18.6	20.7		
3	氯乙烯	3.61	12.5～23.0	53.2	1.20	4.72	97.9±15.4	104±18.0
		95.6	10.0～13.5	8.2	31.5	36.2		
4	溴甲烷	3.50	16.0～18.0	20.9	1.30	2.28	101±28.4	96.2±18.8
		92.5	3.5～13.9	15.0	21.6	34.9		
5	氯乙烷	4.15	7.8～8.1	27.0	0.78	2.54	103±14.6	91.2±35.0
		93.8	8.0～15.6	14.4	29.7	42.9		
6	三氯氟甲烷	4.13	7.0～22.2	27.9	1.56	3.13	95.7±29.8	98.4±25.2
		95.2	6.0～10.5	8.7	22.0	29.9		
7	1,1-二氯乙烯	4.44	3.0～23.2	14.2	1.52	2.25	90.6±43.0	92.0±42.6
		97.5	2.0～7.6	4.1	15.9	18.2		
8	丙酮	4.66	3.0～8.8	13.7	0.76	1.84	110±40.0	99.3±27.0
		102	3.0～9.2	3.8	18.4	28.7		
9	碘甲烷	4.27	5.7～5.8	0.2	0.75	1.97	89.8±40.0	102±7.4
		90.0	6.9～7.1	0.3	14.7	17.6		
10	二硫化碳	4.01	5.0～9.9	31.6	0.77	2.77	95.6±29.2	93.9±19.8
		96.4	5.0～9.9	9.5	18.2	24.7		
11	二氯甲烷	4.67	2.0～9.7	7.3	0.87	1.26	102±31.6	98.7±17.8
		99.3	2.0～5.5	4.4	12.0	16.3		
12	反式-1,2-二氯乙烯	4.73	1.0～14.4	10.3	1.14	1.72	98.0±36.2	93.9±27.8
		100	1.0～13.8	8.1	20.4	29.3		
13	1,1-二氯乙烷	4.83	2.5～7.1	7.1	0.67	1.14	97.9±31.8	93.6±19.6
		101	2.4～5.0	4.3	10.6	15.7		
14	2,2-二氯丙烷	4.59	6.9～8.9	9.5	0.94	1.34	99.0±21.4	97.1±17.6
		103	3.0～10.2	7.3	17.3	24.6		
15	顺式-1,2-二氯乙烯	4.62	7.9～21.8	8.7	1.52	1.68	96.6±21.2	90.0±24.0
		101	2.6～5.2	6.9	13.0	22.1		
16	2-丁酮	4.65	12.0～27.6	8.1	2.08	2.08	109±35.4	93.6±34.0
		100	6.8～7.0	1.2	16.4	16.4		

续表

序号	名称	总平均值/（μg/kg）	实验室内相对标准偏差/%	实验室间相对标准偏差/%	重复性限 r/（μg/kg）	再现性限 R/（μg/kg）	土壤加标回收率最终值（加标量 250 ng）$\bar{p}\% \pm 2S_{\bar{p}}$	沉积物加标回收率最终值（加标量 250 ng）$\bar{p}\% \pm 2S_{\bar{p}}$
17	溴氯甲烷	4.75	2.0～8.0	10.0	0.78	1.52	93.4±24.6	92.6±19.2
		100	2.0～3.9	4.1	9.31	14.2		
18	氯仿	4.83	3.0～5.8	5.7	0.66	0.98	101±28.0	96.1±16.2
		99.6	2.8～5.0	3.1	10.5	12.9		
19	1,1,1-三氯乙烷	4.53	3.0～8.9	11.5	0.76	1.62	98.1±34.8	94.9±21.6
		101	3.0～4.2	4.3	9.78	15.1		
20	四氯化碳	4.52	3.0～14.8	9.4	1.20	1.61	89.8±36.0	84.9±57.0
		98.0	2.4～9.0	2.4	15.6	15.7		
21	1,1-二氯丙烯	4.20	8.8～19.9	7.8	1.38	1.58	94.0±21.0	91.9±18.0
		101	2.7～4.4	7.9	10.0	21.5		
22	苯	5.55	3.0～14.0	23.0	1.10	3.69	95.0±28.0	94.9±28.2
		97.5	3.0～4.9	3.9	11.2	14.8		
23	1,2-二氯乙烷	4.73	2.4～8.8	4.6	0.90	0.98	98.7±21.2	97.1±17.6
		98.3	3.3～4.0	2.1	14.9	16.0		
24	三氯乙烯	4.67	3.0～16.1	12.1	1.11	1.87	94.8±22.8	88.4±28.4
		101	3.0～4.2	6.5	9.96	20.5		
25	1,2-二氯丙烷	4.76	4.0～10.7	7.9	0.09	1.34	97.9±14.8	95.6±14.4
		101	3.0～5.7	5.5	11.6	19.0		
26	二溴甲烷	4.78	2.0～8.7	7.0	0.87	1.23	94.1±19.2	90.9±18.4
		99.3	2.0～5.7	3.9	9.94	14.1		
27	一溴二氯甲烷	4.58	3.0～12.1	7.2	1.02	1.31	96.5±18.6	94.2±13.2
		99.9	2.0～3.7	3.7	8.67	12.9		
28	4-甲基-2-戊酮	4.66	5.0～25.5	1.4	1.76	1.76	94.8±22.2	89.8±15.6
		98.4	4.0～5.0	3.4	11.6	12.8		
29	甲苯	4.49	5.0～11.7	9.4	1.04	1.52	97.8±20.0	93.5±12.0
		100	3.4～6.0	3.1	12.5	14.3		
30	1,1,2-三氯乙烷	4.69	4.3～8.0	4.7	0.81	0.96	92.2±35.8	86.0±30.8
		101	3.4～5.0	3.8	11.6	15.2		
31	四氯乙烯	4.59	3.0～14.7	8.7	1.12	1.50	92.1±11.2	92.5±20.0
		101	2.6～4.0	4.4	9.34	15.1		
32	1,3-二氯丙烷	4.66	2.0～12.3	10.6	0.93	1.60	95.3±25.4	91.0±19.2
		102	2.0～4.8	6.2	10.2	20.2		
33	2-己酮	4.64	4.0～18.0	6.0	1.51	1.51	94.8±27.0	90.9±25.0
		99.9	3.3～6.7	3.3	14.2	18.8		
34	二溴氯甲烷	4.36	3.8～9.5	12.7	0.82	1.74	94.0±12.4	88.7±29.0
		102	2.2～4.0	4.2	7.83	13.8		
35	1,2-二溴乙烷	4.57	4.0～10.0	9.2	0.88	1.39	92.0±41.6	88.8±29.6
		102	2.5～4.8	4.7	10.6	16.4		
36	氯苯	4.60	4.0～9.8	7.9	0.91	1.29	90.6±22.6	93.4±23.4
		96.0	2.9～4.0	3.2	9.09	11.8		
37	1,1,1,2-四氯乙烷	4.78	5.0～18.8	6.9	1.36	1.54	97.5±19.4	94.2±28.6
		99.5	3.0～5.0	2.5	9.91	11.5		
38	乙苯	4.55	4.5～23.7	8.7	1.47	1.73	90.9±31.8	88.6±35.6
		99.9	2.5～5.0	4.0	9.64	14.2		

续表

序号	名称	总平均值/(μg/kg)	实验室内相对标准偏差/%	实验室间相对标准偏差/%	重复性限 r/(μg/kg)	再现性限 R/(μg/kg)	土壤加标回收率最终值（加标量 250 ng）$\bar{p}\%\pm2S_{\bar{p}}$	沉积物加标回收率最终值（加标量 250 ng）$\bar{p}\%\pm2S_{\bar{p}}$
39	1,1,2-三氯丙烷	4.62	5.5～11.4	4.8	1.06	1.16	87.0±13.4	85.1±13.0
		97.1	2.6～4.2	0.5	8.90	8.90		
40/41	间，对-二甲苯	9.93	4.0～8.6	19.1	1.69	5.55	90.0±35.4	94.5±34.0
		203	3.0～4.8	7.0	21.3	44.3		
42	邻-二甲苯	4.36	4.3～18.7	14.5	1.02	1.98	92.3±30.0	93.6±37.0
		102	2.6～4.5	7.8	10.5	24.4		
43	苯乙烯	4.34	5.0～23.9	13.3	1.33	2.00	88.3±37.6	93.5±33.2
		101	2.8～5.0	6.8	10.3	21.4		
44	溴仿	4.22	3.0～23.1	11.0	1.54	1.90	87.6±31.0	91.9±31.0
		97.7	3.0～10.9	4.6	16.7	19.8		
45	异丙苯	4.34	4.0～24.0	13.6	1.42	2.12	94.7±28.2	92.9±32.8
		101	2.5～4.4	7.4	9.72	22.8		
46	溴苯	4.64	4.0～17.8	7.2	1.35	1.54	89.6±37.2	88.7±36.6
		101	3.5～8.0	7.2	14.9	24.5		
47	1,1,2,2-四氯乙烷	4.74	3.0～11.8	4.8	1.29	1.33	91.7±31.2	92.4±27.2
		99.4	3.0～7.9	5.5	15.9	21.2		
48	1,2,3-三氯丙烷	5.10	4.0～15.3	2.5	0.52	1.53	103±30.0	89.9±32.4
		99.8	2.3～7.7	2.3	13.3	13.6		
49	正丙苯	4.48	3.0～16.1	10.1	1.17	1.65	86.6±57.8	81.7±53.0
		103	2.0～9.0	8.7	15.2	28.6		
50	2-氯甲苯	4.42	3.0～8.8	9.0	0.79	1.32	93.3±43.8	82.2±41.2
		100	3.0～13.6	9.6	25.9	35.8		
51	1,3,5-三甲基苯	4.39	4.0～10.1	9.5	1.01	1.46	89.9±47.6	82.9±43.6
		101	2.7～8.0	9.4	14.3	29.5		
52	4-氯甲苯	4.57	5.7～15.0	7.8	1.18	1.44	91.9±49.2	83.9±43.6
		102	3.8～9.2	8.1	17.6	28.1		
53	叔丁基苯	4.33	4.0～19.1	13.2	1.36	2.05	89.2±37.6	87.3±31.8
		103	3.0～6.2	8.3	12.8	26.9		
54	1,2,4-三甲基苯	4.40	4.0～11.9	11.2	1.01	1.67	87.2±57.8	84.5±51.6
		102	2.8～8.3	8.1	14.4	26.6		
55	仲丁基苯	4.41	3.0～18.9	8.1	1.39	1.60	88.5±49.0	83.5±42.8
		100	2.6～4.4	8.3	9.27	24.7		
56	1,3-二氯苯	4.80	3.0～11.8	8.2	1.12	1.48	79.0±54.8	78.3±51.2
		103	3.0～5.7	7.9	12.8	25.5		
57	4-异丙基甲苯	4.44	3.7～16.7	9.3	1.22	1.60	84.5±58.0	83.5±51.2
		99.5	2.6～5.7	3.9	12.0	15.4		
58	1,4-二氯苯	4.73	4.0～13.7	7.4	1.26	1.52	79.4±58.4	78.6±54.2
		99.2	2.7～4.1	3.0	9.92	12.3		
59	正丁基苯	4.50	4.0～15.6	8.1	1.31	1.58	79.4±61.8	77.8±56.0
		99.1	3.0～4.3	3.6	9.95	13.5		
60	1,2-二氯苯	4.70	3.0～10.8	5.1	1.01	1.15	76.9±54.2	78.7±51.2
		100	3.0～4.9	3.0	12.8	14.3		

续表

序号	名称	总平均值/（μg/kg）	实验室内相对标准偏差/%	实验室间相对标准偏差/%	重复性限 r/（μg/kg）	再现性限 R/（μg/kg）	土壤加标回收率最终值（加标量 250 ng）$\bar{p}\% \pm 2S_{\bar{p}}$	沉积物加标回收率最终值（加标量 250 ng）$\bar{p}\% \pm 2S_{\bar{p}}$
61	1,2-二溴-3-氯丙烷	4.30	3.2～30.0	21.6	2.93	3.73	82.9±34.2	78.0±20.4
		99.4	1.9～8.4	5.9	17.4	22.8		
62	1,2,4-三氯苯	4.58	4.9～17.9	7.3	1.41	1.58	71.5±22.3	72.4±46.8
		96.0	3.5～7.3	5.6	13.0	19.3		
63	六氯丁二烯	4.89	3.9～13.9	9.4	1.31	1.76	73.8±36.2	76.7±40.2
		97.0	2.5～8.2	5.0	12.4	17.6		
64	萘	4.90	2.2～38.6	5.3	2.73	2.73	65.8±42.6	62.6±44.6
		101	3.3～11.2	11.5	23.1	38.6		
65	1,2,3-三氯苯	4.59	3.4～22.7	6.8	1.75	1.81	68.5±44.8	68.7±39.0
		97.1	2.8～5.0	7.1	11.0	21.9		

中华人民共和国环境保护部
公　告

2011 年　第 32 号

为贯彻《中华人民共和国环境保护法》，保护环境，保障人体健康，规范环境监测工作，现批准《土壤　干物质和水分的测定　重量法》等三项标准为国家环境保护标准，并予发布。

标准名称、编号如下：

一、土壤　干物质和水分的测定　重量法（HJ 613—2011）；

二、土壤　毒鼠强的测定　气相色谱法（HJ 614—2011）；

三、土壤　有机碳的测定　重铬酸钾氧化-分光光度法（HJ 615—2011）。

以上标准自 2011 年 10 月 1 日起实施，由中国环境科学出版社出版，标准内容可在环境保护部网站（bz.mep.gov.cn）查询。

特此公告。

2011 年 4 月 15 日

中华人民共和国国家环境保护标准

HJ 613—2011

土壤　干物质和水分的测定　重量法

Soil—Determination of dry matter and water content —Gravimetric method

2011-04-15 发布　　2011-10-01 实施

环　境　保　护　部　发布

前　言

为贯彻《中华人民共和国环境保护法》，保护环境，保障人体健康，规范土壤中干物质和水分的测定方法，制定本标准。

本标准规定了测定土壤中干物质和水分的重量法。

本标准的技术内容为修改采用《土壤质量　干物质和水分含量基于质量的测定　重量法》[ISO 11465：1993（E）]。附录A给出了本标准章条编号与ISO 11465：1993（E）章条编号的对照一览表，附录B给出了本标准与ISO 11465：1993（E）的技术性差异及其原因。

本标准为首次发布。

本标准的附录A和附录B为资料性目录。

本标准由环境保护部科技标准司组织制订。

本标准主要起草单位：锦州市环境监测中心站。

本标准环境保护部2011年4月15日批准。

本标准自2011年10月1日起实施。

本标准由环境保护部解释。

土壤　干物质和水分的测定　重量法

警告：测定受污染样品时，应避免接触皮肤，试验过程中应采取通风、排气等措施以防实验室环境或其他样品受到污染。

1　适用范围

本标准规定了测定土壤中干物质和水分的重量法。

本标准适用于所有类型土壤中干物质和水分的测定。

2　规范性引用文件

本标准内容引用了下列文件或其中的条款。凡是不注明日期的引用文件，其有效版本适用于本标准。

HJ 168　环境监测　分析方法标准制修订技术导则

HJ/T 166　土壤环境监测技术规范

ISO 11465　土壤质量　干物质和水分基于质量的测定　重量法（Soil quality—Determination of dry matter and water content on a mass basis—Gravimetric method）

3　术语和定义

下列术语和定义适用于本标准。

3.1

干物质含量　dry matter content on a mass basis（w_{dm}）

指在本标准规定条件下，土壤中干残留物的质量分数。

3.2

水分含量　water content on a dry mass basis（w_{H_2O}）

指在 105℃下从土壤中蒸发的水的质量占干物质量的质量分数。

3.3

恒重　constant mass

指样品烘干后，再以 4 h 烘干时间间隔对冷却后的样品进行两次连续称重，前后差值不超过最终测定质量的 0.1%，此时的重量即为恒重。

注 1：一般情况下，大部分土壤的干燥时间为 16～24 h，少数特殊土壤样品和大颗粒土壤样品需要更长时间。

4　方法原理

土壤样品在（105±5）℃烘至恒重，以烘干前后的土样质量差值计算干物质和水分的含量，用质量分数表示。

5 仪器和设备

5.1 鼓风干燥箱：（105±5）℃。

5.2 干燥器：装有无水变色硅胶。

5.3 分析天平：精度为 0.01 g。

5.4 具盖容器：防水材质且不吸附水分。用于烘干风干土壤时容积应为 25～100 ml，用于烘干新鲜潮湿土壤时容积应至少为 100 ml。

5.5 样品勺。

5.6 样品筛：2 mm。

5.7 一般实验室常用仪器和设备。

6 样品

6.1 样品的采集和保存

按照 HJ/T 166 的相关规定进行土壤样品的采集和保存。

6.2 试样的制备

6.2.1 风干土壤试样

取适量新鲜土壤样品平铺在干净的搪瓷盘或玻璃板上，避免阳光直射，且环境温度不超过 40℃，自然风干，去除石块、树枝等杂质，过 2 mm 样品筛。将＞2 mm 的土块粉碎后过 2 mm 样品筛，混匀，待测。

6.2.2 新鲜土壤试样

取适量新鲜土壤样品撒在干净、不吸收水分的玻璃板上，充分混匀，去除直径大于 2 mm 的石块、树枝等杂质，待测。

注 2：测定样品中的微量有机污染物不能去除石块、树枝等杂质。因此，测定其干物质含量时不剔除石块、树枝等杂质。

7 分析步骤

7.1 风干土壤试样的测定

具盖容器和盖子于（105±5）℃下烘干 1 h，稍冷，盖好盖子，然后置于干燥器中至少冷却 45 min，测定带盖容器的质量 m_0，精确至 0.01 g。用样品勺将 10～15 g 风干土壤试样（6.2.1）转移至已称重的具盖容器中，盖上容器盖，测定总质量 m_1，精确至 0.01 g。取下容器盖，将容器和风干土壤试样一并放入烘箱中，在（105±5）℃下烘干至恒重，同时烘干容器盖。盖上容器盖，置于干燥器中至少冷却 45 min，取出后立即测定带盖容器和烘干土壤的总质量 m_2，精确至 0.01 g。

7.2 新鲜土壤试样的测定

具盖容器和盖子于（105±5）℃下烘干 1 h，稍冷，盖好盖子，然后置于干燥器中至少冷却 45 min，测定带盖容器的质量 m_0，精确至 0.01 g。用样品勺将 30～40 g 新鲜土壤试样（6.2.2）转移至已称重的具盖容器中，盖上容器盖，测定总质量 m_1，精确至 0.01 g。取下容器盖，将容器和新鲜土壤试样一并放入烘箱中，在（105±5）℃下烘干至恒重，同时烘干容器盖。盖上容器盖，置于干燥器中至少冷却45 min，取出后立即测定带盖容器和烘干土壤的总质量 m_2，精确至 0.01 g。

注 3：应尽快分析待测试样，以减少其水分的蒸发。

8 结果计算与表示

土壤样品中的干物质含量 w_{dm} 和水分含量 w_{H_2O}，分别按照式（1）和式（2）进行计算。

$$w_{dm} = \frac{(m_2 - m_0)}{(m_1 - m_0)} \times 100 \tag{1}$$

$$w_{H_2O} = \frac{(m_1 - m_2)}{(m_2 - m_0)} \times 100 \tag{2}$$

式中：w_{dm}——土壤样品中的干物质含量，%；

w_{H_2O}——土壤样品中的水分含量，%；

m_0——带盖容器的质量，g；

m_1——带盖容器及风干土壤试样或带盖容器及新鲜土壤试样的总质量，g；

m_2——带盖容器及烘干土壤的总质量，g。

测定结果精确至 0.1%。

9 质量保证和质量控制

9.1 测定风干土壤样品，当干物质含量＞96%，水分含量≤4%时，两次测定结果之差的绝对值应≤0.2%（质量分数）；当干物质含量≤96%，水分含量＞4%时，两次测定结果的相对偏差应≤0.5%。

9.2 测定新鲜土壤样品，当水分含量≤30%时，两次测定结果之差的绝对值应≤1.5%（质量分数）；当水分含量＞30%时，两次测定结果的相对偏差应≤5%。

10 注意事项

10.1 试验过程中应避免具盖容器内土壤细颗粒被气流或风吹出。

10.2 一般情况下，在（105±5）℃下有机物的分解可以忽略。但是对于有机质含量＞10%（质量分数）的土壤样品（如泥炭土），应将干燥温度改为 50℃，然后干燥至恒重，必要时，可抽真空，以缩短干燥时间。

10.3 一些矿物质（如石膏）在 105℃干燥时会损失结晶水。

10.4 如果样品中含有挥发性（有机）物质，本方法不能准确测定其水分含量。

10.5 如果待测样品中含有石膏、测定含有石子、树枝等的新鲜潮湿土壤，以及其他影响测定结果的内容，均应在检测报告中注明。

10.6 土壤水分含量是基于干物质量计算的，所以其结果可能超过 100%。

附 录 A
（资料性附录）
本标准章条编号与 ISO 11465：1993（E）章条编号对照

表 A.1 给出了本标准章条编号与 ISO 11465：1993（E）章条编号对照一览表。

表 A.1 本标准章条编号与 ISO 11465：1993（E）章条编号对照

本条编号	对应的国际标准章条编号
1	1
2	2
3	3
注 1	注 1
4	4
5.1～5.5	5.1～5.5
5.6～5.7	—
6.1	—
6.2.1	6 章的第一句
6.2.2	7.2.1
注 2	注 6
7.1	7.1.1～7.1.4
7.2	7.2.2～7.2.5
注 3	7
8	8
—	注 8
9	9
—	10 章的 a）、b）、c）
10.1～10.4	注 2～注 5
10.5	10 章的 d）和 e）
10.6	注 9

附 录 B
（资料性附录）
本标准与 ISO 11465：1993（E）的技术性差异及其原因

表 B.1 给出了本标准与 ISO 11465：1993（E）的技术性差异及其原因一览表。

表 B.1 本标准与 ISO 11465：1993（E）的技术性差异及其原因

本标准的章条编号	技术性差异	原因
2	两者的规范性引用文件内容不同	本标准中不涉及 ISO 11465：1993（E）中的第一个引用标准内容，同时在标准正文中规定了具体的试样制备方法，不需引用第二个标准。另外，本标准参照 HJ/T 166 的规定进行样品的采集和保存，同时参照 HJ 168 和 ISO 11465：1993（E）编写该标准
5.6 和 5.7	在 ISO 11465：1993（E）基础上，增加了 2 mm 土壤筛和一般实验室常用仪器和设备	制备风干土壤试样时需使用 2 mm 土壤筛，另外还列举了一般实验室常用仪器和设备
6.1	ISO 11465：1993（E）没有这个章节，在其他章节规定了相关内容	本标准根据 HJ 168 规定的标准结构要素增加该条款，试样的制备与 ISO 11465：1993（E）规定内容保持一致

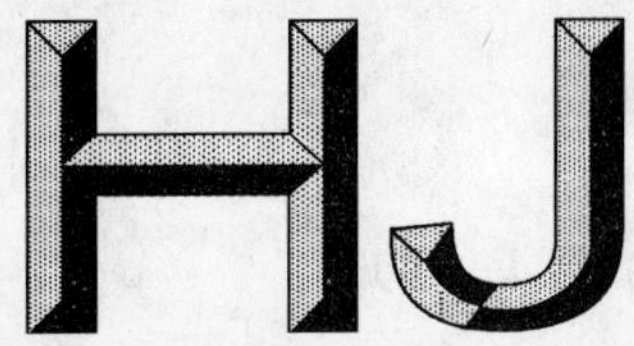

中华人民共和国国家环境保护标准

HJ 614—2011

土壤　毒鼠强的测定　气相色谱法

Soil—Determination of tetramethylene disulphotetramine —Gas chromatography method

2011-04-15 发布　　2011-10-01 实施

环　境　保　护　部　发布

前　言

为贯彻《中华人民共和国环境保护法》，保护环境，保障人体健康，规范土壤中毒鼠强的测定方法，制定本标准。

本标准规定了测定土壤中毒鼠强的气相色谱法。

本标准为首次发布。

本标准由环境保护部科技标准司组织制订。

本标准主要起草单位：长春市环境监测中心站。

本标准验证单位：沈阳市环境监测中心站、哈尔滨市环境监测中心站、吉林出入境检验检疫局技术中心、吉林省环境监测中心站、大连市环境监测中心和吉林省产品质量监督检验院。

本标准环境保护部 2011 年 4 月 15 日批准。

本标准自 2011 年 10 月 1 日起实施。

本标准由环境保护部解释。

土壤　毒鼠强的测定　气相色谱法

警告：毒鼠强属于剧毒物，试样制备过程应在通风橱内进行操作，操作人员应佩戴防护器具，避免接触皮肤和衣物。

1　适用范围

本标准规定了测定土壤中毒鼠强的气相色谱法。

本标准适用于土壤中毒鼠强的测定。

当取样量为 5 g，本方法的检出限为 3.5 μg/kg，测定下限为 14 μg/kg。

2　规范性引用文件

本标准内容引用了下列文件或其中的条款。凡是不注明日期的引用文件，其有效版本适用于本标准。

HJ 613　土壤　干物质和水分的测定　重量法

HJ/T 166　土壤环境监测技术规范

3　方法原理

用乙酸乙酯提取土壤中的毒鼠强，提取液经净化浓缩后，以气相色谱分离，氮磷检测器检测，以保留时间定性，外标法定量。

4　试剂和材料

除非另有说明，分析时均使用符合国家标准的分析纯化学试剂，实验用水为新制备的蒸馏水或去离子水，色谱检验无干扰峰。

4.1　乙酸乙酯：优级纯。

4.2　无水硫酸钠。

在 300℃加热 2 h，置于干燥器中冷却贮存。

4.3　毒鼠强标准贮备液：ρ=200 mg/L，直接购置有证标准溶液。

4.4　毒鼠强标准使用液：ρ=20 mg/L。

准确量取 1.0 ml 毒鼠强标准贮备液（4.3）至 10 ml 容量瓶中，用乙酸乙酯（4.1）定容，混匀。

4.5　石英砂：30～60 目，使用前在 300℃加热 2 h。

4.6　玻璃棉。

用水洗净后在 105℃烘干，再用乙酸乙酯（4.1）清洗后烘干，置于干燥器中冷却贮存。

4.7　活性炭：30～50 目，使用前在 300℃活化 2 h，置于干燥器中冷却贮存。

4.8　高纯氮气：纯度≥99.999%。

4.9　高纯氢气：纯度≥99.999%。

4.10　高纯空气：纯度≥99.999%。

5 仪器和设备

5.1 气相色谱仪：具氮磷检测器。

5.2 色谱柱 1：30 m×0.25 mm，膜厚 0.25 μm，5%苯基 95%甲基聚硅氧烷毛细管柱。或其他等效毛细管柱。

5.3 色谱柱 2：30 m×0.25 mm，膜厚 0.25 μm，35%苯基 65%甲基聚硅氧烷毛细管柱。或其他等效毛细管柱。

5.4 索氏提取器：250 ml。

5.5 氮吹仪：附氮吹管 200 ml。

5.6 玻璃净化柱：长约 10 cm，内径为 1.2 cm 空心玻璃柱。在空心玻璃柱的底层填入少许玻璃棉（4.6），依次加入 2 g 无水硫酸钠（4.2）、1.0 g 活性炭（4.7）和 2 g 无水硫酸钠（4.2），用 10 ml 乙酸乙酯（4.1）预淋洗，弃去淋洗液。玻璃净化柱示意图见图 1。

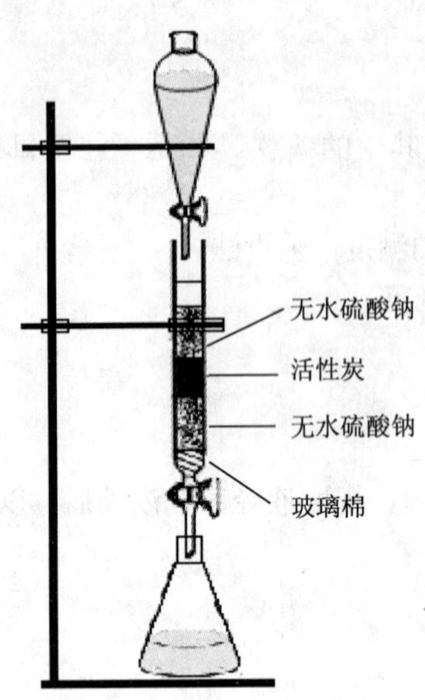

图 1 净化装置图

5.7 分析天平：精度为 0.01 g。

5.8 分液漏斗：150 ml。

5.9 样品瓶：2 ml，螺口玻璃。

5.10 定量滤纸：φ=150 mm。

5.11 微量注射器：5 μl、50 μl、500 μl。

5.12 一般实验室常用仪器和设备。

6 样品

6.1 样品的采集和保存

参照 HJ/T 166 的相关规定进行样品采集。4℃以下冷藏保存，14 d 内分析完毕。

6.2 试样的制备

将样品放置在搪瓷盘或不锈钢盘上，去除沙砾、植物根系等杂物，充分混匀。称取 5 g（精确至 0.01 g）土壤样品，加入同等重量的无水硫酸钠（4.2），充分混匀。用滤纸包好，放入索氏提取器中，加入 100 ml 乙酸乙酯（4.1）。水浴温度在 85～90℃，以回流 4 次/h 提取 12～16 h。将提取液转移至 150 ml 分液漏斗中，用 20 ml 乙酸乙酯（4.1）分别清洗索氏提取器两次，与提取液合并。

注 1：在满足回收率要求的前提下，也可使用自动索氏提取或加压溶剂萃取等提取方法。

安装净化装置（见图 1），控制流速 4～6 ml/min，用具塞磨口三角瓶收集洗脱液。用 10 ml 乙酸乙酯（4.1）清洗玻璃层析柱，将洗脱液合并。将上述洗脱液移入 200 ml 氮吹管中，在 60℃水浴温度，用高纯氮气（4.8）吹扫浓缩至 0.5 ml 左右，用少量乙酸乙酯（4.1）清洗氮吹管，再用乙酸乙酯（4.1）定容至 1.0 ml，然后转移至 2 ml 螺口玻璃样品瓶中，密封，待测。

注 2：在满足回收率要求的前提下，也可使用 KD 浓缩器或旋转蒸发等浓缩方法。

6.3 空白试样的制备

用石英砂（4.5）代替样品，按与试样的制备（6.2）相同步骤制备空白试样。

6.4 干物质含量的测定

准确称取一定质量的新鲜土壤样品，参照 HJ 613 测定干物质的含量。

7 分析步骤

7.1 参考色谱条件

色谱柱 1；柱温：初始温度 120℃保持 3 min，10℃/min 升至 260℃，保持 5 min；气化室及检测器温度：280℃；载气：高纯氮气，柱流量：1.5 ml/min；燃气：高纯氢气，3 ml/min；助燃气：高纯空气，150 ml/min；电流强度：2pA；进样方式：不分流；进样体积：1.0 μl。

7.2 校准

用微量注射器分别移取 0、5、25、50、100 和 250 μl 毒鼠强标准使用液（4.4）至 6 个 1 ml 容量瓶中，用乙酸乙酯（4.1）稀释至标线，混匀。标准系列的浓度分别为 0、0.1、0.5、1.0、2.0 和 5.0 mg/L。然后按照参考色谱条件（7.1）依次从低浓度到高浓度进行分析。以峰高或峰面积为纵坐标，质量浓度（mg/L）为横坐标，绘制校准曲线。校准曲线相关系数 $r \geq 0.995$。毒鼠强的标准色谱图见图 2。

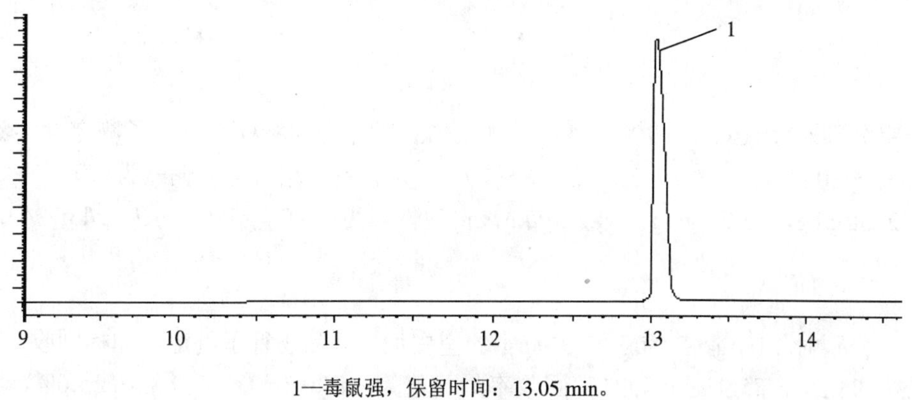

1—毒鼠强，保留时间：13.05 min。

图 2 毒鼠强标准色谱图

7.3 测定

量取 1.0 μl 试样（6.2）注入气相色谱仪，按照参考色谱条件（7.1）进行测定，记录色谱峰的保留时间和峰高（或峰面积）。

7.3.1 定性分析

根据标准色谱图毒鼠强的保留时间定性。对于能检出毒鼠强的样品，应按照参考色谱条件（7.1），改用色谱柱 2 进行定性再分析，避免产生假阳性。

7.3.2 定量分析

用外标法定量计算样品中的毒鼠强浓度。

7.4 空白试验

量取 1.0 μl 空白试样（6.3）注入气相色谱仪，按照参考色谱条件（7.1）进行测定。

8 结果计算与表示

8.1 结果计算

土壤样品中的毒鼠强含量 w（μg/kg），按照式（1）进行计算。

$$w=\frac{\rho\times V}{m\times w_{\mathrm{dm}}}\times 1\,000 \tag{1}$$

式中：w——土壤样品中毒鼠强的含量，μg/kg；

ρ——从标准曲线中查得的毒鼠强质量浓度，mg/L；

V——提取液净化浓缩后定容的体积，ml；

m——样品量，g；

w_{dm}——干物质含量（质量分数），%。

8.2 结果表示

测定结果小于 100 μg/kg 时，保留小数点后一位，测定结果大于等于 100 μg/kg 时，保留三位有效数字。

9 精密度和准确度

9.1 精密度

6 家实验室分别对 10 μg/kg、200 μg/kg、400 μg/kg 的空白加标样品进行了测定，实验室内相对标准偏差为：8.1%～10.9%，1.7%～5.2%，2.3%～4.7%；实验室间相对标准偏差为：9.7%，2.2%，3.1%；重复性限为：2.2 μg/kg，18.2 μg/kg，34.2 μg/kg；再现性限为：3.0 μg/kg，19.7 μg/kg，43.9 μg/kg。

9.2 准确度

6 家实验室分别对 1.0 μg、2.0 μg 和 3.0 μg 的空白加标样品进行了测定，加标回收率为：83.0%～88.0%，84.8%～93.2%，85.9%～94.6%；回收率最终值为：85.3%±3.6%，88.5%±5.6%，89.2%±7.8%。6 家实验室分别对实际样品进行了加标分析测定，加标量为 2.0 μg，加标回收率为：83.0%～87.5%，回收率最终值为：85.0%±4.0%。

10 质量保证和质量控制

10.1 每批样品应至少做一个空白试验，测定结果应低于方法检出限。

10.2 每 10 个样品应分析一个校准曲线的中间点浓度标准溶液，其测定结果与最近一次校准曲线该点浓度的相对偏差应小于等于 20%。

10.3 每批样品应至少测定 10%的平行双样，样品数量少于 10 个时，应至少测定一个平行双样，两次平行测定结果的相对偏差应小于等于 20%。

10.4 每批样品应至少测定 10%的加标样品，样品数量少于 10 个时，应至少测定一个加标样品，加标回收率应在 70%～120%。

11 废物处理

毒鼠强属于剧毒化学品，实验结束后，实验所用器具应用乙酸乙酯洗涤干净，实验过程中产生的所有废液应置于密闭容器中保存，委托相关单位进行处理。

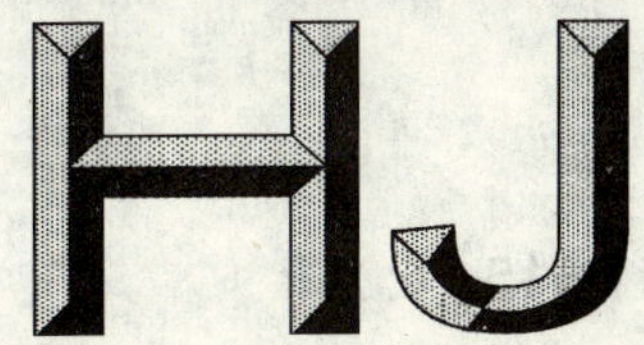

中华人民共和国国家环境保护标准

HJ 615—2011

土壤　有机碳的测定
重铬酸钾氧化-分光光度法

Soil—Determination of organic carbon
—Potassium dichromate oxidation spectrophotometric method

2011-04-15 发布　　　　2011-10-01 实施

环　境　保　护　部 发布

前　言

为贯彻《中华人民共和国环境保护法》，保护环境，保障人体健康，规范土壤中有机碳的测定方法，制定本标准。

本标准规定了测定土壤中有机碳的重铬酸钾氧化-分光光度法。

本标准为首次发布。

本标准由环境保护部科技标准司组织制订。

本标准主要起草单位：大连市环境监测中心。

本标准验证单位：天津市环境监测中心、辽宁省环境监测实验中心、沈阳市环境监测中心站、鞍山市环境监测中心站、锦州市环境监测中心站和营口市环境监测中心站。

本标准环境保护部 2011 年 4 月 15 日批准。

本标准自 2011 年 10 月 1 日起实施。

本标准由环境保护部解释。

土壤　有机碳的测定　重铬酸钾氧化-分光光度法

1　适用范围

本标准规定了测定土壤中有机碳的重铬酸钾氧化-分光光度法。

本标准适用于风干土壤中有机碳的测定。本标准不适用于氯离子（Cl^-）含量大于 2.0×10^4 mg/kg 的盐渍化土壤或盐碱化土壤的测定。

当样品量为 0.5 g 时，本方法的检出限为 0.06%（以干重计），测定下限为 0.24%（以干重计）。

2　规范性引用文件

本标准内容引用了下列文件或其中的条款。凡是不注明日期的引用文件，其有效版本适用于本标准。

HJ 613　土壤　干物质和水分的测定　重量法

HJ/T 166　土壤环境监测技术规范

3　方法原理

在加热条件下，土壤样品中的有机碳被过量重铬酸钾-硫酸溶液氧化，重铬酸钾中的六价铬（Cr^{6+}）被还原为三价铬（Cr^{3+}），其含量与样品中有机碳的含量成正比，于 585 nm 波长处测定吸光度，根据三价铬（Cr^{3+}）的含量计算有机碳含量。

4　干扰和消除

4.1　土壤中的亚铁离子（Fe^{2+}）会导致有机碳的测定结果偏高。可在试样制备过程中将土壤样品摊成 2～3 cm 厚的薄层，在空气中充分暴露使亚铁离子（Fe^{2+}）氧化成三价铁离子（Fe^{3+}）以消除干扰。

4.2　土壤中的氯离子（Cl^-）会导致土壤有机碳的测定结果偏高，通过加入适量硫酸汞以消除干扰。

5　试剂和材料

除非另有说明，分析时均使用符合国家标准的分析纯化学试剂，实验用水为在 25℃下电导率≤0.2 mS/m 的去离子水或蒸馏水。

5.1　硫酸：$\rho(H_2SO_4)$=1.84 g/ml。

5.2　硫酸汞。

5.3　重铬酸钾溶液：$c(K_2Cr_2O_7)$=0.27 mol/L。

称取 80.00 g 重铬酸钾溶于适量水中，溶解后移至 1 000 ml 容量瓶，用水定容，摇匀。该溶液贮存于试剂瓶中，4℃下保存。

5.4　葡萄糖标准使用液：$\rho(C_6H_{12}O_6)$=10.00 g/L。

称取 10.00 g 葡萄糖溶于适量水中，溶解后移至 1 000 ml 容量瓶，用水定容，摇匀。该溶液贮存于试剂瓶中，有效期为一个月。

6 仪器和设备

6.1 分光光度计：具 585 nm 波长，并配有 10 mm 比色皿。

6.2 天平：精度为 0.1 mg。

6.3 恒温加热器：温控精度为 135℃±2℃。恒温加热器带有加热孔，其孔深应高出具塞消解玻璃管内液面约 10 mm，且具塞消解玻璃管露出加热孔部分约 150 mm。

6.4 具塞消解玻璃管：具有 100 ml 刻度线，管径为 35～45 mm。

注：具塞消解玻璃管外壁必须能够紧贴恒温加热器的加热孔内壁，否则不能保证消解完全。

6.5 离心机：0～3 000 r/min，配有 100 ml 离心管。

6.6 土壤筛：2 mm（10 目）、0.25 mm（60 目），不锈钢材质。

6.7 一般实验室常用仪器和设备。

7 样品

7.1 样品的采集和保存

土壤样品的采集和保存参照 HJ/T 166 的相关规定。

7.2 试样的制备

将土壤样品置于洁净白色搪瓷托盘中，平摊成 2～3 cm 厚的薄层。先剔除植物、昆虫、石块等残体，用木棰压碎土块，自然风干，风干时每天翻动几次。充分混匀风干土壤，采用四分法，取其两份，一份留存，一份通过 2 mm 土壤筛用于干物质含量测定。在过 2 mm 筛的样品中取出 10～20 g 进一步细磨，并通过 60 目（0.25 mm）土壤筛，装入棕色具塞玻璃瓶中，待测。

7.3 干物质含量的测定

准确称取适量风干土壤，参照 HJ 613 测定干物质的含量。

8 分析步骤

8.1 校准曲线的绘制

8.1.1 分别量取 0.00、0.50、1.00、2.00、4.00 和 6.00 ml 葡萄糖标准使用液（5.4）于 100 ml 具塞消解玻璃管中，其对应有机碳质量分别为 0.00、2.00、4.00、8.00、16.0 和 24.0 mg。

8.1.2 分别加入 0.1 g 硫酸汞（5.2）和 5.00 ml 重铬酸钾溶液（5.3），摇匀。再缓慢加入 7.5 ml 硫酸（5.1），轻轻摇匀。

8.1.3 开启恒温加热器，设置温度为 135℃。当温度升至接近 100℃时，将上述具塞消解玻璃管开塞放入恒温加热器的加热孔中，以仪器温度显示 135℃时开始计时，加热 30 min。然后关掉恒温加热器开关，取出具塞消解玻璃管水浴冷却至室温。向每个具塞消解玻璃管中缓慢加入约 50 ml 水，继续冷却至室温。再用水定容至 100 ml 刻线，加塞摇匀。

8.1.4 于波长 585 nm 处，用 10 mm 比色皿，以水为参比，分别测量吸光度。

8.1.5 以零浓度校正吸光度为纵坐标，以对应的有机碳质量（mg）为横坐标，绘制校准曲线。

8.2 测定

准确称取适量试样（7.2），小心加入到 100 ml 具塞消解玻璃管中，避免沾壁。按照 8.1.2 加入试剂，按照 8.1.3 进行消解、冷却、定容。将定容后试液静置 1 h，取约 80 ml 上清液至离心管中以 2 000 r/min 离心分离 10 min，再静置至澄清；或在具塞消解玻璃管内直接静置至澄清。最后取上清液按照 8.1.4 测量吸光度。土壤有机碳含量与试样取样量关系见表 1。

表 1 土壤有机碳含量与试样取样量关系

土壤有机碳含量/%	0.00～4.00	4.00～8.00	8.00～16.0
试样取样量/g	0.400 0～0.500 0	0.200 0～0.250 0	0.100 0～0.125 0

注 1：当样品有机碳含量超过 16.0%时，应增大重铬酸钾溶液的加入量，重新绘制校准曲线。

注 2：一般情况下，试液离心后静置至澄清约需 5 h 或直接静置至澄清约需 8 h。

8.3 空白试验

在具塞消解玻璃管中不加入试样，按照 8.1.2、8.1.3 和 8.1.4 的步骤进行测定。

9 结果计算与表示

9.1 结果计算

土壤中的有机碳含量（以干重计，质量分数，%），按照式（1）、式（2）进行计算。

$$m_1 = m \times \frac{w_{dm}}{100} \quad (1)$$

$$w_{oc} = \frac{(A - A_0 - a)}{b \times m_1 \times 1\,000} \times 100 \quad (2)$$

式中：m_1——试样中干物质的质量，g；

m——试样取样量，g；

w_{dm}——土壤的干物质含量（质量分数），%；

ω_{oc}——土壤样品中有机碳的含量（以干重计，质量分数），%；

A——试样消解液的吸光度；

A_0——空白试验的吸光度；

a——校准曲线的截距；

b——校准曲线的斜率。

9.2 结果表示

当测定结果＜1.00%时，保留到小数点后两位；当测定结果≥1.00%时，保留三位有效数字。

10 精密度和准确度

10.1 精密度

6 家实验室对有机碳含量为 1.80%的统一样品进行了测定：实验室内相对标准偏差为 0.6%～4.0%，实验室间相对标准偏差为 4.1%，重复性限为 0.12%，再现性限为 0.24%。

10.2 准确度

6 家实验室对有机碳含量为（1.80±0.16）%的有证标准样品进行了测定：相对误差为 2.2%～8.3%，相对误差最终值为 5.6%±5.2%。

11 质量保证和质量控制

11.1 每批样品应做两个空白试验，两个测定结果的相对偏差应≤50%。式（2）中 A_0 为两个空白试验测定的平均值。

11.2 每 20 个样品应至少测定 10%的平行双样，样品数量少于 10 个时，每批样品应至少测定一个平行双样。当样品的有机碳含量≤1.00%时，两个测定结果之差应在±0.10%之内；当样品的有机碳含量＞1.00%时，两个测定结果的相对偏差≤10.0%。

11.3 每批样品测定时，应分析一个有证标准物质，其测定值应在保证值范围内。

11.4 校准曲线的相关系数应大于等于 0.999。

12 注意事项

12.1 为保证恒温加热器加热温度的均匀性，样品进行消解时，在没有样品的加热孔内放入装有 15 ml 硫酸（5.1）的具塞消解玻璃管，避免恒温加热器空槽加热。

12.2 硫酸具有较强的化学腐蚀性，操作时应按规定要求佩戴防护器具，避免接触皮肤和衣物。样品消解应在通风橱内进行操作。检测后的废液应妥善处理。

中华人民共和国环境保护部
公　告

2010年　第94号

为贯彻《中华人民共和国环境保护法》，规范污染治理工程建设与运行，现批准《大气污染治理工程技术导则》等9项标准为国家环境保护标准，并予发布。

标准名称、编号如下：

一、大气污染治理工程技术导则（HJ 2000—2010）

二、火电厂烟气脱硫工程技术规范　氨法（HJ 2001—2010）

三、电镀废水治理工程技术规范（HJ 2002—2010）

四、制革及毛皮加工废水治理工程技术规范（HJ 2003—2010）

五、屠宰与肉类加工废水治理工程技术规范（HJ 2004—2010）

六、人工湿地污水处理工程技术规范（HJ 2005—2010）

七、污水混凝与絮凝处理工程技术规范（HJ 2006—2010）

八、污水气浮处理工程技术规范（HJ 2007—2010）

九、污水过滤处理工程技术规范（HJ 2008—2010）

以上标准自2011年3月1日起实施，由中国环境科学出版社出版，标准内容可在环境保护部网站（bz.mep.gov.cn）查询。

特此公告。

2010年12月17日

中华人民共和国国家环境保护标准

HJ 2000—2010

大气污染治理工程技术导则

Technical guidelines for air pollution control projects

2010-12-17 发布　　2011-03-01 实施

环 境 保 护 部 发布

前　言

为贯彻《中华人民共和国环境保护法》、《中华人民共和国清洁生产促进法》和《中华人民共和国大气污染防治法》，规范大气污染治理工程的建设和运行管理，防治环境污染，保护环境和人体健康，制定本标准。

本标准规定了大气污染治理工程的通用技术要求。

本标准为首次发布。

本标准由环境保护部科技标准司组织制订。

本标准主要起草单位：中国环境保护产业协会（电除尘委员会）、中钢集团天澄环保科技股份有限公司、武汉科技大学、大拇指环保科技集团（福建）有限公司、解放军防化研究院、中国新时代国际工程公司、武汉凯迪电力环保有限公司、西安建筑科技大学。

本标准环境保护部 2010 年 12 月 27 日批准。

本标准自 2011 年 3 月 1 日起实施。

本标准由环境保护部解释。

大气污染治理工程技术导则

1 适用范围

本标准规定了大气污染治理工程在设计、施工、验收和运行维护中的通用技术要求。

本标准为环境工程技术规范体系中的通用技术规范。

对于已有相应的工艺技术规范或重点污染源技术规范的工程，应同时执行本标准和相应的工艺技术规范或重点污染源技术规范；对于没有工艺技术规范或重点污染源技术规范的工程，应执行本标准。

本标准可作为大气污染治理工程环境影响评价、设计、施工、验收及运行与管理的技术依据。

2 规范性引用文件

本标准内容引用了下列文件中的条款。凡是不注日期的引用文件，其有效版本适用于本标准。

GB 150　钢制压力容器
GB 755　旋转电机　定额和性能
GB 3095　环境空气质量标准
GB 4387　工业企业厂内铁路、道路运输安全规程
GB 8978　污水综合排放标准
GB/T 6719　袋式除尘器技术要求
GB 12158　防止静电事故通用导则
GB 12348　工业企业厂界环境噪声排放标准
GB/T 13347　石油气体管道阻火器
GB 14554　恶臭污染物排放标准
GB 15577　粉尘防爆安全规程
GB 16297　大气污染物综合排放标准
GB 18218　危险化学品重大危险源辨识
GB 19517　国家电气设备安全技术规范
GB 20101　涂装作业安全规程　有机废气净化装置安全技术规定
GB 50003　砌体结构设计规范
GB 50007　建筑地基基础设计规范
GB 50009　建筑结构荷载规范
GB 50010　混凝土结构设计规范
GB 50011　建筑抗震设计规范
GB 50013　室外给水设计规范
GB 50014　室外排水设计规范
GB 50015　建筑给排水设计规范
GB 50016　建筑设计防火规范
GB 50017　钢结构设计规范
GB 50019　采暖通风与空气调节设计规范

GB 50040　动力机器基础设计规范
GB 50051　烟囱设计规范
GB 50057　建筑物防雷设计规范
GB 50058　爆炸和火灾危险环境电力装置设计规范
GB 50060—2008　3～110 kV 高压配电装置设计规范
GB 50116　火灾自动报警系统设计规范
GB 50140　建筑灭火器配置设计规范
GB 50160　石油化工企业设计防火规范
GB 50187　工业企业总平面设计规范
GB 50191　构筑物抗震设计规范
GB 50202　建筑地基基础工程施工质量验收规范
GB 50203　砌体工程施工质量验收规范
GB 50204　混凝土结构工程施工质量验收规范
GB 50205　钢结构工程施工质量验收标准规范
GB 50217　电力工程电缆设计规范
GB 50229　火力发电厂与变电站设计防火规范
GB 50231　机械设备安装工程施工及验收通用规范
GB 50236　现场设备、工业管道焊接工程施工及验收规范
GB 50254　电气装置安装工程低压电器施工及验收规范
GB 50255　电气装置安装工程电力变流设备施工及验收规范
GB 50256　电气装置安装工程起重机电气装置施工及验收规范
GB 50257　电气装置安装工程爆炸和火灾危险环境电气装置施工及验收规范
GB 50258　电气装置安装工程 1 kV 及以下配线工程施工及验收规范
GB 50259　电气装置安装工程电气照明装置施工及验收规范
GB 50275　压缩机、风机、泵安装工程施工及验收规范
GB 50300　建筑工程施工质量验收统一标准
GB 50336　建筑中水设计规范
GBJ 87　工业企业噪声控制设计规范
GBZ 1　工业企业设计卫生标准
GBZ 2.1　工作场所有害因素职业接触限值　第 1 部分：化学有害因素
GBZ 2.2　工作场所有害因素职业接触限值　第 2 部分：物理有害因素
GB/T 13466　交流电气传动风机（泵类、空气压缩机）系统经济运行通则
GB/T 13468　泵类系统电能平衡的测试与计算方法
GB/T 13469　离心泵、混流泵、轴流泵与旋涡泵系统经济运行
GB/T 13931　电除尘器　性能测试方法
GB/T 16157　固定污染源排气中颗粒物测定与气态污染物采样方法
GB/T 19839　工业燃油燃气燃烧器通用技术条件
GB/T 28001　职业健康安全管理体系　规范
GB/T 50102　工业循环水冷却设计规范
HJ 435　钢铁工业除尘工程技术规范
HJ 462　工业锅炉及炉窑湿法烟气脱硫工程技术规范
HJ 562　火电厂烟气脱硝工程技术规范　选择性非催化还原法
HJ 563　火电厂烟气脱硝工程技术规范　选择性催化还原法

HJ/T 75　固定污染源烟气排放连续监测技术规范
HJ/T 76　固定污染源排放烟气连续监测系统技术要求及检测方法
HJ/T 178　火电厂烟气脱硫工程技术规范　烟气循环流化床法
HJ/T 179　火电厂烟气脱硫工程技术规范　石灰石/石灰-石膏法
HJ/T 284　环境保护产品技术要求　袋式除尘器用电磁脉冲阀
HJ/T 288　环境保护产品技术要求　湿式烟气脱硫除尘装置
HJ/T 319　环境保护产品技术要求　花岗石类湿式烟气脱硫除尘装置
HJ/T 320　环境保护产品技术要求　电除尘器高压整流电源
HJ/T 321　环境保护产品技术要求　电除尘器低压控制电源
HJ/T 322　环境保护产品技术要求　电除尘器
HJ/T 324　环境保护产品技术要求　袋式除尘器用滤料
HJ/T 325　环境保护产品技术要求　袋式除尘器滤袋框架
HJ/T 326　环境保护产品技术要求　袋式除尘器用覆膜滤料
HJ/T 327　环境保护产品技术要求　袋式除尘器滤袋
HJ/T 328　环境保护产品技术要求　脉冲喷吹类袋式除尘器
HJ/T 329　环境保护产品技术要求　回转反吹袋式除尘器
HJ/T 330　环境保护产品技术要求　分室反吹类袋式除尘器
HJ/T 386　环境保护产品技术要求　工业废气吸附净化装置
HJ/T 387　环境保护产品技术要求　工业废气吸收净化装置
HJ/T 388　环境保护产品技术要求　工业有机废气催化净化装置
DLGJ 56　火力发电厂和变电所照明设计技术规定
DL/T 514　燃煤电厂电除尘器
DL/T 620　交流电气装置的过电压保护和绝缘配合
DL/T 657　火力发电厂模拟量控制系统验收测试规程
DL/T 658　火力发电厂开关量控制系统验收测试规程
DL/T 659　火力发电厂分散控制系统验收测试规程
DL/T 5041　火力发电厂厂内通信设计技术规定
DL/T 5044　电力工程直流系统设计技术规程
DL/T 5153　火力发电厂厂用电设计技术规定
DL/T 5136　火力发电厂变电所二次接线设计技术规程
DL/T 5137　电测量及电能计量装置设计技术规程
DL/T 5190.5　电力建设施工及验收技术规范　第 5 部分：热工自动化
DL/T 5403　火电厂烟气脱硫工程调整试运及质量验收评定规程
HGJ 32　橡胶衬里化工设备
HGJ 209　钢结构、管道涂装技术规程
HG/T 3797　玻璃鳞片衬里胶泥
HG/T 20649　化工企业总图运输设计规范
JB/T 6407　电除尘器调试、运行、维修安全技术规范
JB/T 8471　袋式除尘器安装技术要求与验收规范
JB/T 8536　电除尘器机械安装技术条件
JB/T 8690　工业通风机噪声限值
JB/T 10341　滤筒式除尘器
JGJ 79　建筑地基处理设计规范

SH 3063　石油化工企业可燃气体和有毒气体检测报警设计规范

YBJ 52　钢铁企业总图运输设计规范

YSJ 001　有色金属企业总图运输设计规范

《建设项目环境保护管理条例》（国务院令　第 253 号）

《危险化学品安全管理条例》（国务院令　第 344 号）

《建设项目竣工环境保护验收管理办法》（国家环境保护总局令　第 13 号）

《污染源自动监控管理办法》（国家环保局令　第 28 号）

《建设项目环境保护设计规定》（国家计委、国务院环保委员会 [1987] 002 号）

《压力容器安全技术监察规程》（国家质量技术监督局 [1999] 154 号）

《建设项目环境保护设施竣工验收监测技术要求》（国家环境保护总局 [2000] 38 号附件）

《建筑工程设计文件编制深度规定》（建质 [2003] 84 号）

3　术语和定义

下列术语和定义适用于本标准。

3.1

除尘　dust removing

指治理烟（粉）尘污染的工艺，由集尘罩、管道、除尘器、风机、排气筒以及系统辅助装置组成。

3.2

除尘器　dust collector

指将颗粒物从含尘气体中分离出来的设备。

3.3

卸、输灰系统　dust handling system

指将除尘器收集的粉尘输送至指定地点的成套装置。

3.4

集气（尘）罩　dust/ash-collecting hood

指收集污染气体的装置，可直接安装于气体污染源的上部、侧部或下部。

3.5

烟气调质　flue gas conditioning

指通过化学或物理方法调整烟气（尘）物理化学性质的方法。

3.6

液气比　liquid-gas ratio

指吸收工艺中，处理单位体积废气所使用的吸收液体积，单位为 L/m^3。

3.7

变压吸附　pressure swing adsorption

指在一定温度下，采用较高压力（高压或常压）完成吸附，而采用较低的压力（常压或负压）完成脱附的操作方法。

3.8

变温吸附　temperature swing adsorption

指在常压下，利用吸附剂的平衡吸附量随温度升高而降低的特性，采用常温吸附、升温脱附的操作方法。

3.9

挥发性有机化合物　volatile organic compounds

指常温下饱和蒸气压大于 70 Pa、常压下沸点在 260℃以下的有机化合物，或在 20℃条件下蒸气压大于或等于 10 Pa 具有相应挥发性的全部有机化合物。

3.10

空速　space velocity

指催化转化法工艺中，单位体积的填料（催化剂）在单位时间内所处理的气体量。单位为 $m^3/(m^3·h)$，可简化为时间 h^{-1}。

4　总体要求

4.1　大气污染治理工程应满足《建设项目环境保护管理条例》和《建设项目竣工环境保护验收管理办法》的要求。

4.2　大气污染治理工程应遵循综合治理、循环利用、达标排放和总量控制的原则。

4.3　大气污染治理工程应由具有国家相应设计资质的单位进行设计，设计深度应符合《建筑工程设计文件编制深度规定》的规定，满足环境影响报告书、审批文件及本技术规范的要求。

4.4　大气污染治理工程应采取各种有效措施，控制污染源有组织排放，减少污染气体的处理量。

4.5　大气污染治理过程中应减少二次污染。对产生的二次污染，应执行国家和地方环境保护法规和标准的有关规定，进行治理后达标排放，满足总量控制要求。二次污染的治理方案宜与企业生产中的相关处理工艺相结合，充分利用企业已有资源。

4.6　运输、装卸和贮存有毒有害气体或粉尘物质，应采取密闭措施或其他防护措施。在城市市区进行建设施工的工程，应按照当地环境保护的规定，采取防治扬尘防噪声污染的措施，对施工产生的废水、垃圾等进行处理处置。

4.7　大气污染控制工程的总图布置应符合《建设项目环境保护设计规定》的规定。净化系统、主体设备和辅助设施等的总图布置应符合 GBZ 1、GB 50016、GB 50187、GB 4387、YBJ 52、HG/T 20649、SDGJ 10、YSJ 001 和 JBJ 79 等国家及行业相关的防火、安全、卫生、交通运输和环保设计规范、规定和规程的要求。

4.8　大气污染控制工程不宜靠近、穿越人口密集的区域，布置于主导风向的下风侧。

4.9　净化系统的位置应靠近污染源集中的地方，充分利用地形条件，便于灰渣、浆、污水排放和净化后气体的排放。

4.10　净化系统的主体设备之间应留有足够的安装和检修空间。主体设备应按工艺流程紧凑、合理布置，主体设备周边应设有运输通道和消防通道，满足防火、安全、运行维护等设计规范的要求，并应保证起吊设施作业条件。主体设备布置应考虑强烈振动和噪声对周围环境的影响，厂界噪声应符合 GB 12348 的规定。

4.11　易燃易爆及其他化学危险品应按相关标准和规范分类布置，设定安全卫生防护距离。

4.12　大气污染治理工程应按照《污染源自动监控管理办法》的规定安装大气污染物排放连续监测装置，并与环保部门监控中心联网。连续监测装置应符合 HJ/T 76 的规定，运行和维护应符合 HJ/T 75 的规定，排放监测的样品采集方法应符合 GB/T 16157 的规定。

4.13　大气污染治理工程的控制水平应与生产工艺相适应。生产企业应把大气污染治理设施作为生产系统的一部分进行管理。

4.14　大气污染治理工程的设计、施工、验收和运行除符合本标准规定外，还应遵守国家现行的有关法律、法令、法规、标准和行业规范的规定。

5 污染气体的收集和输送

5.1 污染气体的收集

5.1.1 对产生逸散粉尘或有害气体的设备，宜采取密闭、隔离和负压操作措施。在确定密闭罩的吸气口位置、结构和风速时，应使罩口呈微负压状态，罩内负压均匀，防止粉尘或有害气体外逸，并避免物料被抽走。

5.1.2 污染气体应尽可能利用生产设备本身的集气系统进行收集，逸散的污染气体采用集气（尘）罩收集。配置的集气（尘）罩应与生产工艺协调一致，尽量不影响工艺操作。在保证功能的前提下，集气（尘）罩应力求结构简单，造价低廉，便于安装和维护管理。

5.1.3 当不能或不便采用密闭罩时，可根据工艺操作要求和技术经济条件选择适宜的其他敞开式集气（尘）罩。集气（尘）罩应尽可能包围或靠近污染源，将污染物限制在较小空间内，减少吸气范围，便于捕集和控制污染物。

5.1.4 集气（尘）罩的吸气方向应尽可能与污染气流运动方向一致，利用污染气流的动能，避免或减弱集气（尘）罩周围紊流、横向气流等对抽吸气气流的干扰与影响。

5.1.5 吸气点的排风量应按防止粉尘或有害气体扩散到周围环境空间为原则确定。

5.2 污染气体的输送

5.2.1 集气（尘）罩收集的污染气体应通过管道输送至净化装置。管道布置应结合生产工艺，力求简单、紧凑、管线短、占地空间少。

5.2.2 管道布置宜明装，并沿墙或柱集中成行或列，平行敷设。管道与梁、柱、墙、设备及管道之间应按相关规范设计间隔距离，满足施工、运行、检修和热胀冷缩的要求。

5.2.3 管道宜垂直或倾斜敷设。倾斜敷设时，与水平面的倾角应大于 45°，管道敷设应便于放气、放水、疏水和防止积灰。

5.2.4 管道材料应根据输送介质的温度和性质确定，所选材料的类型和规格应符合相关设计规范和产品技术要求。

5.2.5 管道系统宜设计成负压，如必须正压时，其正压段不宜穿过房间室内，必须穿过房间时应采取措施防止介质泄漏事故发生。

5.2.6 含尘气体管道的气流应有足够的流速防止积尘，其流速应符合 GB 50019 的规定。对易产生积尘的管道，应设置清灰孔或采取清灰措施。

5.2.7 输送含尘浓度高、粉尘磨琢性强的含尘气体时，除尘管道中易受冲刷部位应采取防磨措施，可加厚管壁或采用碳化硅、陶瓷复合管等管材。

5.2.8 输送含湿度较大、易结露的污染气体时，管道必须采取保温措施，必要时宜增设加热装置。

5.2.9 输送高温气体的管道，应采取热补偿措施。

5.2.10 输送易燃易爆污染气体的管道，应采取防止静电的接地措施，且相邻管道法兰间应跨接接地导线。

5.2.11 管道的漏风量应根据管道长短及其气密程度，按系统风量的百分率计算。一般送、排风系统管道漏风率宜采用 3%～8%，除尘系统的漏风率宜采用 5%～10%。

5.2.12 通风、除尘管网应进行阻力平衡计算。一般系统并联管路压力损失的差额不应超过 15%，除尘系统的节点压力差额不应超过 10%，否则应调整管径或安装压力调节装置。

5.2.13 输送污染气体的管道应设置测试孔和必要的操作平台。

5.3 污染气体的排放

5.3.1 污染气体通过净化设备处理达标后由排气筒排入大气。

5.3.2 排气筒的高度应按 GB 16297 和行业、地方排放标准的规定计算出的排放速率确定，排气筒的最低高度应同时符合环境影响报告批复文件要求。

5.3.3 排气筒结构应符合 GB 50051 的规定。

5.3.4 应根据使用条件、功能要求、排气筒高度、材料供应及施工条件等因素，确定采用砖排气筒、钢筋混凝土排气筒或钢排气筒。

5.3.5 排气筒的出口直径应根据出口流速确定，流速宜取 15 m/s 左右。当采用钢管烟囱且高度较高时或烟气量较大时，可适当提高出口流速至 20～25 m/s。

5.3.6 应当根据批准的环境影响评价文件的要求在排气筒上建设、安装自动监控设备及其配套设施或预留连续监测装置安装位置。排气筒或烟道应按 GB/T 16157 设置永久性采样孔，必要时设置测试平台。

5.3.7 排放有腐蚀性的气体时，排气筒应采用防腐设计。

5.3.8 大型除尘系统排气筒底部应设置比烟道底部低 0.5～1.0 m 的积灰坑，并应设置清灰孔，多雨地区大型除尘系统排气筒应考虑排水设施。

5.3.9 非防雷保护范围的排气筒，应装设避雷设施。

5.3.10 对于可能影响航空器飞行安全的烟囱，应按 GB 50051 设置航空障碍灯和标志。

5.4 风机

5.4.1 风机应符合国家和行业相应产品标准，其选型应满足所处理介质的要求。输送有爆炸和易燃气体的应选防爆型风机。当离心通风机布置在非爆炸环境场所时，宜选择风机叶轮防爆而风机电机不防爆的防爆风机；输送煤粉的应选择煤粉风机；输送有腐蚀性气体的应选择防腐风机；在高温场合工作或输送高温气体的应选择高温风机；输送浓度较大的含尘气体应选用排尘风机等。

5.4.2 通风管网的计算风量、风压不能直接用于风机和电机选型，应按 GB 50019 及相应行业技术规范的规定考虑系统漏风、管网压力损失、电机轴功率和安全系数附加等因素。

5.4.3 风机选择应使工作点处在高效率区域，风机的最高效率不宜低于 85%，同时还应考虑风机工作的稳定性。

5.4.4 采用并联风机作业时，其风量和风压按 GB 50019 有关规定确定。

5.4.5 变负荷运行的净化治理系统中，风机宜配置与工艺设备连锁控制的变频调速装置。

5.4.6 风机电机应根据风机使用情况设置启动保护装置，并按照生产工艺要求和节能原则设置调节装置（液力耦合器以及变频调节器等）；对介质温度波动大的系统，采取保护措施，防止冷态运转时造成的电机过载。

6 典型工艺

6.1 除尘

6.1.1 一般规定

6.1.1.1 除尘工艺应根据生产工艺合理配置，控制和减少无组织排放，设备或除尘系统排放至大气的气体应符合 GB 16297 和行业、地方排放标准及总量控制的限值。岗位粉尘浓度应符合 GBZ 2.1、GBZ 2.2 的规定。

6.1.1.2 除尘工艺设计除应符合本标准的规定之外，还应遵守 GB 50019 及 GBZ 1 中有关除尘设计的相应规定。

6.1.1.3 对除尘器收集的粉尘或排出的污水，根据生产条件、除尘器类型、粉尘的回收价值、粉尘的特性和便于维护管理等因素，按照国家、行业、地方相关标准以及 GBZ 1 的要求，采取妥善的回收和处理措施。污水的排放应符合 GB 8978 的要求。

6.1.1.4 除尘器宜布置在除尘工艺的负压段上。当布置在正压段时，电除尘器应采用热风清扫，袋式除尘器应保证清灰压力大于系统操作压力，配套风机应考虑防磨措施。

6.1.1.5 除尘工艺的场地标高、场地排水和防洪等均应符合 GB 50187 的规定。

6.1.2 含尘气体的预处理

6.1.2.1 当含尘气体的浓度高于除尘器的允许浓度时，进入除尘器之前应设置预处理设施，预处理设施应简单、可靠、压力损失小。

6.1.2.2 当含尘气体温度高于除尘器和风机所容许的工作温度时，应采取冷却降温措施。烟气降温应优先考虑余热利用。

6.1.2.3 袋式除尘器处理含炽热颗粒物的含尘气体时，在除尘器之前应设有火花捕集器。

6.1.2.4 袋式除尘器进风口应设有气流分布装置或导流装置。

6.1.2.5 当粉尘比电阻过高或过低时，应优先选用袋式除尘器。由于条件所限必须采用电除尘器时，应对烟气进行调质处理或采取其他有效措施，满足电除尘器的使用条件。

6.1.3 除尘器

6.1.3.1 选择除尘器应主要考虑如下因素：

a）烟气及粉尘的物理、化学性质；

b）烟气流量、粉尘浓度和粉尘允许排放浓度；

c）除尘器的压力损失以及除尘效率；

d）粉尘回收、利用的价值及形式；

e）除尘器的投资以及运行费用；

f）除尘器占地面积以及设计使用寿命；

g）除尘器的运行维护要求。

6.1.3.2 除尘器主要有机械式除尘器、湿式除尘器、袋式除尘器和静电除尘器。

6.1.3.3 机械除尘器：包括重力沉降室、惯性除尘器和旋风除尘器等。机械除尘器宜用于处理密度较大、颗粒较粗的粉尘，在多级除尘工艺中作为高效除尘器的预除尘。

a）重力沉降室适用于捕集粒径大于 50 μm 的尘粒，惯性除尘器适用于捕集粒径 10 μm 以上的尘粒，旋风除尘器适用于捕集粒径 5 μm 以上的尘粒；

b）重力沉降室和惯性除尘器宜设置在除尘系统的转弯、变径和汇合等部位，通过重力和惯性去除粉尘；

c）旋风除尘器并联使用时，应采用同型号设备，合理设计连接风管，避免各除尘器之间产生串流现象，降低效率。旋风除尘器不宜串联使用，必须串联时，应采用不同性能的旋风除尘器，并将低效者设于前级。

6.1.3.4 湿式除尘器：包括喷淋塔、填料塔、筛板塔（又称泡沫洗涤器）、湿式水膜除尘器、自激式湿式除尘器和文氏管除尘器等。

a）湿式除尘器适用于捕集粒径 1 μm 以上的尘粒；

b）进入文丘里、喷淋塔等洗涤式除尘器的含尘质量浓度宜控制在 100 g/m^3 以下；

c）高湿烟气和亲水性粉尘的净化，可选择湿式除尘器，但应考虑冲洗和清理；

d）需同时除尘和净化有害气体时，可采用湿式除尘器，对腐蚀性气体，应采取防腐措施；

e）湿式除尘器不适用于疏水性粉尘、遇水后产生可燃或有爆炸危险、易结垢粉尘；

f）湿式除尘器有冻结可能时，应采取防冻措施；

g）湿式除尘器产生的含尘废水，应采取处理措施，达标排放。

6.1.3.5 袋式除尘器：包括机械振动袋式除尘器、逆气流反吹袋式除尘器和脉冲喷吹袋式除尘器等。

a）袋式除尘器属高效除尘设备，宜用于处理风量大、浓度范围广和波动较大的含尘气体；

b）烟气进入袋式除尘器时，应将烟气温度降至滤料可承受的长期使用温度范围内，且高于烟气露点温度10℃以上，并应选用具有耐高温性能的滤料；

c）处理高湿气体应选用具有抗结露性能的滤料；

d）处理易燃、易爆含尘气体时，应选用具有抗静电性能的滤料，对外壳接地，设置防爆设施；

e）滤袋的过滤风速应根据粉尘性质、滤料种类和清灰方式等因素确定，入口含尘浓度高时取较低的风速，入口含尘浓度低时取较高的风速；

f）粉尘具有较高的回收价值或烟气排放标准很严格时，宜采用袋式除尘器，焚烧炉除尘装置应选用袋式除尘器；

g）袋式除尘器应符合 HJ/T 328、HJ/T 329、HJ/T 330 的规定，滤筒式除尘器应符合 JB/T 10341 的规定；

h）袋式除尘器部件、滤料应符合 HJ/T 284、HJ/T 324、HJ/T 325、HJ/T 326、HJ/T 327 的规定。

6.1.3.6 静电除尘器：包括板式静电除尘器和管式静电除尘器。

a）静电除尘器属高效除尘设备，宜用于处理大风量的高温烟气；

b）静电除尘器适用于捕集电阻率在 1×10^4～5×10^{10} Ω·cm 范围内的粉尘；

c）静电除尘器的电场风速及比集尘面积，应根据烟气、粉尘性质和要求达到的除尘效率确定；

d）对净化湿度大的气体或露点温度高的气体，应采取保温或加热措施，防治结露；

e）静电除尘器应符合 DL/T 514、HJ/T 322、HJ/T 320、HJ/T 321 的规定，应由具有国家相应设计制造资质的单位设计制造。

6.1.3.7 电袋复合除尘器是在一个箱体内安装电场区和滤袋区，有机结合静电除尘和过滤除尘两种机理的一种除尘器。

a）电袋复合除尘器适用于电除尘难以高效收集的高比阻、特殊煤种等烟尘的净化处理；

b）电袋复合除尘器适用于去除 0.1 μm 以上的尘粒；

c）电袋复合除尘器适用于对运行稳定性要求高和粉尘排放浓度要求严格的烟气净化。

6.1.4 卸灰、输灰

6.1.4.1 除尘器的卸灰装置应根据粉尘的状态（干或湿）、粉尘性质、卸灰制度（间歇或连续）、排灰量和除尘器排出口的压力等选择。

6.1.4.2 卸、输灰系统设备选型的原则应为：后一级处理能力高于前一级处理能力。

6.1.4.3 除尘器输灰装置宜采用螺旋输送机、埋刮板输送机和气力输送方式。应因地制宜，选择经济适宜的输灰方式。

6.1.4.4 当除尘器收集的灰尘含湿量大、灰尘成分易黏结时，不宜采用气力输灰方式，应采用机械输送方式。

6.1.4.5 干式除尘器的灰斗及中间贮灰斗的卸灰口，宜设置插板阀、卸灰阀和伸缩节。

6.1.4.6 对于处理过程中产生的粉尘应优先考虑回收利用。除尘器收集的灰尘外运时，应避免粉尘二次污染，宜采用粉尘加湿、卸灰口吸风或无尘装车装置等处理措施。在条件允许的情况下，宜选用真空吸引压送罐车。

6.1.5 配套设施

6.1.5.1 袋式除尘器清灰及除尘工艺阀门驱动所需压缩空气应尽量取自生产厂区压缩空气管网。
6.1.5.2 袋式除尘器的压缩空气供应系统由除油、除水、净化装置、贮气罐和调压装置等组成。贮气罐应尽量靠近用气点，调压装置应设在贮气罐之后。
6.1.5.3 寒冷地区应防止压缩空气供应系统结冰，输气管网应保温，必要时应采取伴热措施。压缩空气品质应保证达到在相应额定压力下压缩空气不出现结露现象。
6.1.5.4 高温、高湿烟气采用干式除尘器时，除尘器应整体保温，必要时应增设伴热系统及循环风加热系统。
6.1.5.5 处理煤气等易爆气体时应采用氮气等惰性气体作为袋式除尘器的清灰介质。
6.1.5.6 电除尘器高压电源分户外式和户内式。户外式布置应在高压整流变压器旁同时配置高压隔离开关柜，户内式布置应在变压器室内布置高压隔离开关。
6.1.5.7 电除尘器高压整流变压器与电场之间应配置阻尼电阻，电阻功率应大于实际功率的 3 倍以上，并应有良好的通风散热空间。

6.1.6 控制及检测

6.1.6.1 除尘工艺控制及检测应包括系统的运行控制、参数检测、状态显示和工艺联锁等。
6.1.6.2 除尘工艺应按照 GB 50019 中有关规定的要求，采用集中和就地两种控制方式，或者单独采用某一种控制方式。
6.1.6.3 除尘工艺集中控制的设备，应设现场手动控制装置，并可通过远程自动/手动转换开关实现自动与就地手动控制的转换。
6.1.6.4 除尘工艺运行控制应包括系统与除尘器的启停顺序、系统与生产工艺设备的联锁、运行参数的超限报警及自动保护等功能。
6.1.6.5 与生产工艺紧密相关的除尘工艺，宜在生产工艺控制室及除尘工艺控制室分别设置操作系统，并随时显示其工作状态。除尘工艺控制室应尽量靠近除尘器。
6.1.6.6 除尘工艺的运行检测、显示及报警项目宜包括以下内容：

a）除尘器进、出口介质流量、全压静压及压差、温度、湿度、粉尘浓度及要求的气体浓度；
b）高温烟气降温设备进、出口介质流量、全压静压及压差、温度、湿度；
c）风机轴承温度，电机轴承温度、转子、定子温度、振幅、转速；
d）除尘工艺配套的油循环系统及冷却介质的流量、温度、压力；
e）大型电机电流、电压；
f）电除尘器各电场一、二次电流和电压；
g）脉冲袋式除尘器的清灰气源压力和喷吹压力。

6.1.6.7 电除尘器和袋式除尘器的性能检测应按 GB/T 13931 和 GB/T 6719 的规定进行。
6.1.6.8 固定污染源有组织排放的样品采集应按 GB/T 16157 执行，监测项目应按 GB 16297 及相关行业排放标准确定。

6.2 气态污染物吸收

6.2.1 一般规定

6.2.1.1 吸收法净化气态污染物是利用气体混合物中各组分在一定液体中溶解度的不同而分离气体混合物的方法。主要适用于吸收效率和速率较高的有毒的有害气体的净化。
6.2.1.2 吸收系统应包括集气罩、废气预处理、吸收液（浆液）制备和供应系统、吸收装置、控制系统、副产物的处置与利用装置、风机、排气筒、管道等。

6.2.1.3 吸收工艺的选择应考虑：废气流量、浓度、温度、压力、组分、性质、吸收剂性质、再生、吸收装置特性以及经济性因素等。

6.2.1.4 高温气体应采取降温措施；对于含尘气体，需回收副产品时应进行预除尘。

6.2.1.5 吸收工艺的主体装置和管道系统，应根据处理介质的性质选择适宜的防腐材料和防腐措施，必要时应采取防冻、防火和防爆措施。

6.2.2 吸收装置

6.2.2.1 常用的吸收装置有填料塔、喷淋塔、板式塔、鼓泡塔、湍球塔和文丘里等。

6.2.2.2 吸收装置应具有较大的有效接触面积和处理效率，较高的界面更新强度，良好的传质条件，较小的阻力和较高的推动力。

6.2.2.3 吸收塔的选择：

a）填料塔宜用于小直径塔及不易吸收的气体，不宜用于气液相中含有较多固体悬浮物的场合；

b）板式宜用于大直径塔及容易吸收的气体；

c）喷淋塔宜用于反应吸收快、含有少量固体悬浮物、气体量大的吸收工艺；

d）鼓泡塔宜用于吸收反应较慢的气体。

6.2.2.4 吸收塔选型设计：

a）根据被吸收气体、吸收液、吸收塔型式和要求的吸收效率，应选择技术经济合理的空塔气速；

b）吸收塔的高度应能保证气液有足够的有效接触时间；

c）对于易吸收的气体宜取小的液气比，不易吸收的气体宜取较大的液气比，特别难吸收的气体或一些特殊场合，宜采用大的液气比；

d）吸收塔的气体出口处应设置除雾装置；

e）吸收塔的气体进口段应设气流分布装置；

f）吸收液喷淋效果应均匀，防止沟流和壁流现象的发生。

6.2.2.5 选择吸收剂时，应遵循以下原则：

a）对被吸收组分有较强的溶解能力和良好的选择性；

b）吸收剂的挥发度（蒸气压）低；

c）黏度低，化学稳定性好，腐蚀性小，无毒或低毒、难燃；

d）价廉易得，易于重复使用；

e）有利于被吸收组分的回收利用或处理。

6.2.2.6 吸收装置的设计应符合 HJ/T 387 的规定。

6.2.3 吸收液后处理

6.2.3.1 吸收液宜循环使用或经过进一步处理后循环使用，不能循环使用的应按照相关标准和规范处理处置，避免二次污染。

6.2.3.2 使用过的吸收液采用沉淀分离再生时，沉淀池的容积应满足沉淀分离的要求；采用化学置换再生时，应保证再生反应时间；采用蒸发结晶回收和蒸馏分离时，应采用节能工艺设计。

6.2.3.3 吸收液再生过程中产生的副产物应回收利用，产生的有毒有害产物应按照有关规定处理处置。

6.2.4 吸收装置配套设施

6.2.4.1 当气体温度高于吸收操作温度时，气体进入吸收装置前应进行冷却。

6.2.4.2 当需要降温的废气含有粉尘时，预除尘和冷却应同时进行。

6.2.4.3　吸收剂制备和供应系统应保证吸收剂的供给，设有富裕量，并设置计量装置。

6.2.4.4　对于较大型的吸收系统，应设置自动控制系统，采用可编程控制器（PLC）或集中分散控制系统（DCS）控制。

6.3　气态污染物吸附

6.3.1　一般规定

6.3.1.1　吸附法净化气态污染物是利用固体吸附剂对气体混合物中各组分吸附选择性的不同而分离气体混合物的方法，主要适用于低浓度有毒有害气体净化。

6.3.1.2　吸附工艺分为变温吸附和变压吸附，本标准中的吸附指变温吸附。

6.3.1.3　吸附系统包括集气罩、废气预处理、吸附装置、脱附（回收）系统、控制系统、副产物的处置与利用装置、风机、排气筒和管道等。

6.3.2　预处理

6.3.2.1　废气预处理应除去颗粒物、油雾、难脱附的气态污染物，并调节气体温度、湿度、浓度和压力等满足吸附工艺操作的要求。

6.3.2.2　进入吸附床的废气温度宜控制在40℃以下。

6.3.2.3　进入吸附床的易燃、易爆气体浓度应调节至其爆炸极限下限的50%以下。

6.3.2.4　颗粒物去除宜采用过滤及洗涤等方法，进入吸附装置的废气中颗粒物质量浓度应低于5 mg/m^3。

6.3.3　吸附装置

6.3.3.1　常用的吸附设备有固定床、移动床和流化床。工业应用宜采用固定床。

6.3.3.2　吸附工艺的选择：

a）吸附工艺的规模和流程应依据污染气体的流量、温度、压力、组分、性质、进口浓度及排放浓度，污染物产生方式（连续或间歇、均匀或非均匀）和安全等因素进行综合选择；

b）吸附工艺的选择应同时考虑脱附工艺、吸附剂再生工艺、脱附后污染物的处理利用和经济性因素等各个环节；

c）污染物浓度过高时，可采用前级冷凝、吸收的多级处理方式，降低浓度，减缓吸附剂的过快饱和；

d）对连续排放的气体污染物，应采用连续式吸附流程，对间断排放的气体污染物，可采用间断式吸附流程；

e）整体工艺流程节能环保，投资少，运行费用低。

6.3.3.3　吸附设备的选型设计

a）设备性能结构应在最佳状态下运行，处理能力大、效率高、气流分布均匀，具有足够的气体流通面积和停留时间；

b）净化效率、吸附剂利用率、床层厚度之间存在一定的反比例关系，在满足排放标准的前提下，应遵循适当、节约和合理的原则进行选择；

c）吸附剂用量应根据吸附剂对吸附质的吸附量通过经验公式计算或实验确定；

d）对于连续排放且气量大的污染气体，优先选用流化床。

6.3.3.4　常用吸附剂包括：活性炭（包括活性炭纤维）、分子筛、活性氧化铝和硅胶等。选择吸附剂时，应遵循以下原则：

a）比表面积大，孔隙率高，吸附容量大；

b）吸附选择性强；

c）有足够的机械强度、热稳定性和化学稳定性；

d）易于再生和活化；

e）原料来源广泛，价廉易得。

6.3.3.5 吸附装置用于处理易燃、易爆气体时，应符合安全生产及事故防范的相关规定。除控制处理气体的浓度之外，在管道系统的适当位置，应安装符合 GB/T 13347 规定的阻火装置。接地电阻应小于 2 Ω。

6.3.3.6 选择固定床时，应设置气流的均匀分布装置。选择的气流速度、污染气体在床层内的停留时间应满足气体净化达标排放的要求，并最大限度地减小阻力，增大推动力。固定床吸附净化装置应符合 HJ/T 386 的规定。

6.3.3.7 固定床吸附器吸附层的风速应根据吸附剂的材质、结构和性能确定；采用颗粒状活性炭时，宜取 0.20～0.60 m/s；采用活性炭纤维毡时，宜取 0.10～0.15 m/s；采用蜂窝状吸附剂时，宜取 0.70～1.20 m/s。对于废气浓度特别低或有特殊要求的场合，风速可适当增加。

6.3.4 脱附和脱附产物处理

6.3.4.1 脱附操作可采用升温、降压、置换、吹扫和化学转化等脱附方式或几种方式的组合。

6.3.4.2 脱附系统主要包括脱附气源、换热器、脱附产物的分离与回收装置和管道等。

6.3.4.3 脱附气源可用热空气、热烟气和低压水蒸气。

6.3.4.4 当回收脱附产物时，换热器应保证脱附后气体应达到设计要求的冷却水平。

6.3.4.5 有机溶剂的脱附宜选用水蒸气和热空气，当回收的有机溶剂沸点较低时，冷凝水宜使用低温水；对不溶于水的有机溶剂冷凝后直接回收，对溶于水的有机溶剂应进一步分离回收。

6.3.4.6 采用活性炭做吸附剂时，脱附气的温度宜控制在 120℃以下。

6.3.5 控制要求

6.3.5.1 对于处理气量大于 1 000 m^3/h 的工艺应装设自动控制系统，采用可编程控制器 PLC 或分散控制系统 DCS 控制。

6.3.5.2 控制内容包括：风机和泵的运行控制、吸附和脱附的时间切换、吸附床层温度的显示和超温报警、冷却系统的起停等。

6.4 气态污染物催化燃烧

6.4.1 一般规定

6.4.1.1 催化燃烧法净化气态污染物是利用固体催化剂在较低温度下将废气中的污染物通过氧化作用转化为二氧化碳和水等化合物的方法。

6.4.1.2 催化燃烧系统应由气体收集装置、催化燃烧装置、管道、风机、排气筒和控制系统等组成。

6.4.1.3 催化燃烧装置宜用于由连续、稳定的生产工艺产生的固定源气态及气溶胶态有机化合物的净化。

6.4.2 预处理

6.4.2.1 进入反应器的废气应进行预处理，去除废气中的颗粒物和催化剂毒物，并调整废气中有机物的浓度和废气的温度湿度满足催化燃烧的要求。

6.4.2.2 颗粒物去除宜采用过滤及喷淋等方法，进入催化燃烧装置中的废气颗粒物质量浓度应低于 10 mg/m^3。

6.4.2.3 废气中催化剂毒物的去除宜采用喷淋及吸收等方法。

6.4.2.4 进入催化燃烧装置的废气温度应加热到催化剂的起燃温度。

6.4.2.5 催化燃烧装置的进气温度宜低于 400℃，否则应进行降温处理。

6.4.3 性能要求

6.4.3.1 经过催化燃烧净化后排放的废气应达到国家或地方排放标准，净化效率不应低于 95%。

6.4.3.2 选择换热器时应进行热平衡计算。当废气中有机物燃烧产生的热量不足以维持催化剂床层自持燃烧所需要的热量时，应在进入催化燃烧反应器前对废气进行加热升温到催化剂的起燃温度。

6.4.3.3 当废气中含有腐蚀性气体时，反应器内壁和换热器主体应选用防腐等级不低于 316 L 的不锈钢材料。

6.4.3.4 选择的催化剂使用温度宜为 200～700℃，并能承受 900℃短时间高温冲击，正常工况下使用寿命应大于 8 500 h。

6.4.3.5 催化剂床层的设计空速应考虑催化剂的种类、载体的型式、废气的组分等因素，宜大于 10 000/h，但不宜高于 40 000/h。

6.4.3.6 催化燃烧装置预热室的预热温度宜在 250～350℃，不宜超过 400℃。

6.4.4 控制要求

6.4.4.1 催化燃烧工艺应装设自动控制系统，采用 PLC 或 DCS 控制。

6.4.4.2 催化燃烧工艺的控制内容包括：风机、阀门的开启与关闭，加热室、热交换室、反应室的温度控制等。

6.4.4.3 加热室和反应室内部应设具有自动报警功能的多点温度检测装置，并与温度调节装置联锁。所用温度传感器应按相关的技术标准和规范进行标定后使用。

6.4.5 安全要求

6.4.5.1 催化燃烧装置的进、出口处宜设置废气浓度检测装置，定时或连续检测进、出口处的气体浓度。进入催化燃烧装置的有机废气浓度应控制在其爆炸极限下限的 25%以下。对于混合有机化合物，其控制浓度根据不同化合物的浓度比例和其爆炸下限值进行计算与校核。

6.4.5.2 催化床应设置防爆泄压装置，防爆泄压装置的设计、制造、运行和检验应符合《压力容器安全技术监察规程》的规定。

6.4.5.3 催化燃烧装置前应安装符合 GB/T 13347 规定的阻火器。

6.4.5.4 催化燃烧装置应整体保温，外表面温度不大于 60℃。

6.4.5.5 催化燃烧装置前应设置事故应急排空管，排空装置与冲稀阀、报警联动，用排空放散防止爆炸。

6.4.5.6 催化燃烧工艺应采用具有防爆功能的风机、电机和电控柜。

6.4.5.7 其他安全要求应符合 GB 20101 的规定。

6.4.5.8 催化燃烧工艺应远离油库、储油槽、溶剂存放地以及其他可以引起爆炸的化学品存放地，满足消防、安全、环保的安全保护距离要求，消防安全保护距离应该按相关的技术标准和规范进行核定。

6.5 气态污染物热力燃烧

6.5.1 一般规定

6.5.1.1 热力燃烧法（包括蓄热燃烧法）净化气态污染物是利用辅助燃料燃烧产生的热能、废气本身的燃烧热能、或者利用蓄热装置所贮存的反应热能，将废气加热到着火温度，进行氧化（燃烧）反应。

6.5.1.2 热力燃烧系统包括过滤器、燃烧器、点火设备、燃烧室、蓄热室、热交换器、风机、管道（包括燃料输送管道）、排气筒、自控装置及切换阀门、阻火防爆装置、安全联锁装置等。

6.5.1.3 热力燃烧工艺适用于处理连续、稳定生产工艺产生的有机废气。

6.5.1.4 热力燃烧工艺应保证足够的辅助燃料和电力供应。

6.5.2 预处理

6.5.2.1 进入燃烧室的废气应进行预处理，去除废气中的颗粒物（包括漆雾）。

6.5.2.2 颗粒物去除宜采用过滤及喷淋等方法，进入热力燃烧工艺中的颗粒物质量浓度应低于 50 mg/m^3。

6.5.2.3 当有机废气中含有低分子树脂、有机颗粒物、高沸点芳烃和溶剂油等，容易在管道输送过程中形成颗粒物时，应按物质的性质选择合适的喷淋吸收、吸附、静电和过滤等预处理措施。

6.5.2.4 在热力燃烧工艺的安全放散装置后、燃烧室和蓄热室前，应设置去除颗粒物的过滤器，并设压差计，当过滤器的压差超过设定最大压差时，应立即清理或更换过滤材料。

6.5.3 性能要求

6.5.3.1 有机废气经过热力燃烧净化后的排放应满足国家或地方排放标准的要求。

6.5.3.2 热力燃烧工艺宜在有机废气进入系统前和净化后的总汇集管段上按照 GB/T 16157 的要求设置采样口。

6.5.3.3 进入热力燃烧工艺的有机废气浓度应控制在其爆炸极限下限的 25%以下，对于混合有机化合物，其有机物浓度应根据不同有机化合物的浓度比例和其爆炸下限值进行计算与校核。

6.5.3.4 热力燃烧工艺的主要性能如表 1 所示：

表 1 主要性能指标

序号	项 目	单 位	一般取值范围	备 注
1	处理气体流量	m^3/h	按设计任务要求确定	根据工艺生产要求、环境标准和车间卫生标准确定
2	燃烧室与蓄热室工作温度	℃	720～810	根据有机废气性质，在保证达标排放的情况下，可适当降低
3	换热器出口温度	℃	≤400	应考虑余热的充分利用
4	噪声	dB（A）	≤85	—
5	燃烧与蓄热设备外壁温度	℃	≤60	炉门、检修门、防爆口、传感器安置部位等局部区域≤70℃
6	净化效率	%	≥95	—

6.5.3.5 热力燃烧工艺的设计，除了考虑系统正常稳定运行的工况参数外，还应考虑在各种事故状态下排放有机废气的组分、温度、压力、最大排放量及其持续时间、波动范围等控制参数和相应的防火、防爆和防毒等安全措施。

6.5.3.6 热力燃烧工艺的设计，应考虑：

a）燃烧与蓄热工艺流程对燃料平衡的要求；

b）工艺正常稳定运行、开停工、事故处理、维修吹扫、防爆和阻火过程等对燃烧室、蓄热室、燃烧器、风机、防爆口、阻火器和检测控制系统的要求。

6.5.3.7 热力燃烧净化工艺的隔热、保温层应采用阻燃材料。

6.5.4 控制要求

6.5.4.1 热力燃烧工艺的控制范围包括：废气预处理装置、燃烧室、蓄热室、管道与燃料输送系统、气流调节控制装置与阀门、辅助加热装置、热交换器、阻火器、防爆装置和自动消防设备等。

6.5.4.2 热力燃烧的控制系统应根据工艺要求对浓度、温度、压力和废气流量等工艺参数进行自动检测和控制。浓度、温度、流量和压力传感器应根据测量范围和灵敏度要求进行选择，并按相关的技术标准和规范对其进行标定后使用。

6.5.4.3 热力燃烧工艺的燃烧器和点火设备的气体进出口处、燃烧室和蓄热室内部应设具有自动报警功能的多点温度检测装置，并与温度调节装置联锁。

6.5.4.4 燃烧室和蓄热室内部的两个相邻温度测试点之间距离不宜大于 1 m，测试点与设备内壁之间距离不宜小于 60 cm。

6.5.4.5 自动控制系统采用 PLC 或 DCS 控制。

6.5.5 安全要求

6.5.5.1 热力燃烧工艺的燃烧室、蓄热室应设置温度检测及点火报警联锁装置，当温度过低或火焰熄灭时，立即发出报警信号，关闭有机废气进气阀门，启动安全放散装置。

6.5.5.2 热力燃烧工艺的燃烧室、蓄热室的进口应设置有机废气浓度检测和报警联锁装置，当气体浓度达到有机废气爆炸极限下限的25%时，立即发出报警信号，启动安全放散装置。

6.5.5.3 热力燃烧工艺的燃烧器应设置燃烧安全保护装置。该装置应包括燃料输送管紧急切断阀、燃烧监视装置和相应的检测控制系统。

6.5.5.4 在过滤器后、热力燃烧室或蓄热室前，应设置阻火器。阻火器的阻火性能应符合 GB/T 13347 的规定。

6.5.5.5 热力燃烧工艺设置区域宜设置可燃气体报警器。凡使用可燃气体和有毒气体检测报警仪的场所，应配备必要的标定设备和标准气体。

6.5.5.6 热力燃烧工艺的管道和设备均应可靠接地，设置专用的静电接地体，并应符合 GB 12158 的规定。

6.5.5.7 热力燃烧工艺的燃烧室、蓄热室前的管道顶部应设置压力计、安全泄放装置（安全阀或爆破片装置）。安全泄放装置的设计、制造、运行和检验应符合《压力容器安全技术监察规程》的规定。

6.5.5.8 其他安全要求执行 GB 20101、GB/T 19839、SH 3063 和 SH/T 3113。

6.5.5.9 热力燃烧工艺应远离油库、储油槽、溶剂存放地和其他可以引起爆炸的化学品存放地。建设地点应满足消防、安全和环境保护的安全防护距离要求，且按相关的技术标准和规范进行核定。

7 主要气态污染物的处理技术

7.1 二氧化硫

7.1.1 二氧化硫治理工艺及选用原则

7.1.1.1 二氧化硫治理工艺划分为湿法、干法和半干法，常用工艺包括石灰石/石灰-石膏法、烟气循环流化床法、氨法、镁法、海水法、吸附法、炉内喷钙法、旋转喷雾法、有机胺法、氧化锌法和亚硫酸钠法等。

7.1.1.2 二氧化硫治理应执行国家或地方相关的技术政策和排放标准，满足总量控制的要求。

7.1.1.3 燃煤电厂烟气脱硫应符合以下规定：

a）采用石灰石/石灰-石膏法工艺时应符合 HJ/T 179 的规定；

b）采用烟气循环流化床工艺时应符合 HJ/T 178 的规定；

c）燃用高硫燃料的锅炉，当周围 80 km 内有可靠的氨源时，经过技术经济和安全比较后，宜使用氨法工艺，并对副产物进行深加工利用；

d）燃用低硫燃料的海边电厂，经过技术经济比较和海洋环保论证，可使用海水法脱硫或以海水为工艺水的钙法脱硫。

7.1.1.4 工业锅炉/炉窑应因地制宜、因物制宜、因炉制宜选择适宜的脱硫工艺，采用湿法脱硫工艺应符合 HJ/T 288、HJ/T 319 和 HJ 462 的规定。

7.1.1.5 钢铁行业根据烟气流量和二氧化硫体积分数，结合吸收剂的供应情况，宜选用半干法、氨法、石灰石/石灰-石膏法脱硫工艺。

7.1.1.6 有色冶金工业中硫化矿冶炼烟气中二氧化硫体积分数大于 3.5%时，应以生产硫酸为主。烟气制造硫酸后，其尾气二氧化硫体积分数仍不能达标时，应经脱硫或其他方法处理达标后排放。

7.1.2 技术要求

7.1.2.1 脱硫塔的结构型式、材质和防腐防磨措施应根据脱硫工艺的要求选择。塔体材质宜使用碳素钢、玻璃钢、水泥和非金属砌块等；防腐材料宜使用玻璃钢、橡胶、鳞片树脂和合金等。

7.1.2.2 强制氧化系统中宜使用氧化风机。根据氧化空气流量和所需压力，氧化风机可选用离心式、罗茨式、活塞式和螺杆式。

7.1.2.3 烟气脱硫工艺需要的动力宜由单独设置的增压风机提供，增压风机的流量裕度宜为 10%，温度裕度宜为 10℃，压力裕度为 20%，有一定的工况波动调节能力，与上游引风机有较好的协调性，并根据气体介质的露点温度决定是否需要采取保温及防腐措施。

7.1.2.4 氨法脱硫工艺的储氨区应布置在通风条件良好、厂区边缘安全地带；还应根据市场条件和厂内场地条件设置适当的硫酸铵包装及存放场地。设备和建构筑物应满足 GB 50160 和 GB 50058 的要求。

7.1.2.5 湿式脱硫工艺喷淋层宜采用碳钢双面衬胶或增强玻璃钢（FRP）材料防腐防磨。

7.1.2.6 为防止浆液沉淀，箱、罐和塔器等设备中应设置搅拌器。搅拌器的设计应进行水力模拟或计算，保证一定的搅拌强度，避免搅拌死区。搅拌器应工作平稳，桨叶和轴采取防腐防磨措施。

7.1.2.7 吸收液的雾化宜采用压力雾化或机械雾化，喷嘴材质宜采用合金、碳化硅和陶瓷等。

7.1.2.8 浆液泵的泵壳、叶轮、轴和密封材料等应耐腐蚀、耐磨损。

7.1.2.9 脱硫副产物的固液分离脱水装置宜采用蒸发式、过滤式、重力式和离心式。

7.1.2.10 干法/半干法脱硫工艺中吸收剂宜多次循环利用。吸收剂循环通常使用气力式或机械式循环槽。循环槽应有自动调节负荷装置，便于维护，可靠性高，能连续稳定运行。

7.1.2.11 脱硫装置的自动控制宜采用 DCS 控制系统，并与生产主体设备的控制系统有可靠的数据传送。

7.2 氮氧化物

7.2.1 氮氧化物控制措施及选用原则

7.2.1.1 控制燃烧产生的氮氧化物（NO_x）应优先采用低氮燃烧技术。当不能满足环保要求时，应增设选择性催化还原（SCR）、选择性非催化还原（SNCR）等烟气脱硝装置。

7.2.1.2 燃煤电厂燃用烟煤、褐煤时，宜采用低氮燃烧技术；燃用贫煤、无烟煤以及环境敏感地区不能达到环保要求时，应增设烟气脱硝系统。

7.2.1.3 采用 SCR 脱硝装置时，应优先采用高尘布置方案。

7.2.1.4 选择烟气脱硝方式时，应考虑对锅炉的影响。

7.2.2 技术要求

7.2.2.1 喷氨混合系统应考虑防腐、防堵和耐磨，并具有良好的热膨胀性、抗热变形性和抗振性。在喷氨混合系统上游和下游宜设置导流或整流装置。

7.2.2.2 脱硝反应器宜采用钢结构，设计抗爆压力应与主机相同，合理设计空速。SCR 反应器入口的烟气流速偏差、烟气流向偏差、烟气温度偏差以及 NH_3/NO_x 摩尔比偏差应控制在合适的范围内，氨的逃逸率应符合 HJ 562 和 HJ 563 的要求。

7.2.2.3 还原剂主要有液氨、氨水和尿素等，还原剂的选择应综合考虑储运和经济性。使用液氨或氨水作为还原剂时，应符合 GB 18218、GB 50058 和 GB 50160 的要求；采用尿素制氨时，可采用热解或水解法。

7.2.2.4 催化剂的选型宜与脱硝工艺和污染物气体特性相匹配。

7.2.2.5 反应器应至少设置一层催化剂备用层并一次建成，以满足不同生产阶段对 NO_x 排放的要求及催化剂更换要求。

7.2.2.6 再生的催化剂使用时，其转化率等性能应当达到新的催化剂的 90%以上。

7.2.2.7 脱硝装置设计时，应考虑催化剂失效后的再生或废弃处理措施。

7.2.2.8 工艺设计前，脱硝工艺宜进行数值模拟和物理模化试验，保证气流及还原剂进入催化剂时均匀分布。

7.2.2.9 设置脱硝装置时，应同步考虑主机下游部件的防腐蚀和防堵塞措施。

7.2.2.10 SCR 和 SNCR 工艺的总平面布置应符合 GB 50058 及 GB 50160 等防火、防爆有关规范的规定。

7.2.2.11 还原剂储运制备系统的布置应考虑主风向的影响。系统区域内应按照相关规范设有运输、消防和疏散通道。地上、半地下的储罐或储罐组应设置非燃烧、耐腐蚀材料的防火堤，系统周围应就地设置排水沟。区域内应设风向指示标，并安装摄像头。

7.2.2.12 还原剂储运和制备区域应有应急处理安全防范设施。

7.3 挥发性有机化合物（VOCs）

7.3.1 主要挥发性有机物

挥发性有机化合物废气主要包括低沸点的烃类、卤代烃类、醇类、酮类、醛类、醚类、酸类和胺类等。

应当重点控制在石油化工、制药、印刷、造纸、涂料装饰、表面防腐、交通运输、金属电镀和纺织等行业排放废气中的挥发性有机化合物。

7.3.2 挥发性有机化合物的基本处理技术

7.3.2.1 回收类方法：主要有吸附法、吸收法、冷凝法和膜分离法等。

7.3.2.2 消除类方法：主要有燃烧法、生物法、低温等离子体法和催化氧化法等。

7.3.3 挥发性有机物处理技术的选用原则

7.3.3.1 吸附法适用于低浓度挥发性有机化合物废气的有效分离与去除，是一种广泛应用的化工工艺单元，由于每单元吸附容量有限，宜与其他方法联合使用。

7.3.3.2 吸收法宜用于废气流量较大、浓度较高、温度较低和压力较高的挥发性有机化合物废气的处理。工艺流程简单，可用于喷漆、绝缘材料、黏结、金属清洗和化工等行业应用。

7.3.3.3 冷凝法宜用于高浓度的挥发性有机化合物废气回收和处理属高效处理工艺，宜作为降低废气有机负荷的前处理方法，与吸附法、燃烧法等其他方法联合使用，回收有价值的产品。

7.3.3.4 膜分离法宜用于较高浓度挥发性有机化合物废气的分离与回收，属高效处理工艺，选择时，应考虑预处理成本、膜元件造价、寿命、堵塞等因素。

7.3.3.5 燃烧法宜用于处理可燃、在高温下可分解和在目前技术条件下还不能回收的挥发性有机化合物废气，燃烧法应回收燃烧反应热量，提高经济效益。

7.3.3.6 生物法宜在常温、适用于处理低浓度、生物降解性好的各类挥发性有机化合物废气，对其他方法难处理的含硫、含氮、苯酚和氰等的废气可采用特定微生物氧化分解的生物法。

a）生物过滤法：宜用于处理气量大、浓度低和浓度波动较大的挥发性有机化合物废气，可实现对各类挥发性有机化合物的同步去除，工业应用较为广泛；

b）生物洗涤法：宜用于处理气量小、浓度高、水溶性较好和生物代谢速率较低的挥发性有机化合物废气；

c）生物滴滤法：宜用于处理气量大、浓度低，降解过程中产酸的挥发性有机化合物废气，不宜处理入口浓度高和气量波动大的废气。

7.3.3.7 低温等离子体法、催化氧化法和变压吸附法等工艺，宜用于气体流量大、浓度低的各类挥发性有机化合物废气处理。

7.3.4 技术要求

7.3.4.1 应依据达标排放要求，选择单一方法或联合方法处理挥发性有机化合物废气。

7.3.4.2 可以采用吸附剂浸渍法提高吸附剂的吸附容量和选择性，加强吸附法的处理效果，相关技术要求应符合 6.3 的要求。

7.3.4.3 采用吸收法应定期更换吸收剂，相关技术要求符合 6.2 的要求。

7.3.4.4 挥发性有机化合物废气体积分数在 0.5%以上时宜采用冷凝法处理，冷凝过程宜采用恒定温度下用增大压力的办法来实现，也可在恒定压力的条件下用降低温度的办法来实现。应根据实际净化要求和成本预算选择合适的工艺过程。

7.3.4.5 挥发性有机化合物废气体积分数在 0.1%以上时宜采用膜分离法处理，应采取防止膜堵塞的措施。气体分离膜材料应具有高的透气性、较高的机械强度及化学稳定性和良好的成膜加工性能。

7.3.4.6 采用燃烧法处理挥发性有机化合物废气时应重点避免二次污染。如废气中含有硫、氮和卤素等成分时，燃烧产物应按照相关标准处理处置，如采用催化燃烧后的催化剂。辅助燃烧的燃料，相关技术要求应符合 6.4、6.5 的要求。

7.3.4.7 挥发性有机化合物废气体积分数在 0.1%以下时宜采用生物法处理，含氯较多的挥发性有机化合物废气不宜采用生物降解。采用生物法处理时应监控各项工艺参数在要求的范围内，对于难氧化的恶臭物质应后续采取其他工艺去除，避免二次污染。

7.4 恶臭

7.4.1 恶臭气体的种类

7.4.1.1 含硫的化合物：如硫化氢、二氧化硫、硫醇、硫醚类等。

7.4.1.2 含氮的化合物：如胺、氨、酸胺、吲哚类等。

7.4.1.3 卤素及衍生物：如卤代烃等。

7.4.1.4 氧的有机物：如醇、酚、醛、酮、酸、酯等。

7.4.1.5 烃类：如烷、烯、炔烃以及芳香烃等。

7.4.2 恶臭气体的基本处理技术

7.4.2.1 物理学方法：主要有水洗法，物理吸附法，稀释法和掩蔽法。

7.4.2.2 化学方法：主要有药液吸收（氧化吸收、酸碱液吸收）法，化学吸附（离子交换树脂、碱性气体吸附剂和酸性气体吸附剂）法和燃烧（直接燃烧和催化氧化燃烧）法。

7.4.2.3 生物学方法：主要有生物过滤法，生物吸收法和生物滴滤法。

7.4.3 恶臭气体处理技术的选用原则

7.4.3.1 当难以用单一方法处理以达到恶臭气体排放标准时，宜采用联合脱臭法。
7.4.3.2 物理类的处理方法宜作为化学或生物处理的预处理，在达到排放标准要求的前提下也可作为唯一的处理工艺。
7.4.3.3 化学吸收类处理方法宜用于处理大气量、高、中浓度的恶臭气体。在处理大流量气体方面工艺成熟，净化效率相对不高，处理成本相对较低。
7.4.3.4 化学吸附类的处理方法宜用于处理低浓度、多组分的恶臭气体。属常用的脱臭方法之一，净化效果好，吸附剂的再生较困难，处理成本相对较高。
7.4.3.5 化学燃烧类的处理方法宜用于处理连续排气、高浓度的可燃性恶臭气体，净化效率高，处理费用高。
7.4.3.6 化学氧化类的处理方法宜用于处理高、中浓度的恶臭气体，净化效率高，处理费用高。
7.4.3.7 生物类处理方法宜用于气体浓度波动不大，浓度较低或复杂组分的恶臭气体处理，净化效率较高。

7.4.4 技术要求

7.4.4.1 采用化学吸收类处理方法时应重点控制二次污染，依据不同的恶臭气体组分选择合适的吸收剂，相关技术要求符合 6.2 的要求。
7.4.4.2 采用化学吸附类的处理方法应选择与恶臭气体组分相匹配的吸附剂，按照工艺要求，对温度和含尘量进行严格控制，相关技术要求应符合 6.3 的要求。
7.4.4.3 采用化学燃烧类的处理方法时应对机械设备采取防腐蚀措施，使恶臭气体与燃料气充分混合并完全燃烧，控制末端形成的二次污染。相关技术要求应符合 6.4、6.5 的要求。
7.4.4.4 采用化学氧化类的处理方法的应依据不同的恶臭气体组分选择合适的氧化媒介及工艺条件。
7.4.4.5 采用生物类处理方法时应依据实际恶臭气体性质筛选，驯化微生物，实时监测微生物代谢活动的各种信息。
7.4.4.6 在排放浓度满足排放标准时，可考虑采用稀释法和掩蔽法。

7.5 卤化物气体

7.5.1 主要卤化物

7.5.1.1 在大气污染治理方面，卤化物主要包括无机卤化物气体和有机卤化物气体。
7.5.1.2 有机卤化物（卤代烃类）气体属挥发性有机化合物为重点关注的气态污染物质。有机卤化物气体治理技术参照 7.3、7.4 的要求。
7.5.1.3 重点控制的无机卤化物废气包括：氟化氢、四氟化硅、氯气、溴气、溴化氢和氯化氢（盐酸酸雾）等。
7.5.1.4 重点控制在化工、橡胶、制药、水泥、化肥、印刷、造纸、玻璃和纺织等行业排放废气中的无机卤化物。

7.5.2 卤化物气体的基本处理技术

7.5.2.1 物理化学类方法：固相（干法）吸附法、液相（湿法）吸收法和化学氧化脱卤法；
7.5.2.2 生物学方法：生物过滤法，生物吸收法和生物滴滤法；

7.5.3 卤化物气体处理技术的选用原则

7.5.3.1 在对无机卤化物废气处理时应首先考虑其回收利用价值。如氯化氢气体可回收制盐酸，含氟废气能生产无机氟化物和白炭黑等。

7.5.3.2 吸收和吸附等物理化学方法在资源回收利用和卤化物深度处理上工艺技术相对成熟，优先使用物理化学类方法处理卤化物气体。

7.5.3.3 吸收法治理含氯或氯化氢（盐酸酸雾）废气时，宜采用碱液吸收法。

7.5.3.4 垃圾焚烧尾气中的含氯废气宜采用碱液或碳酸钠溶液吸收处理。

7.5.3.5 吸收法治理含氟废气，吸收剂宜采用水、碱液或硅酸钠。

a）对于低浓度氟化氢废气，宜采用石灰水洗涤；

b）用水吸收氟化氢时生成氢氟酸，同时有硅胶生成，应注意随时清理，防止系统堵塞。

7.5.3.6 电解铝行业治理含氟废气宜采用氧化铝粉吸附法。

7.5.4 技术要求

7.5.4.1 治理设备应特别考虑卤化物对金属的腐蚀特点，选择合适的防腐材料。

7.5.4.2 用水吸收含氟废气宜采用多级吸收，吸收装置宜采用文丘里洗涤器、喷射式洗涤器等，也可采用湍球塔、空塔等。

7.5.4.3 用吸收法处理含氯、氯化氢废气时宜采用湍球塔、喷淋塔或填料塔，设备材料宜采用聚氯乙烯、橡胶衬里或玻璃鳞片树脂衬里。用氢氧化钠作吸收剂时，应注意降温并保持较高的 pH 值。

7.5.4.4 采用氧化铝粉吸附法治理含氟废气的主要工艺要求如下：

a）输送床净化工艺：输送床（管道）内流速一般为 15～18 m/s，排出气体经除尘器净化达标后排空，吸附饱的氧化铝送往电解槽炼铝；

b）沸腾床（流化床）净化工艺：沸腾床层上氧化铝的静止高度可为 30～40 mm，床内气体流速约为 0.28 m/s，净化后的气流经除尘器净化达标后排空，吸附饱和的氧化铝送电解槽炼铝。

7.5.4.5 利用吸收工艺的相关技术要求应符合 6.2 的要求；利用吸附工艺的相关技术要求应符合 6.3 的要求。

7.6 重金属

7.6.1 主要重金属

大气中应重点控制的重金属污染物有：汞、铅、砷、镉、铬及其化合物。

7.6.2 重金属废气的基本处理技术

7.6.2.1 重金属废气的基本处理方法包括：过滤法，吸收法，吸附法，冷凝法和燃烧法。

7.6.2.2 考虑重金属不能被降解的特性，大气污染物中重金属的治理应重点关注：

a）物理形态：应从气态转化为液态或固态，达到重金属污染物从气相中脱离的目的；

b）化学形态：应控制重金属元素价态朝利于稳定化、固定化和降低生物毒性的方向进行，如在富含氯离子和氢离子的废气中，Cd（元素镉）易生成挥发性更强的 CdCl，不利于将废气中的镉去除，应控制反应体系中氯离子和氢离子的浓度；

c）二次污染：应按照相关标准要求处理重金属废气治理中使用过的洗脱剂，吸附剂和吸收液，避免二次污染。

7.6.2.3 应当重点控制在石油化工、金属冶炼、垃圾焚烧、电镀电解、电池、钢铁、涂料、表面防腐、机械制造和交通运输等行业排放废气中的重金属污染物。

7.6.3 汞及其化合物废气处理

7.6.3.1 汞及其化合物废气一般处理方法是：吸收法，吸附法，冷凝法和燃烧法。

7.6.3.2 冷凝法宜用于净化回收高浓度的汞蒸气，可采取常压和加压两种方式，常作为吸收法和吸附法净化汞蒸气的前处理。

7.6.3.3 针对不同的工业生产工艺，较为成熟的吸收法处理工艺有：

a）高锰酸钾溶液吸收法适用于处理仪表电器厂的含汞蒸气，循环吸收液宜为 0.3%～0.6% $KMnO_4$ 溶液，$KMnO_4$ 利用率较低，应考虑吸收液的及时补充；

b）次氯酸钠溶液吸收法适用于处理水银法氯碱厂含汞氢气，吸收液宜为 NaCl 与 NaClO 的混合水溶液，此吸收液来源广，但此工艺流程复杂，操作条件不易控制；

c）硫酸-软锰矿吸收法适用于处理炼汞尾气以及含汞蒸气，吸收液为硫酸-软锰矿的悬浊液；

d）氯化法处理汞蒸气：烟气进入脱汞塔，在塔内与喷淋的 $HgCl_2$ 溶液逆流洗涤，烟气中的汞蒸气被 $HgCl_2$ 溶液氧化生成 Hg_2Cl_2 沉淀，从而将汞去除。Hg_2Cl_2 沉淀剧毒，生产过程中需加强管理和操作。

7.6.3.4 充氯活性炭吸附法宜用于含汞废气处理。活性炭层需预先充氯，含汞蒸气需预除尘，汞与活性炭表面的 Cl_2 反应生成 $HgCl_2$，达到除汞目的。

7.6.3.5 燃烧法宜用于燃煤电厂含汞烟气的处理。采用循环流化床燃煤锅炉，燃烧过程中投加石灰石，烟气采用电除尘器或袋除尘器净化。

7.6.3.6 废气中重点控制的汞的化合物包括氯化汞和雷汞。

a）活性炭吸附法宜用于氯乙烯合成气中氯化汞的净化；

b）氨液吸收法宜用于氯化汞生产废气的净化；

c）消化吸附法宜用于雷汞的处理。

7.6.4 铅及其化合物废气处理

7.6.4.1 铅及其化合物废气宜用吸收法处理。

7.6.4.2 酸液吸收法适用于净化氧化铅和蓄电池生产中产生的含铅烟气，也可用于净化熔化铅时所产生的含铅烟气。宜采用二级净化工艺：第一级用袋滤器除去较大颗粒；第二级用化学吸收。吸收剂（醋酸）的腐蚀性强，应选用防腐蚀性能高的设备。

7.6.4.3 碱液吸收法适用于净化化铅锅、冶炼炉产生的含铅烟气。含铅烟气进入冲击式净化器进行除尘及吸收。吸收剂 NaOH 溶液腐蚀性强，应选用防腐蚀性能高的设备。

7.6.5 砷、镉、铬及其化合物废气处理

7.6.5.1 砷、镉、铬及其化合物废气通常采用吸收法和过滤法处理。

7.6.5.2 含砷烟气宜采用冷凝-除尘-石灰乳吸收法处理工艺。含砷烟气经冷却至 200℃以下，蒸汽状态的氧化砷迅速冷凝为微粒，经袋除尘器净化后，尾气进入喷雾塔，用石灰乳洗涤，净化后，尾气除雾，经引风机排空。含砷烟气亦可在塑料板（或管）制成的吸收器内装入强酸性饱和高锰酸钾溶液，进行多级串联鼓泡吸收。

7.6.5.3 镉、铬及其化合物废气宜采用袋式除尘器在风速小于 1 m/min 时过滤处理。烟气温度较高需要采取保温措施。

7.6.6 技术要求

利用吸收工艺的相关技术要求应符合 6.2 的要求；利用吸附工艺的相关技术要求应符合 6.3 的要求；利用燃烧工艺的相关技术要求应符合 6.4 和 6.5 的要求。

8 公用

8.1 室外给水设计应符合 GB 50013 的要求，室外排水设计应符合 GB 50014 的要求，建筑给水排水设计应符合 GB 50015 的要求，建筑中水设计应符合 GB 50336 的要求，工业循环水冷却设计应符合 GB/T 50102 的要求。

8.2 消防及火灾报警应符合 GB 50016、GB 50140 和 GB 50116 的要求。

8.3 建构筑物应符合 GB 50009、GB 50010、GB 50017、GB 50003、GB 50011、GB 50191、GB 50007 和 JGJ 79 的要求。

8.4 电气系统应符合 GB 50229、GB 50217、GB 50057、GB 50060、GB 50058、GB 50116、DL/T 5153、DL/T 5136、DL/T 620、DL/T 5137、DL/T 5041、DL/T 5044、DLGJ 56 和 SDJ 26 的要求。

8.5 热工自动化应符合 GB 50229、GB 50116、GB 50217、NDGJ 16、SDJ 26、DL/T 5190.5、DL/T 657、DL/T 658 和 DL/T 659 的规定。

8.6 泵的型式有离心泵、旋涡泵、混流泵、轴流泵、往复泵、转子泵等，泵的型式和材料应根据介质特性、现场安装条件、流量、扬程等选择。泵与管道、槽、塔连接时应在出入口部分加装伸缩节，以减小振动对管道及设备的影响，泵的运行应符合 GB/T 13466、GB/T 13468、GB/T 13469 的要求。

8.7 阀的型式有闸阀、截止阀、止回阀、调节阀、旋塞阀、碟阀、安全阀、疏水阀、底阀和球阀等，阀的型式和材料应根据介质特性、功能要求、流量和压力等选择。阀的安装应注意位置、体位和介质流向等。

8.8 电动机的结构型式及保护方式应满足使用场所的环境条件，各项参数选择应技术经济合理，有适当的备用余量，并符合 GB 755 及 GB 19517 的要求。

8.9 金属和非金属材料应符合 GB 150、HGJ 209、HG/T 3797 和 HGJ 32 的要求。

9 安全与职业卫生

9.1 一般规定

9.1.1 大气污染治理工程在设计、建设和运行过程中，应高度重视劳动安全和职业卫生，采取相应措施，消除事故隐患，防止事故发生。

9.1.2 安全和职业卫生设施应与污染治理工程同时设计、同时施工和同时投产使用。

9.1.3 应对劳动者进行劳动安全与职业卫生培训，提供所需的防护用品，定期进行健康检查。

9.1.4 污染治理工程的设计、建设，应采取有效的隔声、消声、绿化等降低噪声的措施，噪声和振动控制的设计应符合 GBJ 87 及 GB 50040 的要求，风机噪声应符合 JB/T 8690 的要求。室内噪声和振动应符合 GBZ 1 的要求。

9.2 安全

9.2.1 大气污染治理工程在设计、安装、调试、运行和维修过程中应始终贯彻“安全第一、预防为主”的原则，遵守安全技术规程和相关设备安全性要求的规定。

9.2.2 大气污染治理工程的防火、防爆设计应符合 GB 50016、GB 50058、GB 15577 的要求。

9.2.3 危险化学品的使用应符合《危险化学品安全管理条例》的要求。

9.2.4 建立并严格执行经常性和定期性的安全检查制度，制定安全事故应急预案。

9.2.5 可能突然放散大量有害气体或爆炸危险气体的建筑物，应设置事故通风装置。

9.2.6 输送和储存易燃、易爆物质的设备和管道应设置泄爆装置，并采取防静电接地措施，不得使用易积累静电的绝缘材料。

9.2.7 处理易燃易爆气体时，除控制处理气体的浓度、温度之外，在管道系统的适当位置，应安装符合相关规定的阻火装置。

9.2.8 电除尘器的壳体应可靠接地，接地电阻应不大于 2 Ω。

9.2.9 输送、处理高温气体的管道和设备应设置保温层或安全防护距离，防止烫伤。

9.2.10 外表面温度高于 60℃的管道和输送有爆炸危险物质的管道，其外表面之间及与建筑物之间应按规定设计安全距离。

9.3 职业卫生

9.3.1 职业卫生体系应符合 GB/T 28001 的要求。职业卫生设计应符合 GBZ 1、GBZ 2.1、GBZ 2.2 的要求。

9.3.2 操作（控制）室和工作岗位应采取采暖、通风、防尘和隔声等措施，防止职业病发生，保护劳动者健康。

10 工程施工与验收

10.1 一般规定

10.1.1 污染治理工程应按工程设计图纸、技术文件和设备安装图纸等要求组织施工。

10.1.2 污染治理工程施工单位，应具有与该工程相应的资质等级。

10.1.3 污染治理工程建设单位应成立专门的项目管理机构，参与设计会审、设备监制、施工质量检查，制定运行和维护规章制度；培训工人，组织、参与工程各阶段验收、调试和试运行；并建立设备安装及运行档案。

10.1.4 与生产工程同步建设的大气污染治理工程应与生产工程同时验收；现有生产设备配套或改造的治理设施应进行单独验收。

10.2 施工

10.2.1 大气污染治理工程施工和设备安装应符合相应的国家或行业规范。

10.2.2 施工单位应根据施工要求制定完善的施工组织设计。

10.2.3 施工使用的材料、半成品和部件应符合国家现行标准和设计要求，并取得供货商的合格证书，严禁使用不合格产品。

10.2.4 设备安装之前应对土建工程按安装要求进行验收，验收记录和结果应作为工程竣工验收资料之一。

10.2.5 对国外引进专用设备除应按供货商提供的设备技术规范、合同规定和商检文件执行外，还应符合我国现行国家或行业工程施工及验收标准要求。

10.2.6 袋式除尘器安装应符合 JB/T 8471 的要求；电除尘器的安装应符合 DL/T 514 的要求。

10.2.7 压缩机、风机和泵的安装应符合 GB 50275 的要求。

10.2.8 管道的安装应符合 GB 50236 的要求。

10.2.9 电除尘器的调试应符合 JB/T 6407 的要求。

10.2.10 固定床吸附净化装置安装应符合 HJ/T 386 的要求；工业废气吸收净化装置安装应符合 HJ/T 387 的要求；工业有机废气催化净化装置安装 HJ/T 388 的要求。

10.2.11 连续监测装置的安装应符合 HJ/T 76 的要求。

10.3 工程验收

10.3.1 土建工程验收应符合 GB 50300、GB 50202、GB 50203、GB 50204 和 GB 50205 及相关验收规范的要求。

10.3.2 安装工程验收应符合 GB 50231、GB 50236、GB 50275、GB/T 13931、HJ/T 76、JB/T 8471、GB 50254、GB 50255、GB 50256、GB 50257、GB 50258、GB 50259、JB/T 8536、JB/T 9688、DL/T 5403 和安装文件的有关要求。

10.3.3 工程完工后，施工单位向建设单位提交工程竣工验收申请。验收程序和内容按建设项目竣工验收程序执行。

10.3.4 工程竣工验收依据主管部门的批准文件、设计文件及设计变更文件、合同及其附件和设备技术文件等。

10.4 工程环境保护验收

10.4.1 竣工环境保护验收应符合《建设项目竣工环境保护验收管理办法》以及行业环境保护验收规范的要求。

10.4.2 建设单位应结合试运行组织具备相应资质的单位进行性能试验。性能试验报告和工程质量验收报告作为环境保护验收的技术依据。

10.4.3 验收监测应符合《建设项目环境保护设施竣工验收监测技术要求》的规定。

10.4.4 污染治理设施的自动连续监测及数据传输系统，应与治理工程同时进行环境保护验收。

11 运行维护

11.1 设备的运行和维护应符合设备说明书和相关技术规范的规定。

11.2 污染治理设施在正常运行工况下，处理效果应满足国家或地方排放标准。

11.3 污染治理设施投入运行后，未经当地环境保护行政主管部门批准，不得停止运行或拆除。

11.4 生产单位应设立环境保护管理部门，配备管理人员、技术人员和必要的设备，制定治理系统运行及维护的规章制度，主要设备的运行、维护和操作规程。

11.5 污染治理设施的操作和维护应责任到人。岗位工人应通过培训考核上岗，熟悉本岗位运行及维护要求，遵守劳动纪律，执行操作规程。

11.6 严格执行交接班工作制度，岗位工人应填写运行记录，运行记录定期上报企业生产和环保管理部门，并存档。

11.7 污染治理设施中的易损设备、配件和通用材料，应由生产单位按机械设备管理规程和工艺安全运行要求储备，保证治理设施的正常运行。

11.8 应制定污染治理系统大、中检修计划和应急预案。污染治理系统检修时间应与工艺设备同步，对治理系统和设备应进行随检和定检，检修和检查结果应记录并存档。

11.9 应及时发现和处理检测仪器的故障，并定期校准。

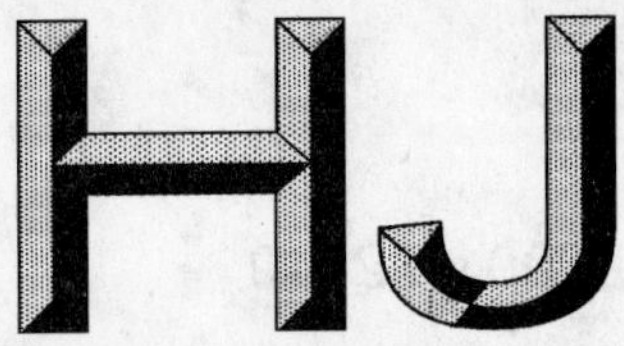

中华人民共和国国家环境保护标准

HJ 2001—2010

火电厂烟气脱硫工程技术规范　氨法

Technical specifications for ammonia flue gas desulfurization projects of thermal power plant

2010-12-17 发布　　2011-03-01 实施

环 境 保 护 部 发布

前 言

为贯彻《中华人民共和国环境保护法》和《中华人民共和国大气污染防治法》，规范火电厂氨法烟气脱硫工程建设，改善环境质量，制定本标准。

本标准对火电厂氨法烟气脱硫工程的设计、施工、验收、运行和维护等提出了技术要求。

本标准为首次发布。

本标准的附录 A 为资料性附录。

本标准由环境保护部科技标准司组织制订。

本标准主要起草单位：中国环境保护产业协会、江苏新世纪江南环保有限公司、国电环境保护研究院、云南亚太环境工程设计研究有限公司。

本标准由环境保护部 2010 年 12 月 17 日批准。

本标准自 2011 年 3 月 1 日起实施。

本标准由环境保护部解释。

火电厂烟气脱硫工程技术规范　氨法

1　适用范围

本标准规定了火电厂氨法烟气脱硫工程的设计、施工、验收、运行和维护等技术要求。

本标准适用于 100 MW 及以上火电机组氨法烟气脱硫工程，可作为环境影响评价、工程咨询、设计、施工、环境保护验收及建成后运行与管理的技术依据。

100 MW 以下机组的火电机组、工业炉窑或工业锅炉的氨法烟气脱硫工程可参照执行。

2　规范性引用文件

本标准内容引用了下列文件中的条款。凡是未注明日期的引用文件，其有效版本适用于本标准。

GB 535　硫酸铵

GB 536　液体无水氨

GB 2440　尿素

GB 3559　农业用碳酸氢铵

GB/T 4272　设备及管道绝热技术通则

GB/T 12801　生产过程安全卫生要求总则

GB 13223　火电厂大气污染物排放标准

GB 14679　空气质量　氨的测定　次氯酸钠-水杨酸分光光度法

GB/T 16157　固定污染源排气中颗粒物测定与气态污染物采样方法

GB 16297　大气污染物综合排放标准

GB/T 23349　肥料中砷、镉、铅、铬、汞生态指标

GB 50009　建筑结构荷载规范

GB 50011　建筑抗震设计规范

GB 50016　建筑设计防火规范

GB 50019　采暖通风与空气调节设计规范

GB 50033　建筑采光设计标准

GB 50046　工业建筑防腐蚀设计规范

GB 50057　建筑物防雷设计规范

GB 50058　爆炸和火灾危险环境电力装置设计规范

GB 50116　火灾自动报警系统设计规范

GB 50160　石油化工企业设计防火规范

GB 50219　水喷雾灭火系统设计规范

GB 50222　建筑内部装修设计防火规范

GB 50229　火力发电厂与变电站设计防火规范

GB 50243　通风与空调工程施工质量验收规范

GBJ 87　工业企业噪声控制设计规范

GBZ 1　工业企业设计卫生标准

GBZ 2.1　工作场所有害因素职业接触限值　第 1 部分：化学有害因素

HJ 533　环境空气和废气　氨的测定　纳氏试剂分光光度法

HJ 562　火电厂烟气脱硝工程技术规范　选择性催化还原法

HJ/T 75　固定污染源烟气排放连续监测技术规范（试行）

HJ/T 76　固定污染源烟气排放连续监测系统技术要求及检测方法

HJ/T 179　火电厂烟气脱硫工程技术规范　石灰石/石灰-石膏法

HJ/T 255　建设项目竣工环境保护验收技术规范　火力发电厂

DL 5000　火力发电厂设计技术规程

DL 5053　火力发电厂劳动安全和工业卫生设计规程

DL/T 748.10　火力发电厂锅炉机组检修导则　第 10 部分：脱硫装置检修

DL/T 808　副产硫酸铵

DL/T 986　湿法烟气脱硫工艺性能检测技术规范

DL/T 5035　火力发电厂采暖通风与空气调节设计技术规程

DL/T 5153　火力发电厂厂用电设计技术规定

DL/T 5196　火力发电厂烟气脱硫设计技术规程

DL/T 5403　火电厂烟气脱硫工程调整试运及质量验收评定规程

HG 1—88　工业氨水

《危险化学品安全管理条例》（中华人民共和国国务院令　第 344 号）

《危险化学品生产储存建设项目安全审查办法》（国家安全生产监督管理局、国家煤矿安全监察局令　第 17 号）

《建设项目（工程）竣工验收办法》（计建设[1990]1215 号）

《建设项目竣工环境保护验收管理办法》（国家环境保护总局令　第 13 号）

3　术语和定义

3.1

脱硫系统　desulfurization system

脱除烟气中二氧化硫（SO_2）的氨法烟气脱硫装置。

3.2

氨法烟气脱硫　ammonia flue gas desulfurization

以氨基物质作吸收剂，脱除烟气中的 SO_2 并回收副产物（如硫酸铵等）的湿式烟气脱硫工艺。简称氨法。

3.3

吸收剂　absorbent

脱硫系统中用于脱除 SO_2 等有害物质的反应剂。

3.4

副产物　by-product

吸收剂与烟气中 SO_2 等反应后生成的物质，以及对反应生成物质进一步加工形成的物质。

3.5

氨回收率　ammonia recovery rate

脱硫系统副产物中氨的量与用于脱硫的氨的量之比。以副产硫酸铵为例，按式（1）计算：

$$氨回收率=\frac{X\times Y+\sum_{i=1}^{n}(X_{i2}\times Y_{i2}-X_{i1}\times Y_{i1})}{X_1\times Y_1}\times 2M_1/M_2\times 100\% \quad (1)$$

式中：X——计算期（计算期宜为 3 d 以上）生产的硫酸铵产品的质量，kg；

Y——计算期生产的硫酸铵产品中平均硫酸铵质量分数，%；

X_1——计算期内投入吸收剂的总质量，kg；

Y_1——投入的吸收剂含氨的质量分数，%；

X_{i1}、X_{i2}——计算期期初、期末时系统中第 i 项设备中副产物总质量，kg；

Y_{i1}、Y_{i2}——计算期期初、期末时系统中第 i 项设备中副产物中氨及铵盐折算硫酸铵的质量分数，%；

n——脱硫系统中存有副产物的设备数；

M_1——氨的相对分子质量；

M_2——硫酸铵的相对分子质量。

3.6

增压风机 booster fan

为克服脱硫系统的烟气阻力增加的风机。

3.7

氧化风机 oxidation fan

提供氧气（空气）用于将脱硫生成的亚硫酸（氢）铵氧化成硫酸铵的设备。

3.8

氨逃逸质量浓度 ammonia slip

脱硫系统运行时，吸收塔出口单位烟气体积（101.325 kPa、0℃，干基，过剩空气系数 1.4）中氨的质量，一般用 mg/m^3 表示。

3.9

氧化率 oxidation rate

副产物中硫酸（氢）盐物质的量占亚硫酸（氢）盐及硫酸（氢）盐物质的量的总和的百分比，按式（2）计算：

$$氧化率=\frac{n_1}{n_1+n_2}\times 100\% \quad (2)$$

式中：n_1——副产物中硫酸（氢）盐的物质的量，mol；

n_2——副产物中亚硫酸（氢）盐离子的物质的量，mol。

3.10

吸收塔内饱和结晶 saturation crystal in absorber

在吸收塔内，利用进口烟气的热量，使副产物溶液达到饱和并析出晶体的过程。简称塔内结晶。

3.11

吸收塔外蒸发结晶 evaporative crystal out of absorber

在吸收塔外，利用蒸汽等热源，将副产物溶液进行蒸发并析出晶体的过程。简称塔外结晶。

4 污染物与污染负荷

4.1 主要污染物与污染负荷

4.1.1 进入脱硫系统的烟气中 SO_2 含量按 HJ/T 179 的规定计算。

4.1.2 进入脱硫系统的烟气中烟尘含量应不影响副产物质量及装置正常运行。

4.2 烟气条件的确定

4.2.1 新建机组建设脱硫系统时，其设计工况宜采用锅炉最大连续工况（BMCR）、燃用设计燃料时的烟气参数。校核工况宜采用锅炉经济运行工况（ECR）、燃用最大含硫量燃料时的烟气参数。
4.2.2 现有机组建设氨法烟气脱硫系统时，其设计工况和校核工况宜根据脱硫系统入口处实测烟气参数结合设计参数确定，并充分考虑燃料的变化趋势。
4.2.3 烟气参数应按 GB/T 16157 测试。

4.3 SO_2脱除效果

脱硫系统的 SO_2 排放浓度应符合国家或地方的相关标准，且满足排放总量的要求，脱硫效率按 HJ/T 179 进行计算。

5 总体要求

5.1 一般规定

5.1.1 脱硫系统应根据当地吸收剂来源、副产物市场、安全环境等条件进行技术经济比较后确定。
5.1.2 脱硫系统应根据企业的规划及实际情况选择与其生产条件相适应的工艺及设备，宜选择安全、环保、节能的工艺和设备。
5.1.3 脱硫系统所需水、电、气、汽等公用工程宜尽量利用电厂主体工程设施。
5.1.4 脱硫系统应设置有效的安全、消防、卫生设施，控制有害物质产生与扩散。
5.1.5 新建发电机组的吸收塔设计使用寿命应不小于 30 年，现有发电机组的吸收塔设计寿命不应低于发电机组寿命。
5.1.6 脱硫系统的设计脱硫效率应不小于 95%。
5.1.7 氨逃逸质量浓度应低于 10 mg/m^3。氨回收率应不小于 96.5%。
5.1.8 脱硫系统应装设符合 HJ/T 76 要求的烟气排放连续监测系统（CEMS），并按照 HJ/T 75 的要求进行连续监测。
5.1.9 烟囱的设计、建造及改造等应符合安全、环境影响环保评价的要求，并应注意考虑对脱硫系统的影响。已建电厂建设脱硫系统时，应对现有烟囱进行检测、分析后确定改造方案。

5.2 工程构成

5.2.1 氨法烟气脱硫工程的设计对象和范围应根据工程实际进行界定。设计对象一般包括系统的工艺、设备、土建、电气、控制、消防、暖通、给排水等；设计范围一般包括从锅炉引风机出口烟道到烟囱进口的所有工艺系统、公用系统和辅助系统等。
5.2.2 工艺系统包括烟气系统、吸收剂储存供给系统、吸收系统、副产物处理系统和事故排空系统等。
5.2.3 公用系统包括蒸汽系统、压缩空气系统、工艺水及循环冷却水系统等。
5.2.4 辅助系统包括电气系统、仪表及控制系统、土建、采暖通风及空调、给排水系统、消防等。

5.3 总平面布置

5.3.1 一般规定

5.3.1.1 总平面布置应符合 GB 50016、GB 50160 和 DL/T 5196 的规定。

5.3.1.2　副产物处理系统应结合工艺流程和场地条件因地制宜布置。一般可布置在与吸收循环系统相对独立的交通便利的区域，吸收循环系统与副产物处理系统间的物料可用管道输送。

5.3.1.3　副产物仓库应布置在交通顺畅的道路边，并便于自然通风。

5.3.2　交通运输

5.3.2.1　副产物处理系统及仓库之间宜设顺畅的运输通道。

5.3.2.2　当吸收剂为液氨时可以用槽罐车或管道输送，总图布置应符合 HJ 562 的相关规定。

5.3.3　管线布置

5.3.3.1　管线综合布置应根据总平面布置、管内介质、施工及维护检修等因素确定，在平面及空间上应与主体工程相协调。现有厂区的脱硫系统边界管道宜利用原有管廊敷设。

5.3.3.2　集中管廊布置时，含有腐蚀性介质管道宜布置在下层，公用工程管道、电缆桥架宜布置在上层。

5.3.3.3　管线的附属构筑物（如补偿器、检查井等）应相互交错布置，避免冲突。地上管线较多时，尽可能共架（共杆）布置。

5.3.3.4　在多层管廊上布置液氨管道时应与蒸汽管道、电缆等分层布置。单层管廊布置时，液氨管道与蒸汽管道、电缆的布置间距应符合安全、检修等规范。

5.3.3.5　液氨罐区的配管管架应为滑动结构。

5.3.3.6　电缆敷设设计应避免腐蚀性介质接触，宜架空或采取防腐措施埋地。

6　工艺设计

6.1　工艺路线

6.1.1　氨法烟气脱硫工艺

氨法烟气脱硫工艺主要分为吸收工艺和副产物处理工艺两部分。工艺流程示意图见图 1。详细典型的氨法烟气脱硫工艺流程参见附录 A。

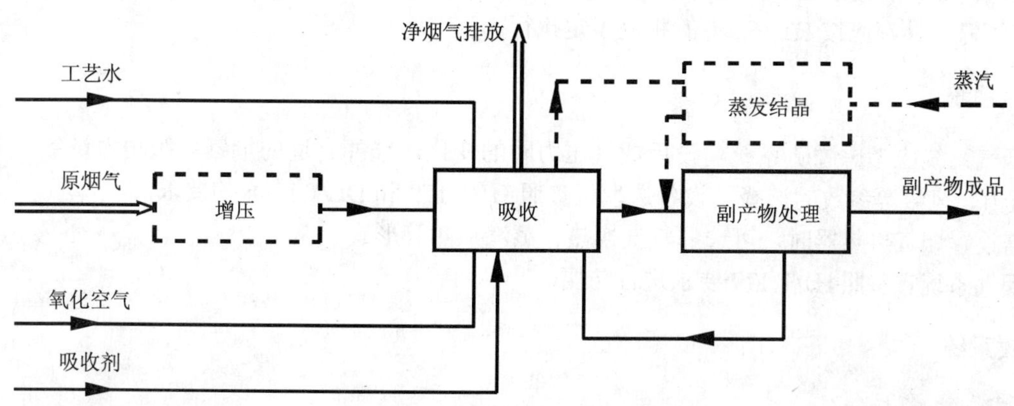

注：1. 蒸发结晶只在塔外蒸发结晶工艺中配置。

2. 锅炉引风机可以克服脱硫系统阻力时可不配置增压风机。

图 1　氨法烟气脱硫工艺流程示意图

6.1.2 吸收工艺（副产硫酸铵）

原烟气进入吸收塔，含氨的吸收液吸收烟气中的 SO_2，脱硫后的净烟气经除雾按要求排放。吸收液吸收烟气中的 SO_2 后在吸收塔的氧化池或独立的氧化设施中被氧化成硫酸铵，所形成的硫酸铵溶液（或浆液）送副产物处理系统。

6.1.3 副产物处理工艺（副产硫酸铵）

副产物（硫酸铵）处理工艺可分为塔内结晶和塔外结晶两种。结晶形成的浆液经固液分离、干燥、包装得成品硫酸铵。

6.2 吸收剂储存供给系统

6.2.1 吸收剂的选择与制备

6.2.1.1 吸收剂的质量宜符合表 1 的要求。

表 1 吸收剂质量要求

吸收剂	液氨	氨水 [a]	碳铵	尿素
宜执行标准	GB 536 合格品 氨含量 99.6%	HG 1—88 农用品	GB 3559 合格品	GB 2440 农用合格品

[a] 可在脱硫系统水平衡允许范围内降低氨水浓度要求。

6.2.1.2 吸收剂应根据来源情况及当地条件进行安全、经济、环保等综合评价后选择，并采取安全防护措施。

6.2.1.3 使用焦化、化工等副产氨或氨水等吸收剂进行脱硫时，应保证副产物质量及系统正常运行。

6.2.1.4 使用固体吸收剂脱硫时宜设置溶解设施将其配制成水溶液使用。

6.2.2 吸收剂的储存

6.2.2.1 吸收剂储量宜满足 3～7 d 用量，可根据输送距离远近及供应能力增减储量。

6.2.2.2 液氨通常用常温卧式罐或球罐储存，由专用槽车、管道运输。氨水为常压密封储存，用槽车或管道运输。碳铵和尿素通常为固体，宜散料或袋装。

6.2.2.3 液氨的储存应按 HJ 562 中的相关规定执行。

6.3 烟气系统

6.3.1 烟气系统应考虑脱硫系统建设后烟气压力降的变化，选择合适的烟气系统动力设备，所配动力设备的压力、风量等参数的选择及设备选型可参照 HJ/T 179 和 DL/T 5196 的要求。

6.3.2 需设置烟气再热器时，可选择气气换热、蒸汽加热等形式。

6.3.3 烟气系统宜参照 HJ/T 179 要求进行防腐。

6.4 吸收系统

6.4.1 一般规定

6.4.1.1 吸收系统应能满足技术性能要求，宜选用占地少、流程短、节能低耗的工艺及设备。

6.4.1.2 吸收系统应设置事故槽（池）。当全厂采用相同的脱硫工艺系统时，宜合用一套。事故槽（池）的容量宜不小于容积最大的吸收塔最低运行液位时的总容量。

6.4.1.3 浆液槽（池）应有防腐措施并设有防沉积或堵塞装置。

6.4.1.4 吸收液系统应减少尘、油及其他杂质进入，必要时宜配置相应的除杂质设施。

6.4.2 吸收塔

6.4.2.1 吸收塔的液气比应达到脱硫系统的要求，喷淋层不应少于 2 层。

6.4.2.2 应采用低压力降的吸收塔型式，吸收塔压力降应低于 1 500 Pa。

6.4.2.3 吸收塔的顶部或出口烟道上应设除雾器。在正常运行工况下，除雾器出口烟气中的雾滴质量浓度应不大于 75 mg/m^3。

6.4.2.4 吸收塔内部结构、液气比及喷淋层的设置应保证吸收液及烟气的充分接触，在保证脱硫效率的同时控制氨逃逸。

6.4.2.5 吸收塔塔外应设置供检修维护的平台和扶梯。

6.4.3 吸收液循环泵

6.4.3.1 吸收液循环泵宜根据工艺特点设置，至少设置两台。

6.4.3.2 吸收液循环泵及其他主要工艺泵应保证其可靠性，宜设备用。

6.4.4 氧化风机

宜根据工艺要求的风量及压头进行选型，至少有一台备用。

6.4.5 管道

6.4.5.1 含有结晶的浆液管道设计应符合 DL/T 5196 的要求。

6.4.5.2 管道内应避免浆液沉积，浆液管道上应设排空和冲洗的设施。

6.5 副产物处理系统

6.5.1 一般规定

6.5.1.1 应根据技术要求及市场条件选择副产物品种及质量等级，不得影响脱硫系统的主要技术性能。

6.5.1.2 副产物质量宜达到国家或行业标准要求，并定期评估杂质对副产物产品品质的影响，可根据用途确定检测指标及检测方法。

6.5.1.3 农用硫酸铵的氧化率应不小于 98.5%，重金属含量应满足 GB/T 23349 要求，其他指标宜达到 GB 535 农用合格品以上标准，不得低于 DL/T 808 指标的要求。

6.5.1.4 副产物车间应根据产品性质、加工用途进行设计和设备布置。

6.5.1.5 副产物处理系统应考虑原烟气含尘量对副产物品质的影响，必要时应设置除灰设备并考虑滤渣堆放和运输。

6.5.1.6 副产物处理系统产能及设备选型需适应脱硫系统负荷变化，产能应达到脱硫系统满负荷运行时的 150%。

6.5.2 副产物结晶

副产物结晶方案应通过经济技术比较确定，宜选用塔内结晶、多效蒸发结晶、蒸汽喷射泵等节能工艺和设备。

6.5.3 固液分离

6.5.3.1 固液分离流程宜包括分级分离、过滤脱水等工序。

6.5.3.2 固液分离设备的容量应满足晶体含量波动的要求，宜备用一台（套）设备或主件。
6.5.3.3 固液分离系统后的硫酸铵水分含量宜≤5%（质量比）。

6.5.4 干燥

6.5.4.1 干燥设备型式应根据物料产量、含水量、杂质含量等选择，并综合考虑能耗和占地面积等。干燥设备厂房面积和高度应能满足工艺布置和通风除尘的要求。
6.5.4.2 干燥设备的热源可采用锅炉热风或蒸汽等，不宜直接使用原烟气作干燥热源。
6.5.4.3 干燥后的管路、料仓宜密闭。干燥气排放应符合 GB 16297 的规定。

6.5.5 包装

6.5.5.1 副产物硫酸铵应按 GB 535、DL/T 808 的规定及用户要求进行包装和储存。其他副产物应参照相关国家或行业标准执行。
6.5.5.2 包装设备应选用扬尘少的称重及包装方式，并配置通风、收尘系统。

6.6 二次污染物控制措施

6.6.1 脱硫系统应防止工艺废水排放。
6.6.2 脱硫系统的设计、建设应采取有效的隔声、消声、绿化等降低噪声的措施，噪声和振动控制的设计应符合 GBJ 87、GBZ 1 等相应的规定。
6.6.3 厂区及厂界环境中 NH_3、SO_2、尘等污染物浓度应符合 GBZ 2.1 等规定的限值。

7 主要工艺设备和材料

7.1 材料选择

7.1.1 吸收塔塔体及内构件应选择合适的材质。塔体及塔内支撑件宜采用碳钢内衬玻璃鳞片涂料或衬胶、合金钢等，选用的吸收塔主材应有控制其质量与安全的措施。塔内其他构件宜采用玻璃钢、聚丙烯（PP）、合金钢及碳钢衬防腐材料。
7.1.2 吸收液用泵宜选用全合金或钢衬胶材质，浆液管道宜选用玻璃钢、钢衬塑或钢衬胶材质，固液分离设备与吸收接触部分宜选用合金钢、玻璃钢等材质。

7.2 设备选择

7.2.1 设备选型和配置应满足长期稳定运行的要求。
7.2.2 吸收塔的数量应根据锅炉容量、台数、吸收塔的容量、操作弹性、可靠性和布置条件等确定。
7.2.3 连续运转的关键设备宜至少在线备用一台（套），在线备用困难时至少库存一台（套）主机或备品、备件备用。

8 检测与过程控制

8.1 一般规定

8.1.1 检测与过程控制宜符合 DL/T 5196 的规定。
8.1.2 现场仪表应满足氨法烟气脱硫工作介质要求，严格禁铟。
8.1.3 新建机组同步建设脱硫系统时，宜将脱硫系统的控制纳入机组单元控制系统。

8.1.4　现有机组建设脱硫系统时，可设置独立的脱硫控制室。当条件具备时，可将脱硫系统控制室与主机（锅炉）集控室合并，或将脱硫系统的控制纳入已经建成的机组单元控制系统。
8.1.5　脱硫系统控制宜采用分散控制系统（DCS）或可编程逻辑控制器（PLC），其功能包括数据采集和处理、模拟量控制、顺序控制及联锁保护、脱硫厂用电源系统监控等。
8.1.6　副产物处理系统、烟气再热器、卸氨系统等可设置辅助专用就地控制设备。

8.2　热工自动化

8.2.1　数据采集和处理系统（DAS）采集处理的参数宜包括系统工况及工艺系统的运行参数、主要设备的运行状态、主要阀门的启闭状态及调节阀门的开度、主要的电气参数等。
8.2.2　模拟量控制系统（MCS）主要的调节项目宜包括槽（池）液位控制、吸收液的 pH 值控制、蒸发结晶温度控制、干燥温度的控制等。
8.2.3　顺序控制（SCS）功能组应包括烟气系统功能组、吸收系统功能组、公用工程系统功能组和副产物处理系统功能组等。
8.2.4　联锁保护由控制软件内部组态连接来实现，联锁保护的条件包括锅炉主燃料跳闸（MFT）、锅炉油枪投入、除尘器故障、进口温度异常、进口压力异常、出口压力异常、脱硫系统入口烟尘含量超标、风机故障及事故联锁等。应设置关键设备的本体联锁保护、箱罐液位联锁、管道设备冲洗联锁等。

8.3　主要工艺过程控制

8.3.1　应设置吸收塔的进口、出口的 SO_2 的检测装置，并据此计算并控制吸收剂的加入量，应设置吸收液 pH 值的检测装置以辅助控制吸收剂加入量。
8.3.2　宜设置包括槽（池）液位、吸收液的 pH 值、吸收液密度（浓度）、蒸发结晶温度、干燥温度等检测仪表，并据此进行工艺控制维持系统稳定运行。
8.3.3　吸收塔出口宜配备氨检测仪，烟气的氨逃逸浓度在线检测困难时应增加取样分析检测频率。

8.4　氨罐区检测

8.4.1　氨罐上应布置压力、温度和液位检测设备。氨罐区及相应的区域应设置氨泄漏检测报警仪。
8.4.2　氨罐区为Ⅱ类防爆区域，所有现场检测仪表防爆等级应不低于 ExdⅡBT4。

8.5　工业电视

宜设置与电厂主装置相统一的工业电视系统。

8.6　分析检测

8.6.1　应配备对进厂吸收剂、脱硫副产物等分析检测的手段。
8.6.2　烟气测试方法依据 GB 16297、GB 13223、GB/T 16157 进行。
8.6.3　环境中氨的检测宜按 GB 14679 或 HJ 533 执行。烟气中氨的检测宜用稀硝酸吸收烟气中的氨，参照 GB 14679 或 HJ 533 进行抽样并分析样品中 NH_4^+、SO_4^{2-}、Cl^-的量，然后计算得出烟气中氨的浓度。烟气中氨也可使用电化学传感器法、快速检测管法进行检测。
8.6.4　日常分析检测内容见表 2。

表2 日常分析检测内容

序号	类别	介质名称	分析项目指标	检测方案	检测频率
1	原料	吸收剂	有效成分含量、杂质	取样分析	1次/批
2	烟气	进、出口烟气	SO_2、NO_x、O_2、H_2O、尘	取样分析	1次/月
3	烟气	出口烟气	NH_3	取样分析	1次/月
4	中控	吸收液	硫酸铵、亚硫酸（氢）铵	取样分析	1次/d
5	中控	吸收液	pH值、密度	取样分析	2次/班
6	中控	产出液	pH值及含固量	取样分析	2次/班
7	产品	硫酸铵	含氮量、水分、游离酸	取样分析	1次/班
注：日常运行宜以在线检测仪表为依据，定期进行分析检测对在线检测仪表校正。					

8.7 火灾探测及报警系统

8.7.1 火灾探测及报警系统应符合 GB 50229 的规定，设备选型宜与主厂房一致，火灾报警控制屏宜布置在脱硫控制室。

8.7.2 脱硫区的火灾探测及报警系统宜与全厂火灾探测及报警系统实现通信。

9 辅助系统

9.1 电气系统

9.1.1 供电系统

9.1.1.1 供电设备及系统的设置应符合 DL/T 5153 及 DL/T 5196。

9.1.1.2 液氨罐应采取二类防雷措施，并符合 GB 50057 的规定。

9.1.1.3 液氨罐防爆区域范围按 GB 50058 执行。

9.1.2 通信系统

脱硫系统应设置与电厂主厂房统一的生产行政通信及调度通信系统。

9.2 建筑与结构

9.2.1 建筑

9.2.1.1 一般规定

a）脱硫系统建筑设计应根据工艺流程、使用要求、自然条件、建筑地点等因素进行整体布局，同时应考虑与建筑周围环境的协调，满足功能要求。

b）建筑物的防火设计应符合 GB 50016 的要求。

c）建筑物的噪声设计应符合 GBJ 87 的规定。

d）建筑物的防腐设计应符合 GB 50046 的规定。

e）脱硫区域的建筑设计除执行本规定外，应符合国家和行业的现行有关设计标准的规定。

9.2.1.2 采光和照明

a）脱硫系统的建筑宜优先考虑天然采光，建筑物室内天然采照度应符合 GB 50033 的要求；

b）脱硫系统的建筑宜采用自然通风，墙上和楼层上的通风孔应合理布置，避免气流短路和倒流，并应减少气流死角。

9.2.1.3　室内外装修及防腐

a）建筑的室内外墙面应根据使用和外观需要进行处理，地面和楼面材料除工艺要求外，宜采用耐磨、易清洁的材料。

b）直接接触腐蚀性介质（如氨水、吸收液等）的设备基础、地面和楼面、沟渠应进行防腐。长期接触吸收液的地面和沟渠防腐可使用耐酸石板或砖（灰缝为树脂胶泥）、树脂稀胶泥或砂浆、沥青砂浆、聚合物水泥砂浆等，少量或偶尔接触的也可用水玻璃混凝土、耐酸石板或砖（灰缝为水玻璃胶泥或砂浆、沥青胶泥、聚合物水泥砂浆等）。

9.2.2　结构

9.2.2.1　土建结构的设计应符合现行国家规范及行业标准的要求。

9.2.2.2　作用在屋面、楼（地）上的设备荷载和管道荷载（包括设备及管道的自重，设备、管道及容器中的填充物重） 检修、施工安装时的载荷应按活荷载考虑，荷载取值应符合 GB 50009。

9.2.2.3　建筑物的抗震设计应符合 GB 50011 的要求。

9.3　暖通与给排水

9.3.1　一般规定

采暖通风与空气调节应符合 GB 50243、GB 50019、DL/T 5196 及 DL/T 5035 的规定。

9.3.2　采暖

9.3.2.1　脱硫系统的建筑物采暖宜与机组主厂区其他建筑物一致。当机组主厂区设有集中采暖系统时，采暖热源宜由主厂区采暖系统提供。

9.3.2.2　在集中采暖地区，值班室应设采暖设备。脱硫区域建筑物室内无人员活动或每名工人占用的建筑面积较人时（≥50 m^2），房间冬季采暖设计温度应不低于 5℃。在休息地点设采暖设施时，采暖室内设计温度应不低于 18℃。

9.3.2.3　室内采暖管道、支架及附件应做防腐处理，采暖管道保温材料应选用不燃材料。

9.3.2.4　副产物处理系统的建筑物采暖选用散热器应耐腐蚀，不易积尘，便于清扫。

9.3.3　通风

9.3.3.1　副产物处理系统的厂房、副产物仓库等建筑应尽量采用自然通风，自然通风达不到卫生和生产要求时，可采用机械通风或自然与机械的联合通风。

9.3.3.2　副产物处理系统的厂房等有可能逸出大量有害物质的场所，应设计事故通风设施，事故通风换气次数不小于 12 次/h。

9.3.3.3　通风系统的设备、管道及附件均应防腐，风管材料宜选用耐腐蚀的复合材料。

9.3.4　空气调节

脱硫区域配电间及其他建筑在夏季对室内温度有要求的房间，当室内外空气温差较大时，宜利用室外空气降低室内温度。当室内外空气温差较小时，宜采用直接蒸发式冷风机组降低室内温度。

9.3.5　给排水

9.3.5.1　给排水应符合 DL 5000 的规定。

9.3.5.2　给排水系统划分应与现有系统或拟建设项目的给排水系统一致。

9.3.5.3　脱硫系统应设置事故排水的应急措施，工艺废水应汇集回收。

9.3.6 保温

应根据气象条件及工艺要求进行管道及设备的保温设计，管道及设备的保温设计应符合 GB/T 4272 的要求。

9.4 消防

9.4.1 脱硫系统涉及的物料应按国家相关规定确定其危险类别。

9.4.2 消防设计应符合国家相关规定。新建电厂脱硫系统的消防站（队）宜由全厂统一设置；现有电厂加装脱硫系统时，尽量利用已有的消防设施、消防给水系统，在脱硫系统内布置消防给水管网及消防器材。

9.4.3 脱硫系统消防用水应从消防管网的主管接入，消防给水管道的公称直径应不小于 100 mm。室外消火栓的间距应不大于 120 m，其保护半径应不大于 150 m。

9.4.4 氨罐区消防给水量按 4 h、30 L/s 计算，并符合 GB 50016 的要求。

9.4.5 氨罐区的消火栓应设置在防火堤或防护墙外。距罐壁 15 m 范围内的消火栓，不应计算在该罐可使用的数量内。

9.4.6 氨罐区应设置消防通道，当储量达 1 500 m^3 时应设置环形车道。消防车道可利用交通道路，但要满足消防车道通行和停靠要求。

9.4.7 储存液氨的罐区应设置符合 GB 50219 规定的水喷雾灭火系统。

10 劳动安全与职业卫生

10.1 一般规定

10.1.1 脱硫系统的设计、制造、安装、使用和维修过程中应重视职业人员的安全与卫生防护。应遵守以下原则：

a）建设、运行中污染物的防治与排放应执行国家环境保护法规和标准的有关规定；

b）可行性研究阶段应有环境保护、劳动安全和工业卫生的论证内容。在初步设计阶段，应提出深度符合要求的环境保护、劳动安全和工业卫生专篇；

c）建设单位在脱硫系统建成运行的同时，安全和卫生设施应同时建成运行。

10.1.2 安全与卫生的设计应安全可靠、技术先进、经济合理、互相协调一致，宜达到本质安全化、符合人机工程学原则。

10.1.3 劳动安全和工业卫生设计应符合 DL 5053 及其他相关规定。安全管理应符合 GB 12801 的有关规定。

10.1.4 防火、防爆设计应符合 GB 50016、GB 50160、GB 50222 和 GB 50229 等标准的规定。

10.1.5 室内防尘、防噪声与振动、防电磁辐射、防暑与防寒等职业卫生要求应符合 GBZ 1 的规定。

10.1.6 建立并严格执行安全检查制度，及时消除事故隐患，防止事故发生。

10.1.7 应配备个人安全与卫生防护设施，包括防尘防毒防噪声等防护服、逃生器械、急救用品等防护用品。

10.1.8 采用液氨作为吸收剂时，应执行 GB/T 12801、《危险化学品安全管理条例》和《危险化学品生产储存建设项目安全审查办法》等标准条例的有关规定。

10.2 氨的安全卫生措施

10.2.1 氨罐区应进行全面监控，严密监视氨罐安全状态。建立氨罐区定期检查和危险源安全管理档案制度；对存在事故隐患和缺陷的危险源应及时整改，不能立即整改的，应采取切实可行的安全措施。

10.2.2 氨罐区应具有氨泄漏紧急处置措施，包括应在脱硫系统区域设置报警设施、喷淋系统及方向标和洗眼器。氨泄漏检测报警仪设置数量宜参照 GB 50116 配置。

10.2.3 液氨的装卸应采用万向充装管道系统。

10.2.4 氨罐和氨管道防火防爆措施：

a）应设置可靠的防火防爆措施和火灾报警系统，合理选择和配备消防设施；

b）贮罐和管线在安装投用前、检修前、检修后的投用前应使用氮、蒸汽等介质置换或保护，经检测合格后方可使用或检修；

c）在氨罐区敷设电缆时，应采取阻燃措施或采用阻燃电缆；

d）应有消除静电和防雷击等措施，设备、管线应接地；

10.2.5 氨罐区应标识安全标志、紧急疏散、急救通道等标识，应设置黄色区域警戒线、警示标识和中文警示说明。液氨管道应设置识别色、识别符号和安全标识。

10.2.6 氨罐和氨管道在调试、投运前应建立安全、卫生管理制度，落实安全、卫生管理措施。

11 施工与验收

11.1 施工

11.1.1 脱硫系统的工程总承包、设计、施工单位应具有相应的资质。

11.1.2 工程施工应符合国家和行业相应专项工程施工规范、施工程序及管理文件的要求。

11.1.3 储气罐、液氨罐、液氨管道等压力容器及其配套项目施工前应向特种设备主管部门办理相关手续，施工过程中接受其监督。

11.1.4 工程施工中采用的工程技术文件、承包合同文件对施工质量验收的要求不得低于国家相关专项工程规范的规定。

11.1.5 应具备下列条件方可进行工程施工：

a）设计施工图纸、有关技术文件及必要的安装使用说明书已齐全；

b）施工图纸经过会审；

c）经过技术交底和必要的技术培训等技术准备工作；

d）施工现场具备施工条件；

e）经审批的相关文件、手续等均已齐全。

11.1.6 工程施工应按设计文件、施工图纸和设备安装使用说明书的规定进行，工程变更应取得设计单位确认并出具设计变更文件后再进行施工。

11.1.7 工程施工所用的设备、材料、器件等应有产品合格证书、产品性能检测报告。主要材料应有进场复验报告。

11.1.8 工程施工除遵守相关的施工技术规范以外，还应遵守相关的劳动安全及卫生、消防等规定。

11.1.9 液氨罐、液氨管道及其配套件应由具有相应资质的单位进行设计、制造、安装、监理、检验。

11.2 竣工验收

11.2.1 竣工验收应按《建设项目（工程）竣工验收办法》、各专业验收规范和本规范有关规定组织。

11.2.2 储气罐、液氨罐、液氨管道等压力容器及其配套件应经特种设备主管部门验收。

11.2.3 竣工验收的依据应包括设计文件和设计变更文件、工程合同、设备供货合同和合同附件、设备技术文件、专项工程施工与验收规范、国家现行有关标准的规定及其他相关文件。

11.3 调试考核

11.3.1 脱硫系统的调试验收应按 DL/T 5403 执行，调试工作分为分部试运（包括设备和分系统试运）、整套启动试运（包括整套启动调试优化和满负荷试运）两个阶段。

11.3.2 按分系统试运、具备整套启动试运、带负荷调试、满负荷试运等阶段进行调试工作。调整试运质量的检验及评定，应按检验项目、分项、专业、阶段、整套试运等顺序依次进行，最后进行工程质量总评。

11.3.3 脱硫系统调整试运前，应在施工（含单机试运）质量检验评定合格，且有完整原始记录的基础上，进行质量检查及评定。

11.3.4 在脱硫系统调整试运中，调试人员应对各检验项目的质量进行全数检查，建设单位和试运验收组可视情况作全数检查或随机抽查。

11.3.5 对整体启动试运行中出现的问题应及时消除。在整体启动试运行及满负荷调试优化后，进行满负荷试运行考核，技术指标达到设计要求后，建设单位向有审批权的环境保护行政主管部门提出生产试运行申请。经批准后，方可进行生产试运行。

11.4 竣工环境保护验收

11.4.1 脱硫系统的工程竣工环保验收应符合 HJ/T 255 和《建设项目竣工环境保护验收管理办法》规定的条件，在生产试运行期间应对工程进行性能试验，性能试验报告应作为环境保护验收的重要内容。

11.4.2 脱硫系统的性能试验宜参照 DL/T 986 进行，宜在脱硫设备整体试运行结束 2 个月后、6 个月内的适当时间进行。

11.4.3 脱硫系统的性能试验包括功能试验、技术性能试验、设备试验和材料试验。其中，技术性能试验至少应包括以下项目：

a）脱硫效率；

b）氨逃逸浓度；

c）脱硫系统压力降；

d）吸收剂、水、电等消耗量；

e）脱硫副产物产量及质量；

f）氨回收率；

g）合同约定的其他试验项目。

11.4.4 脱硫系统的工程竣工环境保护验收的主要技术依据应符合环境保护行政主管部门的要求。

12 运行与维护

12.1 一般规定

12.1.1 脱硫系统的运行、维护及安全管理除应符合本规范外，还应符合国家有关标准的规定。

12.1.2 脱硫系统运行应在满足设计工况的条件下进行，并根据工艺要求，定期对设备、电气、自控仪表及建（构）筑物进行检查维护，确保系统稳定可靠运行。

12.1.3 应建立脱硫系统运行维护的管理制度，包括运行、操作和维护规程；建立整个脱硫系统及主要设备运行状况的台账制度。

12.2 人员与运行管理

12.2.1 宜成立脱硫系统运行的专门管理部门，并配备相应的人员。

12.2.2 应对脱硫系统的管理和运行人员进行定期培训，使管理和运行人员系统掌握正常运行的操作和应急情况的处理措施。氨罐区操作人员应经主管部门培训考核合格后持证上岗。

12.2.3 运行操作人员上岗前应进行以下内容的专业培训：

a）启动前的检查和启动要求的条件；

b）处置设备的正常运行，包括设备的启动和关闭；

c）控制、报警和指示系统的运行和检查，以及必要时的纠正操作；

d）最佳的运行温度、压力、脱硫效率的控制和调节，以及保持设备良好运行的条件；

e）设备运行故障的发现、检查和排除；

f）事故或紧急状态下的操作和事故处理；

g）设备日常和定期维护；

h）设备运行及维护记录，以及其他事件的记录和报告。

12.2.4 应建立脱硫系统运行状况、设施维护和生产活动等记录制度，主要记录内容包括：

a）系统启动、停止时间；

b）吸收剂进厂质量分析数据、进厂数量和进厂时间；

c）系统运行工艺控制参数记录，至少应包括脱硫系统进出口 SO_2 含量、烟气温度、烟气流量、烟气压力、用水量和用氨量；

d）主要设备的运行和维修情况的记录；

e）烟气连续监测数据记录；

f）副产物处理系统运行情况的记录；

g）生产事故及处置情况的记录；

h）定期检测、评价及评估情况的记录等。

12.2.5 运行人员应按照规定做好交接班制度和巡检制度，液氨或氨水的装卸应加强监控。

12.3 维护

12.3.1 脱硫系统的维护保养应纳入全厂的维护保养计划中。脱硫系统检修宜按 DL/T 748.10 进行。

12.3.2 维护人员应根据规定定期检查、更换或维修设备及其部件。

12.3.3 维护人员应做好维护保养记录。

12.3.4 液氨罐及其配套件应定期由具有相应资质的单位检验。

附 录 A
（资料性附录）
典型工艺流程

A.1 氨法烟气脱硫工艺流程分类

氨法烟气脱硫工艺流程按主要工序工艺及设备的差异分类如下：

a）按副产物的结晶方式分：塔内饱和结晶、塔外蒸发结晶等，其中塔外蒸发结晶又分为单效蒸发、二效蒸发等。

b）按塔型式分：复合塔型、双塔型等。

c）按脱硫系统的烟气动力源分：设置增压风机；不设增压风机；原引风机增容。

还可按吸收剂、副产物、氧化形式等进行分类。

脱硫系统的工艺流程通过以上分类可组合成多种工艺流程，以下只是其中两种典型流程。

A.2 典型的塔内饱和结晶——不设增压风机的氨法烟气脱硫工艺流程

流程说明：

a）锅炉引风机来的原烟气进入吸收塔，通过吸收液洗涤脱除 SO_2 后，烟气成为湿的净烟气，净烟气经除雾器除去雾滴后经净烟道进烟囱排放。

b）吸收液与烟气中 SO_2 反应后在吸收塔的氧化池被氧化风机来的空气氧化成硫酸铵。

c）吸收液在与原烟气接触过程中水被蒸发，在塔内吸收液喷淋过程中形成硫酸铵结晶。

d）含硫酸铵结晶的吸收液送副产物处理系统，经旋流器、离心机的固液分离产生湿硫酸铵，湿硫酸铵进干燥机干燥后成干硫酸铵，干硫酸铵经包装后得成品硫酸铵。

e）吸收液在循环的过程中根据脱硫需要从吸收剂储存系统的氨罐补充吸收剂。

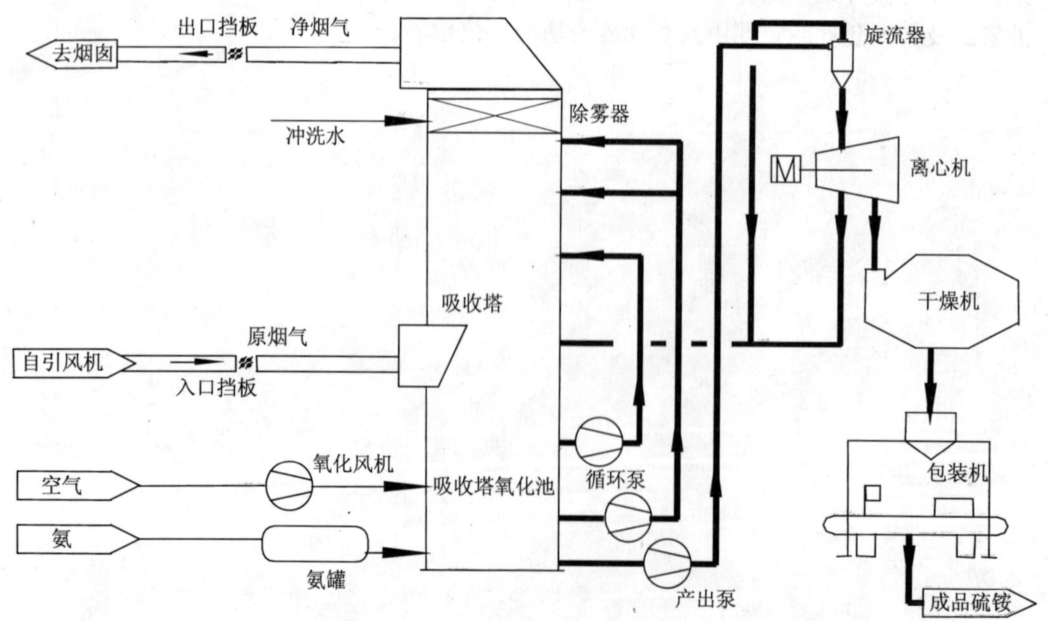

图 A.1 塔内饱和结晶——不设增压风机的氨法烟气脱硫工艺流程图

A.3 典型的塔外蒸发结晶（二效）——设置增压风机的氨法烟气脱硫工艺流程

流程说明：

a）锅炉引风机来的原烟气通过增压风机增压后进入吸收塔，通过吸收液洗涤脱除 SO_2 后烟气成为湿的净烟气，净烟气经吸收塔内的除雾器除去雾滴后通过塔顶设置的直排烟囱排放。

b）吸收液与烟气中 SO_2 反应后在吸收塔的氧化池被氧化风机来的空气氧化成硫酸铵。

c）硫酸铵溶液送副产物处理系统的二效蒸发结晶系统，将水分蒸发后形成硫酸铵结晶。

d）含硫酸铵结晶的浆液送旋流器、离心机进行固液分离产生湿的硫酸铵，湿的硫酸铵进干燥机干燥后形成干的硫酸铵，干的硫酸铵经包装后得成品硫酸铵。

e）吸收液在循环的过程中根据脱硫需要从吸收剂储存系统的氨罐补充吸收剂。

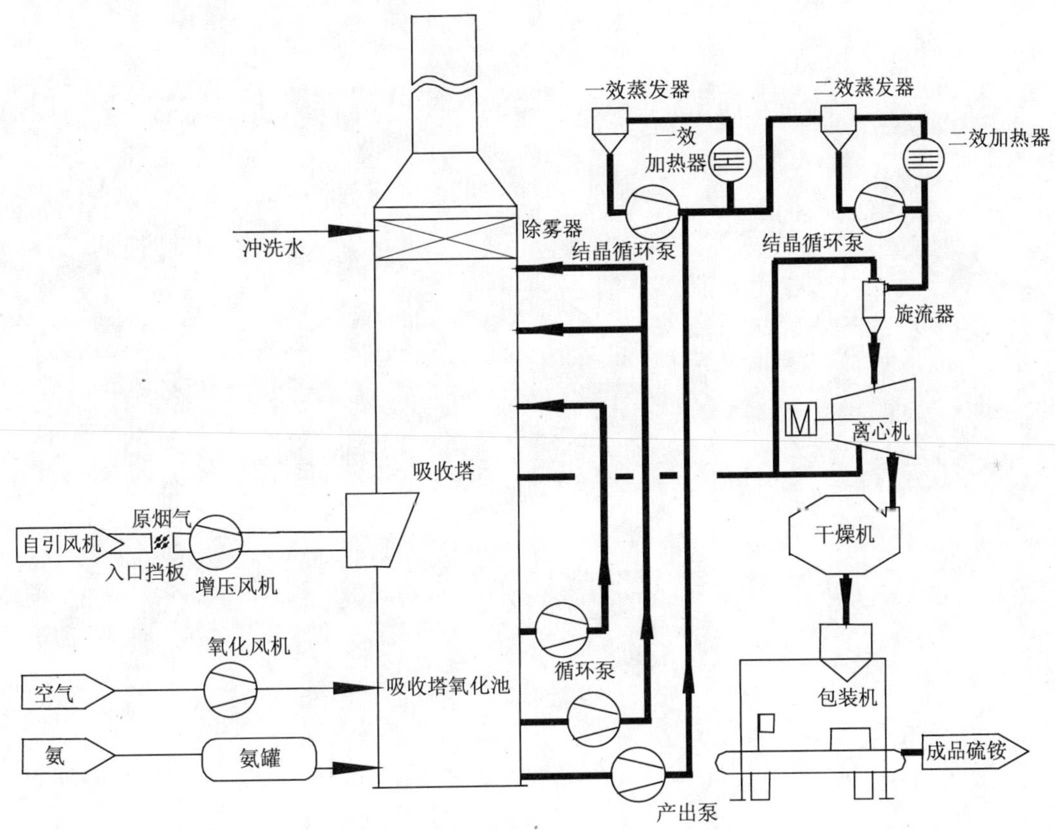

图 A.2 塔外蒸发结晶（二效）——设置增压风机的氨法烟气脱硫工艺流程图

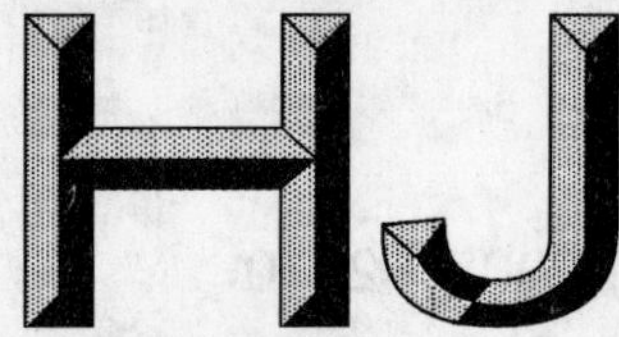

中华人民共和国国家环境保护标准

HJ 2002—2010

电镀废水治理工程技术规范

Technical specifications for electroplating industry wastewater treatment

2010-12-17 发布　　2011-03-01 实施

环 境 保 护 部 发布

前　言

为贯彻执行《中华人民共和国环境保护法》、《中华人民共和国水污染防治法》、《中华人民共和国海洋污染防治法》、《建设项目环境保护管理条例》和《电镀污染物排放标准》，规范电镀废水治理工程建设与运行管理，防治环境污染，保护环境和人体健康，制定本标准。

本标准规定了电镀废水治理工程设计、施工、验收和运行的技术要求。

本标准为首次发布。

本标准的附录 A 为资料性附录。

本标准由环境保护部科技标准司组织制订。

本标准主要起草单位：北京中兵北方环境科技发展有限责任公司、中国兵器工业集团公司。

本标准环境保护部 2010 年 12 月 17 日批准。

本标准自 2011 年 3 月 1 日起实施。

本标准由环境保护部解释。

电镀废水治理工程技术规范

1 适用范围

本标准规定了电镀废水治理工程设计、施工、验收和运行的技术要求。

本标准适用于电镀废水治理工程的技术方案选择、工程设计、施工、验收、运行等的全过程管理和已建电镀废水治理工程的运行管理，可作为环境影响评价、环境保护设施设计与施工、建设项目竣工环境保护验收及建成后运行与管理的技术依据。

2 规范性引用文件

本标准内容引用了下列文件中的条款。凡是不注日期的引用文件，其有效版本适用于本标准。

GB 12348 工业企业厂界环境噪声排放标准

GB 15562.2 环境保护图形标志 固体废物贮存（处置）场

GB 18597 危险废物贮存污染控制标准

GB 21900 电镀污染物排放标准

GB 50009 建筑结构荷载规范

GB 50016 建筑设计防火规范

GB 50052 供配电系统设计规范

GB 50054 低压配电设计规范

GB 50141 给水排水构筑物施工及验收规范

GB 50191 构筑物抗震设计规范

GB 50194 工程施工现场供用电安全规范

GB 50204 混凝土结构工程施工质量验收规范

GB 50231 机械设备安装工程施工及验收通用规范

GB 50268 给水排水管道工程施工及验收规范

GB 50303 建筑电气工程施工质量验收规范

GBJ 13 室外给水设计规范

GBJ 22 厂矿道路设计规范

GBJ 87 工业企业噪声控制设计规范

GBJ 136 电镀废水治理设计规范

HJ/T 212 污染源在线自动监控（监测）系统数据传输标准

HJ/T 283 环境保护产品技术要求 厢式压滤机和板框压滤机

HJ/T 353 水污染源在线监测系统安装技术规范（试行）

HJ/T 355 废水在线监测系统的运行维护技术规范

HJ/T 314 清洁生产标准 电镀行业

《建设项目（工程）竣工验收办法》（计建设[1990]1215 号）

《建设项目竣工环境保护验收管理办法》（国家环境保护总局令 第 13 号）

3 术语和定义

下列术语和定义适用于本标准。

3.1

电镀废水 wastewater of electroplating

指电镀生产过程中排放的各种废水，包括镀件酸洗废水、漂洗废水、钝化废水、刷洗地坪和极板的废水、由于操作或管理不善引起的“跑、冒、滴、漏”产生的废水，废水处理过程中自用水以及化验室排水等。

3.2

重金属废水 wastewater containing heavy metals

指电镀生产中排放的含有镉、铬、铅、镍、银、铜、锌等金属离子的废水。根据废水中所含重金属元素，又分别称为含镉废水、含铬废水、含铅废水、含镍废水、含银废水、含铜废水、含锌废水等。

3.3

电镀混合废水 mix-wastewater of electroplating

指电镀生产排放的不同镀种和不同污染物混合在一起的废水。包括经过预处理的含氰废水和含铬废水。

3.4

电镀污泥 electroplating sludge

指电镀废水治理过程中产生的化学污泥。

4 污染物和污染负荷

4.1 电镀废水分类

电镀废水一般按废水所含污染物类型或重金属离子的种类分类，如酸碱废水、含氰废水、含铬废水、含重金属废水等。当废水中含有一种以上污染物时（如氰化镀镉，既有氰化物又有镉），一般仍按其中一种污染物分类；当同一镀种有几种工艺方法时，也可按不同工艺再分成小类，如焦磷酸镀铜废水、硫酸铜镀铜废水等。将不同镀种和不同污染物混合在一起的废水统称为电镀混合废水。

4.2 主要污染物和浓度范围

电镀废水的主要污染物及其质量浓度范围可参考附录 A。

4.3 设计水量和设计水质

4.3.1 新建电镀废水处理工程的设计水量和设计水质应根据批准的环境影响评价文件，并考虑一定的设计余量确定。

设计水量水质也可采取实测数据，其中设计水量可按实测值的 110%～120%进行确定。没有实测条件的，可采用类比调查数据；无类比数据时，也可按电镀车间（生产线）总用水量的 85%～95%估算废水的处理量。无水质数据的，可参考表 1 给出的主要污染物浓度范围确定。

4.3.2 进入治理设施的废水进水浓度，应满足设计进水要求，达不到要求的应进行预处理。

4.3.3 废水处理后，需回用的应满足回用工序的用水水质要求。废水排放应符合 GB 21900 或地方排放标准规定，或满足环境影响评价审批文件要求。

5 总体要求

5.1 一般规定

5.1.1 电镀企业应推行清洁生产，提高清洗效率，减少废水产生量。有条件的企业，废水处理后应回用。

5.1.2 新建电镀企业（或生产线），其废水处理工程应与主体工程同时设计、同时施工、同时投入使用。

5.1.3 电镀废水治理工程的建设规模应根据废水设计水量确定；工艺配置应与企业生产系统相协调；分期建设的应满足企业总体规划的要求。

5.1.4 电镀废水应分类收集、分质处理。其中，规定在车间或生产设施排放口监控的污染物，应在车间或生产设施排放口收集和处理；规定在总排放口监控的污染物，应在废水总排放口收集和处理。含氰废水和含铬废水应单独收集与处理。电镀溶液过滤后产生的滤渣和报废的电镀溶液不得进入废水收集和处理设施。

5.1.5 电镀废水治理工程在建设和运行中，应采取消防、防噪、抗震等措施。处理设施、构（建）筑物等应根据其接触介质的性质，采取防腐、防漏、防渗等措施。

5.1.6 废水总排放口应安装在线监测系统，并符合 HJ/T 353、HJ/T 355 和 HJ/T 212 的要求。

5.1.7 电镀污泥属于危险废物，应按规定送交有资质的单位回收处理或处置。电镀污泥在企业内的临时贮存应符合 GB 18597 的规定。

5.1.8 电镀废水处理站应设置应急事故水池，应急事故水池的容积应能容纳 12～24 h 的废水量。

5.1.9 电镀废水处理工程建设项目，除应遵循本规范和环境影响评价审批文件要求外，还应符合国家基本建设程序以及国家有关标准、规范和规划的规定。

5.2 工程构成

5.2.1 电镀废水治理工程项目主要包括：废水处理构（建）筑物与设备，辅助工程和配套设施等。

5.2.2 废水处理构（建）筑物与设备包括：废水收集、调节、提升、预处理、处理、回用与排放、污泥浓缩与脱水和药剂配制、自动检测控制等。

5.2.3 辅助工程包括：厂（站）区道路、围墙、绿地工程；独立的供电工程和供排水工程、供压缩空气；专用的化验室、控制室、仓库、维修车间、污泥临时堆放场所等。

5.2.4 配套设施包括：办公室、休息室、浴室、卫生间等。

5.2.5 废水处理站应按照国家和地方的有关规定设置规范排污口。

5.3 工程选址与总体布置

5.3.1 废水处理工程选址应符合规划要求并具有良好的工程地质条件；宜靠近电镀生产车间，废水可自流进入废水处理站；便于施工、维护和管理；处理后的废水有良好的排放条件。

5.3.2 废水处理站平面布置应满足各处理单元的功能和处理流程要求，建（构）筑物及设施的间距应紧凑、合理，并满足施工、安装的要求；各类管线连接应简捷，避免相互干扰；通道设置宜方便维修管理及药剂和污泥运送。

5.3.3 废水处理站工艺设备宜按处理流程和废水性质分类布置，设备、装置排列整齐合理，便于操作和维修。寒冷地区，其室外管道和装置应保温。

5.3.4 废水处理所用的材料、药剂等不应露天堆放。应根据需要设置存放场所，废水处理站应设污泥临时堆放场地，采取相应的防腐、防渗、防雨淋等措施，并符合 GB 18597 的规定。

5.3.5 废水处理站应设地面冲洗水和设备渗漏水的收集系统，并排入废水调节池。

5.3.6 废水处理站的建筑造型应简洁美观，与周围环境相协调。废水处理站周围应绿化。

6 工艺设计

6.1 酸、碱废水

6.1.1 酸、碱废水的处理应首先利用酸、碱废水本身的自然中和或利用酸、碱废液、废渣等相互中和处理。

6.1.2 电镀预处理工序的酸、碱废水混合后，一般呈酸性，宜以中和酸为主。处理酸性废水，当没有碱性废物可利用时，可采用碱性药剂中和或过滤中和。当废水中含有多种金属离子时，宜采用药剂中和。

6.1.3 中和反应会产生大量沉渣，应通过沉淀予以去除。当沉渣量少时，可采用竖流式沉淀池和连续排渣；当沉渣量大，重力排泥困难时，可采用平流式沉淀池，沉渣用吸泥机排出。

6.1.4 酸、碱废水中和反应后所产生的干污泥量，宜通过试验确定。当无条件试验时，可按处理废水体积的 0.1%～0.25%估算。

6.2 含氰废水

6.2.1 一般规定

6.2.1.1 含氰废水应单独处理。在处理前，不得与其他废水混合。

6.2.1.2 废水中氰离子质量浓度小于 50 mg/L 时，宜采用碱性氯化法处理；废水中氰离子质量浓度大于 50 mg/L 时，宜采用电解处理技术。臭氧处理含氰废水，对进水氰离子质量浓度没有限制，但含有络合氰根离子的废水，不宜采用臭氧处理。

6.2.1.3 含氰废水处理应避免铁、镍离子混入。

6.2.1.4 含氰废水经过处理，游离氰达到控制要求后可进入混合废水处理系统，去除重金属离子。

6.2.1.5 处理过程可能产生少量 CNCl 气体，故应在密闭和通风条件下操作，并采取防护措施。收集的气体应经过处理后，通过排气筒排放。

6.2.2 碱性氯化处理技术

6.2.2.1 废水处理量较小、水质浓度变化不大的，宜采用间歇式一级氧化处理；废水处理量较大、水质浓度变化幅度较大，而且对排放水质要求较高的，宜采用连续式二级氧化处理。

6.2.2.2 含氯氧化剂宜选用次氯酸钠、二氧化氯、液氯等。选取氧化剂既要考虑经济性，也要注重安全性。

6.2.2.3 采用碱性氯化处理含氰废水时，宜采用图 1 所示的基本工艺流程：

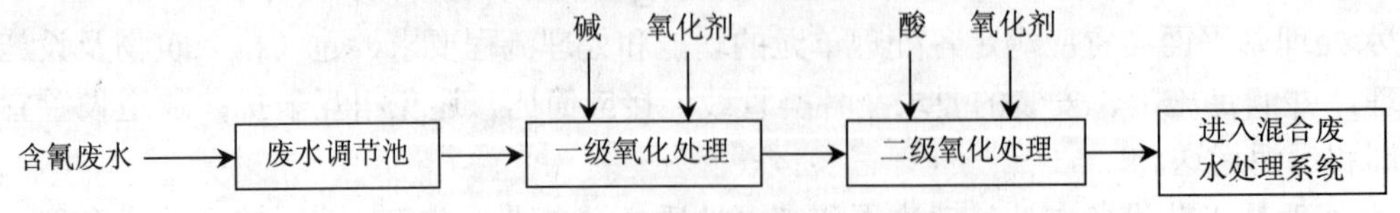

图 1 碱性氯化处理含氰废水基本工艺流程

6.2.2.4 采用碱性氯化处理含氰废水时，应满足以下技术条件和要求：

a）氧化剂的投入量应通过试验确定。当无条件试验时，其投入量宜按氰离子与活性氯的重量比计算确定。其重量比：当一级氧化处理时宜为 1∶3～1∶4；二级氧化处理时宜为 1∶7～1∶8。一级氧化和二级氧化所需氧化剂应分阶段投加，投加比为 1∶1；

b）pH 值控制和反应时间：一级氧化的 pH 值应控制在 10～11，反应时间宜为 10～15 min；二级氧化的 pH 值应控制在 6.5～7.0，反应时间宜为 10～15 min；

c）有效氯的投加量可采用氧化还原电位（ORP）自动控制。一级处理，ORP 达到 300 mV 时反应基本完成；二级处理，ORP 需达到 650 mV；

d）废水温度宜控制在 15～50℃。反应后废水中余氯量应在 2～5 mg/L 范围内。

6.2.3 臭氧氧化处理技术

6.2.3.1 臭氧氧化处理含氰废水时，宜采用图 2 所示的基本工艺流程：

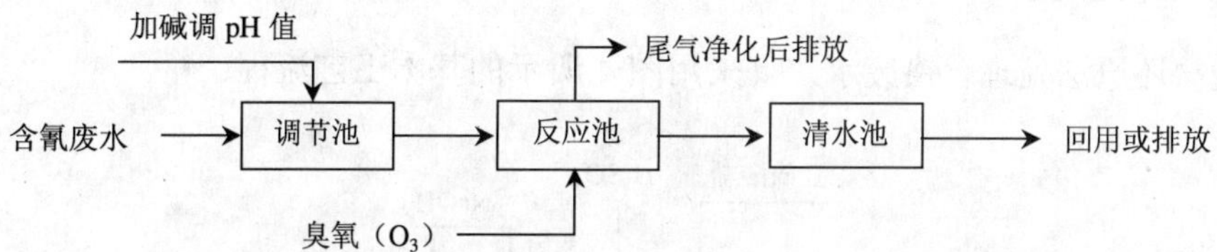

图 2 臭氧氧化处理含氰废水基本工艺流程

6.2.3.2 臭氧氧化处理含氰废水时，应满足以下技术条件和要求：

a）臭氧投量：一级氧化反应理论投量质量比为 $m(CN^-)$∶$m(O_3)$=1∶1.85；二级氧化反应理论投量质量比为 $m(CN^-)$∶$m(O_3)$=1∶4.61。实际投药比要比理论值大，应根据实验确定；

b）对游离氰根，去除率达 97%时，接触时间不宜少于 15 min；去除率达 99%时，接触时间不宜少于 20 min。反应池尾气应收集并经碱液吸收后排放；

c）pH 值应控制在 9～11；

d）如采用亚铜离子为催化剂，可缩短反应时间。

6.2.4 电解处理技术

6.2.4.1 电解处理含氰废水宜采用图 3 所示的基本工艺流程：

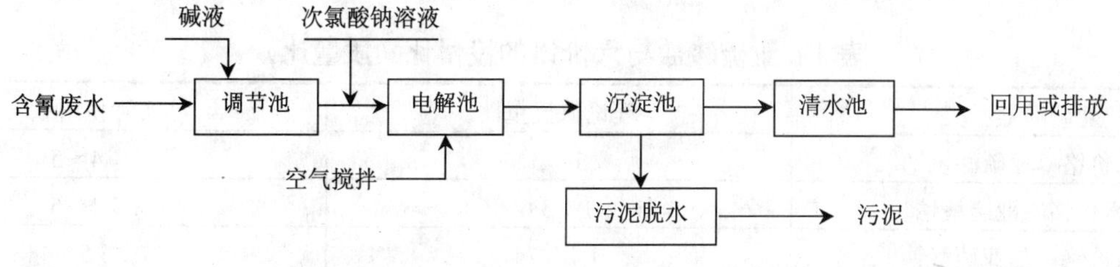

图 3 电解处理含氰废水基本工艺流程

6.2.4.2 采用电解处理含氰废水，宜满足以下技术条件和要求：

a）废水的 pH 值宜控制在 9～10，可用 NaOH 溶液进行调节；

b）NaCl 投加量可按氰浓度的 30～60 倍估算；

c）电解槽净极距宜采用 20～30 cm；

d）阳极电流密度宜控制在 0.3～0.5 A/dm^2，槽电压宜为 6～8.5V；

e）采用空气搅拌，用气量为 0.1～0.5 m^3/（min·m^3），空气压力为（0.5～1.0）$\times 10^5$ Pa；

f）产生的沉淀物沉淀困难时，可投加混凝剂。

6.3 含铬废水

6.3.1 一般规定

6.3.1.1 含铬废水应单独收集处理，不得将其他废水混入。将六价铬还原为三价铬后，可与其他重金属废水混合处理。

6.3.1.2 沉淀污泥脱水后，应用塑料袋包装，防止因漏、滴或散落而污染环境。

6.3.1.3 用离子交换处理镀铬清洗废水，六价铬离子质量浓度不宜大于 200 mg/L；镀黑铬和镀含氟铬的清洗废水不宜采用离子交换处理。

6.3.2 亚硫酸盐还原处理技术

6.3.2.1 亚硫酸盐还原法处理含铬废水，宜采用图 4 所示的基本工艺流程：

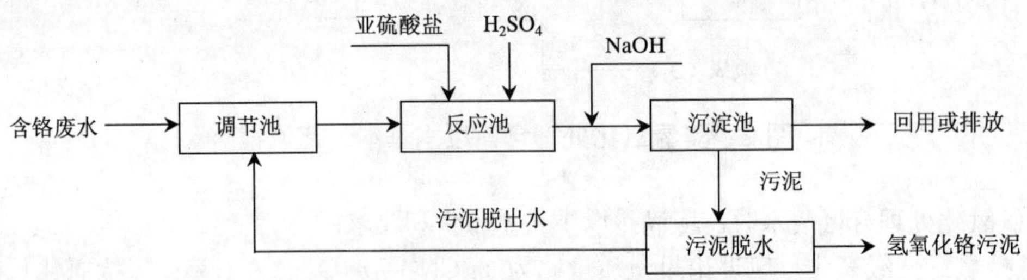

图 4 亚硫酸盐还原处理含铬废水基本工艺流程

6.3.2.2 亚硫酸盐还原法处理含铬废水，应满足以下技术条件和要求：

a）可采用间歇式及连续式处理。采用间歇处理时，调节池容积按平均每小时废水流量的 4～8 h 计算；采用连续式处理时，可适当减小调节池容量，并设置自动检测与投药装置；

b）亚硫酸盐宜选用亚硫酸氢钠、亚硫酸钠、焦亚硫酸钠等；

c）进水 pH 值宜控制在 2.5～3.0；ORP 宜控制在 230～270 mV；反应时间宜控制在 20～30 min；

d）亚硫酸盐的投加量应通过试验确定，亦可按表 1 给出的参考值选择；

表 1 亚硫酸盐与六价铬的投量比（质量比）

亚硫酸盐种类	理论值投量比	实际使用量
六价铬：亚硫酸氢钠	1∶3	1∶4～5
六价铬：亚硫酸钠	1∶3.6	1∶4～5
六价铬：焦亚硫酸钠	1∶2.74	1∶3.5～4

e）废水经还原反应后，宜加碱调废水 pH 值 7～8，使三价铬沉淀，反应时间应大于 20 min，反应后的沉淀时间宜为 1.0～1.5 h；

f）沉淀剂宜为氢氧化钠、氢氧化钙、碳酸钙等。通常根据价格、沉淀速率、污泥生成量、脱水效果和污泥是否回收进行选择。

6.3.2.3 亚硫酸盐还原的反应池应满足处理一次的周期时间。反应池内宜采用机械搅拌，不宜采用空气搅拌。反应池和沉淀池宜设于地面，同时加盖，并设通风装置。

6.3.3 硫酸亚铁-石灰处理技术

6.3.3.1 含铬废水采用硫酸亚铁-石灰处理时，基本工艺流程见图 4。其中还原剂采用硫酸亚铁，中和剂采用石灰。

6.3.3.2 采用硫酸亚铁-石灰处理含铬废水时，应满足以下技术条件和要求：

a）运行条件应符合表 2 的基本要求；

表 2 硫酸亚铁处理含铬废水的运行条件

六价铬质量浓度/（mg/L）	加药前调 pH 值	投药量（质量比）六价铬：硫酸亚铁	反应后调 pH 值	搅拌时间/min
＜25	2～3	1：（40～50）	7.5～8.5	搅拌混匀即可
25～50		1：（35～40）		5～10
50～100		1：（30～35）		10～20
＞100		1：30		20

b）连续处理时，反应时间应大于 30 min；间歇处理时，反应时间宜为 2～4 h；

c）反应时宜采用空气搅拌或机械搅拌；

d）石灰的投加量宜控制为：$m(Cr^{6+})$：$m[Ca(OH)_2]$＝1：（8～15）。

6.3.4 微电解处理技术

6.3.4.1 采用微电解处理含铬废水时，宜采用图 5 所示的基本工艺流程：

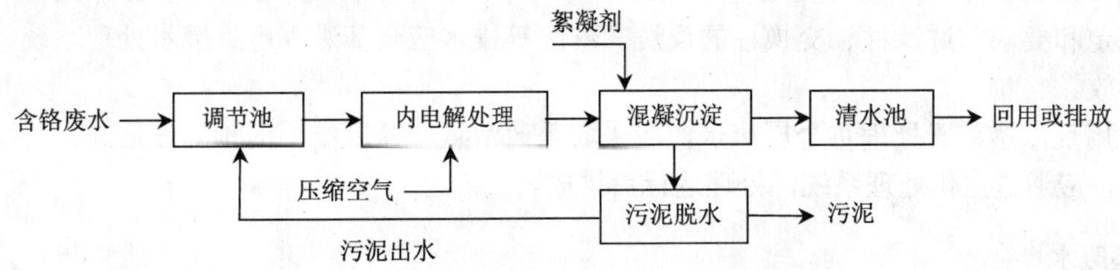

图 5 微电解处理含铬废水基本工艺流程

6.3.4.2 采用微电解处理含铬废水时，应满足以下技术条件和要求：

a）处理废水量大于或等于 5 m³/h 时，可采用连续式处理；小于 5 m³/h 时，宜采用间歇式处理；

b）进水 pH 值宜控制在 2～4，微电解装置的出水应加碱调 pH 值为 8～9。

6.3.4.3 铁屑在填装设备前，应进行除杂、除油和除锈处理。在运行过程中，为防止铁屑结块，应定时对其进行气水联合反冲，反冲洗水应进入污泥沉淀池。

6.3.4.4 在设施检修或停运期间，微电解装置内的铁屑填料层必须保持用水浸没，防止空气氧化和板结。

6.3.5 离子交换处理技术

6.3.5.1 离子交换处理含铬废水宜采用图 6 所示的基本工艺流程。

6.3.5.2 离子交换处理含铬废水的设计、运行除符合 GBJ 136 中的条件外，还应满足以下技术条件和要求：

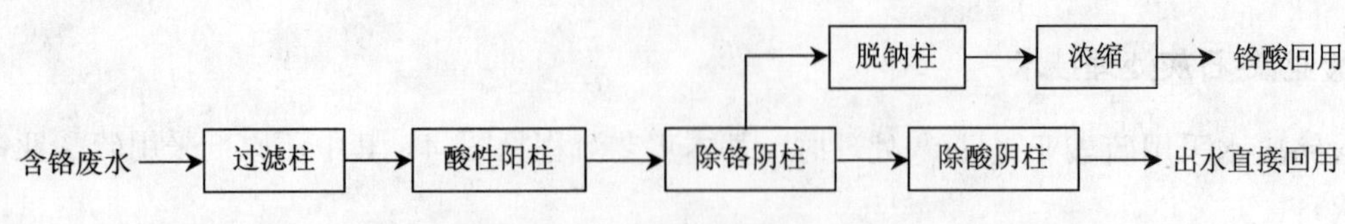

图6　离子交换处理含铬废水基本工艺流程

a）进水六价铬离子质量浓度不宜大于 200 mg/L；

b）进入阴柱废水的 pH 值应控制在 5 以下；

c）阴柱的再生剂宜选用工业用氢氧化钠，再生液用除盐水配制；阴柱的清洗水宜用除盐水。清洗终点 pH 值应控制在 8～10；

d）阳柱的再生剂宜用工业用盐酸；阳柱的清洗水可用自来水。清洗终点 pH 值为 2～3。

6.3.5.3　离子交换树脂再生时的淋洗水，含六价铬离子部分应返回调节池；含酸、碱和重金属离子部分应经处理达标后回用或排放。

6.4　重金属废水

6.4.1　一般规定

6.4.1.1　当废水中含有氰化物时，应先去除氰化物；如废水中含有六价铬离子，应将六价铬还原为三价铬，再处理废水中的重金属离子。

6.4.1.2　离子交换处理某类重金属废水时，不得将其他镀种废水、冲刷地坪等废水混入。离子质量浓度不宜大于 200 mg/L。离子交换处理重金属废水的设计、运行控制技术条件和参数，应符合 GBJ 136 中的相关规定和要求。过滤柱、交换柱的反洗、淋洗等排水应全部进入电镀废水处理系统，处理达标后回用或排放。

6.4.1.3　采用反渗透装置处理重金属废水，应采取杀菌消毒和控制结垢的预处理措施。反渗透装置产生的浓缩水，应通过生化处理系统，处理达标后排放。

6.4.2　含镉废水

6.4.2.1　氢氧化物沉淀处理技术

6.4.2.1.1　当废水中的镉以离子形式存在时，可采用氢氧化物沉淀处理技术。

6.4.2.1.2　采用氢氧化物沉淀处理含镉废水时，宜采用图 7 所示的基本工艺流程：

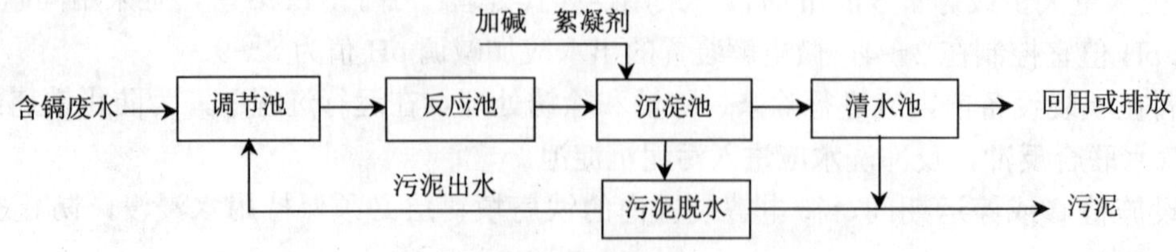

图7　化学沉淀处理含镉废水基本工艺流程

6.4.2.1.3　采用氢氧化物沉淀处理含镉废水时，应满足以下技术条件和要求：

a）废水中镉离子质量浓度不宜大于 50 mg/L；

b）可采用聚合硫酸铁为絮凝剂，聚丙烯酰胺或硫化铁为助凝剂。絮凝剂的投加量宜为 40 mg/L；

c）反应池宜设搅拌。混合反应时，废水 pH 值宜控制在 9 左右；反应时间宜为 10～15 min；

d）沉淀时间应大于 30 min。

6.4.2.2　硫化物沉淀处理技术

6.4.2.2.1　采用硫化物沉淀处理含镉废水时，宜采用图 8 所示的基本工艺流程：

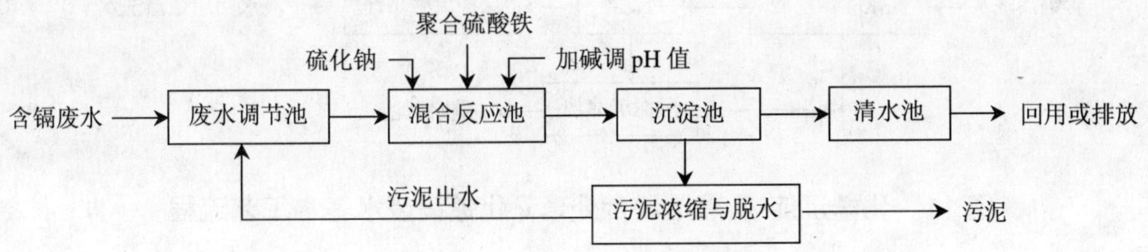

图 8　硫化物沉淀处理含镉废水基本工艺流程

6.4.2.2.2　采用硫化镉沉淀处理含镉废水时，应满足以下技术条件和要求：

a）硫化钠投加量宜为 100 mg/L 左右；

b）聚合硫酸铁或其他铁盐投加量为 30～40 mg/L；

c）反应 pH 值范围为 7～9；

d）反应搅拌时间 10 min；沉淀时间为 30 min。

6.4.2.3　离子交换处理技术

6.4.2.3.1　氰化镀镉废水宜采用图 9 所示的基本工艺流程；无氰镀镉废水宜采用图 10 所示的基本工艺流程：

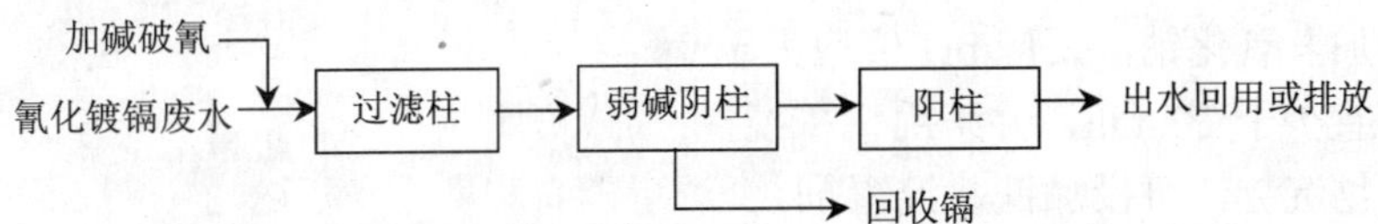

图 9　氰化镀镉废水离子交换处理基本工艺流程

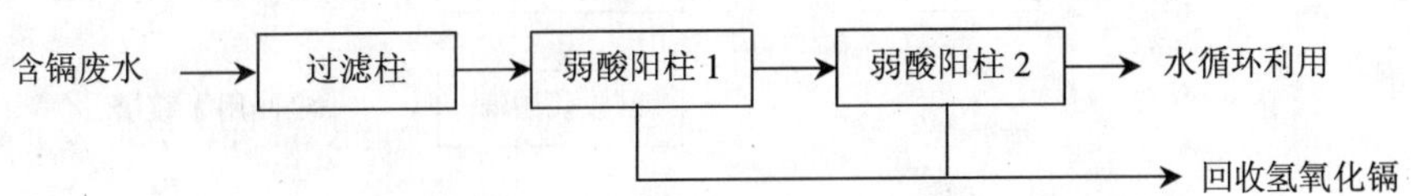

图 10　无氰镀镉废水离子交换处理基本工艺流程

6.4.2.3.2　采用离子交换处理含镉废水，应满足以下技术条件和要求：

a）进水中镉离子质量浓度不宜大于 100 mg/L；

b）废水中的镉以 Cd^{2+}形式存在时，宜用酸性阳离子交换树脂处理；废水中的镉以各种络合阴离子形式存在时，宜选用阴离子交换树脂处理；

c）吸附饱和后的阴离子交换树脂，宜选用 NH_4NO_3 和氨水混合液作为再生剂进行再生，每小时用量为 4 倍于树脂体积，再生速度用 1～2 倍每小时树脂体积；

d）阳离子树脂交换柱应与阴离子树脂交换柱同步再生。再生剂为 2 mol/L 的盐酸，再生流速为 0.5 m/h，再生剂用量为 2 倍于树脂体积。阳离子树脂交换柱洗脱液进入中和池处理。

6.4.2.4　化学沉淀-反渗透处理技术

6.4.2.4.1　化学沉淀-反渗透组合技术适宜于氰化镀镉槽中清洗废水的处理，基本工艺流程见图 11：

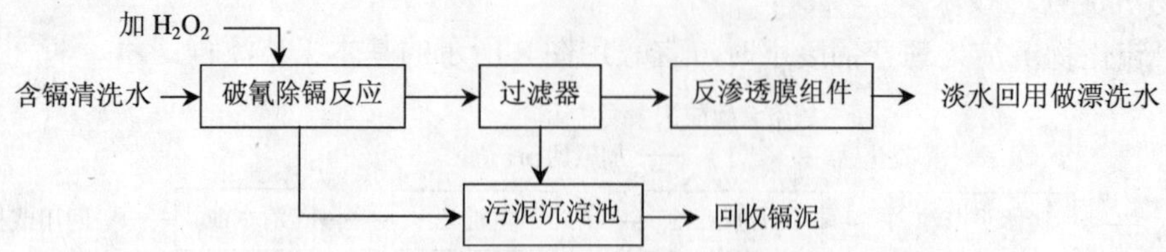

图 11　化学沉淀-反渗透联合处理氰化镀镉废水基本工艺流程

6.4.2.4.2　采用反渗透处理含镉清洗水时，应符合以下技术条件和要求：

a）对单纯的硫酸镉废水，宜采用醋酸纤维膜进行反渗透分离；

b）对氰化镀镉漂洗废水，宜选用稳定性、抗氧化性、抗酸性和抗碱性良好的反渗透膜；

c）废水进入反渗透器前，需采用 H_2O_2 进行破氰和镉沉淀，废水经反应沉淀后，上清液再通过反渗透浓缩分离；

d）投加 H_2O_2 时，应不断搅拌。H_2O_2 的投量为理论值的 1.3～1.5 倍。

6.4.3　含镍废水

6.4.3.1　化学沉淀处理技术

采用化学沉淀处理含镍废水时，宜采用图 4 所示的基本处理单元。同时，应满足以下技术条件和要求：

a）在废水中投加氢氧化钠，反应 pH 值应大于 9；

b）反应时间不宜少于 20 min，并采用机械搅拌；

c）为加快悬浮物沉淀，可投加铁盐混凝剂。

6.4.3.2　离子交换处理技术

6.4.3.2.1　离子交换处理镀镍清洗废水，宜采用图 12 所示的双阳柱全饱和基本工艺流程：

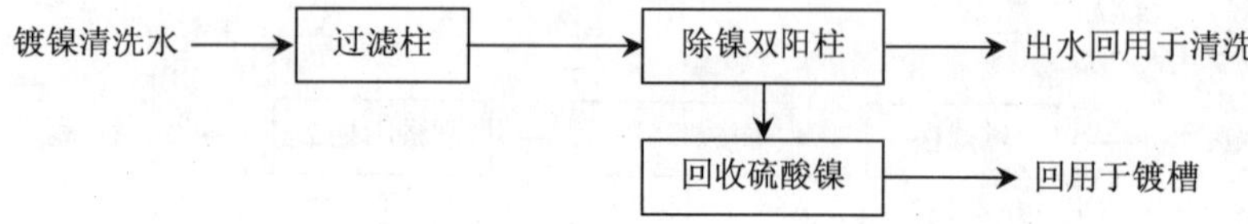

图 12　离子交换处理镀镍清洗水基本工艺流程

6.4.3.2.2　采用离子交换处理镀镍清洗水时，应满足以下技术条件和要求：

a）进水镍离子质量浓度不宜大于 200 mg/L。

b）阳离子交换剂宜采用凝胶型强酸阳离子交换树脂、大孔型弱酸阳离子交换树脂或凝胶型弱酸阳离子交换树脂，均应以钠型投入运行。

c）强酸阳离子交换树脂在交换、再生等过程中胀缩率较小，而弱酸阳离子交换树脂的胀缩率很大，当树脂由 Na 型转化为 Ni 型或 H 型时，其体积比（Ni 型/Na 型或 H 型/Na 型）达 0.5～0.6，因此，在设计交换柱时，树脂层上部应留有足够的空间。

d）当进水中悬浮物质量浓度超过 10 mg/L 时，应设置过滤柱。

e）离子交换处理含镍废水回收的硫酸镍溶液，宜作为镀镍槽的蒸发损失的补充液或作为调整镀镍槽槽液 pH 值的调整液使用。其中，镀光亮镍生产工艺的清洗水经处理后回收的硫酸镍溶液，应返回镀光亮镍镀槽，不可回用于半光亮镍镀槽。

f）当回收的硫酸镍溶液中含有的硫酸钙、硫酸镁、硫酸钠等杂质超过镀镍槽液允许限值时，应进行净化后才能回用。

6.4.3.3 反渗透处理技术

6.4.3.3.1 采用反渗透处理镀镍清洗水时，宜采用图 13 所示的基本工艺流程。

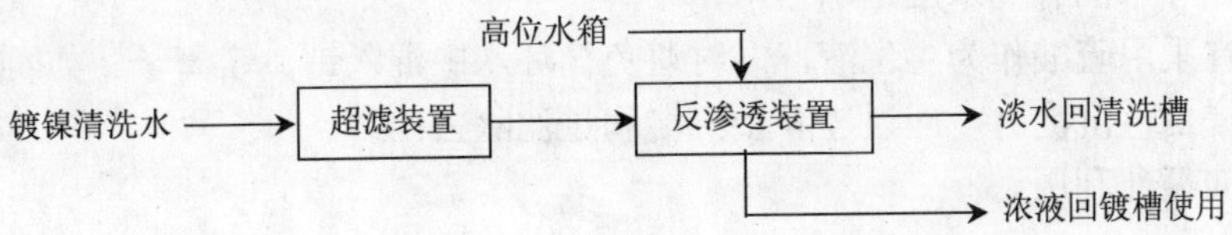

图 13 反渗透处理含镍清洗水基本工艺流程

6.4.3.3.2 采用反渗透处理镀镍清洗水时，应满足以下技术条件和要求：

a）采用反渗透膜分离处理镀镍清洗水时，镀件的清洗方式必须采用二级、三级或多级逆流漂洗，以减少反渗透装置的容量。

b）在反渗透装置上方应设一个高位水箱，当高压泵停止工作时，水就自动从高压水箱流经管膜内，使膜保持湿润；高压水管路上应装有安全阀门，并设旁通管路。一旦压力超过工作压力，安全阀自动降压，原液经旁通管路流回原液槽。

c）为防止反渗透膜的化学损伤，进水中余氯含量应小于 0.1 mg/L。去除氧化剂的方法可采用颗粒活性炭吸附，也可投加还原剂（如亚硫酸氢钠），并通过 ORP 进行监控。

d）采用反渗透装置处理后的淡水可用于镀件漂洗，浓液可直接返回镀镍槽使用。

6.4.4 含铜废水

6.4.4.1 离子交换处理技术

6.4.4.1.1 离子交换处理氰化镀铜和铜锡合金废水时，宜采用图 14 所示的基本工艺流程。如废水中含钙、镁离子浓度较高时，可在阴离子交换柱前增设 H 型弱酸阳离子交换柱。

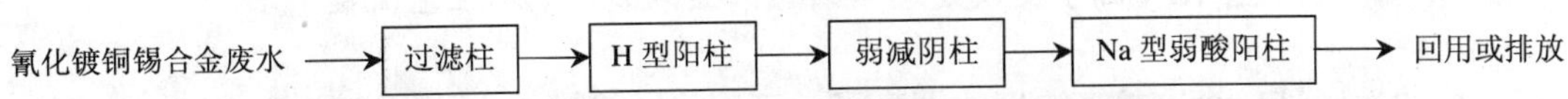

图 14 离子交换处理氰化镀铜锡合金废水基本工艺流程

6.4.4.1.2 采用离子交换处理氰化镀铜和铜锡合金废水时，应满足以下技术条件和要求：

a）进水中总氰离子质量浓度不宜大于 100 mg/L。

b）阴树脂饱和后，应在负压条件下加酸进行再生。阴树脂再生柱下方应设置一个敞口碱槽，槽内贮存溶液量应大于 1/2 树脂量、碱液浓度不低于 10 mol/L。

c）处理装置所在场地应有每小时换气 8～12 次的机械通风设施。通风设施的电气开关应安装在门外或门口。

d）阴树脂再生，应严格遵守以下规定：

①在树脂再生的整个过程中，非特殊情况不得中断。操作人员必须完成再生、淋洗等全过程后才能离开岗位；

②在再生过程中，不准停止负压系统，特殊情况需要停止时，必须首先关闭树脂再生柱、碱液吸收罐、破氰反应罐所有阀门；

③碱液吸收罐内氢氧化钠溶液浓度应不小于 2.8 mol/L，负压系统的循环水箱内循环水应呈碱性。

e）在运行和再生等过程排出的反洗水、淋洗水、废再生液以及更新后排出的循环水等，均含有氰离子，应经破氰处理。

6.4.4.1.3 采用离子交换处理硫酸铜镀铜废水时，宜采用图 15 所示的双阳柱全饱和基本工艺流程，并满足以下技术条件和要求：

a）可与电解联合使用，从再生洗脱液中回收铜；

b）处理系统循环水的补充水应用除盐水；

c）阳柱再生宜采用硫酸作为再生液，同时避免循环水中混入钙、镁离子。如再生洗脱液中有硫酸钙、硫酸镁白色沉淀时，应通过静止沉淀和过滤除去；

d）处理后水应循环利用。

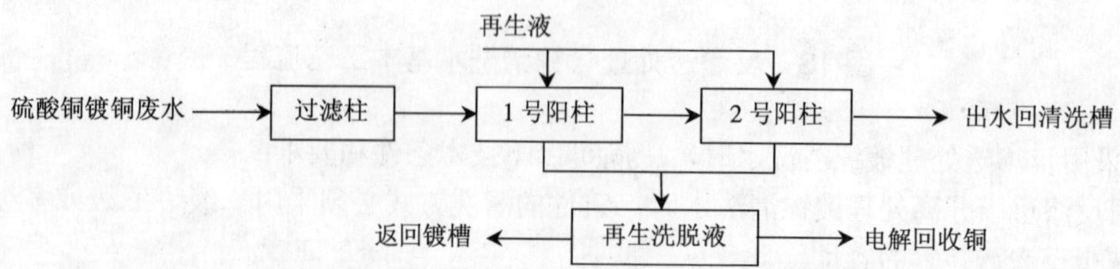

图15　离子交换处理硫酸铜镀铜废水基本工艺流程

6.4.4.1.4　采用离子交换处理焦磷酸铜镀铜废水时，宜采用图16所示的双阴柱全饱和基本工艺流程，并应满足以下技术条件和要求：

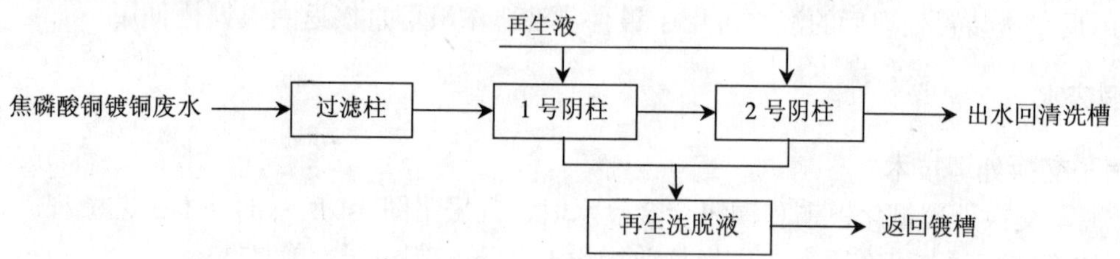

图16　离子交换处理焦磷酸铜镀铜废水基本工艺流程

a）再生柱的洗脱液，含有较高浓度的铜离子，可直接回镀槽作为补充液使用；

b）如运行中循环水和补充水采用自来水，由于自来水中钙、镁等离子形成白色沉淀，加重了过滤柱负荷，所以，应在过滤柱前增设一个阳柱。

6.4.4.2　电解处理技术

采用电解处理含铜废水并回收铜时，宜采用图17所示基本工艺流程，并满足以下技术条件和要求：

a）电解槽宜采用无隔膜、单极性平板电极。电解槽电源可采用直流电源。电解槽和电源设备均应可靠接地；

b）电解槽的阳极材料宜采用不溶性材质，阴极材料宜采用不锈钢板或铜板，并宜设置2套；

c）当废水含铜质量浓度大于700 mg/L时，阴极电流密度宜采用0.5～1.0 A/dm^2；当废水含铜质量浓度小于700 mg/L时，阴极电流密度宜采用0.1～0.5 A/dm^2，硫酸铜废水的电流密度可略高于氰化镀铜废水。

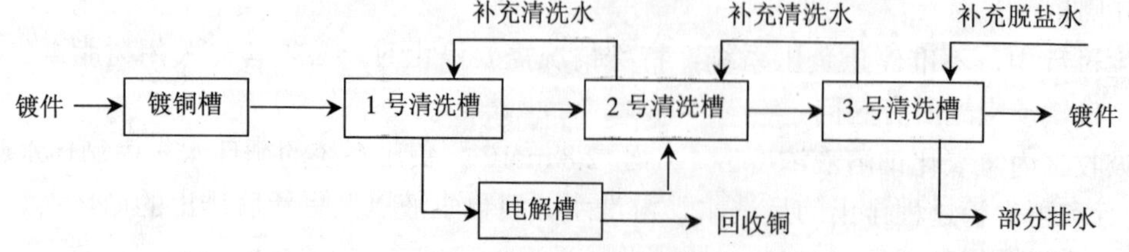

图17　电解处理镀铜废水基本工艺流程

6.4.5 含锌废水

6.4.5.1 化学沉淀处理技术

6.4.5.1.1 采用化学沉淀处理碱性锌酸盐镀锌清洗废水时，宜采用图 18 所示的基本工艺流程，并满足以下技术条件和要求：

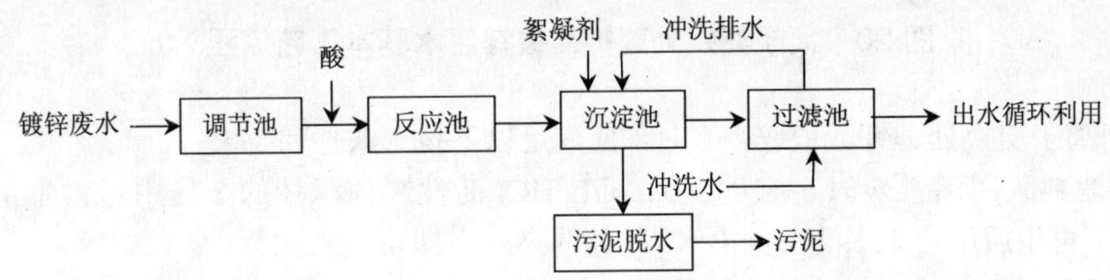

图 18 化学沉淀处理碱性锌酸盐镀锌废水基本工艺流程

a）废水中锌离子含量不宜大于 50 mg/L；

b）废水进水的 pH 值宜控制在 9～12；

c）反应时间宜采用 5～10 min；

d）絮凝剂宜采用碱式氯化铝，其投加量宜为 15 mg/L（以铝离子计）；

e）经处理后的清洗水可循环利用，但每天应补充 10%～15%的新鲜水量；

f）含锌污泥（含水率 99.7%）的体积宜按处理废水体积的 4%～8%确定。

6.4.5.1.2 采用化学沉淀处理铵盐镀锌废水时，宜采用图 19 所示的基本工艺流程，并满足以下技术条件和要求：

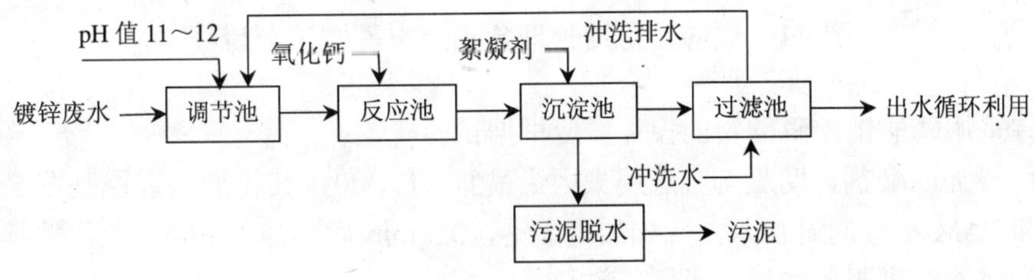

图 19 化学沉淀处理铵盐镀锌废水基本工艺流程

a）采用石灰处理铵盐镀锌废水时，石灰宜先调制成石灰乳后投加；氧化钙投加量（质量比）宜为 $m(Ca^{2+})$∶$m(Zn^{2+})$=3∶1～4∶1；

b）处理时可用石灰（按计算量）和氢氧化钠调整废水 pH 值 11～12，pH 值不能超过 13，搅拌 10～20 min；

c）如废水中含有六价铬离子，宜投加硫酸亚铁，将六价铬还原为三价铬，硫酸亚铁的投加量根据六价铬离子浓度及废水中存在的亚铁离子总量确定，助凝剂宜采用阴离子型或非离子型的聚丙烯酰胺，投加量为 5～10 mg/L。

6.4.5.2 离子交换处理技术

6.4.5.2.1 采用离子交换处理钾盐镀锌废水时，宜采用图 20 所示的双阳柱全饱和基本工艺流程：

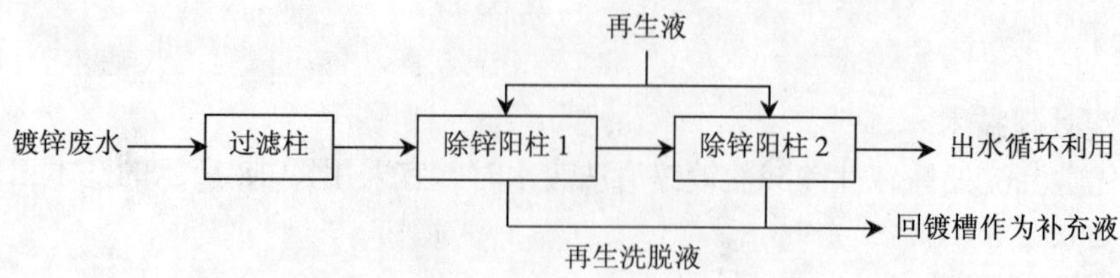

图 20　离子交换处理钾盐镀锌废水基本工艺流程

6.4.5.2.2　采用离子交换处理钾盐镀锌废水时，应满足以下技术条件和要求：

a）过滤柱滤料采用活性炭时，宜用 3.0 mol/L HCl 活性炭体积量的 2 倍用量再生，再生时间为 50 min，再生后用自来水清洗到出水 pH 值为 7 左右即可投入运行；

b）交换柱再生洗脱液含有较高浓度的锌离子，可直接回镀槽作为补充液使用。若洗脱液中带有铁离子量过多时，可用氢氧化钠调整 pH 值到 3 以上，使氢氧化铁沉淀后再回用。

6.4.6　含铅废水

采用磷酸盐沉淀处理含铅废水时，宜采用图 21 所示的基本工艺流程，并满足以下技术条件和要求：

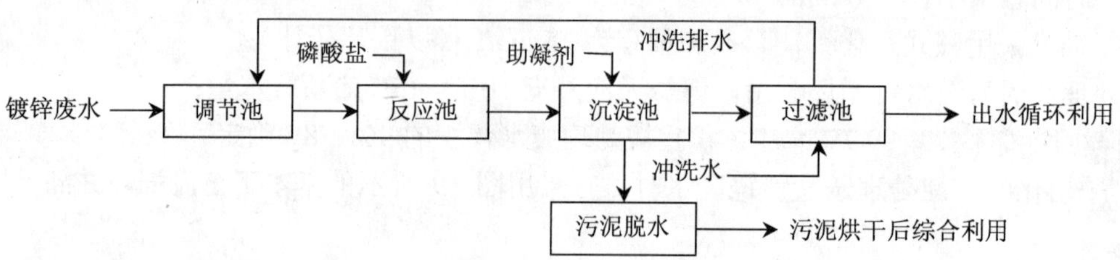

图 21　磷酸盐沉淀处理含铅废水基本工艺流程

a）沉淀剂宜采用磷酸钠；磷酸钠的投加量应根据试验确定；

b）反应时可投加助凝剂，助凝剂宜选用聚丙烯酰胺（PAM），其投加量宜控制在 5 mg/L；

c）磷酸钠和 PAM 不宜同时加入，应先加磷酸钠，0.5 min 后再加入 PAM；

d）沉淀后的沉渣经烘干脱水后，可用作塑料稳定剂。

6.4.7　含银废水

6.4.7.1　用电解回收银时，一级回收槽内废水中银离子质量浓度宜在 200～600 mg/L。

6.4.7.2　用电解处理氰化镀银废水时，可采用图 22 所示基本工艺流程。当清洗槽排水中氰离子浓度超过排放标准时，应经化学处理。

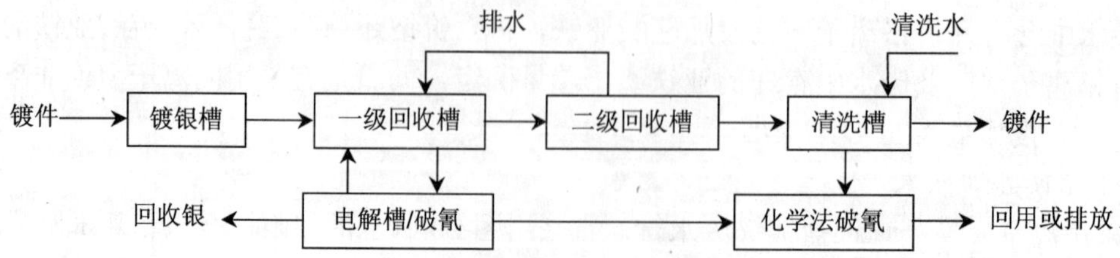

图 22　镀银废水处理基本工艺流程

6.4.7.3　回收槽的补充水应采用除盐水。

6.4.7.4　电解槽宜采用无隔膜、单极性平板电极电解槽或同心双筒电极旋流式电解槽。电解槽的电源，可采用直流电源或脉冲电源，但应通过技术经济比较确定。电解槽和电源设备应可靠接地。

6.4.7.5　电解槽的阴极材料可采用不锈钢，并宜设两套。阳极材料应根据废水性质和电解槽形式确定。

6.4.7.6　电解设备的选择应根据每小时镀件带出槽液银（或氰）离子量来确定。电解设备阴极析出银量可按式（1）计算：

$$M_x = IK\eta \tag{1}$$

式中：M_x——电解设备阴极析出银量，g/h；

I——采用的电流值，A；

K——银的电化当量，$K = 4.025$ g/（A·h）；

η——阴极电流效率，按设备给出值选（一般应为 20%～50%）。

电解设备阴极析出银量，应大于 1.3 倍的每小时镀件带出槽液银离子量。

6.4.7.7　采用旋流电解处理含银废水并回收银时，还应满足以下技术条件和要求：

a）阴、阳极间距宜控制在 5～10 mm；

b）旋流电解提取白银的最佳工艺条件宜采用：槽电压 1.8～2.2 V，电流密度 0.17～0.6 A/dm³，电流效率 70%～80%，旋流量 400～600 L/h，阴离子起始质量浓度为 0.5～5 g/L；

c）电解破氰的最佳工艺条件宜采用：槽电压 3～4 V，电流密度 10～13 A/dm³，氯化钠质量分数 3%～5%，氰酸根去除率大于 99%；

d）镀银漂洗水或老化液经回收白银，完成破氰后，若氰离子浓度仍不符合排放标准，可使用化学法破氰。

6.4.8　含氟废水的处理

对含氟废水宜采用石灰-硫酸铝处理，先向废水中投加石灰乳，调节废水 pH 值到 6～7.5，然后再投加硫酸铝或碱式氯化铝，其投加量与除氟效果成正比，具体投加量应通过试验确定。由于电镀工艺中使用氢氟酸量不多，一般不单独处理。

6.5　电镀混合废水

6.5.1　电镀混合废水中的特征污染物铬、镉、铅、镍、银、铜、锌、铁、铝等金属离子和氰化物应在车间排水口处理；COD、BOD、总磷、总氮、氨氮、色度、石油类、悬浮物、氟化物等污染物宜在总排放口处理。

6.5.2　微电解-膜分离联合处理技术

6.5.2.1　微电解-膜分离联合处理电镀混合废水时，宜采用图 23 所示的基本工艺流程：

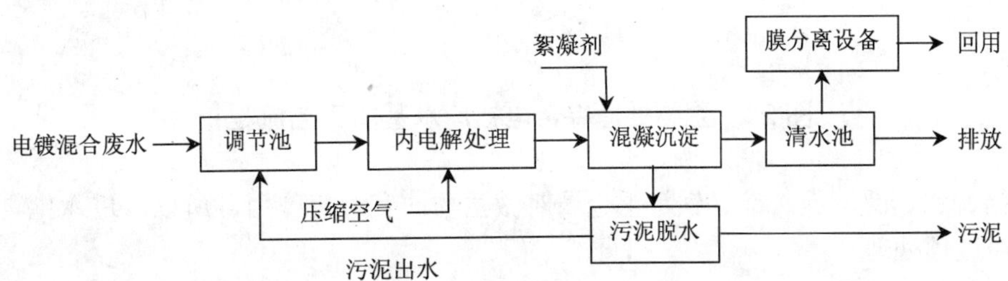

图 23　微电解-膜分离联合处理含铬废水基本工艺流程

6.5.2.2　采用微电解-膜分离联合处理电镀混合废水时，宜满足以下技术条件和要求：

a）微电解处理设备的材质宜选用不锈钢或碳钢，内壁应做防腐处理。

b）铸铁屑粒径宜大于 5 mm；装填高度不宜小于 1.5 m。

c）进水 pH 值宜控制在 2～5；废水与铁屑填料的接触时间不宜少于 20 min。

d）处理系统在运行期间，应定时向微电解设备自动通入压缩空气。空气通入量为 0.1～0.13 $m^3/(min·m^2)$；压力为 0.3～0.7 MPa；通气时间为 1～3 min；脉冲频率宜为 2～5 s；周期宜为 1～2 h。如采用溶气水，溶气水与原水的比例可为 30%～50%，或视溶气水对反应器填料层冲击强度确定。溶气罐的水力停留时间宜设置为 3 min 左右。

e）微电解设备出水应用碱（或石灰乳）调 pH 值为 8～11 进行固液分离，为加快污泥沉淀，可适当投加助凝剂。

f）当采用连续式处理时，宜设水质自动检测和投药自动控制装置；间歇循环式处理废水，内电解设备内的流速不宜低于 20 m/h，填料的装填高度不宜低于 1.5 m。间歇循环处理以六价铬达标为终点，调整循环池内废水 pH 值为 8～11 进行固液分离。

g）微电解设备在检修或不运行期间，应保持设备内的水位始终浸没铁屑填料。如设备维修需将废水排空时，其设备维修和注满水的时间间隔应不超过 4 h。

h）微电解与膜分离联合处理电镀混合废水时，应根据回用水水质、水量要求，选择膜分离工艺形式。对膜分离产生的浓水，宜进入有机废水生化处理系统，经处理达标后排放。

6.5.3 凝聚沉淀处理技术

6.5.3.1 电镀混合废水中含有三价铬、铜、镍、锌、铁以及少量的铅时，宜采用硫酸亚铁作为还原剂，每种重金属离子质量浓度不宜超过 30～40 mg/L。废水中的悬浮物总量不宜超过 600 mg/L。

6.5.3.2 电镀混合废水中含有铬、铜、镍、锌时，处理过程中 pH 值宜控制在 8～9 范围内；当有镉离子时，废水 pH 值应大于或等于 10.5，同时应防止混合废水中两性金属的再溶解。

6.5.3.3 处理过程中，可根据需要投加絮凝剂和助凝剂，其品种和投加量应通过实验确定。

6.5.3.4 处理后出水一般可用于作镀前预处理用水，可作为冲洗地坪或冲洗厕所卫生设备等用水。

6.5.4 生物处理技术

6.5.4.1 电镀废水中的 COD、石油类、总磷、氨氮与总氮等污染物，应采用生物处理达标后排放。

6.5.4.2 生物处理电镀混合废水，宜采用图 24 所示的基本工艺流程：

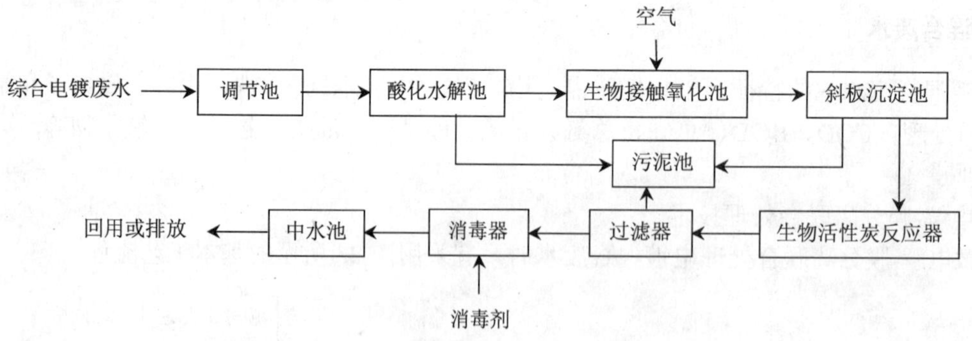

图 24 生物处理综合电镀废水基本工艺流程

6.5.4.3 由于铬、铅、镉、铜、锌、铁等重金属对微生物均有毒害作用，所以，进入生物处理系统的重金属离子应经过预处理。

6.5.4.4 宜根据综合电镀废水的水质，合理选用酸化水解池作为初级处理、生物活性炭作为二级处理，高效过滤器、药剂消毒作为深度处理工艺。

6.5.4.5 处理过程中所产生的污泥，经管道汇集后自流入污泥浓缩池，经浓缩、脱水后外运集中处理，上清液重新流回调节池。

6.5.4.6 为保证整个处理系统的安全可靠运行，生物接触氧化池和高效过滤器应设有反冲洗管路，反冲洗水来自自来水或该流程处理后的出水。

6.5.4.7 生物接触氧化池宜按一级、二级两格串联布置，水力停留时间不小于 4 h（一级 2.6 h、二级 1.4 h)。池中应设有立体弹性填料，框架为碳钢结构，内外涂防腐涂料，池底应设有微孔曝气软管布气，气水比宜按（10～15）∶1 考虑。

6.5.4.8 生物活性炭的主要设计和运行参数宜满足以下要求：

a）活性炭粒径：0.9～1.2 mm；床高：2～4 m；空床停留时间：20～30 min；体积负荷（BOD)：0.25～0.75 kg/（m^3·d)；水力负荷：8～10 m^3/（m^2·h)；

b）生物活性炭的有效体积（活性炭体积）宜按式（2）计算：

$$V = \frac{Q(S_0 - S_e)}{N_V} \tag{2}$$

式中：V——有效体积，m^3；

Q——废水平均日流量，m^3/d；

S_0——进水 BOD 值，mg/L；

S_e——出水 BOD 值，mg/L；

N_V——容积去除负荷（BOD)，g/（m^3·d)，一般取 0.5～1 g/（m^3·d)。

c）生物活性炭的总面积宜按式（3）计算：

$$A = \frac{V}{H} \tag{3}$$

式中：A——生物活性炭的总面积，m^2；

H——活性炭总高度，m。

7 污泥浓缩与脱水

7.1 一般规定

7.1.1 电镀废水处理过程中产生的污泥属于危险废物。电镀污泥的处理处置要体现资源化、减量化和无害化。应首先考虑回收其中的重金属，不能回收利用时，应妥善保管，防止二次污染。

7.1.2 电镀污泥的回收和综合利用应优先利用本单位的生产工艺。污泥脱水、干燥程度及其构筑物和设备的选择，应根据回收和综合利用的要求确定。

7.1.3 不具备综合利用条件、需要对电镀污泥进行处理处置的，应按照国家有关危险废物转移联单管理办法的规定办理相应的手续，交由有资质的单位进行处理与处置。

7.1.4 电镀污泥的浓缩、固液分离构筑物和设备的排水，应收集到废水调节池。

7.2 污泥浓缩

7.2.1 沉淀池排出的污泥，在脱水前宜先进行浓缩。

7.2.2 沉淀池排出的污泥含水率，如无试验资料或类似处理运行数据可参考时，石灰法可按 99.5%～98.0%选用。同一处理方法有污泥回流时，沉淀池排出的污泥较无污泥回流时的污泥含水率要小。浓缩后污泥在无试验资料或类似处理运行数据可参考时，含水率可按 98%～96%选用。

7.2.3 浓缩池的排泥可采用水力排泥和斗式排泥。其中，斗式排泥时污泥斗壁与水平面夹角为 55°～60°。多斗排泥时应每斗设单独的排泥管和排泥阀。

7.2.4 间歇式浓缩池应在不同高度设置排出澄清水的设施。浓缩池位于地下时宜加盖。

7.3 污泥脱水

7.3.1 污泥脱水可采用污泥脱水设备进行机械脱水，也可通过污泥干化场自然脱水。污泥脱水设备的选型应根据污泥性能和脱水要求，经技术经济比较后确定。

7.3.2 污泥脱水设备可采用各种类型的压滤机，其过滤强度和滤饼含水率可由试验或参照类似污泥脱水运行数据确定。当缺乏有关资料时，对石灰法处理废水，有沉渣回流且脱水前不加絮凝剂，压滤后的滤饼含水量可为 82%～80%，过滤强度可为 6～8 kg/（$m^2·h$）（干基）。当沉渣中硫酸钙含量高时，滤饼含水率可取 75%或更小。

污泥脱水用厢式压滤机和板框压滤机的选用，应符合 HJ/T 283 的规定。

7.3.3 污泥脱水设备的配置应符合以下要求：

a）压滤机宜单列布置；

b）有滤饼贮斗或滤饼堆放场地，其容积或面积根据滤饼外运条件确定；

c）应考虑滤饼外运的设施和通道。

7.3.4 脱水后的污泥，应用塑料袋进行包装后，存放在具有防雨淋、防渗、防扬散、防流失的场所，并应按照 GB 15562.2 的规定，设置明显标识，按 GB 18597 要求进行管理。

7.3.5 压滤机的设计工作时间每班不宜大于 6 h。

7.3.6 污泥在脱水前是否投加絮凝剂，可通过试验和技术经济比较后确定。

8 主要工艺设备（设施）和材料

8.1 一般规定

8.1.1 废水处理主要工艺设备（设施）和材料应根据处理基本工艺流程设计和选型，其设计参数应满足基本工艺流程对设备（设施）处理效果的要求。

8.1.2 主要设备和材料，属于已颁布产品标准的，其性能要求应符合其产品标准要求。对于非标设备和材料，其加工质量要求和使用寿命不得低于产品说明书规定的技术指标与使用期限，且应具有良好的防腐蚀性。

8.1.3 主要设备或处理构筑物应不少于 2 个（或分成 2 格）。当废水流量小，调节池容量大，且每天工作时间较少的废水处理站，也可考虑只设 1 个。

8.2 格栅

8.2.1 在废水进入废水处理站或水泵集水池前应设置格栅。

8.2.2 格栅栅条空隙宽度一般可采用 10～15 mm，水泵集水池前的格栅空隙宽度应满足水泵要求。格栅采用人工或机械清理。

8.2.3 当废水呈酸性时，格栅应采用不锈钢或其他耐腐蚀材料。

8.3 废水调节池

8.3.1 连续处理的废水处理站应设置废水调节池。调节池容积应根据废水量变化规律计算确定，一般能收集 4～8 h 废水量。当废水处理站需要处理初期雨水时，调节池还应考虑初雨水量，其调节池容积按电镀生产厂区污染面积和降雨量计算。

8.3.2 调节池应方便沉渣清理，悬浮物较多的废水宜采用机械清理。

8.3.3 调节池应根据废水的性质采取相应的防腐措施。

8.4 污水泵

8.4.1 水泵的选型和台数应与废水的水质、水量及处理系列相适应，宜按每个系列的处理水量选 1 台工作泵，1 台备用泵。

8.4.2 抽升腐蚀性废水，应选用耐腐蚀的水泵、管道和配件。泵房地面应防腐。

8.4.3 抽升可能产生有毒、有害气体的污水泵房，应设计为单独的建筑物，并有可靠的通风设施。

8.5 混合反应池

8.5.1 水处理药剂与废水的混合与反应，宜采用机械搅拌或水力搅拌。间歇处理废水可采用压缩空气搅拌。

8.5.2 药剂与废水混合时间为 3～5 min，反应时间为 10～30 min。

8.5.3 药剂与废水混合反应过程中，如产生有害气体，则混合池和反应池应加盖密闭，设通风设施。混合池和反应池不宜采用压缩空气搅拌。

8.5.4 混合和反应池都应设排空管，排空管应通向调节池。

8.5.5 混合和反应池应根据废水水质采取相应的防腐措施。

8.6 沉淀池

8.6.1 沉淀池的设计参数应根据废水处理试验数据或参照类似废水处理的沉淀池运行资料确定。当没有试验条件和缺乏有关资料时，其设计参数可参考表 3。

表 3 工业废水沉淀池设计参数

池型	表面负荷/ [m^3/（m^2·h）]	沉淀时间/ h	固体通量/ [kg/（m^2·d）]	出水堰负荷/ [m^3/（d·m）]	池深/ m
竖流式	0.7～1.2	1.5～2.0	40～60	100～130	>5
辐流式	1.2～1.5	1.0～1.5	50～70	100～150	3～3.5
斜管式	3～4	1.0～1.5	50～70	100～300	>5.5
澄清池	1.2～1.5	1.5	70～80	100～200	>5

8.6.2 斜板（管）设计一般采用斜板间距（斜管直径）50～80 mm，其斜长不小于 1.0 m，倾角 60°。

8.6.3 有污泥回流的斜板（管）沉淀池，回流污泥根据工艺要求可与药剂同时加入到废水混合池，或与药剂混合后加入到废水中，或先与废水混合后再投加药剂。其计算流量应为废水和回流污泥之和。

8.6.4 斜板（管）沉淀池的排泥宜采用机械排泥或排泥斗。沉淀池排泥斗的斗壁与水平面的夹角，圆斗不宜小于 55°，方斗不宜小于 60°，每个泥斗应设单独的排泥管和排泥阀。

8.7 过滤池

8.7.1 废水经加药沉淀后，是否需要过滤，应根据出水水质要求确定。

8.7.2 当需要设计过滤池时，可参照 GBJ 13 中有关规定。

8.7.3 过滤池的反冲洗水应返回废水调节池，不得直接外排。

9 检测与过程控制

9.1 电镀废水治理工程应根据工艺要求，在调节池、中间水池、污泥浓缩池、清水池等水池设液位控制仪，并有高/低位接点输出，可自动及手动控制泵的启停。

9.2 废水处理站的处理水量宜采用流量计控制；pH 值调节宜采用 pH 计；加药系统宜采用氧化还原

电位仪（ORP）等控制加药量，缺药时可自动报警。

9.3 自动控制系统应设配电柜和控制柜。控制分自动和手动互切换双回路控制系统，并具有自动保护和声光报警功能。

9.4 有条件的企业，应在含氰废水处理单元和含铬废水处理单元安装游离氰和六价铬在线检测系统。

9.5 电镀废水处理站应设水质监测化验室，应具备监测分析所有需要控制的污染项目（如六价铬、总铬、总铅、总镉、总镍、总银、铜、锌、铁、铝、氰化物、pH 值、COD、总磷、总氮、氨氮、氟化物、色度、悬浮物等）的能力。并按照检测项目配置相应的监测分析仪器和玻璃器皿。

10 辅助工程

10.1 电气

10.1.1 废水处理站的供电等级，应与生产车间相同。独立的废水处理站供电宜按二级负荷设计。

10.1.2 低压配电设计应符合 GB 50054 的规定。

10.1.3 供配电系统应符合 GB 50052 的规定。

10.1.4 建设工程施工现场供用电安全应符合 GB 50194 的规定。

10.2 给水、排水和消防

10.2.1 废水处理站排水宜采用重力流排放。

10.2.2 给水管与处理装置衔接时应采取防止污染给水系统的措施。

10.2.3 废水处理站消防设计应符合 GB 50016 的有关规定，并配置消防器材。

10.3 采暖通风

10.3.1 地下构筑物应有通风设施。

10.3.2 在寒冷地区，处理构筑物和管线应有防冻措施。当采暖时，处理构筑物室内温度可按 5℃设计；加药间、化验室和操作室等的室内温度可按 15℃设计。

10.4 建筑、结构、道路与绿化

10.4.1 处理构筑物应符合 GB 50009 和 GB 50191 的有关规定，并采取防腐蚀、防渗漏措施。

10.4.2 处理水池等构筑物应设排空设施，排出的水应回流到调节池。

10.4.3 废水处理站内道路应符合 GBJ 22 的有关规定。

10.4.4 废水处理站的绿化面积，可根据实际情况确定。

11 劳动安全与职业卫生

11.1 劳动安全

11.1.1 高架处理构筑物应设置栏杆、防滑梯、照明和避雷针等安全设施。各构筑物应设有便于行走的操作平台、走道板、安全护栏和扶手，栏杆高度和强度应符合国家有关劳动安全规定。

11.1.2 所有正常不带电的电气设备的金属外壳均应采取接地或接零保护；钢结构、排气管、排风管和铁栏杆等金属物应采用等电位联接。

11.1.3 各种机械设备裸露的传动部分应设置防护罩，不能设置防护罩的应设置防护栏杆，周围应保持一定的操作活动空间。

11.1.4 地下构筑物应有清理、维修工作时的安全措施。主要通道处应设置安全应急灯。在设备安装和检修时应有相应的保护设施。
11.1.5 存放有害化学物质的构筑物应有良好的通风设施和阻隔防护设施。有害或危险化学品的贮存应符合国家相关规定的要求。
11.1.6 废水调节池如需顶盖，则应留有排气孔。
11.1.7 废水处理站危险部位应有安全警示标志。并配置必要的消防、安全、报警与简单救护等设施。

11.2 职业卫生

11.2.1 废水处理设施在建设、运行过程中产生的废气、废水、废渣、噪声及其他污染物排放应严格执行国家环境保护法规、标准和批复的环境影响评价文件的有关规定。
11.2.2 废水处理设备的噪声应符合 GB 12348 的规定，对建筑物内部设施噪声源控制应符合 GBJ 87 中的有关规定。
11.2.3 噪声控制应优先采取噪声源控制措施。废水处理站不宜采用高噪声风机。
11.2.4 加药设施附近应有保障工作人员卫生安全的设施。
11.2.5 加氯间的设计应符合 GBJ 13 的有关规定。
11.2.6 加药间宜与药剂库毗邻，根据具体情况设置搬运、起吊设备和计量设施。
11.2.7 药剂贮量一般不少于 15 d 的投药量，也可根据药剂用量和当地药剂供应条件等合理确定。

12 工程施工与验收

12.1 一般规定

12.1.1 承担电镀废水治理工程的设计单位、施工单位应具备相应的工程设计资质或施工资质。
12.1.2 施工单位应按照设计图纸、技术文件、设备图纸等组织施工。施工过程中，应做好材料设备、隐蔽工程和分项工程等中间环节的质量验收；隐蔽工程应经过中间验收合格后，方可进行下一道工序施工。
12.1.3 施工中所使用的设备、材料、器件等应符合现行国家标准和设计要求，并取得供货商的产品合格证书。不得使用不合格产品。设备安装应符合 GB 50231 的规定。
12.1.4 管道工程的施工和验收应符合 GB 50268 的规定；混凝土结构工程的施工和验收应符合 GB 50204 的规定；构筑物的施工和验收应符合 GB 50141 的规定。
12.1.5 施工单位除应遵守相关的技术规范外，还应遵守国家有关部门颁布的劳动安全及卫生、消防等国家强制性标准。
12.1.6 电镀废水治理工程施工与验收应有施工监理单位参加。

12.2 工程施工

12.2.1 土建施工

12.2.1.1 在土建施工前，应认真了解设计图纸和设备安装对土建的要求，了解预留预埋件的位置和做法，对有高程要求的设备基础要严格控制在设备要求的误差范围内。
12.2.1.2 在进行结构设计时应充分考虑池体的抗浮，施工过程中应计算池体的抗浮稳定性及各施工阶段的池体自重与水的浮力之比，检查池体能否满足抗浮要求。
12.2.1.3 各类水池宜采用钢筋混凝土结构。土建施工应重点控制池体的抗浮处理、地基处理、池体抗渗处理，满足设备安装对土建施工的要求。

12.2.1.4　在软弱地基上施工、且构筑物荷载不大时，应采取适当的措施对地基进行处理，必要时可采用桩基。

12.2.1.5　施工过程中应加强建筑材料和施工工艺的控制，杜绝出现裂缝和渗漏。出现渗漏处，应会同设计等有关方面确定处理方案，彻底解决问题。

12.2.1.6　模板、钢筋、混凝土分项工程应严格执行 GB 50204 规定。其中，模板架设应有足够强度、刚度和稳定度，表面平整无缝隙，尺寸正确；钢筋规格、数量准确，绑扎牢固应满足搭接长度要求，无锈蚀；混凝土配合比、施工缝预留、伸缩缝设置、设备基础预留孔及预埋螺栓位置均应符合规范和设计要求，冬季施工应注意防冻。

12.2.2　设备安装

12.2.2.1　设备基础应按照设计要求和图纸规定浇筑，混凝土标号、基面位置高程应符合说明书和技术文件规定。混凝土基础应平整坚实，并有隔振措施。预埋件水平度及平整度应符合 GB 50231 规定。地脚螺栓应按照原机出厂说明书的要求预埋，位置应准确，安装应稳定。安装好的机械应严格符合外型尺寸的公称允许偏差，不允许超差。

12.2.2.2　各种机电设备安装后应进行试车。试车应满足下列要求：

a）启动时应按照标注箭头方向旋转，启动运转应平稳，运转中无振动和异常声响；

b）运转齿合与差动机构运转应按产品说明书的规定同步运行，没有阻塞、碰撞现象；

c）运转中各部件应保持动态所应有的间隙，无抖动晃摆现象；

d）试运转用手动或自动操作，设备全程完整动作 5 次以上，整体设备应运行灵活，并保持紧张状态；

e）各限位开关运转中应动作及时，安全可靠；

f）电极运转中温升应在正常值范围内；

g）各部轴承注加规定润滑油，应不漏、不发热，温升小于 60℃。

12.3　工程验收

12.3.1　电镀废水治理工程竣工验收应按《建设项目（工程）竣工验收办法》、相应专业验收规范和本标准的有关规定进行。

12.3.2　建筑电气工程施工质量验收应符合 GB 50303 的规定。各设备、构（建）筑物单体按国家或行业的有关标准、规范验收后，应进行清水联通启动验收和整体调试。

12.3.3　试运行应在系统通过整体调试、各环节运转正常、技术指标达到设计和合同要求后启动。

12.3.4　电镀废水治理工程验收应提供以下资料：主管部门的批准文件；经批准的设计文件和设计变更文件；工程合同；设备供货合同和合同附件；设备技术文件和技术说明书；专项设备施工验收文件和工程监理报告。

12.4　环境保护验收

12.4.1　电镀废水治理工程试运行期应进行性能试验。废水处理工程性能试验应包括以下内容：最大处理水量试验；最大处理效率试验；污泥脱水试验；电能和药剂消耗试验；运行稳定性试验。

12.4.2　电镀废水治理工程环境保护验收应按《建设项目环境保护竣工验收管理办法》的规定进行，并提供以下技术资料：项目审批文件；批准的设计文件和设计变更文件；性能试验报告；验收监测报告；试运行期连续运行报告（一般不少于 30 个工作日）及完整的试运行记录；管理制度与岗位操作规程。

12.4.3　电镀废水治理设施经环境保护竣工验收合格后，可正式投入使用。

13 运行与维护

13.1 一般规定

13.1.1 电镀废水处理站应建立操作规程、运行记录、水质检测、设备检修、人员上岗培训、应急预案、安全注意事项等处理设施运行与维护的相关制度，适时监控运行效果，加强处理设施的运行、维护与管理。

13.1.2 电镀企业应将废水处理设施作为生产系统的组成部分进行管理，应配备专职人员负责废水处理设施的操作、运行和维护。废水处理设备设施每年进行一次检修，其日常维护与保养应纳入企业正常的设备维护管理工作。

13.1.3 电镀企业不得擅自停止电镀废水治理设施的正常运行。因维修、维护致使处理设施部分或全部停运时，应事先征得当地环保部门的批准。

13.1.4 电镀废水处理站的运行记录和水质检测报告作为原始记录，应妥善保存，不得丢失或撕毁。

13.2 人员与运行管理

13.2.1 废水处理站的操作人员应经过岗位技能培训，熟悉废水处理的整体工艺、相关技术条件和设施、运行操作的基本要求，能够合理处置运行过程中出现的各种故障与技术问题。

13.2.2 废水处理站的操作人员应严格按照操作规程要求，运行、维护和管理废水处理设施，检查记录处理构筑物、设备、电器和仪表的运行状况。

13.2.3 操作人员应遵守岗位职责，如实填写运行记录。运行记录的内容应包括：水泵及相关处理设备/设施的启动-停止时间、处理水量、水温、pH 值；电器设备的电流、电压、检测仪器的适时检测数据；投加药剂名称、调配浓度、投加量、投加时间、投加点位；处理设施运行状况与处理后出水情况等。

13.2.4 废水处理站的操作人员应做好交接班记录。非操作人员不得擅自启动、关闭废水处理设备。

13.2.5 废水处理站的操作人员应根据处理设施、设备的使用情况，提出检修内容与检修周期；对可能出现故障的设备和装置应提出具体的维护与维修措施。

13.2.6 当发现废水处理设施运行不正常或处理效果出现较大波动，不能满足排放要求时，应及时采取措施，进行调整。

13.2.7 废水处理站的操作人员应负责应急事故水池等应急设施的日常管理，并根据处理工艺特点与污染物特性，制定出生产事故、废水污染物负荷突变等突发情况下的应急调节措施。

13.3 水质检测

13.3.1 电镀废水处理站应设置水质监控点，适时检测与监控处理设施的运行状况与处理效果。

13.3.2 水质监控点应符合以下要求：当对废水处理系统的整体效率进行监控时，水质监控点应设在废水处理设施的总进水口和总排水口；当对处理设施各单元的处理效率进行监控时，监控点应设在处理单元的进水口和单元的排水口。

13.3.3 电镀废水处理站在运行期间，每天均应根据设施的运行状况，对处理水质进行检测，并建立水质检测报告制度。检测项目、采样点、采样频率、采用的监测分析方法应按照 GB 21900 所规定的要求进行。已安装在线监测系统的，也应定期取样，进行人工检测，比对数据。

13.3.4 在检测分析过程中，应及时、真实填写原始记录，不得凭追忆事后补填或抄填。

13.3.5 检测报告应执行三级审核制。第一级审核应校对原始记录的完整性和规范性，仪器设备、分析方法的适用性和有效性，检测数据和计算结果的准确性，校对人员应在原始记录上签名；第二级审核应校核检测报告和原始记录的一致性，报告内容完整性、数据准确性和结论正确性；第三级审核应检查检测报告是否经过了校核，报告内容的完整性和符合性，监测结果的合理性和结论的正确性。第二、第三级校核、审核后，均应在检测报告上签名。

附 录 A
（资料性附录）
电镀废水的来源、主要成分及其质量浓度范围

表 A.1 电镀废水的来源、主要成分及其质量浓度范围

废水种类	废水来源	废水主要成分	主要污染物质量浓度范围
酸碱废水	镀前处理、冲洗地坪	各种酸类和碱类等	酸、碱废水混合后，一般呈酸性，pH 值 3～6
含氰废水	氰化镀工序	氰络合金属离子、游离氰等	pH 值 8～11，总氰根离子 10～50 mg/L
含铬废水	粗化、镀铬、钝化、化学镀铬、阳极化处理	六价铬、铜等金属离子	pH 值 4～6，六价铬离子 10～200 mg/L
含镉废水	无氰镀镉、氰化镀镉	镉离子、游离氰离子	pH 值 8～11，镉离子≤50 mg/L，游离氰离子 10～50 mg/L
含镍废水	镀镍、化学镀镍	镀镍：硫酸镍、氯化镍、硼酸、添加剂 化学镍：硫酸镍、络合剂、还原剂	镀镍：pH 值 6 左右，镍离子≤100 mg/L 化学镍：pH 值取决于溶液类型，镍离子≤50 mg/L
含铜废水	酸性镀铜、焦磷酸盐镀铜、氰化镀铜、镀铜锡合金、镀铜锌合金	酸性镀铜废水：硫酸铜、硫酸 焦磷酸盐镀铜：焦磷酸铜、焦磷酸钾、柠檬酸钾、氨三乙酸以及添加剂	酸性铜：pH 值 2～3，铜离子≤100 mg/L 焦磷酸铜：pH 值 7 左右，铜离子≤50 mg/L
含锌废水	碱性锌酸盐镀锌	锌离子、氢氧化钠和部分添加剂等	pH 值>9，锌离子≤50 mg/L
	钾盐镀锌	锌离子、氯化钾、硼酸和部分光亮剂	pH 值 6 左右，锌离子≤50 mg/L
	硫酸锌镀锌	硫酸锌、部分光亮剂	pH 值 6～8，锌离子≤50 mg/L
	铵盐镀锌	氯化锌、氯化铵、锌的络合物和添加剂	pH 值 6～9，锌离子≤50 mg/L
含铅废水	氟硼酸盐镀铅、镀铅锡铜合金	氟硼酸铅、氟硼酸根、氟离子	pH 值 3 左右，铅离子 150 mg/L 左右，氟离子 60 mg/L 左右
含银废水	氰化镀银、硫代硫酸盐镀银	银离子、游离氰离子	pH 值 8～11，银离子≤50 mg/L，游离氰离子 10～50 mg/L
含氟废水	冷封闭	镍离子、氟离子	pH 值 6 左右，镍离子≤20 mg/L，氟离子≤20 mg/L
混合废水	电镀前处理和清洗	铜、锌、镍、三价铬等重金属离子	pH 值 4～6，铜、锌、镍、三价铬等重金属离子均≤100 mg/L

中华人民共和国国家环境保护标准

HJ 2003—2010

制革及毛皮加工废水治理工程技术规范

Technical specifications for tannery industry wastewater treatment

2010-12-17 发布 2011-03-01 实施

环 境 保 护 部 发布

前　言

为贯彻《中华人民共和国环境保护法》和《中华人民共和国水污染防治法》，规范制革及毛皮加工废水治理工程的建设与运行管理，防治环境污染，保护环境和人体健康，制定本标准。

本标准规定了制革及毛皮加工废水治理工程设计、施工、验收和运行管理的技术要求。

本标准为首次发布。

本标准的附录A、附录B、附录C为资料性附录。

本标准由环境保护部科技标准司组织制订。

本标准主要起草单位：山东省环境保护科学研究设计院、山东省皮革研究所、山东省皮革协会。

本标准环境保护部2010年12月17日批准。

本标准自2011年3月1日起实施。

本标准由环境保护部解释。

制革及毛皮加工废水治理工程技术规范

1 适用范围

本标准规定了制革及毛皮加工废水治理工程的总体要求、工艺设计、检测控制、施工验收、运行维护等的技术要求。

本标准适用于以生皮为原料，采用铬鞣工艺的制革及毛皮加工废水治理工程，可作为环境影响评价、可行性研究、设计、施工、安装、调试、验收、运行和监督管理的技术依据，采用其他原料和鞣制工艺的制革及毛皮加工企业和集中加工区的废水治理工程可参照执行。

2 规范性引用文件

本标准内容引用了下列文件中的条款。凡是不注日期的引用文件，其有效版本适用于本标准。

GB 4284 农用污泥中污染物控制标准
GB 5085.3 危险废物鉴别标准 浸出毒性鉴别
GB 7251 低压成套开关设备和控制设备
GB 12348 工业企业厂界环境噪声排放标准
GB 12801 生产过程安全卫生要求总则
GB 14554 恶臭污染物排放标准
GB 15562.1 环境保护图形标志 排放口（源）
GB 18484 危险废物焚烧污染控制标准
GB 18597 危险废物贮存污染控制标准
GB 18598 危险废物安全填埋污染控制标准
GB 18599 一般工业固体废物贮存、处置场污染控制标准
GB 50014 室外排水设计规范
GB 50015 建筑给水排水设计规范
GB 50016 建筑设计防火规范
GB 50019 采暖通风与空气调节设计规范
GB 50033 建筑采光设计标准
GB 50034 建筑照明设计标准
GB 50037 建筑地面设计规范
GB 50046 工业建筑防腐蚀设计规范
GB 50052 供配电系统设计规范
GB 50053 10 kV 及以下变电所设计规范
GB 50054 低压配电设计规范
GB 50055 通用用电设备配电设计规范
GB 50057 建筑物防雷设计规范
GB 50069 给水排水工程构筑物结构设计规范
GB 50093 自动化仪表工程施工及验收规范

GB 50108　地下工程防水技术规范
GB 50116　火灾自动报警系统设计规范
GB 50168　电气装置安装工程电缆线路施工及验收规范
GB 50169　电气装置安装工程接地装置施工及验收规范
GB 50187　工业企业总平面设计规范
GB 50204　混凝土结构工程施工质量验收规范
GB 50208　地下防水工程质量验收规范
GB 50222　建筑内部装修设计防火规范
GB 50231　机械设备安装工程施工及验收通用规范
GB 50236　现场设备、工业管道焊接工程施工及验收规范
GB 50243　通风与空调工程质量验收规范
GB 50254　电气装置安装工程低压电器施工及验收规范
GB 50255　电气装置安装工程电力变流设备施工及验收规范
GB 50256　电气装置安装工程起重机电气装置施工及验收规范
GB 50257　电气装置安装工程爆炸和火灾危险环境电气装置施工及验收规范
GB 50268　给水排水管道工程施工及验收规范
GB 50275　压缩机、风机、泵安装工程施工及验收规范
GB 50334　城市污水处理厂工程质量验收规范
GB 50336　建筑中水设计规范
GB 50395　视频安防监控系统工程设计规范
GB/T 16483　化学品安全技术说明书　内容和项目顺序
GB/T 18920　城市污水再生利用　城市杂用水水质
GB/T 19837　城市给排水紫外线消毒设备
GB/T 19923　城市污水再生利用　工业用水水质
GB/T 50335　污水再生利用工程设计规范
GBJ 115　工业电视系统工程设计规范
GBJ 125　给水排水设计基本术语标准
GBJ 141　给水排水构筑物施工及验收规范
GBZ 1　工业企业设计卫生标准
GBZ 2.1　工作场所有害因素职业接触限值　第 1 部分：化学有害因素
GBZ 2.2　工作场所有害因素职业接触限值　第 2 部分：物理有害因素
HJ/T 91　地表水和污水监测技术规范
HJ/T 92　水污染物排放总量监测技术规范
HJ/T 96　环境保护产品技术要求　pH 水质自动分析仪技术要求
HJ/T 101　环境保护产品技术要求　氨氮水质自动分析仪技术要求
HJ/T 242　环境保护产品技术要求　污泥脱水用带式压榨过滤机
HJ/T 247　环境保护产品技术要求　竖轴式机械表面曝气装置
HJ/T 250　环境保护产品技术要求　旋转式细格栅
HJ/T 251　环境保护产品技术要求　罗茨鼓风机
HJ/T 252　环境保护产品技术要求　中、微孔曝气器
HJ/T 259　环境保护产品技术要求　转刷曝气装置
HJ/T 261　环境保护产品技术要求　压力溶气气浮装置
HJ/T 262　环境保护产品技术要求　格栅除污机

HJ/T 265　环境保护产品技术要求　刮泥机
HJ/T 266　环境保护产品技术要求　吸泥机
HJ/T 272　环境保护产品技术要求　化学法二氧化氯消毒剂发生器
HJ/T 277　环境保护产品技术要求　旋转式滗水器
HJ/T 278　环境保护产品技术要求　单级高速曝气离心鼓风机
HJ/T 279　环境保护产品技术要求　推流式潜水搅拌机
HJ/T 280　环境保护产品技术要求　转盘曝气装置
HJ/T 282　环境保护产品技术要求　浅池气浮装置
HJ/T 283　环境保护产品技术要求　厢式压滤机和板框压滤机
HJ/T 336　环境保护产品技术要求　潜水排污泵
HJ/T 354　水污染源在线监测系统验收技术规范
HJ/T 369　环境保护产品技术要求　水处理用加药装置
HJ/T 377　环境保护产品技术要求　化学需氧量（COD_{Cr}）水质在线自动监测仪
CECS 111　寒冷地区污水活性污泥法处理设计规程
CECS 112　氧化沟设计规程
CJJ 60　城市污水处理厂运行、维护及其安全技术规程
LD 35　制革安全卫生规程
NY/T 1220.2　沼气工程技术规范　第 2 部分：供气设计
NY/T 1222　规模化畜禽养殖场沼气工程设计规范
QB/T 1261　毛皮工业术语
QB/T 2262　皮革工业术语
《建设项目（工程）竣工验收办法》（计建设[1990]1215 号）
《建设项目竣工环境保护验收管理办法》（国家环境保护总局令　第 13 号）
《排污口规范化整治技术要求》（试行）（环监[1996]470 号）
《污染源自动监测管理办法》（国家环境保护总局令　第 28 号）

3　术语和定义

QB/T 2262、QB/T 1261、GBJ 125 中的术语及下列术语和定义适用于本标准。

3.1

制革及毛皮集中加工区　leather and fur central processing zone

指由制革及毛皮加工工业为主的企业组成的，企业分布相对集中、区内功能齐全且相对独立的区域。

3.2

含硫废水　sulfur-containing wastewater

指制革工艺中采用灰碱法脱毛时产生的浸灰废液及相应的水洗工序废水。

3.3

脱脂废水　degreasing wastewater

指在制革及毛皮加工脱脂工序中，采用表面活性剂对生皮油脂进行处理所形成的废液及相应的水洗工序废水。

3.4

含铬废水　chromium-containing wastewater

指在铬鞣及铬复鞣工序中产生的废铬液及相应的水洗工序废水。

3.5

综合废水 integrated wastewater

指制革及毛皮加工企业或集中加工区产生的与生产直接或间接相关的排往综合废水处理工程内的各种废水的统称（如生产工艺废水、厂区生活污水等）。

3.6

制革及毛皮加工污泥 sludge

指在制革及毛皮加工废水治理过程中产生的污泥。

3.7

含铬污泥 chrome sludge

指含铬废水预处理过程中产生的污泥。

3.8

预处理 pretreatment

指为减轻综合废水处理负荷，回收有价值物质，对制革及毛皮加工生产过程中产生的污染物含量高且回收价值大或污染严重的废水进行初步净化的过程，也称为分类处理。

3.9

一级处理 primary treatment

指综合废水处理工程内以固液分离为主体的初级净化过程。

3.10

二级处理 secondary treatment

指综合废水处理工程内经一级处理后以生化处理为主体的净化过程。

3.11

深度处理 advanced treatment

指综合废水处理工程内进一步去除二级处理不能完全去除的污染物的净化过程。

4 废水水量和水质

4.1 废水水量

4.1.1 制革及毛皮加工废水水量可按下式计算：

$$Q_Y = Q_i + Q_j \tag{1}$$

$$Q_i = \sum q_i（1-\alpha）= \beta Q \tag{2}$$

式中：Q_Y——综合废水量（以生皮计），m³/t；

Q_i——生产废水量（以生皮计），m³/t；

Q_j——其他废水量（以生皮计），m³/t，包括地面冲洗水和生活污水等，应参照 GB 50015、GB 50336 等标准确定；

q_i——各生产工序废水量（以生皮计），m³/t，可参照附录 A 确定；

Q——生产用水量（以生皮计），m³/t，可根据生产用水定额确定；

α——废水回用率，%，即回用废水量与废水产生量的比值，应根据废水实际回用情况或水平衡图确定；

β——按给水量计算排水量的折减系数，应根据企业生产工艺及给排水设施水平等因素确定，一般取 80%～90%。

4.1.2 典型制革废水量可参照表1，典型毛皮加工废水量可参照表2。

表1 典型制革企业单位生皮综合废水量[1]

皮革种类	牛皮	猪皮	山羊皮	绵羊皮
废水量（以生皮计）/（m^3/t）	40～75	45～100	45～75	40～75
注：（1）按生皮质量核算：黄牛皮20 kg/张，猪皮（盐）5 kg/张，羊皮（盐）3 kg/张。				

表2 典型毛皮加工企业单位生皮综合废水量

毛皮种类	羊剪绒（盐湿皮）	水貂（干板）	狐狸（干板）	貉子（盐湿皮）	兔皮（盐湿皮）
废水量（以生皮计）/（m^3/t）	70～140	50～90	110～160	80～100	80～110

4.1.3 生产废水量变化系数是指最大日最大时废水量与最大日平均时（生产设计规模）废水量的比值，其值应结合企业实际生产情况确定，当无相关资料时，可参照表3。

表3 废水量变化系数

废水来源	皮革集中加工区	制革企业	毛皮加工企业
变化系数	1.5～2.0	1.6～3.0	2.0～4.0

4.2 废水水质

4.2.1 废水水质可按下式计算：

$$C_i = \frac{W_i}{q_i} \times 1\,000 \tag{3}$$

$$C_Y = \frac{\sum W_i(1-\eta_i) + W_j}{Q_Y} \times 1\,000 \tag{4}$$

式中：C_i——各生产工序废水污染物质量浓度，mg/L；

C_Y——综合废水污染物质量浓度，mg/L；

W_i——各生产工序废水污染物产生量（以生皮计），kg/t，可参照附录B确定；

W_j——其他废水污染物产生量（以生皮计），kg/t，应参照GB 50014、GB 50336等标准确定；

η_i——各生产工序废水预处理污染物去除率，%，可参照附录C.1。

4.2.2 典型制革废水水质可参照表4，典型毛皮加工废水水质可参照表5。

表4 典型制革废水水质范围[1]

废水种类	pH	COD_{Cr}/（mg/L）	BOD_5/（mg/L）	SS/（mg/L）	S^{2-}/（mg/L）	总铬/（mg/L）	氨氮/（mg/L）	总氮/（mg/L）	动植物油/（mg/L）
含硫废水	12～14	5 000～40 000	2 500～10 000	3 000～20 000	800～5 000	—	50～100	80～150	150～800
脱脂废水	11～13	10 000～30 000	3 000～8 000	3 000～5 000	—	—	—	—	4 000～10 000
含铬废水	3.5～5	3 000～6 500	600～1 200	600～2 000	—	600～2 500	150～400	200～500	400～800
综合废水	8～10	3 000～4 000	1 200～1 800	2 000～4 000	40～100	30～80[2]	200～600	250～800	250～2 000

注：（1）表中综合废水水质为未进行预处理的水质。

（2）含铬废水经预处理后，综合废水总铬质量浓度为0.1～1.5 mg/L。

表5 典型毛皮加工废水水质范围[(1)]

废水种类	pH	COD_{Cr}/（mg/L）	BOD_5/（mg/L）	SS/（mg/L）	总铬/（mg/L）	氨氮/（mg/L）	总氮/（mg/L）	动植物油/（mg/L）
含铬废水	3.5～5	2 000～4 000	400～1 000	400～1 500	300～700	40～100	80～250	300～600
综合废水	8～10	1 500～3 500	600～1 200	1 000～2 500	10～20[(2)]	60～120	150～250	300～1 500

注：（1）表中综合废水水质为未进行预处理的水质。
（2）含铬废水经预处理后，综合废水总铬质量浓度为 0.1～1.0 mg/L。

5 总体要求

5.1 一般规定

5.1.1 应从废水的产生、处理和排放全过程进行控制，采用清洁生产技术，提高资源、能源利用率，降低污染物的产生量和排放量，预防污染环境。

5.1.2 制革及毛皮加工废水宜采用清污分流、雨污分流。

5.1.3 应以企业生产情况及发展规划为依据，贯彻国家产业政策和行业污染防治技术政策，统筹集中与分散、现有与新（扩、改）建的关系。

5.1.4 经处理后排放的废水应符合环境影响评价批复文件和相关排放标准的要求。

5.1.5 应配套建设二次污染的预防措施，保证污泥、恶臭、噪声等污染物排放满足 GB 14554 和 GB 12348 等相关环保标准的要求。

5.1.6 应按照《排污口规范化整治技术要求（试行）》建设废水排放口，设置符合 GB/T 15562.1 要求的废水排放口标志，并按照《污染源自动监控管理办法》安装污染物排放连续监测设备。

5.2 建设规模

5.2.1 建设规模应根据废水治理工程服务范围内的现有水量、水质和预期变化情况综合确定；现有企业应以实测数据为依据，新（扩、改）建企业应采用类比或物料衡算的方法确定。

5.2.2 预处理工程建设规模应与其相关生产单元的建设规模相匹配，按最大日流量计算。

5.2.3 综合废水处理工程的建设规模应符合下列要求：

a）格栅、预沉池等调节池前废水处理构筑物按最大日最大时流量计算；

b）调节池及其后废水处理构筑物按最大日平均时流量计算；

c）回用水处理系统根据可利用源水的水质、水量和回用环节，经水量平衡和技术经济分析后确定；

d）污泥处理与处置系统按最大日平均时污泥量计算。

5.3 项目构成

5.3.1 制革及毛皮加工废水治理工程由主体工程、配套工程和生产管理设施构成。

5.3.2 主体工程主要包括含硫废水预处理、脱脂废水预处理、含铬废水预处理和综合废水处理工程，其中的综合废水处理工程包括废水处理系统、回用水系统、污泥处理与处置系统和臭气处理系统：

a）废水处理系统包括一级处理、二级处理和深度处理单元；

b）回用水系统包括回用水贮存、输配和监控单元；

c）污泥处理与处置系统包括污泥均质、浓缩、脱水和最终处置单元；

d）臭气处理系统包括臭气收集和处理单元。

5.3.3 配套工程包括电气自动化、供排水和消防、采暖通风与空调、建筑结构、检测与过程控制等。

5.3.4 生产管理设施包括办公用房、值班室等。

5.4 厂址选择和总体布置

5.4.1 厂址选择和总体布置应纳入制革及毛皮加工企业或集中加工区总体规划，并满足环境影响评价、审批文件的要求。

5.4.2 总体布置应根据区内各建筑物和构筑物的功能和流程要求，结合厂址地形、气候和地质条件，经技术经济比较确定，并符合下列要求：

a）总平面布置合理、紧凑，满足施工、维护和管理等要求，并留有发展及设备更换的余地；

b）竖向布置应充分利用原有地形，尽可能做到土方平衡，降低运行电耗；

c）合理布置超越管线和维修放空设施，并确保不合格的放空水或污泥得到妥善处理和处置；

d）材料、药剂、污泥、废渣等不得露天堆放，存放场所应进行防渗及防水处理。

5.4.3 厂址选择、平面和竖向设计、总图运输、管线综合及绿化布置应根据项目组成情况确定，符合 GB 50187、GB 50014 和行业标准的规定。

6 工艺设计

6.1 一般规定

6.1.1 应优先采用处理效率高、节约能源、投资省的处理工艺，确保废水治理工程稳定、可靠、安全运行。

6.1.2 宜将综合废水处理工程，特别是生化处理单元设计成平行的两条线，其工艺设计应符合 GB 50014 中的相关规定。

6.1.3 厌氧技术的选用应充分考虑制革废水中硫化物、硫酸盐、铬、中性盐、低碳氮比（COD_{Cr}/TN）等对厌氧菌的抑制作用，加强清洁生产措施，尽量降低废水中毒性污染因子浓度。

6.2 处理工艺

6.2.1 提倡分类处理和集中处理相结合。含铬废水应先经预处理达标后再与其他废水混合处理，含硫废水和脱脂废水宜进行预处理，其工艺流程如图 1 所示：

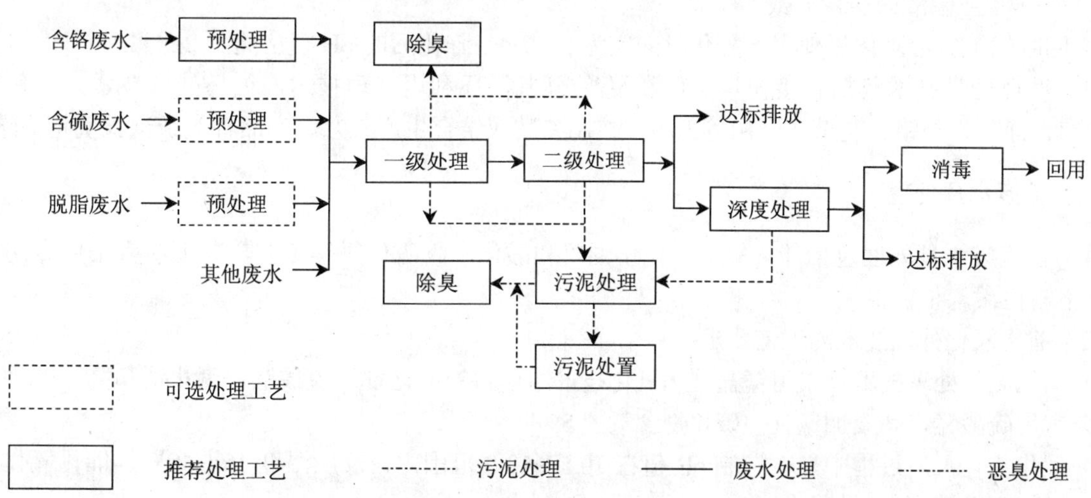

图 1 制革及毛皮加工废水治理工程工艺流程

6.2.2 处理效率应通过试验或同类企业类比资料确定。当无资料时，预处理工程处理效率可参照附录

C.1，综合废水处理工程处理效率可参照附录 C.2。

6.2.3 应根据现行的国家和地方排放标准、污染物的来源及性质、排水去向确定制革及毛皮加工废水处理程度，选择相应的处理级别和处理工艺。

6.2.4 排入集中加工区废水处理厂（站）的企业宜根据集中加工区要求选用预处理或预处理+一级处理工艺；排入城镇污水处理厂的企业宜根据污水处理厂接管要求选择预处理+一级或预处理+一级处理+二级处理工艺；直接排入自然水体的企业应根据排放标准要求选择预处理+一级处理+二级处理或预处理+一级处理+二级处理+深度处理工艺。

6.3 技术要求

6.3.1 含铬废水预处理

6.3.1.1 应结合生产工艺采用循环或碱沉淀技术处理含铬废水，处理后废水的铬含量达标后方可排入综合废水处理工程。

6.3.1.2 碱沉淀处理技术的工艺要求：

a）碱沉淀处理技术包括格栅、贮存、反应、压滤、水洗、酸化和陈化等工序。

b）碱沉淀常用的沉淀剂包括 MgO、NaOH、$Ca(OH)_2$、Na_2CO_3 和 $NaAlO_2$ 等，宜选用 MgO 和 NaOH，投料量宜根据化学平衡计算确定，控制铬液 pH 值在 8.5～10.0 的范围内。

c）贮液池的贮液时间宜大于 2 d，碱沉淀工艺的反应时间宜为 1～2 h，沉降时间应大于 3 h。

d）沉淀分离出的铬泥宜采用板框压滤机压滤，压滤周期 4～6 h，处理能力约 1.5 kg/（m^2·次）。

e）酸化反应采用机械搅拌或空气搅拌的方式，反应 pH 宜为 2.0～2.3，反应时间应大于 1 h，沉降时间宜为 3～4 h。

f）硫酸用量应根据回收液中铬的含量进行确定，按下式计算：

$$M=\frac{AV}{B}\times 1.93 \qquad (5)$$

式中：M——硫酸用量，g；

A——废铬液中 Cr_2O_3 的含量，g/L；

V——废铬液量，L；

B——工业硫酸的质量分数，%。

g）回收铬液宜经陈化后使用，陈化时间宜为 5～7 d，陈化后的 pH 值应达到 2.5～2.8。

6.3.1.3 循环处理技术包括直接循环利用和浸酸/鞣制循环利用处理技术，循环处理技术一般包括格栅、贮存、净化、补铬、调节、回用等工序，控制参数应结合生产工艺、产品种类经试验确定后选用。

6.3.2 含硫废水预处理

6.3.2.1 含硫废水预处理包括催化氧化、化学混凝和酸化回收硫化氢等工艺，处理前应采用专用管道收集，格栅拦截。

6.3.2.2 催化氧化处理技术的工艺要求：

a）催化氧化处理技术宜采用锰盐催化氧化技术，使用的催化剂有硫酸锰、氯化锰和高锰酸钾等，常用硫酸锰，其投加量宜为硫化物含量的 5%；

b）催化氧化反应过程中，宜控制 pH 值在 10.5～13.0 范围内，反应温度 15～40℃，催化氧化反应时间大于 6 h；

c）反应池曝气应采用鼓风（大孔或中孔）曝气或机械曝气形式，采用鼓风曝气时，供氧量（氧/S^{2-}）应大于 1.1 kg/kg，采用机械曝气时曝气功率（S^{2-}）宜大于 0.6 kW/kg，并应满足搅拌的要求。

6.3.2.3 化学混凝处理技术的工艺要求：

a）化学混凝处理技术包括混凝和沉淀（或气浮）2 个单元；

b）化学混凝处理技术处理含硫废水常用铁盐、铝盐等混凝剂，为了提高混凝效果也可采用复配混凝剂或与有机高分子混凝剂联用，使用前应根据废水水质特性，通过试验确定适宜的配方；

c）采用硫酸亚铁作混凝剂，反应前可用酸将含硫废水 pH 值调至 8～9，反应终点宜控制 pH 值至 7 左右；

d）混凝时间宜为 10～15 min；

e）沉淀时间宜为 3.0～5.0 h，表面负荷宜为 0.8～1.5 m^3/（m^2·h）；

f）采用气浮工艺时，其设计参数宜通过试验确定，当无相关资料时，表面负荷宜取 1.5～2.5 m^3/（m^2·h）。

6.3.2.4 酸化回收硫化氢的工艺要求：

a）酸化回收硫化氢包括酸化反应、固液分离和碱吸收 3 个单元；

b）应用酸将酸化反应器中废液 pH 值调至 4.0～4.5，酸化反应时间宜大于 6 h；

c）宜由真空泵连续抽出酸化反应器中的 H_2S 至吸收塔，整个反应过程中，吸收系统应保持在负压状态；

d）应采用 NaOH 配置吸收液；

e）酸化后的废液应通过固液分离的方式分离出其中的蛋白质；

f）分离后的废液可根据废液性质和生产工艺情况经再生后循环利用，可使用 CaO 作再生剂，再生废液应将 pH 值调整到 12 左右。

6.3.3 脱脂废水预处理

6.3.3.1 脱脂废水预处理包括酸提取和气浮等工艺，处理前应采用专用管道收集，格栅拦截和隔油措施。

6.3.3.2 酸提取处理脱脂废水包括破乳、皂化、酸化和水洗工序，各工序的控制参数可参照表 6：

表 6 酸提取工艺主要设计参数

工序	pH 值	温度/℃	操作时间/h	备注
破乳	4	60	2.5～3	pH 为反应终点控制值
皂化	11～12	沸腾	1	pH 为反应终点控制值
酸化	4	—	2～3	pH 为反应终点控制值
水洗	6～7	40～60	—	洗 3 次

6.3.3.3 气浮处理工艺设计见 6.3.2.3 条第 f）款。

6.3.4 综合废水处理

6.3.4.1 综合废水处理工程前应设置粗格栅和细格栅，其工艺要求如下：

a）采用机械清除时，粗格栅间隙宜为 10～20 mm，采用人工清除时宜为 15～25 mm，格栅设置在水泵前应满足水泵要求；

b）细格栅宜选用具有自清能力的旋转机械格栅，格栅间隙宜为 2～5 mm；

c）格栅上部应设置工作平台，其高度应高出格栅前最高设计水位 0.5 m，工作平台上应有安全和冲洗设施；

d）栅渣宜通过机械输送，脱水后外运。

6.3.4.2 综合废水进入调节池前应经过沉砂或预沉处理，其工艺要求如下：

a）宜选用平流沉砂池或曝气沉砂池，池面应设浮渣或油脂刮除设施；

b）预沉池停留时间宜为 40～120 min，有效水深宜为 2.0～3.0 m，池面应设有浮渣或油脂刮除设施，也可设置油脂回收设施；

c）沉砂池及预沉池宜采用机械排除泥砂方式，池底应考虑防淤措施，采用重力排除泥砂时，排砂管和排泥管应考虑防堵或清通措施。

6.3.4.3 综合废水处理工程应设置调节池，其工艺要求如下：

a）调节池容积应根据废水在生产周期内的变化曲线采用图解法计算确定，单独制革及毛皮加工企业的调节时间宜大于 20 h，集中加工区的调节时间宜大于 16 h。当二级处理采用 SBR 处理工艺时，可根据工程规模和工艺流程适当减少调节池的容积；

b）当调节池兼作综合废水事故池时，其容积计算应考虑事故排放的容量，可按照 2 h 的废水最大时排放量确定；

c）当初期雨水需要处理时，调节池应考虑初期雨水的储存容量，储存雨水量的确定应符合 GB 50014 的规定，初期雨水的时间应根据雨水收集系统的设置状况、路面材料、污染物性质和降雨等情况确定，当缺乏相关资料时，可取 10～15 min；

d）调节池内应设置混合设施，当设置潜水推进器时，混合功率为 2～8 W/m^3，当采用曝气（中孔或大孔）设备时，曝气量不宜小于 3 m^3/（m^2·h），当调节池兼有预生化或（催化）氧化等功能时，其曝气量还应满足工艺需氧量的要求，曝气设备应考虑防堵塞措施；

e）调节池底部应设有集水坑，池底应有不小于 0.01 的坡度，坡向集水坑，池壁应设置爬梯；

f）调节池应设置液位控制和报警装置。

6.3.4.4 综合废水处理工程应设置沉淀池，沉淀分为初次沉淀池、混凝沉淀池和二次沉淀池，沉淀池的形式应根据处理规模、工艺特点和场地地质条件等因素确定，可选用平流式、辐流式和竖流式等池型，其工艺要求如下：

a）沉淀池主要设计参数参照表 7；

表 7 沉淀池主要设计参数

沉淀池类型		沉淀时间/h	表面负荷/[m^3/（m^2·h）]	污泥含水率/%	固体负荷/[kg/（m^2·d）]
初次沉淀池		1.5～3.0	1.0～2.0	97～98.5	—
混凝沉淀池	二次沉淀池前	2.0～3.0	1.0～1.6	96～98	—
	二次沉淀池后	2.5～4.0	0.8～1.2	98～99.5	—
二次沉淀池	生物膜后	2.0～4.0	0.8～1.5	96～98	≤150
	活性污泥后	3.5～5.0	0.5～0.8	99.0～99.4	≤150

b）初次沉淀池宜采用机械排泥，并应有浮渣刮除设施；

c）应适当增大初次沉淀池深度，增加污泥区容积；

d）当采用斜板（管）沉淀池时，其表面负荷可按比普通沉淀池的表面负荷提高 1～2 倍考虑。

6.3.4.5 可在技术经济论证的基础上，采用水解酸化或厌氧处理工艺对综合废水进行处理，其工艺要求如下：

a）采用水解酸化处理工艺时，水解酸化时间宜取 6～12 h；

b）宜采用常温或中温发酵工艺，反应器中的混合液温度宜控制在 25～35℃的范围内；

c）制革废水厌氧单元宜采用二步厌氧或与其他废水混合处理的工艺，毛皮加工废水可采用一步厌氧工艺；

d）二步厌氧酸化段可采用厌氧填充床或厌氧接触反应器，甲烷化段和一步厌氧可采用 UASB 反应器；

e）酸化反应器中混合液的 pH 应控制在 7.5 以下，硫化物容积负荷（S^{2-}）宜为 1.5～3 kg/m^3，COD_{Cr}

容积负荷（COD_{Cr}）宜为 25～45 kg/（m^3·d），污泥产率 2%～4%；

f）厌氧接触反应器后的沉淀池表面负荷宜为 1.0～1.4 m^3/（m^2·d），沉淀时间宜为 3.0～5.0 h，污泥回流比宜为 30%～50%；

g）甲烷化段的 UASB 反应器容积负荷（COD_{Cr}）宜为 5～15 kg/（m^3·d），水力停留时间宜大于 12 h；

h）甲烷化段产生的混合生物气体宜净化后收集在沼气储柜中并作为燃料加以利用，生物气的净化、贮存技术可参照 NY/T 1222 和 NY/T 1220.2 的规定。

6.3.4.6 废水好氧生化处理宜选用有机负荷低、抗冲击负荷能力强、具有脱氮功能的工艺，如 A/O、氧化沟、SBR 和接触氧化等，其工艺设计应符合 CECS 112、CECS 111 等标准的规定，并满足以下要求：

a）生物反应池的容积宜采用硝化、反硝化动力学公式计算确定，并应充分考虑冬季低水温对去除碳源污染物和脱氮的影响，必要时可采取降低负荷、保温或增温等措施；

b）好氧生化处理单元的主要设计参数参照表 8；

表 8 好氧生化处理单元主要设计参数

好氧单元类型	污泥质量浓度/（g/L）	污泥负荷（COD_{Cr}/MLSS）/（kg/kg）	容积负荷（COD_{Cr}）/[kg/（m^3·d）]	水力停留时间/h	污泥回流比/%	运行周期/h	充水比/%
氧化沟	3.0～5.0	0.12～0.20	0.4～1.0	30～54 (1)	60～100	—	—
A/O	3.0～5.0	0.15～0.20	0.5～1.4	30～50 (1)	60～100	—	—
SBR	3.0～5.0	0.16～0.32	0.5～1.6	30～60	—	8～12	15～30
接触氧化	—	—	0.8～1.8	16～36 (1)	—	—	—
注：（1）水力停留时间为废水在好氧区和缺氧区内的总停留时间。							

c）为强化氨氮的去除效果，可采用两段好氧生化处理工艺，当采用两段好氧工艺时，前段生化反应池以去除 COD_{Cr} 为主，后段反应池以去除氨氮为主；

d）好氧区（池）pH 值宜为 7～8，剩余碱度宜大于 70 mg/L（以 $CaCO_3$ 计）；

e）宜通过投加碱提高废水的剩余碱度，当采用 A/O 工艺时，可通过增加缺氧池容积，提高回收碱度量，投加碱量（以 $CaCO_3$ 计）可按下式计算：

$$W=7.14\times\Delta N_1-3\times\Delta N_2-0.15\times\Delta C-W_1+W_2 \quad (6)$$

式中：W——加碱量，kg/d；

ΔN_1——硝化氮量，kg/d；

ΔN_2——反硝化脱氮量，kg/d；

ΔC——COD_{Cr} 去除量，kg/d；

W_1——进水碱度量，kg/d；

W_2——出水碱度量，kg/d。

f）生物反应池中好氧区的废水需氧量（O_2/COD_{Cr}）应根据去除的含碳有机物、氨氮的硝化反硝化程度等确定，也可采用 0.7～1.4 kg/kg 进行估算；

g）曝气设备应能根据废水水质、水量调节供氧量，较大规模的综合废水处理工程宜能自动调节供氧量；

h）曝气池应考虑设置泡沫消除设施，可采用添加消泡剂、喷水消泡和机械消泡等措施。

6.3.4.7 废水深度处理可采用混凝、沉淀（或澄清、气浮）、过滤、曝气生物滤池和硫酸亚铁-双氧水催化氧化（也称 Fenton 氧化）工艺，其工艺设计应符合 GB/T 50335 的规定，并满足以下要求：

a）采用混凝、沉淀（或澄清、气浮）工艺时，混合段速度梯度 G 值 300～600 s^{-1}，混合时间 30～

120 s，反应段速度梯度 G 值 30～60 s^{-1}，反应时间 5～20 min，澄清池上升流速 0.4～0.6 mm/s，停留时间 1.5～2.0 h，气浮池气水接触时间 30～100 s，表面负荷 6～9 m^3/（m^2·h），水力停留时间 20～40 min，沉淀池相关参数见 6.3.4.4 条中规定；

b）采用过滤工艺时，进水悬浮物宜小于 50 mg/L，过滤池工艺设计应符合 GB 50335 的规定，并参照同类企业运行数据，过滤器的选用和工艺设计应根据设备供应商提供的资料和同类企业运行数据确定；

c）采用曝气生物滤池工艺时，COD_{Cr} 容积负荷宜为 0.3～1.5 kg/（m^3·d），氨氮（NH_3-N）容积负荷宜为 0.3～0.8 kg/（m^3·d），有效停留时间宜大于 3 h，宜选用球形轻质多孔陶粒滤料或塑料球形滤料，也可采用颗粒活性炭滤料，宜采用气水联合反冲洗，通过长柄滤头实现，反冲洗强度应根据采用的滤料确定，过滤前可采用臭氧氧化等措施改变原始化合物的结构，提高废水的可生化性；

d）采用 Fenton 氧化工艺时，试剂投加量应通过实验确定，氧化反应时间宜为 30～60 min，反应 pH 值宜为 3～5，氧化反应后的废水应加碱中和，中和反应时间宜大于 10 min，中和反应后的废水应通过沉淀（气浮）分离出废水中的含铁悬浮物，可投加 PAM 强化混凝效果，混凝沉淀（气浮）的技术要求参见 6.3.4.7 条第 a）款；

e）当有脱盐要求时，可增加离子交换、超滤、纳滤、反渗透等技术中的一种或几种组合；

f）当有回用要求时，深度处理后的废水应进行消毒处理，宜采用二氧化氯、紫外线等消毒技术，采用氯化消毒时，加氯量宜为有效氯 5～10 mg/L，消毒接触时间应大于 30 min；采用紫外线消毒时，紫外线剂量可按 20～30 mW·s/cm^2 确定。

6.3.5 废水回用

6.3.5.1 废水回用应以本厂回用为主、厂外回用为辅。

6.3.5.2 在满足生产工艺要求的前提下，制革及毛皮加工企业应提高水的循环利用率，尽量回收有用原料，控制排入综合废水处理工程内的废水及污染物量。

6.3.5.3 处理后的综合废水可作为准备工段和废水处理工程某些工序的生产用水、厂区环境保洁及其他用水，其回用水质应根据用水环节参照 GB/T 18920 和 GB/T 19923 等国家标准。

6.3.5.4 综合废水回用水贮存、输配和监测应符合 GB/T 50335 的规定。

6.3.6 污泥处理与处置

6.3.6.1 制革及毛皮加工废水产生的污泥包括预处理污泥、综合废水处理物化污泥和剩余污泥；其中预处理污泥和综合废水处理物化污泥量应根据处理工艺按照化学反应物料平衡计算确定，综合废水处理剩余污泥量可参照 GB 50014 的规定。

6.3.6.2 以生皮为原料进行估算，经脱水后的含铬废水处理污泥产生量（DS/生皮）为 20～30 kg/t，综合废水处理生化处理前物化污泥产生量（DS/生皮）为 100～220 kg/t，生化处理剩余污泥量（DS/生皮）为 20～40 kg/t，生化处理后物化污泥产生量（DS/生皮）为 15～25 kg/t；以盐湿皮为原料进行估算，其污泥产量约为生皮产量的 15%～30%。

6.3.6.3 含铬废水处理产生的含铬污泥，可根据皮革生产需求制成铬鞣剂，回用于鞣制过程，不能利用的应按危险废物处置。

6.3.6.4 综合废水处理过程中产生的污泥经鉴别为危险废物的按危险废物处置，经鉴别为一般固体废物的按一般固体废物处置；鉴别方法应按照 GB 5085.3 等相关标准执行。

6.3.6.5 污泥处理工艺应根据污泥的最终处置方式确定，并符合下列要求：

a）污泥浓缩可采用重力浓缩、机械浓缩和气浮浓缩工艺，当采用重力浓缩时，污泥固体负荷宜为 20～40 kg/（m^2·d），浓缩时间不宜小于 16 h，当采用机械浓缩时，应根据设备供应商提供的资料和同类企业运行数据确定，经试验和技术经济分析后，也可采用气浮浓缩工艺；

b）应设置污泥均质池，均质池内应设置潜水搅拌器等设备，均质池内的停留时间应根据排泥方案确定，一般为 6～10 h；

c）污泥应进行脱水，污泥脱水机械的类型应按污泥的性质、产生量和脱水要求，经技术经济比较后确定，宜选用离心脱水机，当污泥量较少时，可选用厢式、板框压滤机；

d）污泥在脱水前，应加药调理，污泥加药后，应立即混合反应，进入脱水机，药剂种类和投加量应通过试验确定，污泥脱水前的含水率宜小于 98%，污泥脱水后的含水率应小于 80%。

6.3.6.6 污泥的最终处置主要包括综合利用、焚烧和填埋等途径，应优先考虑综合利用，并符合以下要求：

a）污泥综合利用应因地制宜，考虑农用应慎重，按 GB 4284 等相关标准执行，土地利用应严格控制污泥和土壤中积累的重金属及其他有毒物质含量，生产建材应满足相关产品质量的要求；

b）污泥填埋应符合 GB 18597、GB 18598 和 GB 18599 等标准的规定；

c）污泥的干化焚烧宜集中进行，实施中应参照 GB 50014、GB 18484 等标准的规定。

6.3.7 臭气处理

6.3.7.1 应有效控制恶臭污染源，并符合下列技术要求：

a）优化工艺单元设计，减少废水收集及治理系统臭气的产生和散发；

b）定期清理格栅、沉砂池、预沉池、调节池、水解池、污泥池等工艺单元中的浮渣，及时处置工艺过程中产生的栅渣、污泥等污染物；

c）实时投加或喷洒化学除臭剂。

6.3.7.2 宜对臭气进行收集、处理和排放，并符合下列技术要求：

a）采取密闭、局部隔离及负压抽吸等措施，集中收集工艺过程（格栅、沉砂池、预沉池、调节池、水解池、污泥池、污泥脱水机等）中产生的臭气；

b）污水泵房、污泥脱水间、加药间等应设置通风或臭气收集设施，并确保排放废气符合现行国家标准的要求。

6.3.7.3 宜采用物理、生物、化学除臭等工艺处理集中收集的臭气，并符合下列技术要求：

a）采用离子除臭工艺前应对臭气进行过滤净化，宜控制进气湿度小于 85%，温度小于 65℃，放电电压小于 3 kV，离子产生量大于 1.0×10^{6} 个/cm^3，臭氧质量浓度小于 0.2 mg/m^3，臭气停留时间 1.0～2.0 s。

b）采用生物滤池工艺时，填料孔隙率 40%～80%，填料有机质含量 25%～55%，填料厚度 1.0～1.5 m，反应温度 15～35℃，湿度 50%～65%，液体投配率 0.7～1.4 $m^3/(m^3\cdot d)$，臭气停留时间 30～90 s。

c）采用化学洗涤工艺时，填料高度 1.8～3.0 m，液气比 1.5～2.5，臭气停留时间 1.5～3 s，宜采用次氯酸钠、高锰酸钾、双氧水、氢氧化钠等洗涤液。

7 主要工艺设备和材料

7.1 配置要求

7.1.1 常用设备包括泵、曝气设备、格栅、刮吸泥机、滗水器、脱水机、加药和消毒设备等。

7.1.2 格栅除污机、潜水推进器、表面曝气机、滗水器等宜按双系列或多系列分别配置。

7.1.3 加药设备应按加入药液的种类和处理系列分别配置。

7.1.4 水泵、污泥泵、加药泵、鼓风机等应设置备用设备。

7.1.5 泵类、曝气装置、加药装置等宜储备核心部件和易损部件。

7.2 设备选型与防腐

7.2.1 设备和材料应从工程设计、招标采购、施工安装、运行维护、调试验收等环节进行控制，选用满足工艺、符合下列标准要求的产品：

a）旋转式细格栅应符合 HJ/T 250 的规定，格栅除污机应符合 HJ/T 262 的规定；

b）潜水排污泵应符合 HJ/T 336 的规定；

c）单机高速曝气离心鼓风机应符合 HJ/T 278 的规定，罗茨风机应符合 HJ/T 251 的规定；

d）竖轴式机械表面曝气机应符合 HJ/T 247 的规定，横轴式转刷曝气装置应符合 HJ/T 259 的规定，转盘曝气装置应符合 HJ/T 280 的规定；

e）鼓风式中、微孔曝气器应符合 HJ/T 252 的规定；

f）潜水推流搅拌机应符合 HJ/T 279 的规定；

g）旋转式滗水器应符合 HJ/T 277 的规定；

h）刮泥机应符合 HJ/T 265 的规定，吸泥机应符合 HJ/T 266 的规定；

i）气浮装置应符合 HJ/T 261 和 HJ/T 282 的规定；

j）污泥脱水用厢式压滤机和板框压滤机应符合 HJ/T 283 的规定，带式压滤机应符合 HJ/T 242 的规定；

k）加药设备应符合 HJ/T 369 的规定；

l）化学法二氧化氯消毒剂发生器应符合 HJ/T 272 的规定，紫外线消毒设备应符合 GB/T 19837 的规定。

7.2.2 应对易腐蚀的设备、管渠及材料采取相应的防腐蚀措施，根据腐蚀性质，结合当地情况，因地制宜地选用经济合理、技术可靠的防腐蚀措施，并应达到国家现行有关标准的规定，有条件的企业宜采用耐腐蚀材料。

8 检测与过程控制

8.1 检测

8.1.1 应根据处理工艺和管理要求设置水量计量、水位观察、水质观测、取样监测化验、药品计量的仪器、仪表，对废水治理工程主要参数进行定期检测和监测，对重点控制指标实现在线检测和监测。

8.1.2 用于为废水治理工程实现闭环控制和性能考核提供数据的在线检测装置，其检测点分别设在受控单元内或进、出口处，采样频次和检测项目应根据工艺控制要求确定。

8.1.3 用于环保部门监测验证污染排放指标的在线监测装置，其采样点、采样频次和监测项目应符合排放标准、HJ/T 91 和 HJ/T 92 等国家相关标准的规定，并与监控中心联网。

8.1.4 检测项目及位置应符合以下要求：

a）预处理应检测进、出口流量、温度、pH、SS、特征污染物（如硫化物、总铬、氨氮）及投药量、产泥量等指标；

b）一级处理宜检测进、出口流量、pH、SS、COD_{Cr}、特征污染物（如硫化物、总铬、氨氮）及投药量、产泥量等指标；

c）水解酸化池宜检测进、出口的 pH、H_2S、ORP、COD_{Cr} 和 BOD_5 和反应池内的污泥浓度等指标；

d）厌氧处理单元应检测进、出口的 pH、H_2S、COD_{Cr}、BOD_5 和沼气产生量，以及反应池内的挥发酸和污泥浓度等指标；

e）好氧生化单元应检测废水进、出口的 pH、碱度、COD_{Cr}、BOD_5、硫化物、氨氮、SS 以及反应池内的 DO、碱度、污泥沉降比和污泥浓度等指标；

f）深度处理单元宜检测进、出口 pH、COD_{Cr}、BOD_5、SS、氨氮、总铬和六价铬等指标。

8.1.5 现场检测仪表宜具备防腐、防爆、抗渗漏、防结垢、自清洗等功能。

8.1.6 宜采用符合 HJ/T 96、HJ/T 101、HJ/T 377 等规定的监测仪器。

8.2 过程控制

8.2.1 应根据工程规模、工艺流程和运行管理要求选择适合的控制方式，确定参数控制要求。

8.2.2 小型综合废水处理工程的主要生产工艺单元可采用自动控制，较大规模的综合废水处理工程宜采用集中管理和监视、分散控制的计算机控制系统。

8.2.3 综合废水处理工程的过程控制应参照 GB 50014 的规定。

9 主要辅助工程

9.1 电气自动化

9.1.1 废水治理工程电气专业的技术要求应与生产过程中相应专业的技术要求一致，工作电源的引接和操作室设置应与生产过程统筹考虑，高、低电压等级和用电中性接地方式应与生产设备一致。

9.1.2 电气系统设计应符合 GB 50052、GB 50053、GB 50054、GB 50055、GB 7251 和 GB 50057 等现行国家和行业标准的规定，照明设计应符合 GB 50034 的规定。

9.1.3 控制系统应在满足系统出水水质、节能、经济、安全和适用的前提下，运行可靠，便于维护和管理，自动化控制水平应根据废水处理规模、水质处理要求、企业经济条件等因素合理确定。

9.1.4 自动化控制系统设计应符合国际标准化组织或国家颁布的相关标准及要求，工业电视系统应符合 GBJ 115 和 GB 50395 的规定。

9.2 供排水和消防

9.2.1 废水治理工程供排水和消防系统应与生产系统统筹考虑，生活用水、生产用水及消防设施应符合 GB 50015、GB 50016 和 GB 50222 等国家现行标准的规定。

9.2.2 废水治理工程区内给水管网宜采用生产、生活和消防联合供水系统。

9.2.3 回用水输配系统应独立设置，其供水管道宜采用塑料给水管、塑料和金属复合管或其他给水管材，并应根据使用要求安装计量装置。

9.2.4 废水治理工程的火灾危险类别属于丁（戊）类（厌氧单元除外），耐火等级的判定应与其相关的生产装置统筹考虑，变、配电间、控制室、化验室应按不低于二级耐火等级设计，其他建（构）筑物的耐火等级应不低于三级；当含有厌氧处理单元时，厌氧单元生产的火灾危险性为甲类，防火等级应按一级耐火等级设计。

9.3 采暖通风与空调

9.3.1 建筑物内应有采暖通风与空气调节系统，并应符合 GB 50019 等国家现行标准的规定。

9.3.2 废水治理工程采暖系统设计应与生产车间统一规划，热源宜由厂区或集中加工区采暖系统提供；当建筑物机械通风不能满足工艺对室内温度、湿度要求时应设空调装置。

9.3.3 各类建、构筑的通风设计应符合下列原则：

a）加盖构筑物应设通风设施；

b）有可能放散有毒和有害气体的建筑物，应根据满足室内最高允许浓度所需换气次数确定通风量，室内空气严禁再循环，有条件宜设有毒有害气体的检测和报警装置；

c）有防爆要求的车间应设事故通风，事故风机应为防爆型，事故风机可兼作夏季通风用。

9.4 建筑结构

9.4.1 建筑的造型应简洁、新颖，建筑风格宜与整个废水治理工程相协调。
9.4.2 厂房建筑、防腐、采光和结构应符合 GB 50037、GB 50046、GB 50033 等现行国家标准的规定。
9.4.3 应根据不同地区气候条件的差异采用不同的结构形式，严寒地区的建筑结构应采取防冻措施。
9.4.4 构筑物应符合 GB 50069 和 GB 50108 等现行国家标准的规定。

10 劳动安全与职业卫生

10.1 劳动安全

10.1.1 劳动安全管理应符合 GB 12801 和 LD35 的规定。
10.1.2 应对工作人员进行必要的培训，并且提供工作人员所需的防护用品。
10.1.3 应建立并严格执行经常性的和定期的安全检查制度，及时消除事故隐患，防止事故发生。
10.1.4 应按照 GB/T 16483 等标准的要求管理和使用工艺过程中的化学药剂。
10.1.5 应有必要的安全防护和报警装置，并在厂区各明显位置配有禁烟、防火和限速等标志。
10.1.6 应制定火警、易燃、爆炸、自然灾害等意外事件的应急预警预案。

10.2 职业卫生

10.2.1 职业卫生应符合 GBZ 1、GBZ 2.1 和 GBZ 2.2 的规定。
10.2.2 职业病防护设备、防护用品应确保处于正常工作状态，不得擅自拆除或停止使用。
10.2.3 具有有害气体、易燃气体、异味、粉尘和环境潮湿的场所，应有良好的通风设施。

11 施工与验收

11.1 工程施工

11.1.1 工程施工应符合国家和行业施工程序及管理文件的要求。
11.1.2 工程设计、施工单位应具有与该工程相应的资质等级。
11.1.3 建筑、安装工程应符合施工设计文件、设备技术文件的要求，对工程的变更应取得设计单位的设计变更文件后再进行施工。
11.1.4 工程施工中使用的设备、材料、器件等应符合相关的国家标准，并应取得产品合格证后方可使用。
11.1.5 施工单位应遵守相关的工程施工技术规范等国家标准的要求。

11.2 工程验收

11.2.1 与生产工程同步建设的废水治理工程应与生产工程同时验收，升级改造的废水治理工程应单独进行验收。
11.2.2 废水治理工程分两个阶段进行验收，第一阶段为建设项目竣工验收，第二阶段为建设项目竣工环境保护验收。
11.2.3 应按《建设项目（工程）竣工验收办法》、《建设项目竣工环境保护验收管理办法》及相关专业现行验收规范组织验收。

11.2.4 配套建设的废水在线监测系统应与废水治理工程同时进行建设项目竣工环境保护验收，验收的程序和内容应符合 HJ/T 354 的规定。

11.2.5 应依据主管部门的批准（核准）文件、设计文件、设计变更文件、工程合同、设备供货合同、项目环评审批文件、各类污染物环境监测报告、试运行期间废水在线监测报告、完整的启动试运行记录等进行废水治理工程的验收。

11.2.6 相关专业验收的程序和内容应符合 GB 50093、GB 50168、GB 50169、GB 50204、GB 50208、GB 50231、GB 50236、GB 50243、GB 50254、GB 50257、GB 50268、GB 50275、GB 50334 和 GBJ 141 等标准的规定。

12 运行和维护

12.1 一般规定

12.1.1 运行和维护应符合国家现行法律法规及标准的规定。

12.1.2 应配备环境保护专职技术人员和水质监测仪器。

12.1.3 应确保稳定运行达标率 100%，设备综合完好率大于 90%。

12.2 运行

12.2.1 岗位工作人员应通过培训考核后上岗，使其熟悉设备运行和维护的具体要求，具有熟练的操作技能。

12.2.2 岗位工作人员应定期进行培训，对其掌握废水治理工艺、设备的操作、维护和管理技能进行评估，采取有效措施持续提高其专业技能。

12.2.3 应制定水处理工程的操作规程、工作制度、定期巡检制度和维护管理制度等；运行人员应按制度履行职责，确保系统经济稳定运行。

12.2.4 综合废水治理工程的运行管理宜参照 CJJ 60 的规定。

12.3 维护保养

12.3.1 废水治理工程应在满足设计工况的条件下运行，并根据工艺要求，定期对各类工艺、电气、自控设备仪表及建（构）筑物进行检查和维护。

12.3.2 废水治理设施的维护保养应纳入全厂的维护保养计划中，使废水治理设施的计划检修时间与相关工艺设施同步。

12.4 记录

12.4.1 应建立废水治理工程运行、设施维护和生产活动等的记录制度，主要记录内容包括：

a）启动、停止时间；

b）运行工艺控制参数；

c）废水监测数据、废水排放、污泥处理情况；

d）药剂进厂质量分析数据，进厂数量，进厂时间；

e）污泥鉴别情况；

f）污泥、栅渣的出厂数量、时间，处置地点、处置情况；

g）主要设备的运行和维修情况；

h）生产事故及处置情况；

i）定期检测及评估情况等。

12.4.2 应制定统一的记录格式，并按格式填写，确保填写内容准确、及时、完整，不得随意涂改。
12.4.3 所有记录应制定清单，以备查询，对于需长期保存的记录应交档案室存档保管。

12.5 应急措施

12.5.1 应根据生产及周围环境情况，制定各种可能的突发性事故的应急预案，配备人力、设备、通信等资源，使治理工程具备应急处置的条件。
12.5.2 废水治理工程发生异常情况或重大事故，应及时分析，启动应急预案，并按规定向有关部门报告。
12.5.3 应建设含铬废水的事故贮池，制定相应的事故防控措施，杜绝事故排放。
12.5.4 应设置危险气体（甲烷、硫化氢）和危险化学品的控制与防护设施。

附 录 A
（资料性附录）
制革及毛皮加工工序废水量

A.1 制革工序废水量

典型制革工序废水量如表 A.1 所示。

表 A.1 典型制革工序废水量（以生皮计） 单位：m^3/t

生皮种类	浸水	脱脂	浸灰/脱毛	脱灰/软化	浸酸鞣铬	复鞣加脂	整饰	其他[(1)]	合计
牛皮	6～14	0～4	6～11	8～13	3～6	12～19	4～6	1～2	40～75
猪皮	8～18	4～6	7～16	8～20	4～8	10～24	3～6	1～2	45～100
羊皮	7～15	2～6	6～10	9～14	3～6	10～16	2～6	1～2	40～75
注：（1）其他废水包括车间冲洗、配套工程排水和生活污水等。									

A.2 毛皮加工工序废水量

典型毛皮加工工序废水量如表 A.2 所示。

表 A.2 典型毛皮加工工序废水量（以生皮计） 单位：m^3/t

生皮种类	前处理	浸酸、鞣制	整饰等	合计
羊剪绒（盐湿皮）	38～76	9～18	23～46	70～140
水貂（干板）	12～22	12～22	26～46	50～90
狐狸（干板）	40～58	26～38	44～64	110～160
猾子（盐湿皮）	19～24	14～18	47～58	80～100
兔皮（盐湿皮）	29～38	22～29	29～38	80～105

附 录 B
（资料性附录）
制革及毛皮加工废水污染物产生量及工序产污率

B.1 制革及毛皮加工废水污染物产生量

典型制革及毛皮加工废水单位生皮污染物产生量如表 B.1 所示。

表 B.1 典型制革及毛皮加工废水污染物产生量（以生皮计） 单位：kg/t

污染指标	COD_{Cr}	SS	BOD_5	氨氮	总氮	总铬	硫化物	硫酸盐	动植物油
制革废水	150～250	100～150	70～110	15～30	20～40	2～5	3～10	30～70	20～100
毛皮加工废水	70～150	50～80	35～60	2～5	7～12	1～4	—	15～20	15～65

B.2 制革废水工序产污率

典型制革废水工序产污率如表 B.2 所示。

表 B.2 典型制革废水工序产污率 单位：%

生产单元	污染指标						
	COD_{Cr}	SS	氨氮	总氮	总铬	硫化物	硫酸盐
浸水	12～18	12～20	—	3～8	—	—	—
浸灰	50～55	50～60	5～15	35～40	—	92～97	—
脱灰/软化	10～15	8～10	65～75	40～45	—	3～8	15～25
浸酸鞣铬	5～10	4～6	5～10	8～12	70～80	—	55～60
复鞣加脂染色	10～15	10～15	1～3	3～8	20～25	—	15～20

B.3 毛皮加工废水工序产污率

典型毛皮加工废水工序产污率如表 B.3 所示。

表 B.3 典型毛皮加工废水工序产污率 单位：%

生产单元	污染指标					
	COD_{Cr}	SS	氨氮	总氮	总铬	硫酸盐
前处理	65～75	70～80	65～75	65～75	—	—
浸酸鞣铬	15～20	10～15	15～20	15～20	80～85	80～85
整饰等	10～15	10～15	10～15	10～15	15～20	15～20

附 录 C
（资料性附录）
制革及毛皮加工废水治理工程典型工艺处理效率

C.1 制革及毛皮加工废水典型预处理工艺处理效率

制革及毛皮加工废水典型预处理工艺处理效率如表 C.1 所示。

表 C.1 制革及毛皮加工废水典型预处理工艺处理效率

废水种类	处理技术	主要工艺环节	处理效率/%				
			SS	COD_{Cr}	动植物油	S^{2-}	总铬
含硫废水	酸化回收	格栅（筛网）、酸化、固液分离	55～80	55～75	—	＞90	—
	催化氧化	格栅（筛网）、催化氧化	—	10～20	—	＞90	—
	化学混凝	格栅（筛网）、混凝沉淀（气浮）	60～80	55～75	—	＞95	—
脱脂废水	酸提取	格栅、隔油、酸提取	75～85	＞90	＞95	—	—
	气浮	格栅、隔油、气浮	80～90	＞90	＞95	—	—
含铬废水	碱沉淀	格栅、碱沉淀、压滤、水洗、陈化	70～90	60～80	—	—	＞99

C.2 制革及毛皮加工综合废水典型处理工艺处理效率

制革及毛皮加工综合废水典型处理工艺处理效率如表 C.2 所示。

表 C.2 制革及毛皮加工综合废水典型处理工艺处理效率

处理程度	处理技术	主要工艺环节	处理效率/%			
			SS	COD_{Cr}	BOD	NH_3-N
一级	自然沉淀	格栅、沉砂、调节、沉淀	45～65	40～50	30～45	—
	混凝沉淀	格栅、预沉、调节、混凝沉淀	70～90	50～70	45～65	—
	混凝气浮	格栅、预沉、调节、混凝气浮	80～90	60～70	55～65	—
二级	活性污泥	活性污泥生物反应池、二次沉淀池	75～90	80～90	90～98	50～95
	生物膜	生物膜反应池、二次沉淀池	80～90	80～90	90～98	65～95
	厌氧好氧	水解（厌氧）、好氧	85～90	85～90	95～98	70～95
深度	混凝沉淀	混凝沉淀（澄清、气浮）、（过滤）	50～75	15～30	15～25	—
	曝气生物滤池	混凝沉淀+过滤	30～50	15～40	50～80	70～90
	Fenton 氧化	Fenton 氧化+混凝沉淀	50～70	＞60	＞50	—

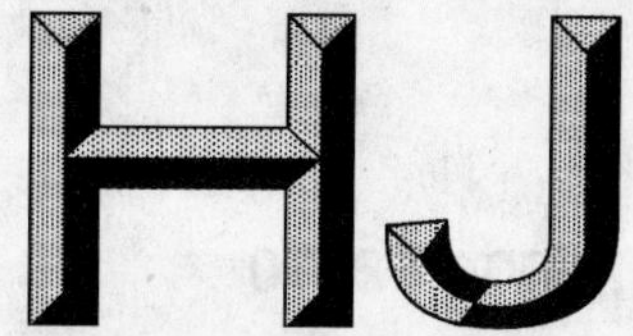

中华人民共和国国家环境保护标准

HJ 2004—2010

屠宰与肉类加工废水治理工程技术规范

Technical specifications for slaughterhouse and meat processing wastewater treatment projects

2010-12-17 发布　　2011-03-01 实施

环 境 保 护 部 发布

前　言

为贯彻《中华人民共和国环境保护法》、《中华人民共和国水污染防治法》、《建设项目环境保护管理条例》及其他相关法律法规，规范屠宰与肉类加工废水治理工程的建设与运行管理，防治环境污染，保护环境与人体健康，制定本标准。

本标准规定了屠宰与肉类加工废水治理工程设计、施工、验收和运行管理等方面的相关技术要求。

本标准为首次发布。

本标准由环境保护部科技标准司组织制订。

本标准起草单位：环境保护部华南环境科学研究所。

本标准由环境保护部 2010 年 12 月 17 日批准。

本标准自 2011 年 3 月 1 日起实施。

本标准由环境保护部解释。

屠宰与肉类加工废水治理工程技术规范

1 适用范围

本规范规定了屠宰与肉类加工废水治理工程设计、施工、验收和运行管理的技术要求。

本规范适用于配套新建、改建、扩建屠宰场与肉类加工厂的废水治理工程，可作为此类项目环境影响评价、可行性研究、工程设计、施工管理、竣工验收、环境保护验收及运行管理等工作的技术依据。

2 规范性引用文件

本规范内容引用了下列文件中的条款。凡是不注明日期的引用文件，其有效版本适用于本标准。

GB 8978 污水综合排放标准

GB 12694 肉类加工厂卫生规范

GB 13457 肉类加工工业水污染物排放标准

GB 18078 肉类联合加工厂卫生防护距离标准

GB 50014 室外排水设计规范

GB 50015 建筑给水排水设计规范

GB 18596 畜禽养殖业污染物排放标准

GB 4284 农用污泥中污染物控制标准

GB 5084 农田灌溉水质标准

GB 14554 恶臭污染物排放标准

GB 50009 建筑结构荷载规范

GB 50016 建筑设计防火规范

GB 50052 供配电系统设计规范

GB 50054 低压配电设计规范

GB 50069 给水排水工程构筑物结构设计规范

GB 50187 工业企业总平面设计规范

GB 50194 建设工程施工现场供用电安全规范

GB 50303 建筑电气工程施工质量验收规范

GB 50317 猪屠宰与分割车间设计规范

GBJ 22 厂矿道路设计规范

GB 3096 声环境质量标准

GB 12348 工业企业厂界环境噪声排放标准

GBJ 87 工业企业噪声控制设计规范

GB/T 18883 室内空气质量标准

GB/T 18920 城市污水再生利用 城市杂用水水质

GB/T 4754 国民经济行业分类

HJ/T 15 环境保护产品技术要求 超声波明渠污水流量计

HJ/T 96 pH 水质自动分析仪技术要求
HJ/T 101 氨氮水质自动分析仪技术要求
HJ/T 103 总磷水质自动分析仪技术要求
HJ/T 212 污染源在线自动监控（监测）系统数据传输标准
HJ/T 242 环境保护产品技术要求 带式压榨过滤机
HJ/T 245 环境保护产品技术要求 悬挂式填料
HJ/T 246 环境保护产品技术要求 悬浮填料
HJ/T 250 环境保护产品技术要求 旋转式细格栅
HJ/T 251 环境保护产品技术要求 罗茨鼓风机
HJ/T 252 环境保护产品技术要求 中、微孔曝气器
HJ/T 262 环境保护产品技术要求 格栅除污机
HJ/T 263 环境保护产品技术要求 射流曝气器
HJ/T 281 环境保护产品技术要求 散流式曝气器
HJ T 283 环境保护产品技术要求 厢式压滤机和板框压滤机
HJ/T 335 环境保护产品技术要求 污泥浓缩带式脱水一体机
HJ/T 336 环境保护产品技术要求 潜水排污泵
HJ/T 337 环境保护产品技术要求 生物接触氧化成套装置
HJ/T 353 水污染源在线监测系统安装技术规范（试行）
HJ/T 354 水污染源在线监测系统验收技术规范
HJ/T 355 水污染源在线监测系统运行与考核技术规范
HJ/T 369 环境保护产品技术要求 水处理用加药装置
CJ 3082 污水排入城市下水道水质标准
CECS 97 鼓风曝气系统设计规程
《建设项目（工程）竣工验收办法》（计建设[1990] 1215 号）
《建设项目环境保护竣工验收管理办法》（国家环境保护总局令 第 13 号）
《污染源自动监控管理办法》（国家环境保护总局令 第 28 号）

3 术语和定义

下列术语和定义适用于本标准。

3.1

屠宰场 slaughterhouse

指宰杀禽畜及进行初级加工的场所。

3.2

肉类加工厂 meat processing factory

指用于动物肉类食品生产、加工的场所。

3.3

屠宰过程 slaughtering process

指屠宰时进行的圈栏冲洗、宰前淋洗、宰后烫毛或剥皮、开腔、劈半、解体、内脏洗涤及车间冲洗等过程。

3.4

屠宰废水 slaughterhouse wastewater

指屠宰过程中产生的废水，主要含有血污、油脂、碎肉、畜毛、未消化的食物及粪便、尿液等。

3.5

肉类加工过程 meat processing

指肉类加工时进行的洗肉、加工、冷冻等过程。

3.6

肉类加工废水 meat processing wastewater

指肉类加工过程中产生的废水，主要含有碎肉、脂肪、血液、蛋白质、油脂等。

3.7

废水再用 wastewater reuse

指废水经过深度处理后实现废水资源化利用。

3.8

恶臭污染物 odor pollutants

指一切刺激嗅觉器官引起人们不愉快及损害生活环境的气体物质。（GB 14554—1993）

4 污染物与污染负荷

4.1 污染物

屠宰与肉类加工废水中含有的主要污染物包括 COD_{Cr}、BOD_5、SS、氨氮及动植物油等。

4.2 废水量

4.2.1 屠宰废水量

屠宰废水量可根据如下公式进行计算：

$$Q=q\times S \tag{1}$$

式中：Q——每日产生的屠宰废水量，m^3/d；

q——单位屠宰动物废水产生量，m^3/头或 m^3/100 只；

S——每日屠宰动物总数量，头/d 或 100 只/d。

单位屠宰动物废水产生量可根据表 1、表 2 数据进行取值。

表 1 单位屠宰动物废水产生量（畜类） 单位：m^3/头

屠宰动物类型	牛	猪	羊
屠宰单位动物废水产生量	1.0～1.5	0.5～0.7	0.2～0.5

表 2 单位屠宰动物废水产生量（禽类） 单位：m^3/100 只

屠宰动物类型	鸡	鸭	鹅
屠宰单位动物废水产生量	1.0～1.5	2.0～3.0	2.0～3.0

4.2.2 肉类加工的废水量与加工规模、种类及工艺有关。单独的肉类加工厂废水量应根据实际情况具体确定，一般不应超过 5.8 m^3/t（原料肉），有分割肉、化制等工序的企业每加工 1 t 原料肉可增加排水量 2 m^3；肉类加工厂与屠宰场合建时，其废水量可按同规模的屠宰场及肉类加工厂分别取值计算。

4.2.3 按全厂用水量估算总废水排放量时，废水量宜取全厂用水量的 80%～90%。

4.3 废水水质

废水水质的确定应以实际监测数据为准。

无监测数据时，屠宰废水水质取值可参照表 3，肉类加工废水水质取值可参照表 4。

表 3　屠宰废水水质设计取值　　单位：mg/L（pH 值除外）

污染物指标	COD_{Cr}	BOD_5	SS	氨氮	动植物油	pH
废水浓度范围	1 500～2 000	750～1 000	750～1 000	50～150	50～200	6.5～7.5

表 4　肉类加工废水水质设计取值　　单位：mg/L（pH 值除外）

污染物指标	COD_{Cr}	BOD_5	SS	氨氮	动植物油	pH
废水浓度范围	800～2 000	500～1 000	500～1 000	25～70	30～100	6.5～7.5

5　总体要求

5.1　一般规定

5.1.1　屠宰与肉类加工废水治理工程的建设应符合当地有关规划，合理确定近期与远期、处理与利用的关系。

5.1.2　屠宰与肉类加工行业应积极采用节能减排及清洁生产技术，不断改进生产工艺，降低污染物产生量和排放量，防止环境污染。

5.1.3　出水直接向周边水域排放时，应按国家和地方有关规定设置规范化排污口。排放水质应满足国家、行业、地方有关排放标准规定及项目环境影响评价审批文件有关要求。

5.1.4　应根据屠宰场和肉类加工厂的类型、建设规模、当地自然地理环境条件、排水去向及排放标准等因素确定废水处理工艺路线及处理目标，力求经济合理、技术先进可靠、运行稳定。

5.1.5 主要废水处理设施应按不少于两格或两组并联设计，主要设备应考虑备用。

5.1.6　废水处理构筑物应设检修排空设施，排空废水应经处理达标后外排。

5.1.7　屠宰与肉类加工废水处理工艺应包含消毒及除臭单元。

5.1.8　建议有条件的地方可进行屠宰与肉类加工废水深度处理，实现废水资源化利用。

5.1.9　废水处理厂（站）应按照《污染源自动监控管理办法》和地方环保部门有关规定安装废水在线监测设备。

5.2　设计规模

5.2.1　设计规模应根据生产工艺类型、产量及最大生产能力条件下的排水量综合考虑后确定。

5.2.2　废水水量、水质应以实测数据为准，缺少实测数据时可参考表 1、表 2、表 3 和表 4。

5.3　项目构成

5.3.1　本废水治理工程主要包括处理构筑物、工艺设备、配套设施以及运行管理设施。

5.3.2　处理工艺主要包括预处理、生化处理、深度处理、恶臭污染处理及污泥处理等。

5.3.3　工艺设备包括机械格栅、污水泵、三相分离器、曝气风机、曝气器、污泥脱水机等。

5.3.4　配套设施包括供配电、给排水、消防、通信、暖通、检测与控制、绿化等。

5.3.5　运行管理设施包括办公用房、分析化验室、库房、维修车间等。

5.4　总平面布置

5.4.1　总平面布置应满足 GB 50187 的相关规定。

5.4.2　应根据处理工艺流程和各构筑物的功能要求，综合考虑地形、地质条件、周围环境、建构筑物及各设施相互间平面空间关系等因素，在满足国家现行相关技术规范基础上，确定废水治理工程总体布置。按远期总处理规模预留场地并注意近远期之间的衔接。

5.4.3 废水治理工程应独立布置在厂区主导风向的下风向，各处理单元平面布置尽量紧凑（中小规模的废水处理构筑物可采用一体式构建），力求土建施工方便，设备安装、各类管线连接简捷且便于维护管理。

5.4.4 工艺流程、处理单元的竖向设计应充分利用场地地形，以符合排水通畅、降低能耗、平衡土方等方面要求。

5.4.5 应设置管理及辅助建筑物，其面积应结合处理工程规模及处理工艺等实际情况确定。

5.4.6 应根据需要设置存放材料、药剂、污泥、废渣等场所，不得露天堆放。

6 工艺设计

6.1 工艺选择原则

6.1.1 工艺选择应以连续稳定达标排放为前提，选择成熟、可靠的废水处理工艺。

6.1.2 应根据废水的水量、水质特征、排放标准、地域特点及管理水平等因素确定工艺流程及处理目标。

6.1.3 在达标排放的前提下，优先选择低运行成本、技术先进的处理工艺。处理工艺过程应尽可能做到自动控制。

6.1.4 屠宰与肉类加工废水处理应采用生化处理为主、物化处理为辅的组合处理工艺，并按照国家相关政策要求，因地制宜考虑废水深度处理及再用。

6.2 屠宰与肉类加工废水处理工艺

屠宰与肉类加工废水治理工程典型工艺流程如图 1 所示。

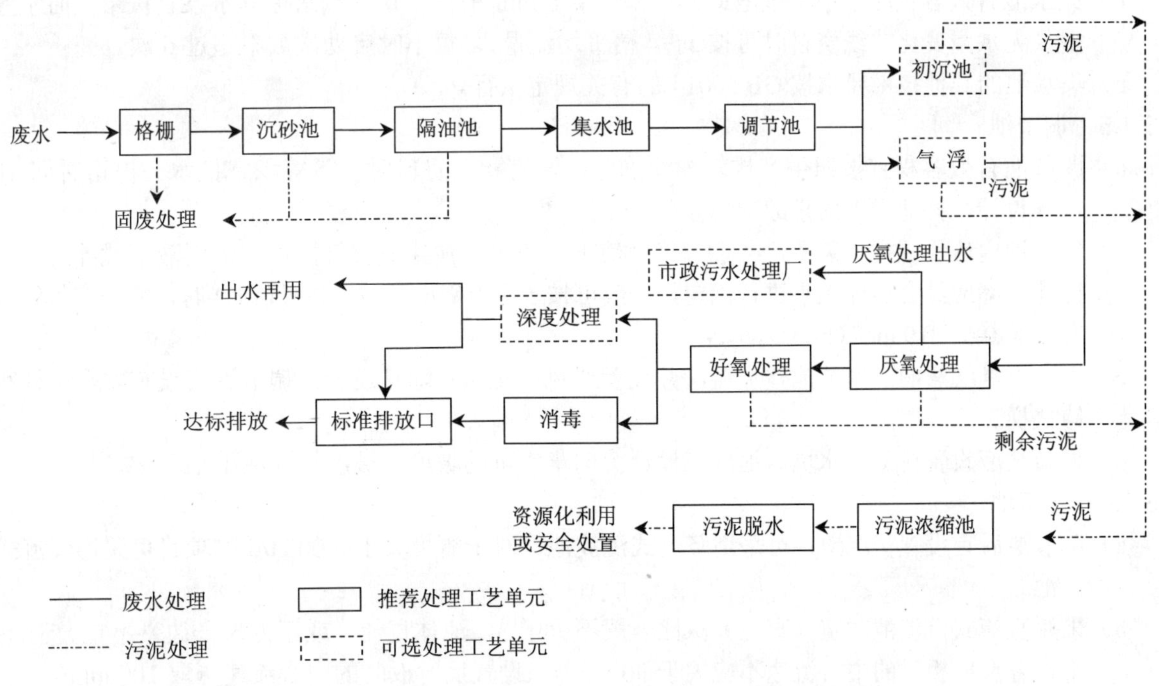

图 1 屠宰与肉类加工废水治理工程典型工艺流程

6.3 废水处理主体单元

6.3.1 预处理

屠宰与肉类加工废水工程的预处理部分主要包括：粗（细）格栅、沉砂池、隔油池、集水池、调节池和初沉池等。

6.3.1.1 格栅

a）调节池前应设置粗格栅和细格栅，并按最大时废水量设计。

b）处理废水量较大、漂浮杂物较多时，宜采用具有自动清洗功能的机械格栅。

c）应特别注意禽类与畜类屠宰加工废水处理的细格栅设备选型差异，废水中含有较多羽毛等漂浮物时必须设置专用的细格栅、水力筛或筛网等。

6.3.1.2 沉砂池

a）沉砂池设在格栅之后，隔油池之前，可与隔油池合建。

b）采用平流式沉砂池时，最大流速应为 0.3 m/s，最小流速为 0.15 m/s，水力停留时间宜为 30～60 s。

c）采用旋流式沉砂池时，旋流速度应为 0.6～0.9 m/s，表面负荷约为 200 m^3/（m^2·h），水力停留时间宜为 20～30 s。

6.3.1.3 隔油池

a）隔油池设置在调节池之前，沉砂池之后，对于大中型规模的废水治理工程，隔油池应设有撇油刮渣设施。

b）平流式隔油池停留时间一般为 1.5～2.0 h，斜板隔油池停留时间一般不大于 0.5 h。

c）含油脂较低的肉类加工厂废水可根据实际情况不单独设置隔油池。

6.3.1.4 集水池

a）当车间排水口管道埋深较大时，为减少调节池的埋深，便于施工，应设置集水池。

b）集水池有效容积应不小于该池最大工作水泵 5 min 的出水量，废水提升水泵宜按最大时水量选型（无水量变化曲线资料时可按 3～4 倍平均流量），每小时启动次数不超过 6 次。

c）集水池的其他技术要求按 GB 50014 的有关规定执行。

6.3.1.5 调节池

a）调节池有效容积宜按照生产排水规律确定，没有相关资料时有效容积宜按水力停留时间 10～24 h 设计，并适当考虑事故应急需要。

b）调节池内应设置搅拌装置，一般可采用液下（潜水）搅拌或空气搅拌。采用液下搅拌时，具体搅拌功率应结合池体大小进行确定，一般可按 5～10 W/m^3；采用空气搅拌时，所需空气量（标态）为 0.6～0.9 m^3/（h·m^3）。

c）为减少臭气影响，调节池宜加盖，并设置通风、排风及除臭设施；调节池应设有安全栏杆和检修扶梯。

d）调节池应设置排空集水坑，池底应设计流向集水坑的坡度，坡度设计应不小于 2%。

6.3.1.6 初沉池

a）调节池后宜设置初沉池，可采用竖流式沉淀池。对于规模大于 3 000 t/d 的项目可采用辐流式沉淀池。

b）采用竖流式沉淀池时宽（直径）深比一般不大于 3，池体直径（或正方形一边）不宜大于 8 m。不设置反射板时的中心流速不应大于 30 mm/s，设置反射板时的中心流速可取 100 mm/s。

c）沉淀池的水力停留时间应大于 1 h，但不宜大于 3 h；其他设计参见 GB 50014 的有关规定。

6.3.1.7 气浮

a）气浮可作为调节池后用于去除残留于废水中粒径较小的分散油、乳化油、绒毛、细小悬浮颗粒等杂物的一种备选技术。对于含有较多油脂和绒毛肉类加工厂废水，宜采用气浮工艺，以保证后续厌氧等处理单元的稳定运行及处理效果。

b）气浮的设计可参见相关废水气浮处理技术规范进行。

6.3.2 生化处理

生化处理是屠宰与肉类加工废水治理工程的核心，主要去除废水中可降解有机污染物及氨氮等营养型污染物。生化处理部分主要包括厌氧处理和好氧处理。

6.3.2.1 厌氧处理

屠宰与肉类加工废水一般宜采用的厌氧工艺为：升流式厌氧污泥床（UASB）或水解酸化技术。

（1）UASB

a）UASB 尤其适用于中高有机负荷、水量水质较稳定、悬浮物浓度较低时的废水处理。

b）UASB 应按容积负荷设计，并按水力停留时间校核，水力停留时间宜取 16～24 h。宜采用常温或中温厌氧；当水温较低时，宜设置加热装置和隔热保温层。不同温度下的容积负荷率可参考表 5。

表 5　不同温度条件下的 UASB 容积负荷率（COD_{Cr}）　　单位：kg /（m³·d）

指标	常温（15～30℃）	中温（30～35℃）
容积负荷率	2～5	5～10

UASB 有效容积的计算可参考以下公式：

$$V_R = \frac{QS_0}{N_V} \tag{2}$$

或

$$V_R = Q \times HRT \tag{3}$$

式中：V_R——厌氧反应器的有效容积，m^3；

Q——设计流量，m^3/d；

S_0——进水有机物（COD_{Cr}）质量浓度，kg/m^3；

N_V——容积负荷（COD_{Cr}），kg/（m^3·d）；

HRT——水力停留时间，d。

c）UASB 的设计应符合下列规定：

①UASB 的高度不宜超过 8 m，推荐反应器污泥床有效高度为 3.0～3.5 m。

②当废水处理量较大时，宜采用多个 UASB 反应器并联运行。

③应保证 UASB 内 pH 值维持在 6.8～7.6 之间；必要时应加入 $Ca(OH)_2$、$NaHCO_3$、Na_2CO_3 等调节控制碱度，使 pH 值保持在 6.8 以上。

④三相分离器中沉淀区的斜壁角度应不小于 45°，沉淀区表面负荷应在 0.75 m^3/（m^2·h）以下（无斜管时），或 1.0～1.5 m^3/（m^2·h）（有斜管时），三相分离器缝隙流速不大于 2 m/h。

⑤UASB 宜设置污泥界面测定点、采样点、温度监测点等。

⑥UASB 应考虑配套沼气能源回收利用或安全燃烧高空排放处理装置。

⑦UASB、沼气能源回收利用或安全处理装置应符合 GB 50016 中的有关消防安全设计规定。

（2）水解酸化技术

a）水解酸化技术适用于较高容积负荷、水质水量波动变化较大时的废水处理。

b）宜采用常温水解酸化。通常按水力停留时间设计，有机容积负荷校核，水力停留时间一般为4～10 h，容积负荷（COD_{Cr}）为4.8～12.0 kg/（m^3·d）。

c）水解酸化池一般采用上向流式，最大上升流速应小于2.0 m/h。

d）设计水解酸化池温度应控制在15℃以上，以20～30℃为宜。

e）水解酸化池可根据实际需要悬挂一定生物填料，填料高度一般应为水解酸化池的有效池深的1/2～2/3为宜。

6.3.2.2 好氧处理

好氧处理宜采用具有脱氮除磷功能的序批式活性污泥技术（SBR）或生物接触氧化技术，有条件时亦可采用膜生物反应器（MBR）工艺。

（1）SBR工艺

a）SBR工艺尤其适合废水间歇排放、流量变化大的废水处理。

b）本规范中所指的SBR工艺包括传统SBR、改良型SBR（改良式序列间歇反应器MSBR、循环式活性污泥系统CASS及循环式活性污泥技术（CAST）等工艺。

c）SBR反应池应设置两个或两个以上并联交替运行。

d）采用SBR工艺处理屠宰场与肉类加工厂废水时，污泥负荷（BOD_5/MLVSS）宜取0.1～0.4 kg/（kg·d）；总运行周期为：6～12 h，其中五个过程的水力停留时间可分别设计为：进水期1～2 h，反应期4～8 h，沉淀期1～2 h，排水期0.5～1.5 h，闲置期1～2 h。各工序具体取值按实际工程废水水质条件确定。

e）屠宰场与肉类加工厂废水的氨氮和水温是设计计算中考虑的重点因素。通常需按最低废水水温（结合氨氮出水标准）计算硝化反应速率、校核反应器容积。

f）SBR工艺其他设计细节可参照GB 50014及有关设计手册等有关规定进行。

（2）接触氧化工艺

a）接触氧化工艺广泛适用于不同规模的屠宰场与肉类加工厂废水治理工程，尤其适用于场地面积小、水量小、有机负荷波动大的情况。

b）接触氧化工艺所使用的填料应采用轻质、高强度、防腐蚀、化学和生物稳定性好的材料，并应保证其易于挂膜、水力阻力小、比表面积大或孔隙率高。

c）生物接触氧化工艺的水力停留时间一般取8～12 h，填料容积负荷率（BOD_5）应为1.0～1.5 kg/（m^3·d）。

d）屠宰场和肉类加工厂废水处理工程常采用竖流式沉淀池作为二沉池。可根据有关的设计手册及实际工程经验选取表面负荷、沉淀时间等设计参数。竖流式沉淀池表面负荷一般取值为：0.6～0.8 m^3/（m^2·h），斜管沉淀池表面负荷一般取值为：1.0～1.5 m^3/（m^2·h），沉淀池的水力停留时间应大于1 h，但不宜大于3 h。

e）对于规模大于3 000 t/d的项目，可采用辐流式沉淀池。有关设计参考初沉池，按照GB 50014的有关规定执行。

f）其他设计细节可参照HJ/T 337、GB 50014有关规定进行。

（3）MBR工艺

a）MBR工艺适用于占地面积小且出水水质要求高的废水处理。

b）膜生物反应器分为内置式和外置式两种，宜选用内置式中空纤维膜组件（HF）或平板膜（PF）MBR工艺。

c）膜通量等参数以实验数据或膜组件供应商数据为准。中空纤维膜组件的膜通量一般可设计为8～15 L/（m^2·h），平板膜的膜通量一般可设计为14～20 L/（m^2·h）。

d）MBR 反应器主要工艺参数：水力停留时间一般为 8～16 h，MBR 其他主要设计运行参数见表 6。

e）应考虑膜污染的控制、膜清洗技术及维修措施。

表 6 膜生物反应器（MBR）的工艺参数

项目	内置式 MBR	外置式 MBR
污泥浓度/（mg/L）	8 000～12 000	10 000～15 000
污泥负荷（COD_{Cr}/MLVSS）/[kg/（kg·d）]	0.10～0.30	0.30～0.60
剩余污泥产泥系数（MLVSS/COD_{Cr}）/（kg/kg）	0.10～0.30	0.10～0.30

6.3.2.3 消毒

（1）屠宰场与肉类加工厂废水必须进行消毒处理。

（2）一般采用二氧化氯或次氯酸钠进行消毒，消毒接触时间不应小于 30 min，有效质量浓度不应小于 50 mg/L。

（3）可兼顾考虑废水脱色处理与消毒。

6.4 深度处理

6.4.1 地方环保部门对废水处理及排放有严格要求时应进行深度处理。

6.4.2 达标排放废水的深度处理宜采用生物处理和物化处理相结合的工艺，如曝气生物滤池（BAF）、生物活性炭、混凝沉淀、过滤等。具体选用何种组合方式及相关工艺参数应通过试验确定。再用水应以项目场内为主，厂外区域为辅。

6.4.3 其他设计细节可参照 GB 50335 相应规定执行。

6.4.4 再用水用作厂区冲洗地面、冲厕、冲洗车辆、绿化、建筑施工等用途时，其水质应符合 GB/T 18920。

6.5 恶臭污染物控制

6.5.1 屠宰场与肉类加工厂的恶臭治理对象主要包括屠宰临时圈养区、屠宰场区及废水处理厂（站）的臭气源。

6.5.2 有恶臭源的废水处理单元（调节池、进水泵站、厌氧、污泥储存、污泥脱水等）宜设计为密闭式，并配备恶臭集中处理设施，将各工艺过程中产生的臭气集中收集处理，减少恶臭对周围环境的污染。

6.5.3 常规恶臭控制工艺包括物理脱臭、化学脱臭及生物脱臭等，本类废水治理工程宜选用生物填料塔型过滤技术、生物洗涤技术、活性炭吸附等脱臭工艺。

6.5.4 屠宰场与肉类加工厂恶臭污染物的排放浓度应符合 GB 14554 的规定。

6.6 污泥处理单元

6.6.1 污泥包括物化沉淀污泥和生化剩余污泥，其中以生化剩余污泥为主。

6.6.2 生化剩余污泥量根据有机物浓度、污泥产率系数进行计算；物化污泥量根据悬浮物浓度、加药量等进行计算。不同处理工艺产生的剩余污泥量（DS/BOD_5）不同，一般可按 0.3～0.5 kg/kg 设计，污泥含水率 99.3%～99.4%。

6.6.3 宜设置污泥浓缩贮存池。一般可采用重力式污泥浓缩池，污泥浓缩时间宜按 16～24 h 设计，浓缩后污泥含水率应不大于 98%。

6.6.4 污泥脱水前应进行污泥加药调理。药剂种类应根据污泥性质和干污泥的处理方式选用，投加量通过试验或参照同类型污泥脱水的数据确定。

6.6.5 污泥脱水机类型应根据污泥性质、污泥产量、脱水要求等进行选择，脱水污泥含水率应小于

80%。

6.6.6 屠宰与肉类加工废水处理中产生的剩余污泥可作农用或与城市污水厂污泥一并处理，作农用时应符合 GB 4284 的规定。当采用卫生填埋处置或单独处置时，污泥含水率应小于 60%。

6.6.7 脱水污泥严禁露天堆放，并应及时外运处理。污泥堆场的大小按污泥产量、运输条件等确定。污泥堆场地面应有防渗、防漏、防雨水等措施。

7 主要工艺设备和材料

7.1 曝气设备

7.1.1 应选用氧利用效率高、混合效果好、质量可靠、阻力损失小、容易安装维修及不易产生堵塞的产品。适宜于本类废水的主要曝气方式有鼓风曝气、射流曝气等。

7.1.2 应选用符合国家或行业标准规定的产品，具体要求如下：

a）中、微孔曝气器应符合 HJ/T 252 的规定；

b）射流曝气器应符合 HJ/T 263 的规定；

c）散流式曝气器应符合 HJ/T 281 的规定；

d）其他新型曝气器宜以实验数据或产品认证材料为准。

7.2 风机

7.2.1 风机应选用高效、节能、使用方便、运行安全，噪声低、易维护管理的机型。由于屠宰与肉类加工废水治理工程常属中小规模，宜选用罗茨鼓风机，并设置降噪措施。

7.2.2 风机选型具体计算应考虑如下因素确定：

a）按废水水质影响系数α取 0.8～0.85，β系数取 0.9～0.97 修正供氧量；

b）当废水水温较高或较低时应进行温度系数修正；

c）空气密度和含氧量应根据当地大气压进行修正；

d）采用罗茨风机时，出口风量应根据进口风量及风量影响系数进行修正；

e）风压应根据风机特性、空气管网损失、曝气器的阻力、曝气器安装水深等计算确定；

f）风机的设置台数，应根据总供风量、所需风压、选用风机单机性能曲线、气温污水负荷变化情况等综合确定。

7.2.3 选用风机时，应符合国家或行业标准规定的产品，罗茨鼓风机应符合 HJ/T 251 的规定。

7.2.4 应至少设置 1 台备用风机。

7.2.5 其他设计细节可参照 CECS 97 相应规定执行。

7.3 格栅

7.3.1 旋转式细格栅应符合 HJ/T 250 的规定。

7.3.2 格栅除污机应符合 HJ/T 262 的规定。

7.4 脱水机

7.4.1 污泥脱水用厢式压滤机和板框压滤机应符合 HJ/T 283 的规定。

7.4.2 带式压榨过滤机应符合 HJ/T 242 的规定。

7.4.3 污泥浓缩带式脱水一体机应符合 HJ/T 335 的规定。

7.5 加药设备

加药设备应符合 HJ/T 369 的规定。

7.6 泵

潜水排污泵应符合 HJ/T 336 的规定。其他类型的泵应符合国家节能等方面的要求。

7.7 填料

悬挂式填料应符合 HJ/T 245 的规定，悬浮填料应符合 HJ/T 246 的规定。

7.8 监测系统

监测系统及安装应符合 HJ/T 353 的规定，采用符合 HJ/T 15、HJ/T 96、HJ/T 101、HJ/T 103、HJ/T 377 等规定的监测仪器。

7.9 其他设备、材料

其他机械、设备、材料应符合国家或行业标准的规定。

8 检测与过程控制

8.1 为保证废水处理设施运行的连续性和可靠性，提高自动化控制水平，废水处理厂（站）宜采用 PLC 集散型控制。

8.2 废水处理厂（站）宜根据工艺控制要求设置 pH 计、流量计、液位控制器、溶氧仪等装置。

8.3 废水处理厂（站）宜按国家和地方环保部门有关规定安装废水在线监测系统，并与相关环境管理监控中心联网。

8.4 废水在线监测系统的数据传输应符合 HJ/T 212 的规定。

9 主要辅助工程

9.1 电气

9.1.1 独立处理厂（站）供电宜按二级负荷设计，厂内处理厂（站）供电等级，应与生产车间相等。

9.1.2 低压配电设计应符合 GB 50054 设计规范的规定。

9.1.3 供配电应符合 GB 50052 设计规范的规定。

9.1.4 工艺装置的中央控制室的仪表电源应配备在线式不间断供电电源设备（UPS）。

9.1.5 建设工程施工现场供用电安全应符合 GB 50194 规范的规定。

9.2 空调与暖通

9.2.1 地下构筑物应有通风设施。

9.2.2 在北方寒冷地区，处理构筑物应有防冻措施。当采暖时，处理构筑物室内温度可按 5℃设计；加药间、检验室和值班室等的室内温度按不低于 15℃设计。

9.3 给排水与消防

9.3.1 废水治理工程的给排水与消防应同生产企业车间等一并规划、设计、配置设施，废水治理工程区内应实行雨污分流。

9.3.2 处理厂（站）排水一般宜采用重力流排放；当遇到潮汛、暴雨，排水口标高低于地表水水位时，应设闸门和排水泵站。

9.3.3 处理厂（站）消防设计应符合 GB 50016 的有关规定，易燃易爆的车间或场所应按消防部门要求设置消防器材。

9.4 道路与绿化

9.4.1 处理厂（站）内道路应符合 GBJ 22 的有关规定。

9.4.2 屠宰与肉类加工废水治理工程的绿化应与总厂统一设计布置，绿化布置方案要满足有关技术规范等对绿化率的要求。

9.4.3 屠宰与肉类加工废水治理工程内应尽可能种植能吸收臭气、有净化空气作用的植物作为绿化隔离带，以减少臭气和噪声对环境的影响；但厂区内不宜种植高大的树种，以防树叶落入水池引起设备堵塞。

10 劳动安全与职业卫生

10.1 废水治理工程在设计、施工和运行过程中，必须高度重视安全卫生问题，严格执行国家及地方的有关规定，采取有效的应对措施和预防手段。

10.2 废水处理厂（站）应建立明确的岗位责任制，各工种、岗位应按工艺特征和要求制定相应的安全操作规程、注意事项等。

10.3 废水处理厂（站）内应有必要的安全、报警等装置，应制定意外事件的应急预案；生产作业区应配备消防器材；厂区各明显位置应配有禁烟、防火、限速和用电警告等标志。

10.4 废水处理厂（站）应具备设备日常维护、保养与检修、突发性故障时的应急处理能力。

10.5 应为职工配备必要的劳动安全卫生设施和劳动防护用品，各种设施及防护用品应由专人维护保养，保证其完好、有效；各岗位操作人员上岗时必须穿戴相应的劳保用品。

10.6 各种机械设备裸露的传动部分或运动部分应设置防护罩或防护栏杆，周围应保持一定的操作活动空间，以免发生机械伤害事故。

10.7 各构筑物应设有便于行走的操作平台、走道板、安全护栏和扶手，栏杆高度和强度应符合国家有关安全生产规定。

10.8 设备安装和检修时应有相应的警示、保护设施，必须多人同时作业。

10.9 具有有害气体、易燃气体、异味、粉尘和环境潮湿的场所，应有良好的通风设施。

10.10 高架处理构筑物应设置适用的栏杆、防滑梯和避雷针等安全设施，构筑物的避雷、防暴装置的维修应符合气象和消防部门的规定。

10.11 所有正常不带电的电气设备其金属外壳均应采取接地或接零保护，钢结构、排气管、排风管和铁栏杆等金属物应采用等电位联接后宜作保护接地。

10.12 明装金属构件应采取良好防腐蚀措施，且应固定牢靠。

11 施工与验收

11.1 工程施工

11.1.1 屠宰与肉类加工废水治理工程的设计、施工单位应具备国家相应工程设计资质、施工资质。

11.1.2 废水治理工程的设计、施工应符合国家建设项目管理要求。

11.1.3　废水处理厂（站）建设、运行过程中产生的噪声及其他污染物排放应严格执行国家环境保护法规和标准的有关规定。

11.1.4　废水治理工程施工中所使用的设备、材料、器件等应符合相关的国家标准，并具备产品质量合格证。

11.1.5　按照环境管理要求需要安装在线监测系统的，应执行 HJ/T 353、HJ/T 354、HJ/T 355。

11.1.6　废水治理工程施工单位除应遵守相关的技术规范外，还应遵守国家有关部门颁布的劳动安全及卫生、消防等国家强制性标准。

11.2　工程调试及竣工验收

11.2.1　废水治理工程验收应按《建设项目（工程）竣工验收办法》、相应专业验收规范和本标准的有关规定进行组织。工程竣工验收前，不得投入生产性使用。

11.2.2　建筑电气工程施工质量验收应符合 GB 50303 规范的规定。

11.2.3　各设备、构筑物、建筑物单体按国家或行业的有关标准（规范）验收后，废水处理设施应进行清水联通启动、整体调试和验收。

11.2.4　应在通过整体调试、各环节运转正常、技术指标达到设计和合同要求后进入生产试运行。

11.2.5　试运行期间应进行水质检测，检测指标应至少包括：

a）各处理单元中 pH 值、温度、水量；

b）各单元进、出水主要污染物浓度，如悬浮物、化学需氧量、生化需氧量、氨氮、总氮、总磷、动植物油及色度。

11.3　环境保护验收

11.3.1　废水治理工程环境保护验收除应满足《建设项目竣工环境保护验收管理办法》规定的条件外，在生产试运行期还应对废水治理工程进行调试和性能试验，试验报告应作为环境保护验收的重要内容。

11.3.2　废水治理工程环境保护验收应严格按照工程环境影响评价报告的批复执行。经环境保护竣工验收合格后，废水治理工程方可正式投入使用。

11.3.3　屠宰与肉类加工废水治理工程环境保护验收的主要技术文件应包括：

— 项目环境影响报告审批文件；

— 批准的设计文件和设计变更文件；

— 废水处理工程调试报告；

— 具有资质的环境监测部门出具的废水处理验收监测报告；

— 试运行期连续监测报告（一般不少于 1 个月）；

— 完整的启动试运行、生产试运行记录等；

— 废水处理设施运行管理制度、岗位操作规程等。

12　运行与维护

12.1　一般规定

12.1.1　废水治理工程应由各类具有执业资质、持上岗证书的技术人员、管理人员进行操作和管理。

12.1.2　未经当地环境保护行政主管部门批准，废水处理设施不得停止运行。由于紧急事故造成设施停止运行时，应立即报告当地环境保护行政主管部门。

12.1.3　废水处理由第三方运营时，运营方必须具有相应等级环境污染治理设施运营资质。

12.1.4　废水治理工程应健全规章制度、岗位操作规程和质量管理等文件。

12.2 人员与运行管理

12.2.1 实施质量控制，保证废水治理工程的正常运行及运行质量。

12.2.2 运行人员应定期进行岗位培训，持证上岗。运行管理人员上岗前均应进行相关法律法规和专业技术、安全防护、紧急处理等理论知识和操作技能的培训。

12.2.3 各岗位人员应严格按照操作规程作业，如实填写运行记录，并妥善保存。

12.2.4 严禁非本岗位人员擅自启、闭岗位设备，管理人员不得违章指挥。

12.2.5 废水处理厂（站）的运行应达到以下技术指标：运行率 100%（以实际天数计），达标率大于95%（以运行天数和主要水质指标计），设备的综合完好率大于 90%。

12.2.6 废水处理厂（站）设备的日常维护、保养应纳入正常的设备维护管理工作，根据工艺要求，定期对构筑物、设备、电气及自控仪表进行检查维护，确保处理设施稳定运行。

12.2.7 宜每日监测厌氧反应器内液体的 pH 值、温度及内部沼气压力、产气量等指标，并根据监测数据及时调整厌氧反应器运行工况或采取相应措施。各项目的检测方法应符合国家有关规定。

12.2.8 臭气收集、除臭装置应保持良好的工作状态，室内臭气浓度应符合 GB/T 18883 的规定，适合操作人员长期在岗工作。

12.2.9 格栅、沉砂池等其他设施的运行管理可参照 CJJ 60 及 CJJ/T 30 的有关规定执行。

12.2.10 发现异常情况时，应采取相应解决措施并及时上报有关主管部门。

12.3 环境管理

12.3.1 废水处理厂（站）的噪声应符合 GB 3096 和 GB 12348 的规定，建筑物内部设施噪声源控制应符合 GBJ 87 中的有关规定。

12.3.2 废水处理厂（站）区内各类地点的噪声控制宜采取以隔音为主，辅以消声、隔振、吸音等综合治理措施。宜采用低噪声设备及作减振方式安装。

12.3.3 应保持废水处理厂（站）内环境整洁，并采取灭蝇灭蚊灭鼠措施。

12.4 水质管理

12.4.1 废水处理厂（站）运行过程应定期采样分析，常规指标包括：化学需氧量、生化需氧量、悬浮物、污泥浓度（MLSS）、SVI 指数、氨氮、总氮、总磷、pH、色度等。

12.4.2 已安装在线监测设备的，也应定期进行取样，进行人工监测，比对在线监测数据。

12.4.3 生产周期内每间隔 4 h 采样一次，每日采样次数不少于三次，可分别分析或混合分析，其中化学需氧量、悬浮物、pH、镜检、色度等每天至少分析一次，生化需氧量至少每周分析一次。

12.4.4 水质取样应在废水处理排放口或根据处理工艺控制点取样。

12.5 应急措施

12.5.1 企业应编制事故应急预案（包括环保应急预案）。应急预案包括：应急预警、应急响应、应急指挥、应急处理等方面的内容，制定相应的应急处理措施，并配套相应的人力、设备、通信等应急处理的必备条件。

12.5.2 废水治理设施发生异常情况或重大事故时，应及时分析解决，并按应急预案中的规定向有关主管部门汇报。

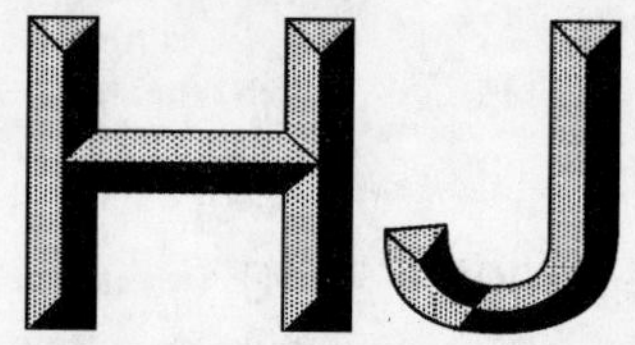

中华人民共和国国家环境保护标准

HJ 2005—2010

人工湿地污水处理工程技术规范

Technical specification of constructed wetlands for wastewater treatment engineering

2010-12-17 发布　　　　2011-03-01 实施

环　境　保　护　部　发布

前 言

为贯彻《中华人民共和国环境保护法》和《中华人民共和国水污染防治法》，规范我国人工湿地污水处理工程的建设、运行、维护和管理，制定本标准。

本标准规定了人工湿地污水处理工程有关设计、施工和运行维护的技术要求。

本标准为首次发布。

本标准由环境保护部科技标准司组织制订。

本标准起草单位：沈阳环境科学研究院。

本标准由环境保护部 2010 年 12 月 17 日批准。

本标准自 2011 年 3 月 1 日起实施。

本标准由环境保护部解释。

人工湿地污水处理工程技术规范

1 适用范围

本标准规定了人工湿地污水处理工程的总体要求、工艺设计、施工与验收、运行与维护等技术要求。

本标准适用于城镇生活污水、城镇污水处理厂出水及与生活污水性质相近的其他污水处理工程，可作为人工湿地污水处理工程设计、施工、建设项目竣工环境保护验收及建成后运行与维护的技术依据。

2 规范性引用文件

本标准内容引用了下列文件中的条款。凡是不注日期的引用文件，其有效版本适用于本标准。

GB 12348 工业企业厂界环境噪声排放标准
GB/T 12801 生产过程安全卫生要求总则
GB 14554 恶臭污染物排放标准
GB 18918 城镇污水处理厂污染物排放标准
GB 50003 砌体结构设计规范
GB 50011 建筑抗震设计规范
GB 50013 室外给水设计规范
GB 50014 室外排水设计规范
GB 50015 建筑给水排水设计规范
GB 50016 建筑设计防火规范
GB 50019 采暖通风与空气调节设计规范
GB 50034 工业企业照明设计规范
GB 50040 动力机器基础设计规范
GB 50052 供配电系统设计规范
GB 50053 10 kV 及以下变电所设计规范
GB 50054 低压配电设计规范
GB 50069 给水排水工程构筑物结构设计规范
GB 50070 混凝土结构设计规范
GB 50140 建筑灭火器配置设计规范
GB 50204 混凝土结构工程施工质量验收规范
GB 50231 机械设备安装工程施工及验收通用规范
GB 50268 给水排水管道工程施工及验收规范
GB 50335 污水再生利用工程设计规范
GBJ 87 工业企业厂界噪声控制设计规范
GBJ 141 给水排水构筑物施工及验收规范
GB/T 13663 给水用聚乙烯（PE）管材
HJ/T 15 环境保护产品技术要求 超声波明渠污水流量计

HJ/T 96　pH 水质自动分析仪技术要求

HJ/T 101　氨氮水质自动分析仪技术要求

HJ/T 103　总磷水质自动分析仪技术要求

HJ/T 353　水污染源在线监测系统安装技术规范

HJ/T 354　水污染源在线监测系统验收技术规范

HJ/T 355　水污染源在线监测系统运行与考核技术规范

HJ/T 377　环境保护产品技术要求　化学需氧量（COD_{Cr}）水质在线自动监测仪

CJJ 17　城市生活垃圾卫生填埋技术规范

CJJ 60　城市污水处理厂运行、维护及其安全技术规程

建设项目竣工环境保护验收管理办法（国家环境保护总局令　第 13 号）

3　术语和定义

下列术语和定义适用于本标准。

3.1

人工湿地　constructed wetland

指用人工筑成水池或沟槽，底面铺设防渗漏隔水层，充填一定深度的基质层，种植水生植物，利用基质、植物、微生物的物理、化学、生物三重协同作用使污水得到净化。按照污水流动方式，分为表面流人工湿地、水平潜流人工湿地和垂直潜流人工湿地。

3.2

表面流人工湿地　surface flow constructed wetland

指污水在基质层表面以上，从池体进水端水平流向出水端的人工湿地。

3.3

水平潜流人工湿地　horizontal subsurface flow constructed wetland

指污水在基质层表面以下，从池体进水端水平流向出水端的人工湿地。

3.4

垂直潜流人工湿地　vertical subsurface flow constructed wetland

指污水垂直通过池体中基质层的人工湿地。

3.5

预处理　pretreatment

指为满足工程总体要求、人工湿地进水水质要求及减轻湿地污染负荷，在人工湿地前设置的处理工艺，如格栅、沉砂、初沉、均质、水解酸化、稳定塘、厌氧、好氧等。

3.6

后处理　aftertreatment

指为满足出水达标排放或回用要求，在人工湿地后设置的处理工艺，如活性炭吸附、混凝沉淀、过滤、消毒、稳定塘等。

3.7

基质　bed filler

指提供人工湿地植物与微生物生长并对污染物起过滤、吸收作用的填充材料，包括土壤、砂、砾石、沸石、石灰石、页岩、塑料、陶瓷等。

3.8

水力停留时间　hydraulic retention time

指污水在人工湿地内的平均驻留时间。潜流人工湿地的水力停留时间按式（1）计算：

$$t=\frac{V\times\varepsilon}{Q} \tag{1}$$

式中：t——水力停留时间，d；

V——人工湿地基质在自然状态下的体积，包括基质实体及其开口、闭口孔隙，m^3；

ε——孔隙率，%；

Q——人工湿地设计水量，m^3/d。

3.9

表面有机负荷 organic surface loading

指每平方米人工湿地在单位时间去除的五日生化需氧量。按式（2）计算：

$$q_{os}=\frac{Q\times(C_0-C_1)\times10^{-3}}{A} \tag{2}$$

式中：q_{os}——表面有机负荷，kg/（m^2·d）；

Q——人工湿地设计水量，m^3/d；

C_0——人工湿地进水 BOD_5 质量浓度，mg/L；

C_1——人工湿地出水 BOD_5 质量浓度，mg/L；

A——人工湿地面积，m^2。

3.10

表面水力负荷 hydraulic surface loading

指每平方米人工湿地在单位时间所能接纳的污水量。按式（3）计算：

$$q_{hs}=\frac{Q}{A} \tag{3}$$

式中：q_{hs}——表面水力负荷，m^3/（m^2·d）；

Q——人工湿地设计水量，m^3/d；

A——人工湿地面积，m^2。

3.11

水力坡度 hydraulic slope

指污水在人工湿地内沿水流方向单位渗流路程长度上的水位下降值。按式（4）计算：

$$i=\frac{\Delta H}{L}\times100\% \tag{4}$$

式中：i——水力坡度，%；

ΔH——污水在人工湿地内渗流路程长度上的水位下降值，m；

L——污水在人工湿地内渗流路程的水平距离，m。

4 设计水量和设计水质

4.1 设计水量

设计水量的确定应符合 GB 50014 中的有关规定。

4.2 设计水质

4.2.1 当工程接纳城镇生活污水时，其设计水质可参照 GB 50014 中的有关规定；接纳与生活污水性质相近的其他污水时，其设计水质可通过调查确定。

4.2.2 当工程接纳城镇污水处理厂出水时，其设计水质应按 GB 18918 中的规定取值。

4.2.3 人工湿地系统进水水质应满足表 1 的规定。

表 1 人工湿地系统进水水质要求

单位：mg/L

人工湿地类型	BOD_5	COD_{Cr}	SS	NH_3-N	TP
表面流人工湿地	≤50	≤125	≤100	≤10	≤3
水平潜流人工湿地	≤80	≤200	≤60	≤25	≤5
垂直潜流人工湿地	≤80	≤200	≤80	≤25	≤5

4.3 人工湿地系统污染物去除效率

人工湿地系统污染物去除效率可参照表 2 中数据取值。

表 2 人工湿地系统污染物去除效率

单位：%

人工湿地类型	BOD_5	COD_{Cr}	SS	NH_3-N	TP
表面流人工湿地	40～70	50～60	50～60	20～50	35～70
水平潜流人工湿地	45～85	55～75	50～80	40～70	70～80
垂直潜流人工湿地	50～90	60～80	50～80	50～75	60～80

5 总体要求

5.1 建设规模

5.1.1 应综合考虑服务区域范围内的污水产生量、分布情况、发展规划以及变化趋势等因素，并以近期为主，远期可扩建规模为辅的原则确定。

5.1.2 建设规模按以下规则分类：

a）小型人工湿地污水处理工程的日处理能力＜3 000 m^3/d；

b）中型人工湿地污水处理工程的日处理能力 3 000～10 000 m^3/d；

c）大型人工湿地污水处理工程的日处理能力≥10 000 m^3/d。

注：下限值含该值，上限值不含该值。

5.2 工程项目构成

5.2.1 工程项目主要包括：污水处理构（建）筑物与设备、辅助工程和配套设施等。

5.2.2 污水处理构（建）筑物与设备包括：预处理、人工湿地、后处理、污泥处理、恶臭处理等系统。

5.2.3 辅助工程包括：厂区道路、围墙、绿化、电气系统、给排水、消防、暖通与空调、建筑与结构等工程。

5.2.4 配套设施包括：办公室、休息室、浴室、食堂、卫生间等生活设施。

5.2.5 人工湿地系统可由一个或多个人工湿地单元组成，人工湿地单元包括配水装置、集水装置、基质、防渗层、水生植物及通气装置等。

5.3 场址选择

5.3.1 应符合当地总体发展规划和环保规划的要求，以及综合考虑交通、土地权属、土地利用现状、发展扩建、再生水回用等因素。

5.3.2 应考虑自然背景条件，包括土地面积、地形、气象、水文以及动植物生态因素等，并进行工程地质、水文地质等方面的勘察。

5.3.3 应不受洪水、潮水或内涝的威胁，且不影响行洪安全。

5.3.4 宜选择自然坡度为0%～3%的洼地或塘，以及未利用土地。

5.4 总平面布置

5.4.1 应充分利用自然环境的有利条件，按建（构）筑物使用功能和流程要求，结合地形、气候、地质条件，便于施工、维护和管理等因素，合理安排，紧凑布置。

5.4.2 厂区的高程布置应充分利用原有地形，符合排水通畅、降低能耗、平衡土方的要求；多单元湿地系统高程设计应尽量结合自然坡度，采用重力流形式，需提升时，宜一次提升。

5.4.3 应综合考虑人工湿地系统的轮廓、不同类型人工湿地单元的搭配、水生植物的配置、景观小品设施营建等因素，使工程达到相应的景观效果。

6 工艺设计

6.1 一般规定

6.1.1 工艺设计应综合考虑处理水量、原水水质、占地面积、建设投资、运行成本、排放标准、稳定性，以及不同地区的气候条件、植被类型和地理条件等因素，并应通过技术经济比较确定适宜的方案。

6.1.2 预处理、后处理、污泥处理、恶臭处理等系统设计应符合 GB 50014 及相关行业规范中的有关规定。

6.1.3 人工湿地系统由多个同类型或不同类型的人工湿地单元构成时，可分为并联式、串联式、混合式等组合方式。

6.2 工艺流程

按工程接纳的污水类型，基本工艺流程如下：

a）当工程接纳城镇生活污水及与生活污水性质相近的其他污水时，基本工艺流程为：

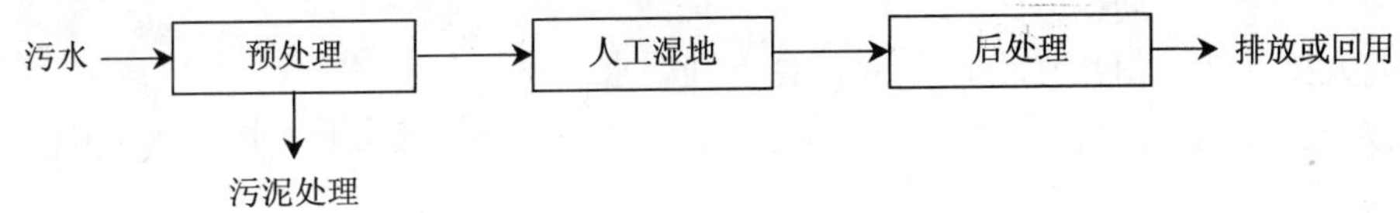

图1 工程接纳城镇生活污水或与生活污水性质相近的其他污水的工艺流程图

b）当工程接纳城镇污水处理厂出水时，基本工艺流程为：

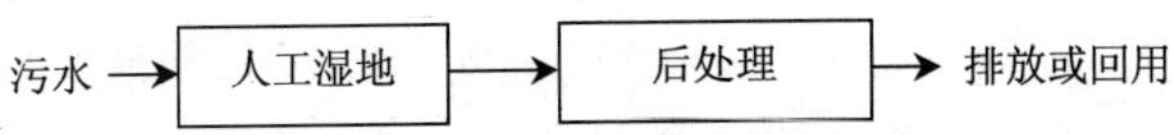

图2 工程接纳城镇污水处理厂出水的工艺流程图

6.3 预处理

6.3.1 预处理的程度和方式应综合考虑污水水质、人工湿地类型及出水水质要求等因素，可选择格栅、沉砂、初沉、均质等一级处理工艺，物化强化法、AB 法前段、水解酸化、浮动生物床等一级强化处理工艺，以及 SBR、氧化沟、A/O、生物接触氧化等二级处理工艺。

6.3.2 污水的 BOD_5/COD_{Cr} 小于 0.3 时，宜采用水解酸化处理工艺。

6.3.3 污水的 SS 含量大于 100 mg/L 时，宜设沉淀池。

6.3.4 污水中含油量大于 50 mg/L，宜设除油设备。

6.3.5 污水的 DO 小于 1.0 mg/L 时，宜设曝气装置。

6.4 人工湿地

6.4.1 设计参数

6.4.1.1 人工湿地面积应按五日生化需氧量表面有机负荷确定，同时应满足水力负荷的要求。

6.4.1.2 人工湿地的主要设计参数，宜根据试验资料确定；无试验资料时，可采用经验数据或按表 3 的数据取值。

表 3 人工湿地的主要设计参数

人工湿地类型	BOD_5 负荷/[kg/（hm^2·d）]	水力负荷/[m^3/（m^2·d）]	水力停留时间/d
表面流人工湿地	15～50	＜0.1	4～8
水平潜流人工湿地	80～120	＜0.5	1～3
垂直潜流人工湿地	80～120	＜1.0（建议值：北方：0.2～0.5；南方：0.4～0.8）	1～3

6.4.2 几何尺寸

6.4.2.1 潜流人工湿地几何尺寸设计，应符合下列要求：

a）水平潜流人工湿地单元的面积宜小于 800 m^2，垂直潜流人工湿地单元的面积宜小于 1 500 m^2；

b）潜流人工湿地单元的长宽比宜控制在 3∶1 以下；

c）规则的潜流人工湿地单元的长度宜为 20～50 m。对于不规则潜流人工湿地单元，应考虑均匀布水和集水的问题；

d）潜流人工湿地水深宜为 0.4～1.6 m；

e）潜流人工湿地的水力坡度宜为 0.5%～1%。

6.4.2.2 表面流人工湿地几何尺寸设计，应符合下列要求：

a）表面流人工湿地单元的长宽比宜控制在 3∶1～5∶1，当区域受限，长宽比＞10∶1 时，需要计算死水曲线；

b）表面流人工湿地的水深宜为 0.3～0.5 m；

c）表面流人工湿地的水力坡度宜小于 0.5%。

6.4.3 集、配水及出水

6.4.3.1 人工湿地单元宜采用穿孔管、配（集）水管、配（集）水堰等装置来实现集配水的均匀。

6.4.3.2 穿孔管的长度应与人工湿地单元的宽度大致相等。管孔密度应均匀，管孔的尺寸和间距取决于污水流量和进出水的水力条件，管孔间距不宜大于人工湿地单元宽度的 10%。

6.4.3.3 穿孔管周围宜选用粒径较大的基质，其粒径应大于管穿孔孔径。

6.4.3.4 在寒冷地区，集、配水及进、出水管的设置应考虑防冻措施。

6.4.3.5 人工湿地出水可采用沟排、管排、井排等方式，并设溢流堰、可调管道及闸门等具有水位调节功能的设施。

6.4.3.6 人工湿地出水量较大且跌落较高时，应设置消能设施。

6.4.3.7 人工湿地出水应设置排空设施。

6.4.4 清淤及通气

6.4.4.1 潜流人工湿地底部应设置清淤装置。

6.4.4.2 垂直潜流人工湿地内可设置通气管，同人工湿地底部的排水管相连接，并且与排水管道管径相同。

6.4.5 基质

6.4.5.1 基质的选择应根据基质的机械强度、比表面积、稳定性、孔隙率及表面粗糙度等因素确定。

6.4.5.2 基质选择应本着就近取材的原则，并且所选基质应达到设计要求的粒径范围。

6.4.5.3 对出水的氮、磷浓度有较高要求时，提倡使用功能性基质，提高氮、磷处理效率。

6.4.5.4 潜流人工湿地基质层的初始孔隙率宜控制在 35%～40%。

6.4.5.5 潜流人工湿地基质层的厚度应大于植物根系所能达到的最深处。

6.4.6 湿地植物选择与种植

6.4.6.1 人工湿地宜选用耐污能力强、根系发达、去污效果好、具有抗冻及抗病虫害能力、有一定经济价值、容易管理的本土植物。人工湿地出水直接排入河流、湖泊时，应谨慎选择“凤眼莲”等外来入侵物种。

6.4.6.2 人工湿地可选择一种或多种植物作为优势种搭配栽种，增加植物的多样性并具有景观效果。

6.4.6.3 潜流人工湿地可选择芦苇、蒲草、荸荠、莲、水芹、水葱、茭白、香蒲、千屈菜、菖蒲、水麦冬、风车草、灯芯草等挺水植物。表流人工湿地可选择菖蒲、灯芯草等挺水植物；凤眼莲、浮萍、睡莲等浮水植物；伊乐藻、茨藻、金鱼藻、黑藻等沉水植物。

6.4.6.4 人工湿地植物的栽种移植包括根幼苗移植、种子繁殖、收割植物的移植以及盆栽移植等。

6.4.6.5 人工湿地植物种植的时间宜为春季。

6.4.6.6 植物种植密度可根据植物种类与工程的要求调整，挺水植物的种植密度宜为 9～25 株/m^2，浮水植物和沉水植物的种植密度均宜为 3～9 株/m^2。

6.4.6.7 垂直潜流人工湿地的植物宜种植在渗透系数较高的基质上。水平潜流人工湿地的植物应种植在土壤上。

6.4.6.8 应优先采用当地的表层种植土，如当地原土不适宜人工湿地植物生长时，则需进行置换。

6.4.6.9 种植土壤的质地宜为松软黏土—壤土，土壤厚度宜为 20～40 cm，渗透系数宜为 0.025～0.35 cm/h。

6.4.7 防渗层

6.4.7.1 人工湿地应在底部和侧面进行防渗处理，防渗层的渗透系数应不大于 10^{-8} m/s。

6.4.7.2 防渗层可采用黏土层、聚乙烯薄膜及其他建筑工程防水材料，可参照 CJJ 17 执行。

6.4.8 管材及闸阀

6.4.8.1 管材选用 PVC 或 PE 管时，应按 GB/T 13663 规定执行。

6.4.8.2 阀门选用应满足耐腐蚀性强、密封性好、操作灵活等要求。

6.4.8.3 水位控制闸板、可调堰等装置采用非标设计时，应考虑材质、控制方式、防腐及耐用等因素。

6.5 后处理

6.5.1 应根据污水排放标准的要求，选择是否设置消毒设施。当出水对病菌指标要求较高时，消毒应符合 GB 50014 中的有关规定。

6.5.2 人工湿地出水作为再生水利用时，应符合 GB 50335 中的有关规定。

6.6 二次污染控制措施

6.6.1 污泥处理与处置

6.6.1.1 预处理系统产生的污泥处理与处置应符合 GB 50014 中的有关规定。

6.6.1.2 人工湿地系统应定期清淤排泥。

6.6.2 恶臭处理

6.6.2.1 应设置除臭装置处理预处理设施产生的恶臭气体。

6.6.2.2 恶臭气体排放浓度应符合 GB 14554 中的有关规定。

6.6.3 噪声和振动防治

6.6.3.1 应采取隔声、消声、绿化等降低噪声的措施，厂界噪声应达到 GB 12348 中的有关规定。

6.6.3.2 设备间、鼓风机房等机械设备的噪声和振动控制的设计应符合 GB 50040 和 GBJ 87 中的有关规定。

6.7 突发事故应急措施

6.7.1 人工湿地系统应设置雨水溢流口、排洪沟渠等排洪设施。

6.7.2 人工湿地系统应设置超越管、溢流井等分流设施。

7 检测与过程控制

7.1 一般规定

7.1.1 应按国家现行的排放标准及环境保护部门的要求，设置相应的检测仪表和控制系统。

7.1.2 参与控制和管理的机电设备应设置工作和事故状态的检测装置。

7.1.3 安装在线监测系统的，应符合 HJ/T 353、HJ/T 354、HJ/T 355 中的有关规定。

7.1.4 所用监测仪器应符合 HJ/T 15、HJ/T 96、HJ/T 101、HJ/T 103、HJ/T 377 中的有关规定。

7.2 检测与控制

7.2.1 对工程各系统的进出水进行检测，主要包括流量、水位、水温、DO、pH 值、SS、BOD_5、COD_{Cr}、NH_3-N、硝酸盐、总磷等，其应按国家相关标准和规定执行。人工湿地系统的检测还应包括降雨量、湿地水位、植被株密度等，检测频率宜为降雨量、湿地水位每天 1 次，植被株密度每年 1 次。

7.2.2 大、中型人工湿地污水处理工程的主要处理工艺单元，应采用自动控制系统。小型人工湿地污水处理工程的主要处理工艺单元，可根据实际需要，采用自动控制系统。采用成套设备时，设备本身控制宜与系统控制结合。

7.2.3 自动控制系统可采用可编程序逻辑控制器（PLC）控制，实时监控运转情况，具备连锁、保护、报警等功能，可设集中和现场两种操作方式。

7.2.4 关键工艺控制参数，如预处理系统的流量、DO、SS、COD_{Cr}等检测数据宜参与后续工艺控制。

8 主要辅助工程

8.1 电气系统

8.1.1 供电方式应根据用电要求，与当地电力部门协商确定。
8.1.2 供配电系统应符合 GB 50052 和 GB 50053 中的有关规定。
8.1.3 低压配电设计应符合 GB 50054 中的有关规定。
8.1.4 照明设计应符合 GB 50034 中的有关规定。

8.2 给水、排水及消防

8.2.1 应有可靠的供水水源和完善的供水设施。给水设计应符合 GB 50015 和 GB 50013 的有关规定。
8.2.2 排水设计应符合 GB 50014 中的有关规定。
8.2.3 管理区消防应符合 GB 50016 和 GB 50140 的有关规定。

8.3 采暖、通风与空调

8.3.1 建筑物的采暖与空调的设计应符合 GB 50019 的有关规定。
8.3.2 当建筑物的机械通风不能满足工艺对室内温度、湿度要求时，应设置空调装置。

8.4 建筑与结构

8.4.1 建筑的造型应简洁、新颖，并与周围环境相协调。建筑物的平面布置和空间布局应满足工艺设备布置要求，同时应考虑今后生产发展和技术改造的可能性。
8.4.2 建（构）筑物结构设计应符合 GB 50069 的有关规定。
8.4.3 人工湿地结构设计应符合 GB 50003 和 GB 50070 的有关规定。
8.4.4 建筑物抗震等设计应符合 GB 50011 的有关规定。

9 劳动安全与职业卫生

9.1 在设计、施工和生产过程中，劳动安全和卫生可参照 GB/T 12801 的有关规定。
9.2 工程建成运行的同时，应保证安全和卫生设施同时投入使用。
9.3 建立并严格执行定期和经常的安全检查制度，及时消除事故隐患，特别是秋季人工湿地收割植物应妥善处置，以免引起火灾。

10 施工与验收

10.1 一般规定

10.1.1 施工单位应具有国家相应的施工资质，除遵守相关的施工技术规范之外，还应遵守国家有关部门颁布的劳动安全及卫生、消防等国家强制性标准。
10.1.2 施工中使用的设备、材料、器件等应符合相关的国家标准，并应取得供货商的产品合格证后方可使用。
10.1.3 构筑物的施工和验收应符合 GBJ 141 的有关规定；混凝土结构工程的施工和验收应符合 GB 50204 的有关规定；设备安装和验收应符合 GB 50231 的有关规定；管道工程的施工和验收应符合 GB 50268

的有关规定。

10.2 施工

10.2.1 施工前期准备的主要任务是清除和平整场地。清除工程应包括运走场地内的垃圾、树木以及其他障碍物等。

10.2.2 潜流人工湿地周边护坡宜采用夯实的土壤构建，坡度宜为 4∶1～2∶1。在夯实过程中，应考虑土壤的湿度，不得在阴雨天施工。围堰建成后，应进行表面防护，如种植护坝植被。

10.2.3 基质铺设过程中应从选料、洗料、堆放、撒料四个方面加以控制。

10.2.4 基质应进行级配、清洁，保证填筑材料的含泥（砂）量和填料粉末含量小于设计要求值。

10.2.5 人工湿地植物宜从专门的水生植物基地采购，种植时应有专业人员指导。

10.2.6 人工湿地防渗材料采用聚乙烯膜时，应由专业人员用专业设备进行焊接，焊接结束后，需进行渗透试验。

10.3 环境保护验收

10.3.1 工程的环境保护验收应按《建设项目竣工环境保护验收管理办法》的规定进行。

10.3.2 在生产试运行期间应对其进行性能试验，性能试验报告应作为环境保护验收的重要内容。

10.3.3 工程的性能试验包括：功能试验、技术性能试验、设备和材料试验。其中，技术性能试验至少应包括以下项目：

a）处理污水量；

b）污水污染物的去除率；

c）污泥的处理情况；

d）电能消耗。

10.3.4 污水处理工程环境保护验收的主要技术依据包括：

a）项目环境影响报告书（表）审批文件；

b）各类污染物环境监测报告；

c）批准的设计文件和设计变更文件；

d）主要材料和设备的合格证或试验记录；

e）试运行期间污染物连续监测报告；

f）完整的启动试运行、生产试运行记录。

10.3.5 经竣工环境保护验收合格后，工程方可正式投入使用运行。

11 运行与维护

11.1 一般规定

11.1.1 工程的运行应符合 CJJ 60 中的有关规定，同时还应符合国家有关标准的规定。

11.1.2 运行人员、技术人员及管理人员应进行相关法律法规、专业技术、安全防护、应急处理等理论知识和操作技能的培训，运行人员应具备国家有关环境污染治理设施运营岗位合格证书。

11.1.3 工程在运行前应制定设备台账、运行记录、定期巡视、交接班、安全检查、应急预案等管理制度。

11.1.4 工艺设施和主要设备应编入台账，定期对各类设备、电气、自控仪表及建（构）筑物进行检修维护，确保设施稳定可靠运行。

11.1.5 工艺流程图、操作和维护规程等应示于明显部位，运行人员应按规程进行系统操作，并定期检查构筑物、设备、电器和仪表的运行情况。

11.1.6 各岗位人员在运行、巡视、交接班、检修等生产活动中，应做好相关记录。

11.1.7 应定期检测进出水水质，并定期对检测仪器、仪表进行校验。

11.1.8 应制定相应的事故应急预案，并报请环境行政管理部门批准备案。

11.2 人工湿地的管理与维护

11.2.1 人工湿地运行中应适时进行水位调节：

a）根据暴雨、洪水、干旱、结冰期等各种极限情况，可进行水位调节，不得出现进水端壅水现象和出水端淹没现象；

b）当人工湿地出现短流现象，可进行水位调节。

11.2.2 人工湿地植物管理维护可采用以下措施：

a）人工湿地栽种植物后即须充水，为促进植物根系发育，初期应进行水位调节；

b）植物系统建立后，应保证连续提供污水，保证水生植物的密度及良性生长；

c）应根据植物的生长情况，进行缺苗补种、杂草清除、适时收割以及控制病虫害等管理，不宜使用除草剂、杀虫剂等；

d）对大型人工湿地污水处理工程应考虑配置植物生物能利用的装置。

11.2.3 人工湿地在低温环境运行时，可采用以下措施：

a）做好人工湿地的保温措施，保证水温不低于4℃；

b）定期做人工湿地的冻土深度测试，掌握人工湿地系统的运行状况；

c）强化预处理，减轻人工湿地系统的污染负荷。

11.2.4 潜流人工湿地运行防堵塞可采用以下措施：

a）控制污水进入人工湿地系统的悬浮物浓度；

b）定期启动清淤；

c）适当地采用间歇运行方式；

d）局部更换人工湿地系统的基质。

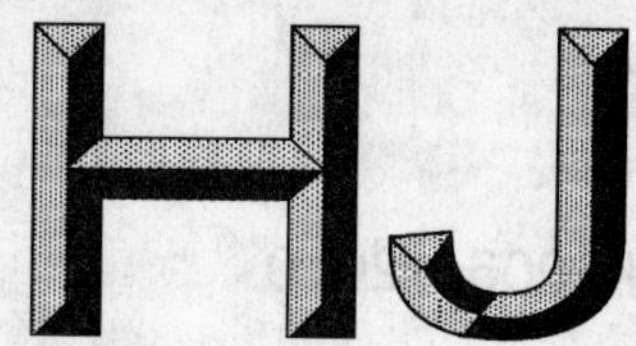

中华人民共和国国家环境保护标准

HJ 2006—2010

污水混凝与絮凝处理工程技术规范

Technical specifications for coagulation and flocculation process in wastewater treatment

2010-12-17 发布　　　　2011-03-01 实施

环　境　保　护　部　发布

前　言

为贯彻《中华人民共和国环境保护法》和《中华人民共和国水污染防治法》，规范污水混凝与絮凝处理工程建设，使其连续稳定运行、达标排放，防治水污染，改善环境质量，制定本标准。

本标准规定了污水处理工程中所采用的混凝与絮凝工艺的总体要求、工艺设计、设备选型、检测和控制、运行管理的技术要求。

本标准为首次发布。

本标准由环境保护部科技标准司组织制订。

本标准主要起草单位：江苏省环境科学研究院、东南大学、江苏鹏鹞环境工程设计院、扬州澄露环境工程有限公司。

本标准环境保护部 2010 年 12 月 17 日批准。

本标准自 2011 年 3 月 1 日起实施。

本标准由环境保护部负责解释。

污水混凝与絮凝处理工程技术规范

1 适用范围

本标准规定了污水处理工程中所采用的混凝与絮凝工艺的总体要求、工艺设计、设备选型、检测和控制、运行管理的技术要求。

本标准适用于城镇污水或工业废水处理工程采用混凝与絮凝工艺的设计、施工、验收、运行管理，可作为可行性研究、环境影响评价、工艺设计、施工验收、运行管理的技术依据。

2 规范性引用文件

下列文件中的条款通过本标准的引用而成为本标准的条款。凡不注明日期的引用文件，其最新版本适用于本标准。

GB 4482 水处理剂 氯化铁

GB/T 22627—2008 水处理剂 聚氯化铝

GB/T 17514 水处理剂 聚丙烯酰胺

GB 50141 给水排水构筑物工程施工及验收规范

GB 50334 城市污水处理厂工程质量验收规范

GB 50204 混凝土结构工程施工质量验收规范

GB 50205 钢结构工程施工质量验收规范

HJ/T 355 水污染源在线监测系统运行与考核技术规范（试行）

CJJ 60 城市污水处理厂运行、维护及其安全技术规程

CJ/T51 城市污水水质检验方法标准

HG 2227 水处理剂 硫酸铝

3 术语和定义

下列术语和定义适用于本标准。

3.1

混凝 coagulation

指投加混凝剂，在一定水力条件下完成水解、缩聚反应，使胶体分散体系脱稳和凝聚的过程。

3.2

混合 mixing

指使投入的药剂迅速均匀地扩散于处理水中以创造良好的水解反应条件。

3.3

絮凝 flocculation

指完成凝聚的胶体在一定水力条件下相互碰撞、聚集或投加少量絮凝剂助凝，以形成较大絮状颗粒的过程。

3.4

混凝剂 coagulant

指为使胶体失去稳定性和脱稳胶体相互聚集所投加的药剂统称。

3.5

助凝剂 coagulant aids

指在水的沉淀、澄清过程中，为改善絮凝效果，另投加的辅助药剂。

3.6

穿孔旋流反应池 perforating rotational flow reactor

指水流通过设置的孔道在反应室之间形成旋流流态而完成絮凝过程的水池。

3.7

机械反应池 mechanical reactor

指采用机械搅拌的絮凝反应池。

3.8

折板反应池 folded plate reactor

指利用在水池中设置折板扰流单元以达到絮凝所要求的紊流状态的反应池。

3.9

网格（栅条）反应池 grid reactor

指在沿流程一定距离的过水断面中设置栅条或网格，促使水流流态变化完成絮凝过程的反应池。

3.10

药剂固定储备量 standby reserve

指为考虑非正常原因而在药剂仓库内存放的在一般情况下不准动用的储备量，简称药剂固定储备量。

3.11

药剂周转储备量 current reserve

指考虑药剂消耗量与供应量的差异所需的储备量，简称药剂周转储备量。

3.12

混凝沉淀法 coagulating sedimentation

指利用药剂完成混凝反应，使水中污染物凝聚成絮体，通过沉淀方法去除的组合方法。

4 污染物与污染负荷

4.1 混凝工艺可用于各种水量的城镇污水处理和工业废水处理。

4.2 混凝工艺对原水悬浮颗粒、胶体颗粒及相关有机物、色度物质、油类物质的浓度均无限制，处理效率则有所不同。

4.3 混凝工艺对悬浮颗粒、胶体颗粒、疏水性污染物具有良好的去除效果；对亲水性、溶解性污染物也有一定的絮凝效果。此外：

1）混凝工艺可用于不溶性大分子有机物的吸附凝聚处理。

2）混凝工艺可用于色度物质、腐殖酸、富里酸、表面活性剂等物质的脱稳凝聚处理。

3）混凝工艺可用于乳化液破乳、凝聚处理。

5 总体要求

5.1 混凝与絮凝处理工艺建设规模由处理水量确定，设计水量由工程最大水量确定。

5.2 混凝与絮凝处理工艺宜设置调节、隔油等预处理装置，后续工艺应设置沉淀池或气浮池等。当采用接触过滤时，混凝应直接连接滤池。

5.3 完成混凝反应的 pH 值根据投药品种与投药量有较大差别，最佳 pH 值应为 7～8.5。

5.4 混凝与絮凝处理工艺构筑物与沉淀或气浮配合时，高程布置时应设计水流自流进入后续设备。

5.5 投药设备及药剂混合设备应尽可能接近混凝工艺设施。

5.6 所有混凝设备、连接管道及投配、搅拌机械均应当有必要的防腐措施。

5.7 混凝工艺的泥水分离由后续沉淀或气浮设备完成，应根据国家相关管理要求统一考虑污泥处理处置。

5.8 原水中含有挥发性有害气体时应进行预处理。

6 工艺设计

6.1 一般规定

6.1.1 当处理污水量不大时（如 Q＜100 m^3/h），混凝工艺宜与沉淀池或气浮池合建。

6.1.2 投加药剂的种类及数量应根据原水水质（pH、碱度、SS 等）、污染物性质（如相对分子质量、分子结构、密度、浓度、疏水性等）试验确定。

6.1.3 混凝工艺应合理控制 pH，有条件时应设置 pH 自动控制仪，并与加药计量泵耦合。

6.1.4 药剂混合设备的选择应根据污水量、污水性质、pH 值、水温等条件综合分析后决定，常用的混合设备有管式混合器、机械混合器、水泵混合装置等。

6.1.5 反应池类型的选择应根据污水水质、设计生产能力、处理后水质要求，并考虑污水水温变化、进水水质水量均匀程度以及是否连续运转等因素，结合当地条件通过技术经济比较确定。

6.1.6 当污水 SS 较高或投药量较大时，应在反应设备中设排泥装置。

6.2 混凝剂与助凝剂的选择

6.2.1 混凝剂

6.2.1.1 常用的混凝剂宜按照表 1 采用。

表 1 常用的混凝剂及使用条件

混凝剂		水解产物	适用条件
铝盐	硫酸铝 $Al_2(SO_4)_3 \cdot 18H_2O$	Al^{3+}、$[Al(OH)_2]^+$ $[Al_2(OH)_n]^{(6-n)+}$	适用于 pH 高、碱度大的原水。 破乳及去除水中有机物时，pH 宜在 4～7 之间。 去除水中悬浮物 pH 值宜控制在 6.5～8。 适用水温 20～40℃
	明矾 $KAl(SO_4)_2 \cdot 12H_2O$	Al^{3+}、$[Al(OH)_2]^+$ $[Al_2(OH)_n]^{(6-n)+}$	
铁盐	三氯化铁 $FeCl_3 \cdot 6H_2O$	$Fe(H_2O)_6^{3+}$ $[Fe_2(OH)_n]^{(6-n)+}$	对金属、混凝土、塑料均有腐蚀性。 亚铁离子须先经氧化成三价铁，当 pH 较低时须曝气充氧或投加助凝剂氯氧化。 pH 值的适用范围宜在 7～8.5 之间。 絮体形成较快，较稳定，沉淀时间短
	硫酸亚铁 $FeSO_4 \cdot 7H_2O$	$Fe(H_2O)_6^{3+}$ $[Fe_2(OH)_n]^{(6-n)+}$	
聚合盐类	聚合氯化铝 $[Al_2(OH)_nCl_{6-n}]_m$ PAC	$[Al_2(OH)_n]^{(6-n)+}$	受 pH 和温度影响较小，吸附效果稳定。 pH 为 6～9 适应范围宽，一般不必投加碱剂。 混凝效果好，耗药量少，出水浊度低、色度小，原水高浊度时尤为显著。 设备简单，操作方便，劳动条件好
	聚合硫酸铁 $[Fe_2(OH)_n(SO_4)_{6-n}]_m$ PFS	$[Fe_2(OH)_n]^{(6-n)+}$	

6.2.1.2 混凝剂品种的选择及其用量，应根据污水混凝沉淀试验结果或参照相似水质条件下的运行经验等，经综合比较确定。

6.2.1.3 铝盐混凝剂的选择

1）硫酸铝的质量应符合 HG 2227 要求，其中 Al_2O_3 的有效成分是主要指标，使用前应加以验证。

2）硫酸铝适用于原水 pH 高或碱度大的水质条件。

3）聚合氯化铝应选用碱化度 B 较高的产品。

4）聚合氯化铝的质量应符合 GB 15892 要求，其中最重要的是碱化度 B，要求 B 值应在 50%～80%。碱化度 B 按式（1）计算：

$$B=\frac{m(\mathrm{OH})}{3[m(\mathrm{Al})]}\times 100\% \tag{1}$$

式中：B——聚合氯化铝的碱化度；

$m(\mathrm{OH})$——聚合氯化铝的[OH]的量；

$m(\mathrm{Al})$——聚合氯化铝的[Al]的量。

5）聚合氯化铝在混凝过程中消耗碱度少，适应的 pH 范围宽。

6.2.1.4 铁盐混凝剂的选择

1）污水中含重金属离子时应优先选用铁盐混凝剂。

2）铁盐混凝剂使用不能过量，并应控制 pH 等反应条件。

3）三氯化铁腐蚀性强，防腐方法参见 6.3.2.3。

4）三氯化铁的质量应符合 GB 4482 要求，使用前应验证铁含量（以 Fe_2O_3 计），且不得带入其他污染物。

5）硫酸亚铁作混凝剂应保证原水具有足够的碱度和溶解氧。必要时应曝气充氧或投加氧化剂，通常控制 pH 大于 8～8.5。

氯气可作为硫酸亚铁混凝的氧化剂，加氯量可按式（2）计算：通常为 $FeSO_4\cdot 7H_2O$ 的 1/8。

$$c=\frac{\alpha}{8}+\beta \tag{2}$$

式中：c——Cl_2 投量，mg/L；

α——硫酸亚铁投量，mg/L，以 $FeSO_4\cdot 7H_2O$ 计；

β——Cl_2 过投量，1.5～2 mg/L。

6）使用铁盐混凝剂时应控制药剂中重金属离子及其他污染物，超过指标时不得使用。

6.2.2 絮凝剂与助凝剂的选择

6.2.2.1 常用絮凝剂有聚丙烯酰胺（PAM）、活化硅酸、骨胶等，其中最常用的是 PAM。活化硅酸用于低温低浊水时有效，在混凝反应完成后投加，要有适宜的酸化度和活化时间，配制较复杂。骨胶一般和三氯化铁混合使用。

6.2.2.2 PAM 的使用条件

1）PAM 应用于铝盐、铁盐混凝反应完成后的絮凝；其用量通常应小于 0.3～0.5 mg/L，投加点在反应池末端。

2）PAM 应设专用的溶解（水解）装置，溶解时间应控制在 45～60 min，药剂配置浓度应小于 2%，水解时间 12～24 h，水解度 30%～40%。

3）PAM 溶解配置完成后超过 48 h 不能继续使用。

4）PAM 常温下保存、贮存应考虑防冻措施。

6.2.2.3 助凝剂可选择氯（Cl_2）、石灰（CaO）、氢氧化钠（NaOH）等。

1）氯的使用条件：

- 当需处理高色度水、破坏水中残存有机物结构及去除臭味时，可在投混凝剂前先投氯，以减少混凝剂用量；
- 用硫酸亚铁作混凝剂时，可加氯促进二价铁氧化成三价铁。

2）石灰的使用条件：

- 需补充污水碱度时；
- 需去除水中的 CO_2，调整 pH 值时；
- 需增大絮凝体密度，加速絮体沉淀时；
- 需增强泥渣脱水性能时。

3）氢氧化钠的使用条件：

- 需调整水的 pH 值时。

6.3 混凝药剂的投配系统

6.3.1 一般规定

1）混凝剂和助凝剂品种的选择及其用量，应根据污水特性进行试验确定。

2）混凝剂投配系统的设备、管道应根据混凝剂性质采取相应的防腐措施。

3）混凝剂的投配方法宜采用液体投加方式。

4）混凝剂投加方式宜选择计量泵投加，也可采用泵前投加、水射器投加。

5）混凝剂的投加系统通常包括：药剂的储存、调制、提升、储液、计量和投加。

6.3.2 药剂的调制

6.3.2.1 药剂的调制方法

1）混凝剂的溶解和稀释方式应按投加量的大小、混凝剂性质确定，宜采用机械搅拌方式，也可采用水力或压缩空气等方式。

2）水力调制的供水水压应大于 0.2 MPa。

3）压缩空气调制可用于较大水量的污水处理厂（站）的药剂调制。控制曝气强度在 3～5 L/（m^2·s）；石灰乳液的调制不宜采用压缩空气方法。

6.3.2.2 溶解池与溶液池的容积分别按式（3）、式（4）计算：

$$W_1=(0.2\sim0.3)W_2 \quad (3)$$

$$W_2=\frac{24\times100aQ}{1\,000\times1\,000cn}=\frac{aQ}{417cn} \quad (4)$$

式中：W_1——溶解池容积，m^3；

W_2——溶液池容积，m^3；

α——混凝剂最大投加量，按无水产品计，mg/L，石灰最大用量按 CaO 计；

Q——处理的水量，m^3/h；

c——溶液浓度，%，一般采用 5～20（按混凝剂固体重量计算），或采用 5～7.5（扣除结晶水计），石灰乳采用 2～5（按纯 CaO 计）；

n——每日调制次数，应根据混凝剂投加量和配制条件等因素确定，一般不宜超过 3 次。

6.3.2.3 调制设备

1）溶解池及溶液池底坡度应不小于 0.02，池底应有排渣管，池壁应设超高，以防止溶液溢出。

2）溶解池及溶液池内壁需进行防腐处理。一般内壁涂衬环氧玻璃钢、辉绿岩、耐酸胶泥贴瓷砖或聚氯乙烯板等，当所用药剂腐蚀性不太强时，亦可采用耐酸水泥砂浆。

3）投药量较小时，亦可在溶液池上部设置淋溶斗以代替溶药池。

4）溶液池可高架式设置，以便能重力投加药剂。池周围应有工作台，在池内最高工作水位处宜设溢流装置。

5）投药量较小的溶液池可与溶药池合并。溶液池应设备用池。

6）药剂溶液池通常应设搅拌装置，搅拌转速一般为 10～15 r/min。

7）搅拌叶轮应根据需要安装转速调整装置。

6.3.3 药液的投加

6.3.3.1 药液提升应设药液提升设备，常用的有离心泵和水射器。

6.3.3.2 投加设备宜采用计量泵，并应设自动控制装置，自动调整加药量。

6.3.4 加药间及药库

6.3.4.1 一般规定

1）加药间宜与药库合并布置，室外储液池、加药间及药库位置应尽量靠近投药点，并设置在通风良好的地段。

2）药剂仓库和加药间应根据具体情况设置机械搬运设备。

6.3.4.2 加药间布置

1）加药间室内应设有冲洗设施，地坪应有排水沟。

2）药液输送管材一般可采用硬聚氯乙烯等塑料管。

3）溶液池边应设工作台，宽度以 1.5 m 为宜。

6.3.4.3 药库布置

1）药剂的固定储备量可按最大投药量的 7～15 d 用量计。

2）混凝剂堆放高度一般采用 1.5～2.0 m，当采用石灰时可为 1.5 m，当采用机械搬运设备时可适当增加。

3）必要时药库可设置电动葫芦或电动悬挂起重机等起重搬运设备。

4）应有良好的通风条件，并应防止药剂受潮。

6.4 混合设备的选择与设计

6.4.1 混合设备的选型

1）混合方式可采用管式混合器混合、水泵混合和机械混合。

2）混合设备的选型应根据污水水质情况和相似条件下的运行经验或通过试验确定。

3）管式混合器混合适用于原水水量稳定、不含纤维类物质，水泵有富余水头可利用的情况。

4）水泵混合适用于原水泥沙含量少、悬浮物浓度低，水泵离反应设备近的情况。

5）机械混合适用于原水成分复杂、水质水量多变的情况，混合池可与絮凝反应池合建。

6.4.2 一般规定

1）混合设备应采用快速混合方式。

2）高分子絮凝剂等增大凝絮作用的助凝剂不得在混合设备投加。

3）混合时间一般为 10～30 s。搅拌速度梯度 G 一般为 600～1 000 s^{-1}。

4）混合设施与后续处理构筑物尽可能采用直接连接方式。

5）混合设施与后续处理构筑物连接管道的流速宜采用 0.8～1.0 m/s。

6.4.3　水泵混合

1）应在每一水泵的吸水管上安装药剂投加管，并设置装有浮球阀的水封箱。

2）腐蚀性药剂不宜采用水泵混合方式。

3）水泵与处理构筑物的距离一般应小于 60 m。

6.4.4　管式混合器

1）分节数一般为 2～3 段，管中流速取 1.0～1.5 m/s。

2）重力投加时，管式混合器投加点应设在文丘里管或孔板的负压点。

3）投药点后的管内水头损失不小于 0.3～0.4 m。

4）投药点至管道末端絮凝池的距离应小于 60 m。

6.4.5　机械混合

6.4.5.1　机械混合的搅拌装置宜选用浆板式，也可选用螺旋桨式和透平式。

6.4.5.2　搅拌池有效容积 V 按式（5）计算：

$$V = Qt \tag{5}$$

式中：V——有效容积，m^3；

Q——混合搅拌池流量，m^3/s；

t——混合时间，一般可采用 10～30 s。

6.4.5.3　搅拌池当量直径 D 按式（6）计算：

当搅拌池为矩形时，其当量直径为：

$$D = \sqrt{\frac{4LB}{\pi}} \tag{6}$$

式中：D——搅拌池当量直径，m；

L——搅拌池长度，m；

B——搅拌池宽度，m。

6.4.5.4　混合有效功率 N_Q 按式（7）进行计算：

$$N_Q = \frac{\mu QtG^2}{1\,000} \tag{7}$$

式中：N_Q——混合搅拌的有效功率，kW；

μ——水的动力黏度，Pa·s；

Q——混合搅拌池流量，m^3/s；

t——混合时间，s；

G——速度梯度，s^{-1}。

6.4.5.5　搅拌器直径 d 按式（8）计算：

$$d = \left(\frac{1}{3} \sim \frac{2}{3}\right)D \tag{8}$$

式中：d——搅拌器直径，m；

D——搅拌池当量直径，m。

6.4.5.6　搅拌器外缘线速度 v =2～3 m/s。

6.4.5.7　搅拌器功率 N 按式（9）计算：

$$N = nC_S \frac{\rho\omega^3 lR^4 \sin\theta}{8g}$$

$$\omega = \frac{2v}{d} \quad (9)$$

式中：N——搅拌器功率，kW；

C_S——阻力系数，C_S≈0.2～0.5；

ρ——水的密度，kg/m^3；

ω——搅拌器旋转角速度，rad/s；

n——搅拌器桨叶数，片；

l——搅拌器桨叶长度，m；

R——搅拌器半径，m；

g——重力加速度，9.8 m/s^2；

θ——桨板折角，（°）。

6.4.5.8 电动机功率 N_A 按式（10）计算：

$$N_A = \frac{KN}{\eta} \quad (10)$$

式中：N_A——电动机功率，kW；

K——电动机工况系数，连续运行时，取 1.2；

η——机械传动总效率，%，η=0.5～0.7。

6.5 絮凝反应设备的选择与设计

6.5.1 絮凝反应设备的选型

1）反应池型式的选择应根据污水水质情况和相似条件下的运行经验或通过试验确定。

2）污水处理中常用竖流折板反应池、网格（栅条）反应池、机械反应池。

3）竖流折板反应池应用较广泛，适用于水量变化不大的大中型污水处理厂（站）。

4）网格（栅条）反应池适用于中小水量污水絮凝处理，可与沉淀池或气浮池合建，含纤维类、油类物质较多的污水不宜采用本反应池。

5）机械反应池适用于中小水量污水与各类工业废水混凝处理，可与沉淀池或气浮池合建；易于根据水质水量的变化调整水力条件；可根据反应效果调整药剂投加点，改善絮凝效果。

6）旋流反应池和涡流反应池宜用于水质水量较稳定的情况。

6.5.2 一般规定

1）根据污水特性及反应池型式的不同，反应时间 T 一般宜控制在 15～30 min。

2）反应池的平均速度梯度 G 一般取 70～20 s^{-1}，GT 值应为 10^4～10^5，速度梯度 G 及反应流速应逐渐由大到小。

3）反应池应尽量与沉淀池或者气浮池合并建造。如确需用管道连接时，其流速应小于 0.15 m/s。

4）反应池出水穿孔墙的过孔流速宜小于 0.10 m/s。

5）反应池宜优先采用机械搅拌方式。

6.5.3 竖流折板反应池

6.5.3.1 主要设计参数

1）竖流折板反应池一般分为三段。三段中的折板布置可分别采用异波折板、同波折板及平行直板。

2）各段的 G 值、T 值及 v 值可参考下列数据：

第一段（异波折板）：G=80 s^{-1}，T≥240 s，v=0.25～0.35 m/s；

第二段（同波折板）：G=50 s^{-1}，T≥240 s，v=0.15～0.25 m/s；

第三段（平行直板）：G=25 s^{-1}，T≥240 s，v=0.10～0.15 m/s。

3）折板夹角：可采用 90°～120°，折板长度：可采用 0.8～1.5 m。

6.5.3.2　单格池容 W 按下列公式计算：

$$W = \frac{QT}{60n} \tag{11}$$

式中：W——单格池容，m^3；

Q——设计水量，m^3/h；

T——反应时间，取 15～30 min；

n——池数，个。

6.5.3.3　折板反应池水头损失计算：

1）异波折板水头损失 H_1 按式（12）计算：

$$H_1 = n_1(h_1 + h_2) + h_3 \tag{12}$$

式中：H_1——总水头损失，m；

n_1——缩放组合的个数；

h_1——渐放段水头损失，m，见式（13）；

h_2——渐缩段水头损失，m，见式（14）；

h_3——转弯或孔洞的水头损失，m，见式（15）。

$$h_1 = \xi_1 \frac{v_1^2 - v_2^2}{2g} \tag{13}$$

式中：h_1——渐放段水头损失，m；

ξ_1——渐放段阻力系数ξ_1= 0.5；

v_1——峰速 0.25～0.35 m/s；

v_2——谷速 0.1～0.15 m/s；

g——重力加速度，9.8 m/s^2。

$$h_2 = \left[1 + \xi_2 - \left(\frac{F_1}{F_2}\right)^2\right]\frac{v_1^2}{2g} \tag{14}$$

式中：h_2——渐缩段水头损失，m；

ξ_2——渐缩段阻力系数，ξ_2=0.1；

F_1——相对峰的断面积，m^2；

F_2——相对谷的断面积，m^2；

v_1——同式（12）；

g——重力加速度，9.8 m/s^2。

$$h_3 = n_2\xi_3 \frac{v_0^2}{2g} \tag{15}$$

式中：h_3——转弯或孔洞的水头损失，m；

n_2——转弯个数；

ξ_3——转弯或孔洞处的阻力系数，上转弯ξ_3=1.8，下转弯或孔洞ξ_3=3.0；

v_0——转弯或孔洞处流速，m/s；

g——重力加速度，9.8 m/s^2。

2）同波折板水头损失 H_2 按式（16）计算：

$$H_2 = n'h + h_3 \tag{16}$$

式中：H_2——总水头损失，m；

n'——90°转弯的个数；

h——板间水头损失，m；见式（17）；

h_3——上下转弯损失，m；见式（18）。

$$h = \xi \frac{v^2}{2g} \tag{17}$$

式中：h——板间水头损失，m；

ξ——每一 90° 弯道的阻力系数ξ=0.5；

v——板间流速=0.15～0.25 m/s；

g——重力加速度，9.8 m/s^2。

$$h_3 = n_2 \xi_3 \frac{v_0^2}{2g} \tag{18}$$

式中：h_3——转弯或孔洞的水头损失，m；

n_2——转弯个数；

ξ_3——转弯或孔洞处的阻力系数，上转弯ξ_3=1.8，下转弯或孔洞ξ_3=3.0；

v_0——转弯或孔洞处流速，m/s；

g——重力加速度，9.8 m/s^2。

3）平行直板水头损失 H_3 按式（19）计算：

$$H_3 = n''h \tag{19}$$

式中：H_3——总水头损失，m；

n''——180°转弯个数；

h——板间水头损失，m；见式（20）。

$$h = \xi \frac{v^2}{2g} \tag{20}$$

式中：h——板间水头损失，m；

v——平均流速，0.1～0.15 m/s；

ξ——转弯处阻力系数，ξ=3.0；

g——重力加速度，9.8 m/s^2。

4）折板反应池总水头损失 H 按式（21）计算：

$$H=H_1+H_2+H_3 \tag{21}$$

式中：H——反应池的总水头损失，m；

H_1——第一段（异波折板）总水头损失，m；

H_2——第二段（同波折板）总水头损失，m；

H_3——第三段（平行直板）总水头损失，m。

6.5.3.4 竖流波形折板反应池

1）反应池宜设计成三级连续反应室，三级的容积设计应逐级成倍递增：$V_1 : V_2 : V_3 = 1 : 2 : 4$；平均流速成倍递减：$v_1 : v_2 : v_3 = 4 : 2 : 1$。

2）竖流波形折板反应器每格流速由 0.25 m/s 逐步递减至 0.05 m/s。反应室单位沿程水头损失相应由 300 Pa/m 递减至 50 Pa/m。

3）反应室的总水头损失约为 30～35 cm。

6.5.4 网格（栅条）反应池

6.5.4.1 主要设计参数

1）反应池分格数分成 6～12 格；可大致按分格数均分成 3 段。

2）网格或栅条数前段、中段、末段可分别为 16 层、10 层、4 层。上下两层间距为 60～70 cm，每格的竖向流速前段至末段由 0.20～0.10 m/s 逐步递减。

3）三级反应池的网孔或栅孔流速分别为 0.25～0.30 m/s、0.22～0.25 m/s、0.10～0.22 m/s。

4）格栅反应池宜设排泥管，一般采用 DN100～150 mm 的穿孔管，并安装快开排泥阀。

6.5.4.2 网格反应池的计算

1）池体积 V 按式（22）计算：

$$V = \frac{QT}{60} \tag{22}$$

式中：V——池体积，m^3；

Q——流量，m^3/h；

T——反应时间，min，15～20 min。

2）池面积 A 按式（23）计算：

$$A = \frac{V}{H'} \tag{23}$$

式中：A——池面积，m^2；

V——同式（22）；

H'——有效水深，m，2～3 m。

3）分格面积 f 按式（24）计算：

$$f = \frac{Q}{v_0} \tag{24}$$

式中：f——分格面积，m^2；

Q——流量，m^3/h；

v_0——竖井流速，m/s。

4）总水头损失 H 按式（25）计算：

$$H = \sum \xi_1 \frac{v_1^2}{2g} + \sum \xi_2 \frac{v_2^2}{2g} \tag{25}$$

式中：H——总水头损失，m；

ξ_1——网格阻力系数，前、中、后段分别取 1.0、0.9、0.6；

v_1——各段过网流速，m/s；

ξ_2——孔洞阻力系数，取 3.0；

v_2——各段孔洞流速，m/s；

g——重力加速度，9.8 m/s^2。

6.5.5 机械反应池

6.5.5.1 主要设计参数

1）反应池一般应设三格以上。各格设相应档数的搅拌器，搅拌器多用垂直轴。

2）桨叶可为平板型、叶轮式，桨叶中心线速度应为 0.5～0.2 m/s，各格线速度应逐渐减小。

3）垂直轴式的上桨板顶端应设于池子水面下 0.3 m 处，下桨板底端设于距池底 0.3～0.5 m 处，桨板外缘与池侧壁间距不大于 0.25 m。

4）每根搅拌轴上桨板总面积宜为水流截面积的 10%～20%，不宜超过 25%，桨板的宽长比为 1/15～1/10。

5）垂直轴式机械反应池应在池壁设置固定挡板。

6）反应池单格宜建成方型，单边尺寸宜＞800 mm，池深一般为 2.5～4 m，池边应设检修平台。

6.5.5.2 机械反应池计算

1）每池容积 W 按式（26）计算：

$$W=\frac{QT}{60n} \tag{26}$$

式中：W——每池容积，m^3；

Q——设计水量，m^3/h；

T——反应时间，一般为 15～30 min；

n——池数，个。

2）单格池边长 L 按式（27）计算：

$$L=\sqrt{\frac{W}{H}} \tag{27}$$

式中：L——单格池边长，m；

W——每池容积，m^3；

H——平均水深，m。

3）搅拌器转数 n_0 按式（28）计算：

$$n_0=\frac{60v}{\pi D_0} \tag{28}$$

式中：n_0——搅拌器转数，r/min；

v——叶轮桨板中心点线速度，m/s；

D_0——叶轮桨板中心点旋转直径。

4）搅拌器消耗的功率 N_0 按式（29）计算：

$$N_0=\sum_1^n\frac{\rho kl\omega^3}{8}(r_2^4-r_1^4) \tag{29}$$

式中：N_0——搅拌器消耗的功率，kW；

y——每个叶轮上的桨板数目，个；

l——桨板长度，m；

r_2——叶轮外缘半径，m；

r_1——叶轮内缘半径，m；

ω——叶轮旋转的角速度，rad/s；

k——系数，当 $l/(r_2-r_1)>1$ 时，$k=1.1$；

ρ——污水的密度，kg/m^3。

5）每个叶轮所需电动机功率 N 按式（30）计算：

$$N=\frac{N_0}{\eta_1\eta_2} \tag{30}$$

式中：N——每个叶轮所需电动机功率，kW；

N_0——搅拌器消耗的功率，kW；

η_1——搅拌器机械总效率，采用 0.75；

η_2——传动效率采用 0.6～0.95。

7 主要工艺设备和材料

7.1 机械混合与机械反应搅拌机的功率与转速应根据 6.4.4 及 6.6.4 设计要求选用，宜采用无级变速搅拌机。

7.2 管式混合器应安装文丘里管或孔板装置。

7.3 机械混合反应池采用钢板制作或混凝土浇筑时，都应考虑防腐，方法见 6.3.2.3。

7.4 计量泵选择与控制

1）计量泵一般采用隔膜泵，投加压力较高的场合宜采用柱塞泵。

2）计量泵应有备用，并尽量采用相同的型号和规格。

3）混凝剂或助凝剂的投加宜选用自动控制计量泵。

4）溶液投配管配备必要的溶液过滤器，防止计量仪表堵塞。

5）投加特殊药剂（加碱、酸、三氯化铁等）的加注系统应注意计量泵及系统配件材质的耐腐蚀要求。

8 检测与过程控制

8.1 采用混凝与絮凝工艺的污水处理厂（站）正常运行检测的项目和周期应符合 CJJ 60 的规定，化验检测方法应符合 CJ/T 51 的规定。

8.2 操作人员应经培训后持证上岗，并定期进行考核和抽检。操作人员应熟悉本标准规定的技术要求、单元混凝与絮凝工艺的技术指标及混凝与絮凝设施设备的运行要求，并按照混凝与絮凝工艺的操作和维护规程做好值班记录。

8.3 检测人员应经培训后持证上岗，应定期进行考核和抽检。检测人员应定期检测进出水水质，对检测仪器、仪表进行校验。

8.4 工业废水的混凝反应池宜设置 pH 在线监测系统。

8.5 混凝与絮凝工艺主要检测项目：进出水 COD、SS、pH 等，必要时增加色度、表面活性剂、油、原水ζ电位的测试。

8.6 混凝与絮凝工艺的水质检测应由污水处理厂（站）化验室统一负责。

9 主要辅助工程

9.1 供电系统需保证足够的供电可靠性，并设置相应的继电保护装置。

9.2 设备选型应考虑污水处理工艺的环境条件，应选择抗腐蚀，性能稳定，安全可靠的产品。

9.3 构筑物宜按照二类防雷保护设计。

9.4 控制系统宜采用 IPC 和 PLC 组成的集散型监控系统，一般由中控室和 PLC 控制站组成。

10 劳动安全与职业卫生

10.1 生产过程应采取相应的措施，避免水环境、大气、噪声以及固体废弃物的二次污染。
10.2 供电系统应设置相应的保护措施。
10.3 污水处理厂（站）应建立健全的安全生产规章制度，专人专职具体监督防范，以确保正常生产和工人的人身安全。
10.4 敞开式水池应设计安全栏杆及防滑扶梯，并配备救生衣及救生圈。
10.5 按消防的有关规定配备必要的消防装置，严格执行建筑防火规范，留有足够的防火距离。
10.6 电力设施的选型与保护按国家有关规定进行，露天电气设备的安全防护按国家现行的有关规定执行。

11 施工与验收

11.1 混凝与絮凝工艺的施工与验收应符合 GB 50141、GB 50204 和 GB 50205 规定。
11.2 根据设计的进水水质、出水水质要求，检验相应的水质指标，如 COD、pH、色度、油、SS、浊度等，并应提交相关检测报告。

12 运行与维护

12.1 运行控制

12.1.1 进水水质调试

1）当进水的 pH 过高（或过低）时，宜加入酸（或碱）调节进水 pH。

2）当进水的温度过低，应适当增加混凝剂或助凝剂的投加量。

3）当进水碱度不足，应投加石灰、氢氧化钠或苏打增加碱度。

4）乳化液废水混凝破乳反应、印染废水脱色反应宜选择无机盐混凝剂，如硫酸铝或三氯化铁。

5）造纸白水的纸浆回收、化工废水中的大分子有机物以及涂装废水中涂料的凝聚等宜采用聚合氯化铝。

12.1.2 工艺调试

1）观察溶解池和溶液池有无沉淀，如产生结晶沉淀，应调整溶解池配药浓度，必要时进行排污。

2）测试计量泵的读数与投加量的标准曲线，核对计量泵的投加量，必要时做机械调整。

3）调整搅拌机转速、浆板（叶轮）半径等参数以保证混凝效果。

4）根据混凝效果或水的ζ电位，调整合理的药剂投加点。

5）尽可能少加 PAM 等高分子助凝剂。

6）根据形成矾花的大小、形态，合理调整混凝剂及助凝剂的投加量，调整搅拌机相关运行参数。

7）根据污水的特性（成分、浓度等）定时做烧杯试验，调整混凝剂种类、剂量、pH 值或搅拌机转速、浆板（叶轮）的大小及中心距等参数。

8）工业废水应根据进出水效果，调节混凝、助凝药剂投量。

12.2 维护保养

1）操作人员应严格执行设备操作规程，定时巡视设备运转是否正常，包括温升、响声、振动、电压、电流等，发现问题及时检查排除，并做好设备维修保养记录。

2）应注意观测搅拌机运转是否正常，搅拌轴及叶轮有否锈蚀或损坏。

3）应注意观测计量泵运转是否正常，计量仪表显示是否正确。

4）应注意检查检测与控制设备是否运行正常。

5）应保持设备各运转部位的润滑状态，及时添加润滑油、除锈；发现漏油、渗油情况应及时解决。

6）检查反应池内是否有积泥现象，必要时调整隔板的间距或排泥。

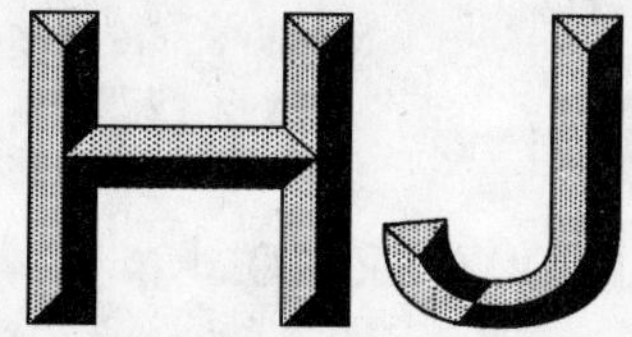

中华人民共和国国家环境保护标准

HJ 2007—2010

污水气浮处理工程技术规范

Technical specifications for floatation process in wastewater treatment

2010-12-17 发布　　　　2011-03-01 实施

环　境　保　护　部 发布

前　言

为贯彻《中华人民共和国环境保护法》和《中华人民共和国水污染防治法》，规范污水气浮处理工程建设，使其连续稳定运行、达标排放，防治水污染，改善环境质量，制定本标准。

本标准规定了污水处理工程中所采用气浮工艺的总体要求、工艺设计、设备选型、检测和控制、运行管理的技术要求。

本标准为首次发布。

本标准的附录 A 为规范性附录。

本标准由环境保护部科技标准司组织制订。

本标准主要起草单位：江苏省环境科学研究院、东南大学、江苏鹏鹞环境工程设计院、扬州澄露环境工程有限公司。

本标准环境保护部 2010 年 12 月 17 日批准。

本标准自 2011 年 3 月 1 日起实施。

本标准由环境保护部负责解释。

污水气浮处理工程技术规范

1 适用范围

本标准规定了污水处理工程中所采用气浮工艺的总体要求、工艺设计、设备选型、检测和控制、运行管理的技术要求。

本标准适用于城镇污水或工业废水处理工程采用气浮工艺的设计、施工、验收、运行管理，可作为可行性研究、环境影响评价、工艺设计、施工验收、运行管理的技术依据。

2 规范性引用文件

本标准内容引用了下列文件中的条款。凡是不注日期的引用文件，其有效版本适用于本标准。

GB 50141 给水排水构筑物工程施工及验收规范

GB 50204 混凝土结构工程施工质量验收规范

GB 50205 钢结构工程施工质量验收规范

HJ/T 355 水污染源在线监测系统运行与考核技术规范（试行）

CJJ 60 城市污水处理厂运行、维护及安全及安全技术规程

CJ/T 51 城市污水水质检验方法标准

3 术语和定义

下列术语和定义适用于本标准。

3.1

气浮 floatation

指通过某种方法产生大量微气泡，黏附水中悬浮和脱稳胶体颗粒，在水中上浮完成固液分离的一种过程。

3.2

电凝聚（电解）气浮法 electrolytic flotation

指废水在外电压作用下，利用可溶性阳极，产生大量金属离子及其缩聚物，对废水中的悬浮和脱稳胶体颗粒进行凝聚，而阴极则产生氢气，与絮体发生黏附，从而上浮分离。

3.3

惰性电极 inert electrode

指在电解气浮中，电极本身不参与反应的惰性材料电极。

3.4

静电压 static voltage

指电解气浮产生电解效应的临界电压（也称超电压）。

3.5

可溶性电极 soluble electrode

指在电解气浮中参与反应的电极，如铁板、铝板电极。

3.6

电流密度　current density

指电解气浮中通过单位面积极板上的电流量。

3.7

比电流　ratio current

指单位水流量通过的电流。

3.8

散气气浮　falloff floatation

指用机械方法破碎空气产生大量微气泡完成气浮的工艺。包括扩散板曝气气浮法和叶轮曝气气浮法两种。

3.9

真空气浮法　vacuum floatation

指在常压下对水进行充分曝气，使水中溶气趋于饱和后，将其连续送入真空气浮室中，溶气水中空气在真空下释放，黏附水中絮体上浮分离，处理水通过压力调节室连续排出的工艺方法。

3.10

加压溶气气浮　pressurized dissolved-air floatation

指使空气在一定压力作用下溶解于水中，达到饱和状态后再急速减压释放，空气以微气泡逸出，与水中杂质接触使其上浮的处理方法。

3.11

浅层气浮 shallow air flotation

指旋转布水与溶气释放同步进行的一种回转式浅层压力溶气气浮。

3.12

溶气饱和度　dissolved-air saturation

指在一定压力和温度条件下空气溶解于水中达到饱和的溶解度。

3.13

回流溶气　reflux dissolved-air

指将气浮池出水进行部分回流加压溶气并减压释放，与入流污水接触完成气浮的工艺。

3.14

全溶气　whole dissolved-air

指将全部入流污水进行加压溶气，再经过减压释放进入气浮池进行固液分离的一种工艺。

3.15

部分溶气　part dissolved-air

指将部分入流污水进行加压溶气，再经过减压释放进入气浮池进行固液分离的一种工艺。

3.16

释放器　releaser

指将溶气水突然减压，使水中饱和气体以微气泡形式释放出来的装置。

3.17

喷淋密度　spray density

指溶气罐中单位时间单位面积的喷淋水流量。

3.18

水力负荷　hydraulic loading

指单位时间内溶气罐单位过水面积通过的溶气水量。

3.19

表面负荷 surface loading

指单位时间内气浮池分离区单位表面积净化的水量。

4 污染物与污染负荷

4.1 气浮工艺的处理水量要求

气浮工艺适用于处理中小水量的工业废水或城镇综合污水。

4.2 气浮工艺的处理水质要求

1）气浮工艺处理对象为疏水性悬浮物（SS）及脱稳胶体颗粒，原水 SS 质量浓度可以高达 5 000～10 000 mg/L。

2）气浮池出水 SS 一般可小于 20～30 mg/L，出水直接排放时，应符合国家或地方排放标准的要求；排入下一级处理系统时，应满足下一级处理系统的进水水质要求。

3）水质、水量变化大的气浮工艺污水处理厂（站），应设置调节设施。

4.3 气浮工艺适合处理的污染物

1）气浮工艺适用于水中悬浮物分离及物料回收，对密度小的纤维类、油类、微生物、表面活性剂的分离尤具优势。

2）气浮工艺的主要类型有电解气浮法、叶轮气浮法、加压溶气气浮法、浅层气浮法等。

3）电解气浮可用于电镀含铬（Ⅵ）废水、含氰废水及其他有毒有害污染物的处理。

4）压力溶气气浮可用于含油废水、印染废水、含藻废水，经化学处理的化工废水等的处理，用于造纸废水的纸浆回收，生物处理活性污泥的分离。

5）叶轮气浮可用于含较高浓度悬浮物及表面活性物质的工业废水的处理。

6）浅层气浮可用于较大规模的污水处理，如生物处理活性污泥的分离，也可用于工业废水固相物质的回收。

5 总体要求

5.1 气浮池建设规模由处理水量确定，设计水量由工程最大水量确定。

5.2 气浮工艺处理工程根据需要在进水系统前应设格栅、筛网、沉砂池及混凝（破乳）反应预处理设施。某些特殊水质的工业废水应进行化学沉淀，化学氧化，泡沫分离，预沉淀等预处理；后续工艺有过滤、吸附、膜技术等深度处理方法。

5.3 压力容器气浮应设溶气罐、溶气泵、空压机、释放器等辅助设备。

5.4 电解气浮应设整流设备、直流电源，并考虑电容量需满足最大电功消耗要求。

5.5 叶轮气浮应设吸气管、高速叶轮装置。

5.6 所有气浮均应考虑释气水与原水的接触设施，刮泥、排泥设施，液位调整设施。

5.7 气浮池池深较浅，高程设计应考虑与后续设备的配置。

5.8 气浮浮渣应由刮泥设备收集后进行浓缩脱水处理；当原水含有挥发性有害气体时，应有相应的预处理装置。

6 工艺设计

6.1 气浮处理主要工艺类型及其适用条件

污水处理常用的气浮工艺类型见表 1，可供气浮工艺选择时参考。

表 1 污水处理常见气浮工艺特点及适用条件

型式	特点	适用条件
1. 电解气浮法	对工业废水具有氧化还原、混凝气浮等多种功能，对水质的适应性好，过程容易调整。装置设备化，结构紧凑，占地少，不产生噪声。耗电量较大	适用于小水量工业废水（$Q<10$～15 m³/h）处理，对含盐量大、电导率高、含有毒有害污染物的污水处理具有独特的优点
2. 叶轮气浮法	结构简单，分离速度快，对高浓度悬浮物分离效果较好。供气量易于调整，对废水的适应性较好。装置设备化，结构紧凑，占地少。对混凝预处理要求较高	适用于处理水量中等（通常 $Q<30$～40 m³/h），对较高浓度悬浮物及表面活性物质的工业废水的处理具有较好的优势
3. 加压溶气气浮法	工艺成熟，工程经验丰富。负荷率高，处理效果好，处理能力大。可以做到全自动连续运行。泥渣含水率低，出水水质好。对不同悬浮物浓度的废水可分别采用全溶气、部分回流溶气等方式，适应性好。工艺稍复杂，管理要求较高	适用于不同水量，较高浓度悬浮性污染物，油类、微生物、纸浆、纤维的处理
4. 浅层气浮法	表面负荷高，分离速度快，效率高。污水处理高程易于布置。占地小，池深浅。钢设备可多块组合或架空布置	适用于大中小各种水量、悬浮类、纤维类、活性污泥类、油类物质的分离

6.2 气浮装置设计的一般规定

6.2.1 气浮池应设溶气水接触室完成溶气水与原水的接触反应。

6.2.2 气浮池应设水位控制室，并有调节阀门（或水位控制器）调节水位，防止出水带泥或浮渣层太厚。

6.2.3 穿孔集水管一般布置在分离室离池底 20～40 cm 处，管内流速为 0.5～0.7 m/s。孔眼以向下与垂线成 45° 交错排列，孔距为 20～30 cm，孔眼直径为 10～20 mm。

6.2.4 排渣周期视浮渣量而定，周期不宜过短，一般为 0.5～2 h。浮渣含水率在 95%～97%，渣厚控制在 10 cm 左右。

6.2.5 浮渣宜采用机械方法刮除。刮渣机的行车速度宜控制在 5 m/min 以内。刮渣方向应与水流流向相反，使可能下落的浮渣落在接触室。

6.2.6 气浮工艺设计时应考虑水温的影响。

6.3 电解气浮工艺设计

6.3.1 电解气浮工艺设计要点

1）电解气浮采用正负相间的多组电极，通以稳定或脉冲电流，通电方式可为串连或并联。

2）电解气浮可用惰性电极或可溶性电极，产生的效应与产物有所不同。

3）电解气浮采用惰性电极如钛板、钛镀钌板、石墨板等电极，产生氢、氧或氯等细微气泡；当采用可溶性铁板、铝板作为电极时，也称为电絮凝气浮，其产物是 Fe^{3+}、Al^{3+}及氢气泡等，此时产泥量较大。

4）电解气浮装置形式分竖流式及平流式，竖流式主要应用于较小水量的处理。

5）电解气浮池的结构包括整流栅、电极组、分离室、刮渣机、集水孔、水位调节器等。

6）电解气浮主要用于小水量工业废水处理，对含盐量大、电导率高、含有毒有害污染物废水的处理具有优势。

7）铁阳极电絮凝气浮用于含 Cr（Ⅵ）废水处理时，Cr（Ⅵ）质量浓度不宜大于 100 mg/L。

8）电解气浮用于含氰废水的处理时宜采用石墨惰性电极。

6.3.2 电解气浮设计参数

1）极板厚度 6～10 mm（可溶性阳极根据需要可加厚），极板净间距 15～20 mm；

2）电流密度一般应小于 150～200 A/m²；

3）澄清区高度 1～1.2 m，分离区停留时间 20～30 min；

4）渣层厚度 10～20 cm；

5）单池宽度不应大于 3 m。

6.3.3 电极作用表面积，按式（1）计算：

$$S = \frac{EQ}{i} \tag{1}$$

式中：S——电极作用表面积，m^2；

E——比电流，$A \cdot h/m^3$；

Q——污水设计流量，m^3/h；

i——电极电流密度，A/m^2。

通常，E、i 应通过试验确定，也可按表 2 取值。

表 2 不同废水的 E、i 值

废水种类	E/（$A \cdot h/m^3$）	i/（A/m^2）
皮革、毛皮废水	300～600	50～100
化工废水	100～400	150～200
肉类加工废水	100～270	100～200
人造革废水	15～20	40～80
印染废水	15～20	100～150
含铬（Ⅵ）废水	200～250	50～100
含酚废水	300～500	150～300

6.3.4 电极板块数 n，按式（2）计算：

$$n = \frac{B - 2l + 1}{\delta + e} \tag{2}$$

式中：B——电解池的宽度，当处理水量 Q=50～100 m^3/h，B 取 1.5～2 m；

l——极板面与池壁的净距，取 50～100 mm；

δ——极板厚度，取 6～10 mm；

e——极板净距，取 15～20 mm。

6.3.5 单块极板面积，按式（3）计算：

$$A = \frac{S}{n - 1} \tag{3}$$

式中：A——单块极板面积，m^2。

6.3.6 极板长度，按式（4）计算：

$$L_1 = \frac{A}{h_1} \tag{4}$$

式中：L_1——极板长度，m；

h_1——极板高度，取 0.4～1.5 m。

6.3.7 电极室长度，按式（5）计算：

$$L = L_1 + 2l \tag{5}$$

式中：L——电极室长度，m。

6.3.8 电极室总高度，按式（6）计算：

$$H = h_1 + h_2 + h_3 \tag{6}$$

式中：H——电极室总高度，m；

h_1——极板高度，取 1.0～1.5 m；

h_2——浮渣层高度，取 0.1～0.2 m；

h_3——保护高度，取 0.3～0.5 m。

6.3.9 电极室容积，按式（7）计算：

$$V_1 = BHL \tag{7}$$

式中：V_1——电极室容积，m^3。

6.3.10 分离室容积，按式（8）计算：

$$V_2 = Qt \tag{8}$$

式中：V_2——分离室容积，m^3；

t——气浮分离时间，取 0.3～0.75 h。

6.3.11 电解气浮池容积，按式（9）计算：

$$V = V_1 + V_2 \tag{9}$$

式中：V——电解气浮池容积，m^3。

6.4 叶轮气浮工艺设计

6.4.1 叶轮气浮工艺设计要点

1）叶轮气浮池的结构包括叶轮、吸气管、分离室、刮渣机等。叶轮气浮中叶轮直径、转速，及吸气管安装位置是设计的关键。

2）叶轮吸入气量应控制在合理的水平。

3）叶轮与导向叶片的间距设计应当准确。

4）叶轮气浮适用于处理中等水量，对高浓度悬浮物的废水分离效率较高。

6.4.2 叶轮气浮设计参数

1）叶轮直径 D=200～400 mm，最大不应超过 600 mm；

2）叶轮转速 ω=900～1 500 r/min，圆周线速度 u=10～15 m/s；

3）叶轮与导向叶片的间距应调整在小于 7～8 mm；

4）气浮池水深一般为 H=2～2.5 m，不宜超过 3 m；

5）气浮池应为方形，单边尺寸不大于叶轮直径 D 的 6 倍。

6.4.3 气浮池总容积 W，按式（10）计算：

$$W = \alpha Qt \tag{10}$$

式中：W——气浮池总容积，m^3；

α——系数，一般为 1.1～1.2；

Q——处理废水量，m^3/min；

t——气浮分离时间，一般为 20～25 min。

6.4.4 气浮池总面积 F，按式（11）、式（12）、式（13）计算：

$$F = \frac{W}{h} \tag{11}$$

式中：F——气浮池总面积，m^2；

h——气浮池的工作水深，m，可用式（12）计算：

$$h = \frac{H}{\rho} \tag{12}$$

式中：ρ——气水混合体的密度，一般为 0.7 kg/L；

H——气浮池中的静水压力，可用式（13）计算：

$$H = \varphi \frac{u^2}{2g} \tag{13}$$

式中：φ——压力系数，其值等于 0.2～0.3；

u——叶轮的圆周线速度，m/s。

6.4.5 气浮池数（或叶轮数）n，按式（14）计算：

$$n = \frac{F}{f} \tag{14}$$

式中：f——单台气浮池面积，m^2。

6.4.6 叶轮气浮池边长 l，按式（15）计算：

$$l = \sqrt{f} = 6D \tag{15}$$

式中：l——叶轮气浮池边长，m；

D——叶轮直径，m。

6.4.7 叶轮吸入的气水混合量 q，按式（16）计算：

$$q = \frac{Q \times 1\,000}{60n(1-\beta)} \tag{16}$$

式中：q——叶轮吸入的气水混合量，L/s；

β——曝气系数，根据试验确定，一般可取 0.3；

n——叶轮数。

6.4.8 叶轮转速 ω，按式（17）计算：

$$\omega = \frac{60u}{\pi D} \tag{17}$$

式中：ω——叶轮转速，r/min。

6.4.9 叶轮所需功率 N，按式（18）计算：

$$N = \frac{\rho Hq}{102\eta} \tag{18}$$

式中：N——叶轮所需功率，kW；

η——叶轮效率，等于 0.2～0.3。

6.5 加压溶气气浮工艺设计

6.5.1 加压溶气气浮工艺设计要点

1）加压溶气气浮基本工艺流程主要有全溶气流程、部分溶气流程和回流加压溶气流程等。

2）回流加压溶气气浮适用于原污水悬浮性污染物浓度高，水量较大，有混凝、破乳预处理的污水。全溶气及部分溶气气浮适用于原污水分离悬浮物浓度较低，且不含纤维类物质的污水。

3）工艺流程由空气溶解设备（溶气罐、溶气水泵、空压机或射流器等）、溶气释放器和气浮池（接触室、分离室、水位控制室、刮渣机、集水管等）等组成。

4）接触室、分离室应分别保证气水接触时间或泥水分离时间。

5）水位控制室应设计安全可靠，便于调整的水位调节器。

6）刮渣机设计应考虑行程、速度可调和往复运转的功能。

7）溶气罐应保证气水接触的水力条件，工作压力通常为 0.4～0.5 MPa，溶气罐的自控设计要保证工况与空压机、溶气水泵的协调。

8）各释放器应设独立的快开阀及快速拆卸接口。

6.5.2 加压溶气气浮设计参数

1）气浮池的有效水深，一般取 2.0～2.5 m，平流式长宽比一般为 2∶1～3∶1，竖流式应为 1∶1。一般单格宽度不宜超过 6 m，长度不宜超过 15 m。

2）接触区水流上升速度，下端取 20 mm/s 左右，上端 5～10 mm/s，水力停留时间大于 1 min；接触区隔板垂直角度一般为 70°。

3）分离区表面负荷（包括溶气水量）宜为 4～6 $m^3/(m^2 \cdot h)$，水力停留时间一般为 10～20 min。

4）回流溶气水的回流比（或溶气水比）应计算确定，一般为 15%～30%。

5）压力溶气罐应设压力表、水位计、安全阀并设水位、压力控制器自动控制。溶气罐必要时可装填料，一般采用阶梯环填料，填料层高度应为罐高的 1/2，并不少于 0.8 m，液位控制高为罐高的 1/4～1/2（从罐底计）；溶气罐设计工作压力一般为 0.4～0.5MPa；溶气罐水力停留时间应大于 2～3 min（有填料时取低值），并应计算确定；溶气罐一般为立式，设计高径比应大于 2.5～4，有条件时取高值。在某些情况下满足水力条件时可设计成卧式。

6.5.3 主要工艺指标

1）气浮池所需空气量 Q_g：

当有试验资料时，可按式（19）计算：

$$Q_g = \frac{\gamma Q R a_e \psi}{1\,000} \tag{19}$$

式中：Q_g——气浮池所需空气量，kg/h；

γ——空气容重，g/L，见表 3；

Q——气浮池处理水量，m^3/h；

R——试验条件下回流比或溶气水回流比，%；

a_e——试验条件下释气量，L/m^3；

ψ——水温校正系数，1.1～1.3。

当无试验资料时，可按式（20）计算：

$$Q_g = \frac{\gamma C_s (fP-1) R Q}{1\,000} \tag{20}$$

式中：C_s——在一定温度下，一个大气压时的空气溶解度，ml/L·atm，见表 3；

P——溶气压力，绝对压力，atm；

f——加压溶气系统的溶气效率，f=0.8～0.9。

表 3　空气在水中的溶解度

温度/℃	空气容重γ/（g/L）	空气溶解度 C_s/（mL/L·atm）
0	1.252	29.2
10	1.206	22.8
20	1.164	18.7
30	1.127	15.7
40	1.092	14.2

2）气浮某种物质的气固比α：

气固比α与悬浮颗粒的疏水性有关，α为 0.005～0.006，通常由试验确定。当无资料时，可按式（21）计算：

$$\alpha = \frac{Q_g}{QS_a} = \frac{\gamma C_s(fP-1)R}{1\,000S_a} \tag{21}$$

式中：S_a——污水中悬浮物质量浓度，kg/m^3。

3）回流比 R，可按式（22）计算：

$$R = \frac{Q_r}{Q} = \frac{1\,000\alpha S_a}{\gamma C_s(fP-1)} \tag{22}$$

式中：Q_r——溶气水量，m^3/h。

4）所需空压机额定气量Q'_g，可按式（23）计算：

$$Q'_g = \frac{\psi' Q_g}{60\gamma} \tag{23}$$

式中：Q'_g——所需空压机额定气量，m^3/min；

ψ'——安全系数，1.2～1.5。

5）溶气水量 Q_r，可按式（24）计算：

$$Q_r = \frac{Q_g}{736fPK_T} \tag{24}$$

式中：f——溶气效率，对装阶梯环填料的溶气罐可取 0.9；

P——选定的溶气压力，atm；

K_T——溶解度系数，可根据水温查表 4 而得。

表 4　不同温度下的 K_T 值

温度/℃	0	10	20	30	40	50
K_T值	0.038	0.029	0.024	0.021	0.018	0.016

6.5.4　气浮池本体

6.5.4.1　气浮池接触室

1）接触室表面积 A_c，可按式（25）计算：

$$A_c = \frac{Q + Q_r}{3\,600 v_c} \tag{25}$$

式中：A_c——接触室表面积，m^2；

v_c——水流平均速度，通常取 10～20 mm/s。

2）接触室长度 L，可按式（26）计算：

$$L = \frac{A_c}{B_c} \tag{26}$$

式中：L——接触室长度，m；

B_c——接触室宽度，m。

3）接触室堰上水深 H_2，可按式（27）计算：

$$H_2 = B_c \tag{27}$$

式中：H_2——接触室堰上水深，m。

4）接触室气水接触时间 t_c，可按式（28）计算：

$$t_c = \frac{H_1 - H_2}{v_c} \tag{28}$$

式中：t_c——接触室气水接触时间，要求 $t_c > 60$ s；

H_1——气浮池分离室水深，通常为 1.8～2.2 m。

6.5.4.2　气浮分离室

1）分离室表面积 A_s，可按式（29）计算：

$$A_s = \frac{Q + Q_r}{3\,600 v_s} \tag{29}$$

式中：A_s——分离室表面积，m^2；

v_s——分离室水流向下平均速度，通常为 1～1.5 mm/s。

2）分离室长度 L_s，可按式（30）计算：

$$L_s = \frac{A_s}{B_s} \tag{30}$$

式中：L_s——分离室长度，m；

B_s——分离室宽度，m。

对矩形池，分离室的长宽比一般取 2∶1～3∶1。

3）气浮池水深 H，可按式（31）计算：

$$H = v_s t \tag{31}$$

式中：H——气浮池水深，m；

t——气浮池分离室停留时间，一般取 10～20 min。

4）气浮池容积 W，可按式（32）计算：

$$W = (A_c + A_s)H \tag{32}$$

式中：W——气浮池容积，m^3。

5）总停留时间 T 校核，可按式（33）计算：

$$T = \frac{60 \times W}{Q + Q_r} \tag{33}$$

式中：T——总停留时间，min。

6.5.4.3 水位控制室

水位控制室宽度 B 不小于 900 mm，以便安装水位调节器，并利于检修。水位控制室可设于分离室一端，其长度等于分离室宽度。水位控制室深度一般与气浮分离室同深。

6.5.5 溶气设备

溶气罐应设安全阀，顶部最高点应装排气阀。溶气水泵进入溶气罐的入口管道应设除污过滤器。溶气罐底部应装快速排污阀。

溶气罐应设水位、压力仪表及自控装置。

1）压力溶气罐直径 D_d，可按式（34）计算：

$$D_{d}=\sqrt{\frac{4\times Q_{r}}{\pi I}} \tag{34}$$

式中：D_d——压力溶气罐直径，m；

I——单位罐截面积的水力负荷，一般为 80～150 m³/（m²·h），填料罐选用 100～200 m³/（m²·h）。

2）溶气罐高度 Z，可按式（35）计算：

$$Z=2Z_{1}+Z_{2}+Z_{3}+Z_{4} \tag{35}$$

式中：Z——溶气罐高度，m；

Z_1——罐顶、底封头高度，m（根据罐直径而定）；

Z_2——布水区高度，一般取 0.2～0.3 m；

Z_3——贮水区高度，一般取 1.0 m；

Z_4——填料层高度，当采用阶梯环时，可取 1.0～1.3 m。

3）溶气罐体积 V_d 复核，可按式（36）、式（37）计算：

$$V_{d}=\frac{\pi D_{d}^{2}}{4}\times Z \tag{36}$$

$$V_{d}=Q_{r}\times t_{d} \tag{37}$$

式中：V_d——溶气罐体积，m³；

t_d——溶气水在溶气罐内停留时间，min。

当无填料时 t_d=3～3.5 min；当有填料时 t_d =2 min。

溶气罐 D_d、Z 应同时满足式（34）、式（35）、式（36）、式（37）的要求。

4）溶气罐高径比 Z/D_d

Z/D_d 宜为 2.5～4。

6.5.6 气浮池集水管、集渣槽

1）气浮池集水管

采用穿孔管，按分配流量及流速 0.4～0.5 m/s 确定管径。并令孔眼水头损失 h=0.3 m，按式（38）计算出孔口流速 v_0、孔眼尺寸和个数。

$$v_{0}=\mu\sqrt{2gh} \tag{38}$$

式中：v_0——孔眼流速，m/s；

μ——孔眼流速系数。

2）集渣槽

集渣槽断面设计可按单位时间的排泥量（包括抬高水位所带出的水量）进行选择。一般不小于200 mm，当浮渣浓度较高时，集渣槽需有足够的坡度倾向排泥口，一般应大于 0.03～0.05。当集渣槽长度超过 5 m 时，应由两端向中间排泥。必要时可辅以冲洗水管。

6.5.7 溶气释放器

- 溶气释放器可选择 TJ 型或 TV 型。
- 溶气释放器个数 n，可按式（39）计算：

$$n=\frac{Q_r}{q} \tag{39}$$

式中：q——选定溶气压力下单个释放器的出流量，m^3/h。

- 溶气水由溶气罐至释放器的管道上应设快开阀。
- 释放器应考虑快速拆卸装置。

6.5.8 刮渣机

对于矩形气浮池应采用桥式刮渣机刮渣，跨度宜在 10 m 以下，集渣槽的位置可在池的一端或两端；

圆形气浮池宜采用行星式刮渣机，其适用范围在直径 2～10 m，集渣槽位置可在圆池径向的任何部位。

6.6 浅层气浮的工艺设计

6.6.1 浅层气浮工艺设计要点

1）浅层气浮能有效发挥溶气释放的高密度微气泡与进水布水高浓度污染物密切接触作用，并充分利用回转过程中微气泡的延时黏附功能，从而提高气浮分离效率。

2）工艺设备由空气溶解设备、溶气释放器及气浮池组成。

3）进水配水管与溶气释放器安装在一个回转装置上，释放的微气泡与污水同步接触。表面负荷高，分离速度快、效率高。

4）池深较浅，作为末端处理时污水处理工艺的高程易于布置。

5）浅层气浮适用于大中型污水处理，主要用于活性污泥类物质的分离。可用于工业废水固相物质的回收。

6.6.2 浅层气浮的工艺特点

1）布水管与释气管同位布置。

2）表面负荷大，处理效率高。

3）占地小，池深浅。钢设备可多格组合或架空布置。

6.6.3 浅层气浮的主要设计参数

1）气浮池有效水深 0.5～0.6 m，圆形。

2）接触室上升流速下端取 20 mm/s，上端取 5～10 mm/s。水力接触时间 1～1.5 min。

3）分离区表面负荷 3～5 $m^3/(m^2 \cdot h)$，水力停留时间 12～16 min。

4）布水机构的出水处应设整流器，原水与溶气水的配水量按分离区单位面积布水量均匀的原则设计计算。

5）布水机构的旋转速度应满足微气泡浮升时间的要求，通常按 8～12 min 旋转一周计算。

6）溶气水回流比应计算确定，一般应大于 30%。溶气罐通常可设计成立式（参见 6.5.4）。溶气水水力停留时间应计算确定，一般应大于 3 min。设计工作压力 0.4～0.5 MPa。

7）浅层气浮的其他设计方法基本同压力溶气气浮法，可参见 6.5。

7 主要工艺设备与材料

7.1 溶气泵应选用压力较高的多级泵，其工作压力为 0.4～0.6 MPa。

7.2 溶气罐为压力溶气设备，其设计方法详见 6.5.5，设计工作压力一般为 0.6 MPa，溶气罐顶部应设安全阀。溶气罐底部应设排污阀，溶气罐进水管应设除污器，溶气罐应具压力容器试验合格证方可使用。

7.3 溶气罐供气采用空压机，其工作压力为 0.6～0.7 MPa，供气量应满足溶气罐最大溶气量的要求。

7.4 溶气罐的压力与水位均应自动控制，并与溶气水泵联动。

7.5 释放器应满足水流量的要求，其与溶气罐连接管道应安装快开阀，释放管支管应安装快速拆卸管件，以利清洗。

7.6 气浮池应设刮渣机，并设可调节行程开关及调速仪表自动控制。

8 检测与过程控制

8.1 采用气浮工艺的污水处理厂（站）正常运行检测的项目和周期应符合 CJJ 60 的规定，化验检测方法应符合 CJ/T 51 的规定。

8.2 操作人员应经培训后持证上岗，并定期进行考核和抽检。操作人员应熟悉本标准规定的技术要求、单元气浮工艺的技术指标及气浮设施设备的运行要求，并按照气浮工艺的操作和维护规程做好值班记录。

8.3 检测人员应经培训后持证上岗，应定期进行考核和抽检。检测人员应定期检测进出水水质，对检测仪器、仪表进行校验。

8.4 气浮装置的溶气罐水位、水压，空压机压力，溶气水泵的启动与停止，溶气水的储水池、水位，刮渣机的行程与运行速度、周期等运行参数均应自动控制。

8.5 气浮工艺主要检测项目：进出水 SS、COD、浊度、出水水位等，必要时进行表面活性剂和泥渣含水率的监测，同时应监测溶气罐水位、压力，溶气泵的流量及其他工况，空压机的工作压力、供气量等。

8.6 气浮工艺的水质检测应由污水处理厂（站）化验室统一负责。

9 主要辅助工程

9.1 供电系统需保证足够的供电可靠性，并设置相应的继电保护装置。

9.2 设备选型应考虑污水处理工艺的环境条件，应选择抗腐蚀，性能稳定，安全可靠的产品。

9.3 构筑物宜按照二类防雷保护设计。

9.4 控制系统宜采用 IPC 和 PLC 组成的集散型监控系统，一般由中控室和 PLC 控制站组成。

10 劳动安全与职业卫生

10.1 生产过程应采取相应的措施，避免水环境、大气、噪声以及固体废弃物的二次污染。

10.2 供电系统应设置相应的保护措施，以降低由于断电、设备故障造成的影响。

10.3 污水处理厂（站）应建立健全的安全生产规章制度，专人专职具体监督防范，以确保正常生产和工人的人身安全。

10.4 气浮池应设置安全栏杆及防滑扶梯，并配备救生衣及救生圈。

10.5 电解气浮应设通风装置。

10.6 含铬（Ⅵ）废水及含氰废水处理的泥渣为危险固废，应交由有资质的单位专门处理处置。

10.7 压力溶气罐应按要求定期到国家压力容器管理部门检测试验压力。

10.8 应按有关规定配备消防设施，严格执行建筑防火规范，留有足够的防火距离。

10.9 电力设施的选型与保护按国家有关规定进行，露天电气设备的安全防护按国家现行的有关规定执行。

11 施工与验收

11.1 气浮工艺的施工与验收应符合 GB 50141、GB 50204 和 GB 50205 规定。

11.2 根据设计的进水水质、出水水质要求，检验相应的水质指标，如 COD、SS、铬（Ⅵ）、铬（Ⅲ）、铁（Ⅲ）、氰（CN^-）、油、表面活性剂等，并应提交相关检测报告。

12 运行与维护

12.1 一般规定

1）气浮工艺污水处理厂（站）设施的运行、维护及安全管理应按照 CJJ 60 执行。

2）操作人员应严格执行设备操作规程，定时巡视设备运转是否正常，包括温升、响声、振动、电压、电流等，发现问题及时检查排除。

3）应保持设备各运转部位的润滑状态，及时添加润滑油、除锈；发现漏油、渗油情况应及时解决。

4）气浮前处理如为铁盐混凝，应定时排除沉泥及浮渣，以免结块。

5）有填料的溶气罐进水管设置的除污器应定时清洗，损坏时进行更换。溶气罐的填料也需定时排污、清洗。出水阀的开启度应与流量一致，发现不一致时应加以调整。溶气罐的安全阀应定期校正。

6）应做好设备维修保养记录。

12.2 电解气浮的运行控制

1）电解气浮处理含铬（Ⅵ）废水时，投加一定量食盐可防止阳极钝化，铁板需定时更换，原水铬（Ⅵ）质量浓度不宜大于 100 mg/L，pH 值为 4～6.5。

2）当原水电导较低时，可适当投加 Na_2SO_4、NaCl 提高原水导电性，降低电解电压。

12.3 叶轮气浮的运行控制

1）定时检查叶轮转动转速，观察吸气管位置，及时调整水深和吸气量。

2）定时调整叶轮与导向叶片的间距。

12.4 加压溶气气浮的运行控制

1）根据反应池的絮凝情况及气浮池出水水质，注意调节混凝剂的投加量。特别要防止加药管堵塞。

2）观察气浮池池面情况，如发现接触区局部冒出大气泡，应检查释放器堵塞情况。

3）掌握浮渣积累规律，确定刮渣周期。

4）观察并控制溶气罐合理水位，保证溶气效果。

5）调整空压机的供气量，保证溶气罐稳定的工作压力。

6）调整气浮池出水水位控制器，保证稳定的处理水量。

7）在冬季水温过低时期，可相应增加回流水量或溶气压力，保证出水水质。

8）做好日常的运行记录，包括处理水量、投药量、溶气水量、溶气罐压力、水温、耗电量、进出水水质、刮渣周期、泥渣含水率等。

12.5 浅层气浮的运行控制

1）主要调节方式同加压溶气气浮。

2）检查配水管的旋转速度，检查原水与溶气水的配水均匀性。

3）量筒试验观察微气泡的升流速度与气浮效果，必要时调整溶气水量。

4）检查浮渣的形成状况及含水率，调整刮渣机的刮泥厚度与回转速度。

5）气浮池间歇运行时应将浮渣及沉泥排清。

附 录 A
（规范性附录）
符 号

A.1 电解气浮工艺设计

A——单块极板面积；
B——电解池宽度；
E——比电流；
e——极板净距；
H——电极室总高度；
h_1——极板高度；
h_2——浮渣层高度；
h_3——保护高度；
i——电极电流密度；
L——电极室长度；
L_1——极板长度；
l——极板面与池壁的净距；
n——电极板块数；
Q——气浮池处理水量；
S——电极作用表面积；
t——气浮分离时间；
V——电解气浮池容积；
V_1——电极室容积；
V_2——分离室容积；
δ——极板厚度。

A.2 叶轮气浮工艺设计

D——叶轮直径；
F——气浮池总面积；
f——单台气浮池面积；
H——气浮池静水压力；
h——气浮池工作水深；
l——气浮池边长；
N——叶轮所需功率；
n——气浮池数（或叶轮数）；
Q——气浮池处理水量；
q——叶轮吸入的水汽混合量；
t——气浮分离时间；

u——叶轮圆周线速度；
W——气浮池总容积；
β——曝气系数；
φ——压力系数；
η——叶轮效率；
ρ——气水混合体密度；
ω——叶轮转速。

A.3 加压溶气气浮工艺设计

A_c——接触室表面积；
A_s——分离室表面积；
a_e——试验条件下释气量；
B_c——接触室宽度；
B_s——分离室宽度；
C_s——空气溶解度；
D_d——压力溶气罐直径；
f——溶气效率；
H——气浮池水深；
H_1——气浮池分离室水深；
H_2——接触室堰上水深；
h——孔眼水头损失；
I——单位罐截面积的水力负荷；
K_T——溶解度系数；
L——接触室长度；
L_s——分离室长度；
n——溶气释放器个数；
P——溶气压力；
Q——气浮池处理水量；
Q_g——气浮池所需空气量；
Q_g'——所需空压机额定气量；
Q_r——溶气水量；
q——选定溶气压力下单个释放器的出流量；
R——回流比；
S_a——污水中悬浮物浓度；
T——总停留时间；
t——气浮池分离室停留时间；
t_c——接触室气水接触时间；
t_d——溶气水在溶气罐内停留时间；
V_d——溶气罐体积；
v_c——水流平均速度；
v_0——孔眼流速；
v_s——分离室水流向下平均速度；

W——气浮池总容积；
Z——溶气罐高度；
Z_1——罐顶、底封头高度；
Z_2——布水区高度；
Z_3——贮水区高度；
Z_4——填料层高度；
α——气固比；
γ——空气容重；
μ——孔眼流速系数；
ψ——水温校正系数；
ψ'——安全系数。

中华人民共和国国家环境保护标准

HJ 2008—2010

污水过滤处理工程技术规范

Technical specifications for filtration process in wastewater treatment

2010-12-17 发布　　　　2011-03-01 实施

环　境　保　护　部 发布

前　言

为贯彻《中华人民共和国环境保护法》和《中华人民共和国水污染防治法》，规范污水过滤处理工程建设，使其连续稳定运行、达标排放，防治水污染，改善环境质量，制定本标准。

本标准规定了污水处理工程中所采用的过滤工艺的总体设计、工艺设计、设备选型、检测和控制、运行管理的技术要求。

本标准为首次发布。

本标准由环境保护部科技标准司组织制订。

本标准主要起草单位：江苏省环境科学研究院、东南大学、扬州澄露环境工程有限公司、江苏鹏鹞环境工程设计院。

本标准环境保护部 2010 年 12 月 17 日批准。

本标准自 2011 年 3 月 1 日起实施。

本标准由环境保护部负责解释。

污水过滤处理工程技术规范

1 适用范围

本标准规定了污水处理工程中所采用的过滤工艺的总体要求、工艺设计、设备选型、检测与控制、施工验收、运行管理的技术要求。

本标准适用于城镇污水或工业废水处理工程过滤单元工艺的设计、施工验收、运行管理，可作为可行性研究、环境影响评价、工艺设计、工程验收、运行管理的技术依据。

2 规范性引用文件

本标准内容引用了下列文件中的条款。凡是不注日期的引用文件，其有效版本适用于本标准。

GB 50141 给水排水构筑物工程施工及验收规范

GB 50204 混凝土结构工程施工质量验收规范

GB 50205 钢结构工程施工质量验收规范

HJ/T 355 水污染源在线监测系统运行与考核技术规范（试行）

CJJ 60 城市污水处理厂运行、维护及安全及安全技术规程

CJ/T 51 城市污水水质检验方法标准

3 术语和定义

下列术语和定义适用于本标准。

3.1

过滤 filtration

指借助粒状材料或多孔介质截除水中杂质的过程。

3.2

滤料 filtering media

指过滤时用以去除水中杂物的粒状材料或多孔介质。

3.3

初滤水 initial filtered water

指在滤池反冲洗后，重新过滤的初始阶段滤后出水。

3.4

滤料有效粒径（d_{10}） effective size of filtering media

指滤料经筛分后，小于总重量 10%的滤料颗粒粒径。

3.5

滤料有效粒径（d_{80}） effective size of filtering media

指滤料经筛分后，小于总重量 80%的滤料颗粒粒径。

3.6

滤料不均匀系数（K_{80}） uniformity coefficient of filtering media

指滤料经筛分后，小于总重量80%的滤料颗粒粒径与有效粒径之比。

3.7

均匀级配滤料 uniformly graded filtering media

指粒径比较均匀，不均匀系数（K_{80}）一般为1.3～1.4的滤料。

3.8

滤速 filtering rate

指在单位时间内单位过滤面积滤过的水量。

3.9

强制滤速 compulsory filtration rate

指部分滤格因进行检修或翻砂而停运时，在总滤水量不变的情况下其他运行滤格的滤速。

3.10

冲洗强度 wash rate

指单位时间内单位滤料面积的冲洗水量。

3.11

膨胀率 percentage of bed-expansion

指滤料层在反冲洗时的膨胀程度，以滤料层厚度的百分比表示。

3.12

冲洗周期（过滤周期、滤池工作周期）filter runs

指滤池完成冲洗后开始运行到再次进行冲洗的整个间隔时间。

3.13

承托层 graded gravel layer

指为防止滤料漏入配水系统，在配水系统与滤料层之间铺垫的粒状材料。

3.14

表面冲洗 surface washing

指采用固定式或旋转式的水射流系统，对滤料表层进行冲洗的冲洗方式。

3.15

表面扫洗 surface sweep washing

指V型滤池反冲洗时，待滤水通过V型进水槽配水孔在水面横向将冲洗含泥水扫向中央排水槽的一种辅助冲洗方式。

3.16

普通快滤池 rapid filter

指传统的快滤池布置形式，滤料一般为单层细砂级配滤料或煤、砂双层滤料，冲洗采用单水冲洗，冲洗水由水塔（箱）或水泵供给。

3.17

虹吸滤池 siphon filter

指一种以虹吸管代替进水和排水阀门的快滤池形式。滤池各格出水互相连通，反冲洗水由未进行冲洗的其余滤格的滤后水供给。过滤方式为等滤速、变水位运行。

3.18

无阀滤池 valveless filter

指一种不设阀门的快滤池形式。在运行过程中，出水水位保持恒定，进水水位则随滤层的水头损失增加而不断在虹吸管内上升，当水位上升到虹吸管管顶，并形成虹吸时，即自动开始滤层反冲洗，冲洗排泥水沿虹吸管排出池外。

3.19

V 型滤池 V filter

指采用粒径较粗且较均匀滤料，在各滤格两侧设有 V 型进水槽的滤池布置形式。冲洗采用气水微膨胀兼有表面扫洗的冲洗方式，冲洗排泥水通过设在滤格中央的排水槽排出池外。

4 污染物与污染负荷

4.1 过滤工艺可用于各种水量、较低浓度悬浮物的分离。

4.2 过滤工艺主要用于水中细小悬浮物、脱稳胶体等物质的分离去除。适用于污水二级生物处理出水、工业废水化学沉淀、气浮出水，悬浮物（SS）＜20 mg/L 的过滤处理。

4.3 过滤工艺可用于污水深度处理，如活性炭吸附、膜技术、离子交换等的预处理时，要求滤池进水 SS＜10 mg/L。

4.4 过滤工艺可用于直接过滤（微絮凝接触过滤），进水 SS 可适当放宽，如 SS＜60 mg/L，而滤料粒径应相应增大。

5 总体要求

5.1 滤池建设规模由处理水量确定，设计水量由工程最大水量确定。

5.2 过滤工艺通常在前处理混凝沉淀、气浮等之后，高程布置需保证过滤水头的需要。需设置反冲洗储水池、冲洗水泵或水塔等。

5.3 滤池通常为对称布置（成双数），接近前处理设备（沉淀、气浮等）及后处理设备（消毒、清水池等）。

5.4 滤池除池深外，有一定水头损失，高程设置应考虑后续设备的配合。

5.5 过滤工艺无污泥产生，反冲洗出水应回流到集水井进行二次处理。

6 工艺设计

6.1 过滤的型式及其工艺特点和适用条件

污水处理中常用的过滤型式有：普通快滤池及其衍变形式（双阀滤池、翻板滤池和双层滤料滤池）、V 型滤池、重力式无阀滤池、压力滤池、转盘滤池等。其工艺特点及适用条件见表 1，可供滤池工艺选择时参考。

表 1 污水处理常见滤池工艺特点及适用条件

型式	特点	适用条件
1. 普通快滤池	有成熟的运行经验。采用砂滤料，材料便宜易得。采用大阻力配水系统，单池面积较大，池深较浅。可采用减速过滤，水质较好。但阀门较多，且必须设有全套冲洗装备	适用于各种水量的污水处理。产水率较高。单池面积不宜超过 50 m^2，可与沉淀池组合使用。水冲洗效果较差，有条件时宜采用表面冲洗或空气助洗设备
2. 双阀滤池	减少了阀门，相应降低了造价和检修工作量。但须设置全套冲洗设备，增加了形成虹吸的设备。其他特点同普通快滤池	与普通快滤池相同

续表

型式	特点	适用条件
3. 翻板滤池	滤料、滤层选择多样。滤料流失率低，滤料反冲洗后洁净度高，水头损失小。反冲洗系统布水、布气均匀。过滤周期长、截污量大，出水水质好。设备较多，一次性投资较大，而且运行电耗较高	适用于污水悬浮物含量较大的大、中水量污水处理。根据污水性质可选择不同滤料及级配
4. 双层滤料滤池	滤层含污能力大，可采用较高的滤速。减速过滤，水质较好。可利用现有普通快滤池改建。滤料选择要求高，滤料易流失。冲洗困难，易积泥球	适用于大、中水量污水处理，允许进水悬浮物浓度高。单池面积一般不宜太大。宜采用大阻力配水系统和辅助冲洗设备
5. V 型滤池	运行稳定可靠。采用砂滤料，滤床含污量大、周期长、滤速高、水质好、材料易得。滤料均匀级配，可适应不同悬浮物浓度的水质，自动化程度高。单池面积大，产水率高。具有气水反冲洗和水表面扫洗，冲洗效果好。但配套设备多，土建较复杂，池深较普通快滤池深	适用于大、中水量污水处理。要求进水 SS＜15 mg/L。要求配置自控系统
6. 重力式无阀滤池	不需设置阀门，自动冲洗，管理方便。可成套定型制作。但运行过程看不到滤层情况，清砂不便。单池面积较小。冲洗效果差，反洗时浪费一部分水量。变水位等速过滤，水质不如减速过滤	适用于小水量的污水处理。需要有可利用的高程，常与斜管沉淀池、加速澄清池配合使用
7. 压力滤池	钢制设备，可成套定型制作，采用大阻力配水系统，反冲洗均匀。可直接利用余压出水变水头等速过滤，水质不如减速过滤。单池面积小，只能用于小水量	适用于无高程利用的小水量污水处理，出水可直接回用或排放。单池面积应小于 10 m^2
8. 转盘滤池	耐冲击负荷，过滤效率高。错流过滤，水头损失小，滤速快。全自动连续运行，反冲洗水量少，运行费用低。单位池容过滤总面积大，占地省。滤布具有疏油特性，表面杂质不易黏附，滤布易清洗，系统功能恢复快，自动化程度高，可整机设备化	适用于各种水量污水处理。可适应不同悬浮物浓度的水质

6.2 过滤工艺的一般规定

6.2.1 过滤工艺宜用于工业废水和城镇污水处理工程的深度处理单元。

6.2.2 滤池形式的选择应根据污水处理水量、进出水水质、运行管理水平、处理构筑物高程布置等因素，通过技术经济比较确定。快滤池（含普通快滤池、双阀滤池、翻板滤池、V 型滤池等）适用于大、中型污水处理厂（站），无阀滤池、压力滤池适用于小型污水处理厂（站），转盘滤池可用于不同规模的城镇污水及工业废水处理厂（站）。

6.2.3 滤料应有足够的机械强度和抗腐蚀性能，宜采用石英砂、无烟煤、陶粒和瓷砂等。在污水过滤过程中如无溶解性有害物质产生，也可选用聚丙烯塑料珠、纤维球等合成材料作为滤料。

6.2.4 滤池的分格数，应根据滤池型式、处理水量、操作运行和维护检修等通过技术经济比较确定，除无阀滤池、压力滤池和转盘滤池外原则上不宜少于 4 格。

6.2.5 滤池的单格面积应根据滤池型式、处理水质水量、操作运行水平、滤后水收集及冲洗水分配的均匀性，通过技术经济比较确定。

6.2.6 滤料层厚度（L）与有效粒径（d_{10}）之比：细砂及双层滤料过滤应大于 1 000；粗砂及三层滤料应大于 1 250。

6.2.7 滤池宜设有初滤水排放设施，初滤水应回流到水厂集水井，进行二次处理。

6.2.8 滤池冲洗方式优先采用气水联合冲洗方式。

6.2.9 滤池运行时应尽可能设置自动检测、控制系统，实现运行管理自动化。

6.3 滤速与滤料组成

6.3.1 滤池应按正常情况下的滤速设计，并以检修情况下的强制滤速校核。

6.3.2 滤池滤速及滤料组成宜按表 2 取用。污水过滤的滤速应高于给水过滤的滤速，滤料的粒径亦应相应加大，工程上应根据进水水质、滤后水水质要求、滤池构造等因素，通过试验或参照相似条件下已有滤池的运行经验确定。

表 2 滤池滤速及滤料组成

滤料种类	滤料组成			正常滤速/（m/h）	强制滤速/（m/h）
	粒径/mm	不均匀系数 K_{80}	厚度/mm		
单层粗砂滤料	石英砂 d_{10}=0.8	<2.0	700	8~10	10~12
双层滤料	无烟煤 d_{10}=1.0	<2.0	300~400	9~12	12~16
	石英砂 d_{10}=0.8	<2.0	400		
均匀级配粗砂滤料	石英砂 d_{10}=1.0~1.3	<1.4	1 200~1 500	8~10	10~12

6.3.3 当滤池采用大阻力配水系统时，其承托层宜按表 3 采用。

表 3 大阻力配水系统承托层材料、粒径与厚度　　单位：mm

层次（自上而下）	材 料	粒 径	厚 度
1	砾石	2~4	100
2	砾石	4~8	100
3	砾石	8~16	100
4	砾石	16~32	本层顶面应高出配水系统孔眼 100

6.4 配水、配气系统

6.4.1 设计要点

1）滤池配水、配气系统，应根据滤池形式、冲洗方式、单格面积、配水配气的均匀性等因素考虑选用。采用单水冲洗时，可采用穿孔管、滤头等配水系统；气水冲洗时，可选用长柄滤头、穿孔管等配水、配气系统。

2）干管（渠）顶上宜设排气管，排出口设在滤池水面以上。

3）长柄滤头配水、配气系统应按冲洗水量、冲洗气量，并根据下列数据通过计算确定：

- 配气干管进口处的流速为 10~15 m/s；
- 配水（气）渠配气孔出口流速为 10 m/s 左右；
- 配水干管进口端流速为 1.5 m/s；
- 配水（气）渠配水孔出口流速为 1~1.5 m/s。

4）配水（气）渠顶上宜设排气管，排出口设在滤池水面以上。

5）配水系统要求能均匀地收集滤后水和分配反冲洗水，并要求安装维修方便，不易堵塞，经久耐用。

6.4.2　滤池各类管（渠）流速的确定

进水管　0.8～1.2 m/s；　　出水管　1.0～1.5 m/s；
冲洗水　2.0～2.5 m/s；　　排水　1.0～1.5 m/s；
初滤水排放　3.0～4.5 m/s；　输气管　10～15 m/s。

6.4.3　配水系统的水头损失计算

6.4.3.1　大阻力配水系统

1）大阻力配水系统应按冲洗流量，并根据下列数据通过计算确定：

- 大阻力穿孔管配水系统孔眼总面积与滤池面积之比（开孔比）宜为 0.20%～0.25%；
- 配水干管（渠）进口处的流速为 1.0～1.5 m/s；
- 配水支管进口处的流速为 1.5～2.0 m/s；
- 配水支管孔眼出口流速为 5～6 m/s。

2）配水系统水头损失，当按孔口的平均水头损失计算时，可采用式（1）：

$$h_2 = \frac{1}{2g}\left(\frac{q}{10\alpha\beta}\right)^2 \tag{1}$$

式中：h_2——孔口平均水头损失，m；
q——冲洗强度，L/（$m^2 \cdot s$）；
α——流量系数，宜取 0.65；
β——孔眼总面积与滤池面积之比，采用 0.20%～0.25%。

3）承托层水头损失 h_3，可按式（2）计算：

$$h_3 = 0.022H_1 q \tag{2}$$

式中：H_1——承托层厚度，m。

4）滤料层水头损失 h_4，可按式（3）计算：

$$h_4 = \left(\frac{\gamma_1}{\gamma} - 1\right)(1 - m_0)H_2 \tag{3}$$

式中：γ_1——滤料的相对密度；
γ——水的相对密度；
m_0——滤料膨胀前的孔隙率（石英砂为 0.41）；
H_2——滤层膨胀前厚度，m。

5）冲洗系统

水泵冲洗：采用水泵冲洗时，需考虑有备用措施。冲洗水泵的流量及扬程由式（4）、式（5）计算：

$$Q = qf \tag{4}$$

$$H = H_0 + h_1 + h_2 + h_3 + h_4 + h_5 \tag{5}$$

式中：Q——水泵出水量，L/s；
f——单个滤池面积，m^2；
H——水泵所需扬程，m；
H_0——洗砂排水槽顶与吸水池最低水位高差，m；

h_1——吸水池与滤池间冲洗管的沿程水头损失与局部水头损失之和，m；

h_5——富余水头，h_5=1 m 左右。

水箱（水塔、水柜）冲洗：水箱中水深不宜超过 3 m，水箱应在滤池冲洗间歇时间内充满，并应有防止空气进入滤池的措施。水箱的容积可采用一次冲洗水量 1.5 倍，水箱底部高于洗砂排水槽顶的高度，可按式（6）计算：

$$H_0 = h_1 + h_2 + h_3 + h_4 + h_5 \tag{6}$$

式中：h_1——冲洗水箱至滤池大阻力配水系统间的水头损失，m。

6.4.3.2 小阻力配水系统

1）小阻力滤头配水系统缝隙总面积与滤池面积之比宜为 1.0%～1.5%，在有条件时应取下限。

2）配水系统水头损失

水通过配水系统的孔眼时，呈紊流状态，其单水冲洗时的水头损失按式（7）计算：

$$h = \frac{1}{2g}(u_B / \alpha\beta)^2 \times 10^6 \tag{7}$$

式中：h——水流通过配水系统的水头损失，m；

u_B——冲洗强度，L/（m^2·s）。

流量系数α应试验确定，无试验数据时，宜参考表 4 选用。

表 4 流量系数α值

型 式	α	型 式	α
滤 头	0.8	钢筋混凝土栅条	0.6
缝式圆形栅条	0.85	孔 板	0.75
木栅条	0.6	滤 球	0.78

3）配水系统开孔比

开孔比β值可用式（8）表示：

$$\frac{\Delta v}{v} = (M\alpha\beta / 2H)^2 \tag{8}$$

式中：Δv——孔口平均出流速度差，m/s；

v——孔口平均出流速度，m/s；

M——滤池长度，m；

H——配水室高度，m。

一般情况下，小阻力配水系统的开孔比宜保持在 1%～1.5%。

6.5 反冲洗方式

6.5.1 滤池冲洗方式的选择，应根据滤料层组成、配水配气系统型式，通过试验或参照相似条件下已有滤池的经验确定，宜按表 5 选用。

表 5 冲洗方式和程序

滤料组成	冲洗方式、程序
单层粗砂级配滤料	水冲或气冲—水冲
单层粗砂均匀级配滤料	气冲—气水同时冲—水冲
双层煤、砂级配滤料	水冲或气冲—水冲

6.5.2　单水冲洗滤池的反冲洗强度及冲洗时间宜按表 6 采用。

表 6　水冲洗强度及冲洗时间（水温 20℃时）

滤料组成	冲洗强度/[L/（m²·s）]	膨胀率/%	冲洗时间/min
单层粗砂级配滤料	12～15	45	5～7
双层煤、砂级配滤料	13～16	50	6～8
注 1：当采用表面冲洗设备时，冲洗强度可取低值。			
注 2：应考虑由于全年水温、水质变化因素，适当调整冲洗强度的可能。			

1）单独用水反冲洗的计算

单独用水反冲洗必须设冲洗水泵或冲洗水塔（箱），其设备布置和设计计算见 6.6.1 普通快滤池。

2）固定式表面冲洗的水反冲洗的计算

· 冲洗水头应通过计算确定，一般为 0.2 MPa；

· 穿孔管孔眼流速可按需要决定。亦可参考式（9）计算确定：

$$v_2 = \frac{q \times 10^3}{\varphi} \tag{9}$$

式中：q——表面冲洗强度，L/（m²·s），一般为 2～3 L/（m²·s）；

φ——穿孔管孔眼总面积与滤池面积之比，%，宜采用 0.20%～0.25%；

v_2——穿孔管孔眼流速，m/s，一般为 6～8 m/s。

当 q 采用低值时，φ应采用低值；当 q 采用高值时，φ也应采用高值。

6.5.3　气水冲洗滤池的冲洗

6.5.3.1　气水冲洗滤池的冲洗强度及冲洗时间，宜按表 7 采用。

表 7　气水冲洗强度及冲洗时间

滤料种类	先气冲洗		气水同时冲洗			后水冲洗		表面扫洗	
	气强度/[L/（m²·s）]	时间/min	气强度/[L/（m²·s）]	水强度/[L/（m²·s）]	时间/min	水强度/[L/（m²·s）]	时间/min	水强度/[L/（m²·s）]	时间/min
单层细砂级配滤料	15～20	2～3	—	—	—	8～10	4～5	—	—
双层煤、砂级配滤料	15～20	2～3	—	—	—	6.5～10	4～5	—	—
单层粗砂均匀级配滤料*	13～17	1～2	13～17	3～4	4～3	4～8	2～3	—	—
	13～17	1～2	13～17	2.5～3	5～4	4～6	2～3	1.4～2.3	全程
注：* 粗砂均匀级配滤料采用气水冲洗时冲洗周期宜采用 24～36 h。									

6.5.3.2　气水反冲洗空气供应方式

冲洗空气的供应，宜采用鼓风机直接供气，中小型滤池亦可采用空气压缩机—贮气罐组合供气方式。

1）鼓风机直接供气

先气后水冲洗时，鼓风机出口处的静压力应为输配气系统的压力损失和富余压力之和，按式（10）计算：

$$H_A = h_1 + h_2 + 9\,810Kh_3 + h_4 \tag{10}$$

式中：H_A——鼓风机出口处的静压，Pa；

h_1——输气管道的压力总损失，Pa；

h_2——配气系统的压力损失，Pa；

K——漏损系数（1.05～1.10）；

h_3——配气系统出口至空气溢出面的水深，m；

h_4——富余压力，取 4 900 Pa。

采用长柄滤头气水同时冲洗时，按式（11）计算：

$$H_A = h_1 + h_2 + h_4 + h_5 \quad (11)$$

式中：h_5——气水室中的冲洗水水压，Pa；

其余同式（10）。

2）空压机串联贮气罐供气

空压机容量可按式（12）计算：

$$W = (0.06qFt - VP)K / t \quad (12)$$

式中：W——空压机容量，m^3/min；

q——空气冲洗强度，L/（$m^2 \cdot s$）；

F——单个滤池面积，m^2；

t——单个滤池设计气冲时间，min；

V——中间贮气罐容积，m^3；

P——贮气罐可调节的压力倍数；

K——漏损系数（1.05～1.10）。

6.5.3.3　V 型滤池的冲洗计算详见 6.6.3。

6.6　各类滤池的设计方法

6.6.1　普通快滤池

设计要点：

1）滤速与滤料的设计参见 6.3。

- 滤料粒径可根据需要做出调整，粗粒滤料可达 1.2～2.0 mm。冲洗强度亦应作相应调整。有条件时可改造为气水联合冲洗；
- 根据污水性质必要时应选择耐腐蚀滤料，如多孔陶粒、瓷砂等；
- 处理含金属离子或ζ电位较高的粒子的废水，宜设金属屑滤料滤层；
- 反冲洗水力分级大，砂粒不均匀系数（K_{80}）应尽可能小，以免滤池水头损失增大。

2）配水系统宜采用大阻力配水系统。

3）滤层表面以上的水深，宜采用 1.5～2.0 m。

4）设计过滤周期宜为 12～24 h。

5）滤池底部宜设有排空管，其入口处设栅罩，池底坡度约 0.005，坡向排空管。

6）配水系统干管末端应装排气管，管径一般为 20～40 mm。排气管伸出滤池顶处应加截止阀。

7）间歇运行时间较长时，应预留初滤水排放管，按规定时间排水。

8）DN300 及以上的阀门及冲洗阀门一般采用电动、液动或气动阀。

9）每格滤池应设水头损失计及取样管。

10）密封渠道应设检修人孔。

6.6.2　设计数据与计算公式

6.6.2.1　滤池总面积、个数及单池尺寸

1）滤池总面积 F 按式（13）计算：

$$F=\frac{Q}{v(T_0-t_0)} \tag{13}$$

式中：F——滤池总过滤面积，m^2；

Q——设计水量，m^3/d；

v——设计滤速，m/h；

T_0——滤池每日工作时间，h；

t_0——滤池每日冲洗过程的操作时间，h。

2）滤池个数：应根据技术经济比较确定，但不得少于两个。一般条件下选择原则：滤池个数多，单池面积小，配水均匀，冲洗效果好，可参见表 8 采用。

表 8　滤池个数

滤池总面积/m^2	滤池个数	滤池总面积/m^2	滤池个数
小于 30	2	150	4～6
30～50	3	200	5～6
100	3 或 4	300	6～8

3）单池尺寸：单个滤池面积按式（14）计算：

$$f=\frac{F}{N} \tag{14}$$

式中：F——滤池总面积，m^2；

N——滤池个数。

滤池可为正方形或矩形，长宽比为（1～1.5）∶1。

4）快滤池应采用大阻力配水系统。

6.6.2.2　滤池布置

1）当滤池个数大于 6 个时，宜用双行排列。

2）单个滤池面积大于 50 m^2 时，可考虑设置中央集水渠。

6.6.2.3　水头损失计算详见 6.5。

6.6.2.4　管（槽）流速，见 7.3.2。

6.6.3　快滤池的演变形式

6.6.3.1　双阀滤池

1）双阀滤池宜采用鸭舌阀式双阀滤池或虹吸管式双阀滤池。其计算参见 6.6.2 普通快滤池。

2）鸭舌阀式双阀滤池应适当提高冲洗强度、增加冲洗水量，适宜于水泵冲洗。

3）虹吸管式双阀滤池应设冲洗、清水两阀门和相应的冲洗设备（水泵或水箱）等，并采用真空系统控制虹吸进水管和虹吸排水管。

6.6.3.2　翻板滤池

翻板滤池宜采用无烟煤、石英砂双层滤料，其主要设计参数取用如下：

1）滤层厚度应不小于 1.5 m，承托层宜采用粗—细—粗的粒径分布。

2）翻板滤池宜采用小阻力配水系统，开孔率 β 宜取 1.2%～1.4%。

3）反冲洗方式宜采用气冲—气水冲—水冲的联合冲洗方式，相关系数见表 7。

4）反冲洗时滤层膨胀率宜为 15%～25%。

6.6.3.3 双层滤料滤池

双层滤料滤池的设计要点及数据如下：

1）一般的双层滤料及滤速选择见表 2。含短纤维及黏性污染物的废水，不宜用双层滤料滤池。

2）最大粒径的选择：根据反冲洗后两层滤料交界面控制混杂程度的要求，最大无烟煤粒径与最小石英砂的粒径比，按式（15）计算：

$$\frac{d'_{\max}}{d_1}=K\frac{\gamma_1-1}{\gamma_2-1} \tag{15}$$

式中：$d'_{\max}$——最大无烟煤粒径，mm；

d_1——最小石英砂粒径，mm；

γ_1——石英砂的相对密度，无资料时可取 2.65；

γ_2——无烟煤的相对密度，无资料时可取 1.82；

K——不均匀系数，一般采用 1.25～1.5。

3）冲洗排水槽顶距滤层表面高度 H，可按式（16）计算：

$$H=e_1H_1+e_2H_2+2.5x+\delta+0.075 \tag{16}$$

式中：H_1——石英砂层厚度，m；

H_2——无烟煤厚度，m；

e_1——石英砂层膨胀率，40%～50%；

e_2——无烟煤膨胀率，50%～60%；

x——槽宽的一半，m；

δ——槽底厚度，m。

6.6.4 V 型滤池

6.6.4.1 设计要点

1）滤层表面以上水深应不小于 1.2 m。

2）V 型滤池两侧进水槽的槽底配水孔口至中央排水槽边缘的水平距离宜在 3.5 m 以内，最大不得超过 5 m。表面扫洗配水孔的预埋管纵向轴线应保持水平。

3）V 型滤池水槽断面应按非均匀流满足配水均匀性要求计算确定，其斜面与池壁的倾斜度宜采用 45°～50°。

4）V 型滤池的进水系统应设置进水总渠，每格滤池进水应设可调整高度的堰板。

5）反冲洗空气总管的管底应高于滤池的最高水位。

6）V 型滤池长柄滤头配气配水系统的设计，应采取有效措施，控制同格滤池所有滤头、滤帽或滤柄顶表面在同一水平，其误差不得大于±5 mm。

7）V 型滤池的冲洗排水槽顶面宜高出滤料层表面 500 mm。

8）多格 V 型滤池的布置可采用单排及双排布置；当滤池的格数少于 3 个时，宜采用单排布置，超过 4 格宜采用双排布置。

6.6.4.2 设计数据

1）滤速与滤料的选择参见 6.3。

2）过滤周期，宜采用 24～48 h。

3）滤池个数及单池尺寸。

·滤池个数：滤池个数的确定应作技术经济比较。无资料时，可参考表 9 选用。

表 9 滤池个数

滤池总过滤面积/m²	滤池个数	滤池总过滤面积/m²	滤池个数
小于 80	2	250～350	4～5
80～150	2～3	350～500	5～6
150～250	4	500～800	5～8

• 单池尺寸：单格滤池的宽度一般在 3.5 m 以内，最大不超过 5 m。无资料时，可参考表 10。

表 10 滤池尺寸及面积

宽度/m	长度/m	单格面积/m²	双格面积/m²
3.50	8.60～14.30	30.0～50.0	60.0～100.0
4.00	12.50～16.30	50.0～55.0	100.0～130.0
4.50	12.20～17.80	55.0～80.0	110.0～160.0
5.00	14.00～20.00	70.0～100.0	140.0～200.0

4）进水及布水系统

• 进水总渠设置溢流堰，堰顶高度根据设计允许的超负荷要求确定。

• 进水孔应有两个，即主进水孔及扫洗进水孔。主进水孔一般设气动或电动闸板阀，表面扫洗孔也可设手动闸板。

• 进水堰的堰板宜设计为可调式，以便调节单池进水量，使各池进水量相同。

• 进水槽的底面应与 V 型槽底平，不得高出。

• V 型槽在滤池过滤时处于淹没状态。槽内设计始端流速不大于 0.6 m/s。V 型槽底部的水平布水孔内径一般为ϕ20～30，过孔流速 2.0 m/s 左右，孔中心一般低于用水单独冲洗时池内水面 50～150 mm。

5）冲洗水排水系统设计

• 排水槽底板以≥0.02 的坡度坡向出口；底板底面最低处应高出滤板底约 0.1 m，最高处高出 0.4～0.5 m；排水槽内的最高水面宜低于排水槽顶面 50～100 mm。排水槽底层为配气配水渠，两者的宽度宜一致。

• 滤池冲洗时，排水槽顶的水深（堰顶水深）按式（17）计算：

$$h_1=\left[\frac{(q_1+q_3)B}{0.42\sqrt{2g}}\right]^{\frac{2}{3}} \tag{17}$$

式中：h_1——排水槽顶的水深，m；

q_1——表面扫洗水强度，L/（m²·s）；

q_3——水冲洗强度，L/（m²·s）；

B——单边滤床宽度，m；

g——重力加速度 9.81 m/s²。

• 排水渠设在与管廊相对的一侧，槽出口设置电动或气动闸阀。

6）配水配气系统设计

• 配水配气系统设计一般原则

进气干管管顶宜与配水渠顶持平，冲洗水干管管底宜与配水渠底持平。

配气配水渠断面尺寸的确定应满足以下条件：

进口处冲洗水流速一般不大于 1.5 m/s；

进口处冲洗空气流速一般不大于 5 m/s；

断面尺寸应和排水槽及气水室相配合，并能满足施工要求。

·气水室

配气孔顶宜与滤板板底相平，有困难时，可低于板底，但高差不宜超过 30 mm。过孔流速为 15 m/s 左右，通常预埋 UPVC（聚氯乙烯）管，配气孔平面配置时应注意避开滤板梁。

配水孔底应平池底，孔口流速为 1.0～1.5 m/s。

支承滤板的滤板梁应垂直于配气配水渠，且梁顶应留空气平衡缝，缝高 20～50 mm，长为 1/2 滤板长，在每块滤板长度的中间部位。

气水室宜设检查孔，检查孔可设在管廊侧池壁上。

·滤头

配水配气系统应采用长柄滤头。

滤头个数的确定：开孔比（β值）应在 1.2%～2.4%之间。一般每平方米滤池面积布置 30～50 个。

滤头水头损失计算：

冲洗水通过长柄滤头的水头损失，按产品的实测资料确定。

冲洗空气通过长柄滤头的压力损失，按产品的实测资料确定。

冲洗水和空气同时通过长柄滤头时的水头损失，按产品实测资料确定，无资料时可按式（18）计算其水头损失增量：

$$\Delta h = 9\,810n(0.01 - 0.01v_1 + 0.12v_1^2) \qquad (18)$$

式中：Δh——气水同时通过长柄滤头比单一水通过长柄滤头时的水头损失增量，Pa；

N——气水比；

v_1——滤头中的水流速度，m/s。

V 型滤池冲洗水的供应，宜用水泵。水泵的能力应按单格滤池冲洗水量设计，并设计备用机组。

V 型滤池冲洗气源的供应，宜用鼓风机，并设置备用机组。

7）管（渠）流速

管（渠）设计流速可按 6.4.2 选用。

6.6.4.3　计算方法

1）过滤面积计算见式（13）、式（14）。

2）滤头个数，可按式（19）、式（20）计算：

$$n = \beta \frac{f}{f_1} \qquad (19)$$

$$n_1 = \frac{n}{f} = \frac{\beta}{f_1} \qquad (20)$$

式中：f——单池过滤面积，m^2；

n——单池滤头个数，个；

f_1——每个滤头缝隙面积，m^2，宜取 0.000 25～0.000 65 m^2；

n_1——每平方米滤板滤头个数，个，按滤头产品资料确定，一般为 30～55 个/m^2；

β——开孔比，宜取 1.2%～2.4%。

3）滤池高度，可按式（21）计算：

$$H = H_1 + H_2 + H_3 + H_4 + H_5 + H_6 + H_7 \qquad (21)$$

式中：H——滤池高度，m；

H_1——气水室高度，m，宜取 0.7～0.9 m；

H_2——滤板厚度，m，宜取 0.1 m；

H_3——承托层厚度，m，宜取 0.01～0.10 m；

H_4——滤料层厚度，m，宜取 1.1～1.2 m；

H_5——滤层上面水深，m，宜取 1.2～1.5 m；

H_6——进水系统跌差，m（包括进水槽、孔洞水头损失及过水堰跌差），宜取 0.3～0.5 m；

H_7——进水总渠超高，m，宜取 0.3 m。

4）冲洗水泵扬程，可按式（22）计算：

$$H_P = 9\,810 H_0 + (h_1 + h_2 + h_3 + h_4 + h_5) \tag{22}$$

式中：H_P——所需水泵扬程，Pa；

H_0——洗砂排水槽顶与吸水池最低水位高差，m；

h_1——水泵吸水口至滤池输水管道的总水头损失，Pa；

h_2——配水系统水头损失，Pa，主要是滤头的水头损失；

h_3——承托层水头损失，Pa，宜取 200 Pa；

h_4——滤层水头损失，Pa，宜取 14 700 Pa；

h_5——富余水头，宜取 9 810～18 620 Pa。

5）冲洗用鼓风机出口压力：

• 采用大阻力或长柄滤头先气后水冲洗时，可按式（23）计算：

$$P = P_1 + P_2 + KP_3 + P_4 \tag{23}$$

式中：P——鼓风机出口压力，Pa；

P_1——抽气管道的压力损失，Pa；

P_2——配气系统的压力损失，Pa；

P_3——配气系统出口至空气溢出面水深，m；

K——系数，取 10 300～10 800；

P_4——富余压力，取 4 900 Pa。

• 采用长柄滤头气水同时冲洗时，可按式（24）计算：

$$P = P_1 + P_2 + P_4 + P_5 \tag{24}$$

式中：P_5——气水室中的冲洗水水压，Pa。

6.6.5 重力式无阀滤池

6.6.5.1 设计要点

1）无阀滤池平面为矩形，单格面积宜小于 25 m²。通常两格合建，共用冲洗水箱。

2）无阀滤池的分格数，宜采用 2～3 格。

3）满足高程布置的条件时，无阀滤池的配水系统宜采用大阻力系统；采用小阻力配水系统时，开孔比应取低值，以保证反冲洗的效果及配水的均匀性。

4）每格无阀滤池应设单独的进水系统，并设置防止空气进入滤池的装置。

5）无阀滤池冲洗前的水头损失可采用 1.5 m。

6）过滤室内滤料表面以上的直壁高度，应等于冲洗时滤料的最大膨胀高度再加保护高度。

7）无阀滤池的反冲洗应设有辅助虹吸设施，并设调节冲洗强度和强制冲洗的装置。

6.6.5.2 设计数据

1）进水系统

• 当滤池采用双格组合时，进水箱可兼作配水用。两堰口的标高、厚度及粗糙度宜相同。堰口设置标高较为重要，可按下述关系式确定：

• 堰口标高=虹吸辅助管管口标高+进水管及虹吸上升管内各项水头损失+保证堰上自由出流的高度（100～150 mm）。

• 每格分配箱大小一般为（0.6 m×0.6 m）～（0.8 m×0.8 m）。

• 进水分配箱内应保持一定水深，一般考虑箱底与滤池冲洗水箱平。

• 进水管内流速一般采用 0.5～0.7 m/s。

• 进水管 U 形存水弯的底部中心标高可放在排水井井底标高处。

• 进水挡板直径应比虹吸上升管管径大 100～200 mm，距离管口 200 mm。

2）滤水系统

• 顶盖上下不能漏水，顶盖面与水平面间夹角为 10°～15°。

• 浑水区高度（不包括顶盖锥体部分高度）可按反冲洗时滤料层的最大膨胀高度，再适当增加 100 mm 安全高度确定。

3）配水系统

• 配水系统一般采用小阻力配水系统，有条件时可采用大阻力配水系统。

• 配水形式可选用滤帽或砾石承托层。

• 集水区要具有一定高度，一般可采用 300～500 mm（面积大时，采用较大值）。

• 出水管管径一般与进水管相同。

4）冲洗系统

• 冲洗水箱容积按一个滤池冲洗一次所需的水量确定。如采用双格滤池组合共用一个冲洗水箱，则水箱高度可降低一半。

• 虹吸管管径应根据冲洗水箱平均水位与排水井水封水位的高差及冲洗过程中平均冲洗强度下各项水头损失值的总和计算确定。虹吸下降管管径可比上升管管径小一个等级。

• 虹吸破坏管管径宜采用 15～20 mm，在破坏管底部应加装虹吸小斗。

• 无阀滤池应设有强制冲洗器。

6.6.5.3 计算公式

1）滤池面积，可按式（25）计算：

$$F = 1.04 \times \frac{Q}{v} \tag{25}$$

式中：F——滤池净面积，m^2；

Q——设计水量（考虑冲洗水量 4%），m^3/h；

v——滤速，m/h。

2）冲洗水箱高度及净面积（双格组合时），可按式（26）、式（27）计算：

$$H_{冲} = \frac{60Fqt}{2 \times 1\,000F'} \tag{26}$$

$$F' = F + f_2 \tag{27}$$

式中：$H_{冲}$——冲洗水箱高度，m；

q——冲洗强度，L/（$m^2 \cdot s$）；

t——冲洗历时，min；

F'——冲洗水箱净面积，m^2；

f_2——连通渠及斜边壁厚面积，m^2。

6.6.6 压力滤池

1）压力滤池宜采用钢结构，其内部结构与普通快滤池类似。

2）滤层厚度一般为 1.0～1.2 m。滤料应采用粗粒均匀级配滤料。

3）应采用大阻力配水系统。

4）周期运行末期水头损失允许值为 5～6 m。

5）应设置排空阀、压力表等。

6）压力滤池宜采用立式结构，其直径不宜大于 3 m。

7）压力滤池如需用于除乳化油，应设计成气水联合冲洗的压力滤器。将上层石英砂滤料更换为核桃壳滤料，即可成为除油过滤器。

6.6.7 转盘滤池

6.6.7.1 设计要点

1）进水水质 SS 宜小于 30 mg/L，瞬时 SS 不大于 80 mg/L，出水 SS 小于 5 mg/L。

2）滤布的平均滤速宜选用 7～10 m/h，短期可达 12 m/h。

3）峰值流量系数 1.1～1.4。

4）水流通过滤布水头损失 0.25～0.3 m。

5）反冲洗强度 300～350 L/（$m^2 \cdot s$），反冲洗时间一般为 1～2 min。

6.6.7.2 反冲洗

1）滤布过滤器反冲洗依靠控制滤布阻力，亦即池内水位，定时启动冲洗泵完成。

2）反冲洗压力根据管道阻力及滤布阻力等累加计算，一般为 5～6 kPa。

3）反冲洗过程为单组（单片或数片）逐组清洗，冲洗水量应满足单组转盘过滤面积和冲洗强度的乘积。

7 主要工艺设备和材料

7.1 滤料及承托层

1）滤料材料应根据处理污水的特性及要求决定，常用的有石英砂、无烟煤、陶粒和瓷砂等。

2）滤料粒径及不均匀系数、滤料厚度等可根据需要按 6.2.3 表 2 选择。

3）当滤池采用大阻力配水系统时，应增加承托层，其材料、粒径与厚度可按 6.3.3 表 3 采用。

7.2 风机、空压机、真空泵等

1）滤池反冲洗采用单一气冲及气水联合冲时所需空气的供应，宜采用鼓风机直接供气，中小型滤池亦可采用空压机—贮气罐组合方式供气。

2）鼓风机一般采用罗茨风机，其风量按 6.5.3.1 表 7 气冲洗滤池的供气强度及冲洗滤池面积计算；风压可按 6.5.3.1 式（10）、式（11）计算。

3）采用空压机供气应设贮气罐以稳定气压。空压机容量按 6.5.3.1 表 7 气冲洗滤池的供气强度及冲洗滤池面积计算或按 6.5.3.1 式（12）计算。空压机压力一般为 0.6 MPa。

4）虹吸管式双阀滤池的冲洗设备应采用真空系统，以控制虹吸进水管和虹吸排水管的运行，其吸气量按相关吸气管道容积计算。

7.3 冲洗水泵及水池

1）滤池反冲洗方式的单一水冲洗及气水联合冲洗的水供应设冲洗水泵。

2）冲洗水泵的流量按 6.5.2 表 6（单水冲洗滤池的反冲洗强度）及表 7（气水冲洗滤池的冲洗强度）及冲洗滤池面积计算。当同时有单水冲洗及气水联合冲洗时，水泵可合用，流量取上述计算值的较大值。

3）鸭舌阀式双阀滤池应适当提高冲洗强度、增大冲洗水量。

4）转盘过滤器反冲洗依靠控制滤布阻力，定时启动冲洗泵完成。冲洗泵流量由反冲洗强度[300～350 L/（m^2·s）]与转盘滤布面积计算；压力为滤布阻力与管道阻力之和（一般为 5～6 kPa）。

5）冲洗系统应根据冲洗水量设置冲洗水储水池，其容积可采用最大一次冲洗水量的 1.5 倍计算。

6）冲洗水箱（水塔、水柜）中水深不宜超过 3 m，并应在滤池冲洗间歇时间内充满，冲洗系统应有防止空气进入滤池的设施。冲洗水箱的容积宜为一次冲洗水量的 1.3～1.5 倍，水箱高度可按式（6）计算。

7.4 冲洗自控系统

1）鼓风机、空压机、真空泵系统均应安装超压泄气阀、稳压器、压力自控仪等仪表。

2）水泵冲洗系统均应安装有液位、水力损失仪、水质监控等仪表。

3）冲洗自控系统应设信息处理、时间程序控制微机控制系统。

7.5 滤池设置及管道

1）处理水量较大的滤池宜用钢筋混凝土结构，较小的滤池宜用钢结构。

2）单格滤池不宜过大。当滤池个数大于 6 个时，宜用双行排列，中间设置管廊及控制室。

3）为满足自控要求，阀门多采用电动蝶阀，小型的可采用电磁阀。

4）滤池连接管道工作压力不大，管道一般可采用低压焊接钢管。

8 检测与过程控制

8.1 采用过滤工艺的污水处理厂（站）正常运行检测的项目和周期应符合 CJJ 60 的规定，化验检测方法应符合 CJ/T 51 的规定。

8.2 过滤进出水 SS 及水头宜设置水质在线监测系统。

8.3 过滤工艺主要检测项目：进出水 SS、浊度、进出水水头，必要时进行氨氮、硝氮监测。

8.4 操作人员应经培训后持证上岗，并定期进行考核和抽检。操作人员应熟悉本标准规定的技术要求、单元过滤工艺的技术指标及过滤设施设备的运行要求，并按照过滤工艺的操作和维护规程做好值班记录。

8.5 检测人员应经培训后持证上岗，应定期进行考核和抽检。检测人员应定期检测进出水水质，对检测仪器、仪表进行校验。

8.6 过滤工艺的水质检测应由污水处理厂（站）化验室统一负责。

9 主要辅助工程

9.1 供电系统需保证足够的供电可靠性，并设置相应的继电保护装置。

9.2 设备选型应考虑污水处理工艺的环境条件，应选择抗腐蚀，性能稳定，安全可靠的产品。

9.3 构筑物宜按照二类防雷保护设计。

9.4 控制系统宜采用 IPC 和 PLC 组成的集散型监控系统，一般由中控室和 PLC 控制站组成。

10 劳动安全与职业卫生

10.1 生产过程应采取相应的措施，避免水环境、大气、噪声以及固体废弃物的二次污染。

10.2 供电系统应设置相应的保护措施，以降低由于断电、设备故障造成的影响。

10.3 污水处理厂（站）应建立健全的安全生产规章制度，专人专职具体监督防范，以确保正常生产和工人的人身安全。

10.4 敞开式水池应设计安全栏杆及防滑扶梯，并配备救生衣及救生圈。

10.5 按消防的有关规定配备必要的消防装置，严格执行建筑防火规范，留有足够的防火距离。

10.6 电力设施的选型与保护按国家有关规定进行，露天电气设备的安全防护按国家现行的有关规定执行。

11 施工与验收

11.1 过滤工艺的施工与验收应符合 GB 50141、GB 50204 和 GB 50205 规定。

11.2 根据设计的进水水质、出水水质要求，检验相应的水质指标，如 COD、色度、油、SS、浊度等，并应提交相关检测报告。

12 运行与维护

12.1 一般规定

1）污水处理厂（站）的过滤单元设施的运行、维护及安全管理参照 CJJ 60 执行。

2）水质在线监测系统的运行维护应符合 HJ/T 355 的技术要求。

3）滤料需定期检查及更换不合格的零部件和易损件，定期翻罐清洗和补充，并及时检修滤头是否有损坏。翻洗周期在正常滤速下，一般为半年到一年。如发现过滤出水水质变差，则应提前进行翻洗。

4）应做好设备维修保养记录。

12.2 普通快滤池

1）多格滤池应并联使用，采用多格等速过滤、单格减速过滤的运行方式。

2）快滤池进水 SS 高于设计标准时，应及时调整进水流量。

3）初滤水应排空或返回至进水池。如初滤水较长时间不能达到出水水质要求，则应检修滤池或更换滤料。

4）运行时，当水头损失达到规定值时，应及时冲洗。

5）滤料应定期补充，补充的滤料应选用 d_{50} 粒径，或 d_{10}～d_{80} 的平均值。

6）水力冲洗强度及冲洗历时均应根据实际运行情况加以调整。

7）滤层表面滤料应粒度均匀，当出现粗滤料“泛出”现象时应及时检修配水系统。

8）快滤池阀门冬季应注意防冻，滤池不用时应将滤池水放空。

12.3 双阀滤池及翻板滤池

1）滤料及其级配可根据污水水质、悬浮物浓度做出适当的调整。

2）反冲洗应严格按照气水联合反冲洗的程序进行，并根据实际情况做出适当调整。

3）冲洗过程应排除附着在滤料上的小气泡才能进入过滤周期。

12.4 双层滤料滤池

1）当双层滤料滤池用于接触过滤时，应根据进出水水质的变化调节混凝剂投加量。

2）当原水碱度影响接触凝聚时，应考虑投加石灰等碱类，以调整碱度。

3）运行中应避免间歇运行和突然放大出水阀门。

12.5 V型滤池

1）V型滤池控制过程宜采用虹吸和闸阀自动控制，操作方式宜采用恒水位等速过滤，并通过调节出水系统阻力完成。

2）滤池虹吸管出水流量宜通过自动调节空气进入量控制虹吸管真空度，保持滤池水位恒定。

3）过滤时检测出水SS质量浓度，并以此调整滤速。

4）反冲洗时，观察横向水流能否带出水中悬浮物，对扫洗强度做适当调整。

5）根据实际进出水水质情况调整滤池气水反冲洗的强度及历时。

6）阀门控制系统可采用电动蝶阀控制和气动蝶阀控制。

7）出水阀的控制应由与滤池水位深度相关的信号系统控制。

8）滤池控制元件宜全部设置在控制柜内，并安装在管廊上部控制室。

12.6 重力式压力滤池

1）过滤时，观察排水井有无气泡逸出现象，相应调整配水渠进水速度或重新安装调整U型进水管。

2）出水SS质量浓度如较长时间达不到要求值，应反冲洗使之重新形成级配或更换滤料。

3）过滤阻力达到限值需要反冲洗时（将要形成虹吸时），虹吸下降管跑水又较长时间不能形成虹吸，此时应采用强制虹吸冲洗，并检修虹吸管。

4）应检查并调整排水井安装深度，避免影响冲洗强度。

5）应检查排水井水封深度，以保证形成良好的虹吸。

6）调整滤池上部虹吸破坏小斗的高度，以满足冲洗水量、冲洗历时的要求。

7）定期（半年到一年）翻洗滤料，并及时检修滤头。如发现过滤出水水质变差，应提前进行翻洗。

12.7 压力滤池

1）调整进水阀达到设计出水流量，如出水水质较差，应适当调小进水阀门。

2）开始过滤进水时，应首先打开滤池顶部排气阀排气。

3）初滤水应放空。

4）根据进出水管压力差确定反冲洗周期。

5）反冲洗时调整反冲洗管进水阀门以达到合适的冲洗强度。

6）压力滤池用于含油废水处理时，反冲洗时应先排水，使水面降到滤层表面上 20～30 cm；打开气冲装置，达到规定时间后关气；再进行水冲。

7）滤料应定期翻罐清洗，并作适当补充。补充的滤料粒径相当于原滤料的 d_{50}。

8）安全阀应定期检修调整，其额定压力应比过滤器的工作压力大 0.05 MPa。

12.8 转盘过滤器

1）调整滤池水位到设计低水位。

2）调整出水泵阀门到设计出水流量，如出水水质较差，应适当调小出水阀门。

3）水泵启动初期适当排气，初期滤后出水回流至转盘滤池。

4）滤池水位达到高值，水泵反冲控制系统自动启动，调整反冲洗泵阀门达到设计强度要求，并按设计要求设置冲洗时间及冲洗周期。

5）定期检查滤布的损坏情况，如发现出水水质突然变差，首先要检查滤布有无破损。

6）定期检查水位控制系统与水泵耦合系统的配合性和灵敏度。

中华人民共和国环境保护部
公　告

2011 年　第 20 号

为贯彻《中华人民共和国环境保护法》，保护环境，促进技术进步，现批准《环境标志产品技术要求　印刷　第一部分：平版印刷》等 6 项标准为国家环境保护标准，并予发布。

标准名称、编号如下：

一、环境标志产品技术要求　印刷　第一部分：平版印刷（HJ 2503—2011）

二、环境标志产品技术要求　照相机（HJ 2504—2011）

三、环境标志产品技术要求　移动硬盘（HJ 2505—2011）

四、环境标志产品技术要求　彩色电视广播接收机（HJ 2506—2011）

五、环境标志产品技术要求　网络服务器（HJ 2507—2011）

六、环境标志产品技术要求　电话（HJ 2508—2011）

环境标志产品技术要求　印刷　第一部分：平版印刷（HJ 2503—2011）自发布之日起实施，其余标准自 2011 年 4 月 1 日起实施。

以上标准由中国环境科学出版社出版，标准内容可在环境保护部网站（bz.mep.gov.cn）查询。

2011 年 4 月 1 日起，《环境标志产品技术要求　彩色电视广播接收机》（HJ/T 306—2006）废止。

特此公告。

2011 年 3 月 2 日

中华人民共和国国家环境保护标准

HJ 2503—2011

环境标志产品技术要求　印刷 第一部分：平版印刷

Technical requirement for environmental labeling products —Printing　Part 1：Planographic printing

2011-03-02 发布　　2011-03-02 实施

环　境　保　护　部 发布

前　言

为贯彻《中华人民共和国环境保护法》，减少平版印刷对环境和人体健康的影响，改善环境质量，有效利用和节约资源，制定本标准。

本标准对平版印刷原辅材料和印刷过程的环境控制、印刷产品的有害物限值做出了规定。

本标准为首次发布。

本标准适用于中国环境标志产品认证。

本标准由环境保护部科技标准司组织制订。

本标准主要起草单位：中日友好环境保护中心、中国印刷技术协会、北京绿色事业文化发展中心、鹤山雅图仕印刷有限公司、中华商务联合印刷（广东）有限公司、东莞隽思印刷有限公司、上海烟草包装印刷有限公司、艾派集团（中国）有限公司、天津东洋油墨有限公司、北京康德新复合材料股份有限公司、金东纸业（江苏）股份有限公司、富士胶片（中国）投资有限公司、珠海市洁星洗涤科技有限公司。

本标准环境保护部 2011 年 3 月 2 日批准。

本标准自 2011 年 3 月 2 日起实施。

本标准由环境保护部解释。

环境标志产品技术要求　印刷
第一部分：平版印刷

1　适用范围

本标准规定了环境标志产品平版印刷的术语和定义、基本要求、技术内容和检验方法。

本标准适用于采用平版印刷方式的印刷过程及其产品。

2　规范性引用文件

本标准内容引用了下列文件中的条款。凡是不注日期的引用文件，其有效版本适用于本标准。

GB 6675　国家玩具安全技术规范

GB/T 7705　平版装潢印刷品

GB/T 9851.1　印刷技术术语　第 1 部分：基本术语

GB/T 9851.4　印刷技术术语　第 4 部分：平版印刷术语

GB/T 18359　中小学教科书用纸、印制质量要求和检验方法

GB/T 24999　纸和纸板　亮度（白度）最高限量

CY/T 5　平版印刷品质量要求及检验方法

HJ/T 220　环境标志产品技术要求　胶黏剂

HJ/T 370　环境标志产品技术要求　胶印油墨

YC/T 207　卷烟条与盒包装纸中挥发性有机化合物的测定　顶空-气相色谱法

3　术语和定义

GB/T 9851.1、GB/T 9851.4 确立的，以及下列术语和定义适用于本标准。

3.1

平版印刷　planographic printing

印刷的图文部分和非图文部分几乎处于同一平面的印刷方式。

3.2

上光油　coating solution

涂布在印刷品表面，增加光泽度、耐磨性和防水性的材料。

3.3

喷粉　spray powder

在印刷过程中，防止印刷品背面粘脏和加速油墨干燥的粉剂。

3.4

润湿液　fountain solution

在印刷过程中使印版非图文部分保持疏墨性水溶液。

3.5

计算机直接制版 computer to plate（CTP）

通过计算机和相应设备直接将图文记录到印版上的过程。所用印版称 CTP 版，其版材种类主要分为银盐型、光聚合型、热敏型以及免化学处理和免处理型。

4 基本要求

4.1 印刷产品质量应符合 GB/T 7705 和 CY/T 5 等国家和行业标准要求。

4.2 生产企业污染物排放应达到国家或地方规定的污染物排放标准要求。

4.3 生产企业应加强清洁生产。

5 技术内容

5.1 印刷用原辅料的要求

5.1.1 油墨、上光油、橡皮布、胶黏剂等原辅料不得添加表 1 中所列物质。

表 1 邻苯二甲酸酯类物质

中文名称	英文名称	缩写
邻苯二甲酸二异壬酯	Di-iso-nonylphthalate	DINP
邻苯二甲酸二正辛酯	Di-*n*-octylphthalate	DNOP
邻苯二甲酸二（2-乙基己基）酯	Di-(2-ethylhexy)-phthalate	DEHP
邻苯二甲酸二异癸酯	Di-isodecylphthalate	DIDP
邻苯二甲酸丁基苄基酯	Butylbenzylphthalate	BBP
邻苯二甲酸二丁酯	Dibutylphthalate	DBP

5.1.2 纸张亮（白）度应符合 GB/T 24999 的要求，中小学教材所用纸张亮（白）度应符合 GB/T 18359 的要求。

5.1.3 油墨应符合 HJ/T 370 的要求。

5.1.4 上光油应为水基或光固化上光油。

5.1.5 喷粉应为植物类喷粉。

5.1.6 润湿液不得含有甲醇。

5.1.7 即涂膜覆膜胶黏剂应为水基覆膜胶。

5.2 印刷产品有害物限量应符合表 2 要求。

表 2 印刷产品有害物限量

序号	项目	单位	限值
1	锑（Sb）	mg/kg	≤60
2	砷（As）	mg/kg	≤25
3	钡（Ba）	mg/kg	≤1 000
4	铅（Pb）	mg/kg	≤90
5	镉（Cd）	mg/kg	≤75
6	铬（Cr）	mg/kg	≤60
7	汞（Hg）	mg/kg	≤60
8	硒（Se）	mg/kg	≤500
9	苯	mg/m^2	≤0.01

续表

序号	项目	单位	限值
10	乙醇	mg/m^2	≤50.0
11	异丙醇	mg/m^2	≤5.0
12	丙酮	mg/m^2	≤1.0
13	丁酮	mg/m^2	≤0.5
14	乙酸乙酯	mg/m^2	≤10.0
15	乙酸异丙酯	mg/m^2	≤5.0
16	正丁醇	mg/m^2	≤2.5
17	丙二醇甲醚	mg/m^2	≤60.0
18	乙酸正丙酯	mg/m^2	≤50.0
19	4-甲基-2-戊酮	mg/m^2	≤1.0
20	甲苯	mg/m^2	≤0.5
21	乙酸正丁酯	mg/m^2	≤5.0
22	乙苯	mg/m^2	≤0.25
23	二甲苯	mg/m^2	≤0.25
24	环已酮	mg/m^2	≤1.0

5.3 印刷宜采用表 3 所要求的原辅材料，其综合评价得分应超过 60 分。

表 3 印刷产品所用原辅材料要求

原辅料	要求	分值分配	总分值
承印物	使用通过可持续森林认证的纸张	25	25
	使用再生纸浆占 30%以上的纸张	25	
	使用本色的纸张	25	
印版	使用免处理的 CTP 印版	5	5
橡皮布	大幅面印刷机换下的橡皮布可在单色机上使用	10	10
	大幅面印刷机换下的橡皮布可在小幅面机上使用	10	
润湿液	使用无醇润湿液	20	20
	使用醇类添加量小于 5%的润湿液	10	
印版、橡皮布清洗材料	使用专用抹布清洗橡皮布	7	7
热熔胶	使用聚氨酯（PUR）型热熔胶	8	8
	EVA 热熔胶符合 HJ/T 220 的要求	5	
印后表面处理	使用预涂膜	25	25
	水基覆膜胶有害物符合 HJ/T 220 中包装用水基胶黏剂的要求	10	
	水基上光油有害物符合 HJ/T 370 中技术内容 5.4 的要求	15	

5.4 印刷过程宜采用表 4 所要求的环保措施，其综合评价得分应超过 60 分。

表 4 印刷过程中环保措施

指标	工序	要求	分值分配	总分值
资源节约	印前	建立实施版面优化设计控制制度	1.0	12
		建立实施长版印件烤版制度	0.6	
		采用计算机直接制版（CTP）系统和数字化工作流程软件	4.8	
		采用节省油墨软件，利用底色去除（UCR）工艺减少彩色油墨用量	0.8	
		通过数字方式进行文件传输	1.2	
		采用软打样和数码打样	1.8	
		制版与冲片清洗水过滤净化循环使用	1.8	

续表

指标	工序		要求	分值分配		总分值
资源节约	印刷	单张纸平印	建立实施装、卸印版、校正套准规矩时间控制制度	1.6		16
			建立实施纸张加放量的控制程序	1.6		
			建立实施印版、橡皮布消耗定额控制程序	1.6		
			建立实施橡皮布的保养程序	1.6		
			建立实施印刷油墨控制程序，集中配墨，定量发放	1.6		
			采用墨色预调和水/墨快速调节装置	0.8		
			采用静电喷粉器	1.6		
			采用喷粉收集装置	1.6		
			采用中央供墨系统	1.6		
			采用自动洗胶布装置	0.6		
			采用无水印刷方式	0.5		
			根据印刷幅面调节幅面和喷粉量	0.5		
			上光油使用后废气集中收集处理后排放	0.8		
		卷筒纸平印	建立实施装、卸印版、校正套准规矩时间程序	3.8		16
			建立实施橡皮布的保养程序	3.0		
			建立实施印刷机台全面生产设备管理程序	3.0		
			采用墨色预调和水/墨快速调节装置	3.0		
			采用中央供墨系统	3.2		
	印后加工		建立实施烫箔工艺控制程序	3.0		12
			建立实施印后表面处理材料的控制程序	3.0		
			建立实施模切控制程序（教材书刊类不实施考核）	2.4		
			建立实施上光油或覆膜工艺控制程序	3.6		
节能	印前		采用发光二极管（LED）灯	6.4	6.4	12
			采用小直径灯代替大直径灯	4.8		
			采用纳米反光片的灯	2.0		
			在工作空闲时，电脑置于休眠状态	3.6		
	印刷	单张纸平印	建立实施印刷机能耗考核制度	2.0		16
			建立实施减少印刷机空转制度	2.5		
			采用发光二极管（LED）灯	4.6	4.6	
			采用小直径灯代替大直径灯	2.4		
			采用纳米反光片的灯	1.0		
			安装自动门，对印刷车间的温度进行有效控制	1.5		
			彩色印件采用多色印刷机印刷	2.4		
			采用中央真空泵系统	2.0		
		卷筒纸平印	建立实施折页机组以及装纸卷和穿纸等准备时间控制制度	2.4		16
			建立实施印刷机能耗考核制度	2.0		
			建立实施烘干温度控制程序	2.0		
			采用发光二极管（LED）灯	4.6	4.6	
			采用小直径灯代替大直径灯	2.4		
			采用纳米反光片的灯	1.0		
			安装自动门，对印刷车间的温度进行有效控制	1.5		
			采用烘干系统加装二次燃烧装置	2.5		

续表

<table>
<tr><th>指标</th><th>工序</th><th>要求</th><th colspan="2">分值分配</th><th>总分值</th></tr>
<tr><td rowspan="5">节能</td><td rowspan="5">印后加工</td><td>建立实施印后加工设备能耗考核制度</td><td colspan="2">2.4</td><td rowspan="5">12</td></tr>
<tr><td>建立实施印后装订工艺制度</td><td colspan="2">3.0</td></tr>
<tr><td>建立实施胶锅温度控制程序</td><td colspan="2">3.0</td></tr>
<tr><td>采用 LED 灯</td><td>3.6</td><td rowspan="2">3.6</td></tr>
<tr><td>采用小直径灯代替大直径灯</td><td>2.4</td></tr>
<tr><td colspan="2" rowspan="10">回收、利用</td><td>建立实施剩余油墨综合利用控制制度</td><td colspan="2">1.0</td><td rowspan="10">20</td></tr>
<tr><td>建立实施电化铝废料回收制度</td><td colspan="2">2.0</td></tr>
<tr><td>建立实施废物管理制度</td><td colspan="2">2.0</td></tr>
<tr><td>建立实施装订用漆布、人造革、纱布等下脚料回收制度</td><td colspan="2">1.0</td></tr>
<tr><td>建立实施装订用胶黏剂残余胶料回收制度</td><td colspan="2">1.0</td></tr>
<tr><td>建立实施废物台账程序</td><td colspan="2">1.5</td></tr>
<tr><td>建立实施印刷车间空调系统余热回收利用程序</td><td colspan="2">1.5</td></tr>
<tr><td>建立实施废弃物分类收集程序</td><td colspan="2">3.0</td></tr>
<tr><td>建立实施印版隔离纸、卷筒纸外包装纸皮、表层残破纸、剩余纸尾，废纸边分类回收程序</td><td colspan="2">5.0</td></tr>
<tr><td>采用印前印刷的预涂感光印版</td><td colspan="2">2.0</td></tr>
</table>

6 检验方法

6.1 技术内容 5.1.3 的检测按照 HJ/T 370 规定的方法进行。

6.2 技术内容 5.2 中表 2 中的 1～8 项的检测按照 GB 6675 规定的方法进行。

6.3 技术内容 5.2 中表 2 中的 9～24 项的检测按照 YC/T 207 规定的方法进行。

6.4 技术内容中的其他要求通过文件审查和现场检查的方式进行验证。

中华人民共和国国家环境保护标准

HJ 2504—2011

环境标志产品技术要求　照相机

Technical requirement for environmental labeling products
—Camera

2011-03-02 发布　　2011-04-01 实施

环　境　保　护　部　发布

前　言

为贯彻《中华人民共和国环境保护法》，减少照相机产品在生产、使用及废弃过程对环境和人体健康影响，制定本标准。

本标准对照相机产品设计、生产过程、产品部件的环境特性和公开信息中应包含的内容提出了要求。

本标准为首次发布。

本标准的附录 A 为规范性附录。

本标准适用于中国环境标志产品认证。

本标准由环境保护部科技标准司组织制订。

本标准主要起草单位：中日友好环境保护中心、通标标准技术服务有限公司、佳能（中国）有限公司、尼康映像仪器销售（中国）有限公司、松下电器（中国）有限公司、天津三星光电子有限公司。

本标准环境保护部 2011 年 3 月 2 日批准。

本标准自 2011 年 4 月 1 日起实施。

本标准由环境保护部解释。

环境标志产品技术要求　照相机

1　适用范围

本标准规定了照相机环境标志产品的术语和定义、基本要求、技术内容和检验方法。

本标准适用于照相机，不包括具有拍照功能的移动电话及其他设备。

2　规范性引用文件

本标准内容引用了下列文件中的条款，凡是不注日期的引用文件，其有效版本适用于本标准。

GB/T 2900.41　电工术语　原电池和蓄电池

GB/T 13964　照相机械术语

GB/T 16288　塑料制品的标志

GB/T 18287—2000　蜂窝电话用锂离子电池总规范

GB/T 18455　包装回收标志

SJ/T 11363　电子信息产品中有毒有害物质的限量要求

3　术语和定义

GB/T 2900.41、GB/T 18287—2000 中的术语和下列术语适用本标准。

照相机 camera

通过镜头能将被摄体的影像记录在感光体或存贮媒体上的装置。

4　基本要求

4.1　产品质量应符合相应质量标准的要求。

4.2　产品生产企业污染物排放应符合国家或地方规定的污染物排放标准的要求。

4.3　产品生产企业在生产过程中应加强清洁生产。

5　技术内容

5.1　产品设计要求

5.1.1　产品采用可拆解设计。

5.1.2　产品配套使用的光学镜片不得使用铅（Pb）及其化合物作为配方成分。

5.1.3　塑料部件要求

5.1.3.1　产品的外壳氯乙烯单体的含量不得大于 1 mg/kg；不得使用附录 A 中列出的邻苯二甲酸酯作为增塑剂，其中使用的聚合物、共聚合物或者聚合混合物的种类不得超过 4 种，且应易于分解。

5.1.3.2　质量超过 25 g，且平面表面积超过 200 mm^2 的塑料零部件应按照 GB/T 16288 的要求进行标记。

5.1.3.3　不得使用十溴二苯醚（DBDPO）、短链氯化石蜡（SCCPs）。

5.2　电池的要求

5.2.1　作为电源的锂离子充电电池在充放电 300 次后，其剩余容量应大于其额定容量的 80%。

5.2.2　作为电源的单体锂离子充电电池中重金属的限量应满足表 1 的要求。

表 1　电池中重金属的限量

单位：mg/kg

项目	铅（Pb）	镉（Cd）	汞（Hg）
单体电源电池	≤40	≤20	≤5

5.3　产品有害物质限量要求

产品和产品部件中铅（Pb）、镉（Cd）、汞（Hg）、六价铬（Cr^{6+}）、多溴联苯（PBBs）和多溴二苯醚（PBDEs）六类有害物质的限量应符合 SJ/T 11363 的要求，以下情况除外：

a）铅应用于电子陶瓷部件的陶瓷中的情况。

b）铅作为合金成分应用于钢合金，且其含量（质量分数）≤0.35%的情况。

c）铅作为合金的成分应用于铝合金，且其含量（质量分数）≤0.4%的情况。

d）铅作为合金的成分应用于铜合金，且其含量（质量分数）≤0.4%的情况。

e）铅作为微处理器针脚及封装连接用焊接合金中，且其含量（质量分数）为 80%～85%的情况。

f）铅应用于集成电路的倒装芯片封装内的连接用焊接合金作业中的情况。

g）铅应用于 LCD 平面型荧光灯的玻璃中的情况。

5.4　生产过程要求

5.4.1　光学镜片的生产过程中不得使用二氯甲烷（CH_2Cl_2）作为清洁溶剂。

5.4.2　产品零部件组装、连接过程中应采用无铅焊接工艺。

5.4.3　不得使用氢氟氯化碳（HCFCs）、1,1,1-三氯乙烷（$C_2H_3Cl_3$）、三氯乙烯（C_2HCl_3）、二氯乙烷（CH_3CHCl_2）、三氯甲烷（$CHCl_3$）、溴丙烷（C_3H_7Br）、正己烷（C_6H_{14}）、甲苯（C_7H_8）、二甲苯[$C_6H_4(CH_3)_2$]等物质作为清洁溶剂。

5.5　产品包装材料

5.5.1　氯乙烯单体的含量不得大于 1 mg/kg。

5.5.2　不得使用氢氟氯化碳（HCFCs）作为发泡剂。

5.5.3　应按照 GB/T 18455 的要求进行标识。

5.6　产品回收与利用

企业应建立废弃产品回收、再生利用处理系统，提供产品回收、再生利用的相关信息。

5.7　产品公开信息要求

公开信息应包括以下内容：

a）产品节电模式、待机模式说明；

b）产品使用电池的回收和处理建议；

c）产品回收信息及相应渠道。

6 检验方法

6.1 技术内容 5.2.1 的检测按照 GB 18287—2000 标准中 5.3.6 规定的方法进行。

6.2 技术内容中的其他要求通过文件审查结合现场检查的方式进行验证。

附　录　A
（规范性附录）
塑料部件中禁用的邻苯二甲酸酯

中文名称	英文名称	缩写	CA 登录号
邻苯二甲酸二异壬酯	Di-iso-nonylphthalate	DINP	28553-12-0
邻苯二甲酸二正辛酯	Di-*n*-octylphthalate	DNOP	117-84-0
邻苯二甲酸二（2-乙基己基）酯	Di-(2-ethylhexy)-phthalate	DEHP	117-81-7
邻苯二甲酸二异癸酯	Di-isodecylphthalate	DIDP	26761-40-0
邻苯二甲酸丁基苄基酯	Butylbenzylphthalate	BBP	85-68-7
邻苯二甲酸二丁酯	Dibutylphthalate	DBP	84-74-2

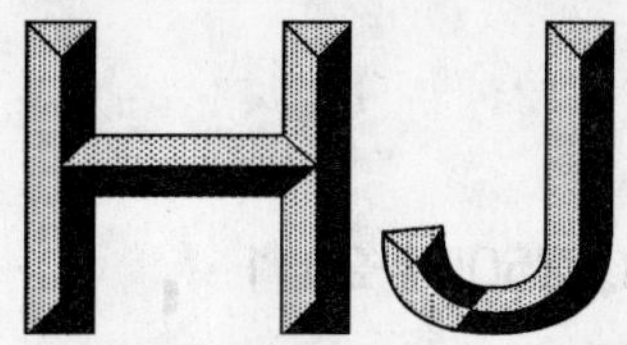

中华人民共和国国家环境保护标准

HJ 2505—2011

环境标志产品技术要求　移动硬盘

Technical requirement for environmental labeling products —Mobile hard disk drive

2011-03-02 发布　　2011-04-01 实施

环　境　保　护　部　发布

前　言

为贯彻《中华人民共和国环境保护法》，减少移动硬盘在生产和使用过程中对环境和人体健康的影响，保护环境，制定本标准。

本标准对移动硬盘的设计、生产过程、产品、回收与处理、包装材料和公开信息提出了环保要求。

本标准为首次发布。

本标准适用于中国环境标志产品认证。

本标准由环境保护部科技标准司组织制订。

本标准主要起草单位：中日友好环境保护中心。

本标准环境保护部 2011 年 3 月 2 日批准。

本标准自 2011 年 4 月 1 日起实施。

本标准由环境保护部解释。

环境标志产品技术要求　移动硬盘

1　适用范围

本标准规定了移动硬盘环境标志产品的术语和定义、基本要求、技术内容和检验方法。

本标准适用于移动硬盘产品。

2　规范性引用文件

本标准内容引用了下列文件中的条款。凡是不注日期的引用文件，其有效版本适用于本标准。

GB/T 18455　包装回收标志

SJ/T 11363　电子信息产品中有毒有害物质的限量要求

3　术语和定义

下列术语和定义适用于本标准。

移动硬盘　mobile hard disk drive

一种便携式的数据存储设备。该设备以数据存储为主要目的，以磁介质硬盘片作为存储载体，可通过 USB 接口等确定的通信方式与计算机等数据处理设备相连，方便地完成数据的存取、管理功能。

4　基本要求

4.1　产品质量应符合相应产品质量标准的要求。

4.2　产品生产企业污染物排放应符合国家或地方规定的污染物排放标准。

4.3　产品生产企业在生产过程中应加强清洁生产。

5　技术内容

5.1　产品设计要求

5.1.1　产品采用可拆解设计。

5.1.2　产品中塑料部件不得使用十溴二苯醚（DBDPO）、短链氯化石蜡（SCCPs）。

5.2　生产过程要求

产品生产过程不得使用氢氟氯化碳（HCFCs）、1,1,1-三氯乙烷（$C_2H_3Cl_3$）、三氯乙烯（C_2HCl_3）、二氯乙烷（CH_3CHCl_2）、三氯甲烷（$CHCl_3$）、溴丙烷（C_3H_7Br）、正己烷（C_6H_{14}）、甲苯（C_7H_8）、二甲苯（$C_6H_4(CH_3)_2$）。

5.3 产品要求

产品和产品部件中铅（Pb）、镉（Cd）、汞（Hg）、六价铬（Cr^{6+}）、多溴联苯（PBBs）和多溴二苯醚（PBDEs）六类有害物质的限量应符合 SJ/T 11363 的要求，以下情况除外：

a）高熔点焊料中的铅；

b）电子陶瓷部件中的铅；

c）钢合金中的铅含量不超过 0.35%、铝合金中的铅含量不超过 0.4%、铜合金中的铅含量不超过 4%。

5.4 包装材料要求

5.4.1 氯乙烯单体的含量不得大于 1 mg/kg。

5.4.2 不得使用氢氟氯化碳（HCFCs）作为发泡剂。

5.4.3 应按照 GB/T 18455 进行标识。

5.5 回收与处理要求

企业应建立废弃产品回收、再生利用处理系统，提供产品回收、再生利用的相关信息。

5.6 公开信息要求

公开信息中应包括产品回收信息。

6 检验方法

技术内容通过文件审查结合现场检查的方式来验证。

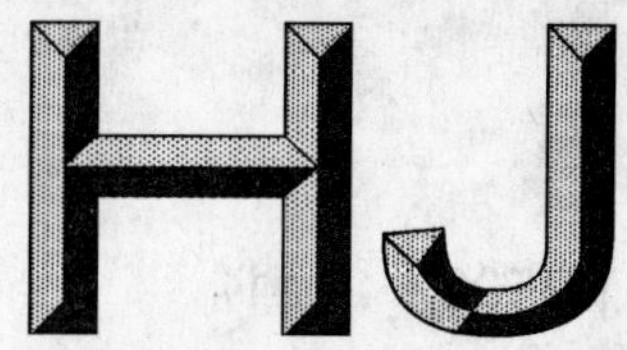

中华人民共和国国家环境保护标准

HJ 2506—2011
代替 HJ 306—2006

环境标志产品技术要求 彩色电视广播接收机

Technical requirement for environmental labeling products
—Color television broadcasting receivers

2011-03-02 发布 2011-04-01 实施

环境保护部 发布

前　言

为贯彻《中华人民共和国环境保护法》，减少彩色电视广播接收机二氧化碳排放量，降低产品在生产、使用、回收再利用过程中对环境和人体健康的影响，制定本标准。

本标准对彩色电视广播接收机产品的能耗、辐射、有害物质限量、环境设计、生产过程、回收和再使用、包装材料和公开信息提出了要求。

本标准对《环境标志产品技术要求　彩色电视广播接收机》（HJ/T 306—2006）进行了修订，主要变化如下：

——提高了能耗指标的要求；

——提高了辐射的要求；

——提高了有害物质限量的要求；

——增加了再生材料含量的要求；

——提高了回收和再利用的要求；

——增加了二氧化碳排放量计算方法。

本标准的附录 A、附录 B 为资料性附录。

本标准适用于中国环境标志产品认证。

本标准由环境保护部科技标准司组织制订。

本标准主要起草单位：中日友好环境保护中心、中国家用电器研究院、国家广播电视产品质量监督检验中心、四川长虹电器股份有限公司、青岛海信电器股份有限公司、天津三星电子显示器有限公司、深圳 TCL 新技术有限公司、青岛海尔电子有限公司、南京夏普电子有限公司、飞利浦中国有限公司、金发科技股份有限公司。

本标准环境保护部 2011 年 3 月 2 日批准。

本标准自 2011 年 4 月 1 日起实施，自实施之日起代替 HJ/T 306—2006。

本标准由环境保护部解释。

本标准所代替标准的历次版本发布情况为：

——HJ/T 306—2006、HJBZ 33—1999。

环境标志产品技术要求　彩色电视广播接收机

1　适用范围

本标准规定了彩色电视广播接收机类环境标志产品的术语和定义、基本要求、技术内容和检验方法。

本标准适用于各类屏幕尺寸和显示方式的彩色电视广播接收机，包括阴极射线管、液晶、等离子体等作为显示部件的彩色电视广播接收机。主要功能为电视的不具备调谐器的电视显示或监视设备可参照执行。

2　规范性引用文件

本标准内容引用了下列文件中的条款。凡是不注日期的引用文件，其有效版本适用于本标准。

GB 5296.2　消费品使用说明　第 2 部分：家用和类似用途电器

GB 8898—2001　音频、视频及类似电子设备安全要求

GB 12021.7—2005　彩色电视广播接收机能效限定值及节能评价值

GB 24850　平板电视能效限定值及能效等级

GB/T 18455　包装回收标志

GB/T 2035—2008　塑料术语及其定义

GB/T 20861—2007　废弃产品回收利用术语

GB/T 23384　产品及零部件可回收利用标识

GB/T 24021—2001　环境管理　环境标志和声明　自我环境声明

SJ/T 11363　电子信息产品中有毒有害物质的限量要求

SJ/T 11364　电子信息产品污染控制标识要求

3　术语和定义

下列术语和定义适用于本标准。

3.1

彩色电视广播接收机　color television broadcasting receivers

被设计用来接收、显示、播放由地面、有线、卫星或网络传输的模拟和/或数字彩色电视广播信号的，由电源供电的电子产品。

3.2

阴极射线管电视　cathode ray tube television

采用阴极射线管作为显示部件的彩色电视广播接收机。

3.3

平板电视　flat panel television

屏幕呈平面的电视，主要包括采用液晶、等离子体作为显示部件的彩色电视广播接收机。

3.4

关机状态 off-mode

产品连接在电源上，既不产生图像也不产生声音，而且不能够通过遥控器、外部信号或者内部信号转换为其他的状态。（GB 12021.7—2005）

3.5

被动待机状态 passive standby mode

产品连接到供电电源上且处于等待状态，既不产生声音，也不产生图像，使用者可以使用直接或间接信号，例如使用遥控器，将产品转换到“关机”、“主动待机”或“开机”状态。（GB 12021.7—2005）

3.6

开机状态 on mode

产品连接到供电电源上并生成声音和/或图像。

3.7

彩色电视机能源效率指数 energy efficiency index for color television

彩色电视机能源效率指数（以下简称能效指数），是彩色电视机在标准测试条件下，24 h 耗电量的实测值（$E_{实测}$）与耗电量基准值（$E_{基准}$）之比。（GB 12021.7—2005）

3.8

平板电视能效指数 energy efficiency index for flat panel televisions

是指平板电视在标准规定的测量方法下，平板电视能源效率测试值（$E_{实测}$）与基准值（$E_{基准}$）之比。简称能效指数。

3.9

自动关机 auto power off

产品自开机状态自动进入待机状态或者关机状态。

3.10

消费后材料 postconsumer material

家庭或商业、工业或其他团体作为产品的最终用户所产生的无法再用于原用途的材料。包括从销售链上返回的材料。（GB/T 24021—2001）

3.11

消费后再生利用含量 postconsumer recycling content

产品或包装中所使用消费后材料的质量（物理量）比例。

3.12

回收利用 recovery

对废弃产品通过清洁、拆解、破碎等处理，使之能够满足其原来的使用要求或用于其他用途的过程，包括对能量的回收和利用。（GB/T 20861—2007）

3.13

再使用 reuse

废弃产品或其中的元器件、零部件继续使用或经清理、维修后继续用于原来用途的行为。（GB/T 20861—2007）

3.14

再生利用 recycling

对废弃产品通过清洁、拆解、破碎等处理，使之能够作为原材料重新利用的过程，但不包括对能量的回收和利用。（GB/T 20861—2007）

3.15

相容性 compatibility

塑料掺混物中物质不会渗出、渗霜或者产生类似分离的状态。(GB/T 2035—2008)

4 基本要求

4.1 产品质量、安全性能应符合相应的产品标准要求。

4.2 产品生产企业污染物排放应符合国家或地方规定的污染物排放标准。

4.3 产品生产企业在生产过程中应加强清洁生产。

5 技术内容

5.1 产品设计要求

5.1.1 产品可拆解设计

5.1.1.1 产品应可使用通用工具进行拆卸，并能够分解成可再使用的部件。

5.1.1.2 需用内置电池时，应采用易于分离的设计，标识电池的类别。

5.1.1.3 除平板电视的导光管和平板光学玻璃外，产品应按 GB/T 23384 的要求进行标识，并易于分离。

5.1.1.4 平板电视显示部件的连接部分在拆解过程中应易于分离，以保证拆解过程不易破坏汞灯管。

5.1.2 产品可再生利用设计

5.1.2.1 质量超过 25 g 的塑料部件应使用单一类型的聚合物或者共聚合物。

5.1.2.2 质量超过 25 g 的塑料部件在不破坏原有部件的情况下拆卸，不得含有无法从塑料中分离出来的金属物。

5.1.2.3 对于采用粘接、焊接或者其他的紧固技术紧固在一起的，并且不能够使用通用工具进行分离的热塑性塑料部件，应符合附录 B 中规定的相容性等级的要求。

5.1.2.4 在外壳、防护部件的塑料部件上除企业的名称、商标及产品型号外，不得喷涂装饰型图案。

5.1.2.5 除印制线路板外的所有塑料部件应至少有一种部件使用消费后材料，并声明其消费后再生利用含量。

5.1.3 产品节能设计

5.1.3.1 产品应具有设置自动关机的功能，其设置的默认值为与最后一次在开机状态的操作时间间隔不大于 4 h。

5.1.3.2 产品应具有设置可根据环境调节亮度的节能模式。

5.2 生产过程要求

产品及电路板的生产过程中不得使用以下溶剂进行清洗：氢氟氯化碳（HCFCs）、1,1,1-三氯乙烷（$C_2H_3Cl_3$），三氯乙烯（C_2HCl_3）、二氯乙烷（CH_3CHCl_2），三氯甲烷（$CHCl_3$）、溴丙烷（C_3H_7Br）、正己烷（C_6H_{14}）、甲苯（C_7H_8）、二甲苯[$C_6H_4(CH_3)_2$]。

5.3 产品能耗要求

5.3.1 产品被动待机状态能耗应符合表 1 的要求。产品能耗要求既适用于中国环境标志产品的要求，也适用于中国环境标志低碳产品的要求。二氧化碳排放量按照附录 A 计算。

表 1　产品被动待机状态能耗要求

单位：W

产品类型	被动待机功耗	
	2012 年 1 月 1 日前	从 2012 年 1 月 1 日起
产品具有能够关机的开关	≤1.0	≤0.5
产品不具有能够关机的开关	≤0.5	≤0.3

5.3.2　阴极射线管产品的能效指数应不大于 0.75。产品能效指数要求既适用于中国环境标志产品的要求，也适用于中国环境标志低碳产品的要求。二氧化碳排放量按照附录 A 计算。

5.3.3　平板产品能效指数要求应符合表 2 的要求，二氧化碳排放量按照附录 A 计算。

表 2　平板产品的能耗（能效指数）要求

类别	能效指数	
	液晶电视	等离子电视
中国环境标志低碳产品	≥1.4	≥1.2
中国环境标志产品	≥1.0	≥1.0

5.4　产品辐射要求

阴极射线管产品的照射量率不大于 0.03 mR/h。

5.5　产品有害物质限量要求

5.5.1　产品应按照 SJ/T 11364 标准要求进行标识。

5.5.2　产品金属部件、电子器件、焊锡、涂层中铅（Pb）、镉（Cd）、汞（Hg）、六价铬（Cr^{6+}）有害物质的含量应符合 SJ/T 11363 规定的限量要求。下述应用除外：

a）高熔点焊锡所含的铅；

b）电子陶瓷部件中的铅；

c）钢材中的铅含量不超过重量的 0.35%、铝材中的铅含量不超过重量的 0.4%、铜合金的铅含量不超过重量的 4%。

5.5.3　塑料部件

5.5.3.1　铅（Pb）、镉（Cd）、汞（Hg）、六价铬（Cr^{6+}）、多溴联苯（PBB）和多溴二苯醚（PBDEs）有害物质的含量应符合 SJ/T 11363 规定的限量要求。

5.5.3.2　不得添加短链氯化石蜡（SCCPs），塑料部件中的短链氯化石蜡（SCCPs）含量不得超过该塑料部件总量的 0.1%。

5.5.3.3　用于壳体的塑料部件不得使用基体为卤素聚合物的材料，不得添加四溴双酚 A（TBBA）、六溴环十二烷（HBCD）、十溴二苯醚（DBDPO）等有机卤素化合物和邻苯二甲酸酯类增塑剂。添加量低于塑料件质量的 0.5%，用于改善塑料物理性能的有机氟添加剂和氟塑料除外。

5.5.4　显示部件

5.5.4.1　阴极射线管镉（Cd）、汞（Hg）、六价铬（Cr^{6+}）有害物质的限量应符合 SJ/T 11363 规定。

5.5.4.2　液晶显示部件背光灯中每根灯管的汞含量应符合表 3 要求，并声明液晶显示部件背光灯中汞的总量。

表 3 不同灯管汞含量要求

灯管长度/mm	灯管类型的汞含量/mg	
	直型	U 型
≤500	≤3.0	≤3.5
500～1 000	≤3.5	≤4.0
＞1 000	≤4.0	≤5.0

5.6 回收和再生利用要求

产品生产企业应建立废弃产品回收和再生利用系统，提供产品回收和再生利用的相关信息。

5.7 包装材料

5.7.1 氯乙烯单体的含量不得大于 1 mg/kg。

5.7.2 不得使用氢氟氯化碳（HCFCs）作为发泡剂。

5.7.3 应按照 GB/T 18455 的要求进行标识。

5.8 产品使用说明的要求

产品使用说明需同产品一起销售，产品使用说明在满足 GB 5296.2 基础上，还应当包含下列信息：

a）在不观看时调整到关机状态，以减少能耗。

b）在保证观看质量的前提下，通过降低显示屏的亮度可降低电视机在使用过程中的能耗。

c）产品废弃后回收和再生利用的相关信息。

6 检验方法

6.1 技术内容 5.3.1 的检测按照 GB 12021.7—2005 或 GB 24850 规定的方法进行。

6.2 技术内容 5.3.2 的检测按照 GB 12021.7—2005 规定的方法进行。

6.3 技术内容 5.3.3 的检测按照 GB 24850 规定的方法进行。

6.4 技术内容 5.4 的检测按照 GB 8898—2009 中规定的方法进行。

6.5 技术内容中其他要求采用文件审查结合现场检查的方式进行验证。

附 录 A
（资料性附录）
二氧化碳排放量计算方法

A.1 电力二氧化碳转化系数计算方法

电力二氧化碳转化系数（EF）是参照国家发展和改革委员会发布的《关于公布 2009 年中国区域电网基准线排放因子的公告》中的 2007 年电力系统中所有电厂的上网电量、燃料排放 CO_2 量和《2009 年中国统计年鉴》中的 2007 年全国总发电量和火力发电量等基础数据，计算得出的。

转化思路如下：

（1）由《关于公布 2009 年中国区域电网基准线排放因子的公告》中得到各区域电网火力发电量和 CO_2 排放量，数据见表 A.1。

表 A.1 区域电网火力发电量和 CO_2 排放量

区域	火力发电量/（MW·h）	CO_2 排放量/t
华北区域电网	776 346 330	754 731 124
东北区域电网	202 542 560	219 122 791
华东区域电网	635 331 510	535 305 699
华中区域电网	377 233 680	415 974 066
西北区域电网	178 920 940	180 940 805
南方区域电网	358 850 130	347 695 831
海南省电网	9 244 530	7 365 050

根据全国电网的火力发电量和 CO_2 排放量得到全国电网的火电电力 CO_2 转化系数，按式（A.1）计算：

$$EF_y = \frac{\sum EQ_{area,y}}{\sum EG_{area,y}} \tag{A.1}$$

式中：EF_y——第 y 年全国电网火电电力 CO_2 转化系数，t/(MW·h)；

$EQ_{area,y}$——区域电网电力系统第 y 年排放的 CO_2 总量，t；

$EG_{area,y}$——区域电网电力系统第 y 年火力发电量（不包括低成本/必须运行电厂/机组），MW·h；

y——数据的年份。

（2）本标准将水力和核能源发电的 CO_2 排放量假设为零，然后根据全国火电电力 CO_2 转化系数和《2009 年中国统计年鉴》的关于 2007 年全国总发电量（32 815.5 万 MW·h）和火力发电量（27 229.3 万 MW·h），得到全国电力 CO_2 转化系数，按式（A.2）计算：

$$EF'_y = \frac{EF_y \times EG_y}{EG'_y} \tag{A.2}$$

式中：EF'_y——第 y 年全国电力 CO_2 转化系数，t/(MW·h)；

EF_y——第 y 年全国火电电力 CO_2 转化系数，t/(MW·h)；

EG_y——电力系统第 y 年火力发电量（不包括低成本/必须运行电厂/机组），MW·h；

EG'_y——电力系统第 y 年总发电量，MW·h；

y——数据的年份。

计算结果：EF'_{2007}=0.804 5 t/(MW·h)=0.804 5 kg/(kW·h)。

A.2 CO_2 排放量计算方法

A.2.1 产品被动待机状态 CO_2 排放量的计算

由能耗与电力 CO_2 转化系数相乘，得到 CO_2 排放量，按式（A.3）计算：

$$M = EF'_{2007} \times Q \tag{A.3}$$

式中：M——CO_2 排放量，g/h；

EF'_{2007}——2007 年全国电力 CO_2 转化系数，kg/(kW·h)；

Q——典型耗电量，W。

根据上述公式，计算得到产品 CO_2 排放量要求，见表 A.2。

表 A.2 产品被动待机状态能耗与 CO_2 排放量的要求

产品类型	2012 年 1 月 1 日前		从 2012 年 1 月 1 日起	
	通用指标		环境标志低碳产品指标	
	CO_2 排放量/（g/h）	待机能耗/W	CO_2 排放量/（g/h）	待机能耗/W
产品具有能够关机的开关	≤0.80	≤1.00	≤0.40	≤0.50
产品不具有能够关机的开关	≤0.40	≤0.50	≤0.24	≤0.30

A.2.2 产品 CO_2 排放量的计算

由能效指数、电力 CO_2 转化系数和耗电量基准值，得到 CO_2 排放量，按式（A.4）计算：

$$M = EF'_{2007} \times E_{实测} \tag{A.4}$$

式中：M——CO_2 排放量，kg；

EF'_{2007}——2007 年全国电力 CO_2 转化系数，kg/(kW·h)；

$E_{实测}$——耗电量，kW·h。

根据上述公式，计算得到产品 CO_2 排放量要求。

国家发改委公布的中国区域电网基准线排放因子和国家统计局公布的全国总发电量和火力发电量数据每年都会对中国区域电网基准线排放因子进行更新，因此，中国环境标志低碳产品标准使用的电力 CO_2 转化系数也需要根据其公布的最新数据，计算出最新的中国电力 CO_2 转化系数。CO_2 排放量的判定是以能耗指标是否达标为依据的，在实际检测过程中能耗指标达到要求即认为 CO_2 排放量也符合要求。

附　录　B

（资料性附录）

不同热塑性塑料的相容性表

相容性（基础＼添加）		添加材料																		
		ABS	ASA	PA	PBT	PBT+PC	PC	PC+ABS	PC+PBT	PE	PET	PMMA	POM	PP	PPE	PPE+PS	PS	PVC	SAN	TPU
基础材料	ABS	+	+	@	+	+	+	+	+	@	@	+	@	@	@	@	@	+	+	+
	ASA	+	+	@	+	+	+	+	+	@	@	+	@	@	@	@	@	+	+	+
	PA	@	@	+	@	@	■	■	■	@	@	@	@	@	■	@	@	■	@	+
	PBT	+	+	@	+	+	+	+	+	@	@	@	@	@	@	@	@	■	+	@
	PBT+PC	+	+	@	+	+	+	+	+	@	@	@	■	@	@	@	@	■	+	+
	PC	+	+	■	+	+	+	+	+	@	+	+	■	@	@	@	@	■	+	@
	PC+ABS	+	+	@	+	+	+	+	+	@	+	+	@	@	@	@	@	■	+	+
	PC+PBT	+	+	■	+	+	+	+	+	+	+	+	@	@	@	@	@	■	+	+
	PE	■	■	@	■	■	@	■	■	@	■	■	■	+	■	@	■	@	■	@
	PET	+	+	@	+	+	+	+	+	@	+	@	@	@	@	@	@	@	@	@
	PMMA	+	+	@	■	■	+	+	+	@	@	+	@	@	@	@	@	@	@	@
	POM	@	@	@	@	@	■	■	■	@	@	■	+	@	@	@	@	@	@	@
	PP	■	■	@	■	■	■	■	■	@	■	■	■	+	■	@	■	@	■	@
	PPE	@	@	@	@	@	@	@	@	@	@	@	@	@	+	+	+	■	@	@
	PPE+PS	@	@	+	@	@	@	@	@	@	@	@	@	@	+	+	+	■	@	@
	PS	@	@	@	@	@	@	@	@	@	@	@	@	@	@	+	+	@	@	@
	PVC	+	+	■	■	■	■	■	■	@	■	+	+	@	■	@	@	+	+	+
	SAN	+	+	@	+	+	+	+	+	@	@	+	@	@	@	@	@	+	+	@
	TPU	+	+	+	■	+	+	+	+	@	+	+	+	@	@	@	@	+	+	+

+：兼容；@：有限兼容；■：不兼容。

ABS：丙烯腈-丁二烯-苯乙烯共聚物；ASA：丙烯酸-苯乙烯-丙烯酸酯；PA：聚酰胺；PBT：聚对苯二甲酸丁二酯；PC：聚碳酸酯；PE：聚乙烯；PET：聚对苯二甲酸乙二酯；PMMA：聚甲基丙烯酸甲酯；POM 聚甲醛；PP：聚丙烯；PPE：聚苯醚；PS：聚苯乙烯；PVC：聚氯乙烯；SAN：丙烯腈-苯乙烯；TPU：热可塑性聚氨酯。

中华人民共和国国家环境保护标准

HJ 2507—2011

环境标志产品技术要求　网络服务器

Technical requirement for environmental labeling products —Servers

2011-03-02 发布　　2011-04-01 实施

环　境　保　护　部 发布

前　言

为贯彻《中华人民共和国环境保护法》，减少网络服务器对环境和人体健康的影响，有效利用和节约资源、能源，制定本标准。

本标准对网络服务器有毒有害物质限量、供电模块效率和产品功耗限值、可再生利用设计、生产过程、包装材料、回收处理和公开信息等方面提出了要求。

本标准为首次发布。

本标准的附录 A 为资料性附录，附录 B 为规范性附录。

本标准适用于中国环境标志产品认证。

本标准由环境保护部科技标准司组织制订。

本标准主要起草单位：中日友好环境保护中心、中国泰尔实验室、华为技术有限公司、成都市华为赛门铁克科技有限公司、英特尔（中国）有限公司和成都市华为存储网络安全有限公司。

本标准环境保护部 2011 年 3 月 2 日批准。

本标准自 2011 年 4 月 1 日起实施。

本标准由环境保护部解释。

环境标志产品技术要求　网络服务器

1　适用范围

本标准规定了网络服务器环境标志产品的术语和定义、基本要求、技术内容和检验方法。

本标准适用于网络服务器，从结构分包括台式服务器、机架式服务器和刀片服务器，从功能分包括计算服务器和存储服务器。

2　规范性引用文件

本标准内容引用了下列文件中的条款。凡是不注日期的引用文件，其有效版本适用于本标准。

GB/T 18455　包装回收标志

GB/T 16288　塑料制品的标志

SJ/T 11363　电子信息产品中有毒有害物质的限量要求

SJ/T 11365　电子信息产品中有毒有害物质的检测方法

3　术语和定义

下列术语和定义适用于本标准。

3.1

网络服务器 server

信息系统的重要组成部分，是信息系统中为网络客户端计算机提供特定应用服务的计算机系统，由硬件系统（处理器、存储设备、网络连接设备等）和软件系统（操作系统、数据库管理系统、应用系统）组成。

本标准主要指的是网络服务器的硬件系统部分。

3.2

空闲状态 idle mode

服务器设备的一种操作状态，指操作系统和其他软件完整的加载，服务器有能力处理负载任务，但是尚没有提交处理申请的状态。

3.3

电源效率 power efficiency

服务器电源在达到稳定工作状态时的实际输出功率与实际输入功率的比值。

3.4

基准配置　base configuration

为统一效率、功耗要求的测试基准而定义的参考配置。

3.5

扩展配置 additional configuration

为定义基准配置之上所增加的组件带来的功耗影响而提出的配置。

4 基本要求

4.1 产品质量、安全性能应符合相关标准的要求。

4.2 产品生产企业污染物排放应符合国家或地方规定的污染物排放标准。

4.3 产品生产企业在生产过程中应加强清洁生产。

5 技术内容

5.1 产品和产品部件中有毒有害物质限量要求

产品和产品部件中汞（Hg）、镉（Cd）、六价铬（Cr^{6+}）、多溴联苯（PBBs）和多溴二苯醚（PBDEs）五类有毒有害物质的限量应符合 SJ/T 11363 的要求。

5.2 供电模块效率和产品功耗要求

5.2.1 供电模块效率应符合表 1 要求。

表 1 供电模块效率限值要求

负载条件	限 值	
	电源效率	功率因数（PF）
20%	≥82%	0.8
50%	≥85%	0.9
100%	≥82%	0.95

5.2.2 产品基准配置空闲状态功耗要求。

5.2.2.1 单插槽和双插槽计算服务器基准配置空闲状态功耗应符合表 2 要求。

表 2 单插槽和双插槽计算服务器基准配置空闲状态功耗限值要求 单位：W

类型	类型说明	基准配置	限值
单插槽计算服务器	含一个处理器插槽的计算服务器，包括台式服务器、机架式服务器，不包括刀片服务器	满配的处理器、一块硬盘、4 GB 系统内存、服务器能够运行的最小数量的供电模块、两个 Gbit 以太网口	≤65
双插槽计算服务器	含两个处理器插槽的计算服务器，包括台式服务器、机架式服务器，不包括刀片服务器	满配的处理器、一块硬盘、4 GB 系统内存、服务器能够运行的最小数量的供电模块、两个 Gbit 以太网口	≤150

5.2.2.2 存储服务器基准配置空闲状态功耗应符合表 3 要求。

表 3 存储服务器基准配置空闲状态功耗限值要求 单位：W

类型	类型说明	基准配置	限值
盘控一体型存储服务器	服务器和硬盘集成在一个框体中，最小存储系统由单框组成，包括台式服务器、机架式服务器，不包括刀片服务器	1 或 2 服务器、满配的处理器、1 GB 以上内存、12 块硬盘、能运行的最小数量的供电模块、两个 Gbit 以太网口或光纤通道口	≤450
盘控分离型存储服务器	服务器和硬盘分别配置在不同的框体中，最小存储系统由一个服务器框体和一个硬盘框体组成，包括台式服务器、机架式服务器，不包括刀片服务器	1 或 2 服务器、满配的处理器、2 GB 以上内存、16 块硬盘、能运行的最小数量的供电模块、两个 Gbit 以太网口或光纤通道口	≤800

5.2.3 产品扩展配置空闲状态功耗要求。

5.2.3.1 单插槽和双插槽计算服务器扩展配置空闲状态功耗应符合表 4 要求。

表 4 单插槽和双插槽计算服务器扩展配置空闲状态功耗限值要求 单位：W

扩展配置	限值
每增加 1 GB 内存	≤2
每增加一个硬盘	≤8
每增加一个供电模块	≤20
每增加一个 I/O 设备	<1 Gbit 不做要求
	=1 Gbit 每活动端口≤2
	>1 Gbit 并<10 Gbit 每活动端口≤4
	≥10 Gbit 每活动端口≤8

5.2.3.2 存储服务器扩展配置空闲状态功耗应符合表 5 要求。

表 5 存储服务器扩展配置空闲状态功耗限值要求 单位：W

扩展配置	限值
每增加 1 GB 内存	≤2
每增加一个硬盘	≤16
每增加一个供电模块	≤40
每增加一个 I/O 设备	<1 Gbit 不做要求
	=1 Gbit 每活动端口≤2
	>1 Gbit 并<10 Gbit 每活动端口≤4
	≥10 Gbit 每活动端口≤8

5.2.4 四插槽和四插槽以上计算服务器及刀片服务器应具备处理器级别的能耗管理功能，包括在操作系统下处理器按负载动态调频调压、处理器自动休眠以及内核休眠三项。可以在服务器的基本输入输出系统（BIOS）或者基本管理控制单元（BMC）中激活这种能耗管理功能。

5.3 产品可再生利用设计要求

5.3.1 质量超过 25 g 的塑料部件应使用单一类型的聚合物或者共聚合物。

5.3.2 质量超过 25 g 的塑料部件在不破坏原有部件的情况下拆卸，不得含有无法从塑料中分离出来的金属物。

5.3.3 对于采用粘接、焊接或者其他的紧固技术紧固在一起的，并且不能够使用通用工具进行分离的热塑性塑料部件，应符合附录 A 中规定的相容性等级的要求。

5.3.4 在外壳、防护部件的塑料部件上除企业的名称、商标及产品型号外，不得喷涂装饰型图案。

5.4 生产过程要求

产品及电路板的生产过程中不得使用氢氟氯化碳（HCFCs）、1,1,1-三氯乙烷（$C_2H_3Cl_3$）、三氯乙烯（C_2HCl_3）、二氯乙烷（CH_3CHCl_2）、三氯甲烷（$CHCl_3$）、溴丙烷（C_3H_7Br）、正己烷（C_6H_{14}）、甲苯（C_7H_8）、二甲苯[$C_6H_4(CH_3)_2$]作为清洗溶剂。

5.5 材料标识要求

材料标识的缩略语或代号应符合 GB/T 16288 的要求。

5.6 包装材料要求

5.6.1 氯乙烯单体的含量不得大于 1 mg/kg。

5.6.2 不得使用氢氟氯化碳（HCFCs）作为发泡剂。

5.6.3 按照 GB/T 18455 的要求进行标识。

5.7 回收与处理要求

企业应建立废弃产品回收、再生利用处理系统，提供产品回收、再生利用的相关信息。

5.8 公开信息要求

公开信息中应包括产品回收信息。

6 检验方法

6.1 技术内容 5.2 中的检测与计算按照附录 B 规定的方法进行。

6.2 技术内容中其他要求应通过文件审查结合现场检查的方式来验证。

附 录 A
（资料性附录）
不同热塑性塑料的相容性表

基础材料 \ 相容性 \ 添加材料	ABS	ASA	PA	PBT	PBT+PC	PC	PC+ABS	PC+PBT	PE	PET	PMMA	POM	PP	PPE	PPE+PS	PS	PVC	SAN	TPU
ABS	+	+	@	+	+	+	+	+	@	@	+	@	@	@	@	@	+	+	+
ASA	+	+	@	+	+	+	+	+	@	@	+	@	@	@	@	@	+	+	+
PA	@	@	+	@	@	■	■	■	@	@	@	@	@	■	@	@	■	@	+
PBT	+	+	@	+	+	+	+	+	@	@	@	@	@	@	@	@	■	+	@
PBT+PC	+	+	@	+	+	+	+	+	@	@	@	■	@	@	@	@	■	+	+
PC	+	+	■	+	+	+	+	+	@	+	+	■	@	@	@	@	■	+	@
PC+ABS	+	+	@	+	+	+	+	+	@	+	+	@	@	@	@	@	■	+	+
PC+PBT	+	+	■	+	+	+	+	+	+	+	+	@	@	@	@	@	■	+	+
PE	■	■	@	■	■	@	■	■	@	■	■	■	+	■	@	■	@	■	@
PET	+	+	@	+	+	+	+	+	@	+	@	@	@	@	@	@	@	@	@
PMMA	+	+	@	■	■	+	+	+	@	@	+	@	@	@	@	@	@	@	@
POM	@	@	@	@	@	■	■	■	@	@	■	+	@	@	@	@	@	@	@
PP	■	■	@	■	■	■	■	■	@	■	■	■	+	■	@	■	@	■	@
PPE	@	@	@	@	@	@	@	@	@	@	@	@	@	+	+	+	■	@	@
PPE+PS	@	@	+	@	@	@	@	@	@	@	@	@	@	+	+	+	■	@	@
PS	@	@	@	@	@	@	@	@	@	@	@	@	@	@	+	+	@	@	@
PVC	+	+	■	■	■	■	■	■	@	■	+	+	@	■	@	@	+	+	+
SAN	+	+	@	+	+	+	+	+	@	@	+	@	@	@	@	@	+	+	@
TPU	+	+	+	■	+	+	+	+	@	+	+	+	@	@	@	@	+	+	+

+：兼容；@：有限兼容；■：不兼容。

ABS：丙烯腈-丁二烯-苯乙烯共聚物；ASA：丙烯酸-苯乙烯-丙烯酸酯；PA：聚酰胺；PBT：聚对苯二甲酸丁二酯；PC：聚碳酸酯；PE：聚乙烯；PET：聚对苯二甲酸乙二酯；PMMA：聚甲基丙烯酸甲酯；POM 聚甲醛；PP：聚丙烯；PPE：聚苯醚；PS：聚苯乙烯；PVC：聚氯乙烯；SAN：丙烯腈-苯乙烯；TPU：热可塑性聚氨酯。

附　录　B
（规范性附录）
产品功耗的检测和电源模块效率的检测与计算

B.1　测试设备与测试环境要求

B.1.1　测试设备要求

B.1.1.1　交流稳压电源要求

交流电源电压为（220±2.2）V，频率为（50±0.5）Hz；且交流电源能够提供的最大功率不低于 10 倍的测试功率。稳压电源的包括 13 次谐波的总谐波失真不得大于 2%。测试电压的峰值应当介于其有效值的 1.34 倍和 1.49 倍之间。

B.1.1.2　测量仪表要求

应使用经过校准并满足下列要求的电压表、电流表和功率表，精度要求如下：

a）功率表精度不应低于 0.5 级；

b）电压表精度不应低于 0.5 级；

c）电流表精度不应低于 0.5 级。

B.1.2　测试环境要求

测试环境温度应保持在 18～27℃范围内，相对湿度为 25%～75%，大气压力为 86～106 kPa，测试中靠近样品处的空气流动速度应不大于 0.5 m/s，不应采用外部的风扇、空调或散热器来降低待测样品的温度。测试中，样品应置于非导热材料上。

B.1.3　测试配置要求

网络服务器必须有至少一个端口连接到以太网络上。网络连接必须处于活动状态，具有收发包的能力，网络流量不做要求。

B.2　系统功耗测试步骤

按照测试配置要求部署被测网络服务器，要求所使用部件功能完整且性能良好，正常运行，无使用缺陷，安装网络服务器使用的操作系统，并按照下列 b）～d）步骤，重复三次，分别记录并取算术平均值为系统功耗值：

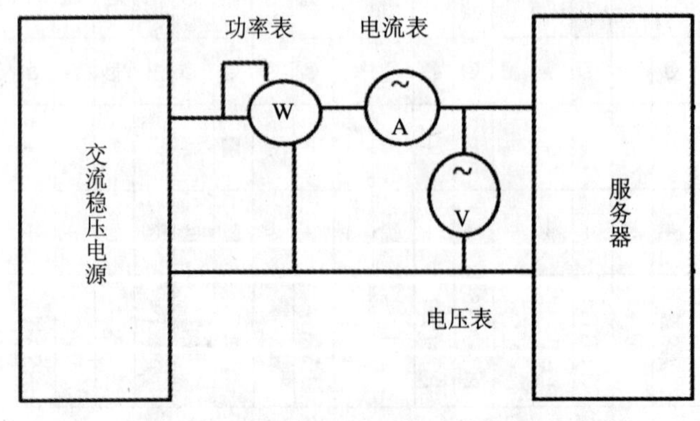

图 B.1　网络服务器功耗测试连接图

a）按照图 B.1 将网络服务器接入测试回路；

b）开启被测网络服务器，使操作系统正常引导，引导过程无系统报错；

c）在进入操作系统，并稳定 20 min 后，读取功率表的数值；

d）关闭被测网络服务器。

B.3 供电模块效率测试步骤

a）按照图 B.2 将供电模块接入测试回路；

b）配备可变电阻器或电子负载以保证在供电模块输出功率范围内进行测试。

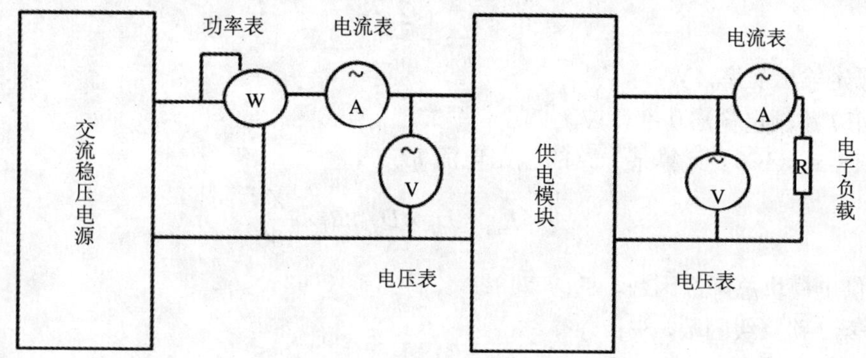

图 B.2 供电模块功耗测试连接图

B.3.1 被测供电模块各路负载的确定

B.3.1.1 对于各路输出没有功率限制的情况，依据式（B.1）计算降级因数 D。

$$D=\frac{P}{\sum_{i=1}^{n}V_i\times I_i} \tag{B.1}$$

式中：D——降级因数，%；

P——额定输出功率，W；

V_i——各路额定输出电压，V；

I_i——各路额定输出电流，A。

如果 $D\geqslant1$，调节负载使输出电流到额定电流的 $X\%$ 并达到稳定状态，$X\%$ 分别为 20%（轻载）、50%（典型负载）、100%（满载），依据式（B.2）计算测试时某一路输出的电流。

$$I_{\text{bus}}=I_n\times\frac{X}{100} \tag{B.2}$$

式中：I_n——某一路输出的额定输出电流，A；

I_{bus}——测试时某一路输出的电流，A。

如果 $D<1$，采用降级因数 D，依据式（B.3）计算测试时某一路输出的电流。

$$I_{\text{bus}}=I_n\times D\times\frac{X}{100} \tag{B.3}$$

B.3.1.2 对于各路输出有功率限制的情况，分别依据式（B.4）计算各路额定输出功率的降级因数 D_{S_i} 和供电模块总额定输出功率的降级因数 D_T。

$$D_{S_I}=\frac{P_{S_I}}{\sum_{i=1}^{n}V_i\times I_i} \tag{B.4}$$

式中：D_{S_I}——第 I 路降级因数，%；

P_{S_I}——第 I 路额定输出功率，W；

V_i——第 I 路内各分路额定输出电压，V；

I_i——第 I 路内各分路额定输出电流，A。

依据式（B.5）计算施加小群最大输出功率时的供电模块总降级因数 D_T。

$$D_T=\frac{P}{\sum_{i=1}^{n}P_{S_i}} \tag{B.5}$$

式中：P——额定输出功率，W；

P_{S_i}——第 I 路额定输出功率，W。

测试时，依据式（B.6）计算某一路的输出电流 I_{bus}。

$$I_{\text{bus}}=D_T\times D_{S_I}\times I_i\times\frac{X}{100} \tag{B.6}$$

式中：D_T——供电模块总降级因数，%；

D_{S_I}——第 I 路降级因数，%；

I_i——本路额定输出电流，A；

I_{bus}——测试时某一路输出的电流，A。

注 1：当 $D_S\geqslant1$，计算测试输出电流时，令 $D_S=1$；

注 2：当 $D_T\geqslant1$，计算测试输出电流时，令 $D_T=1$。

按照上述方法，先计算被测供电模块各路的负载数值，按照要求接入后，进行供电模块的效率测试。

B.3.2　装置与样品的预热

被测试供电模块应在每种负载状态下预热 15 min 或两个连续 5 min 周期内的输入功率变化不超过 ±1%。被测试供电模块中控制交流输入的开关在测量时都应处于开启状态。

B.3.3　供电模块效率的计算

按照计算结果，调节负载电流使输出功率到额定输出功率的 X%并达到稳定状态，分别获取在此稳定状态下 30 min 内交流输入端的输入功耗和各路直流输出端的输出功耗，按式（B.7）计算此种工作状态下的工作效率。

$$\eta_x=\frac{\sum_{i=1}^{n}P_{iOX}}{P_{IX}} \tag{B.7}$$

式中：i——供电模块的第 i 路直流输出，从 1 到 n；

η_x——工作效率，%；

P_{IX}——输入功耗，W；

P_{iOX}——各路直流输出功耗，W。

测试时，分别测试输出功率为额定输出功率的 100%、50%、20%时的实际输出功耗和交流输入功耗，并计算上述负载下的工作效率。

注 3：测试中，依据计算的结果调节负载，而不考虑供电模块上可能的电压波动导致 X%的实际功率输出与 X%的额定输出功率不同。

注 4：不需要对阻性负载的阻值进行精确测量。可变电阻只是用于调整电流表指示符合额定输出电流的百分比

（±1%），而不考虑输出电压的变化。对于电子负载，输出电流应被调到恒定电流模式而不是调节需要的输出功率到恒定功率模式。

注 5：测试中，调节测试负载使产品输出功率按照额定值的 100%、50%、20%的顺序变化。

B.3.4 四插槽及四插槽以上计算服务器及刀片服务器能耗功能测试

根据厂商提供的网络服务器支持的能耗管理功能列表，检验其功能。

中华人民共和国国家环境保护标准

HJ 2508—2011

环境标志产品技术要求 电话

Technical requirement for environmental labeling products
—Phones

2011-03-02 发布　　　　2011-04-01 实施

环 境 保 护 部 发布

前 言

为贯彻《中华人民共和国环境保护法》，减少电话对环境和人体健康的影响，有效利用和节约资源、能源，制定本标准。

本标准对有线电话挂机状态漏电流、外接电源适配器平均效率，移动电话电磁辐射、电源充电器平均效率以及电话中的有毒有害物质限量、设计、生产过程、包装材料、回收处理和公开信息等方面提出了要求。

本标准为首次发布。

本标准的附录 A 和附录 B 为规范性附录。

本标准适用于中国环境标志产品认证。

本标准由环境保护部科技标准司组织制订。

本标准主要起草单位：中日友好环境保护中心、中国泰尔实验室。

本标准环境保护部 2011 年 3 月 2 日批准。

本标准自 2011 年 4 月 1 日起实施。

本标准由环境保护部解释。

环境标志产品技术要求　电话

1　适用范围

本标准规定了电话环境标志产品的术语和定义、基本要求、技术内容和检验方法。

本标准适用于电话，包括有线电话和移动电话。

2　规范性引用文件

本标准内容引用了下列文件中的条款。凡是不注日期的引用文件，其有效版本适用于本标准。

GB/T 18455　包装回收标志

GB/T 15279　自动电话机技术条件

GB/T 16288　塑料制品的标志

GB/Z 20288—2006　电子电气产品中有害物质检测样品拆分通用要求

SJ/T 11365—2006　电子信息产品中有毒有害物质的检测方法

SN/T 1877.2—2007　塑料原料及其制品中多环芳烃的测定方法

YD/T 1591　移动通信终端电源适配器及充电/数据接口技术要求和测试方法

YD/T 1644.1—2007　手持和身体佩戴使用的无线通信设备对人体的电磁照射——人体模型、仪器和规程　第一部分：靠近耳边使用的手持式无线通信设备的 SAR 评估规程（频率范围 300 MHz～3 GHz）

YD/T 1760.1　数字移动终端外围接口数据交换　第 1 部分：数据格式技术要求

YD/T 1760.2　数字移动终端外围接口数据交换　第 2 部分：数据交换文件格式技术要求

YD/T 1885　移动通信手持机有线耳机接口技术要求和测试方法

3　术语和定义

下列术语和定义适用于本标准。

3.1

电话　phone

连接到公共通信网（包括固定通信网络和无线通信网络）内的固定电话终端、无绳电话终端和移动用户终端产品。

3.2

有线电话　wirephone

连接到公共固定通信网络内的固定电话终端、无绳电话终端产品。

3.3

移动电话　mobile phone

连接到公共无线通信网络内的移动用户终端产品。

4 基本要求

4.1 产品质量、安全性能应符合相关标准的要求。
4.2 产品生产企业污染物排放应符合国家或地方规定的污染物排放标准。
4.3 产品生产企业在生产过程中应加强清洁生产。

5 技术内容

5.1 有线电话

5.1.1 仅使用电话线供电、具有 LCD 显示的有线电话，其在挂机状态下的漏电流应符合 GB/T 15279 要求；其他仅使用电话线供电的有线电话在挂机状态下的漏电流应不大于 20 μA。
5.1.2 使用外接电源供电的有线电话，其外接电源适配器实际的平均效率应符合 YD/T 1591 的要求。

5.2 移动电话

5.2.1 移动电话的电磁照射比吸收率（SAR）值应不大于0.8 W/kg。
5.2.2 移动电话电源充电器及充电/数据接口应符合 YD/T 1591 要求。
5.2.3 移动电话有线耳机接口应符合 YD/T 1885 要求。
5.2.4 移动电话软件的数据格式应符合 YD/T 1760.1 要求，数据交换文件格式应符合 YD/T 1760.2 要求。

5.3 产品要求

5.3.1 产品中均质材料的有毒有害物质限量应符合表 1 要求。

表 1 产品中均质材料的有毒有害物质限量注 1

项目	限值（质量分数）
铅（Pb）	≤0.1%
汞（Hg）	≤0.1%
镉（Cd）	≤0.01%
六价铬（Cr^{6+}）	≤0.1%
多溴联苯（PBBs）	≤0.1%
多溴二苯醚（PBDEs）	≤0.1%
注 1：符合例外内容的可以豁免，例外内容见表 2。	

表 2 产品中均质材料的有毒有害物质限量例外内容

序号	内容
1	铅（Pb）应用于电子部件的玻璃中
2	铅（Pb）和镉（Cd）应用于光学玻璃和滤光玻璃中
3	铅（Pb）应用于电子陶瓷部件的陶瓷中
4	铅（Pb）应用于钢合金中作为合金成分且其含量（质量分数）≤0.35%
5	铅（Pb）应用于铝合金中作为合金成分且其含量（质量分数）≤0.4%
6	铅（Pb）应用于铜合金中作为合金成分且其含量（质量分数）≤4%
7	铅（Pb）应用于高温焊料中，且其含量（质量分数）≥85%
8	铅（Pb）应用于微处理器针脚及封装连接所用焊料中，且其含量（质量分数）为 80%～85%
9	铅（Pb）应用于集成电路倒装芯片封装的内部粘接焊料中
10	铅（Pb）应用于节距不超过 0.65 mm 且带铁镍引线框架或铜引线框架的细间距零部件（连接器除外）的表面处理中

5.3.2　产品外壳和线缆塑胶材料中多环芳烃（PAHs）限量应符合表 3 要求。

表 3　产品外壳和线缆塑胶材料中多环芳烃（PAHs）限量

项目	限值（质量分数）
苯并[*a*]芘（BaP）	≤0.000 1%
萘（Nap）、苊烯（AcPy）、苊（Acp）、芴（Flu）、菲（PA）、蒽（Ant）、荧蒽（FL）、芘（Pyr）、䓛（苣）（CHR）、苯并[*a*]蒽（BaA）、苯并[*b*]荧蒽（BbF）、苯并[*k*]荧蒽（BkF）、苯并[*a*]芘（BaP）、二苯并[*a,h*]蒽（DBA）、茚苯[1,2,3-*cd*]芘（IND）、苯并[*g,h,i*]苝（BghiP）16 种多环芳烃（PAHs）总和	≤0.001%

5.3.3　产品设计要求

5.3.3.1　产品的零部件应进行标准化设计。

5.3.3.2　移动电话的同规格电池应至少在 3 个型号的移动电话中使用。

5.3.4　产品生产过程要求

产品及电路板的生产过程中不得使用氢氟氯化碳（HCFCs）、1,1,1-三氯乙烷（$C_2H_3Cl_3$）、三氯乙烯（C_2HCl_3）、二氯乙烷（CH_3CHCl_2）、三氯甲烷（$CHCl_3$）、溴丙烷（C_3H_7Br）、正己烷（C_6H_{14}）、甲苯（C_7H_8）、二甲苯[$C_6H_4(CH_3)_2$]作为清洗溶剂。

5.3.5　材料标识要求

材料标识的缩略语或代号应符合 GB/T 16288 的要求。

5.3.6　包装材料要求

5.3.6.1　氯乙烯单体的含量不得大于 1 mg/kg。

5.3.6.2　不得使用氢氟氯化碳（HCFCs）作为发泡剂。

5.3.6.3　按照 GB/T 18455 的要求进行标识。

5.3.7　回收与处理要求

企业应建立废弃产品回收、再生利用处理系统，提供产品回收、再生利用的相关信息。

5.3.8　公开信息要求

5.3.8.1　应包括产品回收信息。

5.3.8.2　移动电话应包括在通话和待机状态时的平均耗电信息。

6　检验方法

6.1　技术内容 5.1.1 的检测按照 GB/T 15279 规定的方法进行。

6.2　技术内容 5.1.2 和 5.2.2 的检测按照 YD/T 1591 中规定的方法进行。

6.3　技术内容 5.2.1 的检测按照 YD/T 1644.1—2007 规定的方法进行。

6.4　技术内容 5.2.3 的检测按照 YD/T 1885 规定的方法进行。

6.5　技术内容 5.3.1 的检测按照 SJ/T 11365—2006 规定的方法进行。

6.6　技术内容 5.3.2 的检测按照 SN/T 1877.2—2007 规定的方法进行，样品制备按照附录 A 规定的方法进行。

6.7　技术内容 5.3.8.2 中平均耗电的检测由企业按照附录 B 规定的方法进行。

6.8　技术内容中其他要求应通过文件审查结合现场检查的方式来验证。

附 录 A
（规范性附录）
塑胶材料中多环芳烃检测样品的制备

A.1 方法提要

本方法用来制备塑胶材料中多环芳烃（PAHs）的检测样品。将已拆分样品经过研磨仪粉碎至 2～3 mm，称取样品质量约 0.5 g，加入内标物质和 20 ml 甲苯，置于 60℃超声波水浴中萃取 1 h，冷却至室温后，按照 SN/T 1877.2—2007 规定的方法进行检测。

A.2 设备和材料

A.2.1 设备

a）实验用通风橱；

b）研磨机（液氮冷却）；

c）电子分析天平，精确到 0.1 mg；

d）微量注射针；

e）针式样品过滤器（有机系）；

f）移液枪 20～200 µl、200～1 000 µl；

g）玻璃器皿：色谱瓶（2 ml）、容量瓶、20/10 ml 顶空瓶、烧杯；

h）超声波清洗器，离心机；

i）离心管、温度计。

A.2.2 试剂及其他

a）内标物和标准物质

1）内标物：Acenaphthene-d_{10}、Chrysene-d_{12}、Phenanthrene-d_{10}。

2）PAHs 标准物质：

表 A.1 PAHs 标准物质

化合物中文名称	化合物英文名称	简称
萘	Naphthalene	Nap
苊烯	Acenaphthylene	AcPy
苊	Acenaphthene	Acp
芴	Fluorene	Flu
菲	Phenanthrene	PA
蒽	Anthracene	Ant
荧蒽	Fluoranthene	FL
芘	Pyrene	Pyr
䓛（苣）	Chrysene	CHR
苯并[*a*]蒽	Benzo[*a*]anthracene	BaA
苯并[*b*]荧蒽	Benzo[*b*]fluoranthene	BbF
苯并[*k*]荧蒽	Benzo[*k*]fluoranthene	BkF

续表

化合物中文名称	化合物英文名称	简称
苯并[*a*]芘	Benzo[*a*]pyrene	BaP
二苯并[*a*,*h*]蒽	Dibenzo[*a*,*h*]anthrancene	DBA
茚苯[1,2,3-*cd*]芘	Indeno[1,2,3-*cd*]pyrene	IND
苯并[*g*,*h*,*i*]苝	Benzo[*g*,*h*,*i*]perylene	BghiP
PAHs 16 种化合物混合标准品		200 μg/ml

3）拟似标准品：1-fluoronaphthalene。

b）试剂

甲苯：分析纯；甲苯：色谱纯。

c）载气

纯氦气：纯度 99.999%。

A.3 标准溶液的配制要求

色谱分析之前应使用上述标准物质配制标准溶液，做工作曲线，标准曲线浓度点（不包括零点）至少五点。

A.4 样品制备

A.4.1 样品数量

如果待测样品需要从成品或零部件上拆取，样品拆分按照国家标准 GB/Z 20288—2006 进行。拆分出的样品材料量应不少于 5 g。

A.4.2 样品前处理

将待测样品粉碎至 2～3 mm，以能精确称量到 0.1 mg 的天平称取重约 500 mg 的样品并记录实际称取质量。

A.4.3 样品萃取

将样品与甲苯 20 ml（添加内标物）加入顶空瓶内，压上铝盖后置于超声波水浴中，水浴温度控制在 60℃。使用超声波振荡 1 h，萃取后取出静置冷却至室温。

A.4.4 样品净化

静置后，转移样品溶液至离心管中，对称放置，开启离心机，离心 5 min（4 000 r/min）。取上清液 1～2 ml，用针筒和有机滤膜（0.45 μm）过滤，滤液转移至色谱瓶中，摇匀备上机测试。

A.5 测试项目

按照 SN/T 1877.2—2007 规定的方法测试以下 16 种多环芳烃的化合物含量：

表 A.2 16 种多环芳烃化合物

化合物中文名称	化合物英文名称	简称
萘	Naphthalene	Nap
苊烯	Acenaphthylene	AcPy
苊	Acenaphthene	Acp
芴	Fluorene	Flu

续表

化合物中文名称	化合物英文名称	简称
菲	Phenanthrene	PA
蒽	Anthracene	Ant
荧蒽	Fluoranthene	FL
芘	Pyrene	Pyr
䓛（苣）	Chrysene	CHR
苯并[*a*]蒽	Benzo[*a*]anthracene	BaA
苯并[*b*]荧蒽	Benzo[*b*]fluoranthene	BbF
苯并[*k*]荧蒽	Benzo[*k*]fluoranthene	BkF
苯并[*a*]芘	Benzo[*a*]pyrene	BaP
二苯并[*a*,*h*]蒽	Dibenzo[*a*,*h*]anthrancene	DBA
茚苯[1,2,3-*cd*]芘	Indeno[1,2,3-*cd*]pyrene	IND
苯并[*g*,*h*,*i*]苝	Benzo[*g*,*h*,*i*]perylene	BghiP

附 录 B
（规范性附录）
移动电话在通话、待机状态时的平均电流的检测

B.1 概述

下列缩略语适用于本附录。

AMR	Adaptive Multi Rate	自适应多速率
CDMA	Code Division Multiple Access	码分多址接入
CPICH	Common Pilot Channel	公共导频信道
DPCH	Dedicated Physical Channel	专属物理信道
DRX	discontinuous Receive	非连续接收
DTX	Discontinuous Transmission	非连续发送
GPRS	General Packet Radio Service	通用分组无线业务
GSM	Global System for Mobi le Communications	全球移动通信系统
MMS	Multimedia Message Service	多媒体信息服务
PCCPCH	Primary Common Control Physical Channel	主要公共控制物理信道
PCL	Power Control Level	功率控制等级
RSCP	Received Signal Code Power	接收信号码域功率
SIM	Subscriber Identity Module	用户鉴权模块
SMS	Short Messaging Service	短消息业务
SS	System Simulator	系统模拟器
TDMA	Time Division Multiple Access	时分多址接入
TD-SCDMA	Time Division Synchronize Code Division Multiple Access	时分同步码分多址接入
UE	User Equipment	用户设备
WCDMA	Wideband Code Division Multiple Access	宽带码分多址接入

移动终端功耗测试系统原理图，如图 B.1 所示，它包含网络环境、电流采集系统和被测终端。

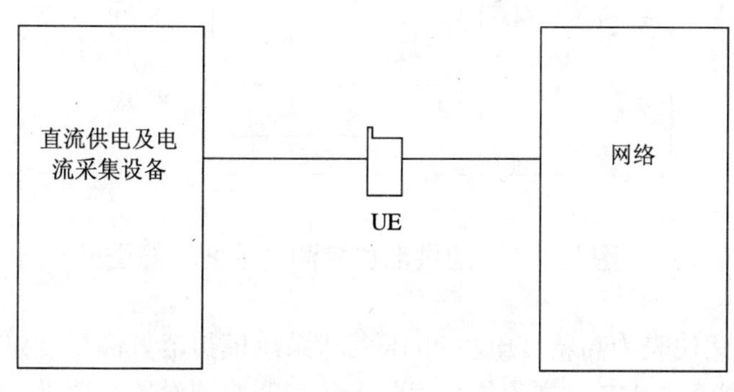

图 B.1 功耗测试系统原理图

考虑到 UE 的 Uu 接口的一致性和兼容性，作为一种简化的方式，允许采用系统模拟器（基站模拟器） 替代真实的网络测试环境进行终端的功耗测试。这种系统模拟器（基站模拟器）应是由检测实体或第三方测试设备研发实体提供，且 Uu 接口应遵从 3GPP/3GPP2 规范要求。终端收发信机应满足相应行业标准要求。

功耗测试系统示意图如图 B.2、图 B.3 所示。

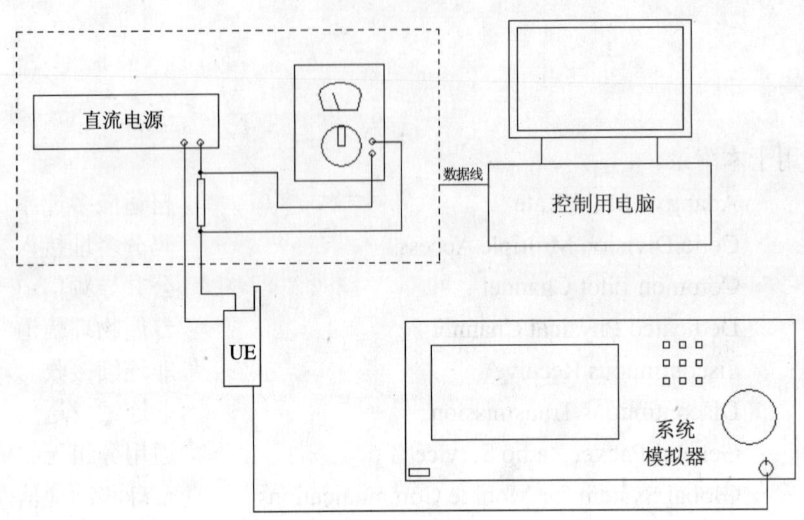

图 B.2　直流源供电功耗测试系统示意图

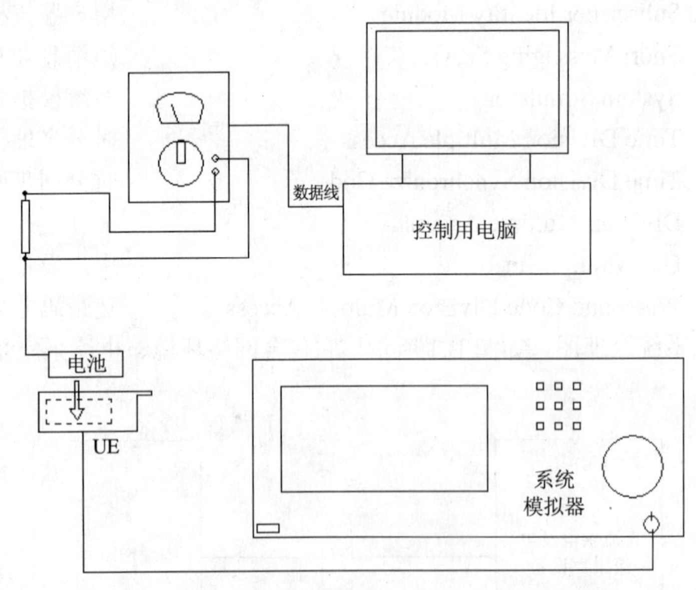

图 B.3　电池供电功耗测试系统示意图

仪表说明：主要测试仪表为高精度电流/电压表和系统模拟器。高精度电流/电压表作为移动终端功耗测试设备；系统模拟器与 UE 建立各种通信业务状态。检测设备测量要求如表 B.1 和表 B.2 所示。

表 B.1 待机测量要求

测量条件	要求限值
测量电阻	≤0.5 Ω
精度/类型	1%，0.5 W，高精密金属膜电阻器
采样率	≥5 万次/s
分辨力	≤0.1 mA
噪声基底（Noise floor）	小于最低的 ADC 步进

表 B.2 业务测量要求

测量条件	要求限值
测量电阻	≤0.1 Ω
精度/类型	1%，2 W，高精密金属膜电阻器
采样率	≥5 万次/s
分辨力	≤0.5 mA
噪声基底（Noise floor）	小于最低的 ADC 步进

注 1：建议在综测仪和移动终端之间建立良好的连接；移动终端在屏蔽环境，避免干扰。

注 2：推荐使用带有感应线的电阻。否则，需要精确地测量电阻值，并考虑连接线缆的阻抗。

B.2 待机功耗测试

B.2.1 测试条件

本标准采用的网络环境均为模拟网络。如果没有条件，测试中也可采用现网环境，但应对现网环境进行说明。

表 B.3 通用参数设置

设置参数	设置值	注释
小区重选	无	—
小区广播	无	—
SIM/USIM/UIM 卡	—	支持时钟停止模式
SMS/MMS	无	—
PLMN	本地	—
附加业务	关闭	—
终端附加功能	关闭	—

B.2.1.1 GSM/GPRS 终端

B.2.1.1.1 GSM/GPRS 通用网络环境

表 B.4 GSM/GPRS 通用网络环境参数设置

设置参数	设置值	注释
工作频段	UE 工作的频段中心频率	应在测试结果注明终端频段
UE 接收电平	−82 dBm	—
切换设置	无	—
BA 列表（注）	16	—
DTX	无	—
DRX	7	该值为默认值，如选择其他值应在测试结果中注明
相邻小区	无	—
周期性位置更新	关闭	T3212 = 0

注：要求按照列表对邻小区进行测量，但 SS 并不提供邻小区信号，避免终端发起同步。

B.2.1.1.2 GPRS 网络环境

表 B.5 GPRS 网络环境参数设置

设置参数	设置值	注释
DRX	7	该值为默认值，如选择其他值应在测试结果中注明
网络操作模式[注]	1	—
寻呼信道	CCCH-PCH	—
相邻小区	无	—

注：网络操作模式表示所有寻呼信息均通过 PPCH 信道发送，若无 PPCH 信道时也可使用 CCCH-PCH 信道来发送。当 PS 域连接时 CS 域寻呼信令是由 PDTCH 信道传送。

表 B.6 BA 列表邻小区信道号

参数	工作频段	参数值
邻小区信道号	900 频段	1，9，17，26，34，42，50，58，67，75，83，91，99，108，116，124
	1800 频段	512，536，560，585，610，635，660，685，710，735，760，785，810，835，860，885

B.2.1.1.3 终端设置

表 B.7 终端设置

设置参数	设置值
蓝牙/红外/摄像头等其他辅助外设	关闭
按键	无按压
音量	—
显示屏	省电模式
背景灯	关闭或设为最低

B.2.1.2 TD-SCDMA 终端

B.2.1.2.1 网络环境

表 B.8 网络环境参数设置

设置参数	设置值	注释
工作频段	UE 工作的频段中心频率	应在测试结果注明终端频段 2010～2025 MHz 频段 中间值 2017.4 MHz （该值为默认值，如果涉及其他频段，请在结果中标明）
邻小区列表	不少于 4 个	—
PCCPCH RSCP	–80 dBm	—
DRX	7	该值为默认值，如选择其他值应在测试结果中注明
周期性位置更新	关闭	T3212=0

B.2.1.2.2 终端设置

表 B.9 终端设置

设置参数	设置值
蓝牙/红外/摄像头等其他辅助外设	关闭
按键	无按压
音量	—
显示屏	省电模式
背景灯	关闭或设为最低

B.2.1.3 WCDMA 终端

B.2.1.3.1 网络环境

表 B.10 网络环境参数设置

设置参数	设置值	注释
工作频段	UE 工作的频段中心频率	应在测试结果注明终端频段
邻小区列表[注]	16	—
DRX	7	该值为默认值，如选择其他值应在测试结果中注明
CPICH_RSCP（Ec）（公共导频信道接收功率）	−82 dBm	—
DPCH_Ec/Ior	−5 dB	—
Ec/No	＞−12 dB	—
周期性位置更新	关闭	T3212 = 0

注：要求按照列表对同频邻小区进行测量，但 SS 并不提供邻小区信号，避免终端发起同步。

注 3：默认只做同频邻小区搜索，如有其他设置，请在测试结果中注明。

B.2.1.3.2 终端设置

表 B.11 终端设置

设置参数	设置值
蓝牙/红外/摄像头等其他辅助外设	关闭
按键	无按压
音量	—
显示屏	省电模式
背景灯	关闭或设为最低

B.2.1.4 CDMA 终端

B.2.1.4.1 网络环境

表 B.12 网络环境参数设置

设置参数	设置值	注释
工作频段	UE 工作的频段中心频率	应在测试结果注明终端频段 BAND class0 和 BAND class6 中实际使用频段
Ior	−75 dBm	—
Pilot $\frac{Ec}{Ior}$	−7 dB	—
Paging $\frac{Ec}{Ior}$	−12 dB	—
快速寻呼信道	0–不支持	—
REG_PRD	58	注册周期近似为 31 min
SLOT CYCLE INDEX（循环时隙参数）	1	MAX SLOT CYCLE INDEX 设为 1 或 0

B.2.1.4.2 终端设置

表 B.13 终端设置

设置参数	设置值
蓝牙/红外/摄像头等其他辅助外设	关闭
按键	无按压
音量	—
显示屏	省电模式
背景灯	关闭或设为最低

B.2.1.5　双模终端

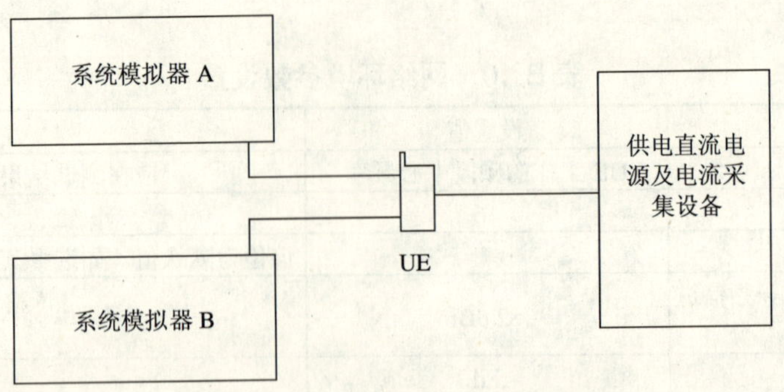

图 B.4　双模终端测试系统原理图

表 B.14　双模通用参数设置

设置参数	设置值	注释
环境温度	15～35℃	—
SIM/USIM/UIM	—	支持时钟停止模式
网络切换	无	—
网络重选	无	—

B.2.1.5.1　双模单待终端

所谓双模单待终端是指带有网络自动切换功能的移动终端。

根据表 B.15 中 UE 的模式组合，其网络参数设置和 UE 状态设置参见 B.2.2 节中对应制式的参数设置。

表 B.15　组合列表

常见的制式组合	参考章节	注释
TD-SCDMA/GSM/GPRS	4.2.2/4.2.1	—
WCDMA/GSM/GPRS	4.2.3/4.2.1	—
CDMA/GSM	4.2.4/4.2.1	—

B.2.1.5.2　双模双待终端

所谓双模双待终端是指支持两个独立通信模块同时工作的移动终端。

根据表 B.16 中 UE 的模式组合，其网络参数设置和 UE 状态设置参见 B.2.2 节中对应制式的参数设置。

表 B.16　组合列表

常见的制式组合	参考章节	注释
TD-SCDMA/GSM/GPRS	4.2.2/4.2.1	—
WCDMA/GSM/GPRS	4.2.3/4.2.1	—
CDMA/GSM	4.2.4/4.2.1	—
GSM/GSM/GPRS	4.2.1	—

B.2.2　测试方法

本标准列举了两种测试方法。

B.2.2.1 单模终端测试方法

a）方法 1

1）按照图 B.2 建立测试系统连接。

2）被测终端插入测试 SIM/USIM/UIM 卡。

3）按照 B.2.1 节所提供各制式功耗的参数进行设置。

4）用直流电压源通过模拟电池给被测移动台供电，在电源环路中，串联一个小内阻电流表。电压源的电压设置为 3.8V，同时通过电压源的反馈端进行电压补偿，以保证电压源的输出电压稳定。

5）开启 UE，完成网络注册。UE 此时处于待机状态。

6）待 UE 进入节电状态后，无操作等待 1 min。

7）记录连续 30 min 内的耗电电流采样值并计算其待机平均耗电电流 $I_{\text{idle-average}}$。

b）方法 2

1）按照图 B.3 建立测试系统连接。

2）被测终端插入测试 SIM/USIM/UIM 卡。

3）按照 B.2.1 节所提供各制式功耗的参数进行设置。

4）在 20℃±5℃的条件下，将标配电池（出厂未超过六个月且未被使用过）以 0.2C5A 充电，当电池端电压达到充电限制电压时，改为恒压充电，直到充电电流小于或等于 0.01C5A，最长充电时间不大于 8 h；充电完成后，搁置 0.5～1 h，在相同环境下以 0.2C5A 电流放电到终止电压，完成一次充放电。连续充放电 3 次。

5）将电池装入 UE，UE 处于关机状态，使用标配充电器，并按照移动终端制造商在用户手册中说明的充电方法，进行充分地充电，完成后等待 1 h。

6）将标配电池重新装入 UE，其正极与符合表 B.1 中参数设置的感应电阻相连，负极与 UE 负极相连，电阻的另一端与 UE 正极相连。

7）开启 UE，完成网络注册。UE 此时处于待机状态。

8）待 UE 进入节电状态后，无操作等待 1 min。

9）记录连续 30 min 内的耗电电流采样值并计算其待机平均耗电电流 $I_{\text{idle-average}}$。

B.2.2.2 双模终端测试方法

B.2.2.2.1 双模单待终端

a）方法 1

1）按照图 B.4 建立测试系统连接。

2）被测终端插入 SIM/USIM/UIM 卡。若为双卡槽则根据移动台制造商的用户手册中的说明插入对应的 SIM/USIM/UIM 卡。

3）按照 B.2.1 节中各对应制式的参数进行设置。

4）用直流电压源通过模拟电池给被测移动台供电，在电源环路中，串联一个小内阻电流表。电压源的电压设置为 3.8V，同时通过电压源的反馈端进行电压补偿，以保证电压源的输出电压稳定。

5）开启 UE，对支持网络模式选择的 UE，选择某一制式优先的网络模式。确保 UE 驻留在所选的网络中，待 UE 进入节电状态后，无操作等待 1 min。

6）记录所选网络连续 30 min 内的耗电电流采样值并计算其待机平均耗电电流 $I_{\text{idle-average}}$。

7）选择另一优先网络模式，重复 5）、6）步骤。

b）方法 2

1）按照图 B.4 建立测试系统连接。

2）被测终端插入 SIM/USIM/UIM 卡。若为双卡槽则根据移动台制造商的用户手册中的说明插入对应的 SIM/USIM/UIM 卡。

3）按照 B.2.1 节中各对应制式的参数进行设置。

4）在 20℃±5℃的条件下，将标配电池（出厂未超过六个月且未被使用过）以 0.2C5A 充电，当电池端电压达到充电限制电压时，改为恒压充电，直到充电电流小于或等于 0.01C5A，最长充电时间不大于 8 h；充电完成后，搁置 0.5～1 h，在相同环境下以 0.2C5A 电流放电到终止电压，完成一次充放电。连续充放电 3 次。

5）将电池装入 UE，UE 处于关机状态，使用标配充电器，并按照移动终端制造商在用户手册中说明的充电方法，进行充分地充电，完成后等待 1 h。

6）将标配电池重新装入 UE，其正极与符合表 B.1 中参数设置的感应电阻相连，负极与 UE 负极相连，电阻的另一端与 UE 正极相连。

7）开启 UE，对支持网络模式选择的 UE，选择某一制式优先的网络模式，使 UE 驻留在所选的网络中，待 UE 进入节电状态后，无操作等待 1 min。

8）记录所选网络连续 30 min 内的耗电电流采样值并计算其待机平均耗电电流 $I_{idle\text{-}average}$。

9）选择另一优先网络模式，重复 7）、8）步骤。

B.2.2.2.2　双模双待终端

a）方法 1

1）按照图 B.3 建立测试系统连接。

2）被测终端根据终端制造商的用户手册中的说明分别将 2 张 SIM/USIM/UIM 卡插入对应的卡槽中。

3）按照 B.2.1 节中各对应制式的参数进行设置。

4）用直流电压源通过模拟电池给被测移动台供电，在电源环路中，串联一个小内阻电流表。电压源的电压设置为 3.8V，同时通过电压源的反馈端进行电压补偿，以保证电压源的输出电压稳定。

5）开启 UE，选择双网络同时工作模式。

6）确认注册在两个网络之后，待 UE 进入节电状态后，无操作等待 1 min。

7）记录 UE 连续 30 min 的耗电电流采样值并计算其待机平均耗电电流 $I_{idle\text{-}average}$。

b）方法 2

1）按照图 B.3 建立测试系统连接。

2）被测终端根据终端制造商的用户手册中的说明分别将 2 张 SIM/USIM/UIM 卡插入对应的卡槽中。

3）按照 B.2.1 节中各对应制式的参数进行设置。

4）在 20℃±5℃的条件下，将标配电池（出厂未超过六个月且未被使用过）以 0.2C5A 充电，当电池端电压达到充电限制电压时，改为恒压充电，直到充电电流小于或等于 0.01C5A，最长充电时间不大于 8 h；充电完成后，搁置 0.5～1 h，在相同环境下以 0.2C5A 电流放电到终止电压，完成一次充放电。连续充放电 3 次。

5）将电池装入 UE，UE 处于关机状态，使用标配充电器，并按照移动终端制造商在用户手册中说明的充电方法，进行充分地充电，完成后等待 1 h。

6）将标配电池重新装入 UE，其正极与符合表 B.1 中参数设置的感应电阻相连，负极与 UE 负极相连，电阻的另一端与 UE 正极相连。

7）开启 UE，选择双网络同时工作模式。

8）确认注册在两个网络之后，待 UE 进入节电状态后，无操作等待 1 min。

9）记录 UE 连续 30 min 的耗电电流采样值并计算其待机平均耗电电流 $I_{idle\text{-}average}$。

B.3　通话功耗测试

B.3.1　测试条件

本标准采用的网络环境均为模拟网络。如果没有条件，测试中也可采用现网环境，但应对现网环境进行说明。

表 B.17 通用参数设置

设置参数	设置值	注释
小区重选	无	—
小区广播	无	—
切换	无	—
SMS/MMS	无	—
SIM/USIM/UIM 卡	—	支持时钟停止模式
PLMN	本地	—
附加业务	关闭	除语音通话外其他业务
终端附加功能	关闭	—

B.3.1.1 GSM/GPRS 终端

B.3.1.1.1 网络环境

表 B.18 网络环境参数设置

设置参数	设置值	注释
工作频段	UE 工作的频段中心频率	应在测试结果注明终端频段
移动台接收电平	–82 dBm	—
UE 发射功率	PCL12：19 dBm（GSM 900/850/480/450） PCL5：20 dBm（GSM 1800/1900）	若选择其他 PCL 值须在测试结果中标明
DTX	无	—
速率	全速率	—

B.3.1.1.2 终端设置

表 B.19 终端设置

设置参数	设置值
蓝牙/红外/摄像头等其他辅助外设	关闭
按键	无按压
音量	最大音量
显示屏	省电模式
背景灯	关闭或设为最低

B.3.1.2 TD-SCDMA 终端

B.3.1.2.1 网络环境

表 B.20 网络环境参数设置

设置参数	设置值	注释
工作频段	UE 工作的频段中心频率	应在测试结果注明终端频段 2010～2025 MHz 频段 中间值 2017.4 MHz
PCCPCH RSCP	–80 dBm	—
速率	AMR 12.2 kbps	—
UE 发射功率	10 dBm	若选择其他发射功率须在测试结果中标明

B.3.1.2.2　终端设置

表 B.21　终端设置

设置参数	设置值
蓝牙/红外/摄像头等其他辅助外设	关闭
按键	无按压
音量	最大音量
显示屏	省电模式
背景灯	关闭或设为最低

B.3.1.3　WCDMA 终端

B.3.1.3.1　网络环境

表 B.22　网络环境参数设置

设置参数	设置值	注释
工作频段	UE 工作的频段中心频率	应在测试结果注明终端频段
CPICH_RSCP（Ec）	–82 dBm	—
DPCH_Ec/Ior	–5 dB	—
Ec/No	>–12 dB	—
信道类型（上/下行/承载）	12.2K 自适应码率 语音-上行：12.2 kbps　下行：12.2 kbps 信令-上行：3.4 kbps　下行：3.4 kbps	—
UE 发射功率	10 dBm	若选择其他发射功率须在测试结果中标明
DTX	无	—

B.3.1.3.2　终端设置

表 B.23　终端设置

设置参数	设置值
蓝牙/红外/摄像头等其他辅助外设	关闭
按键	无按压
音量	最大音量
显示屏	省电模式
背景灯	关闭或设为最低

B.3.1.4　CDMA 终端

B.3.1.4.1　网络环境

表 B.24　网络环境参数设置

设置参数	设置值	注释
工作频段	UE 工作的频段中心频率	应在测试结果注明终端频段 BAND class0 和 BAND class6 中实际使用频段
Ior	–75 dBm	—
Pilot $\frac{Ec}{Ior}$	–7 dB	—
Traffic $\frac{Ec}{Ior}$	–15 dB	—
前向及反向速率	EVRC 声码器	—
UE 发射功率	10 dBm	若选择其他发射功率须在测试结果中标明
无线配置	1	—

B.3.1.4.2　终端设置

表 B.25　终端设置

设置参数	设置值
蓝牙/红外/摄像头等其他辅助外设	关闭
按键	无按压
音量	最大音量
显示屏	省电模式
背景灯	关闭或设为最低

B.3.1.5　双模终端

对于双模终端网络参数设置参见各制式单模终端。

B.3.2　测试方法

本标准列举了两种测试方法。

a. 方法 1

1）按照图 B.2 建立测试系统连接。

2）被测终端插入测试 SIM/USIM/UIM 卡。

3）按照 B.3.1 节所提供各制式功耗的参数进行设置。

4）用直流电压源通过模拟电池给被测移动台供电，在电源环路中，串联一个小内阻电流表。电压源的电压设置为 3.8V，同时通过电压源的反馈端进行电压补偿，以保证电压源的输出电压稳定。

5）开启 UE，完成网络注册。

6）建立语音呼叫连接。

7）待 UE 进入节电状态后，无操作等待 30 s。

8）记录 UE 连续 10 min 的耗电电流采样值并计算其通话平均耗电电流 $I_{talk\text{-}average}$。

b. 方法 2

1）按照图 B.3 建立测试系统连接。

2）被测终端插入测试 SIM/USIM/UIM 卡。

3）按照 B.3.1 节所提供各制式功耗的参数进行设置。

4）在 20℃±5℃的条件下，将标配电池（出厂未超过六个月且未被使用过）以 0.2C5A 充电，当电池端电压达到充电限制电压时，改为恒压充电，直到充电电流小于或等于 0.01C5A，最长充电时间不大于 8 h；充电完成后，搁置 0.5～1 h，在相同环境下以 0.2C5A 电流放电到终止电压，完成一次充放电。连续充放电 3 次。

5）将电池装入 UE，UE 处于关机状态，使用标配充电器，并按照移动终端制造商在用户手册中说明的充电方法，进行充分地充电，完成后等待 1 h。

6）将标配电池重新装入 UE，其正极与符合表 B.2 中参数设置的感应电阻相连，负极与 UE 负极相连，电阻的另一端与 UE 正极相连。

7）开启 UE，完成网络注册。

8）建立语音呼叫连接。

9）待 UE 进入节电状态后，无操作等待 30 s。

10）记录 UE 连续 10 min 的耗电电流采样值并计算其通话平均耗电电流 $I_{talk\text{-}average}$。

关于《生活垃圾填埋场污染控制标准》有关问题的复函

环函[2010]358 号

湖南省环境保护厅：

你厅《关于〈生活垃圾填埋场污染控制标准〉有关问题的请示》（湘环报[2010]89 号）收悉。经研究，现函复如下：

一、考虑到石灰岩溶洞发育带在稳定性方面可能存在问题，为尽量避免安全隐患，《生活垃圾填埋场污染控制标准》（GB 16889—2008）中规定，生活垃圾填埋场场址的选择应避开石灰岩溶洞发育带。

二、若拟在全部为喀斯特地貌（岩溶地貌）的地区建设生活垃圾填埋场，确实无法避开石灰岩等可溶性岩石溶洞发育带的，应通过地质调查，选择地质条件较为稳定的场地，并采取有效的工程措施进一步提高场地的稳定性，从而切实保证生活垃圾填埋场在建设、运行、封场及后期维护期间的安全和稳定。

三、为使工程措施发挥其应有的作用，在生活垃圾填埋场建设过程中，应加强监督管理，保证工程质量。

2010 年 11 月 26 日

关于执行《饮食业环境保护技术规范》有关事项的复函

环函[2010]336 号

湖北省环境保护厅：

你厅《关于〈饮食业环境保护技术规范〉执行标准中有关问题的请示》（鄂环保文[2010]191 号）收悉。经研究，现函复如下：

一、《饮食业环境保护技术规范》（HJ 554—2010）是我部为从源头防治饮食业污染、规范饮食业单位环保工作而制定的指导性技术文件。该标准适用于新、扩、改建饮食业单位。

二、为防止饮食业单位污染扰民，该标准中 4.1.2 条规定：新建住宅楼内不宜设置饮食业单位；现有住宅楼内不宜新设置产生油烟污染的饮食业单位。同时，标准中规定了饮食业单位排放口的设置要求和与周围环境敏感目标之间的距离。为达到较好的污染防治效果，标准中 6.2.2 和 6.2.3 的要求都应达到。

三、该标准 6.2.2 中所指的油烟排放口周边敏感环境目标，应包括饮食业单位边界以外的各个需要保护的对象，包括油烟排放口所在建筑物内的住宅。

四、若国家法律法规或地方性法规中，规定了相关方遵守标准的义务、违反标准的责任和强制措施，则该标准可强制执行；否则，该标准应由相关方自愿采用。

2010 年 11 月 9 日

关于热电企业执行国家排放标准问题的复函

环函[2010]303 号

辽宁省环境保护厅：

你厅《关于锦州节能热电股份有限公司在线监测系统烟气排放执行标准的请示》（辽环[2010]42 号）收悉。经研究，现函复如下：

一、《火电厂大气污染物排放标准》（GB 13223—2003）按火力发电锅炉的建设时间，分别规定了不同时段的大气污染物排放限值。对不同时段建设的锅炉，应选择适当的监控位置分别监测其大气污染物排放浓度，并执行相应的排放限值。

二、不同时段建设的锅炉，若采用混合方式排放烟气，且选择的监控位置只能监测混合烟气中的大气污染物浓度，则应执行各时段限值中最严格的排放限值。

2010 年 6 月 12 日

关于修订《危险废物贮存污染控制标准》有关意见的复函

环函[2010]264 号

广东省环境保护厅：

你厅《关于〈危险废物贮存污染控制标准〉有关问题的请示》（粤环报[2010]61 号）收悉。经研究，现函复如下：

一、关于污染源与敏感区域之间的距离问题，在《加强国家污染物排放标准制修订工作的指导意见》（国家环境保护总局 2007 年第 17 号公告）中已经做出明确规定，即排放标准中不规定统一的污染源与敏感区域之间的合理距离（防护距离），其具体距离应根据污染源的性质和当地的自然、气象条件等因素，通过环境影响评价确定。

二、我部已经下达计划对国家污染物排放标准《危险废物贮存污染控制标准》（GB 18597—2001）进行修订。在该标准修订过程中，将落实上述要求。

2010 年 9 月 6 日

关于执行《工业炉窑大气污染物排放标准》有关问题的复函

环函[2010]63 号

湖北省环境保护厅：

你厅《关于〈工业炉窑大气污染物排放标准〉中有关电石炉标准的请示》（鄂环函[2010]29 号）收悉。经研究，函复如下：

电石炉熔炼生成的电石成分是碳化钙，具有金属性质，因此，电石炉与铁合金炉性质相似。电石炉污染物排放控制要求应参照《工业炉窑大气污染物排放标准》（GB 9078—1996）中铁合金熔炼炉的要求执行。

2010 年 2 月 10 日

关于在环境监测工作中实施国家环境保护标准问题的复函

环函[2010]90 号

重庆市环境保护局：

你局《关于实施水质多环芳烃等监测方法新标准相关问题的函》（渝环函[2009]674 号）收悉。经研究，现就环境监测工作中实施标准问题函复如下：

一、根据《中华人民共和国环境保护法》等法律规定，国务院环境保护行政主管部门建立监测制度，并制定环境监测规范。为贯彻相关法律，我部及原国家环保总局、原国家环保局制定了大批环境监测规范（其中包括各种环境监测方法标准）。这些环境监测规范都属于国家环境保护标准。按照各个时期的使用习惯，这些标准采用了多种发布形式，如 “HJ” 编号、“GB” 编号或不编号。

二、为适应环境保护工作的需要，解决监测方法数量不足、技术陈旧等问题，提高我国环境监测工作的技术水平，我部目前正在抓紧制订采用各种先进检测技术的环境监测方法标准，同时将对发布时间较长的现行环境监测方法标准进行修订。这些环境监测规范都将以国家环境保护标准的形式发布。新标准实施后，应停止使用已经废止的标准和非标准监测方法。

三、为规范实施环境质量标准和污染物排放标准，保证环境监测工作质量和监测结果的准确性、可靠性和权威性，在监测环境质量标准和污染物排放标准中规定的污染物项目时，任何部门或单位都应采用依法制定、现行有效的环境监测方法标准和环境监测技术规范。

2010 年 3 月 17 日

关于生活垃圾填埋气体发电机组烟气排放执行标准问题的复函

环函[2010]123 号

广东省环境保护厅：

原广东省环境保护局《关于生活垃圾填埋气体发电机组烟气排放执行标准问题的请示》（粤环报[2009]39 号）收悉。经研究，函复如下：

一、生活垃圾填埋气体的主要成分为甲烷和其他碳氢化合物、二氧化碳和少量的氨、硫化氢等。燃烧后会产生氮氧化物、二氧化硫、碳氢化合物等污染物。

二、现行的《火电厂大气污染物排放标准》（GB 13223—2003）规定了采用燃气轮机技术的发电机组氮氧化物排放限值，适用于各种气体燃料的燃气轮机组的排放管理。目前，我部正在对《火电厂大气污染物排放标准》进行修订，新标准增加了以气体为燃料的蒸汽锅炉和燃气轮机组的烟尘、二氧化硫、氮氧化物的排放限值。新标准实施后，应按标准的规定执行。

三、目前国家尚未制定采用气体燃料的内燃机发电机组的排放标准，地方省级政府可根据法律规定制定地方排放标准。

2010 年 4 月 12 日

关于污（废）水处理设施产生污泥危险特性鉴别有关意见的函

环函[2010]129 号

各省、自治区、直辖市环境保护厅（局），新疆生产建设兵团环境保护局：

近来，一些地方环保部门和企事业单位向我部询问在公共污水处理设施污泥危险特性鉴别工作中，如何执行国家环境保护标准中的固体废物采样和鉴别相关规定问题。鉴于该问题具有普遍性，现就有关问题解释如下：

一、单纯用于处理城镇生活污水的公共污水处理厂，其产生的污泥通常情况下不具有危险特性，可作为一般固体废物管理。

二、专门处理工业废水（或同时处理少量生活污水）的处理设施产生的污泥，可能具有危险特性，应按《国家危险废物名录》、国家环境保护标准《危险废物鉴别技术规范》（HJ/T 298—2007）和危险废物鉴别标准的规定，对污泥进行危险特性鉴别。

三、以处理生活污水为主要功能的公共污水处理厂，若接收、处理工业废水，且该工业废水在排入公共污水处理系统前能稳定达到国家或地方规定的污染物排放标准的，公共污水处理厂的污泥可按照第一条的规定进行管理。但是，在工业废水排放情况发生重大改变时，应按照第二条的规定进行危险特性鉴别。

四、企业以直接或间接方式向其法定边界外排放工业废水的，出水水质应符合国家或地方污染物排放标准；废水处理过程中产生的污泥，属于正在产生的固体废物，对其进行危险特性鉴别，应按照《危险废物鉴别技术规范》的规定，在废水处理工艺环节采样，并按照污泥产生量确定最小采样数。

2010 年 4 月 19 日

关于废铅酸蓄电池回收利用行业适用国家环境保护标准意见的复函

环函[2010]143 号

四川省环境保护厅：

你厅《关于铅锌行业环境保护监督管理中执行标准的请示》（川环[2010]48 号）收悉。经研究，现函复如下：

一、关于建设项目防护距离问题，我部《关于建设项目环境影响评价工作中确定防护距离标准问题的复函》（环函[2009]224 号）中已予以明确，可参照执行。

二、《危险废物集中焚烧处置工程建设技术规范》（HJ 176—2005）不适用于废铅酸蓄电池回收处理设施的建设。

2010 年 5 月 13 日

关于执行地表水环境质量标准有关意见的复函

环函[2010]243 号

福建省环境保护厅：

你厅《关于地表水环境质量标准中铜项目标准限值问题的请示》（闽环保科[2010]29 号）收悉。经研究，函复如下：

《地表水环境质量标准》（GB 3838—2002）适用于各种环境功能的地表水体，其污染物浓度限值是综合各种环境功能的要求确定的，是基本要求。对于具有特定功能的水域，除满足该标准的要求外，还应执行专用的水质标准。

因此，对于《渔业水质标准》（GB 11607—89）规定的、具有特定功能的渔业水体，应同时满足 GB 3838—2002 和 GB 11607—89 的要求。

2010 年 8 月 3 日

关于农村地区生活污水排放执行国家污染物排放标准等问题的复函

环办函[2010]844 号

江苏省环境保护厅：

你厅《关于制订江苏省太湖地区农村生活污水主要污染物排放标准有关问题的请示》（苏环办[2010]223 号）收悉。经研究，函复如下：

一、原环保总局《关于发布〈城镇污水处理厂污染物排放标准〉（GB 18918—2002）修改单的公告》（[2006]21 号，以下简称《公告》）规定，城镇污水处理厂出水排入国家和省确定的重点流域及湖泊、水库等封闭、半封闭水域时，执行一级标准的 A 标准，排入 GB 3838 地表水Ⅲ类功能水域（划定的饮用水源保护区和游泳区除外）、GB 3097 海水二类功能水域时，执行一级标准的 B 标准。环境保护部《关于重点流域执行城镇污水处理厂污染物排放标准问题的通知》（环办函[2009]713 号）要求，在已制定并发布流域污染防治规划的重点流域，城镇污水处理厂执行污染物排放标准的要求与《公告》不同的，按流域污染防治规划的规定执行。在未制定流域污染防治规划的重点流域和封闭、半封闭水域的城镇污水处理厂，执行污染物排放标准的要求仍按《公告》执行。

二、若上述规定不能满足你省对太湖地区农村生活污水排放进行控制的需求，建设根据《中华人民共和国环境保护法》、《地方环境质量标准和污染物排放标准备案管理办法》（环境保护部令第 9 号）规定的程序和要求，制定地方污染物排放标准。

2010 年 8 月 11 日

关于珠江三角洲地区提前实施第四阶段国家机动车大气污染物排放标准的复函

环函[2010]145 号

广东省人民政府：

你省《关于珠江三角洲地区提前执行国家Ⅳ阶段汽车排放标准的请示（粤府[2009]110 号）已由国务院批转我部办理。经商国务院有关部门并报国务院同意，现函复如下：

一、同意在珠江三角洲地区提前实施第四阶段国家机动车大气污染物排放标准。具体方案为：

1．自 2010 年 6 月 1 日起，对在珠江三角洲地区销售、注册并列入国家达标公告的轻型汽车实施国家排放标准《轻型汽车污染物排放限值及测量方法（中国Ⅲ、Ⅳ阶段）（GB 18352.3—2005）中的第四阶段排放控制要求；同时，停止销售、注册不符合上述要求的车辆。

2．自 2010 年 6 月 1 日起，对在珠江三角洲地区销售、注册并列入国家达标公告的重型压燃式发动机汽车和重型气体燃料点燃式发动机汽车实施国家排放标准《车用压燃式、气体燃料点燃式发动机与汽车排气污染物排放限值及测量方法（中国Ⅲ、Ⅳ、Ⅴ阶段）（GB 17691—2005）中的第四阶段排放控制要求，同时实施安装可控制氮氧化物排放的车载诊断系统（OBD）要求；自新要求开始实施时起，停止销售、注册不符合要求的车辆。

3．你省应加强和规范对在用汽车排放检测工作的管理，尽快完善适应国家新机动车排放标准的在用汽车排放检测制度、地方在用汽车排放限值标准及实施体系，以适应实施新排放标准的实际需要。

4．第四阶段国家排放标准开始实施后，你省应加强对珠江三角洲地区市场销售汽车产品的监督管理，以保证产品的排放控制性能符合国家排放标准要求。

二、你省应根据实际情况，确定提前实施国四标准的车辆范围，避免发生达标的柴油车在未供应国四标准燃油的区域加油造成车辆损坏的情况。

三、请你省认真组织执行上述标准的实施方案，加强宣传和监督检查，并将执行情况和出现的问题及时反馈我部。

2010 年 5 月 17 日

关于在南京市提前实施第四阶段国家机动车大气污染物排放标准的复函

环函[2010]385 号

江苏省人民政府：

你省《关于南京市提前执行国家第Ⅳ阶段机动车排放标准的请示》（苏政发[2010]42 号）已由国务院转我部办理。经商国务院有关部门并报国务院同意，现函复如下：

一、同意在南京市提前实施第四阶段国家机动车大气污染物排放标准。具体方案为：

1．自 2011 年 1 月 1 日起，对在南京市销售、注册并列入国家达标公告的轻型汽车实施国家排放标准《轻型汽车污染物排放限值及测量方法（中国Ⅲ、Ⅳ阶段）》（GB 18352.3—2005）中的第四阶段排放控制要求；同时，停止销售、注册不符合上述要求的车辆。

2．你省应加强和规范对在用汽车排放检测工作的管理，尽快完善适应国家新机动车排放标准的在用汽车排放检测制度、地方在用汽车排放限值标准及实施体系，以适应实施新排放标准的实际需要。

3．第四阶段国家排放标准开始实施后，你省和南京市应加强对南京市市场销售汽车产品的监督管理，以保证产品的排放控制性能符合国家排放标准要求。

二、你省和南京市应确保在本辖区车用燃油符合相应标准的要求；同时应加强宣传，引导车辆在其他区域添加符合国家相关标准的车用燃油。

三、请你省和南京市认真组织执行上述标准的实施方案，加强宣传和监督检查，并将执行情况和出现的问题及时报告我部。

2010 年 12 月 16 日

关于排污企业执行防护距离问题的复函

环函[2011]44 号

安徽省环境保护厅：

你厅《关于铅蓄电池组装企业执行卫生防护距离标准的请示》（环评[2011]37 号）收悉。现函复如下：

关于排污企业执行防护距离问题，我部已在回复福建省环境保护厅的《关于建设项目环境影响评价工作中确定防护距离标准问题的复函》（环函[2009]224 号）中提出明确要求，该文件已抄送各省级环保部门，请遵照执行。

2011 年 3 月 7 日

关于生活垃圾填埋场渗滤液排放执行标准问题的复函

环函[2011]67 号

福建省环境保护厅：

你厅《关于福州红庙岭垃圾填埋场渗滤液排放的请示》（闽环保科[2010]47 号）收悉。经研究，现函复如下：

一、为保障环境安全和公共污水处理厂正常运行，生活垃圾填埋场的渗滤液应自行处理，达标排放。

二、对生活垃圾填埋场渗滤液的排放控制，应严格按照《生活垃圾填埋场污染控制标准》（GB 16889—2008）的规定执行。

2011 年 3 月 24 日

关于执行《医疗废物集中处置技术规范（试行）》有关事项的复函

环函[2011]72 号

天津市环境保护局：

你局《关于执行〈医疗废物集中处置技术规范（试行）〉中有关问题的请示》（津环保管〔2011〕21 号）收悉。经研究，函复如下：

一、高速铁路符合交通干道的特征，应属于交通干道范畴。

二、关于污染源与敏感区域之间的距离问题，在《加强国家污染物排放标准制修订工作的指导意见》（国家环境保护总局 2007 年第 17 号公告）中已经做出明确规定，即标准中不规定统一的污染源与敏感区域之间的合理距离（防护距离），两者之间具体的空间位置关系应根据污染源的性质和当地的自然、气象条件等因素，通过环境影响评价确定。

目前，我部已经下达计划，对《医疗废物集中处置技术规范（试行）》进行修订。在修订过程中，将落实上述要求。

2011 年 3 月 28 日

关于地表水化学需氧量测定方法问题的复函

环函[2011]75号

松辽流域水资源保护局：

你局《关于测定地表水化学需氧量取样方式有关问题的请示》（松辽水资保[2011]9 号）收悉。经研究，函复如下：

《地表水环境质量标准》（GB 3838—2002）和《水质 化学需氧量的测定 重铬酸盐法》（GB 11914—89）中分别规定了采集地表水样品和测定样品中化学需氧量的要求。在实际监测工作中，应按照上述标准的规定，将采集后的水样自然沉降，取上层非沉降部分作为试样；在测定之前，应将上述试样充分摇匀，再按标准要求进行测定。

2011 年 3 月 29 日

关于居民楼内生活服务设备产生噪声适用环境保护标准问题的复函

环函[2011]88号

安徽省环境保护厅：

你厅《关于居民楼内设备产生噪声适用环境保护标准问题的请示》（环科函[2011]173 号）收悉。现函复如下：

一、《中华人民共和国环境噪声污染防治法》（以下简称《噪声法》）未规定由环境保护行政主管部门监督管理居民楼内的电梯、水泵和变压器等设备产生的环境噪声。处理因这类噪声问题引发的投诉，国家法律、行政法规没有明确规定的，适用地方性法规、地方政府规章；地方没有明确作出规定的，环境保护行政主管部门可根据当事人的请求，依据《民法通则》的规定予以调解。调解不成的，环境保护行政主管部门应告知投诉人依法提起民事诉讼。

二、《工业企业厂界环境噪声排放标准》（GB 12348—2008）和《社会生活环境噪声排放标准》（GB 22337—2008）都是根据《噪声法》制定和实施的国家环境噪声排放标准。这两项标准都不适用于居民楼内为本楼居民日常生活提供服务而设置的设备（如电梯、水泵、变压器等设备）产生噪声的评价，《噪声法》也未规定这类噪声适用的环保标准。

2011 年 4 月 7 日

关于实施《铬渣污染治理环境保护技术规范》有关问题的复函

环函[2011]149 号

重庆市环境保护局：

你局《关于实施铬渣污染治理环境保护技术规范相关问题的函》（渝环函[2011]243 号）收悉。经研究，现函复如下：

一、《铬渣污染治理环境保护技术规范（暂行）》（HJ/T 301—2007）的有关规定基于原《复合硅酸盐水泥》（GB 12958—1999）制定。《复合硅酸盐水泥》（GB 12958—1999）随后被《通用硅酸盐水泥》（GB 175—2007）代替。2007 年修订后公布的《通用硅酸盐水泥》（GB 175—2007）已经明文规定，“取消了复合硅酸盐水泥中允许掺加精炼铬铁渣”的规定。根据 HJ/T 301—2007 中 11.3.3 条规定，应按 GB 175—2007 的相关规定执行，即不应将铬渣（无论解毒与否）用作水泥混合材料。

二、全国水泥标准化技术委员会的《对〈关于水泥中六价铬含量超标问题判定的技术咨询函〉的回复》（水标准委便字[2011]002 号）中“HJ/T 301—2007 中 11.3.2、11.3.3 条款描述情况并不合法”的表述不当，11.3.2 和 11.3.3 条实质是铬渣用作水泥混合材料时，参照水泥的相关国家或行业标准执行，并非规定允许解毒后的铬渣用作水泥混合材料。

三、铬渣可以其他方式（如制备水泥生料）用于水泥生产。这些情况下生产的水泥产品，其危害成分应按《铬渣污染治理环境保护技术规范（暂行）》（HJ/T 301—2007）的规定进行检测和判定。

2011 年 6 月 3 日

关于印发《国家环境保护标准制修订项目计划管理办法》的通知

环办[2010]86 号

机关各部门，各派出机构、直属单位：

为规范国家环境保护标准制修订项目计划工作，保证工作质量，提高工作效率，根据《国家环境保护标准制修订工作管理办法》和国家财政资金管理有关规定，我部制定了《国家环境保护标准制修订项目计划管理办法》。现印发你们，请在相关工作中遵照执行。

附件：国家环境保护标准制修订项目计划管理办法

2010 年 6 月 7 日

附件：

国家环境保护标准制修订项目计划管理办法

第一条 为规范国家环境保护标准制修订项目计划工作，保证工作质量，提高工作效率，根据《国家环境保护标准制修订工作管理办法》（以下简称《管理办法》）和国家财政资金管理有关规定，制定本办法。

第二条 本办法适用于国家环境保护标准制修订项目计划（以下简称“标准计划”）管理工作，包括确定年度标准制修订项目、确定项目承担单位、确定项目总经费和年度项目经费、编制计划草案、下达年度计划等。

国家环境保护标准制修订工作经费纳入中央财政专项资金管理，标准计划工作程序和内容应符合相关规定，并与部门预算工作协调、衔接。

第三条 标准计划由部科技标准司负责组织编制，有关业务主管部门按照职责分工参与计划编制工作。

第四条 标准计划工作应遵循以下原则：

（一）必要性与可行性相结合；

（二）区分轻重缓急，保证重点工作需要；

（三）保证预算和计划项目的执行；

（四）保证标准体系的协调和完整；

（五）量力而行，有保有压。

第五条 列入计划的项目应符合以下要求：

（一）环保部门依法管理社会事务和从事环境保护执法工作需要；

（二）具备制修订标准相关的科研基础和管理工作实践经验；

（三）实施标准有明确的法律依据。

国家法律、法规、政策、国民经济和社会发展规划和环境保护部制定的中长期环保标准规划是计划工作的主要依据；国务院领导指示、部领导批示、部务会议、部常务会议和部长专题会议决定制定标准的，应作为编制年度计划的依据。

计划工作应与国家和环境保护部重点工作的需要相适应。

第六条 标准的内容应具有前瞻性，标准发布后，原则上至少四年之内不在年度标准计划中安排修订项目；确实有必要进行局部修改的，可通过公告发布修改的内容。

第七条 计划项目和项目承担单位采用公开征集、自愿申报、专家评审、行政审批的方式选择和确定。

第八条 科技标准司以各种适当的方式收集各有关方面关于设立标准制修订项目的建议。提出建议项目的单位应填写《国家环境保护标准制修订项目建议表》（格式见附件 1）。若建议项目的实施涉及有关业务主管部门和单位的职责，提出单位应主动与有关部门和单位协商，达成一致意见后，再提出项目建议。

科技标准司组织有关专家和业务主管部门代表，根据第四条、第五条和第六条的规定，对项目建议进行筛选和评审，并根据评审情况、在征求有关业务主管部门意见后，确定计划项目初步方案。

第九条 科技标准司以适当方式公布计划项目初步方案，并征集项目承担单位。符合承担国家环境保护标准制修订工作单位基本要求（见附件 2）的单位均可自愿申报。根据工作需要，科技标准司可组织对部分重点项目进行申报。申报单位应填写《国家环境保护标准制修订项目申报表》（见附件

3），并提交给科技标准司。

需要与其他单位协作承担项目工作并支付协作经费的，必须在申报前与相关单位协商确定协作事宜，并在填报申报表时明确协作单位（参加单位）的名称、分工和协作费用比例等事项。协作费用的总额不得超过项目总经费的40%。

第十条 科技标准司收集项目申报材料，并组织有关专家和业务主管部门代表，对项目申报材料进行评审，评审内容包括：

（一）申报单位的独立法人资格；

（二）开展标准工作的能力（人员、装备条件、管理水平等）；

（三）从事环保标准工作经历与业绩；

（四）完成标准项目工作的思路；

（五）申报经费总额和分配方案的合理性；

（六）其他影响标准项目工作的因素。

科技标准司根据评审情况提出预算建议方案，报部长专题会议审查。

第十一条 根据部长专题会议的决定，科技标准司编制年度国家环境保护标准预算项目的“一上”方案，并报部规划财务司审查。

第十二条 部门预算“一下”方案下达后，科技标准司根据预算额度对计划草案进行调整，编制年度国家环境保护标准预算项目的“二上”方案，包括项目名单、承担单位、总经费和年度经费额度、完成年限等，并报部规划财务司审查。

第十三条 部门预算“二下”方案下达后，科技标准司根据方案办理下达年度国家环境保护标准制修订计划事宜，将项目工作任务和要求以部办公厅函形式正式通知各项目承担单位。各项目承担单位应按要求填报项目文件，新立项项目需填报《环境保护项目任务合同书》和《国家环境保护标准计划任务书》，增补经费项目填报《环境保护项目任务合同书》。

第十四条 科技标准司将一份项目文件返回项目承担单位。项目承担单位收到项目工作经费后，应按照项目文件的内容开展相关工作。

项目承担单位在工作中应严格遵守国家对财政资金使用、管理的有关规定，采取措施保证项目经费专用于标准制修订工作，不得改变用途，不得转移、截留、挪用项目经费，禁止用项目经费设立“小金库”。

协作单位的经费原则上不得进行二次转拨。

第十五条 本办法由科技标准司解释。

第十六条 本办法自发布之日起施行。

附一：

国家环境保护标准制修订项目建议表

<table>
<tr><td>建议开展制修订工作的标准项目名称</td><td colspan="2"></td></tr>
<tr><td>提出建议单位</td><td colspan="2">（应使用单位规范的全称）</td></tr>
<tr><td rowspan="3">联系人</td><td>姓名</td><td></td></tr>
<tr><td>所在部门</td><td></td></tr>
<tr><td>职务</td><td></td></tr>
<tr><td rowspan="2">联系电话</td><td>办公室（含区号）</td><td></td></tr>
<tr><td>移动电话</td><td>（必须填写）</td></tr>
</table>

环境保护部负责监督实施该标准的部门	（应列出按相关规定，环境保护部负责监督实施该标准的全部职能部门名称）
与制定和实施该标准有关的国务院部门的意见	（适用于按法律、法规规定，由环境保护部与国务院有关部门会同制定的标准，应附各有关部门对制定和实施该标准问题的书面意见）
建议开展标准制修订工作的理由	（包括实施法律、法律、规章的需要；开展专项工作的需要；现行标准和正在制修订的标准不能满足工作要求的原因等）
实施该标准的依据	（包括法律、法律、规章和其他规范性文件等，列出文件全称和具体条款的内容）
目前是制订该标准项目具备的条件	（包括科研基础条件、最新研究成果、新技术开发应用情况、开展相关执法和监督管理工作的情况等）
该标准的适用对象	（指有执行该标准义务的主体，包括法人或其他组织等）

该标准的适用范围	（指要求执行该标准的情形，如生产、建设、审批等活动）
该标准的主要内容	（指标准规范的各类事项，包括开展活动的程序、要求、评价手段、判断方法等）
该标准与相关环保标准或其他标准的关系	（说明该标准与现行的和正在制修订的国家环境保护标准的关系，以及与其他部门制定的标准的关系）
该标准的内容是否与相关环保标准有重叠？若有请予以具体说明	（说明该标准的内容与现行的和正在制修订的国家环境保护标准的内容是否重叠，如：是否可能出现不同的标准对同一事项提出不同要求的现象？）
提出建议单位的意见	单位领导签字： （盖公章） 年　月　日

说明：填表采用计算机录入，表中所列事项均应填写，表格可在环境保护部网站下载，网址：http://kjs.mep.gov.cn/hjbhbz/bzgl/。

附二:

承担国家环境保护标准制修订工作单位的基本要求

一、具有与制修订标准项目相关的技术能力，熟悉国家环境保护政策、法律、法规和标准体系；

二、具备独立法人资格、独立银行账户和健全的财务制度；

三、承担过国家环保标准制修订工作的单位及拟担任标准主编的人员，已按计划要求圆满完成了工作任务，没有出现在未办理项目变更、调整事宜的情况下，擅自拖延或中止项目，无故不按时完成工作任务的情况。

附三:

国家环境保护标准制修订项目申报表

<table>
<tr><td>申报单位名称</td><td colspan="4">（应与国家质量监督检验检疫总局制发的《组织机构代码证》的内容一致）</td></tr>
<tr><td>申报单位代码</td><td colspan="4">（应与国家质量监督检验检疫总局制发的《组织机构代码证》的内容一致）</td></tr>
<tr><td>申报承担项目名称</td><td colspan="4">（应与征集项目承担单位文件中的项目名称一致）</td></tr>
<tr><td>申报承担项目的统一编号</td><td colspan="4">（应与征集项目承担单位文件中的项目编号一致）</td></tr>
<tr><td rowspan="5">拟任项目
负责人情况</td><td>姓名</td><td>（为拟任标准编制组的负责人，应为现职的、具有中级以上技术职称的人员）</td><td>所在部门
（科室）</td><td></td></tr>
<tr><td>职　务</td><td></td><td>职　称</td><td></td></tr>
<tr><td>办公室电话</td><td>（含区号）</td><td>移动电话</td><td>（必须填写，否则申报无效）</td></tr>
<tr><td colspan="4">工作简历</td></tr>
<tr><td colspan="4"></td></tr>
</table>

<table>
<tr><td>对制修订该标准目的、意义及制订方法的初步认识</td><td colspan="2"></td></tr>
<tr><td>目前与项目相关的科研、管理等基础工作情况</td><td colspan="2"></td></tr>
<tr><td>申报单位与该标准制修订项目相关的基础条件及能为制修订工作提供的支持</td><td colspan="2"></td></tr>
<tr><td>申报单位是否有承担环保标准制修订项目工作的经历、是否有尚未完成的项目。若有，请说明工作情况</td><td colspan="2">（承担过历年国家环境保护标准制修订计划项目的单位必须如实填写，不得隐瞒，否则申报无效）</td></tr>
<tr><td>申报单位是否愿意作为参加单位，参与项目工作</td><td>□ 是</td><td>□ 否</td></tr>
<tr><td>完成项目需要的经费总额（万元）</td><td colspan="2">（指需要中央财政专项资金的数额）</td></tr>
<tr><td>完成项目需要的时间（月）</td><td colspan="2">（指由环境保护部下达项目计划和经费起，至完成标准报批稿并上报所需的时间，不得高于《国家环境保护标准制修订工作管理办法》所规定的时间</td></tr>
<tr><td>项目工作经费使用方案</td><td colspan="2"></td></tr>
</table>

参与项目工作单位分工及项目经费分配方案			
单位	分担项目工作内容	经费额度（万元）	分配经费占项目总经费的比例（%）
申报单位			
协作单位 1 名称			
协作单位 2 名称			
协作单位 3 名称			
协作单位 4 名称			
协作单位 5 名称			
协作单位 6 名称			

申报单位意见	本单位已知悉并愿意遵守《国家环境保护标准制修订工作管理办法》等规范性文件的规定，了解该类标准制修订计划项目的内容、经费使用规定、工作要求和承担单位的责任。 签字：（盖公章） 年 月 日
协作单位意见	协作单位 1： 签字： （盖公章） 年 月 日
	协作单位 2： 签字： （盖公章） 年 月 日
	协作单位 3： 签字： （盖公章） 年 月 日
	协作单位 4： 签字： （盖公章） 年 月 日
	协作单位 5： 签字： （盖公章） 年 月 日

协作单位意见	协作单位 6： 签字： （盖公章） 年 月 日

说明：1. 填报内容要真实、客观、简明，并采用计算机录入。承担单位和协作单位均应有独立法人资格和独立银行账户，报送表格的同时应提交单位法人代码证书和银行开户证明的复印件。
2. 协作单位根据实际工作需要确定和填写，污染物监测方法标准需 6 家以上验证单位。
3. 本表可由环境保护部网站下载，网址：http//kjs.mep.gov.cn/hjbhbz/bzgl。

关于未纳入污染物排放标准的污染物排放控制与监管问题的通知

环发[2011]85 号

各省、自治区、直辖市环境保护厅（局），新疆生产建设兵团环境保护局，辽河保护区管理局：

排放标准是对向环境排放污染物行为作出的限制性规定，国家和地方排放标准是依法制定、强制实施的环境保护技术法规。因此，排放标准是对污染源进行排放控制的基本要求。排放标准中规定的污染物排放控制要求，都是在现实条件下可量化、可测量、可核查的内容。由于污染源的实际排污行为具有多样性、不稳定性和隐蔽性等特点，以及受到排放监控技术适用性、实施和监管成本等因素的制约，一些实际存在的排污行为和污染源排放的污染物尚难采用制定和实施排放标准的方式加以控制。而排污行为是影响环境质量状况的重要因素，对排污行为进行监督、限制和规范，是保障环境安全的必要措施。为切实防范环境和健康风险，进一步落实环境保护责任，现就完善污染物排放监控体系等问题提出如下意见。请各地环境保护行政主管部门在工作中参照实行。

一、进一步明确排污者的环境保护责任

向环境排放污染物的企事业单位，是环境污染责任的第一责任主体。无论排污行为是否达到国家或地方规定的排放标准，无论排放的污染物在国家或地方排放标准中是否规定了排放控制要求，排污者都应对其排污造成的环境污染承担相应的责任。排污企业应及时向社会发布排污信息。

二、严格执行现行的环境管理制度

要加强对建设项目和现有排污单位的环境监管，严格执行法律规定的防范排污风险的各项管理制度，包括环境影响评价、“三同时”监管、竣工环保验收、排污申报登记、排污许可证等制度，做到防患于未然。

要充分发挥排污申报登记制度的作用，并要求企业严格遵守《中华人民共和国水污染防治法》和《中华人民共和国大气污染防治法》规定，向环保部门申报登记在正常作业条件下排放污染物的种类、数量和浓度，排放污染物的种类、数量和浓度有重大改变的，应当及时申报登记。企业依法建立自行监测能力，对所排污染物的种类、数量和浓度开展日常自行监测。

三、以保障饮用水和农产品质量安全为重点，加强环境质量监控工作

在排放和泄漏有毒有害物质造成的环境污染事件中，受威胁最大的往往是饮用水水源和排污单位

周围的居民区、食用农产品种植地和水产养殖区。保障环境安全和人体健康是环境保护工作的出发点和落脚点，要采取有效措施，切实加强污染源周围和纳污河流下游的水、空气、土壤等环境质量的监控工作，优先安排饮用水源上游等敏感区域环境质量自动在线监测，及时发现和消除环境隐患。鼓励群众举报，接受媒体和社会监督，形成公众广泛参与环境保护的良好氛围。

四、严格执行排放标准，进一步完善标准体系

根据经济、技术发展状况和社会发展要求，逐步完善环境质量标准和污染物排放控制指标体系。各级环境保护行政主管部门要加大环境执法监管工作力度，督促相关排污单位全面、严格地执行国家和地方排放标准，杜绝“选择性”执行标准的现象。省级环境保护行政主管部门要根据当地的产业结构和污染源排污的特点，积极协助省级人民政府，用好用足法律赋予的地方环境质量标准和排放标准制定权，切实履行保护当地环境质量的责任。

发生过污染事件省份的环保部门，要认真总结经验教训，举一反三，及时采取制定或修订地方排放标准等措施，完善当地的污染物排放监控体系，防止再次发生类似事件。加强企业所在地环保部门监测机构能力建设，确保其可对企业所排所有污染物进行监督性监测。

五、无排放限值的污染物排放控制要求

保护人体健康和生态安全是环境保护的根本目的和依据。对于国家和地方排放标准中没有规定排放限值的污染物，排污行为不得造成环境质量超标，不得损害人体健康和生态环境。

2011 年 7 月 21 日

历年发布的国家环境保护标准目录

（截至 2011 年 3 月 7 日）

序号	标准名称	标准编号	批准时间	发布时间	实施时间	是否为现行标准
1	工业“三废”排放试行标准	GBJ 4—73	1973-11-17	1973-11-17	1974-01-01	否
2	机动车辆允许噪声标准	GB 1495—79		1979-02-23	1979-02-23	否
3	大气环境质量标准	GB 3095—82		1982-04-06	1982-08-01	否
4	城市区域环境噪声标准	GB 3096—82		1982-04-06	1982-08-01	否
5	海水水质标准	GB 3097—82		1982-04-06	1982-08-01	否
6	医院污水综合排放标准	GBJ 48—83		1983-01-03	1983-01-03	否
7	造纸工业水污染物排放标准	GB 3544—83		1983-04-09	1983-10-01	否
8	制订地方大气污染物排放标准的技术原则和方法	GB 3840—83		1983-09-14	1984-04-01	否
9	锅炉烟尘排放标准	GB 3841—83		1983-09-14	1984-04-01	否
10	纺织染整工业水污染物排放标准	GB 4287—84		1984-05-18	1985-03-01	否
11	农田灌溉水质标准	GB 5084—85		1985-04-25	1985-10-01	否
12	锅炉烟尘测试方法	GB 5486—85		1985-10-04	1986-02-01	否
13	保护农作物的大气污染物最高允许浓度	GB 9137—88	1988-05-25	1988-05-25	1988-10-01	是
14	机场周围飞机噪声环境标准	GB 9660—88	1988-08-11	1988-08-11	1988-11-01	是
15	城市区域环境振动标准	GB 10070—88	1988-12-10	1988-12-10	1989-07-01	是
16	渔业水质标准	GB 11607—89	1989-08-12	1989-08-12	1990-03-01	是
17	农田灌溉水质标准	GB 5084—92	1992-01-04	1992-01-04	1992-10-01	是
18	城市区域环境噪声标准	GB 3096—93	1993-09-07	1993-09-07	1994-03-01	否
19	土壤环境质量标准	GB 15618—1995	1995-07-13	1995-07-13	1996-03-01	是
20	环境空气质量标准	GB 3095—1996	1996-01-18	1996-01-18	1996-10-01	是
21	海水水质标准	GB 3097—1997	1997-12-03	1997-12-03	1998-07-01	是
22	地表水环境质量标准	GB 3838—2002	2002-04-26	2002-04-28	2002-06-01	是
23	室内空气质量标准	GB 18883—2002	2002-11-19	2002-11-19	2003-03-01	是
24	销毁日本遗弃在华化学武器工作区空气中污染物浓度标准（试行）	GB 19059—2003	2003-03-31	2003-04-15	2003-05-01	是
25	销毁日本遗弃在华化学武器环境空气中污染物浓度标准（试行）	GB 19612—2004	2004-12-08	2004-10-19	2005-01-01	是
26	销毁日本遗弃在华化学武器环境地表水中污染物浓度标准（试行）	GB 19613—2004	2004-12-08	2004-10-19	2005-01-01	是
27	销毁日本遗弃在华化学武器环境地下水中污染物浓度标准（试行）	GB 19614—2004	2004-12-08	2004-10-19	2005-01-01	是
28	销毁日本遗弃在华化学武器环境土壤中污染物浓度标准(试行）	GB 19615—2004	2004-12-08	2004-10-19	2005-01-01	是
29	船舶污染物排放标准	GB 3552—83	1983-04-09	1983-04-09	1983-10-01	是
30	农用污泥中污染物控制标准	GB 4284—84	1984-05-18	1984-05-18	1985-03-01	是
31	船舶工业污染物排放标准	GB 4286—84	1984-05-18	1984-05-18	1985-03-01	是
32	海洋石油开发工业含油污水排放标准	GB 4914—85	1985-01-18	1985-01-18	1985-08-01	是
33	核电厂环境辐射防护规定	GB 6249—86	1986-04-23	1986-04-23	1986-12-01	是
34	建筑材料用工业废渣放射性物质限制标准	GB 6763—86	1986-09-04	1986-09-04	1987-03-01	是
35	城镇垃圾农用控制标准	GB 8172—87	1987-10-05	1987-10-05	1988-02-01	是

续表

序号	标准名称	标准编号	批准时间	发布时间	实施时间	是否为现行标准
36	农用粉煤灰中污染物控制标准	GB 8173—87	1987-10-05	1987-10-05	1988-02-01	是
37	电磁辐射防护规定	GB 8702—88	1988-03-11	1988-03-11	1988-06-01	是
38	辐射防护规定	GB 8703—88	1988-03-11	1988-03-11	1988-06-01	是
39	低水平放射性固体废物的浅地层处置规定	GB 9132—88	1988-05-25	1988-05-25	1988-09-01	是
40	轻水堆核电厂放射性固体废物处理系统技术规定	GB 9134—88	1988-05-25	1988-05-25	1988-09-01	是
41	轻水堆核电厂放射性废液处理系统技术规定	GB 9135—88	1988-05-25	1988-05-25	1988-09-01	是
42	轻水堆核电厂放射性废气处理系统技术规定	GB 9136—88	1988-05-25	1988-05-25	1988-09-01	是
43	工业企业厂界噪声标准	GB 12348—90	1990-05-01	1990-05-01	1991-01-01	否
44	建筑施工场界噪声标准	GB 12523—90	1990-11-09	1990-11-09	1991-03-01	是
45	铁路边界噪声限值及其测量方法	GB 12525—90	1990-11-09	1990-11-09	1991-03-01	是
46	含多氯联苯废物污染控制标准	GB 13015—91	1991-06-27	1991-06-27	1992-03-01	是
47	纺织染整工业水污染物排放标准	GB 4287—92	1992-05-18	1992-05-18	1992-07-01	是
48	钢铁工业水污染物排放标准	GB 13456—92	1992-05-18	1992-05-18	1992-07-01	是
49	肉类加工工业水污染物排放标准	GB 13457—92	1992-05-18	1992-05-18	1992-07-01	是
50	航天推进剂水污染物排放标准	GB 14374—93	1993-05-22	1993-05-22	1993-12-01	是
51	恶臭污染物排放标准	GB 14554—93	1993-07-19	1993-08-06	1994-01-15	是
52	磷肥工业水污染物排放标准	GB 15580—95	1995-06-12	1995-06-12	1996-07-01	是
53	烧碱、聚氯乙烯工业水污染物排放标准	GB 15581—95	1995-06-12	1995-06-12	1996-07-01	是
54	汽车定置噪声限值	GB 16170—1996	1996-03-07	1996-03-07	1997-01-01	是
55	工业炉窑大气污染物排放标准	GB 9078—1996	1996-03-07	1996-03-07	1997-01-01	是
56	炼焦炉大气污染物排放标准	GB 16171—1996	1996-03-07	1996-03-07	1997-01-01	是
57	大气污染物综合排放标准	GB 16297—1996	1996-04-12	1996-04-12	1997-01-01	是
58	进口废物环境保护控制标准　废骨料（试行）	GB 16487.1—1996	1996-07-29	1996-07-29	1996-08-01	否
59	进口废物环境保护控制标准　冶炼渣（试行）	GB 16487.2—1996	1996-07-29	1996-07-29	1996-08-01	否
60	进口废物环境保护控制标准木、木制品（试行）	GB 16487.3—1996	1996-07-29	1996-07-29	1996-08-01	否
61	进口废物环境保护控制标准废纸或纸板（试行）	GB 16487.4—1996	1996-07-29	1996-07-29	1996-08-01	否
62	进口废物环境保护控制标准纺织品废物（试行）	GB 16487.5—1996	1996-07-29	1996-07-29	1996-08-01	否
63	进口废物环境保护控制标准废钢铁（试行）	GB 16487.6—1996	1996-07-29	1996-07-29	1996-08-01	否
64	进口废物环境保护控制标准废有色金属（试行）	GB 16487.7—1996	1996-07-29	1996-07-29	1996-08-01	否
65	进口废物环境保护控制标准废电机（试行）	GB 16487.8—1996	1996-07-29	1996-07-29	1996-08-01	否
66	进口废物环境保护控制标准废电线电缆（试行）	GB 16487.9—1996	1996-07-29	1996-07-29	1996-08-01	否
67	进口废物环境保护控制标准废五金电器（试行）	GB 16487.10—1996	1996-07-29	1996-07-29	1996-08-01	否
68	进口废物环境保护控制标准供拆卸的船舶及其他浮动结构体（试行）	GB 16487.11—1996	1996-07-29	1996-07-29	1996-08-01	否
69	进口废物环境保护控制标准　废塑料（试行）	GB 16487.12—1996	1996-07-29	1996-07-29	1996-08-01	否
70	危险废物鉴别标准　腐蚀性鉴别	GB 5085.1—1996	1996-07-26	1996-07-29	1996-08-01	否
71	危险废物鉴别标准　急性毒性初筛	GB 5085.2—1996	1996-07-26	1996-07-29	1996-08-01	否
72	危险废物鉴别标准　浸出毒性鉴别	GB 5085.3—1996	1996-07-26	1996-07-29	1996-08-01	否

续表

序号	标准名称	标准编号	批准时间	发布时间	实施时间	是否为现行标准
73	污水综合排放标准	GB 8978—1996	1996-10-04	1996-10-04	1998-01-01	是
74	生活垃圾填埋污染控制标准	GB 16889—1997	1997-07-02	1997-07-02	1998-01-01	是
75	车用汽油有害物质控制标准	GWKB 1—1999	1999-06-01	1999-06-01	2000-01-01	是
76	轻型汽车污染物排放限值及测量方法（Ⅱ）	GB 18352.2—2001	2001-04-10	2001-04-16	2004-07-01	是
77	车用压燃式发动机排气污染物排放限值及测量方法	GB 17691—2001	2001-04-10	2001-04-16	2001-04-16	是
78	锅炉大气污染物排放标准	GB 13271—2001	2001-11-12	2001-11-12	2002-01-01	是
79	饮食业油烟排放标准（试行）	GB 18483—2001	2001-11-12	2001-11-12	2002-01-01	是
80	危险废物焚烧污染控制标准	GB 18484—2001	2001-11-12	2001-11-12	2002-01-01	是
81	生活垃圾焚烧污染控制标准	GB 18485—2001	2001-11-12	2001-11-12	2002-01-01	是
82	污水海洋处置工程污染控制标准	GB 18486—2001	2001-11-12	2001-11-12	2002-01-01	是
83	造纸工业水污染物排放标准	GB 3544—2001	2001-11-12	2001-11-12	2002-01-01	否
84	合成氨工业水污染物排放标准	GB 13458—2001	2001-11-12	2001-11-12	2002-01-01	是
85	畜禽养殖业污染物排放标准	GB 18596—2001	2001-12-28	2001-12-28	2003-01-01	是
86	危险废物贮存污染控制标准	GB 18597—2001	2001-12-28	2001-12-28	2002-07-01	是
87	危险废物填埋污染控制标准	GB 18598—2001	2001-12-28	2001-12-28	2002-07-01	是
88	一般工业固体废物贮存、处置场污染控制标准	GB 18599—2001	2001-12-28	2001-12-28	2002-07-01	是
89	农用运输车自由加速烟度排放限值及测量方法	GB 18322—2002	2001-11-22	2002-01-04	2002-07-01	是
90	汽车加速行驶车外噪声限值及测量方法	GB 1495—2002	2001-11-22	2002-01-04	2002-10-01	是
91	车用点燃式发动机及装用点燃式发动机汽车排气污染物排放限值及测量方法	GB 14762—2002	2002-06-14	2002-11-18	2003-01-01	是
92	摩托车和轻便摩托车排气污染物排放限值及测量方法（怠速法）	GB 14621—2002	2002-06-14	2002-11-18	2003-01-01	是
93	摩托车排气污染物排放限值及测量方法（工况法）	GB 14622—2002	2002-06-14	2002-11-18	2003-01-01	否
94	轻便摩托车排气污染物排放限值及测量方法(工况法)	GB 18176—2002	2002-06-14	2002-11-18	2003-01-01	否
95	兵器工业水污染物排放标准　火炸药	GB 14470.1—2002	2002-10-31	2002-11-18	2003-07-01	是
96	兵器工业水污染物排放标准　火工药剂	GB 14470.2—2002	2002-10-31	2002-11-18	2003-07-01	是
97	兵器工业水污染物排放标准　弹药装药	GB 14470.3—2002	2002-10-31	2002-11-18	2003-07-01	是
98	城镇污水处理厂污染物排放标准	GB 18918—2002	2002-12-02	2002-11-19	2003-07-01	是
99	销毁日本遗弃在华化学武器固体废物处理处置标准（试行）	GB 19057—2003	2003-03-26	2003-04-15	2003-05-01	是
100	销毁日本遗弃在华化学武器全过程环境保护技术规定（试行）	GB 19058—2003	2003-03-26	2003-04-15	2003-05-01	是
101	销毁日本遗弃在华化学武器大气污染物排放标准（试行）	GB 19060—2003	2003-03-31	2003-04-15	2003-05-01	是
102	销毁日本遗弃在华化学武器水污染物排放标准（试行）	GB 19061—2003	2003-03-31	2003-04-15	2003-05-01	是
103	销毁日本遗弃在华化学武器土壤污染控制标准（试行）	GB 19062—2003	2003-03-31	2003-04-15	2003-05-01	是
104	火电厂大气污染物排放标准	GB 13223—2003	2003-12-23	2003-12-30	2004-01-01	是
105	柠檬酸工业污染物排放标准	GB 19430—2004	2004-01-18	2004-01-18	2004-04-01	是
106	味精工业污染物排放标准	GB 19431—2004	2004-01-18	2004-01-18	2004-04-01	是

续表

序号	标准名称	标准编号	批准时间	发布时间	实施时间	是否为现行标准
107	水泥工业大气污染物排放标准	GB 4915—2004	2004-10-11	2004-12-29	2005-01-01	是
108	轻型汽车污染物排放限值及测量方法（中国Ⅲ、Ⅳ阶段）	GB 18352.3—2005	2005-04-05	2005-04-15	2007-07-01	是
109	装用点燃式发动机重型汽车曲轴箱污染物排放限值	GB 11340—2005	2005-04-05	2005-04-15	2005-07-01	是
110	装用点燃式发动机重型汽车燃油蒸发污染物排放标准	GB 14763—2005	2005-04-05	2005-04-15	2005-07-01	是
111	摩托车和轻便摩托车加速行驶噪声限值及测量方法	GB 16169—2005	2005-04-05	2005-04-15	2005-07-01	是
112	摩托车和轻便摩托车定置噪声限值及测量方法	GB 4569—2005	2005-04-05	2005-04-15	2005-07-01	是
113	车用压燃式、气体燃料点燃式发动机与汽车排气污染物排放限值及测量方法（中国Ⅲ、Ⅳ、Ⅴ阶段）	GB 17691—2005	2005-05-30	2005-05-30	2007-01-01	是
114	车用压燃式发动机和压燃式发动机汽车排气烟度排放限值及测量方法	GB 3847—2005	2005-05-30	2005-05-30	2005-07-01	是
115	点燃式发动机汽车排气污染物排放限值及测量方法（双怠速法及简易工况法）	GB 18285—2005	2005-05-30	2005-05-30	2005-07-01	是
116	摩托车和轻便摩托车排气烟度排放限值及测量方法	GB 19758—2005	2005-05-30	2005-05-30	2005-07-01	是
117	三轮汽车和低速货车用柴油机排气污染物排放限值及测量方法（中国Ⅰ、Ⅱ阶段）	GB 19756—2005	2005-05-30	2005-05-30	2006-01-01	是
118	三轮汽车和低速货车加速行驶车外噪声限值及测量方法（中国Ⅰ、Ⅱ 阶段）	GB 19757—2005	2005-05-30	2005-05-30	2005-07-01	是
119	啤酒工业污染物排放标准	GB 19821—2005	2005-07-18	2005-07-18	2006-01-01	是
120	医疗机构水污染物排放标准	GB 18466—2005	2005-07-27	2005-07-27	2006-01-01	是
121	水质　化学需氧量	GSBZ 50001—88	1987-10-24	1987-10-24	1988-04-15	是
122	水质　生化需氧量	GSBZ 50002—88	1987-10-24	1987-10-24	1988-04-15	是
123	水质　酚	GSBZ 50003—88	1987-10-24	1987-10-24	1988-04-15	是
124	水质　砷	GSBZ 50004—88	1987-10-24	1987-10-24	1988-04-15	是
125	水质　氨 氮	GSBZ 50005—88	1987-10-24	1987-10-24	1988-04-15	是
126	水质　亚硝酸盐氮	GSBZ 50006—88	1987-10-24	1987-10-24	1988-04-15	是
127	水质　硬度	GSBZ 50007—88	1987-10-24	1987-10-24	1988-04-15	是
128	水质　硝酸盐氮	GSBZ 50008—88	1987-10-24	1987-10-24	1988-04-15	是
129	水质　铜、铅、锌、镉、镍、铬	GSBZ 50009—88	1987-10-24	1987-10-24	1988-04-15	是
130	水质　氟、氯、硫酸根	GSBZ 50010—88	1987-10-24	1987-10-24	1988-04-15	是
131	土壤 ESS-1	GSBZ 50011—88	1987-10-24	1987-10-24	1988-04-15	是
132	土壤 ESS-2	GSBZ 50012—88	1987-10-24	1987-10-24	1988-04-15	是
133	土壤 ESS-3	GSBZ 50013—88	1987-10-24	1987-10-24	1988-04-15	是
134	土壤 ESS-4	GSBZ 500014—88	1987-10-24	1987-10-24	1988-04-15	是
135	水质 阴离子洗涤剂	GSBZ 10001—88	1988-08-15	1988-08-15	1988-12-01	是
136	空气质量 氮氧化物标准样品	GSBZ 50015—89	1989-12-25	1989-02-22	1989-02-22	是
137	水质　汞	GSBZ 50016—90	1990-04-11	1990-04-11	1990-04-11	是
138	水质　pH	GSBZ 50017—90	1990-04-11	1990-04-11	1990-04-11	是
139	水质　总氰化物	GSBZ 50018—90	1990-04-11	1990-04-11	1990-04-11	是

续表

序号	标准名称	标准编号	批准时间	发布时间	实施时间	是否为现行标准
140	水质　铁锰	GSBZ 50019—90	1990-04-11	1990-04-11	1990-04-11	是
141	水质　钾钠钙镁	GSBZ 50020—90	1990-04-11	1990-04-11	1990-04-11	是
142	BF-1 黄土尘	GSBZ 50021—91	1991-07-12	1991-07-12	1992-12-07	是
143	BF-2 模拟大气尘	GSBZ 50022—91	1991-07-12	1991-07-12	1992-12-07	是
144	FA-1 煤灰尘	GSBZ 50023—91	1991-07-12	1991-07-12	1992-12-07	是
145	FA-2 煤灰尘	GSBZ 50024—91	1991-07-12	1991-07-12	1992-12-07	是
146	大气试验粉尘标准样品　黄土尘	GB 13268—91	1991-08-10	1991-08-10	1992-08-01	是
147	大气试验粉尘标准样品　煤灰尘	GB 13269—91	1991-08-10	1991-08-10	1992-08-01	是
148	大气试验粉尘标准样品　模拟大气尘	GB 19270—91	1991-08-10	1991-08-10	1992-08-01	是
149	水质　高锰酸盐指数	GSBZ 50025—94	1994-11-01	1994-11-01	1994-11-01	是
150	水质　总氮（以 N 计）	GSBZ 50026—94	1994-11-01	1994-11-01	1994-11-01	是
151	水质　六价铬	GSBZ 50027—94	1994-11-01	1994-11-01	1994-11-01	是
152	水质　磷酸盐（以 P 计）	GSBZ 50028—94	1994-11-01	1994-11-01	1994-11-01	是
153	水质　钒	GSBZ 50029—94	1994-11-01	1994-11-01	1994-11-01	是
154	水质　钴	GSBZ 50030—94	1994-11-01	1994-11-01	1994-11-01	是
155	水质　硒	GSBZ 50031—94	1994-11-01	1994-11-01	1994-11-01	是
156	水质　钼	GSBZ 50032—94	1994-11-01	1994-11-01	1994-11-01	是
157	西红柿叶	GSBZ 51001—94	1994-11-01	1994-11-01	1994-11-01	是
158	牛肝	GSBZ 19001—94	1994-11-01	1994-11-01	1994-11-01	是
159	水质　总磷（以 P 计）	GSBZ 50033—95	1996-01-04	1996-01-04	1996-01-04	是
160	水质　苯胺	GSBZ 50034—95	1996-01-04	1996-01-04	1996-01-04	是
161	水质　硝基苯	GSBZ 50035—95	1996-01-04	1996-01-04	1996-01-04	是
162	氮氧化物（水剂）（以 NO_2 计）	GSBZ 50036—95	1996-01-04	1996-01-04	1996-01-04	是
163	二氧化硫（水剂）	GSBZ 50037—95	1996-01-04	1996-01-04	1996-01-04	是
164	水质　银	GSBZ 50038—95	1996-01-04	1996-01-04	1996-01-04	是
165	水质　钡	GSBZ 50039—95	1996-01-04	1996-01-04	1996-01-04	是
166	二氧化硫（片剂）	GSBZ 50040—95	1996-01-04	1996-01-04	1996-01-04	是
167	牡蛎	GSBZ 19002—95	1996-01-04	1996-01-04	1996-01-04	是
168	烟度卡标准	GB 9804—1996	1996-10-04	1996-10-04	1997-01-01	是
169	工业固体废弃物铬渣（ISS-1）	GSB 07-1019—1999	1999-04-13	1999-04-13	1999-04-13	是
170	工业固体废弃物锌渣（ISS-2）	GSB 07-1020—1999	1999-04-13	1999-04-13	1999-04-13	是
171	甲醇中苯	GSB 07-1021—1999	1999-04-13	1999-04-13	1999-04-13	是
172	甲醇中甲苯	GSB 07-1022—1999	1999-04-13	1999-04-13	1999-04-13	是
173	甲醇中乙苯	GSB 07-1023—1999	1999-04-13	1999-04-13	1999-04-13	是
174	甲醇中对二甲苯	GSB 07-1024—1999	1999-04-13	1999-04-13	1999-04-13	是
175	甲醇中间二甲苯	GSB 07-1025—1999	1999-04-13	1999-04-13	1999-04-13	是
176	甲醇中邻二甲苯	GSB 07-1026—1999	1999-04-13	1999-04-13	1999-04-13	是
177	甲醇中异丙苯	GSB 07-1027—1999	1999-04-13	1999-04-13	1999-04-13	是
178	甲醇中苯乙烯	GSB 07-1028—1999	1999-04-13	1999-04-13	1999-04-13	是
179	甲醇中邻苯二甲酸二甲酯	GSB 07-1029—1999	1999-04-13	1999-04-13	1999-04-13	是
180	甲醇中邻苯二甲酸二丁酯	GSB 07-1030—1999	1999-04-13	1999-04-13	1999-04-13	是
181	甲醇中邻苯二甲酸二辛酯	GSB 07-1031—1999	1999-04-13	1999-04-13	1999-04-13	是
182	甲醇中 1,2-二氯苯	GSB 07-1032—1999	1999-04-13	1999-04-13	1999-04-13	是
183	甲醇中 1,3-二氯苯	GSB 07-1033—1999	1999-04-13	1999-04-13	1999-04-13	是

续表

序号	标准名称	标准编号	批准时间	发布时间	实施时间	是否为现行标准
184	甲醇中六氯苯	GSB 07-1034—1999	1999-04-13	1999-04-13	1999-04-13	是
185	甲醇中苯胺	GSB 07-1035—1999	1999-04-13	1999-04-13	1999-04-13	是
186	甲醇中对硝基苯胺	GSB 07-1036—1999	1999-04-13	1999-04-13	1999-04-13	是
187	甲醇中对硝基苯酚	GSB 07-1037—1999	1999-04-13	1999-04-13	1999-04-13	是
188	甲醇对甲基苯酚	GSB 07-1038—1999	1999-04-13	1999-04-13	1999-04-13	是
189	甲醇中五氯苯酚	GSB 07-1039—1999	1999-04-13	1999-04-13	1999-04-13	是
190	丙酮中苯并[*b*]荧蒽	GSB 07-1040—1999	1999-04-13	1999-04-13	1999-04-13	是
191	丙酮中苯并[*k*]荧蒽	GSB 07-1041—1999	1999-04-13	1999-04-13	1999-04-13	是
192	丙酮中苯并[*ghi*]芤	GSB 07-1042—1999	1999-04-13	1999-04-13	1999-04-13	是
193	甲醇中苯系物混合标准样品	GSB 07-1043—1999	1999-04-13	1999-04-13	1999-04-13	是
194	甲醇中氯代苯类混合标准样品	GSB 07-1044—1999	1999-04-13	1999-04-13	1999-04-13	是
195	甲醇中酚类混合标准样品	GSB 07-1045—1999	1999-04-13	1999-04-13	1999-04-13	是
196	甲醇多环芳烃混合标准样品	GSB 07-1046—1999	1999-04-13	1999-04-13	1999-04-13	是
197	嗅觉标准样品	GSB07-1075—1999	1999-06-29	1999-06-29	1999-06-29	是
198	水质　总铍标准样品（5～25 μg/L）	GSB 07-1178—2000	2000-07-24	2000-07-24	2000-07-24	是
199	水质　甲醛标准样品（0.2～5 mg/L）	GSB 07-1179—2000	2000-07-24	2000-07-24	2000-07-24	是
200	二硫化碳中丙烯腈（200～800 mg/L）	GSB 07-1180—2000	2000-07-24	2000-07-24	2000-07-24	是
201	甲醇中丙烯醛-DNPH（10～30 ml/L）	GSB 07-1181—2000	2000-07-24	2000-07-24	2000-07-24	是
202	水质　铜标准样品（0.01～2 mg/L）	GSB 07-1182—2000	2000-07-24	2000-07-24	2000-07-24	是
203	水质　铅标准样品（0.01～2 mg/L）	GSB 07-1183—2000	2000-07-24	2000-07-24	2000-07-24	是
204	水质　锌标准样品（0.01～2 mg/L）	GSB 07-1184—2000	2000-07-24	2000-07-24	2000-07-24	是
205	水质　镉标准样品（0.01～2 mg/L）	GSB 07-1185—2000	2000-07-24	2000-07-24	2000-07-24	是
206	水质　镍标准样品（0.01～2 mg/L）	GSB 07-1186—2000	2000-07-24	2000-07-24	2000-07-24	是
207	水质　总铬标准样品（0.1～2 mg/L）	GSB 07-1187—2000	2000-07-24	2000-07-24	2000-07-24	是
208	水质　总铁标准样品（0.1～5 mg/L）	GSB 07-1188—2000	2000-07-24	2000-07-24	2000-07-24	是
209	水质　锰标准样品（0.1～5 mg/L）	GSB 07-1189—2000	2000-07-24	2000-07-24	2000-07-24	是
210	水质　钾标准样品（0.1～5 mg/L）	GSB 07-1190—2000	2000-07-24	2000-07-24	2000-07-24	是
211	水质　钠标准样品（0.1～5 mg/L）	GSB 07-1191—2000	2000-07-24	2000-07-24	2000-07-24	是
212	水质　钙标准样品（0.1～10 mg/L）	GSB 07-1192—2000	2000-07-24	2000-07-24	2000-07-24	是
213	水质　镁标准样品（0.1～5 mg/L）	GSB 07-1193—2000	2000-07-24	2000-07-24	2000-07-24	是
214	水质　氟标准样品（0.1～5 mg/L）	GSB 07-1194—2000	2000-07-24	2000-07-24	2000-07-24	是
215	水质　氯标准样品（0.1～100 mg/L）	GSB 07-1195—2000	2000-07-24	2000-07-24	2000-07-24	是
216	水质　硫酸盐标准样品（0.1～100 mg/L）	GSB 07-1196—2000	2000-07-24	2000-07-24	2000-07-24	是
217	水质　阴离子表面活性剂标准样品（0.1～50 mg/L）	GSB 07-1197—2000	2000-07-24	2000-07-24	2000-07-24	是
218	四氯化碳中矿物油标准样品（2～200 mg/L）	GSB 07-1198—2000	2000-07-24	2000-07-24	2000-07-24	是
219	二硫化碳中苯溶液（1 000 mg/L）	GSB 07-1199—2000	2000-07-24	2000-07-24	2000-07-24	是
220	二硫化碳中甲苯溶液（1 000 mg/L）	GSB 07-1200—2000	2000-07-24	2000-07-24	2000-07-24	是
221	二硫化碳中乙苯溶液（1 000 mg/L）	GSB 07-1201—2000	2000-07-24	2000-07-24	2000-07-24	是
222	二硫化碳中异丙苯溶液（1 000 mg/L）	GSB 07-1202—2000	2000-07-24	2000-07-24	2000-07-24	是
223	二硫化碳中苯乙烯溶液（1 000 mg/L）	GSB 07-1203—2000	2000-07-24	2000-07-24	2000-07-24	是
224	二硫化碳对二甲苯溶液（1 000 mg/L）	GSB 07-1204—2000	2000-07-24	2000-07-24	2000-07-24	是
225	二硫化碳中二甲苯溶液（1 000 mg/L）	GSB 07-1205—2000	2000-07-24	2000-07-24	2000-07-24	是
226	二硫化碳中邻二甲苯溶液（1 000 mg/L）	GSB 07-1206—2000	2000-07-24	2000-07-24	2000-07-24	是

续表

序号	标准名称	标准编号	批准时间	发布时间	实施时间	是否为现行标准
227	甲醇中邻苯二甲酸二乙酯溶液（1 000 mg/L）	GSB 07-1207—2000	2000-07-24	2000-07-24	2000-07-24	是
228	甲醇中邻苯二甲酸二（2-乙基己基）酯溶液（1 000 mg/L）	GSB 07-1208—2000	2000-07-24	2000-07-24	2000-07-24	是
229	甲醇中邻苯二甲酸丁基苄酯溶液（1 000 mg/L）	GSB 07-1209—2000	2000-07-24	2000-07-24	2000-07-24	是
230	水中硝基苯溶液（100 mg/L）	GSB 07-1210—2000	2000-07-24	2000-07-24	2000-07-24	是
231	甲醇中硝基苯溶液（1 000 mg/L）	GSB 07-1211—2000	2000-07-24	2000-07-24	2000-07-24	是
232	甲醇中邻硝基甲苯溶液（1 000 mg/L）	GSB 07-1212—2000	2000-07-24	2000-07-24	2000-07-24	是
233	甲醇中间硝基甲苯溶液（1 000 mg/L）	GSB 07-1213—2000	2000-07-24	2000-07-24	2000-07-24	是
234	甲醇中对硝基甲苯溶液（1 000 mg/L）	GSB 07-1214—2000	2000-07-24	2000-07-24	2000-07-24	是
235	甲醇中邻硝基氯苯溶液（1 000 mg/L）	GSB 07-1215—2000	2000-07-24	2000-07-24	2000-07-24	是
236	甲醇中间硝基氯苯溶液（1 000 mg/L）	GSB 07-1216—2000	2000-07-24	2000-07-24	2000-07-24	是
237	甲醇中 2,4-二硝基甲苯溶液（1 000 mg/L）	GSB 07-1217—2000	2000-07-24	2000-07-24	2000-07-24	是
238	甲醇中 2,4-二硝基氯苯溶液（1 000 mg/L）	GSB 07-1218—2000	2000-07-24	2000-07-24	2000-07-24	是
239	甲醇中对硝基乙苯溶液（1 000 mg/L）	GSB 07-1219—2000	2000-07-24	2000-07-24	2000-07-24	是
240	甲醇中氯苯溶液（1 000 mg/L）	GSB 07-1220—2000	2000-07-24	2000-07-24	2000-07-24	是
241	甲醇中邻二氯苯溶液（1 000 mg/L）	GSB 07-1221—2000	2000-07-24	2000-07-24	2000-07-24	是
242	甲醇中间二氯苯溶液（1 000 mg/L）	GSB 07-1222—2000	2000-07-24	2000-07-24	2000-07-24	是
243	甲醇中对二氯苯溶液（1 000 mg/L）	GSB 07-1223—2000	2000-07-24	2000-07-24	2000-07-24	是
244	甲醇中 1,2,4-三氯苯溶液（1 000 mg/L）	GSB 07-1224—2000	2000-07-24	2000-07-24	2000-07-24	是
245	甲醇中 1,2,3,4-四氯苯溶液（1 000 mg/L）	GSB 07-1225—2000	2000-07-24	2000-07-24	2000-07-24	是
246	甲醇中氯仿溶液（1 000 mg/L）	GSB 07-1226—2000	2000-07-24	2000-07-24	2000-07-24	是
247	甲醇中四氯化碳溶液（1 000 mg/L）	GSB 07-1227—2000	2000-07-24	2000-07-24	2000-07-24	是
248	甲醇中三氯乙烯溶液（1 000 mg/L）	GSB 07-1228—2000	2000-07-24	2000-07-24	2000-07-24	是
249	甲醇中四氯乙烯溶液（1 000 mg/L）	GSB 07-1229—2000	2000-07-24	2000-07-24	2000-07-24	是
250	甲醇中溴仿溶液（1 000 mg/L）	GSB 07-1230—2000	2000-07-24	2000-07-24	2000-07-24	是
251	水中苯胺溶液（100 mg/L）	GSB 07-1231—2000	2000-07-24	2000-07-24	2000-07-24	是
252	甲醇中苯胺溶液（1 000 mg/L）	GSB 07-1232—2000	2000-07-24	2000-07-24	2000-07-24	是
253	甲醇中间硝基苯胺溶液（1 000 mg/L）	GSB 07-1233—2000	2000-07-24	2000-07-24	2000-07-24	是
254	甲醇中对硝基苯胺溶液（1 000 mg/L）	GSB 07-1234—2000	2000-07-24	2000-07-24	2000-07-24	是
255	甲醇中联苯胺溶液（1 000 mg/L）	GSB 07-1235—2000	2000-07-24	2000-07-24	2000-07-24	是
256	甲醇中间甲酚溶液（1 000 mg/L）	GSB 07-1236—2000	2000-07-24	2000-07-24	2000-07-24	是
257	甲醇中 2,3-二甲酚溶液（1 000 mg/L）	GSB 07-1237—2000	2000-07-24	2000-07-24	2000-07-24	是
258	甲醇中 2,4-二甲酚溶液（1 000 mg/L）	GSB 07-1238—2000	2000-07-24	2000-07-24	2000-07-24	是
259	甲醇中 2,5-二甲酚溶液（1 000 mg/L）	GSB 07-1239—2000	2000-07-24	2000-07-24	2000-07-24	是
260	甲醇中 2,6-二甲酚溶液（1 000 mg/L）	GSB 07-1240—2000	2000-07-24	2000-07-24	2000-07-24	是
261	甲醇中 3,4-二甲酚溶液（1 000 mg/L）	GSB 07-1241—2000	2000-07-24	2000-07-24	2000-07-24	是
262	甲醇中 3,5-二甲酚溶液（1 000 mg/L）	GSB 07-1242—2000	2000-07-24	2000-07-24	2000-07-24	是
263	甲醇中邻硝基苯酚溶液（1 000 mg/L）	GSB 07-1243—2000	2000-07-24	2000-07-24	2000-07-24	是
264	甲醇中间硝基苯酚溶液（1 000 mg/L）	GSB 07-1244—2000	2000-07-24	2000-07-24	2000-07-24	是
265	甲醇中对硝基苯酚溶液（1 000 mg/L）	GSB 07-1245—2000	2000-07-24	2000-07-24	2000-07-24	是
266	甲醇中邻氯苯酚溶液（1 000 mg/L）	GSB 07-1246—2000	2000-07-24	2000-07-24	2000-07-24	是
267	甲醇中间氯苯酚溶液（1 000 mg/L）	GSB 07-1247—2000	2000-07-24	2000-07-24	2000-07-24	是
268	甲醇中对氯苯酚溶液（1 000 mg/L）	GSB 07-1248—2000	2000-07-24	2000-07-24	2000-07-24	是
269	甲醇中邻苯二酚溶液（1 000 mg/L）	GSB 07-1249—2000	2000-07-24	2000-07-24	2000-07-24	是

续表

序号	标准名称	标准编号	批准时间	发布时间	实施时间	是否为现行标准
270	甲醇中间苯二酚溶液（1 000 mg/L）	GSB 07-1250—2000	2000-07-24	2000-07-24	2000-07-24	是
271	甲醇中对苯二酚溶液（1 000 mg/L）	GSB 07-1251—2000	2000-07-24	2000-07-24	2000-07-24	是
272	甲醇中间苯三酚溶液（1 000 mg/L）	GSB 07-1252—2000	2000-07-24	2000-07-24	2000-07-24	是
273	环境监测用硒溶液（500 mg/L）	GSB 07-1253—2000	2000-07-24	2000-07-24	2000-07-24	是
274	环境监测用钼溶液（500 mg/L）	GSB 07-1254—2000	2000-07-24	2000-07-24	2000-07-24	是
275	环境监测用钴溶液（500 mg/L）	GSB 07-1255—2000	2000-07-24	2000-07-24	2000-07-24	是
276	环境监测用钒溶液（500 mg/L）	GSB 07-1256—2000	2000-07-24	2000-07-24	2000-07-24	是
277	环境监测用铜溶液（1 000 mg/L）	GSB 07-1257—2000	2000-07-24	2000-07-24	2000-07-24	是
278	环境监测用铅溶液（1 000 mg/L）	GSB 07-1258—2000	2000-07-24	2000-07-24	2000-07-24	是
279	环境监测用锌溶液（1 000 mg/L）	GSB 07-1259—2000	2000-07-24	2000-07-24	2000-07-24	是
280	环境监测用镍溶液（500 mg/L）	GSB 07-1260—2000	2000-07-24	2000-07-24	2000-07-24	是
281	环境监测用钾溶液（500 mg/L）	GSB 07-1261—2000	2000-07-24	2000-07-24	2000-07-24	是
282	环境监测用钠溶液（500 mg/L）	GSB 07-1262—2000	2000-07-24	2000-07-24	2000-07-24	是
283	环境监测用钙溶液（500 mg/L）	GSB 07-1263—2000	2000-07-24	2000-07-24	2000-07-24	是
284	环境监测用铁溶液（1 000 mg/L）	GSB 07-1264—2000	2000-07-24	2000-07-24	2000-07-24	是
285	环境监测用锰溶液（1 000 mg/L）	GSB 07-1265—2000	2000-07-24	2000-07-24	2000-07-24	是
286	环境监测用氟溶液（500 mg/L）	GSB 07-1266—2000	2000-07-24	2000-07-24	2000-07-24	是
287	环境监测用氯溶液（500 mg/L）	GSB 07-1267—2000	2000-07-24	2000-07-24	2000-07-24	是
288	环境监测用硫酸盐溶液（500 mg/L）	GSB 07-1268—2000	2000-07-24	2000-07-24	2000-07-24	是
289	环境监测用硫酸盐溶液（5 000 mg/L）	GSB 07-1269—2000	2000-07-24	2000-07-24	2000-07-24	是
290	环境监测用磷溶液（500 mg/L）	GSB 07-1270—2000	2000-07-24	2000-07-24	2000-07-24	是
291	环境监测用十二烷基苯磺酸钠溶液（500 mg/L）	GSB 07-1271—2000	2000-07-24	2000-07-24	2000-07-24	是
292	环境监测用亚硝酸盐氮溶液（100 mg/L）	GSB 07-1272—2000	2000-07-24	2000-07-24	2000-07-24	是
293	环境监测用二氧化硫溶液（100 mg/L）	GSB 07-1273—2000	2000-07-24	2000-07-24	2000-07-24	是
294	环境监测用汞溶液（100 mg/L）	GSB 07-1274—2000	2000-07-24	2000-07-24	2000-07-24	是
295	环境监测用砷溶液（100 mg/L）	GSB 07-1275—2000	2000-07-24	2000-07-24	2000-07-24	是
296	环境监测用镉溶液（100 mg/L）	GSB 07-1276—2000	2000-07-24	2000-07-24	2000-07-24	是
297	环境监测用锑溶液（100 mg/L）	GSB 07-1277—2000	2000-07-24	2000-07-24	2000-07-24	是
298	甲醇中邻苯二甲酸二甲酯溶液	GSB 07-1278—2000	2000-07-24	2000-07-24	2000-07-24	是
299	甲醇中邻苯二甲酸二丁酯溶液	GSB 07-1279—2000	2000-07-24	2000-07-24	2000-07-24	是
300	甲醇中邻苯二甲酸二辛酯溶液	GSB 07-1280—2000	2000-07-24	2000-07-24	2000-07-24	是
301	环境监测用酚溶液（500 mg/L）	GSB 07-1281—2000	2000-07-24	2000-07-24	2000-07-24	是
302	环境监测用铅溶液（500 mg/L）	GSB 07-1282—2000	2000-07-24	2000-07-24	2000-07-24	是
303	环境监测用锌溶液（500 mg/L）	GSB 07-1283—2000	2000-07-24	2000-07-24	2000-07-24	是
304	环境监测用铬溶液（500 mg/L）	GSB 07-1284—2000	2000-07-24	2000-07-24	2000-07-24	是
305	环境监测用镁溶液（500 mg/L）	GSB 07-1285—2000	2000-07-24	2000-07-24	2000-07-24	是
306	环境监测用铁溶液（500 mg/L）	GSB 07-1286—2000	2000-07-24	2000-07-24	2000-07-24	是
307	铜溶液（500 mg/L）	GSB 05-1117—2000	2000-07-24	2000-07-24	2000-07-24	是
308	锰溶液（500 mg/L）	GSB 05-1127—2000	2000-07-24	2000-07-24	2000-07-24	是
309	亚硝酸盐溶液（100 mg/L）	GSB 05-1142—2000	2000-07-24	2000-07-24	2000-07-24	是
310	硝酸盐氮溶液（500 mg/L）	GSB 05-1144—2000	2000-07-24	2000-07-24	2000-07-24	是
311	氨氮溶液（500 mg/L）	GSB 05-1145—2000	2000-07-24	2000-07-24	2000-07-24	是
312	水质　硫化物	GSB 07-1373—2001	2001-05-31	2001-05-31	2001-05-31	是

续表

序号	标准名称	标准编号	批准时间	发布时间	实施时间	是否为现行标准
313	水质　凯氏氮	GSB 07-1374—2001	2001-05-31	2001-05-31	2001-05-31	是
314	水质　铝	GSB 07-1375—2001	2001-05-31	2001-05-31	2001-05-31	是
315	水质　锑	GSB 07-1376—2001	2001-05-31	2001-05-31	2001-05-31	是
316	水质　浊度	GSB 07-1377—2001	2001-05-31	2001-05-31	2001-05-31	是
317	水质　锂	GSB 07-1378—2001	2001-05-31	2001-05-31	2001-05-31	是
318	水质　锶	GSB 07-1379—2001	2001-05-31	2001-05-31	2001-05-31	是
319	水质　溴	GSB 07-1380—2001	2001-05-31	2001-05-31	2001-05-31	是
320	水质　氟、氯、硫酸根、硝酸根（混合）	GSB 07-1381—2001	2001-05-31	2001-05-31	2001-05-31	是
321	水质　总碱度、pH（混合）	GSB 07-1382—2001	2001-05-31	2001-05-31	2001-05-31	是
322	甲醇中多氯联苯（Aroclor1242）	GSB 07-1383—2001	2001-05-31	2001-05-31	2001-05-31	是
323	甲醇中多氯联苯（Aroclor1248）	GSB 07-1384—2001	2001-05-31	2001-05-31	2001-05-31	是
324	甲醇中多氯联苯（Aroclor1254）	GSB 07-1385—2001	2001-05-31	2001-05-31	2001-05-31	是
325	甲醇中多氯联苯（Aroclor1260）	GSB 07-1386—2001	2001-05-31	2001-05-31	2001-05-31	是
326	异辛烷中α-六六六	GSB 07-1387—2001	2001-05-31	2001-05-31	2001-05-31	是
327	异辛烷中β-六六六	GSB 07-1388—2001	2001-05-31	2001-05-31	2001-05-31	是
328	异辛烷中γ-六六六	GSB 07-1389—2001	2001-05-31	2001-05-31	2001-05-31	是
329	异辛烷中δ-六六六	GSB 07-1390—2001	2001-05-31	2001-05-31	2001-05-31	是
330	异辛烷中 p,p'-DDE	GSB 07-1391—2001	2001-05-31	2001-05-31	2001-05-31	是
331	异辛烷中 p,p'-DDD	GSB 07-1392—2001	2001-05-31	2001-05-31	2001-05-31	是
332	异辛烷中 p,p'-DDT	GSB 07-1393—2001	2001-05-31	2001-05-31	2001-05-31	是
333	异辛烷中 o,p'-DDT	GSB 07-1394—2001	2001-05-31	2001-05-31	2001-05-31	是
334	异辛烷中$\alpha,\beta,\gamma,\delta$-六六六，$o,p',p,p'$-DDT，$p,p'$- DDD，$p,p'$-DDE（混合）	GSB 07-1395—2001	2001-05-31	2001-05-31	2001-05-31	是
335	二氯甲烷中敌敌畏	GSB 07-1396—2001	2001-05-31	2001-05-31	2001-05-31	是
336	三氯甲烷中甲基对硫磷	GSB 07-1397—2001	2001-05-31	2001-05-31	2001-05-31	是
337	三氯甲烷中对硫磷	GSB 07-1398—2001	2001-05-31	2001-05-31	2001-05-31	是
338	三氯甲烷中马拉硫磷	GSB 07-1399—2001	2001-05-31	2001-05-31	2001-05-31	是
339	三氯甲烷中敌敌畏、乐果、甲基对硫磷、对硫磷、马拉硫磷	GSB 07-1400—2001	2001-05-31	2001-05-31	2001-05-31	是
340	甲醇中敌敌畏、乐果、甲基对硫磷、对硫磷、马拉硫磷	GSB 07-1401—2001	2001-05-31	2001-05-31	2001-05-31	是
341	二硫化碳中苯系物（混合）	GSB 07-1402—2001	2001-05-31	2001-05-31	2001-05-31	是
342	甲醇中挥发性卤代烃（混合）	GSB 07-1403—2001	2001-05-31	2001-05-31	2001-05-31	是
343	甲醇中邻苯二甲酸二（2-乙基己基）酯	GSB 07-1404—2001	2001-05-31	2001-05-31	2001-05-31	是
344	氮气中二氧化硫	GSB 07-1405—2001	2001-05-31	2001-05-31	2001-05-31	是
345	氮气中一氧化氮	GSB 07-1406—2001	2001-05-31	2001-05-31	2001-05-31	是
346	氮气中一氧化碳	GSB 07-1407—2001	2001-05-31	2001-05-31	2001-05-31	是
347	氮气中二氧化碳	GSB 07-1408—2001	2001-05-31	2001-05-31	2001-05-31	是
348	氮气中甲烷	GSB 07-1409—2001	2001-05-31	2001-05-31	2001-05-31	是
349	氮气中丙烷	GSB 07-1410—2001	2001-05-31	2001-05-31	2001-05-31	是
350	空气中甲烷	GSB 07-1411—2001	2001-05-31	2001-05-31	2001-05-31	是
351	氮气中苯系物	GSB 07-1412—2001	2001-05-31	2001-05-31	2001-05-31	是
352	氮气中一氧化碳与丙烷混合气体（汽车尾气监测用）	GSB 07-1413—2001	2001-05-31	2001-05-31	2001-05-31	是
353	水质 三氯乙醛	GSB 07-1501—2002	2002-09-26	2002-09-26	2002-11-08	是

续表

序号	标准名称	标准编号	批准时间	发布时间	实施时间	是否为现行标准
354	水质 阿特拉津	GSB 07-1502—2002	2002-09-26	2002-09-26	2002-11-08	是
355	水质 甲基汞	GSB 07-1503—2002	2002-09-26	2002-09-26	2002-11-08	是
356	水质 乙基汞	GSB 07-1504—2002	2002-09-26	2002-09-26	2002-11-08	是
357	水质 2,4-二硝基甲苯	GSB 07-1505—2002	2002-09-26	2002-09-26	2002-11-08	是
358	水质 2,4,6-三硝基甲苯	GSB 07-1506—2002	2002-09-26	2002-09-26	2002-11-08	是
359	销毁日本遗弃在华化学武器 二苯氯砷	GSB 07-1616—2003	2003-04-21	2003-04-21	2003-04-21	是
360	销毁日本遗弃在华化学武器 二苯氰砷	GSB 07-1617—2003	2003-04-21	2003-04-21	2003-04-21	是
361	销毁日本遗弃在华化学武器 氯乙烯氧砷	GSB 07-1618—2003	2003-04-21	2003-04-21	2003-04-21	是
362	销毁日本遗弃在华化学武器 氧联双二苯胂	GSB 07-1619—2003	2003-04-21	2003-04-21	2003-04-21	是
363	销毁日本遗弃在华化学武器 芥子砜	GSB 07-1620—2003	2003-04-21	2003-04-21	2003-04-21	是
364	销毁日本遗弃在华化学武器 芥子亚砜	GSB 07-1621—2003	2003-04-21	2003-04-21	2003-04-21	是
365	销毁日本遗弃在华化学武器 氯乙烯胂酸	GSB 07-1622—2003	2003-04-21	2003-04-21	2003-04-21	是
366	销毁日本遗弃在华化学武器 三苯胂	GSB 07-1623—2003	2003-04-21	2003-04-21	2003-04-21	是
367	销毁日本遗弃在华化学武器 路易氏剂	GSB 07-1624—2003	2003-04-21	2003-04-21	2003-04-21	是
368	销毁日本遗弃在华化学武器 芥子气	GSB 07-1625—2003	2003-04-21	2003-04-21	2003-04-21	是
369	销毁日本遗弃在华化学武器 氯苯乙酮	GSB 07-1626—2003	2003-04-21	2003-04-21	2003-04-21	是
370	销毁日本遗弃在华化学武器 氰溴甲苯	GSB 07-1633—2003	2003-11-19	2003-11-19	2003-11-19	是
371	销毁日本遗弃在华化学武器 光气	GSB 07-1634—2003	2003-11-19	2003-11-19	2003-11-19	是
372	制订地方水污染物排放标准的技术原则和方法	GB 3839—83	1983-09-14	1983-09-14	1984-04-01	是
373	工业废水 总硝基化合物的测定分光光度法	GB 4918—85	1985-01-18	1985-01-18	1985-08-01	否
374	工业废水 总硝基化合物的测定气相色谱法	GB 4919—85	1985-01-18	1985-01-18	1985-08-01	是
375	硫酸浓缩尾气 硫酸雾的测定铬酸钡比色法	GB 4920—85	1985-01-18	1985-01-18	1985-08-01	是
376	工业废气 耗氧值和氧化氮的测定 重铬酸钾氧化、萘乙二胺比色法	GB 4921—85	1985-01-18	1985-01-18	1985-08-01	是
377	水中锶-90 放射化学分析方法 发烟硝酸沉淀法	GB 6764—86	1986-09-04	1986-09-04	1987-03-01	是
378	水中锶-90 放射化学分析 离子交换法	GB 6765—86	1986-09-04	1986-09-04	1987-03-01	否
379	水中锶-90 放射化学分析方法 二-（2-乙基己基）磷酸萃取色层法	GB 6766—86	1986-09-04	1986-09-04	1987-03-01	是
380	水中铯-137 放射化学分析方法	GB 6767—86	1986-09-04	1986-09-04	1987-03-01	是
381	水中微量铀分析方法	GB 6768—86	1986-09-04	1986-09-04	1987-03-01	是
382	水质 词汇 第一部分和第二部分	GB 6816—86	1986-10-10	1986-10-10	1987-03-01	是
383	空气质量 词汇	GB 6919—86	1986-10-10	1986-10-10	1987-03-01	是
384	水质 pH 值的测定 玻璃电极法	GB 6920—86	1986-10-10	1986-10-10	1987-03-01	是
385	大气飘尘浓度测定方法	GB 6921—86	1986-10-10	1986-10-10	1987-03-01	是
386	放射性废物固化长期浸出试验	GB 7023—86	1986-12-03	1986-12-03	1987-04-01	是
387	水质 总铬的测定	GB 7466—87	1987-03-14	1987-03-14	1987-08-01	是
388	水质 六价铬的测定 二苯碳酰二肼分光光度法	GB 7467—87	1987-03-14	1987-03-14	1987-08-01	是
389	水质 总汞的测定 冷原子吸收分光光度法	GB 7468—87	1987-03-14	1987-03-14	1987-08-01	是
390	水质 总汞的测定 高锰酸钾-过硫酸钾消解法 双硫腙分光光度法	GB 7469—87	1987-03-14	1987-03-14	1987-08-01	是
391	水质 铅的测定 双硫腙分光光度法	GB 7470—87	1987-03-14	1987-03-14	1987-08-01	是
392	水质 镉的测定 双硫腙分光光度法	GB 7471—87	1987-03-14	1987-03-14	1987-08-01	是

续表

序号	标准名称	标准编号	批准时间	发布时间	实施时间	是否为现行标准
393	水质　锌的测定　双硫腙分光光度法	GB 7472—87	1987-03-14	1987-03-14	1987-08-01	是
394	水质　铜的测定　2,9-二甲基-1,1-邻菲啰啉分光光度法	GB 7473—87	1987-03-14	1987-03-14	1987-08-01	是
395	水质　铜的测定　二乙基二硫代氨基甲酸钠分光光度法	GB 7474—87	1987-03-14	1987-03-14	1987-08-01	是
396	水质　铜、锌、铅、镉的测定原子吸收分光光度法	GB 7475—87	1987-03-14	1987-03-14	1987-08-01	是
397	水质　钙的测定　EDTA 滴定法	GB 7476—87	1987-03-14	1987-03-14	1987-08-01	是
398	水质　钙和镁总量的测定 EDTA 滴定法	GB 7477—87	1987-03-14	1987-03-14	1987-08-01	是
399	水质　铵的测定　蒸馏和滴定法	GB 7478—87	1987-03-14	1987-03-14	1987-08-01	是
400	水质　铵的测定　纳氏试剂比色法	GB 7479—87	1987-03-14	1987-03-14	1987-08-01	是
401	水质　硝酸盐氮的测定酚二磺酸分光光度法	GB 7480—87	1987-03-14	1987-03-14	1987-08-01	是
402	水质　铵的测定　水杨酸分光光度法	GB 7481—87	1987-03-14	1987-03-14	1987-08-01	是
403	水质　氟化物的测定　茜素磺酸锆目视比色法	GB 7482—87	1987-03-14	1987-03-14	1987-08-01	是
404	水质　氟化物的测定　氟试剂分光光度法	GB 7483—87	1987-03-14	1987-03-14	1987-08-01	是
405	水质　氟化物的测定　离子选择电极法	GB 7484—87	1987-03-14	1987-03-14	1987-08-01	是
406	水质　总砷的测定　二乙基二硫代氨基甲酸银分光光度法	GB 7485—87	1987-03-14	1987-03-14	1987-08-01	是
407	水质　氰化物的测定　第一部分：总氰化物的测定	GB 7486—87	1987-03-14	1987-03-14	1987-08-01	是
408	水质　氰化物的测定　第二部分：氰化物的测定	GB 7487—87	1987-03-14	1987-03-14	1987-08-01	是
409	水质　五日生化需氧量（BOD_5）的测定稀释与接种法	GB 7488—87	1987-03-14	1987-03-14	1987-08-01	是
410	水质　溶解氧的测定　碘量法	GB 7489—87	1987-03-14	1987-03-14	1987-08-01	是
411	水质　挥发酚的测定　蒸馏后 4-氨基安替比林分光光度法	GB 7490—87	1987-03-14	1987-03-14	1987-08-01	是
412	水质　挥发酚的测定　蒸馏后溴化容量法	GB 7491—87	1987-03-14	1987-03-14	1987-08-01	是
413	水质　六六六、滴滴涕的测定　气相色谱法	GB 7492—87	1987-03-14	1987-03-14	1987-08-01	是
414	水质　亚硝酸盐氮的测定分光光度法	GB 7493—87	1987-03-14	1987-03-14	1987-08-01	是
415	水质　阴离子表面活性剂的测定　亚甲蓝分光光度法	GB 7494—87	1987-03-14	1987-03-14	1987-08-01	是
416	空气质量　氮氧化物的测定盐酸萘乙二胺比色法	GB 8969—88	1988-03-26	1988-03-26	1988-08-01	是
417	空气质量　二氧化硫的测定四氯汞盐-盐酸副玫瑰苯胺比色法	GB 8970—88	1988-03-26	1988-03-26	1988-08-01	是
418	空气质量　飘尘中苯并[a]芘的测定乙酰化滤纸层析荧光分光光度法	GB 8971—88	1988-03-26	1988-03-26	1988-08-01	是
419	水质　五氯酚的测定　气相色谱法	GB 8972—88	1988-03-26	1988-03-26	1988-08-01	是
420	机场周围飞机噪声测量方法	GB 9661—88	1988-08-11	1988-08-11	1988-11-01	是
421	空气质量　一氧化碳的测定非分散红外法	GB 9801—88	1988-08-15	1988-08-15	1988-12-01	是
422	水质　五氯酚的测定藏红 T 分光光度法	GB 9803—88	1988-08-15	1988-08-15	1988-12-01	是
423	城市区域环境振动测量方法	GB 10071—88	1988-12-10	1988-12-10	1989-07-01	是
424	水中镭-226 的分析测定	GB 11214—89	1989-03-16	1989-03-16	1990-01-01	是

续表

序号	标准名称	标准编号	批准时间	发布时间	实施时间	是否为现行标准
425	核辐射环境质量评价的一般规定	GB 11215—89	1989-03-16	1989-03-16	1990-01-01	是
426	核设施流出物和环境放射性监测质量保证计划的一般要求	GB 11216—89	1989-03-16	1989-03-16	1990-01-01	是
427	核设施流出物监测的一般规定	GB 11217—89	1989-03-16	1989-03-16	1990-01-01	是
428	水中镭的α放射性核素的测定	GB 11218—89	1989-03-16	1989-03-16	1990-01-01	是
429	土壤中钚的测定　萃取色层法	GB 11219.1—89	1989-03-16	1989-03-16	1990-01-01	是
430	土壤中钚的测定　离子交换法	GB 11219.2—89	1989-03-16	1989-03-16	1990-01-01	是
431	土壤中铀的测定　CL—5209萃淋树脂分离2-(5-溴-2-吡啶偶氮)-5-二乙氨基苯酚分光光度法	GB 11220.1—89	1989-03-16	1989-03-16	1990-01-01	是
432	土壤中铀的测定　三烷基氧磷萃取-固体荧光法	GB 11220.2—89	1989-03-16	1989-03-16	1990-01-01	否
433	生物样品灰中铯-137的放射化学分析	GB 11221—89	1989-03-16	1989-03-16	1990-01-01	是
434	生物样品灰中锶-90的放射化学分析方法二-(2-乙基己基)磷酸酯萃取色层法	GB 11222.1—89	1989-03-16	1989-03-16	1990-01-01	是
435	生物样品灰中锶-90的放射化学分析方法离子交换法	GB 11222.2—89	1989-03-16	1989-03-16	1990-01-01	是
436	生物样品灰中铀的测定　固体荧光法	GB 11223.1—89	1989-03-16	1989-03-16	1990-01-01	是
437	生物样品灰中铀的测定　激光液体荧光法	GB 11223.2—89	1989-03-16	1989-03-16	1990-01-01	是
438	水中钍的分析方法	GB 11224—89	1989-03-16	1989-03-16	1990-01-01	是
439	水中钚的分析方法	GB 11225—89	1989-03-16	1989-03-16	1990-01-01	是
440	水中钾-40的分析方法	GB 11338—89	1989-03-16	1989-03-16	1990-01-01	是
441	农药安全使用标准	GB 4285—89	1989-09-06	1989-09-06	1990-02-01	是
442	水质　苯胺类化合物的测定　*N*-(1-萘基)乙二胺偶氮分光光度法	GB 11889—89	1989-12-25	1989-12-25	1990-07-01	是
443	水质　苯系物的测定　气相色谱法	GB 11890—89	1989-12-25	1989-12-25	1990-07-01	是
444	水质　凯氏氮的测定	GB 11891—89	1989-12-25	1989-12-25	1990-07-01	是
445	水质　高锰酸盐指数的测定	GB 11892—89	1989-12-25	1989-12-25	1990-07-01	是
446	水质　总磷的测定　钼酸铵分光光度法	GB 11893—89	1989-12-25	1989-12-25	1990-07-01	是
447	水质　总氮的测定　碱性过硫酸钾消解分光光度法	GB 11894—89	1989-12-25	1989-12-25	1990-07-01	是
448	水质　苯并[*a*]芘的测定　乙酰化滤纸层析荧光分光光度法	GB 11895—89	1989-12-25	1989-12-25	1990-07-01	是
449	水质　氯化物的测定　硝酸银滴定法	GB 11896—89	1989-12-25	1989-12-25	1990-07-01	是
450	水质　游离氯和总氯的测定　*N,N*-二乙基-1,4-苯二胺滴定法	GB 11897—89	1989-12-25	1989-12-25	1990-07-01	是
451	水质　游离氯和总氯的测定　*N,N*-二乙基-1,4-苯二胺分光光度法	GB 11898—89	1989-12-25	1989-12-25	1990-07-01	是
452	水质　硫酸盐的测定　重量法	GB 11899—89	1989-12-25	1989-12-25	1990-07-01	是
453	水质　痕量砷的测定　硼氢化钾-硝酸银分光光度法	GB 11900—89	1989-12-25	1989-12-25	1990-07-01	是
454	水质　悬浮物的测定　重量法	GB 11901—89	1989-12-25	1989-12-25	1990-07-01	是
455	水质　硒的测定　二氨基萘荧光法	GB 11902—89	1989-12-25	1989-12-25	1990-07-01	是
456	水质　色度的测定	GB 11903—89	1989-12-25	1989-12-25	1990-07-01	是

续表

序号	标准名称	标准编号	批准时间	发布时间	实施时间	是否为现行标准
457	水质　钾和钠的测定　火焰原子吸收分光光度法	GB 11904—89	1989-12-25	1989-12-25	1990-07-01	是
458	水质　钙和镁的测定　原子吸收分光光度法	GB 11905—89	1989-12-25	1989-12-25	1990-07-01	是
459	水质　锰的测定　高碘酸钾分光光度法	GB 11906—89	1989-12-25	1989-12-25	1990-07-01	是
460	水质　银的测定火焰原子吸收分光光度法	GB 11907—89	1989-12-25	1989-12-25	1990-07-01	是
461	水质　银的测定镉试剂 2B 分光光度法	GB 11908—89	1989-12-25	1989-12-25	1990-07-01	是
462	水质　银的测定　3,5-Br_2-PADAP 分光光度法	GB 11909—89	1989-12-25	1989-12-25	1990-07-01	是
463	水质　镍的测定　丁二酮肟分光光度法	GB 11910—89	1989-12-25	1989-12-25	1990-07-01	是
464	水质　铁、锰的测定　火焰原子吸收分光光度法	GB 11911—89	1989-12-25	1989-12-25	1990-07-01	是
465	水质　镍的测定　火焰原子吸收分光光度法	GB 11912—89	1989-12-25	1989-12-25	1990-07-01	是
466	水质　溶解氧的测定　电化学探头法	GB 11913—89	1989-12-25	1989-12-25	1990-07-01	是
467	水质　化学需氧量的测定　重铬酸盐法	GB 11914—89	1989-12-25	1989-12-25	1990-07-01	是
468	水质　词汇　第三部分～第七部分	GB 11915—89	1989-12-25	1989-12-25	1990-07-01	是
469	工业企业厂界噪声测量方法	GB 12349—90	1990-05-01	1990-05-01	1991-01-01	否
470	水中氚的分析方法	GB 12375—90	1990-06-07	1990-06-07	1990-12-01	是
471	水中钋-210 的分析方法　电镀制样法	GB 12376—90	1990-06-09	1990-06-09	1990-12-01	是
472	空气中微量铀的分析方法　激光荧光法	GB 12377—90	1990-06-09	1990-06-09	1990-12-01	是
473	空气中微量铀的分析方法 T.B.P 萃取荧光法	GB 12378—90	1990-06-09	1990-06-09	1990-12-01	是
474	环境核辐射监测规定	GB 12379—90	1990-06-09	1990-06-09	1990-12-01	是
475	建筑施工场界噪声测量方法	GB 12524—90	1990-11-09	1990-11-09	1991-03-01	是
476	水质　采样方案设计	GB 12997—91	1991-01-25	1991-01-25	1992-03-01	是
477	水质　采样技术指导	GB 12998—91	1991-01-25	1991-01-25	1992-03-01	是
478	水质采样　样品的保存和管理技术规定	GB 12999—91	1991-01-25	1991-01-25	1992-03-01	是
479	制定地方大气污染物排放标准的技术原则和方法	GB/T 3840—91	1991-08-31	1991-08-31	1992-06-01	是
480	水质　有机磷农药的测定　气相色谱法	GB 13192—91	1991-08-31	1991-08-31	1992-06-01	是
481	水质　总有机碳的测定　非色散红外线吸收法	GB 13193—91	1991-08-31	1991-08-31	1992-06-01	是
482	水质　硝基苯、硝基甲苯、硝基氯苯、二硝基甲苯的测定	GB 13194—91	1991-08-31	1991-08-31	1992-06-01	是
483	水质　水温的测定　温度计或颠倒温度计测定法	GB 13195—91	1991-08-31	1991-08-31	1992-06-01	是
484	水质　硫酸盐的测定　火焰原子吸收分光光度法	GB 13196—91	1991-08-31	1991-08-31	1992-06-01	否
485	水质　甲醛的测定	GB 13197—91	1991-08-31	1991-08-31	1992-06-01	是
486	水质　六种特定多环芳烃的测定　高效液相色谱法	GB 13198—91	1991-08-31	1991-08-31	1992-06-01	是
487	水质　阴离子洗涤剂的测定　电位滴定法	GB 13199—91	1991-08-31	1991-08-31	1992-06-01	是
488	水质　浊度的测定	GB 13200—91	1991-08-31	1991-08-31	1992-06-01	是
489	水质　微型生物群落测定　PFU 法	GB/T 12990—91	1991-08-19	1991-08-19	1992-04-01	是
490	水质　物质对蚤类（大型蚤）急性毒性测定方法	GB/T 13266—91	1991-09-14	1991-09-14	1992-08-01	是
491	水质　物质对淡水鱼（斑马鱼）急性毒性测定方法	GB/T 13267—91	1991-09-14	1991-09-14	1992-08-01	是

续表

序号	标准名称	标准编号	批准时间	发布时间	实施时间	是否为现行标准
492	锅炉烟尘测试方法	GB 5468—91	1991-09-14	1991-09-14	1992-08-01	是
493	水质　碘-131 测定方法	GB/T 13272—91	1991-10-24	1991-10-24	1992-08-01	是
494	植物、动物甲状腺中碘-131 的分析方法	GB/T 13273—91	1991-10-24	1991-10-24	1992-08-01	是
495	大气降水采样和分析方法　总则	GB 13580.1—92	1992-06-20	1992-06-20	1993-03-01	是
496	大气降水样品的采集与保存	GB 13580.2—92	1992-06-20	1992-06-20	1993-03-01	是
497	大气降水电导率的测定方法	GB 13580.3—92	1992-06-20	1992-06-20	1993-03-01	是
498	大气降水 pH 值的测定　电极法	GB 13580.4—92	1992-06-20	1992-06-20	1993-03-01	是
499	大气降水中氟、氯、亚硝酸盐、硝酸盐、硫酸盐的测定　离子色谱法	GB 13580.5—92	1992-06-20	1992-06-20	1993-03-01	是
500	大气降水中硫酸盐测定	GB 13580.6—92	1992-06-20	1992-06-20	1993-03-01	是
501	大气降水中亚硝酸盐测定　*N*-（1-萘基）-乙二胺光度法	GB 13580.7—92	1992-06-20	1992-06-20	1993-03-01	是
502	大气降水中硝酸盐测定	GB 13580.8—92	1992-06-20	1992-06-20	1993-03-01	是
503	大气降水中氯化物的测定　硫氰酸汞高铁光度法	GB 13580.9—92	1992-06-20	1992-06-20	1993-03-01	是
504	大气降水氟化物的测定　新氟试剂光度法	GB 13580.10—92	1992-06-20	1992-06-20	1993-03-01	是
505	大气降水中铵盐的测定	GB 13580.11—92	1992-06-20	1992-06-20	1993-03-01	是
506	大气降水中钠、钾的测定　原子吸收分光光度法	GB 13580.12—92	1992-06-20	1992-06-20	1993-03-01	是
507	大气降水中钙、镁的测定原子吸收分光光度法	GB 13580.13—92	1992-06-20	1992-06-20	1993-03-01	是
508	水质　铅的测定　示波极谱法	GB/T 13896—92	1992-12-02	1992-12-02	1993-09-01	是
509	水质　硫氰酸盐的测定　异烟酸-吡唑啉酮分光光度法	GB/T 13897—92	1992-12-02	1992-12-02	1993-09-01	是
510	水质　铁（Ⅱ　Ⅲ）氰络合物的测定　原子吸收分光光度法	GB/T 13898—92	1992-12-02	1992-12-02	1993-09-01	是
511	水质　铁（Ⅱ　Ⅲ）氰络合物的测定　三氯化铁分光光度法	GB/T 13899—92	1992-12-02	1992-12-02	1993-09-01	是
512	水质　黑索今的测定　分光光度法	GB/T 13900—92	1992-12-02	1992-12-02	1993-09-01	是
513	水质　二硝基甲苯的测定　示波极谱法	GB/T 13901—92	1992-12-02	1992-12-02	1993-09-01	是
514	水质　硝化甘油的测定　示波极谱法	GB/T 13902—92	1992-12-02	1992-12-02	1993-09-01	是
515	水质　梯恩梯的测定　分光光度法	GB/T 13903—92	1992-12-02	1992-12-02	1993-09-01	是
516	水质　梯恩梯、黑索今、地恩梯的测定　气相色谱法	GB/T 13904—92	1992-12-02	1992-12-02	1993-09-01	是
517	水质　梯恩梯的测定　亚硫酸氢钠分光光度法	GB/T 13905—92	1992-12-02	1992-12-02	1993-09-01	是
518	空气质量　氮氧化物的测定	GB/T 13906—92	1992-12-02	1992-12-02	1993-09-01	是
519	水质　烷基汞的测定　气相色谱法	GB/T 14204—93	1993-02-23	1993-02-23	1993-12-01	是
520	水质　一甲基肼的测定　对二甲氨基苯甲醛分光光度法	GB/T 14375—93	1993-05-22	1993-05-22	1993-12-01	是
521	水质　偏二甲基肼的测定　氨基亚铁氰化钠分光光度法	GB/T 14376—93	1993-05-22	1993-05-22	1993-12-01	是
522	水质　三乙胺的测定　溴酚蓝分光光度法	GB/T 14377—93	1993-05-22	1993-05-22	1993-12-01	是
523	水质　二乙烯三胺的测定　水杨醛分光光度法	GB/T 14378—93	1993-05-22	1993-05-22	1993-12-01	是

续表

序号	标准名称	标准编号	批准时间	发布时间	实施时间	是否为现行标准
524	自然保护区类型与级别划分原则	GB/T 14529—93	1993-07-19	1993-07-19	1994-01-01	是
525	土壤质量　六六六和滴滴涕的测定　气相色谱法	GB/T 14550—93	1993-07-19	1993-08-06	1994-01-15	是
526	生物质量　六六六和滴滴涕的测定　气相色谱法	GB/T 14551—93	1993-07-19	1993-08-06	1994-01-15	是
527	水和土壤质量　有机磷农药的测定　气相色谱法	GB/T 14552—93	1993-07-19	1993-08-06	1994-01-15	是
528	粮食和果蔬质量　有机磷农药的测定　气相色谱法	GB/T 14553—93	1993-07-19	1993-08-06	1994-01-15	是
529	水质　湖泊和水库采样技术指导	GB/T 14581—93	1993-08-14	1993-08-30	1994-04-01	是
530	环境空气中氡的标准测量方法	GB/T 14582—93	1993-08-14	1993-08-30	1994-04-01	是
531	环境地表γ辐射剂量率测定规范	GB/T 14583—93	1993-08-14	1993-08-30	1994-04-01	是
532	空气中碘-131的取样与测定	GB/T 14584—93	1993-08-14	1993-08-30	1994-04-01	是
533	铀、钍矿冶放射性废物安全管理技术规定	GB 14585—93	1993-08-14	1993-08-30	1994-04-01	是
534	铀矿冶设施退役环境管理技术规定	GB 14586—93	1993-08-14	1993-08-30	1994-04-01	是
535	轻水堆核电厂放射性废水排放系统技术规定	GB 14587—93	1993-08-14	1993-08-30	1994-04-01	是
536	反应堆退役环境管理技术规定	GB 14588—93	1993-08-14	1993-08-30	1994-04-01	是
537	核电厂低、中水平放射性固体废物暂时贮存技术规定	GB 14589—93	1993-08-14	1993-08-30	1994-04-01	是
538	城市区域环境噪声测量方法	GB/T 14623—93	1993-09-07	1993-09-07	1994-03-01	否
539	空气质量　氨的测定　纳氏试剂比色法	GB/T 14668—93	1993-09-18	1993-10-27	1994-05-01	是
540	空气质量　氨的测定　离子选择电极法	GB/T 14669—93	1993-09-18	1993-10-27	1994-05-01	是
541	空气质量　苯乙烯的测定　气相色谱法	GB/T 14670—93	1993-09-18	1993-10-27	1994-05-01	是
542	水质　钡的测定　电位滴定法	GB/T 14671—93	1993-09-18	1993-10-27	1994-05-01	是
543	水质　吡啶的测定　气相色谱法	GB/T 14672—93	1993-09-18	1993-10-27	1994-05-01	是
544	水质　钒的测定　石墨炉原子吸收分光光度法	GB/T 14673—93	1993-09-18	1993-10-27	1994-05-01	是
545	牛奶中碘-131的分析方法	GB/T 14674—93	1993-09-18	1993-10-27	1994-05-01	是
546	空气质量　恶臭的测定　三点比较式臭袋法	GB/T 14675—93	1993-09-18	1993-10-27	1994-03-15	是
547	空气质量　三甲胺的测定　气相色谱法	GB/T 14676—93	1993-09-18	1993-10-27	1994-03-15	是
548	空气质量　甲苯　二甲苯苯乙烯的测定　气相色谱法	GB/T 14677—93	1993-09-18	1993-10-27	1994-03-15	是
549	空气质量　硫化氢、甲硫醇、甲硫醚二甲二硫的测定　气相色谱法	GB/T 14678—93	1993-09-18	1993-10-27	1994-03-15	是
550	空气质量　氨的测定　次氯酸钠-水杨酸分光光度法	GB/T 14679—93	1993-09-18	1993-10-27	1994-03-15	是
551	空气质量　二硫化碳的测定　二乙胺分光光度法	GB/T 14680—93	1993-09-18	1993-10-27	1994-03-15	是
552	城市区域环境噪声适用区划分技术规范	GB/T 15190—94	1994-08-29	1994-08-29	1994-10-01	是
553	环境空气　二氧化硫的测定　甲醛吸收-副玫瑰苯胺分光光度法	GB/T 15262—94	1994-10-26	1994-10-26	1995-06-01	是
554	环境空气　总烃的测定　气相色谱法	GB/T 15263—94	1994-10-26	1994-10-26	1995-06-01	是
555	环境空气　铅的测定　火焰原子吸收分光光度法	GB/T 15264—94	1994-10-26	1994-10-26	1995-06-01	是
556	环境空气　降尘的测定　重量法	GB/T 15265—94	1994-10-26	1994-10-26	1995-06-01	是

续表

序号	标准名称	标准编号	批准时间	发布时间	实施时间	是否为现行标准
557	环境空气　总悬浮颗粒物的测定　重量法	GB/T 15432—1995	1995-03-25	1995-03-25	1995-08-01	是
558	环境空气　氟化物的测定　石灰滤纸氟离子选择电极法	GB/T 15433—1995	1995-03-25	1995-03-25	1995-08-01	是
559	环境空气　氟化物质量浓度的测定　滤膜氟离子选择电极法	GB/T 15434—1995	1995-03-25	1995-03-25	1995-08-01	是
560	环境空气　二氧化氮的测定　改进的Saltzman法	GB/T 15435—1995	1995-03-25	1995-03-25	1995-08-01	是
561	环境空气　氮氧化物的测定　Saltzman法	GB/T 15436—1995	1995-03-25	1995-03-25	1995-08-01	是
562	环境空气　臭氧的测定　靛蓝二磺酸钠分光光度法	GB/T 15437—1995	1995-03-25	1995-03-25	1995-08-01	是
563	环境空气　臭氧的测定　紫外光度法	GB/T 15438—1995	1995-03-25	1995-03-25	1995-08-01	是
564	环境空气　苯并[*a*]芘测定　高效液相色谱法	GB/T 15439—1995	1995-03-25	1995-03-25	1995-08-01	是
565	环境中有机污染物　遗传毒性检测的样品前处理规范	GB/T 15440—1995	1995-03-25	1995-03-25	1995-08-01	是
566	水质　急性毒性的测定　发光细菌法	GB/T 15441—1995	1995-03-25	1995-03-25	1995-08-01	是
567	空气质量　硝基苯类（一硝基和二硝基化合物）的测定　锌还原-盐酸萘乙二胺分光光度法	GB/T 15501—1995	1995-03-15	1995-03-25	1995-08-01	是
568	空气质量　苯胺类的测定　盐酸乙二胺分光光度法	GB/T 15502—1995	1995-03-15	1995-03-25	1995-08-01	是
569	水质　钡的测定　钽试剂（BPHA）萃取分光光度法	GB/T 15503—1995	1995-03-15	1995-03-25	1995-08-01	是
570	水质　二硫化碳的测定　二乙胺醋酸铜分光光度法	GB/T 15504—1995	1995-03-15	1995-03-25	1995-08-01	是
571	水质　硒的测定　石墨炉原子吸收分光光度法	GB/T 15505—1995	1995-03-15	1995-03-25	1995-08-01	是
572	水质　钡的测定　原子吸收分光光度法	GB/T 15506—1995	1995-03-15	1995-03-25	1995-08-01	是
573	水质　肼的测定　对二甲氨基苯甲醛分光光度法	GB/T 15507—1995	1995-03-15	1995-03-25	1995-08-01	是
574	空气质量　甲醛的测定　乙酰丙酮分光光度法	GB/T 15516—1995	1995-03-15	1995-03-25	1995-08-01	是
575	固体废物　总汞的测定　冷原子吸收分光光度法	GB/T 15555.1—1995	1995-03-28	1995-03-28	1996-01-01	是
576	固体废物　镉、铜、铅、锌的测定　原子吸收分光光度法	GB/T 15555.2—1995	1995-03-28	1995-03-28	1996-01-01	是
577	固体废物　砷的测定　二乙基二硫代氨基甲酸银分光光度法	GB/T 15555.3—1995	1995-03-28	1995-03-28	1996-01-01	是
578	固体废物　六价铬的测定　二苯碳酰二肼分光光度法	GB/T 15555.4—1995	1995-03-28	1995-03-28	1996-01-01	是
579	固体废物　总铬的测定　二苯碳酰二肼分光光度法	GB/T 15555.5—1995	1995-03-28	1995-03-28	1996-01-01	是
580	固体废物　总铬的测定　直接吸入火焰原子吸收法	GB/T 15555.6—1995	1995-03-28	1995-03-28	1996-01-01	是
581	固体废物　六价铬的测定　硫酸亚铁铵滴定法	GB/T 15555.7—1995	1995-03-28	1995-03-28	1996-01-01	是

续表

序号	标准名称	标准编号	批准时间	发布时间	实施时间	是否为现行标准
582	固体废物　总铬的测定　硫酸亚铁铵滴定法	GB/T 15555.8—1995	1995-03-28	1995-03-28	1996-01-01	是
583	固体废物　镍的测定　火焰原子吸收分光光度法	GB/T 15555.9—1995	1995-03-28	1995-03-28	1996-01-01	是
584	固体废物　镍的测定　丁二酮肟分光光度法	GB/T 15555.10—1995	1995-03-28	1995-03-28	1996-01-01	是
585	固体废物　氟化物的测定　离子选择电极法	GB/T 15555.11—1995	1995-03-28	1995-03-28	1996-01-01	是
586	固体废物　腐蚀性测定　玻璃电极法	GB/T 15555.12—1995	1995-03-28	1995-03-28	1996-01-01	是
587	环境保护图形标志　排放口（源）	GB 15562.1—1995	1995-11-20	1995-11-20	1996-07-01	是
588	环境保护图形标志　固体废物贮存（处置）场	GB 15562.2—1995	1995-11-20	1995-11-20	1996-07-01	是
589	放射性废物的分类	GB 9133—1995	1995-12-21	1995-12-21	1996-08-01	是
590	低、中水平放射性废物近地表处置场环境辐射监测的一般要求	GB/T 15950—1995	1995-12-21	1995-12-21	1996-08-01	是
591	水质　可吸附有机卤素（AOX）的测定　微库伦法	GB/T 15959—1995	1995-12-21	1995-12-21	1996-08-01	是
592	生物　尿中 1-羟基芘的测定　高效液相色谱法	GB/T 16156—1996	1996-03-06	1996-03-06	1996-10-01	是
593	固定污染源排放气中颗粒物测定与气态污染物采样方法	GB/T 16157—1996	1996-03-06	1996-03-06	1996-03-06	是
594	水质　石油类和动植物油的测定　红外光度法	GB/T 16488—1996	1996-04-26	1996-08-01	1997-01-01	是
595	水质　硫化物的测定　亚甲基蓝分光光度法	GB/T 16489—1996	1996-04-26	1996-08-01	1997-01-01	是
596	环境污染类别代码	GB/T 16705—1996	1996-12-20	1996-12-20	1997-07-01	是
597	环境污染源类别代码	GB/T 16706—1996	1996-12-20	1996-12-20	1997-07-01	是
598	水质　挥发性卤代烃的测定　顶空气相色谱法	GB/T 17130—1997	1997-07-30	1997-12-08	1998-05-01	是
599	水质　1,2-二氯苯、1,4-二氯苯、1,2,4-三氯苯的测定　气相色谱法	GB/T 17131—1997	1997-07-30	1997-12-08	1998-05-01	是
600	环境　甲基汞的测定　气相色谱法	GB/T 17132—1997	1997-07-30	1997-12-08	1998-05-01	是
601	水质　硫化物的测定　直接显色分光光度法	GB/T 17133—1997	1997-07-30	1997-12-08	1998-05-01	否
602	土壤质量　总砷的测定　二乙基二硫代氨基甲酸银分光光度法	GB/T 17134—1997	1997-07-30	1997-12-08	1998-05-01	是
603	土壤质量　总砷的测定　硼氢化钾-硝酸银分光光度法	GB/T 17135—1997	1997-07-30	1997-12-08	1998-05-01	是
604	土壤质量　总汞的测定　冷原子吸收分光光度法	GB/T 17136—1997	1997-07-30	1997-12-08	1998-05-01	是
605	土壤质量　总铬的测定　火焰原子吸收分光光度法	GB/T 17137—1997	1997-07-30	1997-12-08	1998-05-01	是
606	土壤质量　铜、锌的测定　火焰原子吸收分光光度法	GB/T 17138—1997	1997-07-30	1997-12-08	1998-05-01	是
607	土壤质量　镍的测定　火焰原子吸收分光光度法	GB/T 17139—1997	1997-07-30	1997-12-08	1998-05-01	是
608	土壤质量　铅、镉的测定　KI-MIBK 萃取火焰原子吸收分光光度法	GB/T 17140—1997	1997-07-30	1997-12-08	1998-05-01	是
609	土壤质量　铅、镉的测定　石墨炉原子吸收分光光度法	GB/T 17141—1997	1997-07-30	1997-12-08	1998-05-01	是

续表

序号	标准名称	标准编号	批准时间	发布时间	实施时间	是否为现行标准
610	固体废物　浸出毒性浸出方法　翻转法	GB 5086.1—1997	1997-12-22	1997-12-22	1998-07-01	是
611	固体废物　浸出毒性浸出方法　水平振荡法	GB 5086.2—1997	1997-12-22	1997-12-22	1998-07-01	是
612	医疗废物转运车技术要求（试行）	GB 19217—2003	2003-06-30	2003-06-30	2003-06-30	是
613	医疗废物焚烧炉技术要求（试行）	GB 19218—2003	2003-06-30	2003-06-30	2003-06-30	是
614	气体参数测量和采样的固定位装置	HJ/T 1—92	1992-08-25	1992-08-25	1993-01-01	是
615	环境影响评价技术导则　总纲	HJ/T 2.1—93	1993-09-18	1993-09-18	1994-04-01	是
616	环境影响评价技术导则　大气环境	HJ/T 2.2—93	1993-09-18	1993-09-18	1994-04-01	是
617	环境影响评价技术导则　地面水环境	HJ/T 2.3—93	1993-09-18	1993-09-18	1994-04-01	是
618	汽油机动车怠速排气监测仪技术条件	HJ/T 3—93	1993-06-12	1993-06-12	1993-12-01	是
619	柴油车滤纸烟度计技术条件	HJ/T 4—93	1993-06-12	1993-06-12	1993-12-01	是
620	核设施环境保护管理导则　研究堆环境影响报告书格式与内容	HJ/T 5.1—93	1993-09-18	1993-09-18	1994-04-01	是
621	核设施环境保护管理导则　放射性固体废物浅地层处置环境影响报告书格式与内容	HJ/T 5.2—93	1993-09-18	1993-09-18	1994-04-01	是
622	山岳风景资源开发环境影响评价指标体系	HJ/T 6—94	1994-04-21	1994-04-21	1994-10-01	是
623	中国档案分类法　环境保护档案分类表	HJ/T 7—94	1994-07-28	1994-07-28	1995-01-01	是
624	环境保护档案管理规范　科学研究	HJ/T 8.1—94	1994-07-28	1994-07-28	1995-01-01	是
625	环境保护档案管理规范　环境监测	HJ/T 8.2—94	1994-07-28	1994-07-28	1995-01-01	是
626	环境保护档案管理规范　建设项目环境保护管理	HJ/T 8.3—94	1994-07-28	1994-07-28	1995-01-01	是
627	环境保护档案管理规范　污染源	HJ/T 8.4—94	1994-07-28	1994-07-28	1995-01-01	是
628	环境保护档案管理规范　环境保护仪器设备	HJ/T 8.5—94	1994-07-28	1994-07-28	1995-01-01	是
629	环境保护档案著录细则	HJ/T 9—95	1995-05-28	1995-05-28	1996-01-01	是
630	辐射环境保护管理导则　核技术应用项目环境影响报告书（表）的内容和格式	HJ/T 10.1—1995	1995-09-04	1995-09-04	1996-03-01	是
631	环境影响评价技术导则　声环境	HJ/T 2.4—1995	1995-11-28	1995-11-28	1996-07-01	是
632	环境保护设备分类与命名	HJ/T 11—1996	1996-03-31	1996-03-31	1996-07-01	是
633	环境保护仪器分类与命名	HJ/T 12—1996	1996-03-31	1996-03-31	1996-07-01	是
634	火电厂建设项目环境影响报告书编制与规范	HJ/T 13—1996	1996-04-02	1996-04-02	1996-06-01	是
635	辐射环境保护管理导则　电磁辐射监测仪器和方法	HJ/T 10.2—1996	1996-05-10	1996-05-10	1996-05-10	是
636	辐射环境保护管理导则　电磁辐射环境影响评价方法与标准	HJ/T 10.3—1996	1996-05-10	1996-05-10	1996-05-10	是
637	环境空气质量功能区划分原则与技术方法	HJ/T 14—1996	1996-07-22	1996-07-22	1996-10-01	是
638	超声波明渠污水流量计	HJ/T 15—1996	1996-07-22	1996-07-22	1996-07-22	是
639	通风消声器	HJ/T 16—1996	1996-07-22	1996-07-22	1996-07-22	是
640	隔声窗	HJ/T 17—1996	1996-07-22	1996-07-22	1996-07-22	是
641	小型焚烧炉	HJ/T 18—1996	1996-07-22	1996-07-22	1996-07-22	是
642	环境影响评价技术导则　非污染生态影响	HJ/T 19—1997	1997-11-18	1997-11-18	1998-06-01	是
643	工业固体废物采样制样技术规范	HJ/T 20—1998	1998-01-08	1998-01-08	1998-07-01	是
644	核设施水质监测采样规定	HJ/T 21—1998	1998-01-08	1998-01-08	1998-07-01	是
645	气载放射性物质取样一般规定	HJ/T 22—1998	1998-01-08	1998-01-08	1998-07-01	是
646	低、中水平放射性废物近地表处置设施的选址	HJ/T 23—1998	1998-01-08	1998-01-08	1998-07-01	是

续表

序号	标准名称	标准编号	批准时间	发布时间	实施时间	是否为现行标准
647	500 kV 超高压送变电工程电磁辐射环境影响评价技术规范	HJ/T 24—1998	1998-11-19	1998-11-19	1999-02-01	是
648	工业企业土壤环境质量风险评价基准	HJ/T 25—1999	1999-06-09	1999-06-09	1999-08-01	是
649	固定污染源排气中氯化氢的测定 硫氰酸汞分光光度法	HJ/T 27—1999	1999-08-18	1999-08-18	2000-01-01	是
650	固定污染源排气中氰化氢的测定 异烟酸-吡唑啉酮分光光度法	HJ/T 28—1999	1999-08-18	1999-08-18	2000-01-01	是
651	固定污染源排气中铬酸雾的测定 二苯基碳酰二肼分光光度法	HJ/T 29—1999	1999-08-18	1999-08-18	2000-01-01	是
652	固定污染源排气中氯气的测定 甲基橙分光光度法	HJ/T 30—1999	1999-08-18	1999-08-18	2000-01-01	是
653	固定污染源排气中光气的测定 苯胺紫外分光光度法	HJ/T 31—1999	1999-08-18	1999-08-18	2000-01-01	是
654	固定污染源排气中酚类化合物的测定 4-氨基安替比林分光光度法	HJ/T 32—1999	1999-08-18	1999-08-18	2000-01-01	是
655	固定污染源排气中甲醇的测定 气相色谱法	HJ/T 33—1999	1999-08-18	1999-08-18	2000-01-01	是
656	固定污染源排气中氯乙烯的测定 气相色谱法	HJ/T 34—1999	1999-08-18	1999-08-18	2000-01-01	是
657	固定污染源排气中乙醛的测定 气相色谱法	HJ/T 35—1999	1999-08-18	1999-08-18	2000-01-01	是
658	固定污染源排气中丙烯醛的测定 气相色谱法	HJ/T 36—1999	1999-08-18	1999-08-18	2000-01-01	是
659	固定污染源排气中丙烯腈的测定 气相色谱法	HJ/T 37—1999	1999-08-18	1999-08-18	2000-01-01	是
660	固定污染源排气中非甲烷总烃的测定 气相色谱法	HJ/T 38—1999	1999-08-18	1999-08-18	2000-01-01	是
661	固定污染源排气中氯苯类的测定 气相色谱法	HJ/T 39—1999	1999-08-18	1999-08-18	2000-01-01	是
662	固定污染源排气中苯并[a]芘的测定 高效液相色谱法	HJ/T 40—1999	1999-08-18	1999-08-18	2000-01-01	是
663	固定污染源排气中石棉尘的测定 镜检法	HJ/T 41—1999	1999-08-18	1999-08-18	2000-01-01	是
664	固定污染源排气中氮氧化物的测定 紫外分光光度法	HJ/T 42—1999	1999-08-18	1999-08-18	2000-01-01	是
665	固定污染源排气中氮氧化物的测定 盐酸萘乙二胺分光光度法	HJ/T 43—1999	1999-08-18	1999-08-18	2000-01-01	是
666	固定污染源排气中一氧化碳的测定 非色散红外吸收法	HJ/T 44—1999	1999-08-18	1999-08-18	2000-01-01	是
667	固定污染源排气中沥青烟的测定 重量法	HJ/T 45—1999	1999-08-18	1999-08-18	2000-01-01	是
668	定电位电解法二氧化硫测定 仪技术条件	HJ/T 46—1999	1999-08-18	1999-08-18	2000-01-01	是
669	烟气采样器技术条件	HJ/T 47—1999	1999-08-18	1999-08-18	2000-01-01	是
670	烟尘采样器技术条件	HJ/T 48—1999	1999-08-18	1999-08-18	2000-01-01	是
671	水质 硼的测定 姜黄素分光光度法	HJ/T 49—1999	1999-08-18	1999-08-18	2000-01-01	是
672	水质 三氯乙醛的测定 吡唑啉酮分光光度法	HJ/T 50—1999	1999-08-18	1999-08-18	2000-01-01	是
673	水质 全盐量的测定 重量法	HJ/T 51—1999	1999-08-18	1999-08-18	2000-01-01	是
674	水质 河流采样技术指导	HJ/T 52—1999	1999-08-18	1999-08-18	2000-01-01	是

续表

序号	标准名称	标准编号	批准时间	发布时间	实施时间	是否为现行标准
675	拟开放场址土壤中剩余放射性可接受水平规定	HJ/T 53—2000	2000-05-22	2000-05-22	2000-12-01	是
676	固定污染源排气中二氧化硫的测定　碘量法	HJ/T 56—2000	2000-12-07	2000-12-07	2001-03-01	是
677	固定污染源排气中二氧化硫的测定　定电位电解法	HJ/T 57—2000	2000-12-07	2000-12-07	2001-03-01	是
678	水质　铍的测定　铬菁 R 分光光度法	HJ/T 58—2000	2000-12-07	2000-12-07	2001-03-01	是
679	水质　铍的测定石墨炉原子吸收分光光度法	HJ/T 59—2000	2000-12-07	2000-12-07	2001-03-01	是
680	水质　硫化物的测定　碘量法	HJ/T 60—2000	2000-12-07	2000-12-07	2001-03-01	是
681	辐射环境监测技术规范	HJ/T 61—2001	2001-05-28	2001-05-28	2001-08-01	是
682	大气污染物无组织排放监测技术导则	HJ/T 55—2000	2000-12-07	2000-12-07	2001-03-01	是
683	饮食业油烟净化设备技术要求及检测技术规范（试行）	HJ/T 62—2001	2001-06-04	2001-06-04	2001-08-01	是
684	大气固定污染源　镍的测定　火焰原子吸收分光光度法	HJ/T 63.1—2001	2001-07-27	2001-07-27	2001-11-01	是
685	大气固定污染源　镍的测定　石墨炉原子吸收分光光度法	HJ/T 63.2—2001	2001-07-27	2001-07-27	2001-11-01	是
686	大气固定污染源　镍的测定　丁二酮肟-正丁醇萃取分光光度法	HJ/T 63.3—2001	2001-07-27	2001-07-27	2001-11-01	是
687	大气固定污染源　镉的测定　火焰原子吸收分光光度法	HJ/T 64.1—2001	2001-07-27	2001-07-27	2001-11-01	是
688	大气固定污染源　镉的测定　石墨炉原子吸收分光光度法	HJ/T 64.2—2001	2001-07-27	2001-07-27	2001-11-01	是
689	大气固定污染源　镉的测定　对-偶氮苯重氮氨基偶氮苯磺酸分光光度法	HJ/T 64.3—2001	2001-07-27	2001-07-27	2001-11-01	是
690	大气固定污染源　锡的测定　石墨炉原子吸收分光光度法	HJ/T 65—2001	2001-07-27	2001-07-27	2001-11-01	是
691	大气固定污染源　氯苯类化合物的测定　气相色谱法	HJ/T 66—2001	2001-07-27	2001-07-27	2001-11-01	是
692	大气固定污染源　氟化物的测定　离子选择电极法	HJ/T 67—2001	2001-07-27	2001-07-27	2001-11-01	是
693	大气固定污染源　苯胺类的测定　气相色谱法	HJ/T 68—2001	2001-07-27	2001-07-27	2001-11-01	是
694	燃煤锅炉烟尘和二氧化硫排放总量核定技术方法-物料衡算法（试行）	HJ/T 69—2001	2001-07-27	2001-07-27	2001-11-01	是
695	高氯废水　化学需氧量的测定　氯气校正法	HJ/T 70—2001	2001-09-11	2001-09-11	2001-12-01	是
696	水质　总有机碳的测定　燃烧氧化-非分散红外吸收法	HJ/T 71—2001	2001-09-29	2001-09-29	2002-01-01	是
697	水质　邻苯二甲酸二甲（二丁、二辛）酯的测定　液相色谱法	HJ/T 72—2001	2001-09-29	2001-09-29	2002-01-01	是
698	水质　丙烯腈的测定　气相色谱法	HJ/T 73—2001	2001-09-29	2001-09-29	2002-01-01	是
699	水质　氯苯的测定　气相色谱法	HJ/T 74—2001	2001-09-29	2001-09-29	2002-01-01	是
700	火电厂烟气排放连续监测技术规范	HJ/T 75—2001	2001-09-30	2001-09-30	2002-01-01	否
701	固定污染物排放烟气连续监测系统技术要求及检测方法	HJ/T 76—2001	2001-09-30	2001-09-30	2002-01-01	否

续表

序号	标准名称	标准编号	批准时间	发布时间	实施时间	是否为现行标准
702	多氯代二苯并二噁英和多氯代二苯并呋喃的测定　同位素稀释高分辨毛细管气相色谱/高分辨质谱法	HJ/T 77—2001	2001-10-19	2001-10-19	2002-01-01	是
703	环境保护档案管理数据采集规范	HJ/T 78—2001	2001-12-25	2001-12-25	2002-04-01	是
704	环境保护档案机读目录数据交换格式	HJ/T 79—2001	2001-12-25	2001-12-25	2002-04-01	是
705	有机食品技术规范	HJ/T 80—2001	2001-12-25	2001-12-25	2002-04-01	是
706	畜禽养殖业污染防治技术规范	HJ/T 81—2001	2001-12-19	2001-12-19	2002-04-01	是
707	近岸海域环境功能区划分技术规范	HJ/T 82—2001	2001-12-25	2001-12-25	2002-04-01	是
708	水质　可吸附有机卤素（AOX）的测定　离子色谱法	HJ/T 83—2001	2001-12-19	2001-12-19	2002-04-01	是
709	水质　无机阴离子的测定　离子色谱法	HJ/T 84—2001	2001-12-19	2001-12-19	2002-04-01	是
710	长江三峡水库库底固体废物清理技术规范（试行）	HJ/T 85—2002	2002-04-11	2002-04-11	2002-04-11	否
711	水质　生化需氧量（BOD）的测定　微生物传感器快速测定法	HJ/T 86—2002	2002-01-29	2002-01-29	2002-07-01	是
712	环境影响评价技术导则　民用机场建设工程	HJ/T 87—2002	2002-07-12	2002-08-07	2002-10-01	是
713	地表水和污水监测技术规范	HJ/T 91—2002	2002-12-25	2002-12-25	2003-01-01	是
714	水污染物排放总量监测技术规范	HJ/T 92—2002	2002-12-25	2002-12-25	2003-01-01	是
715	环境影响评价技术导则　水利水电工程	HJ/T 88—2003	2003-03-28	2003-03-28	2003-07-01	是
716	环境影响评价技术导则　石油化工建设项目	HJ/T 89—2003	2003-01-06	2003-01-06	2003-04-01	是
717	PM_{10}采样器技术要求及检测方法	HJ/T 93—2003	2003-01-29	2003-01-29	2003-07-01	是
718	销毁日本遗弃在华化学武器环境保护术语和符号	HJ/T 94—2003	2003-02-10	2003-02-10	2003-02-10	是
719	销毁日本遗弃在华化学武器环境风险评价技术导则	HJ 95—2003	2003-03-31	2003-03-31	2003-03-31	是
720	pH 水质自动分析仪技术要求	HJ/T 96—2003	2003-03-28	2003-03-28	2003-07-01	是
721	电导率水质自动分析仪技术要求	HJ/T 97—2003	2003-03-28	2003-03-28	2003-07-01	是
722	浊度水质自动分析仪技术要求	HJ/T 98—2003	2003-03-28	2003-03-28	2003-07-01	是
723	溶解氧（DO）水质自动分析仪技术要求	HJ/T 99—2003	2003-03-28	2003-03-28	2003-07-01	是
724	高锰酸盐指数水质自动分析仪技术要求	HJ/T 100—2003	2003-03-28	2003-03-28	2003-07-01	是
725	氨氮水质自动分析仪技术要求	HJ/T 101—2003	2003-03-28	2003-03-28	2003-07-01	是
726	总氮水质自动分析仪技术要求	HJ/T 102—2003	2003-03-28	2003-03-28	2003-07-01	是
727	总磷水质自动分析仪技术要求	HJ/T 103—2003	2003-03-28	2003-03-28	2003-07-01	是
728	总有机碳（TOC）水质自动分析仪技术要求	HJ/T 104—2003	2003-03-28	2003-03-28	2003-07-01	是
729	销毁日本遗弃在华化学武器废气中芥子气的测定　气相色谱法（试行）	HJ/T 105—2003	2003-04-04	2003-04-04	2003-04-04	是
730	销毁日本遗弃在华化学武器废气中路易氏剂的测定　气相色谱法（试行）	HJ/T 106—2003	2003-04-04	2003-04-04	2003-04-04	是
731	销毁日本遗弃在华化学武器空气和废气中总砷的测定　二乙基二硫代氨基甲酸银分光光度法（试行）	HJ/T 107—2003	2003-04-04	2003-04-04	2003-04-04	是
732	销毁日本遗弃在华化学武器土壤中芥子气的测定　气相色谱法（试行）	HJ/T 108—2003	2003-04-04	2003-04-04	2003-04-04	是
733	销毁日本遗弃在华化学武器水中芥子气的测定　气相色谱/质谱法（试行）	HJ/T 109—2003	2003-04-04	2003-04-04	2003-04-04	是

续表

序号	标准名称	标准编号	批准时间	发布时间	实施时间	是否为现行标准
734	销毁日本遗弃在华化学武器水中路易氏剂的测定　气相色谱/质谱法（试行）	HJ/T 110—2003	2003-04-04	2003-04-04	2003-04-04	是
735	销毁日本遗弃在华化学武器水中二苯氰胂的测定气相色谱/质谱法（试行）	HJ/T 111—2003	2003-04-04	2003-04-04	2003-04-04	是
736	销毁日本遗弃在华化学武器水中二苯氯胂的测定　气相色谱/质谱法（试行）	HJ/T 112—2003	2003-04-04	2003-04-04	2003-04-04	是
737	销毁日本遗弃在华化学武器水中芥子砜的测定　气相色谱/质谱法（试行）	HJ/T 113—2003	2003-04-04	2003-04-04	2003-04-04	是
738	销毁日本遗弃在华化学武器水中芥子亚砜的测定　气相色谱/质谱法（试行）	HJ/T 114—2003	2003-04-04	2003-04-04	2003-04-04	是
739	销毁日本遗弃在华化学武器水中氯乙烯胂酸的测定　高效液相色谱（试行）	HJ/T 115—2003	2003-04-04	2003-04-04	2003-04-04	是
740	销毁日本遗弃在华化学武器水中三苯胂的测定　气相色谱/质谱法（试行）	HJ/T 116—2003	2003-04-04	2003-04-04	2003-04-04	是
741	销毁日本遗弃在华化学武器水中氧联双二苯胂的测定　气相色谱/质谱法（试行）	HJ/T 117—2003	2003-04-04	2003-04-04	2003-04-04	是
742	销毁日本遗弃在华化学武器土壤中苯氯乙酮的测定　气相色谱法（试行）	HJ/T 118—2003	2003-04-04	2003-04-04	2003-04-04	是
743	销毁日本遗弃在华化学武器土壤中氧联双二苯胂的测定　气相色谱法（试行）	HJ/T 119—2003	2003-04-04	2003-04-04	2003-04-04	是
744	销毁日本遗弃在华化学武器土壤中氯乙烯氧胂的测定　乙炔铜分光光度法（试行）	HJ/T 120—2003	2003-04-04	2003-04-04	2003-04-04	是
745	销毁日本遗弃在华化学武器土壤中氯乙烯氧胂的测定　气相色谱法（试行）	HJ/T 121—2003	2003-04-04	2003-04-04	2003-04-04	是
746	销毁日本遗弃在华化学武器水中氯乙烯氧胂的测定　乙炔铜分光光度法（试行）	HJ/T 122—2003	2003-04-04	2003-04-04	2003-04-04	是
747	销毁日本遗弃在华化学武器水中氯乙烯氧胂的测定　气相色谱法（试行）	HJ/T 123—2003	2003-04-04	2003-04-04	2003-04-04	是
748	销毁日本遗弃在华化学武器废气中二噁英类的测定　同位素稀释高分辨毛细管气相色谱/高分辨质谱法（试行）	HJ/T 124—2003	2003-04-04	2003-04-04	2003-04-04	是
749	清洁生产标准　石油炼制业	HJ/T 125—2003	2003-04-18	2003-04-18	2003-06-01	是
750	清洁生产标准　炼焦行业	HJ/T 126—2003	2003-04-18	2003-04-18	2003-06-01	是
751	清洁生产标准　制革行业（猪轻革）	HJ/T 127—2003	2003-04-18	2003-04-18	2003-06-01	是
752	销毁日本遗弃在华化学武器生态恢复技术规范（试行）	HJ/T 128—2003	2003-11-20	2003-11-20	2003-11-20	是
753	自然保护区管护基础设施建设技术规范	HJ/T 129—2003	2003-08-13	2003-08-13	2003-10-01	是
754	规划环境影响评价技术导则（试行）	HJ/T 130—2003	2003-08-11	2003-08-11	2003-09-01	是
755	开发区区域环境影响评价技术导则	HJ/T 131—2003	2003-08-11	2003-08-11	2003-09-01	是
756	高氯废水　化学需氧量的测定　碘化钾碱性高锰酸钾法	HJ/T 132—2003	2003-09-30	2003-09-30	2004-01-01	是
757	销毁日本遗弃在华化学武器废气中光气的测定　高效液相色谱法（试行）	HJ/T 133—2003	2003-12-31	2003-12-31	2003-12-31	是
758	销毁日本遗弃在华化学武器空气中光气的测定　高效液相色谱法（试行）	HJ/T 134—2003	2003-12-31	2003-12-31	2003-12-31	是

续表

序号	标准名称	标准编号	批准时间	发布时间	实施时间	是否为现行标准
759	销毁日本遗弃在华化学武器水中氰溴甲苯的测定　高效液相色谱法（试行）	HJ/T 135—2003	2003-12-31	2003-12-31	2003-12-31	是
760	销毁日本遗弃在华化学武器空气中氰溴甲苯的测定　高效液相色谱法（试行）	HJ/T 136—2003	2003-12-31	2003-12-31	2003-12-31	是
761	销毁日本遗弃在华化学武器固体废物中氰溴甲苯的测定　高效液相色谱法（试行）	HJ/T 137—2003	2003-12-31	2003-12-31	2003-12-31	是
762	销毁日本遗弃在华化学武器土壤中氰溴甲苯的测定　高效液相色谱法（试行）	HJ/T 138—2003	2003-12-31	2003-12-31	2003-12-31	是
763	销毁日本遗弃在华化学武器废气中氰溴甲苯的测定　高效液相色谱法（试行）	HJ/T 139—2003	2003-12-31	2003-12-31	2003-12-31	是
764	销毁日本遗弃在华化学武器固体废物中总氰化物的测定　异烟酸-吡唑啉酮分光光度法（试行）	HJ/T 140—2003	2003-12-31	2003-12-31	2003-12-31	是
765	销毁日本遗弃在华化学武器土壤中总氰化物的测定　异烟酸-吡唑啉酮分光光度法（试行）	HJ/T 141—2003	2003-12-31	2003-12-31	2003-12-31	是
766	销毁日本遗弃在华化学武器空气中芥子气的测定　气相色谱法（试行）	HJ/T 142—2003	2003-12-31	2003-12-31	2003-12-31	是
767	销毁日本遗弃在华化学武器空气中路易氏剂的测定　气相色谱法（试行）	HJ/T 143—2003	2003-12-31	2003-12-31	2003-12-31	是
768	销毁日本遗弃在华化学武器空气中苯氯乙酮的测定　气相色谱法（试行）	HJ/T 144—2003	2003-12-31	2003-12-31	2003-12-31	是
769	销毁日本遗弃在华化学武器废气中苯氯乙酮的测定气相色谱法（试行）	HJ/T 145—2003	2003-12-31	2003-12-31	2003-12-31	是
770	销毁日本遗弃在华化学武器土壤中路易氏剂的测定　气相色谱法（试行）	HJ/T 146—2003	2003-12-31	2003-12-31	2003-12-31	是
771	销毁日本遗弃在华化学武器土壤中二苯氯胂的测定　气相色谱-质谱法（试行）	HJ/T 147—2003	2003-12-31	2003-12-31	2003-12-31	是
772	销毁日本遗弃在华化学武器土壤中二苯氰胂的测定　气相色谱-质谱法（试行）	HJ/T 148—2003	2003-12-31	2003-12-31	2003-12-31	是
773	销毁日本遗弃在华化学武器固体废物中芥子气的测定　气相色谱法（试行）	HJ/T 149—2003	2003-12-31	2003-12-31	2003-12-31	是
774	销毁日本遗弃在华化学武器固体废物中路易氏剂的测定　气相色谱法（试行）	HJ/T 150—2003	2003-12-31	2003-12-31	2003-12-31	是
775	销毁日本遗弃在华化学武器固体废物中二苯氯胂的测定　气相色谱-质谱法（试行）	HJ/T 151—2003	2003-12-31	2003-12-31	2003-12-31	是
776	销毁日本遗弃在华化学武器固体废物中二苯氰胂的测定　气相色谱-质谱法（试行）	HJ/T 152—2003	2003-12-31	2003-12-31	2003-12-31	是
777	化学品测试导则	HJ/T 153—2004	2004-04-13	2004-04-13	2004-06-01	是
778	新化学物质危害评估导则	HJ/T 154—2004	2004-04-13	2004-04-13	2004-06-01	是
779	化学品测试合格实验室导则	HJ/T 155—2004	2004-04-13	2004-04-13	2004-06-01	是
780	声屏障声学设计和测量规范	HJ/T 90—2004	2004-07-12	2004-07-12	2004-10-01	是
781	销毁日本遗弃在华化学武器废气中氧联双二苯胂的测定　气相色谱法（试行）	HJ/T 156—2004	2004-08-04	2004-08-04	2004-08-04	是

续表

序号	标准名称	标准编号	批准时间	发布时间	实施时间	是否为现行标准
782	销毁日本遗弃在华化学武器空气中氧联双二苯肿的测定　气相色谱法（试行）	HJ/T 157—2004	2004-08-04	2004-08-04	2004-08-04	是
783	销毁日本遗弃在华化学武器固体废物中氧联双二苯胂的测定　气相色谱法（试行）	HJ/T 158—2004	2004-08-04	2004-08-04	2004-08-04	是
784	销毁日本遗弃在华化学武器水中苯氯乙酮的测定　气相色谱法（试行）	HJ/T 159—2004	2004-08-18	2004-08-18	2004-08-18	是
785	销毁日本遗弃在华化学武器废气中二苯氰胂的测定　气相色谱-质谱法（试行）	HJ/T 160—2005	2005-02-24	2005-02-24	2005-02-24	是
786	销毁日本遗弃在华化学武器空气中二苯氰胂的测定　气相色谱-质谱法（试行）	HJ/T 161—2005	2005-02-24	2005-02-24	2005-02-24	是
787	销毁日本遗弃在华化学武器固体废物采样制样技术规范（试行）	HJ/T 162—2005	2005-02-24	2005-02-24	2005-02-24	是
788	销毁日本遗弃在华化学武器土壤采样制样技术规范（试行）	HJ/T 163—2005	2005-02-24	2005-02-24	2005-02-24	是
789	地下水环境监测技术规范	HJ/T 164—2004	2004-12-09	2004-12-09	2004-12-09	是
790	酸沉降监测技术规范	HJ/T 165—2004	2004-12-09	2004-12-09	2004-12-09	是
791	土壤环境监测技术规范	HJ/T 166—2004	2004-12-09	2004-12-09	2004-12-09	是
792	室内环境空气质量监测技术规范	HJ/T 167—2004	2004-12-09	2004-12-09	2004-12-09	是
793	环境监测分析方法标准制订技术导则	HJ/T 168—2004	2004-12-09	2004-12-09	2004-12-09	是
794	建设项目环境风险评价技术导则	HJ/T 169—2004	2004-12-11	2004-12-11	2004-12-11	是
795	销毁日本遗弃在华化学武器固体废物中苯氯乙酮的测定　气相色谱法（试行）	HJ/T 170—2004	2004-08-04	2004-08-04	2004-08-04	是
796	销毁日本遗弃在华化学武器固体废物中氯乙烯氧胂的测定　乙炔铜分光光度法（试行）	HJ/T 171—2004	2004-08-04	2004-08-04	2004-08-04	是
797	销毁日本遗弃在华化学武器固体废物中氯乙烯氧胂的测定　气相色谱法（试行）	HJ/T 172—2004	2004-08-04	2004-08-04	2004-08-04	是
798	环境标准样品研复制技术规范	HJ/T 173—2005	2005-03-24	2005-03-24	2005-07-01	是
799	降雨自动采样器技术要求及检测方法	HJ/T 174—2005	2005-05-08	2005-05-08	2005-05-08	是
800	降雨自动监测仪技术要求及检测方法	HJ/T 175—2005	2005-05-08	2005-05-08	2005-05-08	是
801	危险废物集中焚烧处置工程建设技术规范	HJ/T 176—2005	2005-05-24	2005-05-24	2005-05-24	是
802	医疗废物集中焚烧处置工程建设技术规范	HJ/T 177—2005	2005-05-24	2005-05-24	2005-05-24	是
803	长江三峡水库库底固体废物清理技术规范	HJ 85—2005	2005-06-13	2005-06-13	2005-06-13	是
804	火电厂烟气脱硫工程技术规范烟气循环流化床法	HJ/T 178—2005	2005-06-24	2005-06-24	2005-10-01	是
805	火电厂烟气脱硫工程技术规范 石灰石/石灰-石膏法	HJ/T 179—2005	2005-06-24	2005-06-24	2005-10-01	是
806	城市机动车排放空气污染测算方法	HJ/T 180—2005	2005-07-27	2005-07-27	2005-10-01	是
807	废弃机电产品集中拆解利用处置区环境保护技术规范（试行）	HJ/T 181—2005	2005-08-15	2005-08-15	2005-09-01	是
808	环境标志产品技术要求　轻型汽车	HJ/T 182—2005	2005-09-02	2005-09-02	2005-10-01	是
809	紫外（UV）吸收水质自动在线监测仪技术要求	HJ/T 191—2005	2005-09-20	2005-09-20	2005-11-01	是
810	环境空气质量自动监测技术规范	HJ/T 193—2005	2005-11-28	2005-11-09	2006-01-01	是
811	环境空气质量手工监测技术规范	HJ/T 194—2005	2005-11-09	2005-11-09	2006-01-01	是
812	水质　氨氮的测定　气相分子吸收光谱法	HJ/T 195—2005	2005-11-09	2005-11-09	2006-01-01	是

续表

序号	标准名称	标准编号	批准时间	发布时间	实施时间	是否为现行标准
813	水质　凯氏氮的测定　气相分子吸收光谱法	HJ/T 196—2005	2005-11-09	2005-11-09	2006-01-01	是
814	水质　亚硝酸盐氮的测定　气相分子吸收光谱法	HJ/T 197—2005	2005-11-09	2005-11-09	2006-01-01	是
815	水质　硝酸盐氮的测定　气相分子吸收光谱法	HJ/T 198—2005	2005-11-09	2005-11-09	2006-01-01	是
816	水质　总氮的测定　气相分子吸收光谱法	HJ/T 199—2005	2005-11-09	2005-11-09	2006-01-01	是
817	水质　硫化物的测定　气相分子吸收光谱法	HJ/T 200—2005	2005-11-09	2005-11-09	2006-01-01	是
818	环境标志产品技术要求　水性涂料	HJ/T 201—2005	2005-11-22	2005-11-22	2006-01-01	是
819	环境标志产品技术要求　一次性餐具	HJ/T 202—2005	2005-11-22	2005-11-22	2006-01-01	是
820	环境标志产品技术要求　飞碟靶	HJ/T 203—2005	2005-11-22	2005-11-22	2006-01-01	是
821	环境标志产品技术要求　包装用纤维干燥剂	HJ/T 204—2005	2005-11-22	2005-11-22	2006-01-01	是
822	环境标志产品技术要求　再生纸制品	HJ/T 205—2005	2005-11-22	2005-11-22	2006-01-01	是
823	环境标志产品技术要求　无石棉建筑制品	HJ/T 206—2005	2005-11-22	2005-11-22	2006-01-01	是
824	环境标志产品技术要求　建筑砌块	HJ/T 207—2005	2005-11-22	2005-11-22	2006-01-01	是
825	环境标志产品技术要求　灭火器	HJ/T 208—2005	2005-11-22	2005-11-22	2006-01-01	是
826	环境标志产品技术要求　包装制品	HJ/T 209—2005	2005-11-22	2005-11-22	2006-01-01	是
827	环境标志产品技术要求　软饮料	HJ/T 210—2005	2005-11-22	2005-11-22	2006-01-01	是
828	环境标志产品技术要求　化学石膏制品	HJ/T 211—2005	2005-11-22	2005-11-22	2006-01-01	是
829	环境标志产品技术要求　光能动手表	HJ/T 216—2005	2005-11-28	2005-11-28	2006-01-01	是
830	环境标志产品技术要求　防虫蛀剂	HJ/T 217—2005	2005-11-28	2005-11-28	2006-01-01	是
831	环境标志产品技术要求　压力炊具	HJ/T 218—2005	2005-11-28	2005-11-28	2006-01-01	是
832	环境标志产品技术要求　空气卫生香	HJ/T 219—2005	2005-11-28	2005-11-28	2006-01-01	是
833	环境标志产品技术要求　胶粘剂	HJ/T 210—2005	2005-11-28	2005-11-28	2006-01-01	是
834	环境标志产品技术要求　家用微波炉	HJ/T 221—2005	2005-11-28	2005-11-28	2006-01-01	是
835	环境标志产品技术要求　气雾剂	HJ/T 222—2005	2005-11-28	2005-11-28	2006-01-01	是
836	环境标志产品技术要求　轻质墙体板材	HJ/T 223—2005	2005-11-28	2005-11-28	2006-01-01	是
837	环境标志产品技术要求　干式电力变压器	HJ/T 224—2005	2005-11-28	2005-11-28	2006-01-01	是
838	环境标志产品技术要求　消耗臭氧层物质替代产品	HJ/T 225—2005	2005-11-28	2005-11-28	2006-01-01	是
839	环境标志产品技术要求　建筑用塑料管材	HJ/T 226—2005	2005-11-28	2005-11-28	2006-01-01	是
840	环境标志产品技术要求　磁电式水处理器	HJ/T 227—2005	2005-11-28	2005-11-28	2006-01-01	是
841	机动车排放污染防治技术政策	环发[1999]134 号	1999-06-08	1999-06-08	1999-06-08	是
842	草浆造纸工业废水污染防治技术政策	环发[1999]273 号	1999-11-29	1999-11-29	1999-11-29	是
843	城市生活垃圾处理及污染防治技术政策	建成[2000]120 号	2000-05-29	2000-05-29	2000-05-29	是
844	城市污水处理及污染防治技术政策	建成[2000]124 号	2000-05-29	2000-05-29	2000-05-29	是
845	印染行业废水污染防治技术政策	环发[2001]118 号	2001-08-08	2001-08-08	2001-08-08	是
846	危险废物污染防治技术政策	环发[2001]199 号	2001-12-17	2001-12-17	2001-12-17	是
847	燃煤二氧化硫排放污染防治技术政策	环发[2002]26 号	2002-01-30	2002-01-30	2002-01-30	是
848	摩托车排放污染防治技术政策	环发[2003]7 号	2003-01-13	2003-01-13	2003-01-13	是
849	柴油车排放污染防治技术政策	环发[2003]10 号	2003-01-13	2003-01-13	2003-01-13	是
850	废电池污染防治技术政策	环发[2003]163 号	2003-10-09	2003-10-09	2003-10-09	是
851	湖库富营养化防治技术政策	环发[2004]59 号	2004-04-05	2004-04-05	2004-04-05	是
852	销毁日本遗弃在华化学武器固体废物中总氰化物的测定　气相色谱法（试行）	HJ/T 213—2005	2005-11-30	2005-11-30	2005-11-30	是

续表

序号	标准名称	标准编号	批准时间	发布时间	实施时间	是否为现行标准
853	销毁日本遗弃在华化学武器　土壤中总氰化物的测定　气相色谱法（试行）	HJ/T 214—2005	2005-11-30	2005-11-30	2005-11-30	是
854	销毁日本遗弃在华化学武器　空气中二噁英的测定　气相色谱法（试行）	HJ/T 215—2005	2005-11-30	2005-11-30	2005-11-30	是
855	进口可用作原料的固体废物环境保护控制标准　废汽车压件	GB 16487.13—2005	2005-12-14	2005-12-14	2006-02-01	是
856	进口可用作原料的固体废物环境保护控制标准　骨废料	GB 16487.1—2005	2005-12-14	2005-12-14	2006-02-01	是
857	进口可用作原料的固体废物环境保护控制标准　冶炼渣	GB 16487.2—2005	2005-12-14	2005-12-14	2006-02-01	是
858	进口可用作原料的固体废物环境保护控制标准　木、木制品废料	GB 16487.3—2005	2005-12-14	2005-12-14	2006-02-01	是
859	进口可用作原料的固体废物环境保护控制标准　废纸或纸板	GB 16487.4—2005	2005-12-14	2005-12-14	2006-02-01	是
860	进口可用作原料的固体废物环境保护控制标准　废纤维	GB 16487.5—2005	2005-12-14	2005-12-14	2006-02-01	是
861	进口可用作原料的固体废物环境保护控制标准　废钢铁	GB 16487.6—2005	2005-12-14	2005-12-14	2006-02-01	是
862	进口可用作原料的固体废物环境保护控制标准　废有色金属	GB 16487.7—2005	2005-12-14	2005-12-14	2006-02-01	是
863	进口可用作原料的固体废物环境保护控制标准　废电机	GB 16487.8—2005	2005-12-14	2005-12-14	2006-02-01	是
864	进口可用作原料的固体废物环境保护控制标准　废电线电缆	GB 16487.9—2005	2005-12-14	2005-12-14	2006-02-01	是
865	进口可用作原料的固体废物环境保护控制标准　废五金电器	GB 16487.10—2005	2005-12-14	2005-12-14	2006-02-01	是
866	进口可用作原料的固体废物环境保护控制标准　供拆卸的船舶及其他浮动结构体	GB 16487.11—2005	2005-12-14	2005-12-14	2006-02-01	是
867	进口可用作原料的固体废物环境保护控制标准　废塑料	GB 16487.12—2005	2005-12-14	2005-12-14	2006-02-01	是
868	确定点燃式发动机在用汽车简易工况法排气污染物排放限值的原则和方法	HJ/T 240—2005	2005-12-12	2005-12-12	2006-01-01	是
869	确定压燃式发动机在用汽车加载减速法排气烟度排放限值的原则和方法	HJ/T 241—2005	2005-12-12	2005-12-12	2006-01-01	是
870	水质　持久性有机污染物艾氏剂环境标准样品	GSB 07-1983—2005	2005-12-05	2005-12-05	2005-12-05	是
871	水质　持久性有机污染物狄氏剂环境标准样品	GSB 07-1984—2005	2005-12-05	2005-12-05	2005-12-05	是
872	水质　持久性有机污染物异狄氏剂环境标准样品	GSB 07-1985—2005	2005-12-05	2005-12-05	2005-12-05	是
873	水质　挥发性卤代烃一溴二氯甲烷环境标准样品	GSB 07-1980—2005	2005-12-05	2005-12-05	2005-12-05	是
874	水质　挥发性卤代烃二溴一氯甲烷环境标准样品	GSB 07-1981—2005	2005-12-05	2005-12-05	2005-12-05	是

续表

序号	标准名称	标准编号	批准时间	发布时间	实施时间	是否为现行标准
875	水质　挥发性卤代烃混标 11 环境标准样品（氯仿、四氯化碳、一溴二氯甲烷、二溴一氯甲烷、溴仿）	GSB 07-1982—2005	2005-12-05	2005-12-05	2005-12-05	是
876	水质　总有机碳环境标准样品	GSB 07-1967—2005	2005-12-05	2005-12-05	2005-12-05	是
877	水质　钛环境标准样品	GSB 07-1977—2005	2005-12-05	2005-12-05	2005-12-05	是
878	水质　多氯联苯（Arocotor 1221）环境标准样品	GSB 07-1975—2005	2005-12-05	2005-12-05	2005-12-05	是
879	水质　色度环境标准样品	GSB 07-1966—2005	2005-12-05	2005-12-05	2005-12-05	是
880	水质　硼环境标准样品	GSB 07-1979—2005	2005-12-05	2005-12-05	2005-12-05	是
881	水质　铊环境标准样品	GSB 07-1978—2005	2005-12-05	2005-12-05	2005-12-05	是
882	水质　氯苯类　1,4-二氯苯环境标准样品	GSB 07-1968—2005	2005-12-05	2005-12-05	2005-12-05	是
883	水质　氯苯类　1,2,3-三氯苯环境标准样品	GSB 07-1969—2005	2005-12-05	2005-12-05	2005-12-05	是
884	水质　氯苯类　1,2,4-三氯苯环境标准样品	GSB 07-1970—2005	2005-12-05	2005-12-05	2005-12-05	是
885	水质　氯苯类　1,2,4,5-四氯苯环境标准样品	GSB 07-1971—2005	2005-12-05	2005-12-05	2005-12-05	是
886	水质　氯苯类　1,2,3,4-四氯苯环境标准样品	GSB 07-1972—2005	2005-12-05	2005-12-05	2005-12-05	是
887	水质　氯苯类　五氯苯环境标准样品	GSB 07-1973—2005	2005-12-05	2005-12-05	2005-12-05	是
888	水质　氯苯类混标 11 环境标准样品（1,2-二氯苯、1,3-二氯苯、1,4-二氯苯、1,2,4-三氯苯）	GSB 07-1974—2005	2005-12-05	2005-12-05	2005-12-05	是
889	氮气中氧环境标准样品	GSB 07-1987—2005	2005-12-05	2005-12-05	2005-12-05	是
890	空气污染物 TVOCs 环境标准样品	GSB 07-1986—2005	2005-12-05	2005-12-05	2005-12-05	是
891	氮气中硫化氢环境标准样品	GSB 07-1976—2005	2005-12-05	2005-12-05	2005-12-05	是
892	氮气中七种苯系物环境标准样品	GSB 07-1989—2005	2005-12-05	2005-12-05	2005-12-05	是
893	氮气中苯环境标准样品	GSB 07-1988—2005	2005-12-05	2005-12-05	2005-12-05	是
894	污染源在线监控（监测）系统数据传输标准	HJ/T 212—2005	2005-12-30	2005-12-30	2006-02-01	是
895	车用压燃式发动机排气污染物排放限值及测量方法（被替代标准）	GB 17691—2001	2001-04-16	2001-04-16	2001-04-16	否
896	车用压燃式发动机排气污染物测量方法（被替代标准）	HJ 54—2000	2000-06-30	2000-06-30	2000-09-01	否
897	车用压燃式发动机排气污染物排放标准（被替代标准）	GWPB 6—2000	2000-06-30	2000-06-30	2000-09-01	否
898	污水海洋处置工程污染控制标准（被替代标准）	GWPB 4—2000	2000-05-11	2000-05-11	2000-10-01	否
899	饮食业油烟排放标准（试行）（被替代标准）	GWPB 5—2000	2000-02-29	2000-02-29	2000-07-01	否
900	生活垃圾焚烧污染控制标准（被替代标准）	GWKB 3—2000	2000-02-29	2000-02-29	2000-06-01	否
901	合成氨工业水污染物排放标准（被替代标准）	GWPB 4—1999	1999-12-03	1999-12-03	2000-03-01	否
902	锅炉大气污染物排放标准（被替代标准）	GWPB 3—1999	1999-12-03	1999-12-03	2000-03-01	否
903	危险废物焚烧污染控制标准（被替代标准）	GWKB 2—1999	1999-12-03	1999-12-03	2000-03-01	否
904	造纸工业水污染物排放标准（被替代标准）	GWPB 2—1999	1999-10-10	1999-10-10	2001-01-01	否
905	轻型汽车污染物排放标准（被替代标准）	GWPB 1—1999	1999-07-09	1999-07-09	2000-01-01	否
906	矿山生态环境保护与污染防治技术政策	环发[2005]109 号	2005-09-07	2005-09-07	2005-09-07	是
907	制革、毛皮工业污染防治技术政策	环发[2006]38 号	2006-02-21	2006-02-21	2006-02-21	是
908	医疗废物化学消毒集中处理工程技术规范（试行）	HJ/T 228—2006	2006-02-08	2006-02-08	2006-03-15	是

续表

序号	标准名称	标准编号	批准时间	发布时间	实施时间	是否为现行标准
909	医疗废物微波消毒集中处理工程技术规范（试行）	HJ/T 229—2006	2006-02-08	2006-02-08	2006-03-15	是
910	环境标志产品技术要求　节能灯	HJ/T 230—2006	2006-01-06	2006-01-06	2006-03-01	是
911	环境标志产品技术要求　再生塑料制品	HJ/T 231—2006	2006-01-06	2006-01-06	2006-03-01	是
912	环境标志产品技术要求　管型荧光灯镇流器	HJ/T 232—2006	2006-01-06	2006-01-06	2006-03-01	是
913	环境标志产品技术要求　泡沫塑料	HJ/T 233—2006	2006-01-06	2006-01-06	2006-03-01	是
914	环境标志产品技术要求　金属焊割气	HJ/T 234—2006	2006-01-06	2006-01-06	2006-03-01	是
915	环境标志产品技术要求　工商用制冷设备	HJ/T 235—2006	2006-01-06	2006-01-06	2006-03-01	是
916	环境标志产品技术要求　家用制冷器具	HJ/T 236—2006	2006-01-06	2006-01-06	2006-03-01	是
917	环境标志产品技术要求　塑料门窗	HJ/T 237—2006	2006-01-06	2006-01-06	2006-03-01	是
918	环境标志产品技术要求　充电电池	HJ/T 238—2006	2006-01-06	2006-01-06	2006-03-01	是
919	环境标志产品技术要求　干电池	HJ/T 239—2006	2006-01-06	2006-01-06	2006-03-01	是
920	生态环境状况评价技术规范（试行）	HJ/T 192—2006	2006-03-09	2006-03-09	2006-05-01	是
921	建设项目竣工环境保护验收技术规范电解铝	HJ/T 254—2006	2006-03-09	2006-03-09	2006-05-01	是
922	建设项目竣工环境保护验收技术规范火力发电	HJ/T 255—2006	2006-03-09	2006-03-09	2006-05-01	是
923	建设项目竣工环境保护验收技术规范水泥制造	HJ/T 256—2006	2006-03-09	2006-03-09	2006-05-01	是
924	环境保护产品技术要求　污泥脱水用带式压榨过滤机	HJ/T 242—2006	2006-04-13	2006-04-13	2006-06-01	是
925	环境保护产品技术要求　油水分离装置	HJ/T 243—2006	2006-04-13	2006-04-13	2006-06-01	是
926	环境保护产品技术要求　斜管(板)隔油装置	HJ/T 244—2006	2006-04-13	2006-04-13	2006-06-01	是
927	环境保护产品技术要求　悬挂式填料	HJ/T 245—2006	2006-04-13	2006-04-13	2006-06-01	是
928	环境保护产品技术要求　悬浮填料	HJ/T 246—2006	2006-04-13	2006-04-13	2006-06-01	是
929	环境保护产品技术要求　竖轴式机械表面曝气装置	HJ/T 247—2006	2006-04-13	2006-04-13	2006-06-01	是
930	环境保护产品技术要求　多层滤料过滤器	HJ/T 248—2006	2006-04-13	2006-04-13	2006-06-01	是
931	环境保护产品技术要求　水力旋流分离器	HJ/T 249—2006	2006-04-13	2006-04-13	2006-06-01	是
932	环境保护产品技术要求　旋转式细格栅	HJ/T 250—2006	2006-04-13	2006-04-13	2006-06-01	是
933	环境保护产品技术要求　罗茨鼓风机	HJ/T 251—2006	2006-04-13	2006-04-13	2006-06-01	是
934	环境保护产品技术要求　中、微孔曝气器	HJ/T 252—2006	2006-04-13	2006-04-13	2006-06-01	是
935	环境保护产品技术要求　微孔过滤装置	HJ/T 253—2006	2006-04-13	2006-04-13	2006-06-01	是
936	环境保护产品技术要求　电解法二氧化氯协同消毒剂发生器	HJ/T 257—2006	2006-04-13	2006-04-13	2006-06-15	是
937	环境保护产品技术要求　电解法次氯酸钠发生器	HJ/T 258—2006	2006-04-13	2006-04-13	2006-06-15	是
938	环境保护产品技术要求　转刷曝气装置	HJ/T 259—2006	2006-04-13	2006-04-13	2006-06-15	是
939	环境保护产品技术要求　鼓风式潜水曝气机	HJ/T 260—2006	2006-04-13	2006-04-13	2006-06-15	是
940	环境保护产品技术要求　压力溶气气浮装置	HJ/T 261—2006	2006-04-13	2006-04-13	2006-06-15	是
941	环境保护产品技术要求　格栅除污机	HJ/T 262—2006	2006-04-13	2006-04-13	2006-06-15	是
942	环境保护产品技术要求　射流曝气器	HJ/T 263—2006	2006-04-13	2006-04-13	2006-06-15	是
943	环境保护产品技术要求　臭氧发生器	HJ/T 264—2006	2006-04-13	2006-04-13	2006-06-15	是
944	行业类生态工业园区标准（试行）	HJ/T 273—2006	2006-06-02	2006-06-02	2006-09-01	是
945	综合类生态工业园区标准（试行）	HJ/T 274—2006	2006-06-02	2006-06-02	2006-09-01	是
946	静脉产业类生态工业园区标准（试行）	HJ/T 275—2006	2006-06-02	2006-06-02	2006-09-01	是

续表

序号	标准名称	标准编号	批准时间	发布时间	实施时间	是否为现行标准
947	医疗废物高温蒸汽集中处理工程技术规范（试行）	HJ/T 276—2006	2006-06-14	2006-06-14	2006-08-01	是
948	清洁生产标准　啤酒制造业	HJ/T 183—2006	2006-07-03	2006-07-03	2006-10-01	是
949	清洁生产标准　食用植物油工业（豆油和豆粕）	HJ/T 184—2006	2006-07-03	2006-07-03	2006-10-01	是
950	清洁生产标准　纺织业（棉印染）	HJ/T 185—2006	2006-07-03	2006-07-03	2006-10-01	是
951	清洁生产标准　甘蔗制糖业	HJ/T 186—2006	2006-07-03	2006-07-03	2006-10-01	是
952	清洁生产标准　电解铝业	HJ/T 187—2006	2006-07-03	2006-07-03	2006-10-01	是
953	清洁生产标准　氮肥制造业	HJ/T 188—2006	2006-07-03	2006-07-03	2006-10-01	是
954	清洁生产标准　钢铁行业	HJ/T 189—2006	2006-07-03	2006-07-03	2006-10-01	是
955	清洁生产标准　基本化学原料制造业（环氧乙烷/乙二醇）	HJ/T 190—2006	2006-07-03	2006-07-03	2006-10-01	是
956	汽油车双怠速法排气污染物测量设备技术要求	HJ/T 289—2006	2006-07-18	2006-07-18	2006-09-01	是
957	汽油车简易瞬态工况法排气污染物测量设备技术要求	HJ/T 290—2006	2006-07-18	2006-07-18	2006-09-01	是
958	汽油车稳态工况法排气污染物测量设备技术要求	HJ/T 291—2006	2006-07-18	2006-07-18	2006-09-01	是
959	柴油车加载减速工况法排气烟度测量设备技术要求	HJ/T 292—2006	2006-07-18	2006-07-18	2006-09-01	是
960	环境保护产品技术要求　刮泥机	HJ/T 265—2006	2006-07-28	2006-07-28	2006-09-15	是
961	环境保护产品技术要求　吸泥机	HJ/T 266—2006	2006-07-28	2006-07-28	2006-09-15	是
962	环境保护产品技术要求　电凝聚处理设备	HJ/T 267—2006	2006-07-28	2006-07-28	2006-09-15	是
963	环境保护产品技术要求　中和装置	HJ/T 268—2006	2006-07-28	2006-07-28	2006-09-15	是
964	环境保护产品技术要求　自动清洗网式过滤器	HJ/T 269—2006	2006-07-28	2006-07-28	2006-09-15	是
965	环境保护产品技术要求　反渗透水处理装置	HJ/T 270—2006	2006-07-28	2006-07-28	2006-09-15	是
966	环境保护产品技术要求　超滤装置	HJ/T 271—2006	2006-07-28	2006-07-28	2006-09-15	是
967	环境保护产品技术要求　化学法二氧化氯消毒剂发生器	HJ/T 272—2006	2006-07-28	2006-07-28	2006-09-15	是
968	环境保护产品技术要求　旋转式滗水器	HJ/T 277—2006	2006-07-28	2006-07-28	2006-09-15	是
969	环境保护产品技术要求　单级高速曝气离心鼓风机	HJ/T 278—2006	2006-07-28	2006-07-28	2006-09-15	是
970	环境保护产品技术要求　推流式潜水搅拌机	HJ/T 279—2006	2006-07-28	2006-07-28	2006-09-15	是
971	环境保护产品技术要求　转盘曝气装置	HJ/T 280—2006	2006-07-28	2006-07-28	2006-09-15	是
972	环境保护产品技术要求　散流式曝气器	HJ/T 281—2006	2006-07-28	2006-07-28	2006-09-15	是
973	环境保护产品技术要求　浅池气浮装置	HJ/T 282—2006	2006-07-28	2006-07-28	2006-09-15	是
974	环境保护产品技术要求　厢式压滤机和板框压滤机	HJ/T 283—2006	2006-07-28	2006-07-28	2006-09-15	是
975	环境保护产品技术要求　袋式除尘器用电磁脉冲阀	HJ/T 284—2006	2006-07-28	2006-07-28	2006-09-15	是
976	环境保护产品技术要求　工业粉尘湿式除尘装置	HJ/T 285—2006	2006-07-28	2006-07-28	2006-09-15	是
977	环境保护产品技术要求　工业锅炉多管旋风除尘器	HJ/T 286—2006	2006-07-28	2006-07-28	2006-09-15	是

续表

序号	标准名称	标准编号	批准时间	发布时间	实施时间	是否为现行标准
978	环境保护产品技术要求　中小型燃油、燃气锅炉	HJ/T 287—2006	2006-07-28	2006-07-28	2006-09-15	是
979	环境保护产品技术要求　湿式烟气脱硫除尘装置	HJ/T 288—2006	2006-07-28	2006-07-28	2006-09-15	是
980	辐射源和实践的豁免管理原则	GB 13367—1992				否
981	低、中水平放射性废物固化体性能要求　水泥固化体	GB 14569.1—1993				否
982	低、中水平放射性废物固化体性能要求　塑料固化体	GB 14569.2—1993				否
983	低、中水平放射性废物固化体性能要求　沥青固化体	GB 14569.3—1993				否
984	空气质量　总悬浮颗粒的测定　重量法	GB 9802—1988				否
985	汽车产品回收利用技术政策	发改委、科技部、环保总局公告 2006 年第 9 号	2006-02-06	2006-02-06	2006-02-06	是
986	废弃家用电器与电子产品污染防治技术政策	环发[2006]115 号	2006-04-27	2006-04-27	2006-04-27	是
987	清洁生产标准　汽车制造业（涂装）	HJ/T 293—2006	2006-08-15	2006-08-15	2006-12-01	是
988	清洁生产标准　铁矿采选业	HJ/T 294—2006	2006-08-15	2006-08-15	2006-12-01	是
989	环境标志产品技术要求　卫生陶瓷	HJ/T 296—2006	2006-08-23	2006-08-23	2006-09-01	是
990	环境标志产品技术要求　陶瓷砖	HJ/T 297—2006	2006-08-23	2006-08-23	2006-09-01	是
991	皂素工业水污染物排放标准	GB 20425—2006	2006-06-21	2006-09-01	2007-01-01	是
992	煤炭工业污染物排放标准	GB 20426—2006	2006-06-02	2006-09-01	2006-10-01	是
993	环境保护档案管理规范　环境监察	HJ/T 295—2006	2006-09-08	2006-09-08	2006-12-01	是
994	环境标志产品技术要求　房间空气调节器	HJ/T 304—2006	2006-11-15	2006-11-15	2007-01-01	是
995	环境标志产品技术要求　鞋类	HJ/T 305—2006	2006-11-15	2006-11-15	2007-01-01	是
996	环境标志产品技术要求　彩色电视广播接收机	HJ/T 306—2006	2006-11-15	2006-11-15	2007-01-01	是
997	环境标志产品技术要求　生态纺织品	HJ/T 307—2006	2006-11-15	2006-11-15	2007-01-01	是
998	环境标志产品技术要求　家用电动洗衣机	HJ/T 308—2006	2006-11-15	2006-11-15	2007-01-01	是
999	环境标志产品技术要求　毛纺织品	HJ/T 309—2006	2006-11-15	2006-11-15	2007-01-01	是
1000	环境标志产品技术要求　盘式蚊香	HJ/T 310—2006	2006-11-15	2006-11-15	2007-01-01	是
1001	环境标志产品技术要求　燃气灶具	HJ/T 311—2006	2006-11-15	2006-11-15	2007-01-01	是
1002	环境标志产品技术要求　陶瓷、微晶玻璃和玻璃餐具	HJ/T 312—2006	2006-11-15	2006-11-15	2007-01-01	是
1003	环境标志产品技术要求　微型计算机、显示器	HJ/T 313—2006	2006-11-15	2006-11-15	2007-01-01	是
1004	食用农产品产地环境质量评价标准	HJ/T 332—2006	2006-11-17	2006-11-17	2007-02-01	是
1005	温室蔬菜产地环境质量评价标准	HJ/T 333—2006	2006-11-17	2006-11-17	2007-02-01	是
1006	环境标志产品技术要求　打印机、传真机和多功能一体机	HJ/T 302—2006	2006-11-23	2007-02-01	2007-02-01	是
1007	环境标志产品技术要求　家具	HJ/T 303—2006	2006-11-23	2007-02-01	2007-02-01	是
1008	环境保护产品技术要求　花岗石类湿式烟气脱硫除尘装置	HJ/T 319—2006	2006-11-23	2007-02-01	2007-02-01	是
1009	环境保护产品技术要求　电除尘器高压整流电源	HJ/T 320—2006	2006-11-23	2007-02-01	2007-02-01	是

续表

序号	标准名称	标准编号	批准时间	发布时间	实施时间	是否为现行标准
1010	环境保护产品技术要求　电除尘器低压控制电源	HJ/T 321—2006	2006-11-23	2007-02-01	2007-02-01	是
1011	环境保护产品技术要求　电除尘器	HJ/T 322—2006	2006-11-23	2007-02-01	2007-02-01	是
1012	环境保护产品技术要求　电除雾器	HJ/T 323—2006	2006-11-23	2007-02-01	2007-02-01	是
1013	环境保护产品技术要求　袋式除尘器用滤料	HJ/T 324—2006	2006-11-23	2007-02-01	2007-02-01	是
1014	环境保护产品技术要求　袋式除尘器　滤袋框架	HJ/T 325—2006	2006-11-23	2007-02-01	2007-02-01	是
1015	环境保护产品技术要求　袋式除尘器用覆膜滤料	HJ/T 326—2006	2006-11-23	2007-02-01	2007-02-01	是
1016	环境保护产品技术要求　袋式除尘器　滤袋	HJ/T 327—2006	2006-11-23	2007-02-01	2007-02-01	是
1017	环境保护产品技术要求　脉冲喷吹类袋式除尘器	HJ/T 328—2006	2006-11-23	2007-02-01	2007-02-01	是
1018	环境标志产品技术要求　回转反吹袋式除尘器	HJ/T 329—2006	2006-11-23	2007-02-01	2007-02-01	是
1019	环境保护产品技术要求　分室反吹类袋式除尘器	HJ/T 330—2006	2006-11-23	2007-02-01	2007-02-01	是
1020	环境保护产品技术要求　汽油车用催化转化器	HJ/T 331—2006	2006-11-23	2007-02-01	2007-02-01	是
1021	清洁生产标准　电镀行业	HJ/T 314—2006	2006-11-23	2007-02-01	2007-02-01	是
1022	清洁生产标准　人造板行业（中密度纤维板）	HJ/T 315—2006	2006-11-23	2007-02-01	2007-02-01	是
1023	清洁生产标准　乳制品制造业（纯牛乳及全脂乳粉）	HJ/T 316—2006	2006-11-23	2007-02-01	2007-02-01	是
1024	清洁生产标准　造纸工业（漂白碱法蔗渣浆生产工艺）	HJ/T 317—2006	2006-11-23	2007-02-01	2007-02-01	是
1025	清洁生产标准　钢铁行业（中厚板轧钢）	HJ/T 318—2006	2006-11-23	2007-02-01	2007-02-01	是
1026	环境保护产品技术要求　电渗析装置	HJ/T 334—2006	2006-12-15	2006-12-15	2007-04-01	是
1027	环境保护产品技术要求　污泥压缩带式脱水一体机	HJ/T 335—2006	2006-12-15	2006-12-15	2007-04-01	是
1028	环境保护产品技术要求　潜水排污泵	HJ/T 336—2006	2006-12-15	2006-12-15	2007-04-01	是
1029	环境保护产品技术要求　生物接触氧化成套装置	HJ/T 337—2006	2006-12-15	2006-12-15	2007-04-01	是
1030	饮用水水源保护区划分技术规范	HJ/T 338—2007	2007-01-09	2007-01-09	2007-02-01	是
1031	环境空气质量监测规范（试行）	国家环境保护总局公告 2007 年第 4 号	2007-01-19	2007-01-19	2007-01-19	是
1032	水质　汞的测定　冷原子荧光法（试行）	HJ/T 341—2007	2007-03-10	2007-03-10	2007-05-01	是
1033	水质　硫酸盐的测定　铬酸钡分光光度法（试行）	HJ/T 342—2007	2007-03-10	2007-03-10	2007-05-01	是
1034	水质　氯化物的测定　硝酸汞滴定法（试行）	HJ/T 343—2007	2007-03-10	2007-03-10	2007-05-01	是
1035	水质　锰的测定　甲醛肟分光光度法（试行）	HJ/T 344—2007	2007-03-10	2007-03-10	2007-05-01	是
1036	水质　铁的测定　邻菲啰啉分光光度法（试行）	HJ/T 345—2007	2007-03-10	2007-03-10	2007-05-01	是
1037	水质　硝酸盐氮的测定紫外分光光度法（试行）	HJ/T 346—2007	2007-03-10	2007-03-10	2007-05-01	是

续表

序号	标准名称	标准编号	批准时间	发布时间	实施时间	是否为现行标准
1038	水质　粪大肠菌群的测定　多管发酵法和滤膜法（试行）	HJ/T 347—2007	2007-03-10	2007-03-10	2007-05-01	是
1039	清洁生产标准　造纸工业（漂白化学烧碱法麦草浆生产工艺）	HJ/T 339—2007	2007-03-28	2007-03-28	2007-07-01	是
1040	清洁生产标准　造纸工业（漂白化学烧碱法麦草浆生产工艺）	HJ/T 340—2007	2007-03-28	2007-03-28	2007-07-01	是
1041	重型汽车排气污染物排放控制系统耐久性要求及试验方法	GB 20890—2007	2006-05-08	2007-04-03	2007-10-01	是
1042	非道路移动机械用柴油机排气污染物排放限值及测量方法（中国Ⅰ、Ⅱ阶段）	GB 20891—2007	2006-09-08	2007-04-03	2007-10-01	是
1043	摩托车污染物排放限值及测量方法（工况法，中国第Ⅲ阶段）	GB 14622—2007	2007-02-06	2007-04-03	2008-07-01	是
1044	轻便摩托车污染物排放限值及测量方法（工况法，中国第Ⅲ阶段）	GB 18176—2007	2007-02-06	2007-04-03	2008-07-01	是
1045	报废机动车拆解环境保护技术规范	HJ 348—2007	2007-04-09	2007-04-09	2007-04-09	是
1046	固体废物　浸出毒性浸出方法　硫酸硝酸法	HJ/T 299—2007	2007-04-16	2007-04-16	2007-05-01	是
1047	固体废物　浸出毒性浸出方法　醋酸缓冲溶液法	HJ/T 300—2007	2007-04-16	2007-04-16	2007-05-01	是
1048	铬渣污染治理环境保护技术规范（暂行）	HJ/T 301—2007	2007-04-16	2007-04-16	2007-05-01	是
1049	环境影响评价技术导则陆地石油天然气开发建设项目	HJ/T 349—2007	2007-04-16	2007-04-16	2007-08-01	是
1050	危险废物鉴别标准　通则	GB 5085.7—2007	2007-03-27	2007-04-25	2007-10-01	是
1051	危险废物鉴别标准　腐蚀性鉴别	GB 5085.1—2007	2007-03-27	2007-04-25	2007-10-01	是
1052	危险废物鉴别标准　急性毒性初筛	GB 5085. 2—2007	2007-03-27	2007-04-25	2007-10-01	是
1053	危险废物鉴别标准　浸出毒性鉴别	GB 5085. 3—2007	2007-03-27	2007-04-25	2007-10-01	是
1054	危险废物鉴别标准　易燃性鉴别	GB 5085.4—2007	2007-03-27	2007-04-25	2007-10-01	是
1055	危险废物鉴别标准　反应性鉴别	GB 5085. 5—2007	2007-03-27	2007-04-25	2007-10-01	是
1056	危险废物鉴别标准　毒性物质含量鉴别	GB 5085.6—2007	2007-03-27	2007-04-25	2007-10-01	是
1057	储油库大气污染物排放标准	GB 20950—2007	2007-04-26	2007-06-22	2007-08-01	是
1058	汽油运输大气污染物排放标准	GB 20951—2007	2007-04-26	2007-06-22	2007-08-01	是
1059	加油站大气污染物排放标准	GB 20952—2007	2007-04-26	2007-06-22	2007-08-01	是
1060	危险废物鉴别技术规范	HJ/T 298—2007	2007-05-21	2007-05-21	2007-07-01	是
1061	展览会用地土壤环境质量评价标准（暂行）	HJ/T 350—2007	2007-06-05	2007-06-05	2007-08-01	是
1062	环境标志产品技术要求生态住宅（住区）	HJ/T 351—2007	2007-07-23	2007-07-23	2007-11-01	是
1063	环境污染源自动监控信息传输、交换技术规范（试行）	HJ/T 352—2007	2007-07-12	2007-07-12	2007-08-01	是
1064	固定污染源烟气排放连续监测技术规范（试行）	HJ/T 75—2007	2007-07-12	2007-07-12	2007-08-01	是
1065	固定污染源烟气排放连续监测系统技术要求及监测方法（试行）	HJ/T 76—2007	2007-07-12	2007-07-12	2007-08-01	是
1066	水污染源在线监测系统安装技术规范（试行）	HJ/T 353—2007	2007-07-12	2007-07-12	2007-08-01	是
1067	水污染源在线监测系统验收技术规范（试行）	HJ/T 354—2007	2007-07-12	2007-07-12	2007-08-01	是

续表

序号	标准名称	标准编号	批准时间	发布时间	实施时间	是否为现行标准
1068	水污染源在线监测系统进行与考核技术规范（试行）	HJ/T 355—3007	2007-07-12	2007-07-12	2007-08-01	是
1069	水污染源在线监测系统数据有效性判别技术规范（试行）	HJ/T 356—2007	2007-07-12	2007-07-12	2007-08-01	是
1070	摩托车和轻便摩托车燃油蒸发污染物排放限值及测量方法	GB 20998—2007	2007-04-23	2007-07-19	2008-07-01	是
1071	清洁生产标准　电解锰行业	HJ/T 357—2007	2007-08-01	2007-08-01	2007-10-01	是
1072	清洁生产标准　镍选矿行业	HJ/T 358—2007	2007-08-01	2007-08-01	2007-10-01	是
1073	清洁生产标准　化纤行业（氨纶）	HJ/T 359—2007	2007-08-01	2007-08-01	2007-10-01	是
1074	清洁生产标准　彩色显像（示）管生产	HJ/T 360—2007	2007-08-01	2007-08-01	2007-10-01	是
1075	清洁生产标准　平板玻璃行业	HJ/T 361—2007	2007-08-01	2007-08-01	2007-10-01	是
1076	环境标志产品技术要求　太阳能集热器	HJ/T 362—2007	2007-09-10	2007-09-10	2007-12-01	是
1077	环境标志产品技术要求　家用太阳能热水系统	HJ/T 363—2007	2007-09-10	2007-09-10	2007-12-01	是
1078	废塑料回收与再生利用污染控制技术规范（试行）	HJ/T 364—2007	2007-09-30	2007-09-30	2007-12-01	是
1079	危险废物（含医疗废物）焚烧处置设施二噁英排放监测技术规范	HJ/T 365—2007	2007-11-01	2007-11-01	2008-01-01	是
1080	环境标志产品技术要求　胶印油墨	HJ/T 370—2007	2007-11-02	2007-11-02	2008-02-01	是
1081	环境标志产品技术要求　凹印油墨和柔印油墨	HJ/T 371—2007	2007-11-02	2007-11-02	2008-02-01	是
1082	水质自动采样器技术要求及检测方法	HJ/T 372—2007	2007-11-12	2007-11-12	2008-01-01	是
1083	固定污染源监测质量保证与质量控制技术规范（试行）	HJ/T 373—2007	2007-11-12	2007-11-12	2008-01-01	是
1084	防治城市扬尘污染技术规范	HJ/T 393—2007	2007-11-12	2007-11-12	2008-01-01	是
1085	环境保护产品技术要求　超声波明渠污水流量计	HJ/T 15—2007	2007-11-22	2007-11-22	2008-02-01	是
1086	环境保护产品技术要求　超声波管道流量计	HJ/T 366—2007	2007-11-22	2007-11-22	2008-02-01	是
1087	环境保护产品技术要求　电磁管道流量计	HJ/T 367—2007	2007-11-22	2007-11-22	2008-02-01	是
1088	环境保护产品技术要求　标定总悬浮颗粒物采样器用的孔口流量计技术要求及检测方法	HJ/T 368—2007	2007-11-22	2007-11-22	2008-02-01	是
1089	环境保护产品技术要求　水处理用加药装置	HJ/T 369—2007	2007-11-22	2007-11-22	2008-02-01	是
1090	总悬浮颗粒物采样器技术要求及检测方法	HJ/T 374—2007	2007-12-03	2007-12-03	2008-03-01	是
1091	环境空气采样器技术要求及检测方法	HJ/T 375—2007	2007-12-03	2007-12-03	2008-03-01	是
1092	24 小时恒温自动连续环境空气采样器技术要求及检测方法	HJ/T 376—2007	2007-12-03	2007-12-03	2008-03-01	是
1093	环境保护产品技术要求　化学需氧量（COD_{Cr}）水质在线自动监测仪	HJ/T 377—2007	2007-12-03	2007-12-03	2008-03-01	是
1094	污染治理设施运行记录仪技术要求及检测方法	HJ/T 378—2007	2007-12-03	2007-12-03	2008-03-01	是
1095	环境保护产品技术要求　隔声门	HJ/T 379—2007	2007-12-03	2007-12-03	2008-03-01	是
1096	环境保护产品技术要求　橡胶隔振器	HJ/T 380—2007	2007-12-03	2007-12-03	2008-03-01	是
1097	环境保护产品技术要求　阻尼弹簧隔振器	HJ/T 381—2007	2007-12-03	2007-12-03	2008-03-01	是
1098	环境保护产品技术要求　高压气体排放小孔消声器	HJ/T 382—2007	2007-12-03	2007-12-03	2008-03-01	是

续表

序号	标准名称	标准编号	批准时间	发布时间	实施时间	是否为现行标准
1099	环境保护产品技术要求　汽车发动机排气消声器	HJ/T 383—2007	2007-12-03	2007-12-03	2008-03-01	是
1100	环境保护产品技术要求　一般用途低噪声轴流通风机	HJ/T 384—2007	2007-12-03	2007-12-03	2008-03-01	是
1101	环境保护产品技术要求　低噪声型冷却塔	HJ/T 385—2007	2007-12-03	2007-12-03	2008-03-01	是
1102	环境保护产品技术要求　工业废气吸附净化装置	HJ/T 386—2007	2007-12-03	2007-12-03	2008-03-01	是
1103	环境保护产品技术要求　工业废气吸收净化装置	HJ/T 387—2007	2007-12-03	2007-12-03	2008-03-01	是
1104	环境保护产品技术要求　湿法漆雾过滤净化装置	HJ/T 388—2007	2007-12-03	2007-12-03	2008-03-01	是
1105	环境保护产品技术要求　工业有机废气催化净化装置	HJ/T 389—2007	2007-12-03	2007-12-03	2008-03-01	是
1106	环境保护产品技术要求　汽油车燃油蒸发污染物控制系统（装置）	HJ/T 390—2007	2007-12-03	2007-12-03	2008-03-01	是
1107	环境保护产品技术要求　可曲挠橡胶接头	HJ/T 391—2007	2007-12-03	2007-12-03	2008-03-01	是
1108	环境保护产品技术要求　摩托车排气催化转化器	HJ/T 392—2007	2007-12-03	2007-12-03	2008-03-01	是
1109	建设项目竣工环境保护验收技术规范生态影响类	HJ/T 394—2007	2007-12-05	2007-12-05	2008-02-01	是
1110	固定源废气监测技术规范	HJ/T 397—2007	2007-12-07	2007-12-07	2008-03-01	是
1111	固定污染源排放烟气黑度的测定　林格曼烟气黑度图法	HJ/T 398—2007	2007-12-07	2007-12-07	2008-03-01	是
1112	水质　化学需氧量的测定　快速消解分光光度法	HJ/T 399—2007	2007-12-07	2007-12-07	2008-03-01	是
1113	车内挥发性有机物和醛酮类物质采样测定方法	HJ/T 400—2007	2007-12-07	2007-12-07	2008-03-01	是
1114	压燃式发动机汽车自由加速法排气烟度测量设备技术要求	HJ/T 395—2007	2007-12-14	2007-12-14	2008-03-01	是
1115	点燃式发动机汽车瞬态工况法排气污染物测量设备技术要求	HJ/T 396—2007	2007-12-14	2007-12-14	2008-03-01	是
1116	生态工业园区建设规划编制指南	HJ/T 409—2007	2007-12-20	2007-12-20	2008-04-01	是
1117	清洁生产标准　烟草加工业	HJ/T 401—2007	2007-12-20	2007-12-20	2008-03-01	是
1118	清洁生产标准　白酒制造业	HJ/T 402—2007	2007-12-20	2007-12-20	2008-03-01	是
1119	环境标志产品技术要求　复印纸	HJ/T 410—2007	2007-12-21	2007-12-21	2008-04-01	是
1120	环境标志产品技术要求　水嘴	HJ/T 411—2007	2007-12-21	2007-12-21	2008-04-01	是
1121	环境标志产品技术要求　预拌混凝土	HJ/T 412—2007	2007-12-21	2007-12-21	2008-04-01	是
1122	环境标志产品技术要求　再生鼓粉盒	HJ/T 413—2007	2007-12-21	2007-12-21	2008-04-01	是
1123	环境标志产品技术要求　室内装饰装修用溶剂型木器涂料	HJ/T 414—2007	2007-12-21	2007-12-21	2008-04-01	是
1124	建设项目竣工环境保护验收技术规范城市轨道交通	HJ/T 403—2007	2007-12-21	2007-12-21	2008-04-01	是
1125	建设项目竣工环境保护验收技术规范黑色金属冶炼及压延加工	HJ/T 404—2007	2007-12-21	2007-12-21	2008-04-01	是

续表

序号	标准名称	标准编号	批准时间	发布时间	实施时间	是否为现行标准
1126	建设项目竣工环境保护验收技术规范石油炼制	HJ/T 405—2007	2007-12-21	2007-12-21	2008-04-01	是
1127	建设项目竣工环境保护验收技术规范乙烯工程	HJ/T 406—2007	2007-12-21	2007-12-21	2008-04-01	是
1128	建设项目竣工环境保护验收技术规范汽车制造	HJ/T 407—2007	2007-12-21	2007-12-21	2008-04-01	是
1129	建设项目竣工环境保护验收技术规范造纸工业	HJ/T 408—2007	2007-12-21	2007-12-21	2008-04-01	是
1130	环境信息术语	HJ/T 416—2007	2007-12-29	2007-12-29	2008-02-01	是
1131	环境信息分类与代码	HJ/T 417—2007	2007-12-29	2007-12-29	2008-02-01	是
1132	环境信息系统集成技术规范	HJ/T 418—2007	2007-12-29	2007-12-29	2008-02-01	是
1133	环境数据库设计与运行管理规范	HJ/T 419—2007	2007-12-29	2007-12-29	2008-02-01	是
1134	环保用微生物菌剂环境安全评价导则	HJ/T 415—2008	2008-01-04	2008-01-04	2008-05-01	是
1135	新化学物质申报类名编制导则	HJ/T 420—2008	2008-01-15	2008-01-15	2008-04-01	是
1136	医疗废物专用包装袋、容器和警示标志标准	HJ 421—2008	2008-02-27	2008-02-27	2008-04-01	是
1137	杂环类农药工业水污染物排放标准	GB 21523—2008	2008-03-17	2008-04-02	2008-07-01	是
1138	重型车用汽油发动机与汽车排气污染物排放限值及测量方法（中国Ⅲ、Ⅳ阶段）	GB 14762—2008	2008-03-17	2008-03-31	2009-07-01	是
1139	煤层气（煤矿瓦斯）排放标准（暂行）	GB 21522—2008	2008-03-17	2008-04-02	2008-07-01	是
1140	生活垃圾填埋场污染控制标准	GB 16889—2008	2008-03-17	2008-04-02	2008-07-01	是
1141	清洁生产标准　制订技术导则	HJ/T 425—2008	2008-04-08	2008-04-08	2008-08-01	是
1142	清洁生产标准　钢铁行业（烧结）	HJ/T 426—2008	2008-04-08	2008-04-08	2008-08-01	是
1143	清洁生产标准　钢铁行业（高炉炼铁）	HJ/T 427—2008	2008-04-08	2008-04-08	2008-08-01	是
1144	清洁生产标准　钢铁行业（炼钢）	HJ/T 428—2008	2008-04-08	2008-04-08	2008-08-01	是
1145	清洁生产标准　化纤行业（涤纶）	HJ/T 429—2008	2008-04-08	2008-04-08	2008-08-01	是
1146	清洁生产标准　电石行业	HJ/T 430—2008	2008-04-08	2008-04-08	2008-08-01	是
1147	储油库、加油站大气污染治理项目验收检测技术规范	HJ/T 431—2008	2008-04-15	2008-04-15	2008-05-01	是
1148	环境标志产品技术要求　杀虫气雾剂	HJ/T 423—2008	2008-04-15	2008-04-15	2008-07-01	是
1149	环境标志产品技术要求　数字式多功能复印设备	HJ/T 424—2008	2008-04-15	2008-04-15	2008-07-01	是
1150	环境标志产品技术要求　橱柜	HJ/T 432—2008	2008-04-15	2008-04-15	2008-07-01	是
1151	饮用水水源保护区标志技术要求	HJ/T 433—2008	2008-04-29	2008-04-29	2008-06-01	是
1152	地震灾区集中式饮用水水源保护技术指南（暂行）	环境保护部公告 2008 年第 14 号	2008-05-20	2008-05-20	2008-05-20	是
1153	地震灾区集中式饮用水安全保障应急技术方案（暂行）	环境保护部公告 2008 年第 14 号	2008-05-20	2008-05-20	2008-05-20	是
1154	地震灾区地表水环境质量与集中式饮用水水源监测技术指南（暂行）	环境保护部公告 2008 年第 14 号	2008-05-20	2008-05-20	2008-05-20	是
1155	医疗废物集中处置技术规范	环发[2003]206 号	2003-12-26	2003-12-26	2003-12-26	是
1156	制浆造纸工业水污染物排放标准	GB 3544—2008	2008-04-29	2008-06-25	2008-08-01	是
1157	电镀污染物排放标准	GB 21900—2008	2008-04-29	2008-06-25	2008-08-01	是
1158	羽绒工业水污染物排放标准	GB 21901—2008	2008-04-29	2008-06-25	2008-08-01	是

续表

序号	标准名称	标准编号	批准时间	发布时间	实施时间	是否为现行标准
1159	合成革与人造革工业污染物排放标准	GB 21902—2008	2008-04-29	2008-06-25	2008-08-01	是
1160	发酵类制药工业水污染物排放标准	GB 21903—2008	2008-04-29	2008-06-25	2008-08-01	是
1161	化学合成类制药工业水污染物排放标准	GB 21904—2008	2008-04-29	2008-06-25	2008-08-01	是
1162	提取类制药工业水污染物排放标准	GB 21905—2008	2008-04-29	2008-06-25	2008-08-01	是
1163	中药类制药工业水污染物排放标准	GB 21906—2008	2008-04-29	2008-06-25	2008-08-01	是
1164	生物工程类制药工业水污染物排放标准	GB 21907—2008	2008-04-29	2008-06-25	2008-08-01	是
1165	混装制剂类制药工业水污染物排放标准	GB 21908—2008	2008-04-29	2008-06-25	2008-08-01	是
1166	制糖工业水污染物排放标准	GB 21909—2008	2008-04-29	2008-06-25	2008-08-01	是
1167	地震灾区医疗废物安全处置技术指南（暂行）	环境保护部公告 2008 年第 16 号	2008-05-30	2008-05-30	2008-05-30	是
1168	地震灾区过渡性安置区环境保护技术指南（暂行）	环境保护部公告 2008 年第 17 号	2008-05-30	2008-05-30	2008-05-30	是
1169	车用压燃式、气体燃料点燃式发动机与汽车车载诊断（OBD）系统技术要求	HJ 437—2008	2008-06-24	2008-06-24	2008-07-01	是
1170	车用压燃式、气体燃料点燃式发动机与汽车排放控制系统耐久性技术要求	HJ 438—2008	2008-06-24	2008-06-24	2008-07-01	是
1171	车用压燃式、气体燃料点燃式发动机与汽车在用符合性技术要求	HJ 439—2008	2008-06-24	2008-06-24	2008-07-01	是
1172	酸雨标准样品 A	GSB 07-2241—2008	2008-04-17	2008-04-17	2008-04-17	是
1173	酸雨标准样品 B	GSB 07-2242—2008	2008-04-17	2008-04-17	2008-04-17	是
1174	酸雨标准样品 C	GSB 07-2243—2008	2008-04-17	2008-04-17	2008-04-17	是
1175	水质电导率标准样品 A	GSB 07-2244—2008	2008-04-17	2008-04-17	2008-04-17	是
1176	水质电导率标准样品 B	GSB 07-2245—2008	2008-04-17	2008-04-17	2008-04-17	是
1177	氮气中一氧化碳、二氧化碳、丙烷混合（高压）气体标准样品	GSB 07-2246—2008	2008-04-17	2008-04-17	2008-04-17	是
1178	氮气中苯乙烯（高压）气体标准样品	GSB 07-2247—2008	2008-04-17	2008-04-17	2008-04-17	是
1179	氮气中四种氯代烷混合（高压）气体标准样品	GSB 07-2248—2008	2008-04-17	2008-04-17	2008-04-17	是
1180	氮气中氯乙烯（高压）气体标准样品（低浓度）	GSB 07-2249—2008	2008-04-17	2008-04-17	2008-04-17	是
1181	氮气中氯乙烯（高压）气体标准样品（高浓度）	GSB 07-2250—2008	2008-04-17	2008-04-17	2008-04-17	是
1182	环境标志产品技术要求　建筑装饰装修工程	HJ 440—2008	2008-07-30	2008-07-30	2008-09-01	是
1183	水泥工业除尘工程技术规范	HJ 434—2008	2008-06-06	2008-06-06	2008-09-01	是
1184	钢铁工业除尘工程技术规范	HJ 435—2008	2008-06-06	2008-06-06	2008-09-01	是
1185	声环境质量标准	GB 3096—2008	2008-07-30	2008-08-19	2008-10-01	是
1186	工业企业厂界环境噪声排放标准	GB 12348—2008	2008-07-17	2008-08-19	2008-10-01	是
1187	社会生活环境噪声排放标准	GB 22337—2008	2008-07-17	2008-08-19	2008-10-01	是
1188	清洁生产标准　石油炼制业（沥青）	HJ 443—2008	2008-09-27	2008-09-27	2008-11-01	是
1189	清洁生产标准　味精工业	HJ 444—2008	2008-09-27	2008-09-27	2008-11-01	是
1190	清洁生产标准　淀粉工业	HJ 445—2008	2008-09-27	2008-09-27	2008-11-01	是
1191	近岸海域环境监测规范	HJ 442—2008	2008-11-04	2008-11-04	2009-01-01	是

续表

序号	标准名称	标准编号	批准时间	发布时间	实施时间	是否为现行标准
1192	环境保护产品技术要求　柴油车排气后处理装置	HJ 451—2008	2008-12-10	2008-12-10	2009-03-01	是
1193	清洁生产标准　葡萄酒制造业	HJ 452—2008	2008-12-24	2008-12-24	2009-03-01	是
1194	环境影响评价技术导则　城市轨道交通	HJ 453—2008	2008-12-25	2008-12-25	2009-04-01	是
1195	建设项目竣工环境保护验收技术规范　港口	HJ 436—2008	2008-6-30	2008-06-30	2008-08-01	是
1196	清洁生产标准　煤炭采选业	HJ 446—2008	2008-11-21	2008-11-21	2009-02-01	是
1197	清洁生产标准　铅蓄电池工业	HJ 447—2008	2008-11-21	2008-11-21	2009-02-01	是
1198	清洁生产标准　制革工业（牛轻革）	HJ 448—2008	2008-11-21	2008-11-21	2009-02-01	是
1199	清洁生产标准　合成革工业	HJ 449—2008	2008-11-21	2008-11-21	2009-02-01	是
1200	清洁生产标准　印制电路板制造业	HJ 450—2008	2008-11-21	2008-11-21	2009-02-01	是
1201	水质　二噁英类的测定　同位素稀释高分辨气相色谱—高分辨质谱法	HJ 77.1—2008	2008-12-31	2008-12-31	2009-04-01	是
1202	环境空气和废气　二噁英类的测定　同位素稀释高分辨气相色谱—高分辨质谱法	HJ 77.2—2008	2008-12-31	2008-12-31	2009-04-01	是
1203	固体废物　二噁英类的测定　同位素稀释高分辨气相色谱—高分辨质谱法	HJ 77.3—2008	2008-12-31	2008-12-31	2009-04-01	是
1204	土壤和沉积物　二噁英类的测定　同位素稀释高分辨气相色谱—高分辨质谱法	HJ 77.4—2008	2008-12-31	2008-12-31	2009-04-01	是
1205	环境影响评价技术导则　大气环境	HJ 2.2—2008	2008-12-31	2008-12-31	2009-04-01	是
1206	甲醇中溴苯溶液标准样品	GSB 07-2417—2008	2009-02-09	2009-03-10	2009-03-10	是
1207	甲醇中二溴甲烷溶液标准样品	GSB 07-2418—2008	2009-02-09	2009-03-10	2009-03-10	是
1208	甲醇中 1,1-二氯乙烷溶液标准样品	GSB 07-2419—2008	2009-02-09	2009-03-10	2009-03-10	是
1209	甲醇中 1,2-二氯乙烷溶液标准样品	GSB 07-2420—2008	2009-02-09	2009-03-10	2009-03-10	是
1210	甲醇中 1,1-二氯乙烯溶液标准样品	GSB 07-2421—2008	2009-02-09	2009-03-10	2009-03-10	是
1211	甲醇中顺-1,2-二氯乙烯溶液标准样品	GSB 07-2422—2008	2009-02-09	2009-03-10	2009-03-10	是
1212	甲醇中反-1,2-二氯乙烯溶液标准样品	GSB 07-2423—2008	2009-02-09	2009-03-10	2009-03-10	是
1213	甲醇中 1,2-二氯丙烷溶液标准样品	GSB 07-2424—2008	2009-02-09	2009-03-10	2009-03-10	是
1214	甲醇中 1,3-二氯丙烷溶液标准样品	GSB 07-2425—2008	2009-02-09	2009-03-10	2009-03-10	是
1215	甲醇中溴氯甲烷溶液标准样品	GSB 07-2426—2008	2009-02-09	2009-03-10	2009-03-10	是
1216	甲醇中六氯丁二烯溶液标准样品	GSB 07-2427—2008	2009-02-09	2009-03-10	2009-03-10	是
1217	甲醇中对异丙基甲苯溶液标准样品	GSB 07-2428—2008	2009-02-09	2009-03-10	2009-03-10	是
1218	甲醇中二氯甲烷溶液标准样品	GSB 07-2429—2008	2009-02-09	2009-03-10	2009-03-10	是
1219	甲醇中萘溶液标准样品	GSB 07-2430—2008	2009-02-09	2009-03-10	2009-03-10	是
1220	甲醇中正丁苯溶液标准样品	GSB 07-2431—2008	2009-02-09	2009-03-10	2009-03-10	是
1221	甲醇中仲丁苯溶液标准样品	GSB 07-2432—2008	2009-02-09	2009-03-10	2009-03-10	是
1222	甲醇中叔丁苯溶液标准样品	GSB 07-2433—2008	2009-02-09	2009-03-10	2009-03-10	是
1223	甲醇中 2-氯甲苯溶液标准样品	GSB 07-2434—2008	2009-02-09	2009-03-10	2009-03-10	是
1224	甲醇中 4-氯甲苯溶液标准样品	GSB 07-2435—2008	2009-02-09	2009-03-10	2009-03-10	是
1225	甲醇中 1,2-二溴-3-氯丙烷溶液标准样品	GSB 07-2436—2008	2009-02-09	2009-03-10	2009-03-10	是
1226	甲醇中 1,2-二溴乙烷溶液标准样品	GSB 07-2437—2008	2009-02-09	2009-03-10	2009-03-10	是
1227	水质　微囊藻毒素 LR 溶液标准样品	GSB 07-2438—2008	2009-02-09	2009-03-10	2009-03-10	是
1228	环境标志产品技术要求　编制技术导则	HJ 454—2009	2009-02-04	2009-02-04	2009-05-01	是
1229	环境标志产品技术要求　防水卷材	HJ 455—2009	2009-02-04	2009-02-04	2009-05-01	是

续表

序号	标准名称	标准编号	批准时间	发布时间	实施时间	是否为现行标准
1230	环境标志产品技术要求　刚性防水材料	HJ 456—2009	2009-02-04	2009-02-04	2009-05-01	是
1231	环境标志产品技术要求　防水涂料	HJ 457—2009	2009-02-04	2009-02-04	2009-05-01	是
1232	环境标志产品技术要求　家用洗涤剂	HJ 458—2009	2009-02-04	2009-02-04	2009-05-01	是
1233	环境标志产品技术要求　木质门和钢质门	HJ 459—2009	2009-02-04	2009-02-04	2009-05-01	是
1234	工业锅炉及炉窑湿法烟气脱硫工程技术规范	HJ 462—2009	2009-03-06	2009-03-06	2009-06-01	是
1235	规划环境影响评价技术导则　煤炭工业矿区总体规划	HJ 463—2009	2009-03-14	2009-03-14	2009-07-01	是
1236	钢铁工业发展循环经济环境保护导则	HJ 465—2009	2009-03-14	2009-03-14	2009-07-01	是
1237	铝工业发展循环经济环境保护导则	HJ 466—2009	2009-03-14	2009-03-14	2009-07-01	是
1238	环境信息网络建设规范	HJ 460—2009	2009-03-20	2009-03-20	2009-06-01	是
1239	环境信息网络管理维护规范	HJ 461—2009	2009-03-20	2009-03-20	2009-06-01	是
1240	清洁生产标准　水泥工业	HJ 467—2009	2009-03-25	2009-03-25	2009-07-01	是
1241	清洁生产标准　造纸工业（废纸制浆）	HJ 468—2009	2009-03-25	2009-03-25	2009-07-01	是
1242	清洁生产审核指南　制订技术导则	HJ 469—2009	2009-03-25	2009-03-25	2009-07-01	是
1243	建设项目竣工环境保护验收技术规范　水利水电	HJ 464—2009	2009-03-25	2009-03-25	2009-07-01	是
1244	清洁生产标准　钢铁行业（铁合金）	HJ 470—2009	2009-04-10	2009-04-10	2009-08-01	是
1245	轻型汽车污染物排放限值及测量方法（I）	GB 18352.1—2001	2001-04-10	2001-04-16	2001-04-16	否
1246	农用运输车自由加速烟度限值	GB 18322—2001	—	—	—	否
1247	轻便摩托车排气污染物限值及测试方法	GB 18176—2000	—	—	—	否
1248	摩托车排气污染物限值及测试方法	GB 14622—2000	—	—	—	否
1249	在用汽车排气污染物排放限值及测量方法	GB 18285—2000	—	—	—	否
1250	有色金属工业固体废物浸出毒性试验方法标准	GB5086—85	—	—	—	否
1251	环境标志产品技术要求—数字一体化速印机	HJ 472—2009	2009-06-17	2009-06-17	2009-09-01	是
1252	综合类生态工业园区标准	HJ 274—2009	2009-06-23	2009-06-23	2009-06-23	是
1253	纺织染整工业废水治理工程技术规范	HJ 471—2009	2009-06-23	2009-06-23	2009-09-01	是
1254	污染源在线自动监控（监测）数据采集传输仪技术	HJ 477—2009	2009-07-02	2009-07-02	2009-10-1	是
1255	清洁生产标准　氧化铝业	HJ 473—2009	2009-08-10	2009-08-10	2009-10-1	是
1256	清洁生产标准　纯碱行业	HJ 474—2009	2009-08-10	2009-08-10	2009-10-1	是
1257	清洁生产标准　氯碱工业（烧碱）	HJ 475—2009	2009-08-10	2009-08-10	2009-10-01	是
1258	清洁生产标准　氯碱工业（聚氯乙烯）	HJ 476—2009	2009-08-10	2009-08-10	2009-10-01	是
1259	环境工程技术分类与命名	HJ 496—2009	2009-09-09	2009-09-09	2009-12-01	是
1260	水质　多环芳烃的测定　液液萃取和固相萃取高效液相色谱法	HJ 478—2009	2009-09-27	2009-09-27	2009-11-01	是
1261	环境空气　氮氧化物（一氧化氮和二氧化氮）的测定　盐酸萘乙二胺分光光度法	HJ 479—2009	2009-09-27	2009-09-27	2009-11-01	是
1262	环境空气　氟化物的测定　滤膜采样氟离子选择电极法	HJ 480—2009	2009-09-27	2009-09-27	2009-11-01	是
1263	环境空气　氟化物的测定　石灰滤纸采样氟离子选择电极法	HJ 481—2009	2009-09-27	2009-09-27	2009-11-01	是

续表

序号	标准名称	标准编号	批准时间	发布时间	实施时间	是否为现行标准
1264	环境空气　二氧化硫的测定　甲醛吸收-副玫瑰苯胺分光光度法	HJ 482—2009	2009-09-27	2009-09-27	2009-11-01	是
1265	环境空气　二氧化硫的测定　四氯汞盐吸收-副玫瑰苯胺分光光度法	HJ 483—2009	2009-09-27	2009-09-27	2009-11-01	是
1266	水质　氰化物的测定　容量法和分光光度法	HJ 484—2009	2009-09-27	2009-09-27	2009-11-01	是
1267	水质　铜的测定 二乙基二硫代氨基甲酸钠分光光度法	HJ 485—2009	2009-09-27	2009-09-27	2009-11-01	是
1268	水质　铜的测定　2,9-二甲基-1,10 邻菲啰啉分光光度法	HJ 486—2009	2009-09-27	2009-09-27	2009-11-01	是
1269	水质　氟化物的测定　茜素磺酸锆目视比色法	HJ 487—2009	2009-09-27	2009-09-27	2009-11-01	是
1270	水质　氟化物的测定　氟试剂分光光度法	HJ 488—2009	2009-09-27	2009-09-27	2009-11-01	是
1271	水质　银的测定　3,5-Br_2-PADAP 分光光度法	HJ 489—2009	2009-09-27	2009-09-27	2009-11-01	是
1272	水质　银的测定　镉试剂 2B 分光光度法	HJ 490—2009	2009-09-27	2009-09-27	2009-11-01	是
1273	土壤　总铬的测定　火焰原子吸收分光光度法	HJ 491—2009	2009-09-27	2009-09-27	2009-11-01	是
1274	空气质量 词汇	HJ 492—2009	2009-09-27	2009-09-27	2009-11-01	是
1275	水质　样品的保存和管理技术规定	HJ 493—2009	2009-09-27	2009-09-27	2009-11-01	是
1276	水质　采样技术指导	HJ 494—2009	2009-09-27	2009-09-27	2009-11-01	是
1277	水质　采样方案设计技术指导	HJ 495—2009	2009-09-27	2009-09-27	2009-11-01	是
1278	畜禽养殖业污染治理工程技术规范	HJ 497—2009	2009-09-28	2009-09-28	2009-12-01	是
1279	地震灾区活动板房拆解处置环境保护技术指南	环境保护部公告 2009 年第 52 号	2009-10-12	2009-10-12	2009-10-12	是
1280	水质　总有机碳的测定　燃烧氧化-非分散红外吸收法	HJ 501—2009	2009-10-20	2009-10-20	2009-12-01	是
1281	水质　挥发酚的测定　溴化容量法	HJ 502—2009	2009-10-20	2009-10-20	2009-12-01	是
1282	水质　挥发酚的测定　4-氨基安替比林分光光度法	HJ 503—2009	2009-10-20	2009-10-20	2009-12-01	是
1283	环境空气　臭氧的测定　靛蓝二磺酸钠分光光度法	HJ 504—2009	2009-10-20	2009-10-20	2009-12-1	是
1284	水质　五日生化氧量（BOD_5）的测定　稀释与接种法	HJ 505—2009	2009-10-20	2009-10-20	2009-12-1	是
1285	水质　溶解氧的测定　电化学探头法（修订）	HJ 506—2009	2009-10-20	2009-10-20	2009-12-01	是
1286	环境标志产品技术要求　皮革和合成革	HJ 507—2009	2009-10-30	2009-10-30	2010-01-01	是
1287	环境标志产品技术要求　采暖散热器	HJ 508—2009	2009-10-30	2009-10-30	2010-01-01	是
1288	车用陶瓷催化转化器中铂、钯、铑的测定　电感耦合等离子体发射光谱法和电感耦合等离子体质谱法	HJ 509—2009	2009-11-3	2009-11-3	2010-01-01	是
1289	环境信息化标准指南	HJ 511—2009	2009-11-13	2009-11-13	2010-1-01	是
1290	氨溶液标准样品	GSB 07-2439—2009	2009-11-20	2009-11-20	2009-11-20	是
1291	清洁生产标准　粗铅冶炼业	HJ 512—2009	2009-11-13	2009-11-13	2010-2-01	是
1292	清洁生产标准　铅电解业	HJ 513—2009	2009-11-13	2009-11-13	2010-2-01	是
1293	清洁生产标准　废铅酸蓄电池回收业	HJ 510—2009	2009-11-16	2009-11-16	2010-1-01	是

续表

序号	标准名称	标准编号	批准时间	发布时间	实施时间	是否为现行标准
1294	清洁生产标准　宾馆饭店业	HJ 514—2009	2009-11-30	2009-11-30	2010-03-01	是
1295	轻型汽车车载诊断（OBD）　系统管理技术规范	HJ 500—2009	2009-12-01	2009-12-01	2010-02-01	是
1296	燃料分类代码	HJ 517—2009	2009-12-21	2009-12-21	2010-03-01	是
1297	燃烧方式代码	HJ 518—2009	2009-12-21	2009-12-21	2010-03-01	是
1298	废铅酸蓄电池处理污染控制技术规范	HJ 519—2009	2009-12-21	2009-12-21	2010-03-01	是
1299	环境影响评价技术导则声环境	HJ 2.4—2009	2009-12-23	2009-12-23	2010-04-01	是
1300	危险废物集中焚烧处置设施运行监督管理技术规范（试行）	HJ 515—2009	2009-12-25	2009-12-25	2010-03-01	是
1301	医疗废物集中焚烧处置设施运行监督管理技术规范（试行）	HJ 516—2009	2009-12-25	2009-12-25	2010-03-01	是
1302	固定污染源废气　铅的测定火焰原子吸收分光光度法（暂行）	HJ 538—2009	2009-12-31	2009-12-31	2010-04-01	是
1303	环境空气　铅的测定　石墨炉原子吸收分光光度法（暂行）	HJ 539—2009	2009-12-31	2009-12-31	2010-04-01	是
1304	环境空气和废气　砷的测定二乙基二硫代氨基甲酸银分光光度法（暂行）	HJ 540—2009	2009-12-31	2009-12-31	2010-04-01	是
1305	黄磷生产废气　气态砷的测定　二乙基二硫代氨基甲酸银分光光度法（暂行）	HJ 541—2009	2009-12-31	2009-12-31	2010-04-01	是
1306	环境空气　汞的测定　巯基棉富集-冷原子荧光分光光度法（暂行）	HJ 542—2009	2009-12-31	2009-12-31	2010-04-01	是
1307	固定污染源废气　汞的测定冷原子吸收分光光度法（暂行）	HJ 543—2009	2009-12-31	2009-12-31	2010-04-01	是
1308	固定污染源废气　硫酸雾的测定　离子色谱法（暂行）	HJ 544—2009	2009-12-31	2009-12-31	2010-04-01	是
1309	固定污染源废气　气态总磷的测定　喹钼柠酮容量法（暂行）	HJ 545—2009	2009-12-31	2009-12-31	2010-04-01	是
1310	环境空气　五氧化二磷的测定　抗坏血酸还原-钼蓝分光光度法（暂行）	HJ 546—2009	2009-12-31	2009-12-31	2010-04-01	是
1311	固定污染源废气　氯气的测定　碘量法（暂行）	HJ 547—2009	2009-12-31	2009-12-31	2010-04-01	是
1312	固定污染源废气　氯化氢的测定　硝酸银容量法（暂行）	HJ 548—2009	2009-12-31	2009-12-31	2010-04-01	是
1313	环境空气和废气　氯化氢的测定　离子色谱法（暂行）	HJ 549—2009	2009-12-31	2009-12-31	2010-04-01	是
1314	水质　总钴的测定 5-氯-2-（吡啶偶氮）-1,3-二氨基苯分光光度法（暂行）	HJ 550—2009	2009-12-31	2009-12-31	2010-04-01	是
1315	水质　二氧化氯的测定碘量法（暂行）	HJ 551—2009	2009-12-31	2009-12-31	2010-04-01	是
1316	废水类别代码（试行）	HJ 520—2009	2009-12-31	2009-12-31	2010-04-01	是
1317	废水排放规律代码（试行）	HJ 521—2009	2009-12-31	2009-12-31	2010-04-01	是
1318	地表水环境功能区类别代码（试行）	HJ 522—2009	2009-12-31	2009-12-31	2010-04-01	是
1319	废水排放去向代码	HJ 523—2009	2009-12-31	2009-12-31	2010-04-01	是

续表

序号	标准名称	标准编号	批准时间	发布时间	实施时间	是否为现行标准
1320	大气污染物名称代码	HJ 524—2009	2009-12-31	2009-12-31	2010-04-01	是
1321	水污染物名称代码	HJ 525—2009	2009-12-31	2009-12-31	2010-04-01	是
1322	空气和废气　氨的测定　纳氏试剂分光光度法	HJ 533—2009	2009-12-31	2009-12-31	2010-04-01	是
1323	环境空气　氨的测定　次氯酸钠-水杨酸分光光度法	HJ 534—2009	2009-12-31	2009-12-31	2010-04-01	是
1324	水质　氨氮的测定　纳氏试剂分光光度法	HJ 535—2009	2009-12-31	2009-12-31	2010-04-01	是
1325	水质　氨氮的测定　水杨酸分光光度法	HJ 536—2009	2009-12-31	2009-12-31	2010-04-01	是
1326	水质　氨氮的测定　蒸馏-中和滴定法	HJ 537—2009	2009-12-31	2009-12-31	2010-04-01	是
1327	废弃电器电子产品处理污染控制技术规范	HJ 527—2010	2010-01-04	2010-01-04	2010-04-01	是
1328	烟度卡	HJ 553—2010	2010-10-5	2010-01-05	2010-05-01	是
1329	建设项目竣工环境保护验收技术规范　公路	HJ 552－2010	2010-01-06	2010-01-06	2010-04-01	是
1330	饮食业环境保护技术规范	HJ 554—2010	2010-01-13	2010-01-13	2010-04-01	是
1331	清洁生产标准　铜冶炼业	HJ 558—2010	2010-02-01	2010-02-01	2010-05-01	是
1332	清洁生产标准　铜电解业	HJ 559—2010	2010-02-01	2010-02-01	2010-05-01	是
1333	清洁生产标准　制革工业（羊革）	HJ 560—2010	2010-02-01	2010-02-01	2010-05-01	是
1334	固体废物浸出毒性浸出方法　水平振荡法	HJ 557—2010	2010-02-02	2010-02-02	2010-05-01	是
1335	火电厂烟气脱硝工程技术规范　选择性催化还原法	HJ 562—2010	2010-02-03	2010-02-03	2010-04-01	是
1336	火电厂烟气脱硝工程技术规范　选择性非催化还原法	HJ 563—2010	2010-02-03	2010-02-03	2010-04-01	是
1337	生活垃圾填埋场渗滤液处理工程技术规范（试行）	HJ 564—2010	2010-02-03	2010-02-03	2010-04-01	是
1338	环境工程技术规范制订技术导则	HJ 526—2010	2010-02-22	2010-02-22	2010-05-01	是
1339	环境保护标准编制出版技术指南	HJ 565—2010	2010-02-22	2010-02-22	2010-05-01	是
1340	危险废物（含医疗废物）焚烧处置设施性能测试技术规范	HJ 561—2010	2010-02-22	2010-02-22	2010-06-01	是
1341	环境监测　分析方法标准制修订技术导则	HJ 168—2010	2010-02-25	2010-02-25	2010-05-01	是
1342	火电厂氮氧化物防治技术政策	环发[2010]10 号	2010-01-27	2010-01-27	2010-01-27	是
1343	化肥使用环境安全技术导则	HJ 555—2010	2010-03-05	2010-03-05	2010-05-01	是
1344	环境标志产品技术要求木质玩具	HJ 566—2010	2010-03-10	2010-03-10	2010-06-01	是
1345	环境标志产品技术要求喷墨墨水	HJ 567—2010	2010-03-10	2010-03-10	2010-06-01	是
1346	农村生活污染防治技术政策	环发[2010]20 号	2010-02-08	2010-02-08	2010-02-08	是
1347	地面交通噪声污染防治技术政策	环发[2010]7 号	2010-01-11	2010-01-11	2010-01-11	是
1348	畜禽养殖产地环境评价规范	HJ 568—2010	2010-04-16	2010-04-16	2010-07-01	是
1349	环境标志产品技术要求箱包	HJ 569—2010	2010-05-04	2010-05-04	2010-07-01	是
1350	环境标志产品技术要求鼓粉盒	HJ 570—2010	2010-05-04	2010-05-04	2010-07-01	是
1351	环境标志产品技术要求人造板及其制品	HJ 571—2010	2010-05-04	2010-05-04	2010-07-01	是
1352	环境标志产品技术要求文具	HJ 572—2010	2010-05-04	2010-05-04	2010-07-01	是
1353	环境标志产品技术要求 喷墨盒	HJ 573—2010	2010-05-04	2010-05-04	2010-07-01	是
1354	清洁生产标准　酒精制造业	HJ 581—2010	2010-06-08	2010-06-08	2010-09-01	是

续表

序号	标准名称	标准编号	批准时间	发布时间	实施时间	是否为现行标准
1355	农药使用环境安全技术导则	HJ 556—2010	2010-07-09	2010-07-09	2011-01-01	是
1356	农村生活污染控制技术规范	HJ 574—2010	2010-07-09	2010-07-09	2011-01-01	是
1357	甲醇中 2,2－二氯丙烷标准样品	GSB 07-2556—2010	2010-09-14	2010-09-14	2010-09-14	是
1358	氮气中 1,3－丁二烯气体标准样品	GSB 07-2560—2010	2010-09-14	2010-09-14	2010-09-14	是
1359	氮气中氯代烷类（6 种）混合气体标准样品	GSB 07-2563—2010	2010-09-14	2010-09-14	2010-09-14	是
1360	氮气中氯苯气体标准样品	GSB 07-2561—2010	2010-09-14	2010-09-14	2010-09-14	是
1361	氮气中氯代苯类（5 种）混合气体标准样品	GSB 07-2562—2010	2010-09-14	2010-09-14	2010-09-14	是
1362	水质　pH 与电导率混合标准样品	GSB 07-2559—2010	2010-09-14	2010-09-14	2010-09-14	是
1363	甲醇中顺-1,3－二氯丙烯标准样品	GSB 07-2557—2010	2010-09-14	2010-09-14	2010-09-14	是
1364	甲醇中反-1,3－二氯丙烯标准样品	GSB 07-2558—2010	2010-09-14	2010-09-14	2010-09-14	是
1365	环境影响评价技术导则　农药建设项目	HJ 582—2010	2010-09-14	2010-09-14	2011-01-01	是
1366	环境空气　苯系物的测定　固体吸附/热脱附-气相色谱法	HJ 583—2010	2010-09-20	2010-09-20	2010-12-01	是
1367	环境空气　苯系物的测定　活性炭吸附/二硫化碳解吸-气相色谱法	HJ 584—2010	2010-09-20	2010-09-20	2010-12-01	是
1368	水质　游离氯和总氯的测定　*N,N*-二乙基-1,4-苯二胺滴定法	HJ 585—2010	2010-09-20	2010-09-20	2010-12-01	是
1369	水质　游离氯和总氯的测定　*N,N*-二乙基-1,4-苯二胺分光光度法	HJ 586—2010	2010-09-20	2010-09-20	2010-12-01	是
1370	水质　阿特拉津的测定　高效液相色谱法	HJ 587—2010	2010-09-20	2010-09-20	2010-12-01	是
1371	淀粉工业水污染物排放标准	GB 25461—2010	2010-09-10	2010-09-27	2010-10-01	是
1372	酵母工业水污染物排放标准	GB 25462—2010	2010-09-10	2010-09-27	2010-10-01	是
1373	油墨工业水污染物排放标准	GB 25463—2010	2010-09-10	2010-09-27	2010-10-01	是
1374	陶瓷工业污染物排放标准	GB 25464—2010	2010-09-10	2010-09-27	2010-10-01	是
1375	铝工业污染物排放标准	GB 25465—2010	2010-09-10	2010-09-27	2010-10-01	是
1376	铅、锌工业污染物排放标准	GB 25466—2010	2010-09-10	2010-09-27	2010-10-01	是
1377	铜、镍、钴工业污染物排放标准	GB 25467—2010	2010-09-10	2010-09-27	2010-10-01	是
1378	镁、钛工业污染物排放标准	GB 25468—2010	2010-09-10	2010-09-27	2010-10-01	是
1379	酿造工业废水治理工程技术规范	HJ 575—2010	2010-10-12	2010-10-12	2011-01-01	是
1380	厌氧-缺氧-好氧活性污泥法污水处理工程技术规范	HJ 576—2010	2010-10-12	2010-10-12	2011-01-01	是
1381	序批式活性污泥法污水处理工程技术规范	HJ 577—2010	2010-10-12	2010-10-12	2011-01-01	是
1382	氧化沟活性污泥法污水处理工程技术规范	HJ 578—2010	2010-10-12	2010-10-12	2011-01-01	是
1383	膜分离法污水处理工程技术规范	HJ 579—2010	2010-10-12	2010-10-12	2011-01-01	是
1384	含油污水处理工程技术规范	HJ 580—2010	2010-10-12	2010-10-12	2011-01-01	是
1385	农业固体废物污染控制技术导则	HJ 588—2010	2010-10-18	2010-10-18	2011-01-01	是
1386	突发环境事件应急监测技术规范	HJ 589—2010	2010-10-19	2010-10-19	2011-01-01	是
1387	环境空气　臭氧的测定　紫外光度法	HJ 590—2010	2010-10-21	2010-10-21	2011-01-01	是
1388	水质　五氯酚的测定　气相色谱法	HJ 591—2010	2010-10-21	2010-10-21	2011-01-01	是
1389	水质　硝基苯类化合物的测定　气相色谱法	HJ 592—2010	2010-10-21	2010-10-21	2011-01-01	是
1390	水质　单质磷的测定　磷钼蓝分光光度法（暂行）	HJ 593—2010	2010-10-21	2010-10-21	2011-01-01	是

续表

序号	标准名称	标准编号	批准时间	发布时间	实施时间	是否为现行标准
1391	水质　显影剂及其氧化物总量的测定　碘-淀粉分光光度法（暂行）	HJ 594—2010	2010-10-21	2010-10-21	2011-01-01	是
1392	水质　彩色显影剂总量的测定　169 成色剂分光光度法（暂行）	HJ 595—2010	2010-10-21	2010-10-21	2011-01-01	是
1393	水质　词汇　第一部分	HJ 596.1—2010	2010-11-05	2010-11-05	2011-03-01	是
1394	水质　词汇　第二部分	HJ 596.2—2010	2010-11-05	2010-11-05	2011-03-01	是
1395	水质　词汇　第三部分	HJ 596.3—2010	2010-11-05	2010-11-05	2011-03-01	是
1396	水质　词汇　第四部分	HJ 596.4—2010	2010-11-05	2010-11-05	2011-03-01	是
1397	水质　词汇　第五部分	HJ 596.5—2010	2010-11-05	2010-11-05	2011-03-01	是
1398	水质　词汇　第六部分	HJ 596.6—2010	2010-11-05	2010-11-05	2011-03-01	是
1399	水质　词汇　第七部分	HJ 596.7—2010	2010-11-05	2010-11-05	2011-03-01	是
1400	电解锰行业污染防治技术政策	环发[2010]150 号	2010-12-30	2010-12-30	2010-12-30	是
1401	畜禽养殖业污染防治技术政策	环发[2010]151 号	2010-12-30	2010-12-30	2010-12-30	是
1402	大气污染治理工程技术导则	HJ 2000—2010	2010-12-17	2010-12-17	2011-03-01	是
1403	火电厂烟气脱硫工程技术规范　氨法	HJ 2001—2010	2010-12-17	2010-12-17	2011-03-01	是
1404	电镀废水治理工程技术规范	HJ 2002—2010	2010-12-17	2010-12-17	2011-03-01	是
1405	制革及毛皮加工废水治理工程技术规范	HJ 2003—2010	2010-12-17	2010-12-17	2011-03-01	是
1406	屠宰与肉类加工废水治理工程技术规范	HJ 2004—2010	2010-12-17	2010-12-17	2011-03-01	是
1407	人工湿地污水处理工程技术规范	HJ 2005—2010	2010-12-17	2010-12-17	2011-03-01	是
1408	污水混凝与絮凝处理工程技术规范	HJ 2006—2010	2010-12-17	2010-12-17	2011-03-01	是
1409	污水气浮处理工程技术规范	HJ 2007—2010	2010-12-17	2010-12-17	2011-03-01	是
1410	污水过滤处理工程技术规范	HJ 2008—2010	2010-12-17	2010-12-17	2011-03-01	是
1411	硫酸工业污染物排放标准	GB 26132—2010	2010-09-13	2010-12-30	2011-03-01	是
1412	硝酸工业污染物排放标准	GB 26131—2010	2010-09-13	2010-12-30	2011-03-01	是
1413	非道路移动机械用小型点燃式发动机排气污染物排放限值与测量方法	GB 26133—2010	2010-09-13	2010-12-30	2011-03-01	是
1414	稀土工业污染物排放标准	GB 26451—2011	2011-01-17	2011-01-24	2011-10-01	是
1415	土壤和沉积物　挥发性有机物的测定吹扫捕集/气相色谱-质谱法	HJ 605—2011	2011-02-10	2011-02-10	2011-06-01	是
1416	环境空气　总烃的测定　气相色谱法	HJ 604—2011	2011-02-10	2011-02-10	2011-06-01	是
1417	水质　钡的测定　火焰原子吸收分光光度法	HJ 603—2011	2011-02-10	2011-02-10	2011-06-01	是
1418	水质　钡的测定　石墨炉原子吸收分光光度法	HJ 602—2011	2011-02-10	2011-02-10	2011-06-01	是
1419	水质　甲醛的测定乙酰丙酮分光光度法	HJ 601—2011	2011-02-10	2011-02-10	2011-06-01	是
1420	水质　梯恩梯、黑索今、地恩梯的测定　气相色谱法	HJ 600—2011	2011-02-10	2011-02-10	2011-06-01	是
1421	水质　梯恩梯的测定　*N*-氯代十六烷基吡啶—亚硫酸钠分光光度法	HJ 599—2011	2011-02-10	2011-02-10	2011-06-01	是
1422	水质　梯恩梯的测定　亚硫酸钠分光光度法	HJ 598—2011	2011-02-10	2011-02-10	2011-06-01	是
1423	水质总汞的测定冷原子吸收分光光度法	HJ 597—2011	2011-02-10	2011-02-10	2011-06-01	是
1424	建设项目竣工环境保护验收技术规范　石油天然气开采	HJ 611—2011	2011-02-11	2011-02-11	2011-06-01	是
1425	环境影响评价技术导则　制药建设项目	HJ 611—2011	2011-02-11	2011-02-11	2011-06-01	是

续表

序号	标准名称	标准编号	批准时间	发布时间	实施时间	是否为现行标准
1426	环境影响评价技术导则　地下水环境	HJ 610—2011	2011-02-11	2011-02-11	2011-06-01	是
1427	六价铬水质自动在线监测仪技术要求	HJ 609—2011	2011-02-11	2011-02-11	2011-06-01	是
1428	工业污染源现场检查技术规范	HJ 606—2011	2011-02-12	2011-02-12	2011-06-01	是
1429	车用汽油有害物质控制标准（第四、五阶段）	GWKB 1.1—2011	2011-02-14	2011-02-14	2011-05-01	是
1430	车用柴油有害物质控制标准（第四、五阶段）	GWKB 1.2—2011	2011-02-14	2011-02-14	2011-05-01	是
1431	废矿物油回收污染控制技术规范	HJ 607—2011	2011-02-16	2011-02-16	2011-07-01	是
1432	核动力厂环境辐射防护规定	GB 6249—2011	2011-01-25	2011-02-18	2011-07-01	是
1433	核电厂放射性液态流出物排放技术要求	GB 14587—2011	2011-01-25	2011-02-18	2011-07-01	是
1434	低、中水平放射性废物固化体性能要求	GB 14569.1—2011	2011-01-25	2011-02-18	2011-07-01	是